U0165281

考前充分準備　臨場沉穩作答

高分上榜

讀書計畫表

使用方法 ▶ 本讀書計畫表共分為 50 天和 25 天兩種學習區段，可依個人需求選擇用 50 天或 25 天讀完本書。

各章出題率分析
A 頻率高　**B** 頻率中　**C** 頻率低

可針對頻率高的章節加強複習！

頻出度	章節範圍	50 天完成	25 天完成	考前複習 ◀
A	第 **1** 章	第 1～5 天 完成日期 ＿＿年＿＿月＿＿日	第 1～3 天 完成日期 ＿＿年＿＿月＿＿日	完成日期 ＿＿年＿＿月＿＿日
A	第 **2** 章	第 6～10 天 完成日期 ＿＿年＿＿月＿＿日	第 4～6 天 完成日期 ＿＿年＿＿月＿＿日	完成日期 ＿＿年＿＿月＿＿日
A	第 **3** 章	第 11～15 天 完成日期 ＿＿年＿＿月＿＿日	第 7～9 天 完成日期 ＿＿年＿＿月＿＿日	完成日期 ＿＿年＿＿月＿＿日
B	第 **4** 章	第 16～19 天 完成日期 ＿＿年＿＿月＿＿日	第 10～11 天 完成日期 ＿＿年＿＿月＿＿日	完成日期 ＿＿年＿＿月＿＿日
B	第 **5** 章	第 20～23 天 完成日期 ＿＿年＿＿月＿＿日	第 12～13 天 完成日期 ＿＿年＿＿月＿＿日	完成日期 ＿＿年＿＿月＿＿日
B	第 **6** 章	第 24～27 天 完成日期 ＿＿年＿＿月＿＿日	第 14～15 天 完成日期 ＿＿年＿＿月＿＿日	完成日期 ＿＿年＿＿月＿＿日

頻出度	章節範圍	50 天完成	25 天完成	考前複習
A	第 7 章	第 28 ～ 32 天 完成日期 ____年____月____日	第 16 ～ 18 天 完成日期 ____年____月____日	完成日期 ____年____月____日
B	第 8 章	第 33 ～ 36 天 完成日期 ____年____月____日	第 19 ～ 20 天 完成日期 ____年____月____日	完成日期 ____年____月____日
B	第 9 章	第 37 ～ 40 天 完成日期 ____年____月____日	第 21 ～ 22 天 完成日期 ____年____月____日	完成日期 ____年____月____日
C	第 10 章	第 41 ～ 43 天 完成日期 ____年____月____日	第 23 天 完成日期 ____年____月____日	完成日期 ____年____月____日
一	近年試題及解析	第 44 ～ 50 天 完成日期 ____年____月____日	第 24 ～ 25 天 完成日期 ____年____月____日	完成日期 ____年____月____日

千華數位文化
Chien Hua Learning Resources Network

新北市中和區中山路三段 136 巷 10 弄 17 號
TEL: 02-22289070　FAX: 02-22289076
千華公職資訊網 http://www.chienhua.com.tw

公務人員
「高等考試三級」應試類科及科目表

高普考專業輔考小組◎整理

完整考試資訊

http://goo.gl/LaOCq4

☆普通科目

1. 國文◎（作文60%、公文20%與測驗20%）
2. 法學知識與英文※（中華民國憲法30%、法學緒論30%、英文40%）

☆專業科目

一般行政	一、行政法◎ 四、公共政策	二、行政學◎ 五、民法總則與刑法總則	三、政治學 六、公共管理
一般民政	一、行政法◎ 四、公共政策	二、行政學◎ 五、民法總則與刑法總則	三、政治學 六、地方政府與政治
社會行政	一、行政法◎ 四、社會政策與社會立法	二、社會福利服務 五、社會研究法	三、社會學 六、社會工作
人事行政	一、行政法◎ 四、現行考銓制度 六、心理學（包括諮商與輔導）	二、行政學◎ 五、民法總則與刑法總則	三、各國人事制度
勞工行政	一、行政法◎ 四、就業安全制度	二、經濟學◎ 五、勞工行政與勞工立法	三、勞資關係 六、社會學
戶　　政	一、行政法◎ 二、國籍與戶政法規（包括國籍法、戶籍法、姓名條例及涉外民事法律適用法） 三、移民政策與法規（包括入出國及移民法、臺灣地區與大陸地區人民關係條例、香港澳門關係條例、護照條例及外國護照簽證條例） 四、民法總則、親屬與繼承編 五、人口政策與人口統計　　六、地方政府與政治		
公職社會工作師	一、行政法◎　二、社會福利政策與法規　三、社會工作實務		
教育行政	一、行政法◎ 四、教育哲學	二、教育行政學 五、比較教育	三、教育心理學 六、教育測驗與統計
財稅行政	一、財政學◎ 四、會計學◎	二、經濟學◎ 五、租稅各論◎	三、民法◎ 六、稅務法規◎
商業行政	一、民法◎ 四、經濟學◎	二、行政法◎ 五、證券交易法	三、貨幣銀行學 六、公司法
經建行政	一、統計學 四、公共經濟學	二、經濟學◎ 五、貨幣銀行學	三、國際經濟學 六、商事法

金融保險	一、會計學◎　　　　二、經濟學◎　　　　三、金融保險法規 四、貨幣銀行學　　　五、保險學　　　　六、財務管理與投資
統　計	一、統計學　　　二、經濟學◎　　　　　　三、資料處理 四、統計實務（以實例命題）　五、抽樣方法　六、迴歸分析
會　計	一、財政學◎　　二、審計學◎　　　　　　三、中級會計學◎ 四、成本與管理會計◎　　　　　　　　　五、政府會計◎ 六、會計審計法規（包括預算法、會計法、決算法與審計法）◎
財務審計	一、審計學（包括政府審計）◎ 二、內部控制之理論與實務 三、審計應用法規（包括預算法、會計法、決算法、審計法及政府採購法） 四、財報分析　　五、政府會計◎　　　　六、管理會計
法　制	一、行政法◎　　二、立法程序與技術　　　三、民法◎ 四、刑法　　　　五、民事訴訟法與刑事訴訟法　六、商事法
土木工程	一、結構學　　　二、測量學　　三、鋼筋混凝土學與設計 四、營建管理與工程材料　　　　五、土壤力學（包括基礎工程） 六、工程力學（包括流體力學與材料力學）
水利工程	一、水文學　　　二、流體力學　　　　　　三、渠道水力學 四、水資源工程學　五、營建管理與工程材料 六、土壤力學（包括基礎工程）
文化行政	一、世界文化史　二、本國文學概論　　　　三、藝術概論 四、文化人類學　五、文化行政與政策分析 六、文化資產概論與法規
電力工程	一、工程數學◎　二、電路學　　　　　　　三、電子學 四、電機機械　　五、電力系統 六、計算機概論
法律廉政	一、行政法◎　　二、行政學◎　　　　　　三、社會學 四、刑法　　　　五、刑事訴訟法 六、公務員法（包括任用、服務、保障、考績、懲戒、行政中立、利益衝突迴避、財產申報與交代）
財經廉政	一、行政法◎　　二、行政學◎　　　　　　三、社會學 四、公務員法（包括任用、服務、保障、考績、懲戒、行政中立、利益衝突迴避、財產申報與交代） 五、心理學　　　六、財政學概論與經濟學概論◎
機械工程	一、熱力學　　　二、機械設計　　　　　　三、流體力學 四、自動控制　　五、機械製造學（包括機械材料） 六、工程力學（包括靜力學、動力學與材料力學）

註：應試科目後加註◎者採申論式與測驗式之混合式試題(占分比重各占50%)，應試
　　科目後加註※者採測驗式試題，其餘採申論式試題。

各項考試資訊，以考選部正式公告為準。

千華數位文化股份有限公司
新北市中和區中山路三段136巷10弄17號
TEL: 02-22289070　FAX: 02-22289076

公務人員
「普通考試」應試類科及科目表

高普考專業輔考小組◎整理

完整考試資訊

http://goo.gl/7X4ebR

★普通科目

1. 國文◎（作文60%、公文20%與測驗20%）
2. 法學知識與英文※（中華民國憲法30%、法學緒論30%、英文40%）

★專業科目

類科	科目	
一般行政	一、行政法概要※	二、行政學概要※
	三、政治學概要◎	四、公共管理概要◎
一般民政	一、行政法概要※	二、行政學概要※
	三、政治學概要◎	四、地方自治概要◎
教育行政	一、行政法概要※	二、教育概要
	三、心理學概要	四、教育測驗與統計概要
社會行政	一、行政法概要※	二、社會工作概要◎
	三、社會研究法概要	四、社會政策與社會立法概要◎
人事行政	一、行政法概要※	二、行政學概要※
	三、現行考銓制度概要	四、心理學（包括諮商與輔導）概要
戶政	一、行政法概要※ 二、國籍與戶政法規概要（包括國籍法、戶籍法、姓名條例及涉外民事法律適用法）◎ 三、民法總則、親屬與繼承編概要 四、移民法規概要（包括入出國及移民法、臺灣地區與大陸地區人民關係條例、香港澳門關係條例、護照條例及外國護照簽證條例)※	
財稅行政	一、財政學概要◎	二、稅務法規概要◎
	三、會計學概要◎	四、民法概要◎
商業行政	一、經濟學概要※	二、行政法概要※
	三、商業概論	四、民法概要◎
經建行政	一、統計學概要	二、經濟學概要※
	三、國際經濟學概要	四、貨幣銀行學概要
金融保險	一、會計學概要◎	二、經濟學概要※
	三、貨幣銀行學概要	四、保險學概要

統 計	一、統計學概要 二、經濟學概要※
	三、統計實務概要（以實例命題）
	四、資料處理概要
會 計	一、會計學概要◎ 二、成本與管理會計概要◎
	三、審計學概要◎ 四、政府會計概要◎
地 政	一、土地法規概要 二、土地利用概要
	三、民法物權編概要 四、土地登記概要
公產管理	一、土地法規概要 二、土地利用概要
	三、民法物權編概要 四、公產管理法規概要
土木工程	一、測量學概要 二、工程力學概要
	三、土木施工學概要 四、結構學概要與鋼筋混凝土學概要
水利工程	一、水文學概要 二、流體力學概要
	三、土壤力學概要 四、水資源工程概要
文化行政	一、本國文學概論 二、世界文化史概要
	三、藝術概要 四、文化行政概要
機械工程	一、機械力學概要 二、機械原理概要
	三、機械製造學概要 四、機械設計概要
法律廉政	一、行政法概要※
	二、公務員法（包括任用、服務、保障、考績、懲戒、行政中立、利益衝突迴避、財產申報與交代）概要
	三、刑法概要
	四、刑事訴訟法概要
財經廉政	一、行政法概要※
	二、公務員法（包括任用、服務、保障、考績、懲戒、行政中立、利益衝突迴避、財產申報與交代）概要
	三、心理學概要
	四、財政學概要與經濟學概要※

註：應試科目後加註◎者採申論式與測驗式之混合式試題(占分比重各占50%)，
　　應試科目後加註※者採測驗式試題，其餘採申論式試題。

各項考試資訊，以考選部正式公告為準。

千華數位文化股份有限公司
新北市中和區中山路三段136巷10弄17號
TEL: 02-22289070　FAX: 02-22289076

目　次

本書特色 .... (5)

考前公式重點整理 .... (6)

A 第一章　基本原理

重點內容 1

1-1 公差與配合 1

1-2 負載與變形 8

1-3 負應力元素分析 25

1-4 組合變形 30

精選試題 37

A 第二章　強度設計

重點內容 81

2-1 靜負荷強度設計 81

2-2 疲勞曲線 92

2-3 動態及疲勞強度設計 97

2-4 組合應力之疲勞損壞 102

精選試題 106

A 第三章　軸及相關元件強度設計

重點內容 145

3-1 軸靜態強度設計 145

3-2 軸的動態強度設計 154

3-3 旋轉軸的臨界速度 161

3-4 軸之相關零件—鍵 164

3-5 軸之相關零件—聯軸器 172

精選試題 178

B 第四章　彈簧

重點內容 217

4-1 彈簧基本原理 217

4-2 螺旋彈簧靜態強度分析 225

4-3 螺旋彈簧動態強度分析 232

4-4 其它彈簧設計 237

精選試題 242

B 第五章　螺旋

重點內容 261

5-1 螺旋基本原理 261

5-2 螺栓強度設計 275

5-3 螺栓偏心負荷設計 281

5-4 螺旋動力傳遞 287

精選試題 291

B 第六章　軸承

重點內容 319

6-1 軸承的種類與功能 319

6-2 滾動軸承分析 330

6-3 滑動軸承分析 334

精選試題 338

A 第七章　齒輪

重點內容 354

7-1 齒輪之基本原理 354

7-2 正齒輪之傳動 359

7-3 螺旋齒輪之傳動 368

7-4 蝸桿及蝸輪之傳動 374

7-5 斜齒輪之傳動 378

7-6 齒輪輪系 383

7-7 輪系的應用 385

精選試題 396

B 第八章　撓性傳動裝置

重點內容 425

8-1 皮帶之基本原理 425

8-2 鏈輪之基本原理及種類 438

8-3 鏈輪之傳動功率與速比 442

精選試題 447

B 第九章　離合器與制動器

重點內容 465

9-1 摩擦接觸之圓盤離合器（Plate Clutch）.............. 465

9-2 摩擦接觸之圓錐離合器（Cone Clutch）.............. 469

9-3 圓盤制動器（Plate Brakes）................................. 471

9-4 帶式制動器（Band Brakes）................................. 473

9-5 塊式制動器（Block Brakes）................................ 478

精選試題 482

C 第十章　鉚接與焊接

重點內容 505

10-1 鉚接 505

10-2 平板熔接 510

10-3 環狀填角熔接 515

10-4 熔接之偏心負載 519

精選試題 526

第十一章　近年試題及解析

108年　高考三級 537

108年　普考 542

108年　地特三等 545

108年　地特四等 548

109年　身障四等 551

109年　高考三級 554

109年　普考 558

109年　專技高考 564

109年　地特三等 567

109年　地特四等 570

本書特色

「機械設計（含概要）」為機械類國營事業考試、機械高普考、機械技師、機械三等四等特考專業科目之一，於機械類的各類國家考試中，占有一定的重要性，坊間課本琳瑯滿目，均未有針對國家考試而加以整理編輯。本書的特點在於收集近幾年所有機械類國營事業考試、機械類高普考、機械技師、機械三等及四等特考試題，搭配詳細的解答與分析，內容依國考出題方向及重點分配章節編輯成冊。一方面讓讀者能了解各單元出題的比重，另一方面節省了讀者收集考題的時間，並能了解出題的方向，掌握重點，能更有效率的達到高分的效果。此外機械設計內容豐富且廣泛，公式更是繁雜眾多，很多都是經驗公式，本書編排力求精準，期能使讀者更有效率的掌握重點，加深讀者解題的能力，以收事半功倍之效。

本書之編輯與校對多在下班、假日之餘，雖經再三校對，然因學識疏淺，疏失之處在所難免，尚祈各位先進不吝指正，感激不盡。本書得以完成特別感謝千華數位文化有限公司編輯部之鼎力促成，內人劉懿嫻小姐協助打字與鼓勵。

編者　謹識

考前公式重點整理

<table>
<tr>
<td rowspan="7">Ch1
基本原理</td>
<td>桿件拉伸與壓縮</td>
<td>1. 線應變 $\varepsilon = \dfrac{\Delta L}{L}$

2. 伸長量 $\Delta L = \dfrac{PL}{EA}$</td>
</tr>
<tr>
<td>扭轉</td>
<td>1. $\tau = \dfrac{Tr}{J}$（r：離圓心之距離、J：極慣性矩、T：扭矩）

2. $\varphi = \dfrac{TL}{GJ}$（其中 L 表圓軸桿長）</td>
</tr>
<tr>
<td>薄壁圓管的扭轉</td>
<td>1. 扭轉剪應力 $\tau = \dfrac{T}{2\pi R^2 t}$
2. 薄壁圓管：扭矩所造成的扭轉角

$\varphi = \dfrac{TL}{2G\pi R^3 t}$</td>
</tr>
<tr>
<td>薄壁桿的扭轉</td>
<td>1. 扭轉剪應力 $\tau = \dfrac{T}{2A_m t}$（A_m：管壁厚度中心線所包圍的面積）

2. 扭轉角 $\varphi = \dfrac{TL}{GJ'}$（L：薄壁桿長、t：厚度、$J' = \dfrac{4A_m^2}{\int \dfrac{ds}{t}}$）</td>
</tr>
<tr>
<td>彎曲剪應力

$\tau = \dfrac{VQ}{I_z b}$</td>
<td>V：橫截面上的剪力
I_z：橫截面對中性軸的軸慣性矩
b：橫截面上所求剪應力點處截面的寬度
Q：分離面之面積對中性軸之一次矩</td>
</tr>
<tr>
<td>衝擊載重</td>
<td>1. $\delta_d = \delta_{st}(1 + \sqrt{1 + (\dfrac{2h}{\delta_{st}})}) = k_d \delta_{st}$

（δ_{st}：重物靜置在樑上的靜變形、重物自高度 處自由下落、δ_d：桿件的最大的位移量）

2. k_d 撞擊因數，其值為 $1 + \sqrt{1 + \dfrac{2h}{\delta_{st}}} = k_d$</td>
</tr>
</table>

Ch1 基本原理	**任意斜截面上 的應力**	1. 正應力：$\sigma_\alpha = \dfrac{\sigma_x+\sigma_y}{2}+\dfrac{\sigma_x-\sigma_y}{2}\cos2\alpha+\tau_{xy}\sin2\alpha$ 2. 剪應力：$\tau_\alpha = -(\dfrac{\sigma_x-\sigma_y}{2})\sin2\alpha+\tau_{xy}\cos2\alpha$
	主應力及角度	1. 主應力角度：$\tan(2\alpha_0)=\dfrac{2\tau_{xy}}{\sigma_x-\sigma_y}$ $\Rightarrow \alpha_0=\dfrac{1}{2}\tan^{-1}(\dfrac{2\tau_{xy}}{\sigma_x-\sigma_y})$ 2. 最大主應力：$\sigma_{1,2}=\dfrac{\sigma_x+\sigma_y}{2}\pm\sqrt{(\dfrac{\sigma_x-\sigma_y}{2})^2+\tau_{xy}^2}$
	最大剪應力 及角度	1. 最大剪應力角度： $\tan(2\alpha_1)=\dfrac{\sigma_x-\sigma_y}{2\tau_{xy}}$ $\Rightarrow \alpha_1=\dfrac{1}{2}\tan^{-1}(\dfrac{\sigma_x-\sigma_y}{2\tau_{xy}})$ 2. 最大剪應力： $\tau_{max}=\sqrt{(\dfrac{\sigma_x-\sigma_y}{2})^2+\tau_{xy}^2}=\dfrac{\sigma_1-\sigma_2}{2}$
	內壓薄壁容器 之應力	1. 內壓薄壁圓筒之徑向應力 $\sigma_\phi=\dfrac{PR}{2t}$、 環向應力 $\sigma_\theta=\dfrac{PR}{t}$ （R：內半徑、P：內壓力、t：薄壁厚度） 2. 內壓薄壁球形容器的應力 $\sigma_\phi=\sigma_\theta=\dfrac{PR}{2t}$ （R：內半徑、P：內壓力、t：薄壁厚度）

Ch2 強度設計	最大正交應力理論	$\dfrac{S_u}{n} = \sigma \geq \sigma_1$（$\sigma_1$：最大拉或壓應力、$S_u$：極限應力值、n：安全因數）
	最大剪應力理論	$\tau_{max} = \dfrac{\sigma_1 - \sigma_3}{2} \leq \dfrac{0.5S_y}{n}$（$\sigma_1$：最大拉或壓應力、$S_y$：降伏強度、n：安全因數）
	畸變能理論	$\sigma_d = \sqrt{\dfrac{1}{2}[(\sigma_1-\sigma_2)^2 + (\sigma_2-\sigma_3)^2 + (\sigma_3-\sigma_1)^2]} \leq \dfrac{S_y}{n}$ $\sigma_d = \sqrt{[(\sigma_x)^2 + (\sigma_y)^2 - (\sigma_x\sigma_y) + 3\tau_{xy}^2]} \leq \dfrac{S_y}{n}$
	庫倫-莫爾理論（Coulomb-Mohr theory）	1. $\sigma_1 > \sigma_2 > 0$ 或 $\sigma_1 < \sigma_2 < 0$（正負號相同）： 以最大正交應力理論處理 $\dfrac{S_u}{n} = \sigma_1$ 2. $\sigma_1 > 0 > \sigma_2$（正負號相反）： $\dfrac{K\sigma_1}{S_{ut}} + \dfrac{K\sigma_2}{S_{uc}} = \dfrac{1}{n}$ （S_{ut} 極限拉伸強度、S_{uc} 極限壓縮強度、K 集中因子）
	修正庫倫-莫爾理論（Modified-Coulomb-Mohr theory）	1. $\sigma_1 > \sigma_2 > 0$ 或 $\sigma_1 < \sigma_2 < 0$： 與最大正應力理論相同 $\dfrac{S_u}{n} = \|\sigma_1\|$ 2. $\left\|\dfrac{\sigma_2}{\sigma_1}\right\| \leq 1$ 及 $\sigma_1 > 0 > \sigma_2$：$\dfrac{S_u}{n} = \|\sigma_1\|$ 3. $\sigma_1 > 0 > \sigma_2$ 且 $\left\|\dfrac{\sigma_2}{\sigma_1}\right\| > 1$： $\dfrac{K\sigma_1}{S_{ut}} - \dfrac{K(\sigma_2+\sigma_1)}{S_{uc}} = \dfrac{1}{n}$ （S_{ut}：極限拉伸強度、S_{uc}：極壓縮強度、K 應力集中因數）
	疲勞強度估計	$\dfrac{\log(S_e) - \log(S_f)}{\log(10^6) - \log(10^3)} = \dfrac{\log(S) - \log(S_f)}{\log(N) - \log(10^3)}$

Ch2 **強度設計**	密勒法則 （Miner's Rule）	1. $\dfrac{n_1}{L_1}+\dfrac{n_2}{L_2}+\dfrac{n_3}{L_3}+\cdots\cdots+\dfrac{n_k}{L_k}=1$ 機件在變動變動負荷 σ_1 作用 n_1 次，變動變動負荷 σ_2 作用 n_2 次，以此類推變動變動負荷 σ_k 作用 n_k 次， 2. $\dfrac{\alpha_1}{L_1}+\dfrac{\alpha_2}{L_2}+\dfrac{\alpha_3}{L_3}+\cdots\cdots+\dfrac{\alpha_k}{L_k}=\dfrac{1}{N_c}$ （$\alpha_1=\dfrac{n_1}{N_c}$、$\cdots$、$\alpha_k=\dfrac{n_k}{N_c}$；$N_C$：總循環數）
	蘇德柏安全準則 （Soderberg's Criterion）	$\dfrac{\sigma_{av}}{S_y}+K_f\times\dfrac{\sigma_r}{S_e}=\dfrac{1}{FS}$ （S_e：疲勞強度、FS：安全係數、K_f：應力集中因子、 S_y：材料降伏強度）
	修正古德曼準則 （Modified Goodman）	1. $\dfrac{\sigma_{av}}{S_u}+K_f\times\dfrac{\sigma_r}{S_e}=\dfrac{1}{FS}$（AC 線段：大多利用此段分析） 　（$S_e$：疲勞強度、FS：安全係數、$K_f$：應力集中因數、 　S_u：材料極限強度） 2. $\dfrac{\sigma_{av}}{S_y}+K_f\times\dfrac{\sigma_r}{S_y}=\dfrac{1}{FS}$（CB 線段） 　（$S_e$：疲勞強度、FS：安全係數、$K_f$：應力集中因數、 　S_y：材料降伏強度）

Ch3 **軸及相關元件強度設計**	軸轉動功率	功率 P	應用公式	常用單位
		公制 （kW）	$P(kW)=\dfrac{T\times2\pi N}{60\times1000}=\dfrac{T\times N}{9550}$	T：扭矩（N-m） N：轉速（rpm）
		英制馬力 （HP）	$P(HP)=\dfrac{2\pi NT}{60\times550}$	T：扭矩（lb-ft） N：轉速（rpm）
			$P(HP)=\dfrac{T\times N}{63025.4}$	T：扭矩（lb-in） N：轉速（rpm）
		公制馬力 （PS）	$P(PS)=\dfrac{2\pi NT}{60\times75}$	T：扭矩（kg-m） N：轉速（rpm）

備註：1HP=0.746kW、1PS=0.736kW

Ch3 軸及相關元件強度設計

軸受單一負載之情況

軸負載	應力公式	最大剪應力理論	畸變能理論
扭矩負載	$\tau_{max}=\dfrac{Tr}{J}=\dfrac{16T}{\pi d^3}$	$FS=\dfrac{0.5S_y}{\tau_{max}}=\dfrac{\pi d^3 S_y}{32T}$	$FS=\dfrac{S_y}{\sqrt{3}\tau_{max}}=\dfrac{\pi d^3 S_y}{16\sqrt{3}T}$ （軸受純剪力）
彎曲負載	$\sigma_{max}=\dfrac{My}{I}=\dfrac{32M}{\pi d^3}$ $\tau_{max}=\dfrac{1}{2}\sigma_{max}=\dfrac{16M}{\pi d^3}$	$FS=\dfrac{0.5S_y}{\tau_{max}}=\dfrac{\pi d^3 S_y}{32M}$	$FS=\dfrac{S_y}{\sqrt{\sigma_1^2+\sigma_2^2-\sigma_1\sigma_2}}=\dfrac{S_y}{\sigma_{max}}=\dfrac{\pi d^3 S_y}{32M}$
軸向負載	$\sigma_{max}=\dfrac{F}{A}=\dfrac{4F}{\pi d^2}$ $\tau_{max}=\dfrac{1}{2}\sigma_{max}=\dfrac{2F}{\pi d^2}$	$FS=\dfrac{0.5S_y}{\tau_{max}}=\dfrac{\pi d^2 S_y}{4F}$	$FS=\dfrac{S_y}{\sigma_{max}}=\dfrac{\pi d^2 S_y}{4F}$

軸受組合負載之情況

$$\tau_{max}=\sqrt{\left(\frac{\sigma}{2}\right)^2+\tau_{xy}^2}=\frac{16T}{\pi d^3}\sqrt{M^2+T^2}$$

$$\Rightarrow FS=\frac{0.5S_y}{\tau_{max}}\ (FS\geq 1)$$

旋轉軸的臨界速度

當軸上有數個圓盤，其集中重量為 W_1、W_2、…、W_n，各重量在各位置所產生的撓度分別為 y_1、y_2、…、y_n，其臨界速度與頻率如下所示：

$$f=\frac{1}{2\pi}\sqrt{\frac{g\,(W_1y_1+W_2y_2+\cdots+W_ny_n)}{W_1y_1^2+W_2y_2^2+\cdots+W_ny_n^2}}\ (\text{cycle/s})$$

$$\Rightarrow W_{cr}=\sqrt{\frac{g\,(W_1y_1+W_2y_2+\cdots+W_ny_n)}{W_1y_1^2+W_2y_2^2+\cdots+W_ny_n^2}}\ (\text{rad/s})$$

鍵的強度設計

若一連接機件之鍵元件的 長×寬×高 為 L×W×H，其軸受到的扭矩負載為 T、D 為軸徑、F 為鍵所受壓力，則鍵的強度分析如下所示：

鍵之強度分析	應力公式
傳達扭轉力矩（T）	$T = F \times \dfrac{D}{2} \Rightarrow F = \dfrac{2T}{D}$
鍵上所受的壓應力	$\sigma_c = \dfrac{F}{A_c} = \dfrac{\dfrac{2T}{D}}{L \times \dfrac{H}{2}} = \dfrac{4T}{DLH}$
鍵上所受的剪應力	$\tau = \dfrac{F}{A_s} = \dfrac{\dfrac{2T}{D}}{L \times W} = \dfrac{2T}{DLW}$
扭矩傳動馬力	1. $P\,(kW) = \dfrac{T \times 2\pi N}{60 \times 1000} = \dfrac{T \times N}{9550}$ （T：N－m、N：rpm） 2. $P\,(HP) = \dfrac{2\pi N \times T}{33000 \times 12} = \dfrac{T \times N}{63025}$ （T：lb－in、N：rpm）
鍵的最佳形狀	使鍵受壓及受剪具有相同之扭矩負載 $T = \dfrac{\sigma_c DHL}{4} = \dfrac{\tau DWL}{2} \Rightarrow \dfrac{H}{W} = \dfrac{2\tau}{\sigma_c}$ 又 $\dfrac{\sigma_c}{2} = \tau \Rightarrow H = W \Rightarrow$ 方鍵

備註：在分析鍵之強度設計時，先計算其鍵上所受的壓應力及剪應力，再取較大的值帶入破壞理論計算安全係數。

凸緣聯軸器	應力公式
螺栓受剪應力	$\tau_c = \dfrac{F_c}{A_c} = \dfrac{8T}{D_c n \pi d^2}$ （n：螺栓數量）
螺栓壓應力	$\sigma_c = \dfrac{F_c}{A_c} = \dfrac{2T}{ndtD_c}$ （n：螺栓數量）
輪轂凸緣根部之剪應力	$\tau_w = \dfrac{F_w}{A_w} = \dfrac{2T}{\pi D_w{}^2 t}$

Ch3 軸及相關元件強度設計

鍵的強度設計

軸之相關零件 - 聯軸器

Ch4 彈簧	**彈簧串聯與並聯**	1. 彈簧串聯： $\delta = \delta_1 + \delta_2 + \cdots + \delta_n$ $K = \dfrac{1}{\dfrac{1}{K_1} + \dfrac{2}{K_2} + \cdots + \dfrac{1}{K_n}} = \dfrac{1}{\sum\limits_{i=1}^{n} \dfrac{1}{K_i}}$ 2. 彈簧並聯： $K = K_1 + K_2 + \cdots + K_n = \sum\limits_{i=1}^{n} K_1$
	螺旋彈簧的靜態負荷	1. 剪應力 $\tau = K_s \dfrac{16F \times \left(\dfrac{D_m}{2}\right)}{\pi d^3} \Rightarrow K_s = \left(1 + \dfrac{0.615}{C}\right)$ 2. 彈簧產生撓度 $\delta = \dfrac{8FD_m^3 \times N_{有效}}{d^4 G}$ 3. 彈簧常數 $K = \dfrac{F}{\delta} = \dfrac{d^4 G}{8 D_m^3 N_{有效}}$

	彈簧名稱	彈簧公式
其它彈簧設計	平面彈簧	(1)單片式 最大抗彎應力為 $\sigma = \dfrac{My}{I} = \dfrac{WL\left(\dfrac{h}{2}\right)}{\dfrac{bh^3}{12}} = \dfrac{6WL}{bh^2}$ 最大撓度為 $\delta = \dfrac{WL^3}{3EI} = \dfrac{4WL^3}{bh^3 E}$ (2)n 片式（n 片平面彈簧重疊） 最大抗彎應力為 $\sigma = \dfrac{My}{I} = \dfrac{WL\left(\dfrac{h}{2}\right)}{\dfrac{nbh^3}{12}} = \dfrac{6WL}{nbh^2}$ 最大撓度為 $\delta = \dfrac{WL^3}{3nEI} = \dfrac{4WL^3}{nbh^3 E}$

彈簧名稱	彈簧公式
Ch4 彈簧 / **其它彈簧設計** / 扭轉彈簧（圓形）	線徑：d、平均直徑 D_m、彈簧指數：$C = \dfrac{D_m}{d}$ 彎曲角度 $\theta = \dfrac{ML}{EI} = \dfrac{FhL}{EI}$ 因為扭轉後其彈簧平均直徑會改變，因此其中 $L = (\pi D_m N_{有效})_1 = (\pi D_m N_{有效})_2$ 彎曲應力 $\sigma = K\dfrac{M \times \dfrac{d}{2}}{I}$ 其中 K 為應力集中因數 彈簧內緣 $K = \dfrac{4C^2 - C - 1}{4C(C-1)}$、彈簧外緣 $K = \dfrac{4C^2 + C - 1}{4C(C+1)}$ 註：應力集中因數通常題目會給，若無特別註明以彈簧內緣 $K = \dfrac{4C^2 - C - 1}{4C(C-1)}$ 計算之。
葉片彈簧	若將全長板片標名為 f，分級板標名為 g，且厚度為 h (1)假設應力均勻 $\sigma = \sigma_f = \sigma_g = \dfrac{6FL}{nbh^2}$、$\delta = \dfrac{6FL^3}{nbh^3E}$ (2)假設應力不均勻 $\sigma_f = \dfrac{18FL}{(2n_g + 3n_f)bh^2}$、$\sigma_g = \dfrac{2\sigma_f}{3}$ $\delta = \dfrac{12FL^3}{(2n_g + 3n_f)bh^3E}$

Ch5 螺旋 — **螺栓有預拉力之負載**

1. $F_0 > \dfrac{K_p}{K_p + K_b}P$：機件為受壓狀態

   (1) 螺拴所受之力 $F_b = F_0 + P_b \Rightarrow F_b = F_0 + \dfrac{K_b}{K_p + K_b}P$

   (2) 機件所受之力 $F_p = -F_0 + P_p \Rightarrow F_p = -F_0 + \dfrac{K_p}{K_p + K_b}P$

2. $F_0 < \dfrac{K_p}{K_p + K_b}P$：機件不受力

   (1) 螺拴所受之力 $F_b = P$

   (2) 機件所受之力 $F_p = 0$

Ch5 螺旋	螺栓偏心負荷設計	1. 幾何中心位置 $$\overline{X} = \frac{\sum\limits_{i=1}^{n} A_i \cdot X_i}{\sum\limits_{i=1}^{n} A_i} = \cdot , \overline{Y} = \frac{\sum\limits_{i=1}^{n} A_i \cdot Y_i}{\sum\limits_{i=1}^{n} A_i}$$ 2. 負載剪應力 $$F_S = \frac{F}{n} \text{（n：螺釘數）}$$ 3. 扭矩剪力 $$\frac{F_{b1}}{r_1} = \frac{F_{b2}}{r_2} = \cdots\cdots = \frac{F_{bn}}{r_n} = C$$ $$\Rightarrow F_{b1} = Cr_1 、 F_{b2} = Cr_2 、 \cdots 、 F_{bn} = Cr_n$$ 扭矩 $T = F \times L = F_{b1}r_1 + F_{b2}r_2 + \cdots + F_{bn}r_n$ $$= C \left(r_1^2 + r_2^2 + \cdots + r_n^2 \right)$$
	機械利益	$$M = \frac{輸出力}{輸入力} = \frac{W}{F} = \frac{\pi D}{L} = \frac{1}{\tan\alpha} \Rightarrow F = W\tan\alpha$$
	機械效率	$$\eta = \frac{輸出功}{輸入功} = \frac{W \times L}{F \times \pi D}$$
	方螺紋傳動升高重物（座環摩擦不計）	1. $F = W\dfrac{\sin\alpha + f\cos\alpha}{\cos\alpha - f\sin\alpha} = W \times \dfrac{\tan\alpha + \tan\beta}{1 - \tan\alpha\tan\beta} = W\tan(\alpha+\beta)$ 2. 扭矩 $T = F \times r_t = W \times r_t \times \tan(\alpha+\beta)$ $$= W \times r_t \times \frac{\tan\alpha + f}{1 - f\tan\alpha}$$
	非方螺紋傳動升高重物（座環摩擦不計）	1. $F = W \times \dfrac{\cos\theta_n\tan\alpha + f}{\cos\theta_n - f\tan\alpha}$ ，其中 $(\tan\theta_n = \tan\theta \times \cos\alpha)$ 2. 扭矩 $T = W \times r_t \times \dfrac{\cos\theta_n\tan\alpha + f}{\cos\theta_n - f\tan\alpha} + W \times r_c \times f_2$
	非方螺紋之傳動（考慮座環摩擦）	$T = W \times r_t \times \dfrac{\cos\theta_n\tan\alpha + f}{\cos\theta_n - f\tan\alpha} + W \times r_c \times f_2$ 其中 r_c（軸環平均半徑）$= \dfrac{軸環內半徑 + 軸環外半徑}{2}$、 f_2 為座環摩擦係數

Ch6 軸承	滾動軸承 的壽命計算	1. $[\dfrac{L_p（次數）}{L_{10}（次數）}] = (\dfrac{C}{P})^k$ C：基本額定負荷值、L_{10}：基本額定壽命、P：軸承負荷值、L_p：軸承的壽命、滾珠軸承 k＝3、滾子軸承 $k = \dfrac{10}{3}$ 2. $[\dfrac{L_{ph}（小時）\times 60 \times N（rpm）}{L_{10}（次數）}] = (\dfrac{C}{P})^k$ 其中 C：基本額定負荷值、L_{10}：基本額定壽命、P：軸承負荷值、L_p：軸承的壽命、滾珠軸承 k＝3、滾子軸承 $k = \dfrac{10}{3}$
Ch7 齒輪	正齒輪各部分之 幾何運算	1. 周節： $P_C = \dfrac{\pi D_C}{T}$（D_C：節圓直徑、T：齒輪齒數） 2. 基節： $P_b = \dfrac{\pi D_b}{T} = \dfrac{\pi \times D_C \times \cos\phi}{T} = P_C \cos\phi$ （D_b：基圓直徑、T：齒輪齒數） 3. 模數： $M = \dfrac{D_C}{T}$（D_C：節圓直徑、T：齒輪齒數） 4. 徑節： $P_d = \dfrac{T}{D_C} = \dfrac{1}{M} = \dfrac{\pi}{P_c}$ （D_C：節圓直徑、T：齒輪齒數、P_c：周節） $M = \dfrac{D_C}{T} = \dfrac{1}{P_d}$（in）$= \dfrac{25.4}{P_d}$（mm） 模數與徑節因單位不同，不是互成倒數 5. 中心距 C： $C = \dfrac{D_{C1}+D_{C2}}{2} = \dfrac{M}{2}（T_1+T_2）$ 6. 齒冠圓直徑 D_O ＝節圓直徑 +2× 齒冠 齒冠：$h_a = Mk$ 　全深齒 k＝1 　　　　　　　　短齒 k＝0.8

Ch7 齒輪	**漸開線齒輪 干涉判斷**	1.齒條與小齒輪嚙合不發生干涉之小齒輪最少齒數： $$T = \frac{2k}{\sin^2\phi} \quad \begin{array}{l}\text{全深齒 } k=1\\ \text{短齒 } k=0.8\end{array}$$ 2.兩大小不同之齒輪嚙合不發生干涉之最少齒數（不可用於齒條）： $$T^2_{小}+2T_{小}T_{大}=\frac{4k(T_{大}+k)}{\sin^2\phi}$$ （全深齒 $k=1$，短齒 $k=0.8$） 3.所有齒配對不發生干涉之所允許大齒輪齒冠圓之最大半徑： $$R_O > \sqrt{R^2_b+(C\sin\phi)^2}$$
	接觸比	1.接觸長度： $$Z = \sqrt{(R_{C1}+h_{a1})^2-R^2_{b1}}-R_{C1}\sin\phi+\sqrt{(R_{c2}+h_{a2})^2-R^2_{b2}}-R_{C2}\sin\phi$$ $$=\sqrt{R^2_{O1}-R^2_{b1}}+\sqrt{R^2_{O2}-R^2_{b2}}-C\sin\phi$$ 2.作用弧長： $S = R\theta$（作用角 θ＝漸近角 ＋ 漸遠角） S 與 Z 之關係：$Z = S\cos\phi$ 3.接觸比（Contact Ratio，m_C）： $$\Rightarrow 接觸比\ m_C = \frac{S}{P_c}=\frac{Z}{P_b}$$
	齒輪間傳送功率	<table><tr><th>功率 P</th><th>應用公式</th><th>常用單位</th></tr><tr><td>公制 (kW)</td><td>$P(kW)=\frac{T\times2\pi N}{60\times1000}=\frac{F_tV}{1000}$</td><td>T：扭矩（N-m） N：轉速（rpm） V：節圓切線速度（m/s） F_t：切向力（N）</td></tr><tr><td>英制馬力 (HP)</td><td>$P(HP)=\frac{2\pi NT}{60\times550}=\frac{F_tV}{33000}$ $P(HP)=\frac{T\times N}{63025}$</td><td>T：扭矩（lb-ft） N：轉速（rpm） V：節圓切線速度 T：扭矩（lb-in） N：轉速（rpm）</td></tr><tr><td>公制馬力 (PS)</td><td>$P(PS)=\frac{2\pi NT}{60\times75}$</td><td>T：扭矩（kg-m） N：轉速（rpm）</td></tr></table>備註：1HP=0.746kW、1PS=0.736kW

正齒輪抗彎應力 （**路易士方程式** Lewis equation）	$\sigma = \dfrac{F_t}{wyP_c} = \dfrac{F_tP_d}{wy\pi} = \dfrac{F_tP_d}{wY}$ $(Y = y\pi)$	

Ch7 齒輪

螺旋齒輪各部分之參數

1. 法面周節：$P_{cn} = P_C\cos\alpha$

2. 法向徑節：$P_{dn} = \dfrac{P_d}{\cos\alpha}$

3. 周節與徑節 P_d 之間的關係 $P_cP_d = \pi \Rightarrow P_{cn}P_{dn} = \pi$

   由於 $P_c = \dfrac{\pi D_C}{T} \Rightarrow D_C = \dfrac{P_cT}{\pi} = \dfrac{TP_{cn}}{\pi\cos\alpha}$

   可得 $D_C = \dfrac{T}{P_{dn}\cos\alpha}$

4. 法面模數 M_n 和端面模數 M_t 之間的關係 $M_n = M_t\cos\alpha$

5. 軸向節距：$P_a = \dfrac{P_c}{\tan\alpha} = \dfrac{P_{cn}\diagup\cos\alpha}{\sin\alpha\diagup\cos\alpha} = \dfrac{P_{cn}}{\sin\alpha}$

6. 螺旋齒輪接觸比：$m_T = m_C + m_f$

   （螺旋齒輪總接觸比 $m_T =$ 正齒輪接觸比 $m_C +$ 齒面接觸比 m_f）

   $m_C = \dfrac{Z}{P_b}$ $m_f = \dfrac{B\tan\alpha}{P_c} = \dfrac{B}{P_a}$ B：齒面寬度

7. 平行軸螺旋齒速比：（N：轉速、T：齒數、D：直徑）

   $\dfrac{N_A}{N_B} = \dfrac{D_B}{D_A} = \dfrac{T_B}{T_A}$（與正齒輪相同）

8. 交叉軸螺旋齒輪

   (1) 螺旋齒輪速比：（N：轉速、T：齒數、D：直徑、α：螺旋角）

   $\dfrac{N_A}{N_B} = \dfrac{D_B\cos\alpha_B}{D_A\cos\alpha_A} = \dfrac{T_B}{T_A}$

   (2) 中心距：

   $D_A = \dfrac{T_AP_c}{\pi} = \dfrac{P_nT_A}{\pi\cos\alpha_A} = \dfrac{T_A}{P_{dn}\cos\alpha_A}$

   $D_B = \dfrac{T_BP_c}{\pi} = \dfrac{P_nT_B}{\pi\cos\alpha_B} = \dfrac{T_B}{P_{dn}\cos\alpha_B}$

   $C = \dfrac{D_A+D_B}{2} = \dfrac{1}{2P_{dn}}[\dfrac{T_A}{\cos\alpha_A} + \dfrac{T_B}{\cos\alpha_B}]$

   $= \dfrac{P_n}{2\pi}[\dfrac{T_A}{\cos\alpha_A} + \dfrac{T_B}{\cos\alpha_B}]$

Ch7 齒輪	**蝸桿及蝸輪各部分之參數**	1.蝸輪之齒周節＝蝸桿螺紋節距 2.速比＝ $\dfrac{\text{蝸輪齒數}}{\text{蝸桿線數（齒數）}}$ 3.蝸桿導程角 λ_w ＝蝸輪螺紋角 α_G、蝸輪導程角 λ_G ＝蝸桿螺紋角 α_w。 4.蝸桿軸向節距 P_{aw} ＝蝸輪周節 P_{cG}
	斜齒輪速比	$\dfrac{N_A}{N_B} = \dfrac{D_B}{D_A} = \dfrac{R_B}{R_A} = \dfrac{T_B}{T_A} = \dfrac{\sin\beta}{\sin\alpha}$ （N：轉速、T：齒數、D：直徑、R：半徑）

普通輪系（定軸輪系）

輪系圖	計算方式
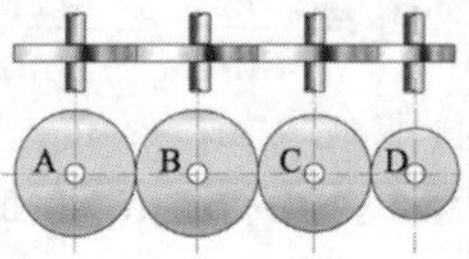	$e_{A \to D} = \dfrac{N_D}{N_A} =$ $\left(-\dfrac{T_A}{T_B}\right) \times \left(-\dfrac{T_B}{T_C}\right) \times \left(-\dfrac{T_C}{T_D}\right)$
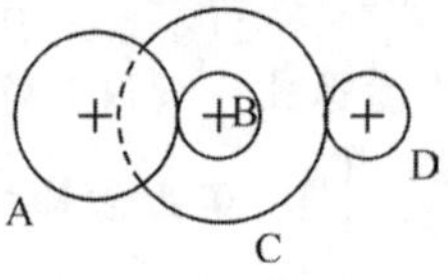	$e_{A \to D} = \dfrac{N_D}{N_A}$ $= \left(-\dfrac{T_A}{T_B}\right) \times \left(-\dfrac{T_C}{T_D}\right)$

回歸齒輪系

輪系圖	計算方式
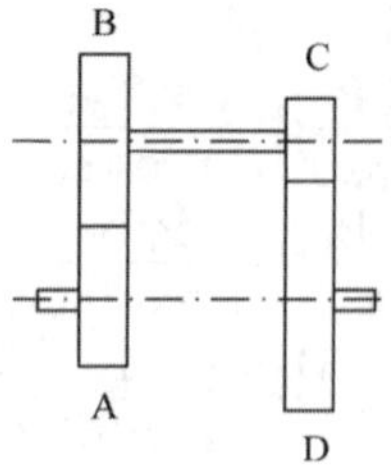	中心距離 $\dfrac{M}{2}(T_A + T_B)$ $= \dfrac{M}{2}(T_C + T_D)$ 若齒輪模數相同則 $T_A + T_B = T_C + T_D$ $e = \dfrac{N_D}{N_A} = \dfrac{T_A \cdot T_C}{T_B \cdot T_D}$

		輪系圖	計算方式
Ch7 齒輪	**周轉齒輪系**		$e_{A \to C} = \dfrac{N_C - N_m}{N_A - N_m}$ $= \left(-\dfrac{T_A}{T_B}\right) \times \left(-\dfrac{T_B}{T_C}\right)$
			$e_{A \to D} = \dfrac{N_D - N_m}{N_A - N_m}$ $= \left(-\dfrac{T_A}{T_B}\right) \times \left(-\dfrac{T_B}{T_C}\right) \times \left(\dfrac{T_C}{T_D}\right)$
			若遇到雙輸入問題時 1. 先固定輸入軸 1 $e_{A \to F} = \dfrac{N_{輸出2} - N_m}{N_A - N_m}$ $= \left(-\dfrac{T_A}{T_B}\right) \times \left(-\dfrac{T_C}{T_D}\right) \times \left(\dfrac{T_E}{T_F}\right)$ 2. 固定輸入軸 2 $e_{B \to F} = \dfrac{N_{輸出1} - N_m}{N_B - N_m}$ $= \left(-\dfrac{T_C}{T_D}\right) \times \left(\dfrac{T_E}{T_F}\right)$ 3. 利用疊加原理 輸出轉速 $N = N_{輸出1} + N_{輸出2}$
Ch8 撓性傳動裝置	**平皮帶**		1. 皮帶初拉力：$F_0 = \dfrac{1}{2}(F_1 + F_2)$ 2. 皮帶有效拉力：$F_e = F_1 - F_2$ 3. $\dfrac{F_1 \text{（緊邊張力）}}{F_2 \text{（鬆邊張力）}} = e^{\mu\beta}$ 4. 考慮離心力：$\dfrac{F_1 - mv^2}{F_2 - mv^2} = e^{\mu\beta}$ 皮帶單位長度之質量：m 離心力：$mr^2\omega^2 = mv^2$

Ch8 撓性傳動裝置	**V字形皮帶**	1. $\dfrac{F_1}{F_2} = e^{\frac{\mu\beta}{\sin(\frac{\alpha}{2})}}$ 2. 考慮離心力：$\dfrac{F_1 - mv^2}{F_2 - mv^2} = e^{\frac{\mu\beta}{\sin(\frac{\alpha}{2})}}$ 　皮帶單位長度之質量：m 　離心力：$mr^2\omega^2 = mv^2$
	開口皮帶	1. 小皮帶輪與皮帶之接觸角：$\theta_A = \pi - 2\alpha$ 2. 大皮帶輪與皮帶之接觸角：$\theta_B = \pi + 2\alpha$ 　其中 $\alpha = \sin^{-1}\left(\dfrac{D_B - D_A}{2C}\right)$ 3. 開口皮帶長度：$\sqrt{4C^2 - (D_B - D_A)^2} + \dfrac{1}{2}(D_B\theta_B + D_A\theta_A)$ 4. 開口皮帶近似長度： 　$L = \dfrac{\pi}{2}(D_A + D_B) + 2C + \dfrac{(D_B - D_A)^2}{4C}$ 5. 皮帶之寬度 $W = \dfrac{F_1}{F_e} = \dfrac{皮帶之緊邊張力}{每單位寬度之拉力}$
	交叉皮帶	1. 大、小皮帶輪與皮帶之接觸角：$\theta_A = \theta_B = \theta = \pi + 2\alpha$ 　其中 $\alpha = \sin^{-1}\left(\dfrac{(D_B - D_A)}{2C}\right)$ 2. 交叉皮帶長度：$\sqrt{4C^2 - (D_B + D_A)^2} + \dfrac{\theta}{2}(D_B + D_A)$ 3. 交叉皮帶近似長度： 　$L = \dfrac{\pi}{2}(D_A + D_B) + 2C + \dfrac{(D_B + D_A)^2}{4C}$
	皮帶傳動速比	<table><tr><th>考慮因素</th><th>速比</th><th>符號定義</th></tr><tr><td>忽略皮帶厚度及滑動損失時</td><td>速比 $= \dfrac{N_2}{N_1} = \dfrac{D_1}{D_2}$</td><td rowspan="3">N：轉速 D：輪直徑 t：皮帶厚度 S：滑動率</td></tr><tr><td>只考慮皮帶厚度時</td><td>速比 $= \dfrac{N_2}{N_1} = \dfrac{D_1 + t}{D_2 + t}$</td></tr><tr><td>考慮皮帶厚度及滑動損失時</td><td>速比 $= \dfrac{N_2}{N_1} = \dfrac{D_1 + t}{D_2 + t} \times (1 - S)$</td></tr></table>

功率 P		應用公式	常用單位
	公制 (kW)	$P\ (kW) = \dfrac{T \times 2\pi N}{60 \times 1000}$ $= \dfrac{(F_1 - F_2) \times \dfrac{D}{2} \times 2\pi \times N}{60 \times 1000}$ $= \dfrac{(F_1 - F_2) \times V}{1000}$	T：扭矩（N-m） N：轉速（rpm） F_1：緊邊張力（N） F_2：鬆邊張力（N） D：傳動輪直徑（m） V：切向速度（m／s）
皮帶傳動率	英制 馬力 (HP)	$P\ (HP) = \dfrac{2\pi NT}{60 \times 550}$ $= \dfrac{(F_1 - F_2) \times \dfrac{D}{2} \times 2\pi \times N}{60 \times 550}$ $= \dfrac{(F_1 - F_2) \times V}{550}$	T：扭矩（lb-ft） N：轉速（rpm） F_1：緊邊張力（lb） F_2：鬆邊張力（lb） D：傳動輪直徑（ft） V：切向速度（ft／s）
	公制 馬力 (PS)	$P\ (PS) = \dfrac{2\pi NT}{60*75}$ $= \dfrac{2\pi N\ (F_1 - F_2) \times \dfrac{D}{2}}{60 \times 75}$	T：扭矩（kg-m） N：轉速（rpm） F_1：緊邊張力（kg） F_2：鬆邊張力（kg） D：傳動輪直徑（m）

備註：1HP=0.746kW、1PS=0.736kW

鏈條幾何關係
（以開口鏈輪為例）

1. 速比 $= \dfrac{N_B}{N_A} = \dfrac{D_A}{D_B} = \dfrac{T_A}{T_B}$

　（N：轉速、D：節圓直徑、T：齒數）

2. $D = \dfrac{P}{\sin\left(\dfrac{\beta}{2}\right)} = \dfrac{P}{\sin\left(\dfrac{180°}{T}\right)}$

　（T：齒數、$\dfrac{\beta}{2}$：鏈節半形、P：鏈節距）

3. 鏈條長度：$L = \dfrac{\pi}{2}(D_A + D_B) + 2C + \dfrac{(D_B - D_A)^2}{4C}$

　（C：連心距）

4. 節距數：$N_{pitch} = \dfrac{1}{2}(T_A + T_B) + \dfrac{2C}{P} + \dfrac{P}{C}\left(\dfrac{T_B - T_A}{2\pi}\right)^2$

　（節距數計算出小數者應取為整數，且最好為偶數）

5. 小鏈輪與鏈條之接觸角：$\theta_A = \pi - 2\alpha$

　（與皮帶之公式相同）其中 $\alpha = \sin^{-1}\left(\dfrac{D_B - D_A}{2C}\right)$

　$D_B = \dfrac{P_B}{\sin\ (180° / T_B)}$，$D_A = \dfrac{P_A}{\sin\ (180° / T_A)}$

Ch9 **離合器與制動器**	**摩擦接觸之圓盤離合器** （Band Brakes）	1. 均勻磨耗理論： (1) 作用力 $F = \int_{r_i}^{r_o} P2\pi r dr = 2\pi \int_{r_i}^{r_o} P_{max} r_i dr = 2\pi P_{max} r_i (r_o - r_i)$ (2) 扭矩 $T = \pi\mu P_{max} r_i (r_o^2 - r_i^2)$ 2. 均勻壓力理論： (1) 作用力為 $F = \int_{r_i}^{r_o} P2\pi r dr = \pi P (r_o^2 - r_i^2)$ (2) 扭矩為 $T = \int_{r_i}^{r_o} \mu P r 2\pi r dr = \dfrac{2}{3}\pi\mu P (r_o^3 - r_i^3)$ (3) $T = \dfrac{2F\mu (r_o^3 - r_i^3)}{3 (r_o^2 - r_i^2)} = \mu F R_e$ （其中 $R_e = \dfrac{2 (r_o^3 - r_i^3)}{3 (r_o^2 - r_i^2)}$ 有效摩擦半徑）
	摩擦接觸之圓錐離合器 （Band Brakes）	1. 均勻磨耗理論： (1) 作用力 $F = \int_{r_i}^{r_o} P2\pi r dr = 2\pi \int_{r_i}^{r_o} P_{max} r_i dr = 2\pi P_{max} r_i (r_o - r_i)$ (2) 扭矩 $T = \dfrac{\pi P_{max} \mu r_i}{\sin\theta} (r_o^2 - r_i^2)$ 或 $T = \dfrac{2F\mu}{\sin\theta} (r_o + r_i)$ 2. 均勻壓力理論： (1) 作用力 $F = \int_{r_i}^{r_o} P2\pi r dr = 2\pi \int_{r_i}^{r_o} P_{max} r_i dr = 2\pi P_{max} r_i (r_o - r_i)$ (2) 扭矩 $T = \int_{r_i}^{r_o} \mu r \left(\dfrac{P2\pi r dr}{\sin\theta}\right) = \dfrac{2\pi P\mu}{3\sin\theta} (r_o^3 - r_i^3)$ $\Rightarrow T = \dfrac{2F\mu (r_o^3 - r_i^3)}{3\sin\theta (r_o^2 - r_i^2)}$
	圓盤制動器	1. 均勻磨耗理論： (1) 作用力 $F = \int_{r_i}^{r_o} P\theta r dr = 2\pi \int_{r_i}^{r_o} P_{max} r_i dr = 2\pi P_{max} r_i (r_o - r_i)$ (2) 扭矩 $T = \dfrac{\theta}{2}\mu P_{max} r_i (r_o^2 - r_i^2)$ 2. 均勻壓力理論： (1) 作用力為 $F = \int_{r_i}^{r_o} P\theta r dr = \dfrac{\theta}{2} P (r_o^2 - r_i^2)$ (2) 扭矩 $T = \int_{r_i}^{r_o} \mu P r \theta r dr = \dfrac{\theta}{3}\mu P (r_o^3 - r_i^3)$

鉚接受力型式	破壞模式
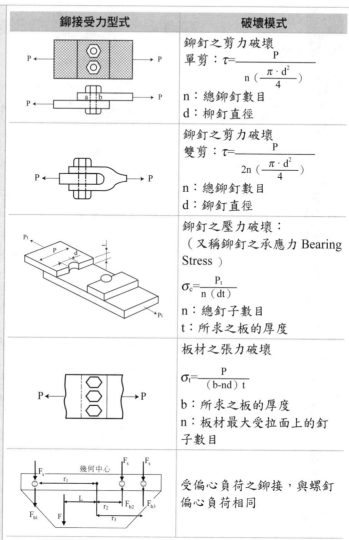	鉚釘之剪力破壞 單剪：$\tau=\dfrac{P}{n\left(\dfrac{\pi \cdot d^2}{4}\right)}$ n：總鉚釘數目 d：柳釘直徑
	鉚釘之剪力破壞 雙剪：$\tau=\dfrac{P}{2n\left(\dfrac{\pi \cdot d^2}{4}\right)}$ n：總鉚釘數目 d：鉚釘直徑
	鉚釘之壓力破壞： （又稱鉚釘之承應力 Bearing Stress） $\sigma_c=\dfrac{P_t}{n\,(dt)}$ n：總釘子數目 t：所求之板的厚度
	板材之張力破壞 $\sigma_t=\dfrac{P}{(b-nd)\,t}$ b：所求之板的厚度 n：板材最大受拉面上的釘子數目
	受偏心負荷之鉚接，與螺釘偏心負荷相同

左側欄：Ch10 鉚接與焊接　鉚釘本身的破壞及板材之破壞

備註：鉚接承受的安全負荷稱為鉚接強度，通常以穿孔後板塊能承受的最大張力、最大壓力和鉚釘所能承受之最大剪力，三者中取較小值為鉚接強度。

鉚接效率：

$$\eta=\dfrac{每一節距中鉚接後的容許荷重}{每一節距中（板材抗拉強 \times 板材未穿孔時的面積）}$$

板之效率（接合效率）：

$$\eta=\dfrac{穿孔後每一節距長度鋼板之抗拉力}{每一節距板材未穿孔時的抗拉力}$$

受力模式	應用公式
受軸向力	受軸向力：$\tau = \dfrac{P}{A} = \dfrac{P}{t_e \times \pi d} = \dfrac{P}{0.707 h \pi \cdot d}$
受彎矩	受彎矩：$\sigma = \dfrac{My}{I}$ 其中 $I = \dfrac{\pi d^3 t_e}{8}$ 受彎矩：$\sigma = \dfrac{My}{I} = \dfrac{4M}{\pi \cdot d^2 \, (0.707 h)}$
受扭矩	受扭矩：$\tau = \dfrac{T \times \dfrac{d}{2}}{J}$， 其中 $J = \dfrac{4 A_m^2 t_e}{L_m} = \dfrac{\pi d^3 t_e}{4}$ 受扭矩：$\tau = \dfrac{2T}{0.707 h \pi \cdot d^2}$，$F = \dfrac{T}{d \diagup 2}$

環狀填角熔接（左欄）

Ch10 鉚接與焊接（側欄）

熔接之偏心負載

1. 焊道的之幾何中心位置 $(\overline{X}, \overline{Y})$

$$\overline{X} = \frac{\sum\limits_{i=1}^{n} A_i \cdot X_i}{\sum\limits_{i=1}^{n} A_i} \quad 、 \quad \overline{Y} = \frac{\sum\limits_{i=1}^{n} A_i \cdot Y_i}{\sum\limits_{i=1}^{n} A_i}$$

2. 主要剪應力 τ'_a：

$$\tau'_a = \frac{F}{A_1 + A_2} = \frac{F}{t_e L_1 + t_e L_2}$$

3. 扭矩而產生的次要剪應力 τ''_a：

(1) 剪應力為 $\tau''_a = \dfrac{Tr}{J_O} = \dfrac{F \times e \times r_a}{J_O}$

(2) $J_O = (J_1 + A_1 r_1^2) + (J_2 + A_2 r_2^2)$

$\quad = (J_1 + Lt_e r_1^2) + (J_2 + Lt_e r_2^2)$

$\quad$ 或 $J_O = A_1 \left(\dfrac{L_1^2}{12} + r_1^2 \right) + A_2 \left(\dfrac{L_2^2}{12} + r_2^2 \right)$

(3) 合成剪應力 τ

$\quad \tau = \sqrt{\tau_a'^2 + \tau_a''^2 + 2\tau_a' \tau_a'' \cos\phi}$

$\quad$（其中 ϕ 為 τ_a' 與 τ_a'' 夾角）

第 1 章

基本原理

頻出度A：依據出題頻率分為：A頻率高、B頻率中、C頻率低

課前導讀
1. 公差：公差名詞解釋與公差的種類。
2. 配合：配合名詞解釋、配合的種類與配合的公差範圍。
3. 材料力學之基本原理：負載與變形
   (1) 桿件拉伸與壓縮　　　　(2) 桿件受扭力
   (3) 樑的彎曲作用力與變形　(4) 衝擊效應
4. 桿構件承受多種基本負載（彎曲、扭轉、拉伸壓縮）的組合受力分析。
   (1) 疊加原理　　　　　　　(2) 能量法

重點內容

1-1 公差與配合

一、公差

(一) 名詞解釋

1. **公稱尺寸**：工作圖上表示零件（機件）外形標註之數值，稱之公稱尺寸。
2. **基本尺寸**：理論上零件經製造前所希望的確實尺寸，尚未考慮製造時的誤差。
3. **公差**：零件製造時允許尺寸有一定差異，即最大尺寸與最小尺寸之差。
4. **界限尺寸**：零件製造時允許之最大尺寸（上界限）與最小尺寸（下界限），亦即基本尺寸加上正負公差的代數和。
5. **偏差**：公稱尺寸和基本尺寸之差。
6. **上偏差**：最大尺寸（上界限）和基本尺寸之差。
7. **下偏差**：最小尺寸（下界限）和基本尺寸之差。

(二) 公差種類

1. 尺寸公差

尺寸公差	定義	優點
單向公差	公差之一側為零，另一側為規定之公差（正或負），故兩個界限之一為基本尺寸加公差之代數和。	修正公差時其他尺寸干擾最少，且單向公差繪製的圖較雙向公差容易校對，表示方式為 $30.000^{+0.035}_{+0.00}$ mm
雙向公差	公差之兩側皆不為零，一為基本尺寸加上正公差，另一為基本尺寸加上負公差，若使用平均尺寸，由此平均尺寸加減相等之變化量而形成公差區，平均尺寸位於公差區的中點。	雙向公差較適用於當基本尺寸在兩方向均有相等變化時之孔中心位置，表示方式為 $30.000^{+0.010}_{-0.010}$ mm

2. 幾何公差

工件的幾形狀在允許誤差的範圍內變動，此允許誤差的範圍稱為幾何公差區域，表示此範圍之尺度值即為幾何公差（一種幾何形態之外形或其所在位置之公差，對於某一公差區域，該形態或其位置必須介於此區域之內）。

公差類別	公差性質	符號
形狀公差	真直度	"—"
	平面度	▱
	真圓度	○
	圓柱度	⌭
方向公差	平行度	//
	垂直度	⊥
	傾斜度	∆
位置公差	同心度	◎

3. 幾何公差的標註方法

公差框格：公差標註在一個長方形框格內，此長方形框格分成兩隔或多格，框格內由左至右依順序填入下列各項：

(1)左起第一格內，填入幾何公差符號。

(2)第二格內，填入公差數值，若公差
區域為圓形或圓柱，則應在此數值
前加一"φ"符號。

(3)如需標示基準，則填入代表該基準
或多個基準之字母。

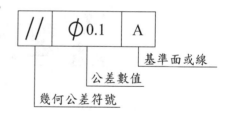

(4)如有與公差有關之註解，如"6孔"或"6x"可加註在框格上方。

(5)在公差區域內，對形狀之指示，可寫在公差框格之附近或用一引線連
接之。

(三) 公差等級

公差等級：IT01、0、1～18，共 20 級。其用途如下：

1. IT01～IT4：用於規具公差或高精密度公差。如塊規、量規等。

2. IT5～IT10：用於一般配合公差，如一般機械各配合件公差。

3. IT11～IT18：用於非配合公差，如橋樑、鋼結構、板料、圓桿料等製造。

二、配合

在設計有作相對旋轉、移動或無相對運動（固定或靜止）兩機件之組合，此
兩機件於裝配時，應考慮其固定不動或轉動之情況，各接觸組合之部位，機
件間所需鬆緊程度各有不同，此種鬆緊之程度稱為配合（fit），配合部位依
機件使用功能之不同而給予適當之公差。

(一) 配合名詞釋義

配合的種類	名詞解釋	備註
餘隙（clearance）	孔與軸在裝配前的尺度差異為正數時，亦即孔大於軸時，稱為餘隙。	(1) 最大餘隙：孔之最大尺度與軸之最小尺度之差。 (2) 最小餘隙：孔之最小尺度與軸之最大尺度之差。
干涉（interferance）	孔與軸在裝配前的尺度差異為負數時，亦即軸大於孔時，稱為干涉。	(1) 最大干涉：孔之最小尺度與軸之最大尺度之差。 (2) 最小干涉：孔之最大尺度與軸之最小尺度之差。
裕度（allowance）	二配合件在最大材料極限所期望之差異（即最小孔徑與最大軸徑的差）。	二配合件間之最小餘隙（正裕度）或最大干涉（負裕度），又稱容差

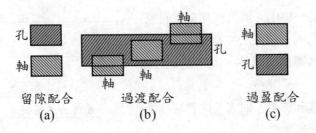

留隙配合　　　　　過渡配合　　　　　過盈配合
(a)　　　　　　　　(b)　　　　　　　　(c)

(二) 配合制度

孔的尺度與偏差及公差的示意圖中，可以將基本尺寸的線當作基準線零線，在零線以上的尺度表示正偏差，相反的在零線以下的尺度表示負偏差，當一個尺度的最大和最小限界尺度都大於或等於或都小於或等於基本尺寸尺度，也就是它的上下偏差都大或等於或都小或等於零，如 $50^{-0.1/-0.2}$ 或 $50^{+0.3/+0}$，稱為單向公差；最大和最小限界尺度分別大於和小於基本尺寸尺度，$100^{+0.1/-0.2}$，這種公差標示稱為雙向公差。

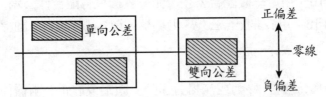

零線、正偏差、負偏差、單向公差以及雙向公差示意圖

1. **基孔制（basic hole system）**：係以孔徑為基本尺度（即孔之最小尺度），將孔的公差大小與位置（取H位置）固定不變，採用正偏差，改變軸的公差大小及位置，以獲得所需之配合，以大寫英文字母表示。

2. **基軸制（basic shaft system）**：係以軸徑為基本尺度（即軸之最大尺度），將軸的公差大小與位置（取h位置）固定不變，採用負偏差，改變孔的公差大小及位置，以獲得所需之配合，以小寫英文字母表示。

3. **基孔制與基軸制之選用比較**：採用配合之際，需要選擇基孔制或基軸制中其中之一。通常以基孔制之應用範圍較為廣泛，因以孔、軸件之製造精度而言，以孔為基準而變化軸之公差配合之，在工作上較易做到。

(三) 配合的公差範圍

	餘隙配合（鬆配合）	過渡配合	干涉配合（緊配合）
說明	孔大於軸時之配合，兩配合件中，孔之尺度恆大於軸之尺度，即裝配時保持有相當的餘隙	兩配合件中，孔之尺度可能大於軸之尺度或小於軸之尺度，即裝配時可能產生餘隙也可能產生干涉	軸大於孔時之配合，兩配合件中，孔之尺度恆小於軸之尺度，即裝配時有干涉的存在
基孔制（H）	H／a～g	H／h～n	H／n～zc
基軸制（h）	A～G／h	H～N／h	N～ZC／h

如圖所示，一般在基軸制中會將軸的基礎偏差也就是上偏差設定為零，也就是偏差為h。若選擇孔的公差不變，和它配合的軸公差可以調配來產生留隙、過盈或是過渡配合，這種方式稱為基孔制。一般在基孔制中會將孔的基礎偏差也就是下偏差設定為零，也就是偏差為H。

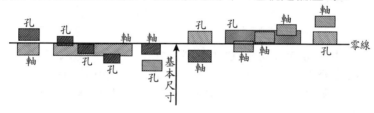

例 1-1

試解釋下列名詞的差異：Tolerance 及 Allowance 在尺寸標示時。（郵政升資）

解 (1) 公差（Tolerance）：零件製造時允許尺寸有一定差異，即最大尺寸與最小尺寸之差。

(2) 裕度（Allowance）：二配合件在最大材料極限所期望之差異（即最小孔徑與最大軸徑的差）。

例 1-2

下列為公制設計圖面中對元件特徵之標註，試述其涵義　(1)ϕ70H7　(2) 30H7／g6　(3) 30F7／h6

解 (1) ϕ70H7：ϕ：為孔內徑；70：表示孔的內徑之基本尺寸為 70mm。

H：為位置符號，表示公差範圍和基本尺寸的關係。

7：表示為公差等級為IT7。

(2) 30H7／g6：30H7／g6 為基孔制，此為軸孔配合件，軸與孔的基本尺寸為 30mm，孔內徑之位置符號為大寫字母，孔內徑之位置與等級為 H7，軸外徑之位置符號為小寫字母，軸外徑之位置與等級為 g6。

(3) 30F7／h6：30F7／h6 為基軸制，此為軸孔配合件，軸與孔的基本尺寸為 30mm，孔內徑之位置符號為大寫字母，孔內徑之位置與等級為 F7，軸外徑之位置符號為小寫字母，軸外徑之位置與等級為 h6。

例 1-3

試求孔與軸之最大與最小緊度。

	孔（mm）	軸（mm）
最大尺寸	A=40.035	a=40.105
最小尺寸	B=40.010	b=40.075

解 最大緊度＝a－B＝40.105－40.010＝0.095mm

最小緊度＝b－A＝40.075－40.035＝0.040mm

例 1-4

公稱基本尺寸為30.000mm，最小餘隙為10μ，最大餘隙為50μ，軸之公差為15m，孔之公差為25μ。(1)若為單向公差，採用基軸制和基孔制，軸和孔之尺寸各為多少？(2)若為雙向公差，採用基軸制和基孔制，軸和孔之尺寸各為多少？

解 (1) 若為單向公差，1μm＝0.001mm

(a) 基軸制

軸上差＝0

軸下差＝－15μm

軸之尺寸＝$30.000^{0}_{-0.015}$ mm

孔上差＝50μm－15μm＝35μm

孔下差＝10μm－0＝10μm

孔之尺寸＝$30.000^{+0.0035}_{-0.0010}$

(b) 基孔制

孔上差＝25μm

孔下差＝0

孔之尺寸＝$30.000^{+0.025}_{0}$ mm

軸上差＝0μm－10μm＝－10μm

軸下差＝25μm－50μm＝－25μm

軸之尺寸＝$30.000^{+0.010}_{-0.025}$ mm

註：配合變化之和＝50μm－10μm＝40μm＝15μm+25μm

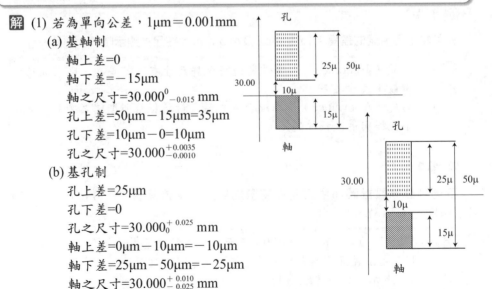

(2) 若為雙向公差，1μm＝0.001mm

   (a) 基軸制

$$軸之尺寸＝30.000^{+0.0075}_{-0.0075}\text{mm}$$

孔上差＝50μm－7.5μm＝42.5μm

孔下差＝10μm＋7.5μm＝17.5μm

$$孔之尺寸＝30.000^{+0.0425}_{+0.0175}$$

$$\Rightarrow 30.030^{+0.0125}_{-0.0125}\ \text{mm}$$

   (b) 基孔制

$$孔之尺寸＝30.000^{+0.0125}_{-0.0125}\ \text{mm}$$

軸上差＝－（10μm＋12.5μm）

    ＝－22.5μm

軸下差＝－（50μm－12.5μm）

    ＝－37.5μm

$$軸之尺寸＝30.000^{-0.0225}_{-0.0375}$$

$$\Rightarrow 29.97^{+0.0075}_{-0.0075}\ \text{mm}$$

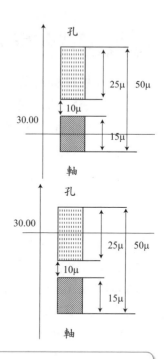

例 1-5

(一) 請問配合50H7/g6是屬於何種配合？它是基軸制還是基孔制？以及50所代表的意義。

(二) 經查表得知孔的公差帶ΔD＝0.025 mm，軸的公差帶Δd＝0.016 mm，基本偏差 為δ_F＝－0.009 mm，試求軸與孔的最大與最小尺寸。（102地四）

解（一）基孔制

    孔內徑：50(mm)

    H：孔的位置符號

    g：配合等級鬆配合

（二）承(一)

    孔上差＝0.025mm

     下差＝0

    孔尺寸＝50＋0.025mm

    軸上差＝0.009(mm)

     下差＝－0.007(mm)

$$軸尺寸＝50^{+0.009(\text{mm})}_{-0.007(\text{mm})}$$

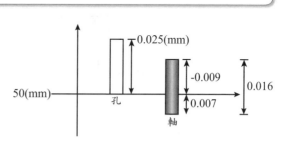

1-2 負載與變形

一、桿件拉伸與壓縮

垂直截面的應力稱為正應力,又稱為軸向應力,以 σ 來表示。如圖 1.1 當作用於構件的外力,合力的作用線與構件的軸線重合,構件將產生軸向拉伸或壓縮變形,橫截面上的內力稱為軸力。軸力用 N 表示,此時橫截面所受到的應力強度可表示為 $\sigma = \dfrac{N}{A} = \dfrac{P}{A}$,其中 A 可表示橫截面積。一般拉伸應力視為正,壓縮應力視為負。

材料受到正向應力時會被拉長或壓縮,而所謂「應變（strain）」就是指材料單位長度的變形量 ΔL（伸長或壓縮量）,假設一等截面直桿原長為 L,橫截面面積為 A,在軸向拉力 F 的作用下,長度由 L 變為 L_1,桿件沿軸線方向的伸長為 $\Delta L = L_1 - L$（拉伸時 ΔL 為正,壓縮時 ΔL 為負）。桿件的伸長量與 桿的原長有關,將 ΔL 除以 L,即以單位長度的伸長量來表徵桿件變形的程度,稱為線應變,用 ε 表示:$\varepsilon = \dfrac{\Delta L}{L}$。當桿件受力,橫截面上的正應力不超過比例極限時,根據虎克定律,桿件的伸長量 ΔL 與軸力 P 及桿原長 L 成正比,與橫截面面積 A 成反比,即 $\Delta L \propto \dfrac{PL}{A}$,引入比例常數 E,則可寫為 $\Delta L = \dfrac{PL}{EA}$。

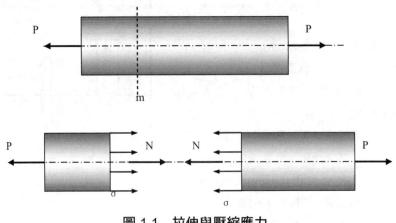

圖 1.1　拉伸與壓縮應力

二、扭轉

(一) 圓軸扭轉時的變形與內力

一直桿在力偶作用下（作用面垂直於桿軸），任意兩橫截面將發生繞著軸心的相對轉動，這種形式的變形稱為扭轉變形。如圖 1.2 由虎克定律橫截面上任意一點的扭轉剪應力，與該點到圓心的距離成正比，即表示同半徑圓周上各點處的剪應力都相等。發生扭轉變形時，橫截面上分布內力的合力偶矩，稱為扭矩，用 T 表示、r 表示離圓心之距離、J 表極慣性矩，根據定義：

$$T = \int_A r\tau\, dA = \int_A r^2 G \frac{d\phi}{dx} = G \frac{d\phi}{dx} \int_A r^2\, dA \Rightarrow \tau = \frac{Tr}{J}$$

其中圓軸極慣性矩 $J = \int_A \rho^2 dA = 2\pi \int_0^R \rho^2 d\rho = \frac{\pi R^4}{2} = \frac{\pi D^4}{32}$

實心圓軸的極慣性矩 $J = \frac{\pi D^4}{32}$，空心圓軸 $J = \frac{\pi}{32}(D^4 - d^4)$

$W_t = \frac{J}{R}$ **稱為抗扭斷面模數。**

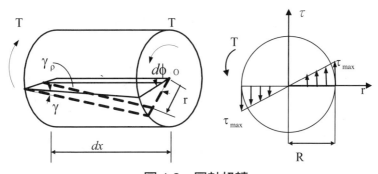

圖 1.2　圓軸扭轉

(二) 圓軸桿件扭轉時的變形

1. 直桿構件：

圓軸扭轉時扭矩所造成的扭轉角：$\varphi = \int \frac{T}{GJ} dx \Rightarrow \varphi = \frac{TL}{GJ}$（其中L表圓軸桿長）

2. 對於階梯軸（各段的極慣性矩不同）或軸上有幾個外力偶作用時，應分段計算每段的扭轉角，然後求代數和，即為兩端面間的扭轉角：

$$\varphi = \varphi_1 + \varphi_2 + \cdots\cdots = \sum_{i=1}^{n} \frac{T_i L_i}{GJ_i}$$

(三) 薄壁圓管的扭轉

1. 薄壁圓管的扭轉剪應力

厚度為t、半徑為R之薄壁圓管、L為薄壁桿長、T為扭矩，由於管壁薄，可以認為扭轉剪應力圓壁厚均勻分布，因此可直接利用剪應力與扭矩間的靜力學關係求解，可得 $\tau = \dfrac{T}{2\pi R^2 t}$

2. 薄壁圓管的扭轉變形

薄壁圓管：扭矩所造成的扭轉角 $\varphi = \dfrac{TL}{2G\pi R^3 t}$

(四) 薄壁桿的扭轉

1. 薄壁桿的扭轉剪應力

$\tau = \dfrac{T}{2A_m t}$ 其中 A_m 表示管壁厚度中心線所包圍的面積。

2. 薄壁桿的扭轉變形

扭矩所造成的扭轉角 $\varphi = \dfrac{TL}{GJ'}$。其中 J' 稱之為扭轉常數、L 為薄壁桿長、厚度為 t，其中 $J' = \dfrac{4A^2_m}{\displaystyle\int \dfrac{ds}{t}}$ （$\displaystyle\int \dfrac{ds}{t}$ **表示長厚比**）

3. 如圖 1.3 以薄壁矩形為例，$A_m = bh$、$J' = \dfrac{4A^2_m}{\displaystyle\int \dfrac{ds}{t}} = \dfrac{4\,(bh)^2}{\dfrac{b}{t_2}\times 2 + \dfrac{h}{t_1}\times 2}$

$\tau_{max} = \dfrac{T}{2A_m t_{min}}$、$\varphi = \dfrac{TL}{GJ'}$

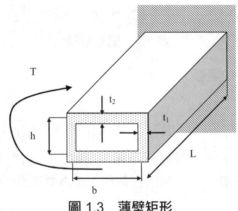

圖 1.3　薄壁矩形

三、樑的彎曲作用力與變形

(一) 彎曲作用力下的受力狀態

凡能承受與軸方向垂直之橫向載重之桿構件均可稱之為樑，如圖 1.4 所示。樑之任一點切開，其斷面所包含之內力有(1)軸力（N）：與樑斷面軸向平行之力；(2)彎矩（M）：使樑產生彎曲或旋轉之力；(3)剪力（V）：與樑斷面相垂直之力。

一結構桿件除了直接受到軸向力時，會產生正向應力之外，樑若受到與方向與桿件垂直的剪力時，也會因為受力變形而產生正向應力。懸臂樑或簡支樑受到剪力時，仍然可能產生正向應力，樑受彎曲應力後，如圖 1.5(a)(b)可以看到，從中截取出長為 dx 的一個微段，橫截面間相對轉過的角度為 dθ，中性面 $\overline{O'O'}$ 曲率半徑為 ρ，距中性面 y 處的任一縱線為 $\overline{bb}$，其受力後變為 $\overline{b'b'}$ 的圓弧曲線，因此縱線 $\overline{bb}$ 的伸長為

$$\Delta L = (\rho + y) d\theta - dx = (\rho + y) d\theta - \rho d\theta = yd\theta$$

線應變：$\varepsilon = \dfrac{\Delta L}{bb} = \dfrac{yd\theta}{\rho d\theta} = \dfrac{y}{\rho}$

如圖 1.5(c)所示，樑的 x 方向只是發生簡單拉伸或壓縮，當橫截面上的正應力不超過材料的比例極限時，可由虎克定律得到橫截面上座標為 y 處各點的正應力為 $\sigma = Ee = \dfrac{E}{\rho}y$，中性軸上各點的正應力均為零，中性軸上部橫截面的各點均為壓應力，而下部各點則均為拉應力，經推導可得應力 $\sigma = \dfrac{My}{I_z}$（I_z：面積慣性矩；y：距中性軸之距離；M：彎矩）

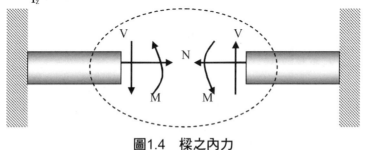

圖1.4 樑之內力

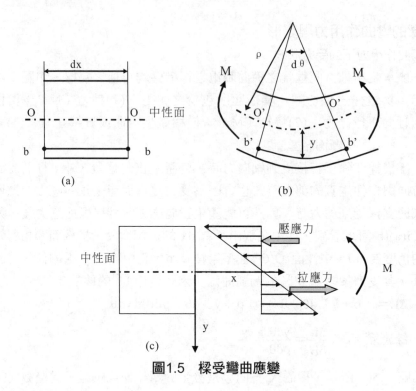

圖1.5　樑受彎曲應變

(二) 面積慣性矩

一面積A對x軸之面積慣性矩$I_x=\int y^2 dA$；面積A對y軸之面積慣性矩 $I_y=\int x^2 dA$

形狀	圖式	面積矩
矩形		$I_x=\dfrac{1}{12}bh^3$ $I_y=\dfrac{1}{12}hb^3$ $I_{x'}=\dfrac{1}{3}bh^3$ $I_{y'}=\dfrac{1}{3}hb^3$ $J_C=\dfrac{1}{12}bh\,(b^2+h^2)$

形狀	圖式	面積矩
三角形	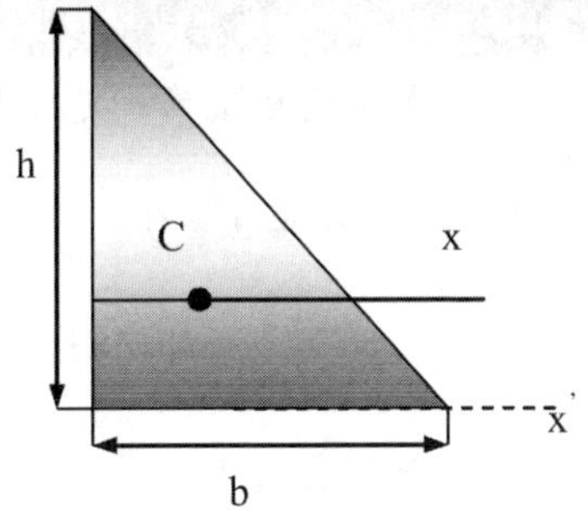	$I_x = \dfrac{1}{36} bh^3$ $I_{x'} = \dfrac{1}{12} bh^3$
圓形	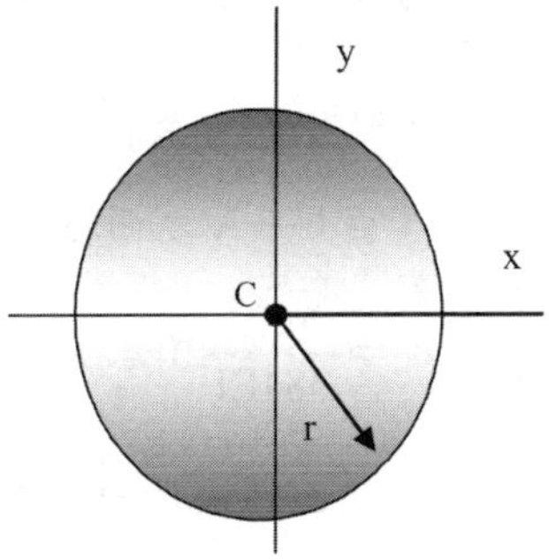	$I_x = I_y = \dfrac{1}{4} \pi r^4$ $J_C = \dfrac{1}{2} \pi r^4$

(三) 彎曲剪應力

樑受力彎曲時，樑內不僅有彎矩還有剪力，因而橫截面上既有彎曲正應力，又有彎曲剪應力。以下根據不同斷面分析其彎曲剪應力，由剪應力互等定理可以推導出矩形截面上距中性軸為 y 處任意點的剪應力計算公式為：$\tau = \dfrac{VQ}{I_z b}$

公式中 V：橫截面上的剪力。

　　　I_z：橫截面對中性軸的軸慣性矩。

　　　b：橫截面上所求剪應力點處截面的寬度（即矩形的寬度）。

　　　Q：分離面之面積對中性軸之一次矩。

(四) 基本撓度變形與力矩面積法

圖式	力矩面積法
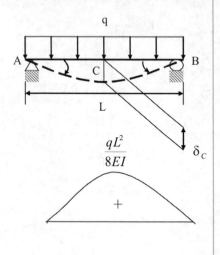	1. 力矩面積法第一定理： $\theta_A - \theta_C = \theta_A - 0 = \left(\dfrac{2}{3}\right)\left(\dfrac{1}{2}\right)\left(\dfrac{1}{8}\right)\dfrac{qL^3}{EI}$ $\theta_A = \dfrac{qL^3}{24EI}$（順時針） $\theta_B = \dfrac{qL^3}{24EI}$（逆時針） 2. 力矩面積法第二定理： $\delta_C = \Delta_{AC} = \left(\dfrac{1}{24}\right)\left(\dfrac{1}{2}\right)\left(\dfrac{5}{8}\right)\dfrac{qL^4}{EI}$ （由 C→A 之面積矩） $\delta_C = \dfrac{5qL^4}{384EI}$（↓）
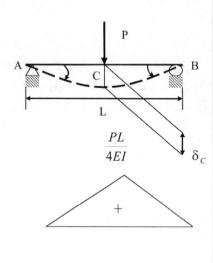	1. 力矩面積法第一定理： $\theta_A - \theta_C = \theta_A - 0 = \left(\dfrac{1}{2}\right)\left(\dfrac{1}{4}\right)\left(\dfrac{1}{2}\right)\dfrac{PL^3}{EI}$ $\theta_A = \dfrac{PL^2}{16EI}$（順時針） $\theta_B = \dfrac{PL^2}{16EI}$（逆時針） 2. 力矩面積法第二定理： $\delta_C = \Delta_{AC} = \left(\dfrac{1}{16}\right)\left(\dfrac{1}{2}\right)\left(\dfrac{2}{3}\right)\dfrac{PL^3}{EI}$ （由 C→A 之面積矩） $\delta_C = \dfrac{PL^3}{48EI}$（↓）

圖式	力矩面積法
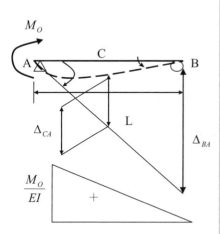	力矩面積法第二定理： $\theta_A = \dfrac{\Delta_{BA}}{L}\left(\dfrac{1}{2}\right)(1)(1)\left(\dfrac{2}{3}\right)\dfrac{M_OL}{EI}$ $\theta_A = \dfrac{M_OL}{3EI}$（順時針） 同理 $\theta_B = \Delta_{AB}/L = \dfrac{M_OL}{6EI}$（逆時針） $\delta_C = \dfrac{\Delta_{BA}}{2} - \Delta_{CA}$ $= \dfrac{M_OL}{EI}\left(\dfrac{1}{6}\right) - \left(\dfrac{3}{8}\times\dfrac{1}{6}\times\dfrac{1}{2}+\dfrac{\frac{1}{2}+2}{\frac{1}{2}+1}\right)$ $\delta_C = \dfrac{M_OL^2}{16EI}$（↓）
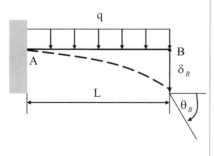	1. 力矩面積法第一定理： $\theta_A = 0$ $\theta_B - 0 = \left(\dfrac{1}{2}\right)(1)\left(\dfrac{1}{3}\right)\dfrac{qL^3}{EI}$ $\theta_B = \dfrac{qL^3}{6EI}$（順時針） 2. 力矩面積法第二定理： $\delta_B = \Delta_{BA} = \left(\dfrac{1}{6}\right)\left(\dfrac{3}{4}\right)\dfrac{qL^4}{EI}$ $\delta_B = \dfrac{qL^4}{8EI}$（↓）

圖式	力矩面積法
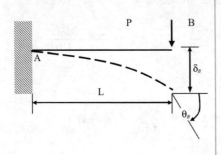 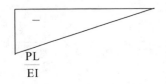	1. 力矩面積法第一定理： $\theta_A = 0$ $\theta_B - 0 = (1)(1)(\dfrac{1}{2})\dfrac{PL^2}{EI}$ $\theta_B = \dfrac{PL^2}{2EI}$（順時針） 2. 力矩面積法第二定理： $\delta_B = \Delta_{BA} = (\dfrac{1}{2})(\dfrac{2}{3})\dfrac{PL^3}{EI}$ $\delta_B = \dfrac{PL^3}{3EI}$（↓）
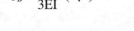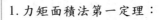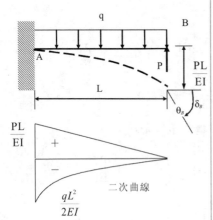	1. 力矩面積法第一定理： 疊加的方式繪製彎矩圖求解$\theta_A = 0$ $\theta_B - 0 = (\dfrac{1}{2})(1)(\dfrac{1}{3})\dfrac{qL^3}{EI} - \dfrac{PL^3}{2EI}$ $\theta_B = \dfrac{qL^3}{6EI} - \dfrac{PL^3}{2EI}$（取順時針為正） 2. 力矩面積法第二定理： $\delta_B = \Delta_{BA} = (\dfrac{1}{6})(\dfrac{3}{4})\dfrac{qL^4}{EI} - \dfrac{PL^3}{3EI}$ $\delta_B = \dfrac{qL^4}{8EI} - \dfrac{PL^3}{3EI}$（↓）

四、衝擊載重

如圖 1.6 所示，假設有重量為 W 的重物自高度 h 處自由下落撞擊樑上 1 點，
則重物與樑接觸時的動能與重力勢能的關係為：$T_0 = \dfrac{mV_0^2}{2} = Wh$

重物至最低點時，位能減少 $W\delta_d$，失去總能量 $E = \dfrac{mV_0^2}{2} = W（h + \delta_d）$

假設重物靜置在樑上的靜變形為 δ_{st}，樑的彈性剛度係數為 $K = \dfrac{W}{\delta_{st}} = \dfrac{P_d}{\delta_d}$

樑獲得的彎曲應變能為 $U = \dfrac{P_d\delta_d}{2} = \dfrac{K\delta_d^2}{2} = \dfrac{W\delta_d^2}{2\delta_{st}}$

利用 $U = E$，得 $\delta_d^2 - 2\delta_{st}\delta_d - 2\delta_{st}h = 0$

$$\delta_d = \delta_{st}\left(1 + \sqrt{1 + \dfrac{2h}{\delta_{st}}}\right) = k_d\delta_{st}$$

k_d **為撞擊因數，其值為** $1 + \sqrt{1 + \dfrac{2h}{\delta_{st}}} = k_d$

由假設移動物體為剛性，當剛性體 W 下降一段距離 h 撞擊一桿件，碰撞時無
能量損失，且碰撞期間物體保持接觸，對負載與撓度保持線性關係（彈性體）
且彈性慣性可以忽略的任何桿件，即可求得撞擊因數 k_d 來分析衝擊效應。此
因數代表靜態負載的放大率，可視為一放大因子，藉由靜態負載乘一放大因
子，可將物體的動態負載當成靜態負載來處理，求得桿件的最大的位移量的
δ_d。當 $\delta_d = \Delta_{max}$ 求得之後，作用於彈性體的最大力可由 $F_{max} = K\Delta_{max}$ 求得。

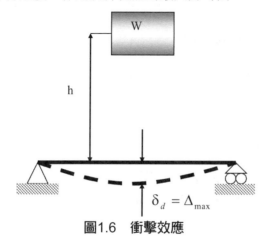

圖1.6　衝擊效應

例 1-6

下圖中垂直桿元件具有兩段均勻截面，若水平桿鉸接處無摩擦，垂直桿為鋼質，試求因附加重量450kg後，A點下降的距離？（鋼E＝206900MPa）

（103 普考）

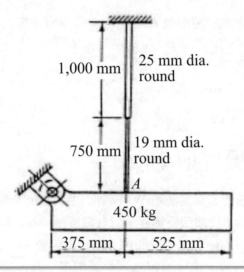

1,000 mm　25 mm dia. round

750 mm　19 mm dia. round

A

450 kg

375 mm　525 mm

解　$450\text{kg} \times 9.807\text{m}/\text{sec}^2 = 4{,}413\text{N}$

對hinge取力矩，$375P = 4{,}413 \times 450$，$P = 5{,}295\text{N}$

(1) 25mm伸長量

$$A = \frac{\pi d^2}{4} = \frac{\pi 25^2}{4} = 490.9\text{mm}^2$$

$$\delta = \frac{Pl}{AE} = \frac{5{,}295 \times 1{,}000}{490.9 \times 206{,}900} = 0.052\text{mm}$$

(2) 19mm伸長量

$$A = \frac{\pi d^2}{4} = \frac{\pi 19^2}{4} = 283.5\text{mm}^2$$

$$\delta = \frac{Pl}{AE} = \frac{5{,}295 \times 750}{283.5 \times 206{,}900} = 0.068\text{mm}$$

故總伸長量＝0.068＋0.052＝0.12mm

例 1-7

如圖，直徑d=30mm的衝頭（punch），欲打穿板厚t=10mm，若板使用灰鑄鐵60，試求所需的負荷F為幾牛頓？此時之壓應力為多少kg／mm² ？（1in=25.4mm，1lb=0.454kg，1psi=1lb／in²）（102身障三等）

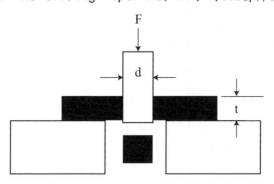

灰鑄鐵之強度

級號 NO.	最小拉力 強度 psi	平均橫向 負荷 lb	壓力強度 ↑ psi	平均剪力 強度 psi	彈性係數 psi	BHN	一般最小 壁厚 in.
20	20，000	1，800	80，000	32，500	11，600，000	110	1/8
25	25，000	2，000	100，000	34，000	14，200，000	140	1/8
30	30，000	2，200	110，000	41，000	14，500，000	170	1/4
35	35，000	2，400	125，000	49，000	16，000，000	200	3/8
40	40，000	2，600	135，000	52，000	18，100，000	230	1/2
50	50，000	3，000	160，000	64，000	22，600，000	250	1/2
60	60，000	3，400	150，000	60，000	19，900，000	275	3/4

＊試料直徑 1.2 時，支夾 18 時，負荷於中心。

＋ 承受變量為 ±10%。

解 (1) 由表可知灰鑄鐵 60

壓力強度＝150,000 Psi

平均剪應力強度＝60,000 Psi

若板受到剪力破壞

$$\tau = 60000 = \frac{F}{A} = \frac{F}{\pi \times \left(\frac{30}{25.4}\right) \times \left(\frac{10}{25.4}\right)}$$

$$\Rightarrow F = 87650.61\ell b = 39793.38kg = 390373.03N$$

若板受到壓應力破壞

$$\sigma = 150000 = \frac{F}{A} = \frac{F}{\frac{\pi}{4}\left(\frac{30}{25.4}\right)^2}$$

$\Rightarrow F = 164344.9 \ell b = 74612.58kg$

$\qquad = 731949.43N$

取較小值 $F = 390373.03N$

(2) 此時壓應力 $= \dfrac{F}{A} = \dfrac{390373.03}{\frac{\pi}{4}(30)^2}$

$$= 552.26\,(\text{N}\diagup \text{mm}^2)$$

$$= 56.3\,(\text{kg}\diagup \text{mm}^2)$$

例 1-8

簡要畫出一延展性（ductile）材料之應力應變關係圖（stress-strain diagram）並簡要予以說明。（普考）

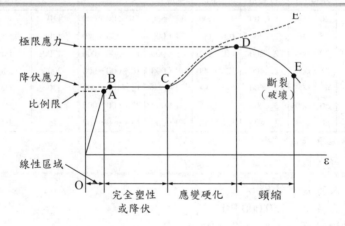

在一般工程材料上，材料具彈性且應力與應變成正比之關係我們可以從材料的拉伸試驗中可得材料應力與應變的關係圖如上所示。對於延性材料，材料若維持在線彈性區域內，則負載卸除時，將不會產生變形，若負載超過降伏強度則會產生永久變形的破壞。

例 1-9

如圖所示一貨車的負荷及尺寸，水準負荷（100,000N）是貨車轉彎時的離心力造成。該圖顯示僅系對貨車之一個輪軸。假設離心力僅由外側的輪緣 B 所抵抗。

(1) 繪出一個軸和二個輪子之元件的剪力圖。

(2) 繪出輪軸的彎矩圖。（地特三等）

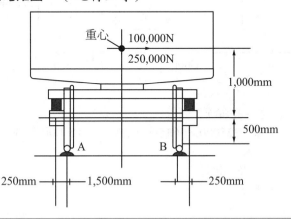

解

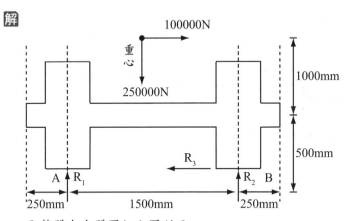

取整體自由體圖如上圖所示

$\Sigma F_x = 0 \Rightarrow R_3 = 10000N$

$\Sigma M_B = 0 \Rightarrow R_1 \times 1500 = 250000 \times \left(\dfrac{1500}{2}\right) - 100000 \times (1000 + 500)$

$\Rightarrow R_1 = 25000N$

$R_2 = 225000N$

取輪軸自由體圖

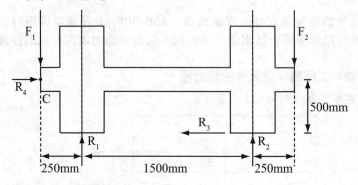

$\Sigma M_C = 0$

$F_2 \times (250 \times 2 + 1500)$

$= 25000 \times 250 + 225000 \times (1500 + 250) - 100000 \times 500$

$\Rightarrow F_2 = 175000N$

$\Sigma F_y = 0 \Rightarrow F_1 = 75000N$

畫剪力圖及彎矩圖

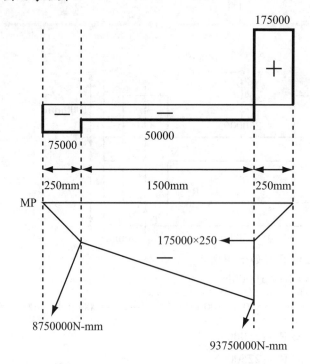

例 1-10

如圖所示各鋼樑寬 30 mm 及厚 45 mm，試求各樑之最大撓曲，已知各樑的彈性模數 E=206900 MPa。（專利特考）

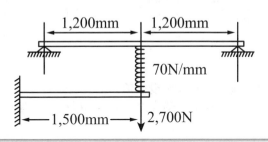

解　假設 y_1 為上樑之撓曲，y_2 為下樑之撓曲

取上樑之自由體圖

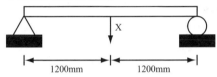

$$y_1 = \frac{xL_1^3}{48EI} \ (\downarrow)$$

取下樑之自由體圖

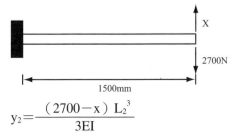

$$y_2 = \frac{(2700-x)L_2^3}{3EI}$$

由變位諧和條件 $y_2 = y_1 + \dfrac{x}{k}$

$$\Rightarrow \frac{(2700-x)L_2^3}{3EI} = \frac{xL_1^3}{48EI} + \frac{x}{70} \cdots\cdots(1)$$

已知 E＝206900Mpa

$L_1 = 1200mm + 1200mm = 2400mm$

$L_2 = 1500mm$

$I = \dfrac{x}{12} \times 30 \times 45^3 = 227812.5 mm^4$

代入(1)可得 x＝1455.89N

$$y_1 = \frac{1455.89 \times (2400)^3}{48 \times 206900 \times 227812.5} = 8.896mm$$

$$y_2 = \frac{(2700 - 1455.89) \times (1500)^3}{3 \times 206900 \times 227812.5} = 26.69mm$$

例 1-11

如圖所示木製彈簧支撐的簡支樑承受衝擊外載，現僅考慮彎矩的影響，並忽略樑與彈簧的質量，試決定簡支樑的最大正交應力與最大垂直位移。（高考）

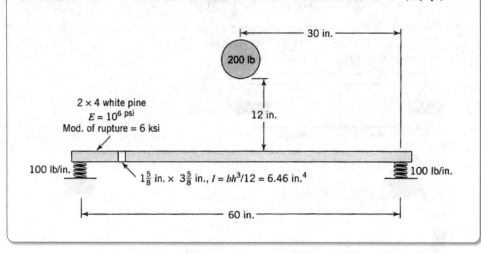

解 $\Delta_{st} = \frac{PL^3}{48EI} \Rightarrow k_{st} = \frac{48EI}{L^3} = \frac{48 \times 10^3 \times 6.46}{(60)^3} = 1.436 \left(\frac{kip}{in} \right)$

$2F_P = F_{st} \Rightarrow 2k_P A_P = k_{st} \Delta_{st}$

$$\Delta_P = \frac{1.436 \times \Delta_{st} \times 10^3}{2 \times 100} = 7.178 \Delta_{st} \quad \cdots\cdots(1)$$

由功能原理

$$W(h + \Delta_P + \Delta_{st}) = \frac{1}{2} k_{st} (\Delta_{st})^2 + 2 \times \left(\frac{1}{2} \right) k_P (\Delta_P)^2$$

$$\Rightarrow 5870.37 (\Delta_{st})^2 - 1636 \Delta_{st} - 2400 = 0$$

$$\Rightarrow \Delta_{st} = 0.79 \text{(in)} , \Delta_P = 5.7 \text{(in)}$$

$$\Delta = \Delta_P + \Delta_{st} = 6.49 \text{(in)}$$

$$\sigma = \frac{My}{I} = 4794.42 \text{(kpsi)}$$

1-3 負應力元素分析

一、斜面之應力

(一) 任意斜截面上的應力

1. **正應力**：$\sigma_\alpha = \dfrac{\sigma_x + \sigma_y}{2} + \dfrac{\sigma_x - \sigma_y}{2} \cos 2\alpha + \tau_{xy} \sin 2\alpha$

2. **剪應力**：$\tau_\alpha = \dfrac{-(\sigma_x - \sigma_y)}{2} \sin 2\alpha + \tau_{xy} \cos 2\alpha$

(二) 主應力及角度

1. **主應力角度**：$\tan(2\alpha_0) = \dfrac{2\tau_{xy}}{\sigma_x - \sigma_y} \Rightarrow \alpha_0 = \dfrac{1}{2} \tan^{-1} \left(\dfrac{2\tau_{xy}}{\sigma_x - \sigma_y} \right)$

2. **主應力**：若軸上負載為彎曲力矩或扭矩，則彎曲應力與剪應力之方向不同，最大正向應力稱為最大主應力 $\sigma_{1,2} = \dfrac{\sigma_x + \sigma_y}{2} \pm \sqrt{\left(\dfrac{\sigma_x - \sigma_y}{2} \right)^2 + \tau_{xy}^2}$

(三) 最大剪應力及角度

1. **最大剪應角度**：$\tan(2\alpha_1) = \dfrac{\sigma_x - \sigma_y}{2\tau_{xy}} \Rightarrow \alpha_1 = \dfrac{1}{2} \tan^{-1} \left(\dfrac{\sigma_x - \sigma_y}{2\tau_{xy}} \right)$

2. **最大剪應力**：由於扭矩與彎曲力矩之作用，而在不同傾斜面上產生 $\tau_{max} = \sqrt{\left(\dfrac{\sigma_x - \sigma_y}{2} \right)^2 + \tau_{xy}^2} = \dfrac{\sigma_1 - \sigma_2}{2}$

二、內壓薄壁容器之應力分析

(一) 內壓薄壁圓筒的應力分析

薄壁圓筒在內壓 P 作用下，圓筒壁上任一點將產生兩個方向的應力，如圖 1.7 所示。一個是由內壓作用在封頭上的軸向拉應力而引起的軸向應力稱之為徑向應力 σ_ϕ；另一個是由於內壓作用使圓筒均勻向外膨脹，在圓周切線方向產生的應力，稱為環向應力 σ_θ 表示，即：

$$\sigma_\phi = \frac{PR}{2t} \text{、} \sigma_\theta = \frac{PR}{t} \text{（若僅有內壓力造成之正向應力時，} \sigma_\theta = \sigma_1 \text{，} \sigma_\phi = \sigma_2 \text{）}$$

R：等於內半徑、P：內壓力、t：薄壁厚度

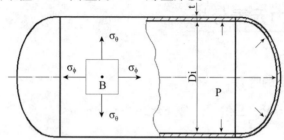

圖 1.7　薄壁圓筒在內壓 P 作用下的應力

(二) 內壓薄壁球形容器的應力分析

以同樣的分析方法可以求得承受內壓作用下球形容器的應力。因球形容器是中心對稱，故殼體上各處的應力均相等，並且徑向應力 σ_ϕ 與周向應力 σ_θ 也相等，根據截面法可推出應力計算公式為：

$$\sigma_\phi = \sigma_\theta = \frac{PR}{2t} \text{（球形容器）}$$

三、莫爾圓求斜面之應力

(一) 莫爾圓方程式：σ_α 和 τ_α 為變數的圓，這個圓稱作應力圓。圓心的橫座標為

$\frac{1}{2}(\sigma_x + \sigma_y)$，縱座標為零，圓的半徑為 $\sqrt{(\frac{\sigma_x + \sigma_y}{2})^2 + \tau_{xy}^2}$。

(二) 應力圓的畫法

1. 如圖 1.8(a) 之應力元素建立 $\sigma - \tau$ 應力座標系，在座標系內畫出點 (σ_x, τ_{xy}) 和 (σ_y, τ_{yx})，如圖 1.8(b) 所示。

2. 此兩點的連線與軸的交點 O 便是圓心，以 O 為圓心，（σ_x，τ_{xy}）到O 點距離為半徑畫一應力圓。

3. 如圖 1.8(b) 所示，若應力元素逆時針旋轉 α 角，則表現在莫爾圓上為以（σ_x，τ_{xy}）座標點逆時針旋轉 2α，得到（σ_{x1}，σ_{x1y1}）、（σ_{y1}，τ_{y1x1}）兩座標點，此為 α 平面上之正向應力與剪應力（σ_α，τ_α）。

4. 圓心為（$\dfrac{\sigma_x+\sigma_y}{2}$，0），半徑為 $\dfrac{\sigma_1-\sigma_2}{2}=R$。

5. 最大剪應力＝莫爾圓半徑（R），最大剪應力面與主平面夾 45°。

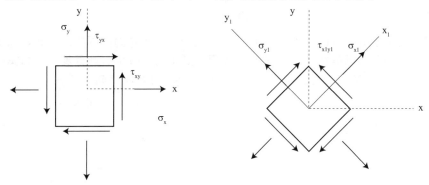

圖 1.8(a)

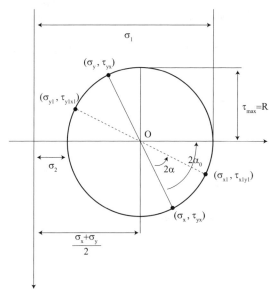

圖 1.8(b)　莫爾圓分析

(三)在應力圓上標出極值應力

$$\begin{cases} \sigma_1 \\ \sigma_2 \end{cases} = \frac{\sigma_x + \sigma_y}{2} \pm \sqrt{\left(\frac{\sigma_x - \sigma_y}{2}\right)^2 + {\tau_{xy}}^2}$$

$$\begin{cases} \tau_{max} \\ \tau_{min} \end{cases} = \pm R = \pm \frac{\sigma_1 - \sigma_2}{2} = \pm \sqrt{\left(\frac{\sigma_x - \sigma_y}{2}\right)^2 + {\tau_{xy}}^2}$$

例 1-12

一實心圓斷面脆性（brittle）棒材，同時承受扭力與拉力如圖所示，其表面上一點 A 的應力狀態如圖示，試用莫爾圓（Mohr's circle）計算其主應力與最大剪應力，並繪出棒材於該受力狀態下破壞時其破壞線走向。（普考）

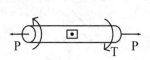
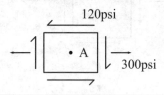

解 (1) $\sigma_x = 300\,Psi$，$\tau_{xy} = 120\,Psi$，$\sigma_y = 0\,Psi$

圓心座標 $\left(\frac{\sigma_x + \sigma_y}{2},\ 0\right)$

⇒圓心座標為（150，0）

莫耳圓半徑

$$R = \sqrt{\left(\frac{\sigma_x - \sigma_y}{2}\right)^2 + (\tau_{xy})^2}$$

$$= \sqrt{\left(\frac{300 - 0}{2}\right)^2 + (120)^2}$$

$$= 192.09\ (最大剪應力)$$

$\sigma_1 = \frac{\sigma_x + \sigma_y}{2} + R = 342.09\,Psi$　　$\sigma_2 = \frac{\sigma_x + \sigma_y}{2} - R = -42.09\,Psi$

$$\tan\alpha = \frac{\tau_{xy}}{\sigma_x - \left(\frac{\sigma_x + \sigma_y}{2}\right)} = \frac{120}{300 - 150} = 0.8$$

$$\alpha = 38.66$$

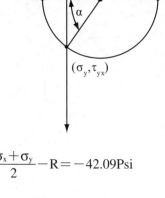

(2)

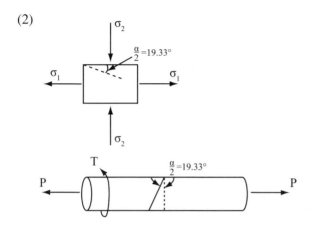

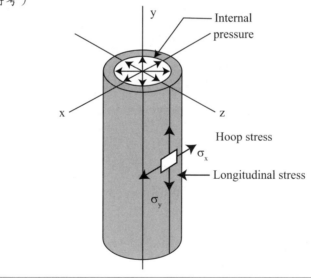

例 1-13

薄管壓力容器如圖所示，內部之蒸汽壓力 P＝500psi，其中容器之外徑 D＝4in，容器厚度 t＝0.08in，容器兩端是封閉的。如此典型的機械元件，所承受的是三維的應力狀態，試分析最大剪應力及其對應的方位。

（專利特考）

解 1. 取三維應力元素：

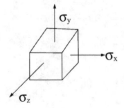

$$\sigma_x = \frac{PR}{t} = \frac{500 \times \frac{(4-0.08)}{2}}{0.08} = 12250(\text{psi})$$

$$\sigma_y = \frac{PR}{2t} = \frac{500 \times (4-0.08)}{2 \times 0.08} = 6125(\text{psi})$$

因此主平面應力 $\begin{cases} \sigma_1 = \sigma_x = 12500\text{psi} \\ \sigma_2 = \sigma_y = 6125\text{psi} \end{cases}$

2. 最大平面上剪應力：

$$(\tau_{max})_{xy} = \frac{\sigma_1 - \sigma_2}{2} = \frac{1225 - 6125}{2} = 30625$$

平面應力元素圖如下所示

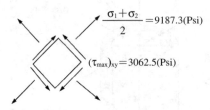

$$\frac{\sigma_1 + \sigma_2}{2} = 9187.3(\text{Psi})$$

$$(\tau_{max})_{xy} = 3062.5(\text{Psi})$$

3. 絕對最大剪應力：

$\sigma_1 > \sigma_2 > \sigma_3$ 其中 $\sigma_3 = \sigma_Z = 0$

$$\tau_{max} = \frac{\sigma_1 - \sigma_2}{2} = \frac{12250 - 0}{2} = 6125\text{psi}$$

1-4 組合變形

一、組合變形

在工程應用上結構中的桿構件，受外力作用產生的變形比較複雜，經分析後均可看成若干種基本變形（彎曲、扭轉、拉伸壓縮）的組合，構件受力後產生的變形是由兩種以上基本變形的組合，稱為組合變形。

對於組合變形的計算，首先按靜力等效原理，將負載進行簡化、分解，使每一種負載產生一種基本變形；其次，分別計算各基本變形的解（內力、應力、變形），最後綜合考慮各基本變形，疊加其應力、變形，進行桿構件受力狀況的分析。

二、組合變形解題步驟

(一) **外力分析**：外力向形心簡化並沿主慣性軸分解，並計算支承反力。

(二) **內力分析**：利用 1-2～1-3 章節內容所述之基本變形分析方式，求出每個外力分量對應的內力方程式，利用自由體圖計算桿構件接觸部位或是桿構件之內力與桿構件之基本變形。

(三) 對於線彈性狀態的構件，所有受力狀況分解為基本變形，考慮在每一種基本變形下的應力和變形，然後進行疊加，而得到桿構件之組合變形。

三、應用能量法解題

(一) **彈性桿件應變能的一般運算式**

橫截面上的軸力 N（x）、彎矩 M（x）和扭矩 T（x）均只在各自引起的位移 d（δ）、dθ 和 dφ 上作功，各類荷載所作的功互相沒有影響，故微段桿內的應變能可用疊加原理計算，即

$$dU = dW = \frac{1}{2} N（x）d\delta + \frac{1}{2} T（x）d\varphi + \frac{1}{2} M（x）d\theta$$

$$= \frac{N^2（x）dx}{2EA} + \frac{T^2（x）dx}{2GJ} + \frac{M^2（x）dx}{2EI} \quad （忽略剪力，廣義力乘廣義位移）$$

在小變形條件下，變形與 N（x），T（x），M（x）不耦合，可以疊加。

$$U_z = \int \frac{N^2（x）}{2EA} dx + \int \frac{T^2（x）}{2GJ} dx + \int \frac{M^2（x）}{2EI} dx$$

對於斜面彎曲，彎矩沿主形心軸分解

$$\int \frac{M^2（x）}{2EI} dx \text{ 換成 } \int \frac{M_y^2（x）}{2EI_y} dx + \int \frac{M_z^2（x）}{2EI_z} dx$$

(二) **卡氏第二定理的應用**

基本變形及組合變形情況下計算位移的卡氏第二定理之應用式如下：

1. **組合變形桿構件**

$$\Delta_i = \frac{\partial U_z}{\partial F_i} = \int \frac{F_N（x）}{EA} \frac{\partial F_N（x）}{\partial F_i} dx + \int \frac{T（x）}{GJ} \frac{\partial T（x）}{\partial F_i} dx + \int \frac{M（x）}{EI} \frac{\partial M（x）}{\partial F_i} dx$$

2. 簡單桁架結構。由於桁架的每根桿構件均受均勻拉伸或壓縮，若桁架共有 n 根，則：

$$\Delta_i = \frac{\partial U_z}{\partial F_i} = \sum_{i=1}^{n} \frac{F_{Ni} L_i}{E_i A_i} \frac{\partial F_{Ni}}{\partial F_i}$$

根據卡氏定理的運算式，我們知道在計算結構某處的位移時，該處應有與所求位移相應的外力作用，如果這種外力不存在，可在該處附加虛設的外力 $\overline{F}$，從而仍然可以採用卡氏定理求解。

例 1-14

如下圖所示，一靜止軸和一滑輪承受一靜力 2000 lb 作用，試問在圖中直徑1 in.上所有可能的應力有那些？所對應之數值為多少？並求最大應力所在的位置及其所對應之應力值。（普考）

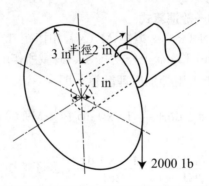

解 (一) 取靜止軸自由體圖

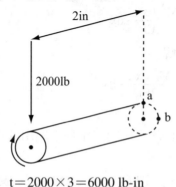

t＝2000×3＝6000 lb-in

(二) a點所受應力

(1) 拉應力

$$\sigma = \frac{My}{I} = \frac{2000 \times 2 \times (\frac{1}{2})}{\frac{\pi}{4} \times (\frac{1}{2})^4} = 40743.66 \text{（Psi）}$$

(2) 扭轉剪應力

$$\tau = \frac{Tr}{J} = \frac{6000 \times (\frac{1}{2})}{\frac{\pi}{2} \times (\frac{1}{2})^4} = 30557.75 \text{（Psi）}$$

(3) 最大主應力

$$\sigma = \frac{\sigma}{2} + \sqrt{(\frac{\sigma}{2})^2 + (\tau)^2} = 57096.67 \text{（Psi）}$$

(三) b點所受之應力：b點僅受扭轉剪應力及直接剪應力

$$\tau = \frac{Tr}{J} + \frac{4}{3}\frac{V}{A} = \frac{6000 \times (\frac{1}{2})}{\frac{\pi}{2} \times (\frac{1}{2})^4} + \frac{4}{3} \times \frac{2000}{\frac{\pi}{4} \times 1^2} = 33953.06 \text{（Psi）}$$

(四) 比較 a、b 點，即最大應力位於 a 點

$$\sigma_1 = 57096.67 \text{（Psi）}$$

例 1-15

一實心軸承受一扭矩、彎矩及剪力如圖示。求作用在 A 及 B 點上的主應力。

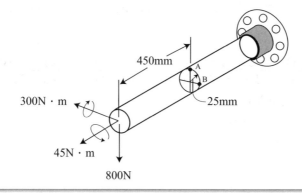

300N · m

45N · m

800N

450mm

25mm

A

B

解 (1) A 點受力狀態

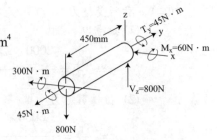

$$I_x = I_y = \frac{\pi}{4}\,(0.025)^4 = 0.306796 \times 10^{-6}\,m^4$$

$$J = \frac{\pi}{2}\,(0.025)^4 = 0.613592 \times 10^{-6}\,m^4$$

$$Q_A = 0$$

$$\sigma_A = \frac{M_x c}{I} = \frac{60\,(0.025)}{0.306796 \times 10^{-6}} = 4.889\,MPa$$

$$\tau_A = \frac{T_y c}{J} = \frac{45\,(0.025)}{0.613592 \times 10^{-6}} = 1.833\,MPa$$

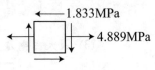

$$\sigma_x = 4.889\,Mpa \quad \sigma_y = 0 \quad \tau_{xy} = -1.833\,MPa$$

$$\sigma_{1,2} = \frac{\sigma_x + \sigma_y}{2} \pm \sqrt{\left(\frac{\sigma_x - \sigma_y}{2}\right)^2 + \tau_{xy}^2}$$

$$= \frac{4.889 + 0}{2} \pm \sqrt{\left(\frac{4.889 - 0}{2}\right)^2 + (-1.833)^2}$$

$$\sigma_1 = 5.50\,MPa$$

$$\sigma_2 = -0.611\,MPa$$

(2) B 點受力狀態

$$I_x = I_y = \frac{\pi}{4}\,(0.025)^4 = 0.306796 \times 10^{-6}\,m^4$$

$$J = \frac{\pi}{2}\,(0.025)^4 = 0.613592 \times 10^{-6}\,m^4$$

$$Q_B = \bar{y}A' = \frac{4\,(0.025)}{3\pi}\,\left(\frac{1}{2}\right)\pi\,(0.025^2) = 10.4167 \times 10^{-6}\,m$$

$$\sigma_B = 0$$

$$\tau_B = \frac{V_z Q_B}{It} - \frac{T_y c}{J} = \frac{800 \times (10.4167) \times 10^{-6}}{0.306796\,(10^{-6})\,(0.05)} - \frac{45 \times (0.025)}{0.61359 \times 10^{-6}}$$

$$= -1.290\,MPa$$

$$\sigma_x = 0 \quad \sigma_y = 0 \quad \tau_{xy} = -1.290\,MPa$$

$$\sigma_{1,2} = \frac{\sigma_x + \sigma_y}{2} \pm \sqrt{\left(\frac{\sigma_x + \sigma_y}{2}\right)^2 + \tau_{xy}^2}$$

$$= 0 \pm \sqrt{(0)^2 + (-1.290)^2}$$

$$\sigma_1 = 1.29\text{MPa}$$

$$\sigma_2 = -1.29\text{MPa}$$

例 1-16

如圖是一個常見的曲柄扳手
尺寸和受力狀況的圖形，
尖端A處受到1000N向下
的力，扳手末端固定於C
處，材料的E＝207GPa，
G＝80GPa試求：(1)B點的撓
度及角位移。(2)圖中固定端
中何處最容易破壞，且所受
彎曲正向應力和扭轉剪應力
為何？

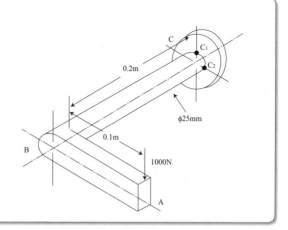

解 (1) B 點撓度：

$$I = \frac{\pi D^4}{64} = \frac{\pi \times (0.025)^4}{64} = 2 \times 10^{-8} \text{m}^4$$

$$y_{max} = \frac{WL^3}{3EL} = \frac{1000 \times (0.2\text{m})^3}{3 \times 207 \times 10^9 \times 2 \times 10^{-8}} = 6.4 \times 10^{-4} \text{m}$$

BC 圓柱部分也受到 T＝1000N×0.1m＝100N-m 的扭矩，扭矩所造成
的角位移：

$$J = \frac{\pi D^4}{32} = \frac{\pi \times (0.025)^4}{32} = 3.8 \times 10^{-8} \text{m}^4$$

$$\theta = \frac{TL}{GJ} = \frac{100 \times 0.2}{80 \times 10^9 \times 3.8 \times 10^{-8}} = 0.0066 \text{（rad）}$$

(2) 整個結構最大應力顯然發生在C點固定中的C_1處，所以最容易破壞處
為 C_1 處，其受力包括彎曲正向應力和扭轉剪應力兩部份：

$$\sigma_{max} = \frac{MC}{I} = \frac{1000 \times 0.2 \times 0.025 / 2}{2 \times 10^{-8}} = 1.25 \times 10^8 \text{Pa} = 125\text{MPa}$$

$$\tau_{max} = \frac{TC}{J} = \frac{100\text{N} \cdot \text{m} \times 0.025 / 2}{3.8 \times 10^{-8}} = 32.9 \times 10^6 \text{Pa} = 32.9\text{MPa}。$$

例 **1-17**

L 型的框架以兩區段組成，各有長 L 和彎曲勁度 EI。若其承受一均勻分布負載，求端 C 的水平位移。

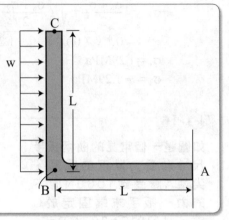

解 利用卡氏定理假設虛設一水平力P於C點，如下圖所示

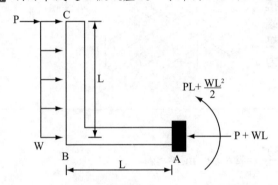

取 C 點向下之自由體圖及 AB 之自由體圖

$$\frac{\partial M_1}{\partial P}=x_1 \ , \ \frac{\partial M_2}{\partial P}=L$$

令 $P=0 \Rightarrow M_1=\frac{Wx_1^2}{2}$,

$$M_2=\frac{WL^2}{2}$$

$$\Delta_C =\int_0^L M\left(\frac{\partial M}{\partial P}\right)\frac{dx}{EI}$$

$$=\frac{1}{EI}\left[\int_0^L \frac{Wx_1^2}{2}(x_1)\,dx_1+\int_0^L \frac{WL^2}{2}L\,dx_2\right]$$

$$=\frac{5WL^4}{8EI}$$

精選試題

一　問答題型

1. 公差配合符號 28H6／s5 各代表的意義為何？試說明之。（普考）

   解 28H6／s5 為基孔制，此為軸孔配合件，軸與孔的基本尺寸為 28mm，孔
   內徑之位置符號為大寫字母，孔內徑之位置與等級為 H6，軸外徑之位
   置符號為小寫字母，軸外徑之位置與等級為 s5

2. 兩個互相接合的機件組成一「配合」，例如：孔與軸的配合。試敘述「配合」
   依孔與軸的直徑大小可分為幾種。請全部列舉並簡述其意義。（普考）

   解

	餘隙配合 （鬆配合）	過渡配合	干涉配合 （緊配合）
說明	孔大於軸時之配合，兩配合件中，孔之尺度恆大於軸之尺度，即裝配時保持有相當的餘隙	兩配合件中，孔之尺度可能大於軸之尺度或小於軸之尺度，即裝配時可能產生餘隙也可能產生干涉	軸大於孔時之配合，兩配合件中，孔之尺度恆小於軸之尺度，即裝配時有干涉的存在
基孔制（H）	H／a～g	H／h～n	H／n～zc
基軸制（h）	A～G／h	H～N／h	N～ZC／h

3. 材料的機械性質是指材料在受到外力作用時，所表現出來的性質。下列十種材
   料性質中，那四種屬於材料的機械性質？請詳細敘述這四種機械性質的意義。
   導電性，硬度，導熱性，延展性，磁性，透光性，韌性，彈性，氧化作用，酸
   鹼反應。（普考）

   解 硬度、延展性、彈性、韌性為材料的機械性質。

   (一) 硬度是材料抗穿透與刮痕的能力。在材料的表面施以外加壓力時，材
   料會產生凹痕變形，抵抗此種受壓變形的能力較大者所產生的變形量
   較小，表示硬度較高，同時對磨耗及刮傷等的抵抗能力也較強。

   (二) 延展性是材料抵抗塑性變形且未斷裂的能力。主要的表示法有伸
   長率（Percentage of elongation）和面積縮減率（Percentage of area
   reduction）兩種，均可由拉伸實驗中求得。

(三) 彈性是描述材料在受力變形後，當應力去除而回復原來形狀與大小的恢復能力，此稱為彈性行為。因為材料的變形是非永久性的。應力/應變曲線圖形，記錄著材料如何伸展而至破壞。

(四) 韌性是當材料承受一突然施加的撞擊外力時，其應變率（Strain rate）很大，材料會呈現較脆的特性。通常把這種承受衝擊負荷的能力稱為材料的韌性。

4. **零件圖的內容與功能為何？組裝圖的內容與功能為何？**（普考）

    解 (一) 零件圖：

    　　 (1) 內容：所有零件的尺寸都必須詳細標示，對於材料的選用或特別指定的加工方式，必須要以特定的符號或文字標示清楚，配合件的尺寸則需要標示容差。

    　　 (2) 功能：可幫助設計者作細部設計時的考量外，也可作為設計者與製造加工者之間溝通的工具。

    　　(二) 組裝圖

    　　 (1) 內容：特別註明組裝方法並可詳述於圖面上，而圖面上若有不清楚的地方，可以附加的方式或放大圖樣來說明。

    　　 (2) 功能：說明零件間的位置關係、組裝配合方式，並展現整體設計的成果。

5. **下列公制設計圖面中對元件特徵之標註，請述其涵義。**

    (1) Φ45H7？

    (2) 2×Φ8.04－8.07

    | ⊕ | Φ0.02 Ⓜ | A | C | DⓂ |（普考）

    解 (1) Φ 45H7 為基孔制，此為軸孔配合件，軸與孔的基本尺寸為 45mm，孔內徑之位置符號為大寫字母，孔內徑之位置與等級為 H7。

    　　 (2) A. 加註在框格上方為與公差有關之註解，表示兩個孔直徑為 8.04，下偏差 8.07。

    　　　　 B. 左起第一格內為幾何公差符號：位置度。

    　　　　 C. 左起第二格內為公差數值。若公差區域為圓形或圓柱，則應在此數值前加一 F 符號，用以管制幾何型態偏移位置之誤差。

    　　　　 Ⓜ 為最大實體狀況：機件加工完成後，其尺度在允許的範圍內，包含最多的材料狀況，即軸尺度為最大時，或孔尺度為最小時，稱為最大實體狀況。

    　　　　 左起第三、四及第五格所填之字母 A、C、D 表示為基準面，填入代表該基準或多個基準之字母。

6. **試述設計時需考慮公差之原因。**（普考）

解 兩機件之組合，有作相對旋轉或移動，或無相對運動（固定或靜止）。在裝配時應考慮其轉動或固定不動之情況，組合部位所需之鬆緊程度各有不同，此種鬆緊之程度稱為配合（fit）配合部位依機件使用功能之不同而給予適當之公差。如此不僅可以使製造便利，且裝配成機械之後仍能達到實用性與經濟性。

7. **簡單說明莫爾圓（Mohr's circle）的用途與其用法。**（普考）

解 (一) 莫爾圓(Mohr's circle)的用途：

莫爾圓的用途在讓人看圖容易瞭解作用在材料上某一點微素體所產生的應力作用狀況，且可以用莫爾圓來觀察並取代一般繁雜的運算手續。我們可以利用莫爾圓配上微素體求出材料在不同壓力和拉力下所產生的應力情形，能由莫爾圓計算出相對於二維平面應力狀態的主應力及其主平面的方向。

(二) 莫爾圓（Mohr's circle）的用法：

莫爾圓（Mohr's circle）可用圖形來表示平面應力的轉換方程式，因為由此可以看出作用在受應力物體內某一點處的不同斜面上的應力。此外莫爾圓不只可以用在應力上，也適用於數學本性類似的其他量，包括應變與慣性矩，可以用來求出材料元素的最大主應力以及最大剪應力和主角度。

8. **試說明受 impact loading 時，機械設計考量之重點為何？**（鐵路員級）

解 衝擊負載（impact loading）是指因力、速度和加速度等參量急劇變化而使得構件產生瞬間運動。其特點是衝擊負載的幅值變化快，與系統的固有週期相比持續時間短，頻率範圍寬，構件受衝擊時產生很大的衝擊力。因此，在機械設計考量之重點為降低衝擊應力。可用以下方式下減小衝擊應力：

(1) 設置緩衝裝置：在被衝擊構件上增設緩衝裝置，這樣既增大了靜位移，又不會改變構件的靜應力。例如，在火車車箱架與輪軸之間安裝壓縮彈簧，在某些機器或零件上加橡皮座墊或墊圈。

(2) 改變被衝擊構件的尺寸：在某些情況下，增大被衝擊構件的體積可以降低動應力，例如把承受衝擊的汽缸蓋螺栓，由短螺栓改為長螺栓，增加了螺栓的體積就可以提高螺栓的承受衝擊能力。

(3) 選用低彈性模數的材料：採用彈性模量較低的材料可以增大靜位移，從而降低衝擊應力。

9. 何謂公差？配合？基孔制？表面粗糙度？（台電）

解 (一) 公差：零件製造時允許尺寸有一定差異，即最大尺寸與最小尺寸之差。

　　(二) 配合：在設計有作相對旋轉、移動或無相對運動（固定或靜止）兩機件之組合，此兩機件於裝配時，應考慮其固定不動或轉動之情況，各接觸組合之部位，機件間所需鬆緊程度各有不同，此種鬆緊之程度稱為配合，配合部位依機件使用功能之不同而給予適當之公差。

　　(三) 基孔制（basic hole system）：係以孔徑為基本尺度（即孔之最小尺度），將孔的公差大小與位置（取 H 位置）固定不變，採用正偏差，改變軸的公差大小及位置，以獲得所需之配合，以大寫英文字母表示。

　　(四) 表面粗糙度：是指加工表面具有凹凸不平之紋路和微小的表面不平度，此時工件表面是由形狀誤差之大波浪及高低起伏之小浪所組成，此大波浪被稱為表面之波狀曲線，而小波紋則稱為粗糙度曲線即為表面粗糙度。

10. 柱的挫屈（Buckling）問題，在機械設計上是非常重要的課題。請問當柱承受軸向負荷時，必須參考那一個幾何參數，來決定它是先發生降伏（Yielding），或是先發生挫屈？一般而言，長度為 L 之柱，其挫屈負荷 P_{cr} 是以公式：$P_{cr}=[\pi^2 EA/(Le/r)^2]$ 表示，請問 Le 代表什麼？以材料力學理論而言，當柱的兩端固定時，Le應該又是多少？（鐵路員級）

解 (一) 若挫曲負荷為 P_{cr}，且軸向降伏作用力為 F_P，則：

　　　1. 當 $F_P<P_{cr}$，挫曲將在降伏後發生。

　　　2. 當 $F_P=P_{cr}$，挫曲和降伏同時發生。

　　　3. 當 $F_P>P_{cr}$，挫曲將在降伏前發生。

　　(二) Le 代表桿的計算長度或有效長度。

　　(三) Le＝0.5L

11. 台灣過去 20 多年來，已經廣泛使用有限元素法（Finite element method）套裝軟體於機械設計的領域。請說明這種數值解法，在結構元件的應力集中區域，可以提供何種優勢？（鐵路員級）

解 凡是牽涉到複雜之幾何、負載與材料性質之問題，通常都無法得到其分析數學解，因此對一被分析之未知連續體而言，有限元素法假設將此未知連續體分割成有限個元素，元素之邊界點稱之為節點，每個節點上攜帶一條數學方程式，藉由有限個內插函數方程式表達該連續體之分析行為，只要連續體之場變數與各條件假設正確，則在誤差容忍度之內，近似解可視為取代精確解之結果。

有限元素法有以下優勢：
(一) 鄰近元素的材料性質不一定要相同，如非均質、非等向性的材料，
　　 能使這種方法應用到不同材料所組成的物體。
(二) 不規則形狀的邊界，能用直邊的元素作近似估計，或用曲線邊界作
　　 正確配合。
(三) 元素的大小可以改變，元素網格可擴大或縮小。
(四) 不連續性的面負荷，用這種方法不會產生任何困難，能很容易解決
　　 混合邊界條件。

12. 試繪流程圖，並說明機械產品廣義設計之程序。（地三）

解 將整個設計程序分成不同階段的工作，並賦予階段性的任務，各階段間
　　的工作具有特定的順序關係，彼此環環相扣，並可迭代回饋設計訊息再
　　進行必要的修正改良，其次設計者針對設計問題產生不同的設計概念
　　後，接下來則是根據設計的目標、需求、限制，以各種工具評估所產生
　　的設計概念，同時確認設計概念的可行性，作必要的設計資訊回饋和修
　　改。設計概念確認之後，設計者接下來的工作便是建立各種設計圖、設
　　計文件，與顧客或製造部門作溝通，其流程如下所示：

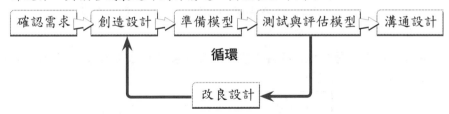

13. 試述機械設計時所需考慮的要點。（地四）

解 (一) 機構運作：各機件運動時，是否產生干涉。可依機件使用功能之不
　　　　 同而給予適當之公差。
　　(二) 機件的受力：各機件經由力傳遞運動時，機件所受之負荷，可利用
　　　　 工程力學平衡觀念求得。
　　(三) 機件強度、剛度及安全性：為確保機件在運轉中的安全，且滿足強
　　　　 度、剛度及穩定度的要求，因此機件在設計必須大於安全因數1以上。

14. 請指出並改正以下敘錯誤之處。（專利三等）

(一)應力單位$1N/mm^2=1$Pascal。

(二)應力與應變關係可以表示為$\sigma=E\varepsilon$，其中E為材料的抗拉強度。

(三)扭轉一枝粉筆導致斷裂時，其斷裂方向一定和粉筆的軸成90°。

(四)零件（如滾動軸承）受到負載時材料並沒有立即產生破壞，而是在反覆受力超過一定的次數後，才會發生破壞，此種破壞模式稱作應力集中。

(五)模數比為2:1的大齒輪和小齒輪，可以構成減速比2:1的齒輪組。

解 (一) $1(N/m^2)=1$Pascal。

(二) E為材料彈性模數。

(三) 斷裂方向與粉筆的軸成45°。

(四) 疲勞破壞。

(五) 模數比2:1 ⇒ 齒數比2:1。

15 面積相同的矩形截面與工字型截面的梁(Beam)，承受相同純彎曲力矩，請問何種截面的梁較為安全？請說明其理由。（普考）

解 樑受純彎曲力矩時，彎曲應力$\sigma=\dfrac{My}{I}$，其中M為彎矩，I為面積慣性矩。

因矩形截面及工字形截面面積相同，且承受相同彎曲例舉，工字形樑有較大的面積慣性矩I，所以工字形樑內部產生的彎曲應力σ會較矩形小，故工字型樑較為安全。

16 請分別說明下圖各小圖標註之幾何公差符號所代表之意義，圖中所示長度單位皆為mm。（普考）

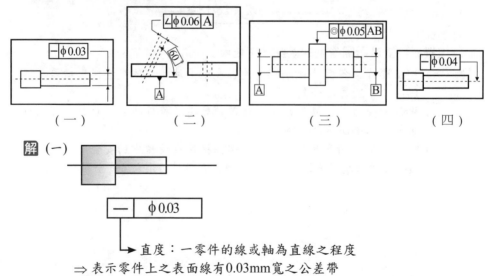

（一）　　　　（二）　　　　（三）　　　　（四）

解 (一)

— φ0.03

直度：一零件的線或軸為直線之程度

⇒ 表示零件上之表面線有0.03mm寬之公差帶

(二)

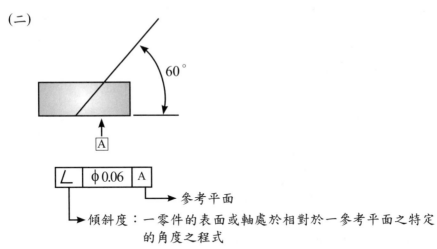

A

⟶ 參考平面

⟶ 傾斜度：一零件的表面或軸處於相對於一參考平面之特定
的角度之程式

⇒ 表示以參考平面A之特定角度60°有0.06mm寬之公差帶

(三) 同心度：

◎	φ0.05	AB

⟶ 同心度：任何二或多個零件之圓柱面與一圓孔有一共同軸之
程度

表示以參考平面A與參考平面B之中心面有一共同軸0.05mm寬之公
差帶。

(四) 表示零件之圓心軸有0.03mm寬之公差帶。

17. 有一公稱（nominal）直徑為25 mm 的軸與孔，如下圖所示。請問組裝後的
間隙（clearance）有無可能大於0.40 mm？（地四）

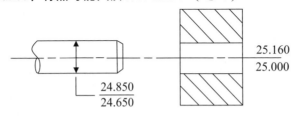

25.160
25.000

24.850
24.650

解

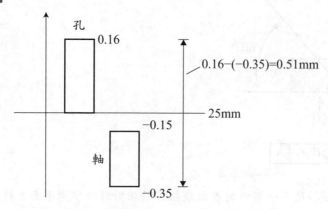

$0.16-(-0.35)=0.51mm$
故最大間隙0.51mm，有可能大於0.4mm

18. 下左圖與下右圖為常見的兩種軸形狀精度公差的標示：
　(一)請簡述兩種公差的物理意義及其檢測方法。
　(二)請說明下左圖與下右圖的標示是否實質上大致相等？請詳述你的理由。
　　（101高三）

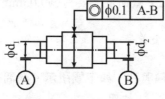

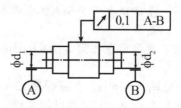

解 1. 左圖（同心度公差）
　　中間部分之軸線須在一個圓柱公差區域內，該
　　圓柱直徑為0.1，而其軸線須與左右兩端AB之
　　軸線相重合，可使用三次量床量測。

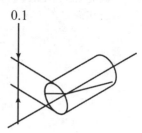

2. 右圖(偏轉度公差)

在延圓柱面上之任何一點處，所量得與
基準軸線垂直方向之偏轉量不得超過
0.1，此公差是不限定在該圓柱之真直
度，故實質上與左圖不同，可使用三次
量床量測。

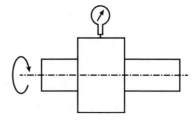

圍繞基準軸線A-B旋轉

19. **一般運動控制器（motion controller）有那三種型式？**
    簡述一般運動控制器的主要功能？（102高三）

解 運動控制器可以用來控制任何可以被測量的並且可以被控制變數，比如
它可以用來控制溫度、壓強、流量、化學成分、速度等。比例積分微分
控制器就是一種運動控制器，包含比例控制器、微分控制器、微分控制
器三部分，實際上也有PI和PD控制器。

PID控制器的功能：

(1) 比例控制器可以減少系統的上升時間及延遲時間，但卻會增加系統
的超越量使系統的最大超越量百分比變大。

(2) 積分控制器可以減少或消除穩態誤差。

(3) 微分控制器具有預測控制的功能。微分控制項可以減少系統的最大
超越量百分比。

20. **下圖所示為一軸承殼的機械工程圖，請依圖說明各幾何公差標式的意義為**
    何？（103鐵員）

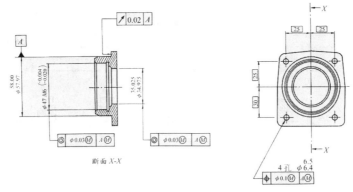

斷面 X-X

解 (1) 當一幾何形態與一基準有關聯時，通常用一個大寫字母加一個
方框，用引線引至基準處，以一個黑正三角形（或空心三角
形）加以標示該基準。

(二) A：基準面或基準軸線　$\boxed{\nearrow\ \ |\ 0.02\ |\ A\ }$

圓偏轉度：圍繞基準軸線作一完全迴轉時之最大容許改變量0.02mm

(三) M：最大實體狀況　　　　　$\boxed{\ \odot\ |\ \phi 0.03\ \textcircled{M}\ |\ A\ \textcircled{M}\ }$

　　　 A：基準面或基準軸線

　　　 φ：公差區域為圓形或圓柱

　　　 ◎：同心度

　　　 在最大實體狀況，其有效同心度公差被管制在0.03mm直徑範圍內。

(四) M：最大實體狀況

　　　 A：基準面或基準孔軸線

　　　 ⊕：位置度4個孔

　　　 φ：公差區域為圓形或圓柱

　　　 4孔 $\phi \begin{smallmatrix} 6.5 \\ 6.4 \end{smallmatrix}$　　$\boxed{\ \oplus\ |\ \phi 0.1\ \textcircled{M}\ |\ A\ \textcircled{M}\ }$

　　　 在最大實體狀況，其有效位置度公差被管制在0.1mm直徑範圍內，
　　　 同時要鑽直徑為6.4mm～6.5mm之孔。

21. 下圖中，

　　(一) 試寫出空格1、2、3、4、5及6配合種類名稱。

　　(二) 一公稱直徑φ50mm，最小干涉為0.02mm，最大干涉為0.06mm，孔公差
　　　　 為0.03mm，軸公差為0.01mm，請用基孔制及基軸制分別設計孔及軸的
　　　　 尺寸(unit：mm)。

　　(三) 試分別說明公差等級中01、0～4級、5～10級及11～16級用於何種零件
　　　　 之精度或配合件。（103普））

公制薦用配合

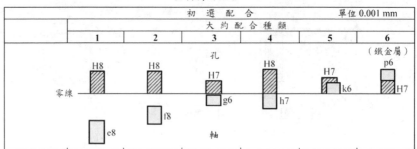

解 (一)

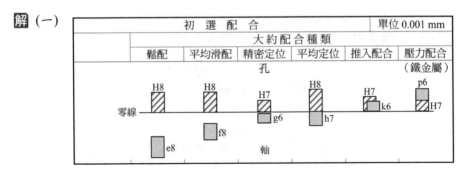

(二) 1. 基孔制

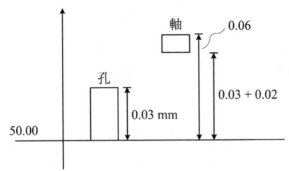

孔之尺寸 $50^{+0.03}_{+0}$ (mm)，軸之尺寸 $50^{+0.06}_{+0.05}$ (mm)。

2. 基軸制

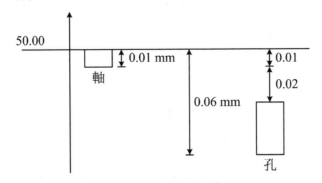

軸之尺寸 $50^{0}_{-0.01}$，孔之尺寸 $50^{-0.03}_{-0.06}$。

(三) IT01～IT4供量規使用，IT5～IT10供一般機械零件配合用，IT11～IT18用於不需配合部分。

22. (一)寫出下圖1～5各油壓控制元件之名稱。
　　(二)說明油壓傳動之優缺點。（103地特三等）

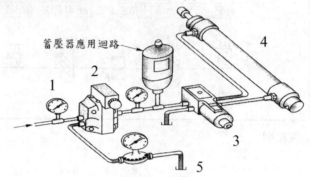

蓄壓器應用迴路

解 (一)　1.壓力錶　　　　　　　2.油壓幫浦
　　　　　3.液壓控制器　　　　4.液壓缸
　　　　　5.儲油箱

　　　(二)

優點	缺點
1.機件小，產生力量大。 2.變速容易，且能達到及維持一定的速比。 3.運動方向之改變或停止均容易控制。 4.運動傳達正確。 5.動作圓滑，震動少，故摩擦損失少。 6.可做長距離操作。 7.構造簡單，操作便捷，啟動扭矩小。	1.油管路配置較困難，管線接頭常有漏油現象。 2.液壓油易受溫度影響，溫度會影響粘度及速度。 3.能量損耗大，效率較機械式低。 4.油本身具可燃性，較危險。

23.　　何謂第一角法與第三角法？並請繪圖表示各角法之名稱由來及此兩角法之三視圖。（104普考）

解 (一)第一象限正投影法又稱第一角投影法，簡稱第一角法，把物體置於第一象限內作投影，同時不論從任何方向作正投影，投影面皆置於物體的後面，將被投影物體置於第一象線內，則投影面與物體之關係依視點、物體及投影面之順序排列。

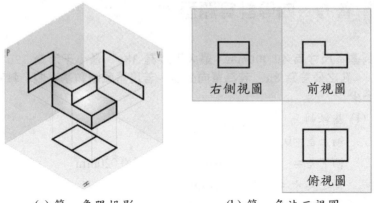

(a) 第一象限投影　　　　(b) 第一角法三視圖

(二) 第三象限正投影法又稱第三角投影法，簡稱第三角法，把物體置於第三象限內作投影，同時不論從任何方向作正投影，投影面皆置於物體的前面，將被投影物體置於第三象線內，則投影面與物體之關係依視點、物體及投影面之順序排列。

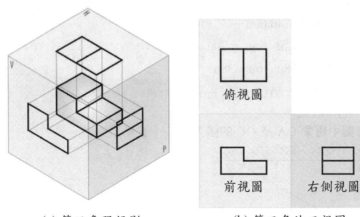

(a) 第三象限投影　　　　(b) 第三角法三視圖

二　普考、四等計算題型

1. 公稱基本尺寸為 40.000mm，最大干涉為 38μ，最小干涉為 12μ，軸之公差為 20μ，孔之公差為 8μ，若為單向公差，若用基軸制和基孔制，軸和孔之尺寸各為多少？

   解 (1) 基軸制：

   軸上差＝0

   軸下差＝－20μ＝－20×0.001mm＝－0.020mm

   軸之尺寸＝$40.000 - \frac{0}{0.020}$ mm

   孔上差＝－20μ－12μ＝－32μ

   孔下差＝－0－38μ＝－38μ

   孔之尺寸＝$40.000 - \frac{-0.032}{-0.038}$ mm

   (2) 基孔制

   孔上差＝8μ

   孔下差＝0

   孔之尺寸＝$40.000 + \frac{0.008}{0}$ mm

   軸上差＝12μ＋8μ＝20μ

   軸下差＝38μ＋0μ＝38μ

   軸之尺寸＝$40.000 ^{+0.038}_{+0.020}$ mm

2. 試計算圖中繩索 OA 及 OC 的張力值。（普考）

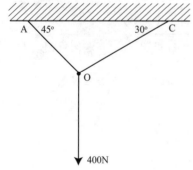

解 取 O 點之自由體圖

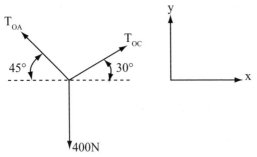

$\Sigma F_x = 0 \Rightarrow T_{OC} \times \cos 30° = T_{OA} \times \cos 45°$ ·········· (1)

$\Sigma F_y = 0 \Rightarrow T_{OA} \sin 45° + T_{OC} \sin 30° = 400$ ······ (2)

由(1)(2)可知 $T_{OC} = 292.82N$，$T_{OA} = 358.62N$

3. **一個彈性元件受外力產生變形所作的外功，將被轉換成所謂的應變能（Strain energy），試簡易推導並解釋(1)拉伸及壓縮(2)扭轉(3)直接剪切之應變能。（普考）**

解 應變能：外力作用至彈性體內，因發生彈性變形而儲存在彈性體內的能量，稱之為應變能，其值等於外力所做的功 W，即 $U_z = W$

(1) 軸向拉伸或壓縮桿件的應變能

A. 線上彈性範圍內，桿件受力 P 且伸長量為 ΔL，由功能原理得

$$U_z = W = \frac{1}{2} P\Delta L$$

由虎克定律 $\Delta L = \dfrac{PL}{EA}$，可得 $U_z = \dfrac{P^2 L}{2EA}$

B. 若軸力沿桿軸線為變數 P（x）：

$$dU_z = \frac{P^2(x)\,dx}{2EA} \Rightarrow U_z = \int \frac{P^2(x)\,dx}{2EA}$$

(2) 圓截面直桿扭轉應變能：

A. 線上彈性範圍內，桿件受力 T 扭矩且扭轉角度為 φ，由功能原理得
由功能原理得

$$U_z = W = \frac{1}{2} T\varphi \ \text{、} \ \varphi = \frac{TL}{GJ} \Rightarrow U_z = \frac{T^2 L}{2GJ}$$

B. 當扭矩 T 沿軸線為變數時，應變能變為 $U_z = \int \dfrac{T^2(x)dx}{2GJ}$

(3) 樑的彎曲應變能：

A. 在線性彈性範圍內，桿件受力 M_e 彎曲扭矩，當純彎曲時，由功能原理得

$$U_z = W = \frac{1}{2}T\varphi \text{、} \varphi = \frac{TL}{GJ} \Rightarrow U_z = \frac{T^2 L}{2GJ}$$

$$U_z = W = \frac{1}{2}M_e\theta \text{、} \theta = \frac{ML}{EI} \Rightarrow U_z = \frac{M^2 L}{2EI}$$

B. 樑橫截面上的彎矩沿軸線變化：

$$U_z = \int \frac{M^2(x)\,dx}{2EI}$$

4. 有一直徑 42 mm 的孔與軸相配合，選取公差（Tolerance）為：孔=0.025mm，軸=0.016mm，裕度（Allowance）為：-0.018 mm，請問孔與軸尺寸之上下限為何？(1)以基孔制為準，(2)以基軸制為準。（地特四等）

解 裕度＝最小孔徑－最大軸徑＝−0.018mm

單向公差

(1) 基孔制

孔上差＝0.025mm

孔下差＝0

孔尺寸＝$42^{0}_{+0.025}$mm

軸上差＝0.018mm

軸下差＝0.018mm−0.016mm

　　　＝0.002mm

軸尺寸＝$42^{+0.002}_{+0.0018}$mm

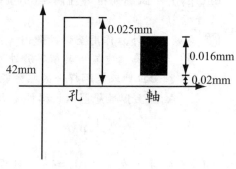

(2) 基軸制

軸上差＝0

軸下差＝−0.016mm

軸尺寸＝$42^{0}_{-0.016}$mm

孔下差＝−0.018mm

孔上差＝−0.018＋0.025

　　　＝＋0.007（mm）

孔尺寸＝$42^{+0.007}_{-0.018}$mm

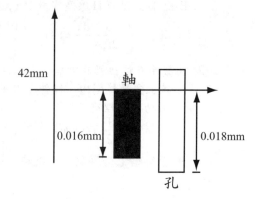

5. 如下圖，有一由桿與繩組成之結構，假設該桿與繩本身之重量不計，請問 AB
繩之張力及 O 點銷釘之反力？（原特四等）

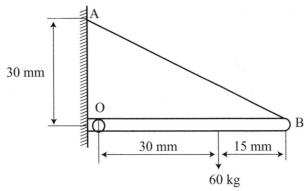

解 取 OB 自由體圖

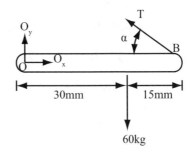

$$\tan\alpha = \frac{30}{30+15} \Rightarrow \alpha = 33.69°$$

$$\Sigma M_0 = 0 \Rightarrow 60 \times 30 = T \times \sin\alpha \times (30+15)$$

$$T = 72.11 \ (\text{kg})$$

$$\Sigma F_x = 0 \Rightarrow T\cos\alpha = O_x \Rightarrow O_x = 60 \ (\text{kg})$$

$$\Sigma F_y = 0 \Rightarrow 60 - T \times \sin\alpha = O_y$$

$$\Rightarrow O_y = 20 \ (\text{kg})$$

6. 莫爾圓（Mohr's Circle）是機械設計常用的分析工具，試就你的了解說明最
值得應用的範圍。以下列機械元件所承受之應力狀態 $\sigma_x = -80\text{MPa}$，$\sigma_y = +20$
MPa，$\tau_{xy} = -50$ MPa 為例，請盡量導出有用的結果並配合圖示說明。（原特
四等）

解 (1) 莫爾圓（Mohr's Circle）是機械設計常用的分析工具，主要是讓人看
圖容易瞭解作用在材料上某一點微素體所產生的應力作用狀況，且
可以用莫爾圓來觀察並取代一般繁雜的運算手續。我們可以利用莫
爾圓配上微素體求出材料在不同壓力和拉力下所產生的應力情形，

並能由莫爾圓計算出相對於二維平面應力狀態的主應力及其主平面的方向。此外莫爾氏圓不只可以用在應力上，也適用於數學本性類似的其他量，包括應變與慣性矩。

(2) 如圖所示

圓心座標 $(\dfrac{\sigma_x+\sigma_y}{2}, 0) \Rightarrow (-30, 0)$

半徑 $R=\sqrt{(\dfrac{\sigma_x-\sigma_y}{2})^2+(\tau_{xy})^2}$

$\qquad =\sqrt{(\dfrac{-80-20}{2})^2+(50)^2}$

$\qquad =70.71$

主應力 $\sigma_1=(\dfrac{\sigma_x+\sigma_y}{2})+R$

$\qquad\qquad =-30+70.71=40.71$（MPa）

$\sigma_2=(\dfrac{\sigma_x+\sigma_y}{2})-R=-30-70.71=-100.71$（MPa）

最大剪應力 $\tau_{max}=R=70.71$（MRa）

主應力角 $=\dfrac{\alpha}{2}=\tan^{-1}(\dfrac{\tau_{xy}}{\dfrac{\sigma_x-\sigma_y}{2}})=\dfrac{45°}{2}=22.5°$

7. 下圖所示為一凸輪傳動機構，設若外力$F_2=80N$時達到靜力平衡，請計算凸輪軸轉動力矩T_1（不必考慮摩擦）。（103鐵員）

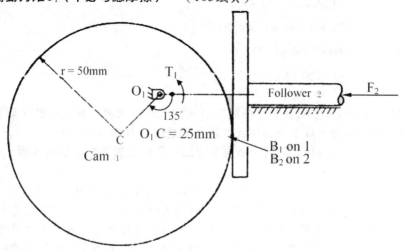

解 取凸輪及從動件之F.B.D

N＝F_2＝80(N)

$\sum M_0$＝0

T_1＝80×25×sin45°

　　＝1414.21 (N-mm)

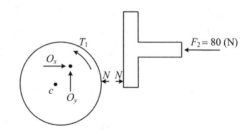

8. (一) 機械元件的製圖必須以適當的線條表
　　 示視圖，試說明圖一中，線條 A，B
　　 及 C的名稱，並分別說明其用途。
　 (二) 圖二表示某機械元件之前視平面圖，
　　 該元件之厚度與圓孔直徑相同，請徒
　　 手繪製右側視圖及上視圖。
　 (三) 1. 何謂機件配合的基孔制度？
　　　 2. 若有一標稱尺寸為 50 mm的孔，
　　　　 公差為 0.046 mm，以基孔制寫出
　　　　 該孔於機械製圖上的標註。（102普考）

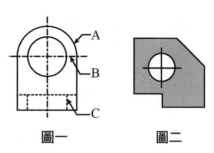

圖一　　　　圖二

解 (一) A：粗實線常用於圖框線及輪廓線或邊界線

　　　 B：細鏈線常用於圖形中之中心線、基準線

　　　 C：虛線用於隱藏線，物體隱匿部份

　　　 (二)

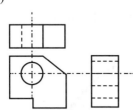

　 (三) 1. 基孔制：以孔徑為基本尺度，採用正偏差，以大寫英文字母表示
　　　 2. $\phi\ 50^{+0.046}_{0}$ mm

9. 某鋁合金製成的橫樑（beam）承受正向彎曲力矩（positive bending moment），其截面形狀如圖三中所示，長度單位為 mm。若允許彎曲應力為 150 MPa，試求：

(一) 該結構之慣性截面矩（area moment of inertia）。

(二) 該樑可承受的最大彎曲力矩。（提示：於 A點處）（102普考）

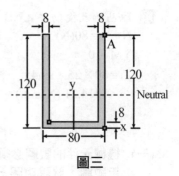

圖三

解 (一) $120×8×60×2+64×4×8$

　　　$=(120×8×2+64×8)×y_c$

　　　$y_c=48.2(mm)$

　　　$I_c = \dfrac{64}{12}×8^3+64×8×(48.2-4)^2$

　　　　　$+2\left[\dfrac{8×(120)^3}{12}+8×(120)×(60-48.2)^2\right]$

　　　　　$=3574335 \text{ mm}^4$

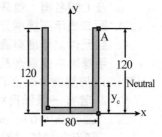

(二) $\sigma=\dfrac{My}{1} \Rightarrow 150×10^6 = \dfrac{M×(120-48.2)×10^{-3}}{3.574335×10^{-6}}$

　　　$\Rightarrow M=7468 \text{ (N-m)}$

10. 一引擎系統的活塞、連結桿（桿 AB）與曲柄（桿 BC）如下圖所示，P＝4 kN。試求出：

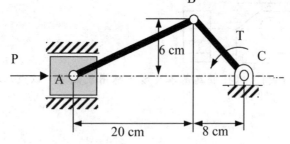

(一) 需要多大扭矩T才能使系統維持平衡？

(二) 桿件 AB 上的軸向力（正交力）FAB 為多少？（普考）

解 (一) 取 BC 自由體圖

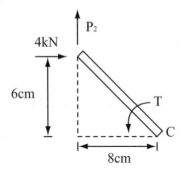

$\Sigma M_C = 0 \Rightarrow 4 \times 6 + P_2 \times 8 = T \cdots\cdots \text{①}$

取整體自由體圖

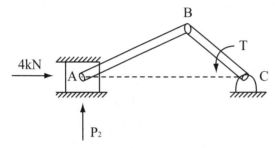

$\Sigma M_C = 0 \Rightarrow P_2 \times 28 = T \cdots\cdots \text{②}$

由①②可得 $P_2 = 1.2\text{kN}$，$T = 33.6$（kN-cm）

(二) $F_{AB} = \sqrt{P^2 + (P_2)^2} = \sqrt{4^2 + 1.2^2} = 4.176$

11. 一梢（pin）接合的平面托架承受一負荷如下圖所示，請求出：

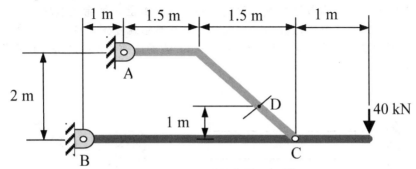

(一) B 點與 C 點上的作用力。（求出水平與垂直分量即可）

(二) 位於 D 點截面上的軸向力，剪力與彎矩。（普考）

解 (一) 取 BC 自由體圖

$\tan\theta = \dfrac{2}{1.5} \Rightarrow \theta = 53.13°$

$\Sigma M_B = 0 \qquad \Rightarrow F_C \times \sin\theta \times 4 = 40 \times 5$

$\Rightarrow F_C = 62.5$（kN）

B 點作用力

$B_x = F_C \times \cos\theta = 37.5$（kN）→

$B_y = F_C \times \sin\theta - 40 = 10$（kN）↑

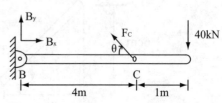

(二) 取 AD 自由體圖

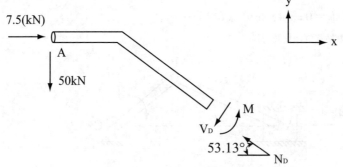

$\Sigma F_x = 0 \Rightarrow N_D \times \cos 53.13 + V_D \times \cos 36.87 = 75 \cdots\cdots$①

$\Sigma F_y = 0 \Rightarrow N_D \times \sin 53.13 - V_D \times \cos 53.13 = 50 \cdots\cdots$②

由①②可知 $V_D = 30$，$N_D = 85$（N）

$\Sigma M_D = 0 \Rightarrow 75 \times (2-1) - 50 \times (1.5 + \dfrac{1.5}{2}) = M$

$M = -37.5$（kN·m）

故 $M = 37.5$（kN·m）（↻）

12. 有二懸臂樑，一為圓形截面，而另一為正方形截面，兩者長度均為 L，如下圖所示，如此二懸臂樑截面積相同時，當其自由端受到一負荷 P 作用，請求其在固定端的彎曲應力（bending stress）值的比率（$\sigma_{方形} / \sigma_{圓形}$）為多少？（普考）

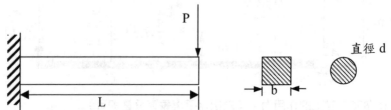

解 $\sigma_{方} = \dfrac{My}{I} = \dfrac{P \times L \times \dfrac{b}{2}}{\dfrac{1}{12} \times b \times b^3} = \dfrac{6PL}{b^3}$

$\sigma_{圓} = \dfrac{My}{I} = \dfrac{P \times L \times \dfrac{d}{2}}{\dfrac{\pi}{4} \times (\dfrac{d}{2})^4} = \dfrac{32PL}{\pi d^3}$

又截面積相同 $b^2 = \dfrac{\pi}{4} d^2 \Rightarrow b = \sqrt{\dfrac{\pi}{4}} d^2 = 0.886d$

$\dfrac{\sigma_{方}}{\sigma_{圓}} = \dfrac{\dfrac{6PL}{b^3}}{\dfrac{32PL}{\pi d^3}} = \dfrac{6\pi d^3}{32b^3} = \dfrac{6\pi d^3}{32 \times (0.886d)^3} = 0.847$

13. 有一空心圓軸所承受的扭矩為 15×10^5 N-mm，該軸所能承受的最大剪應力為 $\tau = 50$ N/mm^2，且空心軸的內外直徑比為0.8，試求該空心軸的外徑。（普考）

解 假設內徑d，外徑D，d＝0.8D

$J = \dfrac{\pi}{32}(D^4 - d^4) = \dfrac{\pi}{32}(D^4 - (0.8D)^4) = 0.0579D^4$

$\tau = \dfrac{Tr}{J} \Rightarrow 50 = \dfrac{15 \times 10^5 \times \dfrac{D}{2}}{0.0579D^4} \Rightarrow D = 63.74 \text{(mm)}$

14. 如右圖所示，將300N之力量施於工具鉗之二握把端，請計算此工具鉗作用於被夾持物之夾持力。（註：工具鉗之重量忽略不計）（100普考）

解（一） CD自由體圖：

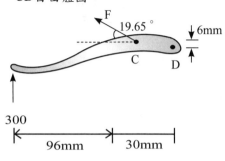

$\curvearrowright \sum M_D = 0$

$300 \times (96 + 30) + F \times \sin 19.65 \times 30 - F \times \cos 19.65 \times 6 = 0$

(二) 取自AB自由體圖：

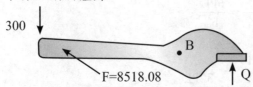

$$\circlearrowleft \Sigma M_B = 0$$

$$300 \times (120 + 12) - 8518.08 \times \sin 19.65 \times 120 + Q \times 36 = 0$$

$$Q = 8448(N)$$

15. 直徑為d之鋼線繞曲在半徑為r的圓鼓上如右
圖所示，假設鋼線之楊氏模數E＝207GPa，d
＝5mm，r＝0.5m時，求出：

(一)鋼線所承受之最大彎曲應力σ_{max}。

(二)鋼線所承受之彎曲力矩M。（普考）

解 (一) $R = r + \dfrac{d}{2} = 502.5(mm)$

$$\sigma = \frac{1}{R} Ey = \frac{1}{502.8} \times 207 \times 10^3 \times \left(\frac{5}{2}\right) = 1029.23(MPa)$$

(二) $\dfrac{1}{R} = \dfrac{M}{EI} = \dfrac{1}{502.8} = \dfrac{M}{207 \times 10^3 \times \left(\dfrac{\pi}{4}\right) \times \left(\dfrac{5}{2}\right)^4} \Rightarrow M = 12630.63(N-mm)$

16. 公稱直徑ϕ50mm，孔與軸配合時，最小干涉為0.02mm，最大干涉為
0.05mm，孔公差為0.02mm，軸公差為0.01mm。請用：
(一)基軸制計算孔的尺寸。
(二)基孔制計算軸的尺寸。
當孔(H)與軸(h)為干涉配合時，分別寫出：
(三)若為孔公差(H)時，軸字母公差帶的位置。
(四)若為軸公差(h)時，孔字母公差帶的位置。(103地四)

解 (一) 基軸制

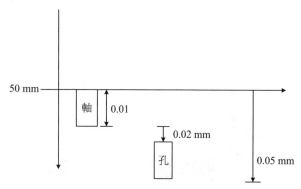

$$軸尺寸 = 50^{0}_{-0.01} \qquad\qquad 孔尺寸 = 50^{-0.03mm}_{-0.05mm}$$

(二) 基孔制

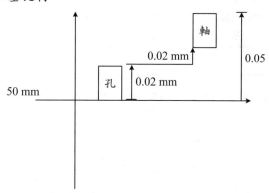

$$孔尺寸 = 50^{+0.02mm}_{0} \qquad\qquad 軸尺寸 = 50^{+0.04}_{+0.05}$$

(三)

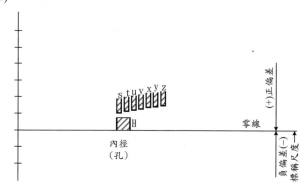

(四)

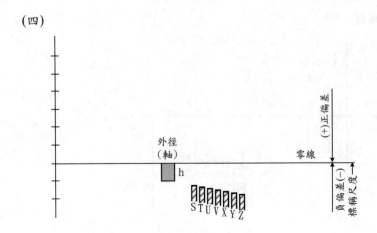

17. 試利用表一與表二所列之資料求出：孔/軸配合70H7/s6之孔的公差帶、軸的公差帶，基本偏差量，軸的最大與最小尺寸及孔的最大與最小尺寸。

表一 基本尺寸與公差等級之公差帶

基本尺寸	公差等級					
	IT6	IT7	IT8	IT9	IT10	IT11
10–18	0.011	0.018	0.027	0.043	0.070	0.110
18–30	0.013	0.021	0.033	0.052	0.084	0.130
30–50	0.016	0.025	0.039	0.062	0.100	0.160
50–80	0.019	0.030	0.046	0.074	0.120	0.190
80–120	0.022	0.035	0.054	0.087	0.140	0.220

表二 各基本尺寸之軸的基本偏差量

基本尺寸	上偏差（Upper-Deviation Letter）					下偏差（Lower-Deviation Letter）				
	c	d	f	g	h	k	n	p	s	u
24–30	−0.110	−0.065	−0.020	−0.007	0	+0.002	+0.015	+0.022	+0.035	+0.048
30–40	−0.120	−0.080	−0.025	−0.009	0	+0.002	+0.017	+0.026	+0.043	+0.060
40–50	−0.130	−0.080	−0.025	−0.009	0	+0.002	+0.017	+0.026	+0.043	+0.070
50–65	−0.140	−0.100	−0.030	−0.010	0	+0.002	+0.020	+0.032	+0.053	+0.087
65–80	−0.150	−0.100	−0.030	−0.010	0	+0.002	+0.020	+0.032	+0.059	+0.102
80–100	−0.170	−0.120	−0.036	−0.012	0	+0.003	+0.023	+0.037	+0.071	+0.124

解 (一) 孔　$D_{min}=70(mm)$

　　　　$D_{max}=D+4D=70+(+0.03)=70.03(mm)$

　　(二) 軸　$d_{min}=70+0.059=70.059(mm)$

　　　　$d_{max}=70+0.059+0.019=70.078(mm)$

18. (一)請說明34H7h6所代表之意義為何？
    (二)並計算出軸及孔之最大及最小尺寸。
      （IT7之公差數值為0.025mm，IT6為0.016mm。）(104普考)

解 (一)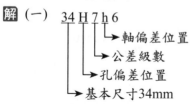

    34 H 7 h 6
    → 軸偏差位置
    → 公差級數
    → 孔偏差位置
    → 基本尺寸34mm

    (二) 孔 $D_{max}=34.025$(mm)

         $D_{min}=34$(mm)

       軸 $d_{max}=34$(mm)

         $d_{min}=34-0.016=33.984$(mm)

19. 請計算下圖長500 mm簡支臂樑中央受力F＝10 kN樑之最大變形及最大應力
   （不考慮應力集中現象）。樑之截面為一長30 mm寬30 mm之正方形。楊氏
   模數為200 GPa。(104普考)

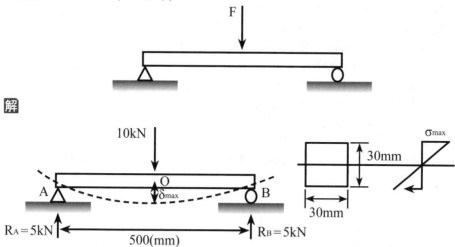

解

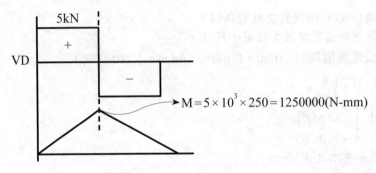

$$\sigma_{max} = \frac{My}{I} = \frac{1250000 \times 15}{\frac{1}{12} \times (30)^4} = 277.78(MPa)$$

$$\delta_{max} = \frac{PL^3}{48EI} = \frac{10 \times 10^3 \times 500^3}{48 \times 200 \times 10^3 \times \frac{1}{12} \times (30)^4} = 1.929(mm)$$

20. 如右圖所示為一鋼軸擬以壓入配
    合置入鑄鐵轂中組合前的示意
    圖，該軸的內半徑$r_i = 30$ mm、
    外半徑$r_o = 75$ mm、楊氏係數
    $E_s = 210$ Gpa及包松比$v_s = 0.3$，
    該鑄鐵轂的外半徑$R = 150$ mm、
    軸向厚度$L = 25$ mm、楊氏係數
    $E_h = 100$ Gpa及包松比$v_h = 0.25$。
    當軸安裝於轂中，已知軸孔接觸
    面的接觸壓力$p = 18$ Mpa及摩擦係數$f = 0.15$。孔及軸徑向位移公式如下：

孔徑向位移：$\delta_h = \frac{r_o p}{E_h}\left(\frac{r_o^2 + R^2}{R^2 - r_o^2} + v_h\right)$　　軸徑向位移：$\delta_s = -\frac{r_o p}{E_s}\left(\frac{r_i^2 + r_o^2}{r_o^2 - r_i^2} - v_s\right)$。

(一)求該壓入配合的徑向干涉（radial interference）δ。

(二)求該軸孔壓入配合安裝所需的軸向作用力F。（104地特四等）

解 (一) $\delta_h = \dfrac{r_o p}{E_h}\left(\dfrac{r_o^2 + R^2}{R^2 - r_o^2} + \nu_h\right)$

$= \dfrac{18 \times 75}{100 \times 10^3} \times \left(\dfrac{75^2 + 150^2}{150^2 - 75^2} + 0.25\right) = 0.025875(mm)$

$\delta_s = -\dfrac{75 \times 18}{210 \times 10^3} \times \left(\dfrac{30^2 + 75^2}{75^2 - 30^2} - 0.3\right) = -0.00695(mm)$

$\delta = \delta_h - \delta_s = 0.0328(mm)$

(二) $F = 2\pi \times 75 \times 0.15 \times 18 \times 25 = 31808.63(N)$

三 高考、三等計算題型

1. 機械元件如圖示為半圓樑桿
   （beam）設計，其半徑 r=0.2 m，
   若該元件所受外力P=1000 N 分別
   作用於兩端點，試分別計算在 45°
   角（a=45°）之斷面上所承受之軸
   心力（axial force）、剪力（shear
   force）及對應之力矩（bending
   moment）。（專利特考三等）

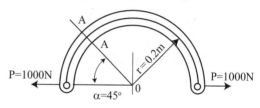

解 取A－A截面左半邊自由體圖

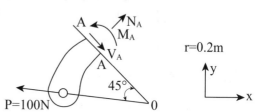

r=0.2m

(1) $\sum M_A = 0 \Rightarrow 1000 \times 0.2 \sin 45° = M_A$：

$M_A = 141.42(N\text{-}m)$ $\sum M_0 = 0$ $N_A = \dfrac{M_A}{0.2} = 707.11(N)$

(2) $\sum F_x = 0$：$-1000 + V_A \cos 45° + N_A \cos 45° = 0 \Rightarrow V_A = 707.11(N)$

2. 下圖為三個機械元件所構成之組立圖。若 A 尺寸為 12.50±0.25 mm，B 尺寸為 4.75±0.15 mm，C 尺寸為 5.30±0.45 mm，請問：

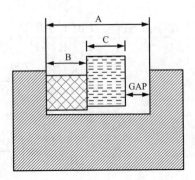

(1) GAP 之最大尺寸為何？

(2) GAP 之最小尺寸為何？

(3) 請將 GAP 尺寸以（標稱尺寸±雙向公差）來表示。

(4) GAP 之雙向公差和 A、B、C 三尺寸之雙向公差有何關係？（台酒）

解 (1) 最大尺寸＝（12.5＋0.25）－（4.75－0.15）－（5.3－0.45）＝3.3（mm）

(2) 最小尺寸＝（12.5－0.25）－（4.75＋0.15）－（5.3＋0.45）＝1.6（mm）

(3) $\dfrac{3.3+1.6}{2}$＝2.45 ⇒ 3.3－2.45＝0.85

GAP 尺寸＝$2.45^{+0.85}_{-0.85}$

(4) GAP 的雙向公差為 A、B、C 之雙向公差相加之值

3. 若一具直徑 d 的實心軸承受一扭矩 T 及彎矩 M，證明最大容許應力為

τ_{allow}＝（16／πd^3）（M＋$\sqrt{M^2+T^2}$）。

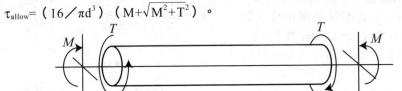

解 實心軸所受正應力及剪應力：

$$\sigma=\frac{M_c}{I}=\frac{M\dfrac{d}{2}}{\dfrac{\pi}{64}d^3}=\frac{32M}{\pi d^3} \qquad \tau=\frac{T_c}{J}=\frac{T\dfrac{d}{2}}{\dfrac{\pi}{32}d^4}=\frac{16T}{\pi d^3}$$

主應力：

$$\sigma_{1\cdot2}=\frac{\sigma_x+\sigma_y}{2}\pm\sqrt{\left(\frac{\sigma_x-\sigma_y}{2}\right)^2+\tau_{xy}^2}=\frac{\dfrac{32M}{\pi d^3}+0}{2}\pm\sqrt{\left(\frac{\dfrac{32M}{\pi d^3}-0}{2}\right)^2+\left(\frac{16T}{\pi d^3}\right)^2}$$

$$=\frac{16M}{\pi d^3}\pm\frac{16}{\pi d^3}\sqrt{M^2+T^2}$$

最大容許應力

$$\tau_{allow} = \sigma_1 = \frac{16M}{\pi d^3} + \frac{16}{\pi d^3}\sqrt{M^2+T^2} = \frac{16}{\pi d^3}\left(M+\sqrt{M^2+T^2}\right)$$

4. 一桿直徑為40mm，其受力方式如圖所示，試求A、B兩點所受的應力值為多少？

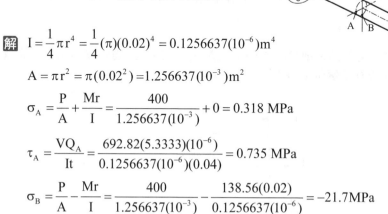

解 $I = \frac{1}{4}\pi r^4 = \frac{1}{4}(\pi)(0.02)^4 = 0.1256637(10^{-6})\,m^4$

$A = \pi r^2 = \pi(0.02^2) = 1.256637(10^{-3})\,m^2$

$\sigma_A = \frac{P}{A} + \frac{Mr}{I} = \frac{400}{1.256637(10^{-3})} + 0 = 0.318\ MPa$

$\tau_A = \frac{VQ_A}{It} = \frac{692.82(5.3333)(10^{-6})}{0.1256637(10^{-6})(0.04)} = 0.735\ MPa$

$\sigma_B = \frac{P}{A} - \frac{Mr}{I} = \frac{400}{1.256637(10^{-3})} - \frac{138.56(0.02)}{0.1256637(10^{-6})} = -21.7\,MPa$

5. 下圖所示有一沖頭用來在鋼板上沖製圓孔，該沖頭之直徑為 20 mm，鋼板之厚度為 6.5 mm。假設沖頭之出力為 P=125kN，請求出鋼板所受之平均剪應力及沖頭所受之平均壓應力（不考慮該沖頭之衝擊影響）。（高考二級）

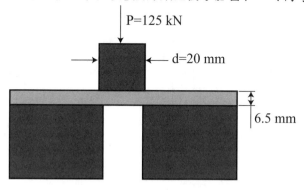

解 (1) 鋼板所受之平均剪應力：

$$t=\frac{P}{A}=\frac{125\times10^3}{\pi\times(0.02)\times(0.0065)}=306067198.25Pa$$

(2) 平均壓應力：

$$\sigma=\frac{P}{A}=\frac{125\times10^3}{\frac{\pi}{4}\times(0.02)^2}=397887357.73Pa$$

6. 如圖所示平面構架其每部分桿件的 EI 值均為常數，並忽略橫向剪力的影響，
試求出點 A 的垂直變位 Δ_A 的大小。（高考）

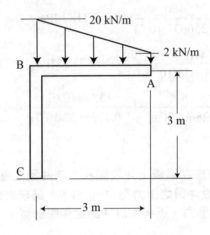

解 (1)

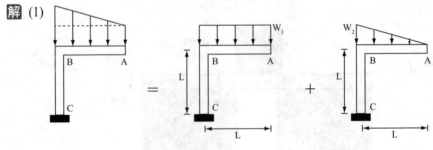

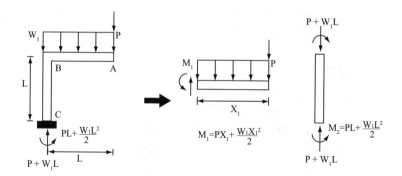

利用卡氏定理

$$\frac{\partial M_1}{\partial P}=x_1 \text{ , } \frac{\partial M_2}{\partial P}=L \text{ , 令 } P=0 \quad M_1=\frac{W_1x_1^2}{2} \quad M_2=\frac{W_1L^2}{2}$$

$$\delta_A'=\int_0^L M\left(\frac{\partial M}{\partial P}\right)\frac{dx}{EI}=\frac{1}{EI}\left[\int_0^L\frac{W_1x_1^2}{2}\left(x_1\right)dx_1+\int_0^L\frac{W_1L^2}{2}\times L\,dx_2\right]$$

$$=\frac{5W_1L^4}{8EI}$$

(2)

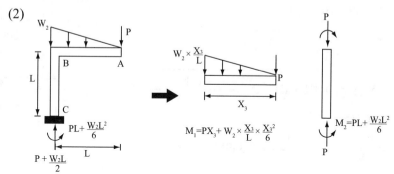

利用卡氏定理

$$\frac{\partial M_1}{\partial P}=x_3 \text{ , } \frac{\partial M_2}{\partial P}=L \text{ , 令 } P=0$$

$$M_1=\frac{W_2x_3^3}{6L}$$

$$M_2=\frac{W_2L^2}{6}$$

$$\delta_A'' = \int_0^L M \left(\frac{\partial M}{\partial P} \right) \frac{dx}{EI} = \frac{1}{EI} \left[\int_0^L \frac{W_2 x_3^3}{6L} (x_3) dx_3 + \int_0^L \frac{W_2 L^2}{6} \times L \, dx_4 \right]$$

$$= \frac{W_2 L^4}{5EI}$$

$$\delta_A = \delta_A' + \delta_A'' = \frac{5W_1 L^4}{8EI} + \frac{W_2 L^4}{5EI}$$

取 L=3，$W_1 = 2000$（N／m），$W_2 = 18000$（N／m）

$$\delta_A = \frac{5 \times 2000 \times 3^4}{8EI} + \frac{18000 \times 3^4}{5EI} = \frac{392850}{EI}$$

7. 複合鋁桿以直徑 5mm 和 10mm 之兩段製成。若 5kg 軸環由高度 h=100mm 墜下，求桿內最大軸向應力。$E_{a1}=70$GPa，$\sigma_Y=410$MPa。

解　$\Delta_{st} = \Sigma \dfrac{WL}{AE} = \dfrac{5\,(9.81)\,(0.2)}{\dfrac{\pi}{4}\,(0.005^2)\,(70)\,(10^9)} + \dfrac{5\,(9.81)\,(0.3)}{\dfrac{\pi}{4}\,(0.01^2)\,(70)\,(10^9)}$

$$= 9.8139 \, (10^{-6}) \text{ m}$$

$$P_{max} = W \left[1 + \sqrt{1 + 2 \left(\frac{h}{\Delta_{st}} \right)} \right]$$

$$= 5\,(9.81) \left[1 + \sqrt{1 + 2 \left(\frac{0.1}{9.8139\,(10^{-6})} \right)} \right]$$

$$= 7051 \text{N}$$

$$\sigma_{max} = \frac{P_{max}}{A} = \frac{7051}{\dfrac{\pi}{4}\,(0.005^2)} = 359\text{MPa} < \sigma_y$$

5mm

200mm

10mm

300mm

h

8. 右圖為一偏位連桿，其容許至少應力值為
   55MPa，試求偏位連桿的寬度d。

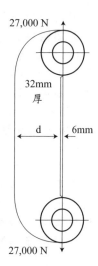

解 $A = 32d$ $I = \dfrac{32d^3}{12}$

$$\sigma = \dfrac{P}{A} + \dfrac{MC}{I} = \dfrac{27,000}{32d} + \dfrac{27,000 \times \left(6 + \dfrac{d}{2}\right) \times \dfrac{d}{2}}{\dfrac{32d^3}{12}}$$

$$55 = \dfrac{27000d + 81000d + 972000}{32d^2}$$

$$1,760d^2 - 108,000d - 972,000 = 0，d = 69.3mm$$

9. 右圖所示之重塊為一剛體，重量為
   4,000lb，利用三個垂直桿懸吊於天花板
   下方，呈左右對稱狀，左右皆為鋼桿，
   中間為青銅桿，假設天花板也是剛體，
   三桿的原始長度皆相同，且鋼的彈性模
   數是青銅彈性模數的兩倍，試計算各個
   重直桿所承受的負荷的值。

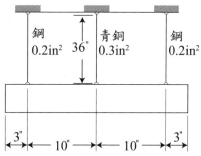

解 設外側鋼桿受力為F_1，中間青銅桿受力為F_2，則$2F_1 + F_2 = 4,000 \cdots \cdots (1)$
   ∵結構左、右對稱 ∴三桿承受重量後的伸長量應相等，
   即$\delta_1 = \delta_2$，又$E_1 = 2E_2$

$$由 \delta_1 = \delta_2 \Rightarrow \dfrac{F_1 \times 36}{0.2E_1} = \dfrac{F_2 \times 36}{0.3E_2} = \dfrac{F_2 \times 36}{0.3\left(\dfrac{E_1}{2}\right)}$$

$3F_1 = 4F_2 \cdots \cdots (2)$
聯立解式(1)及(2)，得$F_1 = 1,454.5lb$；$F_2 = 1,091lb$

10. 如圖所示之結構中各桿
件之間皆採熔接接合，
AB桿長度為5英吋，直
徑為0.75英吋，BC桿
長度為4英吋，寬度為
1.25英吋，厚度為0.25英
吋，此結構承受一外力F
的作用，其值為300lb。
試繪製AB桿與BC桿之自
由體圖，於自由體圖中
請標示所有的力、彎矩
及扭矩。試計算出這些
力、彎矩及扭矩的值。
（升資考）

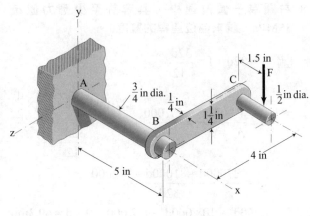

解 F$=-300$j lbf，T$_C=-450$k lbf・in
F$=300$j lbf，M$_1=1200$i lbf・in，T$_1=450$k lbf・in
F$=-300$j lbf，T$_2=-1200$i lbf・in，M$_2=-450$k lbf・in
F$=300$j lbf，M$_A=1950$k lbf・in，T$_A=1200$i lbf・in

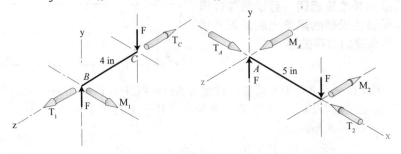

11. 一液動潤滑之滑動軸承（Journal Bearing）其公稱尺寸（Nominal Size）
為25mm，其轉軸與外環軸承座係採緊密滑動配合（Close Running Fit）設
計，亦即25H8/f7配合，由規範知此公稱尺寸對應之IT7級與IT8級公差，分
別為$\Delta d=0.021$mm與$\Delta D=0.033$mm。其配合之基本差異量（Fundamental
Deviation）為$\delta_F=-0.02$mm，試問：
(一)此處之配合係屬基孔制(Hole Basis)或基軸制（Shaft Basis）？
(二)該軸承座之最大（D$_{max}$）與最小（D$_{min}$）內徑值各為若干？
(三)該轉軸之最大（d$_{max}$）與最小（d$_{min}$）外徑值各為若干？（103身障三等）

解 尺寸：25mm，25H8/f7餘隙，此裝置屬基孔制

軸承座：25H8→ $25^{0.033}_{0.00}$

最大內徑25.033 (mm)，最小內徑25.00 (mm)

軸25f7→ $25^{-0.02}_{-0.041}$

最大外徑−24.98 (mm)，最小外徑 24.959 (mm)

12. 下圖中之桿件處於自由狀態。已知鋼:$\alpha_s=1.17\times10^{-5}$ mm/mm・$^\circ$C，$E_s=$ 206,900MPa；銅：$\alpha_b=1.84\times10^{-5}$ mm/mm・$^\circ$C，$E_b=103,400$MPa。試求溫度升高50°C時，支座產生的作用力（支座不能移動）。

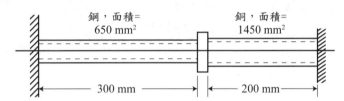

解 若將支座移除，則桿件之熱膨脹量為：

$\delta_s=\alpha L\Delta T=(1.17\times10^{-5})\times300\times50=0.1755$mm

$\delta_b=\alpha L\Delta T=(1.84\times10^{-5})\times200\times50=0.184$mm

將支座回複，設支座對桿件之施力為P，則桿件之縮短量為：

$\delta_s'=\dfrac{300P}{650\times206900}=2.23073\times10^{-6}p$

$\delta_b'=\dfrac{200P}{1450\times103400}=1.33395\times10^{-6}p$

$\because \delta_s+\delta_b=\delta'_s+\delta'_b$

$\therefore (0.1755+0.184)=(2.23073+1.33395)\times10^{-6}p$

13. 吊掛20,000N的重量於如右圖所示的吊鉤時，其最大應力將發生於斷面AA上，請計算斷面AA內側與外側的最大合應力。

斷面 AA

解 吊掛20,000的重量時，A-A斷面上的等效負荷為：

(1) 軸向力：P＝20,000N（↓）

(2) 彎矩：M＝20,000×120＝2.4×10^6 N-mm（逆時針）

由軸向力所引起的直接拉應力 $\sigma_1 = \dfrac{P}{A} = \dfrac{4 \times 20{,}000}{\pi(50)^2} = 10.2\text{MPa}$

由彎矩所引起的彎應力 $\sigma_2 = \dfrac{MC}{I} = \dfrac{2.4 \times 10^6 (25)}{\dfrac{\pi}{64}(50)^4} = 195.6\text{MPa}$

$\therefore$ A－A斷面內側最大合應力＝$\sigma_1 + \sigma_2 = 205.8\text{MPa}$（拉應力）

A－A斷面外側最大合應力＝$\sigma_1 - \sigma_2 = -185.4\text{MPa}$（壓應力）

14. 一兩端封閉之薄壁圓桶形壓力容器（pressure vessel）之平均外圓直徑為300 mm，桶壁厚度為6mm，若其內壓力為2500 kPa，則桶壁上之最大正向應力及最大剪應力各為多少？（高考二級）

解 周向（切線）應力$\sigma_1 = \dfrac{pr}{t} = \dfrac{(2-5)(150)}{6} = 62.5\text{MPa}$

縱向應力$\sigma_2 = \dfrac{pr}{2t} = 31.25\text{MPa}$

依莫耳圓公式：最大正向應力$\sigma\text{max} = \dfrac{\sigma_1 + \sigma_2}{2} + \sqrt{\left(\dfrac{\sigma_1 - \sigma_2}{2}\right)^2} = 62.5\text{MPa}$

最大剪應力 $\tau_{\text{max}} = \dfrac{\sigma_1}{2} = 31.25\text{MPa}$

15. 175lb 重物從距離 A-36 鋼樑樑頂 4ft 處，向下墜落。若支撐彈簧 A 及 B 的勁度皆為 k=500lb／in.，求樑內最大撓度及最大應力，樑厚 3in. 寬 4in.。

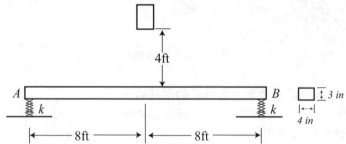

解 (1) 最大撓度

$$\Delta_{st} = \frac{PL^3}{48EI}$$

$$k_{beam} = \frac{48EI}{L^3} = \frac{48 (29)(10)^3 (\frac{1}{12})(4)(3^3)}{(16(12))^3} = 1.7700 \text{kip}/\text{in.}$$

$$2F_{sp} = F_{st} \quad 2k_{sp}\Delta_{sp} = k_{st}\Delta_{st}$$

$$\Delta_{sp} = \frac{1.7700 (10^3) \Delta_{st}}{2 (500)}$$

$$\Delta_{sp} = 1.7700\Delta_{st} \cdots\cdots \text{①}$$

$$U_e = U_i$$

$$W (h + \Delta_{sp} + \Delta_{st}) = \frac{1}{2} k_{st}\Delta^2_{st} + 2 (\frac{1}{2}) k_{sp}\Delta^2_{sp}$$

根據①：

$$175 [(4)(12) + 1.770\Delta_{st} + \Delta_{st}] = \frac{1}{2}(1.7700)(10^3)\Delta^2_{st} + 500 (1.770\Delta_{st})^2$$

$$2451.5\Delta^2_{st} - 484.75\Delta_{st} - 8400 = 0$$

$$\Delta_{st} = 1.9526\text{in.} , \Delta_{sp} = 3.4561\text{in.} \quad \Delta = \Delta_{sp} + \Delta_{st} = 3.4561 + 1.9526 = 5.41\text{in.}$$

(2) 最大應力 $F_{st} = k_{st} \Delta_{st}$

$$= 1.7700 (1.9526) = 3.4561\text{kip}$$

$$M_{max} = \frac{F_{st}L}{4} = \frac{3.4561 (16)(12)}{4} = 165.893\text{kipin.}$$

$$\sigma_{max} = \frac{M_{max}c}{I} = \frac{165.893 (1.5)}{\frac{1}{12}(4)(3^3)} = 27.6\text{ksi} < \sigma_Y$$

16. 直徑為 d=0.1m 的圓杆受力如圖，T=7kNm、
P=50kN，為鑄鐵構件，求該桿的最大剪應力。

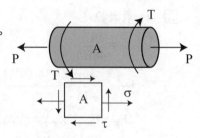

【解】危險點 A 的應力狀態如圖：

$$\sigma = \frac{P}{A} = \frac{4 \times 50}{\pi \times 0.1^2} \times 10^3 = 6.37 \text{MPa}$$

$$\tau = \frac{T}{W_n} = \frac{16 \times 7000}{\pi \times 0.1^3} = 35.7 \text{MPa}$$

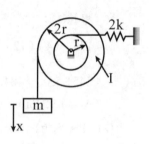

$$\sigma_{1,3} = \frac{\sigma}{2} \pm \sqrt{(\frac{\sigma}{2})^2 + \tau^2} = \frac{6.37}{2} \pm \sqrt{(\frac{6.37}{2})^2 + 35.7^2}$$

$$\therefore \sigma_1 = 39 \text{MPa}，\sigma_2 = 0，\sigma_3 = -32 \text{MPa}$$

$$\tau_{max} = \frac{\sigma_1 - \sigma_2}{2} = 35.5 \text{MPa}$$

17. 以座標 x，建構圖三中之機械系統自然振動
（free vibration）運動方程式？
試問該系統之自然頻率（natural frequency）？
（102高考）

【解】取圓盤之 F.B.D

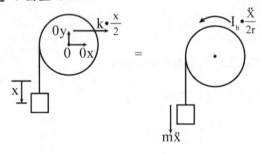

（一）由 $\curvearrowleft + \sum M_0 = (\sum M_0)_{eff}$

$$-\frac{kx}{2} \cdot r = I_0 \cdot \frac{\ddot{x}}{2r} + m\ddot{x} \times 2r$$

$$\Rightarrow \ddot{x}(\frac{I_0}{2r} + m \times 2r) + \frac{krx}{2} = 0$$

（二）$W_n = \sqrt{\frac{k^*}{m^*}} = \sqrt{\dfrac{k \times r}{2(\frac{I_D}{2r} + m \times 2r)}}$

18. 平常為了將外界的振動隔離需要使用避震器,請導出一個物體和一個一維避震器之數學模型。並說明要如何選擇避震器。(104高考)

解 (一)

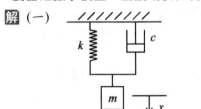

由牛頓第二運動定理:

$\Rightarrow m\ddot{x} + c\dot{x} + kx = 0$

特徵方程式

$$m\lambda^2 + c\lambda + k = 0 \Rightarrow \lambda_{1,2} = -\frac{c}{2m} \pm \sqrt{(\frac{c}{2m})^2 - \frac{k}{m}} \Rightarrow x = Ae^{\lambda_1 t} + Be^{\lambda_2 t}$$

臨界阻尼 $c_r = 2m\sqrt{\frac{k}{m}}$,自然頻率 $W_n = \sqrt{\frac{k}{m}}$

如果彈簧為「阻尼小」的材料時,因為振動能量消耗得慢,所以擺盪振幅衰減較緩慢;當彈簧為「阻尼大」的材料時,因為振動能量消耗得快,質塊之振盪很快就趨近於零。

(二) 1. 一般汽車、機車的懸載系統,通常包括彈簧和減震筒兩個部分,減震筒便是一個典型「黏性阻尼」的例子。

2. 注意機械系統的自然頻率是否落在動力源的工作頻率範圍上,以免在接近這個頻率時造成整個機械系統的共振。

3. 較重的車需要較硬的避震器,在賽車或高性能車上的避震器要比一般車上的硬,用以匹配較硬的彈簧,可增加操控性。

4. 一般房車,則可選擇較軟之避震器,可增加舒適性。

19. 右圖是一圓形截面懸臂樑（截面直徑50mm）受
到斜向下方的拉力，A、B兩點的應力狀態分別
為張應力還是壓應力？試計算在A、B兩點的應
力大小。

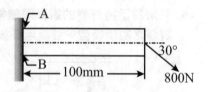

正向應力計算公式 $\sigma = \dfrac{F}{A}$ ，其中F為正向

力，A是樑之截面積；彎曲應力計算公式 $\sigma = \dfrac{My}{I}$ ，其中M為彎矩，I是樑截

面之慣性矩，圓形截面 $I = \dfrac{\pi d^4}{64}$ 。本題僅需列出計算式，不須精確計算數值。

（專利三等）

解 （一）A點應力 $\sigma_A = \dfrac{32M}{\pi d^3} + \dfrac{P}{\dfrac{\pi}{4}d^2} \Rightarrow \dfrac{32 \times 800 \times \sin 30^\circ \times 100}{\pi \times (100)^3} + \dfrac{800 \times \cos 30^\circ}{\dfrac{\pi}{4} \times (100)^2}$

$= 0.407 + 8.821 = 9.228 \text{(MPa)}$

（二）B點應力 $\sigma_B = \dfrac{-32M}{\pi d^3} + \dfrac{P}{\dfrac{\pi}{4}d^2} = -0.407 + 8.821 = 8.414 \text{(MPa)}$

20. 一根直徑為25mm之鋁製傳動軸在1750rpm轉速下之傳遞功率為42.1kW，若材料之
拉伸降伏強度 S_{yt} 為160MPa，而壓縮降伏強度 S_{yc} 為170MPa，依據庫倫-莫耳降伏準則
（Coulomb_Mohr yield criterion），請計算此軸之安全係數。（高三）

解 $42.1 = \dfrac{T \times 1750}{9549} \Rightarrow T = 230 \text{ (N-m)}$

$\tau = \dfrac{16T}{\pi d^3} = \dfrac{16 \times 230}{\pi \times (2.5)^3} = 75 \text{ (MPa)}$

則兩個非零的主應力 $\sigma_1 = 75 \text{(MPa)}$ ， $\sigma_3 = -75 \text{(MPa)}$

$n = \dfrac{1}{\dfrac{\sigma_1}{S_y} - \dfrac{\sigma_3}{S_{yc}}} = \dfrac{1}{\dfrac{75}{160} - \dfrac{(-75)}{170}} = 1.1$

21. 右圖所示寬度 b 為常數之板片彈簧
（leaf spring），H_o 為彈簧在固定端之
高度，總長度為 L，X 為橫軸座標從自
由端算起，H 是在 X 截面之高度。此彈
簧欲設計成在外力 F 之作用下，沿 X 方
向各截面之最大彎曲應力（maximum
bending stress）都相等，請證明：

(一)欲滿足設計需求，H 與 X 之關係式
為 $H = H_o\sqrt{X/L}$。

(二)此彈簧之彈簧常數 $k = (EbH_o^3)/(8L^3)$，式中，E 為材料之楊氏模數
（Young's modulus）。（高三）

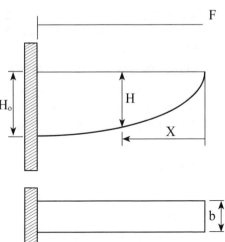

解 (一)

$V = -F$
$M = -FX$

$$\sigma = \frac{My}{I} = \frac{(Fx)\times\dfrac{H}{2}}{\dfrac{1}{12}\times b \times H^3} \Rightarrow H = (\frac{6Fx}{\sigma b})^{\frac{1}{2}} - (1)$$

當 X = L 時　$H = H_o = (\dfrac{6FL}{\sigma b})^{\frac{1}{2}}$ 代入(1)，故 $H = H_o\sqrt{\dfrac{x}{L}}$

(二)　$\delta = \displaystyle\int_0^L x\cdot\frac{M}{Ez}dx$

$= \displaystyle\int_0^L x\cdot\frac{Fx}{E\times\dfrac{1}{12}\times b\times(H_o\times\sqrt{\dfrac{x}{L}})^3}dx \quad = \frac{F(L)^{\frac{3}{2}}}{E\times\dfrac{1}{12}bH_o^3}\int_0^L x^{\frac{1}{2}}dx = \frac{8Fx(L)^3}{EbH_o^3}$

又 $k = \dfrac{F}{8} = \dfrac{EbH_o^3}{8L^3}$

22.圖三所示為一馬達（Motor）、齒輪箱
（Gearbox）、泵浦（Pump）組合的
爆炸圖，該齒輪箱重50 kg，重心在
兩固定點的中央，所有的軸均為逆時
針旋轉（從泵浦向馬達方向看）。當
馬達輸出4 kW，忽略摩擦損失，請決
定作用在齒輪箱上的所有力為若干？
（101 地三）

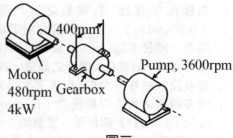

400mm

Pump, 3600rpm

Motor
480rpm   Gearbox
4kW

圖三

解 齒輪箱輸入

$$4 = \frac{T \times 480}{9550} \Rightarrow T_{in} = 79.58 \ (N-m)$$

齒輪箱輸出 $T_{out} = 79.58 \times \dfrac{480}{3600} = 10.61 \ (N-m)$

取齒輪箱之F.B.D

$+ \searrow \sum M_A = 0$

$-79.58 + 50 \times 9.81 \times 0.2 - R_B \times 0.4 + 10.61 = 0$

$R_B = 72.825 \ (N) \uparrow$

$R_A = 417.675 \ (N) \uparrow$

$T_{in} = 79.55(N\text{-}m)$ 50×9.81

B

R_B

A $T_{out} = 10.61(N\text{-}m)$

R_A

第**2**章 強度設計

頻出度Ａ：依據出題頻率分為：A頻率高、B頻率中、C頻率低

課前導讀

1. 延性材料破壞理論
   (1) 最大正交應力理論（maximum normal stress theory）
   (2) 最大剪應力理論（maximum shear stress theory）
   (3) 畸變能理論（von Mises Hencky theory）
2. 脆性材料破壞理論
   (1) 最大正交應力理論（maximum normal stress theory）
   (2) 庫倫-莫爾理論（Coulomb-Mohr theory）
   (3) 修正庫倫-莫爾理論（Modified-Coulomb-Mohr theory）
3. 疲勞破壞
   (1) 疲勞曲線（S-N曲線）與疲勞強度估計
   (2) 密勒法則（Miner's Rule）
4. 動態及疲勞強度設計
   (1) 蘇德柏安全準則（Soderberg's Criterion）
   (2) 修正古德曼準則（Modified Goodman）
5. 組合應力之疲勞損壞
   (1) 疲勞破壞之等效靜負荷轉換（方法一）
   (2) 靜力破壞理論求應力（方法二）

重點內容

2-1 靜負荷強度設計

一、延性材料破壞理論

(一) 最大剪應力理論（maximum shear stress theory）

最大剪應力理論（maximum shear stress theory）只適用於延性材料，材料塑性降伏破壞的主要因素是最大剪應力 τ_{max}，只要最大剪應力 τ_{max} 達到材料在軸向拉伸時發生塑性降伏破壞的降伏強度 S_y，材料就發生塑性降伏破壞；在材料受到雙軸以上之應力狀態下的 $\tau_{max}=\dfrac{\sigma_1-\sigma_3}{2}$，容許剪應力

通常考慮採用材料的剪力降伏強度（yielding strength in shear）S_{sy}（$S_{sy}=0.5S_y$），表示材料在安全範圍，所以最大剪應力理論建立的強度條件：

$$\tau_{max}=\frac{\sigma_1-\sigma_3}{2}\le\frac{0.5S_y}{n}=\tau$$

主應力之一等於零的問題很常見，有三種情況應考量：

1. $\sigma_A\ge\sigma_B\le0\Rightarrow\sigma_1=\sigma_A$、$\sigma_3=0$
2. $\sigma_A\ge0\ge\sigma_B\Rightarrow\sigma_1=\sigma_A$、$\sigma_3=\sigma_B$
3. $\sigma_A\le\sigma_B\le0\Rightarrow\sigma_1=0$、$\sigma_3=\sigma_A$

（二）畸變能理論（Von Mises Hencky theory）

畸變能理論（Von Mises Hencky theory）只適用於延性材料，當材料受到等效應力時所產生的單位體積應變能，達到材料軸向拉伸時所產生降伏的單位體積應變能，材料即產生降伏破壞，其降伏破壞的條件是：

$$\sigma_d=\sqrt{\frac{1}{2}[(\sigma_1-\sigma_2)^2+(\sigma_2-\sigma_3)^2+(\sigma_3-\sigma_1)^2]}\le\frac{S_y}{n}$$

若僅為雙軸向應力，即 $\sigma_1\ne0$、$\sigma_2\ne0$、$\sigma_3=0$

$$\sigma_d=\sqrt{[(\sigma_1)^2+(\sigma_2)^2-(\sigma_2\sigma_1)]}\le\frac{S_y}{n}\text{（主應力表示法）}$$

$$\text{或}\sigma_d=\sqrt{(\sigma_x)^2+(\sigma_y)^2-(\sigma_x\sigma_y)+3\tau_{xy}^2}\le\frac{S_y}{n}\text{（一般正向應力及剪應力表示法）}$$

若構件只受到純剪力，則 $\sigma_1=\tau_{max}=-\sigma_2$

$$\sigma_d=\sqrt{[(\sigma_1)^2+(\sigma_2)^2-(\sigma_2\sigma_1)]}$$
$$=\sqrt{[(\tau_{max})^2+(-\tau_{max})^2-(-\tau_{max}\tau_{max})]}=\sqrt{3}\tau_{max}$$

二、脆性材料破壞理論

（一）最大正交應力理論（maximum normal stress theory）

最大正交應力理論（maximum normal stress theory）只適用於脆性材料，若材料所受的最大正應力大於材料的「容許應力（allowable stress）」，材料就發生斷裂破壞，便會產生破壞，即材料發生破壞的主要因素是最大拉應力 σ_1。只要最大拉應力 σ_1 達到材料在軸向拉伸時發生斷裂破壞的極限應力值 S_u，將極限應力 S_u 除以安全因數（大於或等於 1），得到容許應力 σ，表示材料在安全範圍之內：$\frac{S_u}{n}=\sigma\ge\sigma_1$

此理論適用於脆性材料在二向或三向拉伸斷裂時，由於當機件受扭時，材料由試驗得知 $\tau_{max} = 0.65 S_y$ 時，材料即發生降伏，因此最大正應力理論不適用於延性材料。

(二) 庫倫-莫爾理論（Coulomb-Mohr theory）

材料發生降伏或破壞，不僅與該截面上的剪應力有關，而且還與該截面上的正應力有關，只有當材料的某一截面上的剪應力與正應力達到最不利組合時，才會發生降伏或破壞。

1. $\sigma_1 > \sigma_2 > 0$ 或 $\sigma_1 < \sigma_2 < 0$（正負號相同）：$\dfrac{S_u}{n} = \sigma_1$，以最大正交應力理論處理。

2. $\sigma_1 > 0 > \sigma_2$（正負號相反）：$\dfrac{K\sigma_1}{S_{ut}} + \dfrac{K\sigma_2}{S_{uc}} = \dfrac{1}{n}$（$S_{ut}$：極限拉伸強度、$S_{uc}$：極限壓縮強度、K 集中因數若題目沒給通常表示為 1）。

(三) 修正庫倫-莫爾理論（Modified-Coulomb-Mohr theory）

1. $\sigma_1 > \sigma_2 > 0$ 或 $\sigma_1 < \sigma_2 < 0$：$\dfrac{n}{S_u} = |\sigma_1|$ 與最大正應力理論相同。

2. $\left| \dfrac{\sigma_2}{\sigma_1} \right| \leq 1$ 及 $\sigma_1 > 0 > \sigma_2$：$\dfrac{S_u}{n} = |\sigma_1|$

3. $\sigma_1 > 0 > \sigma_2$ 且 $\left| \dfrac{\sigma_2}{\sigma_1} \right| > 1$：

$\dfrac{K\sigma_1}{S_{ut}} - \dfrac{K(\sigma_2 + \sigma_1)}{S_{uc}} = \dfrac{1}{n}$（$S_{ut}$：極限拉伸強度、$S_{uc}$：極限壓縮強度、K 應力集中因數）

【觀念說明】

1. 脆性材料破壞通常是直接斷裂，因此容許應力通常考慮採用材料的「極限強度（ultimate strength）S_u」；延性材料的破壞模式通常是先產生降伏（yield）造成永久變形，而非直接斷裂，因此考慮容許應力時通常採用材料的「降伏強度（yielding strength）S_y」。

2. 應力計算的基本公式，都是假設結構本身並沒有任何不規則的幾何形狀，但實際上設計時常常需要考量結構本身的不規則幾何形狀。在結構幾何形狀上突然有變化的區域，受力時便會造成應力集中的現象，在

計算應力時，應力集中的現象常用應力集中因子（stress concentration
factor）K 來分析，通常需要利用查表的方式來決定（題目即會給定，
若題目沒給通常表示為 1）。

三、破壞條件之選擇

圖 2.1(a)為最大剪應力理論、畸變能理論的破壞曲線圖，畸變能理論的破壞
曲線包含了最大正交應力理論及最大剪應力理論的破壞曲線，我們可得到若
是構件負載位於第一、三象限中，最大剪應力理論與最大正交應力理論破壞
曲線是相同的，若是在第一、三象限中只承受單軸向應力，則三個理論的破
壞曲線相同。此圖也代表著在延性材料中，材料在相同的負載中，採用不同
的理論分析，使用最大剪應力理論分析的結果要比畸變能理論所求出的安全
係數要小一些。即表示最大剪應力理論比畸變能理論來的保守與嚴格一些。
就設計而言，最大剪應力理論比較容易，能迅速使用且保守，如果重點是要
瞭解零件是如何損壞，最好使用畸變能理論，能獲得較佳的預測。一般未特
別註明方法時，延性材料可利用最大剪應力理論或畸變能理論分析。

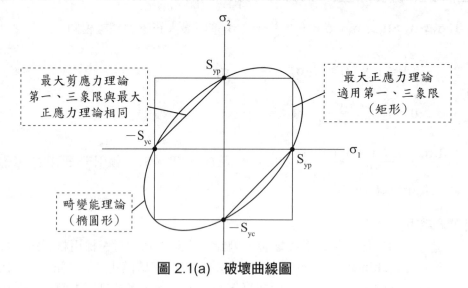

圖 2.1(a)　破壞曲線圖

圖 2.1(b)為脆性材料最大正交應力理論、庫倫－莫爾理論、修正庫倫－莫爾理論的破壞曲線圖,應力值於第一、三象限之情況時,適用於最大正交應力理論,在二、四象限最大正交應力理論使用的誤差較大,正確性不高,可利用庫倫－莫爾理論分析。

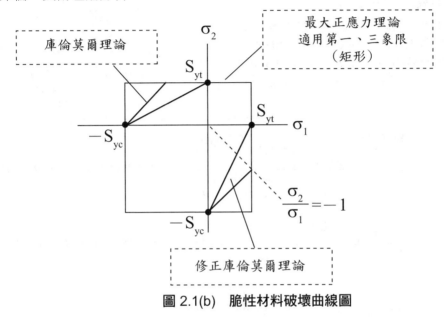

圖 2.1(b) 脆性材料破壞曲線圖

例 2-1

一金屬機械元件的伏強為 380MPa,它受到靜力負荷所產生的應力狀態為 $\sigma_x = 90$MPa、$\sigma_y = 24$MPa、$\tau_x = 84$MPa,試以最大畸變能理論(Maximum distorsion-energy theory)求出其有效應力?(von-Mises stress)與安全係數。(港務升資)

解
$$\sigma = \sqrt{\sigma_x^2 + \sigma_y^2 - \sigma_x\sigma_y + 3\tau_{xy}^2}$$
$$= \sqrt{90^2 + 24^2 - 90 \times 24 + 3 \times 84^2}$$
$$= 166.385 \text{ (MPa)}$$
$$N = \frac{S_y}{\sigma} = \frac{380}{166.385} = 2.283$$

例 2-2

右圖所示直徑 40mm 之圓棒，懸臂端受方向的矩，其中 $M_x = 1.2KN \cdot m$、$M_z = 2.0KN \cdot m$；試計算圓棒上半部距離懸臂端 1m 之 A 處：

(1)最大剪應力（Shear stress）
(2)最大正向應力（Normal stress）
(3)有效應力（Effective stress or von Mises stress）。（普考）

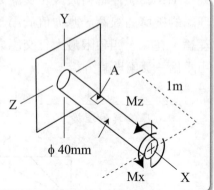

解 (1) 如圖所示

$$\tau_{xy} = \frac{Tr}{J} = \frac{M_x \times r}{J} = \frac{1.2 \times 10^3 \times (\frac{0.04}{2})}{\frac{\pi}{2} \times (\frac{0.04}{2})^4} = 95492965.86Pa = 95.493 \,(MPa)$$

$$\sigma_x = \frac{M_z y}{I} = \frac{2 \times 10^3 \times (\frac{0.04}{2})}{\frac{\pi}{4} \times (\frac{0.04}{2})^4} = 318309886.184Pa = 318.31 \,(MPa)$$

$$\tau_{max} = \sqrt{(\frac{\sigma_x}{2})^2 + \tau_{xy}^2} = 185.605 \,(MPa)$$

(2) $\sigma_{1,2} = \frac{\sigma_x}{2} \pm \tau_{max} \Rightarrow \sigma_1 = \frac{-\sigma_x}{2} + \tau_{max} = 26.45 \,(MPa)$

$\quad\quad \sigma_2 = \frac{-\sigma_x}{2} - \tau_{max} = -344.76 \,(MPa)$

(3) $\sigma_d = \sqrt{\sigma_1^2 + \sigma_2^2 - \sigma_1 \sigma_2}$

$\quad = \sqrt{(-344.76)^2 + (26.45)^2 - (-344.76) \times (26.45)}$

$\quad = 358.72 \,(MPa)$

例 2-3

如右圖一水平 L 形伸臂一端固設於牆壁上，另端承受向下靜力 400 N 的力量。該伸臂由屈服強度 S_y＝310 Mpa，直徑 20 mm 的圓棒材料所製成。(1)求圓棒內的臨界應力；(2)試就其靜荷重情形；(3)用最大剪應力理論求其安全係數，用畸應變能理論求其安全係數，和(2)所得數值比較，何者較大，甚麼原因？

（地特四等）

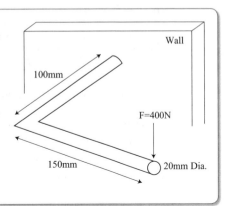

(100mm, Wall, F=400N, 150mm, 20mm Dia.)

解 (1) 如圖所示先求 a 之受力

A. 彎曲應力

$$\sigma_a = \frac{My}{I} = \frac{400 \times 0.1 \times (\frac{0.02}{2})}{\frac{\pi}{4} \times (\frac{0.02}{2})^4}$$

$$= 50929581.79 Pa = 50.93（MPa）$$

B. 剪應力

$$\tau_a = \frac{Tr}{J} = \frac{400 \times 0.15 \times (\frac{0.02}{2})}{\frac{\pi}{2} \times (\frac{0.02}{2})^4}$$

$$= 38197186.342 Pa = 38.197（MPa）$$

$$\tau_{max} = \sqrt{(\frac{\sigma_a}{2})^2 + \tau_a^2} = 45.9（MPa）$$

$$\sigma_{a1} = \frac{\sigma_a}{2} + \tau_{max} = 71.37（MPa）$$

求 b 之受力

b 只受剪應力

$$\tau_b = \frac{4}{3} \frac{V}{A} + \frac{Tr}{J} = \frac{4}{3} \times \frac{400}{\frac{\pi}{4}(0.02)^2} + \frac{400 \times 0.15 \times (\frac{0.02}{2})}{\frac{\pi}{2} \times (\frac{0.02}{2})^4}$$

$$= 39894839.07 \text{Pa} = 39.895 \text{（MPa）}$$

比較 a、b 得知 a 受力較大，較易破壞

利用最大應力理論

$$N = \frac{0.5 S_y}{\tau_{max}} = \frac{0.5 \times 310}{45.9} = 3.38$$

(2) 利用畸變能理論

$$\sigma_d = \sqrt{\sigma_a^2 + 3\tau_a^2} = 83.49 \text{（MPa）} \quad N = \frac{S_y}{\sigma_d} = \frac{310}{83.49} = 3.71$$

(3) 參考下圖為最大剪應力理論、畸變能理論的破壞曲線圖。畸變能理論的破壞曲線包含了最大正交應力理論及最大剪應力理論的破壞曲線，即表示在延性材料中，材料在相同的負載中，採用不同的理論分析，使用最大剪應力理論分析的結果要比畸變能理論所求出的安全係數要小一些。即表示最大剪應力理論比畸變能理論來的保守與嚴格一些。

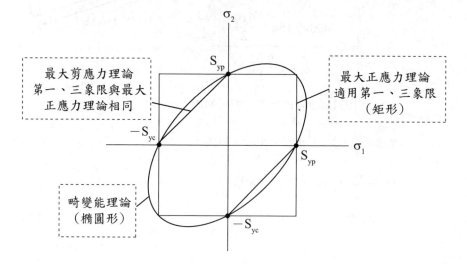

例 2-4

如下圖所示之簡支樑，其材料為結構鋼（降伏強度為 250 MPa），若樑之截面為正方型，求可支撐 P＝1000 N 之力的最小樑之截面尺寸（安全係數為 5）。若材料改為鑄鐵（降伏強度為 150 MPa），相同截面下且安全係數為 5，則最大可承載之外力 P 為多少？並說明你所使用的破壞預測理論。（高考）

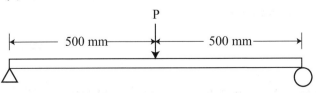

解 (1) 最大剪應力理論、畸變能理論的破壞曲線圖，在第一、三象限若是只承受單軸向應力，最大剪應力理論、畸變能理論與最大正交應力理論破壞曲線相同，本題只受單軸向負載，因此可使用最大正交應力理論，其說明如下：

最大正交應力理論（maximum normal stress theory）為若材料所受的最大正應力大於材料的「容許應力（allowable stress）」，材料就發生斷裂破壞，便預測會產生破壞，即材料發生破壞的主要因素是最大拉應力σ_1。只要最大拉應力 σ_1 達到材料在軸向拉伸時發生斷裂破壞的極限應力值S_u，將極限應力 S_u 除以安全因數（大於或等於1），得到容許

應力 σ，表示材料在安全範圍之內：$\dfrac{S_u}{n}=\sigma\geq\sigma_1$

(2) 由於樑只受一方向之應力，故使用最大正應力理論

$M=\dfrac{P}{2}\times0.5=\dfrac{P}{4}$ 且假設正方形截面邊長為 h

$$\sigma=\dfrac{My}{I}=\dfrac{\dfrac{P}{4}\times\dfrac{h}{2}}{\dfrac{1}{12}h^4}=\dfrac{\dfrac{1000}{4}\times\dfrac{h}{2}}{\dfrac{1}{12}h^4}=\dfrac{1500}{h^3}$$

又 $n=\dfrac{S_y}{\sigma}=5=\dfrac{250\times10^6}{\dfrac{1500}{h^3}}\Rightarrow h=0.0311\text{m}$

若材料改為鑄鐵

$$n=\frac{S_y}{\sigma}=5=\frac{250\times10^6}{\dfrac{\dfrac{P}{4}\times\dfrac{0.031}{2}}{\dfrac{1}{12}\times(0.031)^4}}$$

$$\Rightarrow P=595.82（N）$$

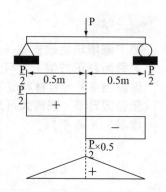

例 2-5

一均勻鋼棒其上某一點之應力張量值達到下列狀況時，

$$\begin{bmatrix} \sigma_{xx} & \tau_{xy} & \tau_{xz} \\ \tau_{xy} & \sigma_{yy} & \tau_{yz} \\ \tau_{xz} & \tau_{yz} & \sigma_{zz} \end{bmatrix}=\begin{bmatrix} 9 & 8 & 0 \\ 8 & 19 & 0 \\ 0 & 0 & 0 \end{bmatrix}(MPa)$$

試問在該點：

(1)對應之最大主應力 σ_1、σ_2 及 σ_3 值各為若干？

(2)對應之最大剪應力 τ_{max} 值為若干？

(3)對應之von Mises應力σ'值為若干？（103身障三等）

解 $\begin{bmatrix} 9 & 8 & 0 \\ 8 & 19 & 0 \\ 0 & 0 & 0 \end{bmatrix}$，其$\lambda_1=0$

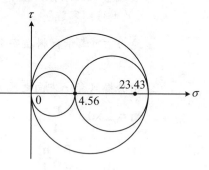

$$\lambda_{2,3}\Rightarrow\lambda^2-28\lambda+107=0\Rightarrow\lambda=4.56,23.43$$

故具最大主應力分別為

$\sigma_1=23.43(MPa)$

$\sigma_2=4.56(MPa)$

$\sigma_3=0$

$$\left(\tau_{max}\right)_{abs}=\frac{23.43-0}{2}=11.715（MPa）$$

$$S_d=\left(\frac{1}{2}\Big[(\sigma_1-\sigma_2)^2+(\sigma_2-\sigma_3)^2+(\sigma_3-\sigma_1)^2\Big]\right)^{\frac{1}{2}}\begin{array}{l}\sigma_1=23.43\\\sigma_2=4.56\\\sigma_3=0\end{array}$$

$$=\left(\frac{1}{2}[356+20.79+548]\right)^{\frac{1}{2}}=21.5(MPa)$$

例 2-6

下圖中之機械元件之降伏強度（yield strength）為 280 MPa，所受負載
F=0.5kN，T=20N·m，P=6.0kN。試求出機械元件於 A 點處（可將 A 點
視為一小立方體）：

(1)於 x 方向中之正向應力（nomal
　 stress）為何？

(2)於 z 方向上之正向為應力為何？

(3)於 x 面上朝 z 方向之剪應力（shear
　 stress）為何？

(4)根據畸變能（distortion energy）理論
　 之 Von Mises 應力為何？

(5)根據 A 點是否降伏作考量，此元件之
　 安全因數（factor of safety）為何？
　 （台酒、103地三）

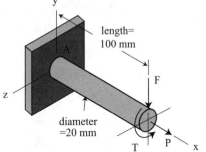

提示：受平面應力 σ_x，σ_y，σ_{xy} 作用時之 Von
Mises Stress $\sigma^2 = (\sigma_x^2 - \sigma_x\sigma_y + \sigma_y^2 + 3\tau_{xy}^2)^{\frac{1}{2}}$

解 (1) 如圖所示，A 點 x 方向所受的力為負載 P 及 F 所產生之正向應力

$$\sigma_x = \frac{My}{I} + \frac{P}{A} = \frac{(0.5\times10^3\times0.1)\times0.01}{\frac{\pi}{4}\times(\frac{0.02}{2})^4} + \frac{6\times10^3}{\frac{\pi}{4}\times(0.02)^2}$$

$$= 82760570.41\text{Pa} = 82.76\ (\text{MPa})$$

(2) Z 方向上之正向應力為 0

(3) A 點 x 面朝 Z 方向為扭矩所產生之剪應力

$$\tau_Z = \frac{Tr}{J} = \frac{20\times(0.01)}{\frac{\pi}{2}\times(0.01)^4} = 12732395.45\text{Pa} = 12.732\ (\text{MPa})$$

(4) $\sigma = \sqrt{\sigma_x^2 - \sigma_x\sigma_z + \sigma_z^2 + 3\tau_z^2} = \sqrt{\sigma_x^2 + 3\tau_z^2}$

$$= \sqrt{(82.76)^2 + 3\times(12.732)^2}$$

$$= 85.65\ (\text{MPa})$$

(5) $n = \frac{S_y}{\sigma} = \frac{280}{85.65} = 3.27$

2-2 疲勞曲線

一、疲勞破壞

在前面幾節對機械結構應力計算的討論，我們都著重在靜態負載，事實上除了靜態負載之外，有些構件的應力大小或方向會隨時間作週期性變化，這種應力稱為「反覆應力（alternating stress）」。如圖 2.2 所示其中平均應力 σ_{av} 代表反覆應力狀態中靜態的部分，應力振幅 σ_r 代表反覆應力狀態中動態的部分。構件在反覆應力作用下發生的破壞和靜應力作用時的破壞不同，不是直接斷裂或降伏，而是一種「疲勞破壞（fatigue failure）」，和材料的抗拉強度、降伏強度相似，疲勞破壞也有所謂「疲勞強度（fatigue strength）」。

疲勞破壞最大的特徵為當構件所受應力值超過疲勞強度時，構件中的最大應力處或材料有缺陷處出現細微裂紋，隨著反覆受力超過一定的次數後，裂紋逐漸擴展成為裂縫，由於應力交替變化，裂縫兩邊的材料時而壓緊時而張開，使材料相互擠壓研磨，形成光滑區，當斷面削弱至一定程度而抗力不足時，在一個偶然的衝擊或振動下，便發生突然的脆性斷裂，斷裂處形成粗糙區。

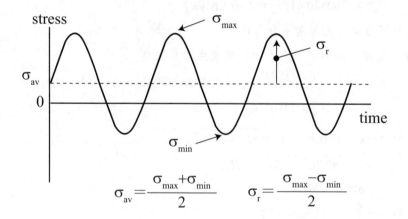

$$\sigma_{av} = \frac{\sigma_{max} + \sigma_{min}}{2} \qquad \sigma_r = \frac{\sigma_{max} - \sigma_{min}}{2}$$

圖 2-2

二、疲勞曲線（S-N 曲線）與疲勞強度估計

疲勞曲線的取得為利用一標準試片，置於一旋轉疲勞試驗機上，給定一個負載之後，然後開始旋轉並計數材料試片在此完全反覆應力狀態下，旋轉至斷裂所需的轉數，改變負載後重複相同的程序，其應力與循環應力作用次數的數據便可以繪出如圖 2.3 之 S－N 圖。

每一個反覆次數值都有一個對應的疲勞強度，如 2.3 圖曲線最左邊與縱軸交點的應力數值，應力減小時，所能反覆施加的次數也逐漸上升，直到應力低於某一個值，循環應力作用次數達到 10^6 次時，表示反覆轉動無限多次，材料也不會產生破壞，這個應力值就稱作材料的「疲勞限（endurance limit）」。

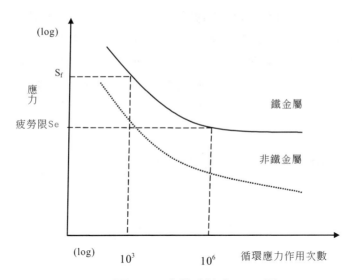

圖 2.3　疲勞破壞之 S-N 圖

【觀念說明】

(一) 設計常考慮鐵金屬 $10^3 \sim 10^6$ 循環有限壽命，其疲勞強度估計之方法視 S－N 曲線上以 log－log 座標繪製時，$10^3 \sim 10^6$ 間為一斜直線，再利用內插法求解即可：

$$\frac{\log(S_e) - \log(S_f)}{\log(10^6) - \log(10^3)} = \frac{\log(S) - \log(S_f)}{\log(N) - \log(10^3)}$$

(二) 一般疲勞測試實驗中測試試片的疲勞限（endurance limit）為較理想的值，而在實際設計應用上，如材料的尺寸、外形、不同的應力形態、溫度效應、可靠度等，都會影響到持久限的大小，需要一連串的修正，才能得到適合設計狀況的持久限值，所以所使用之忍受限值需要適度修正，才可作為實際的疲勞強度使用。

(三) 實際的疲勞限（endurance limit）$Se = K_1 K_2 K_3 K_4 K_5 Se'$，其中 Se'：試驗之持久限、K_1：表面修正因數、K_2：應力修正因數、K_3：尺寸修正因數、K_4：溫度修正因數、K_5：可靠度修正因數。

三、密納法則（Miner's Rule）

在有限的壽命中，任一不同之疲勞負載，其負載的循環次數對機件之疲勞破壞皆有貢獻，亦即每一負載之每次的循環皆會減少疲勞壽命，稱之為累積疲勞破損（Cumulative fatigue damage），此時可使用米勒法則進行分析。假設一機件若是若受多種變動負荷 σ_1、σ_2、$\cdots$、σ_k 之疲勞負載，共循環 n_c 次後達到破壞，每種疲勞負載所對應之疲勞壽命為 L_1、L_2、$\cdots$、L_k，若此機件在變動變動負荷 σ_1 作用 n_1 次，變動變動負荷 σ_2 作用 n_2 次，以此類推變動變動負荷 σ_k 作用 n_k 次，

則：$n_1 + n_2 + \cdots + n_k = n_c \Rightarrow \dfrac{n_1}{L_1} + \dfrac{n_2}{L_2} + \dfrac{n_3}{L_3} + \cdots\cdots + \dfrac{n_k}{L_k} = 1$

亦可表示為：

$\dfrac{\alpha_1}{L_1} + \dfrac{\alpha_2}{L_2} + \dfrac{\alpha_3}{L_3} + \cdots\cdots + \dfrac{\alpha_k}{L_k} = \dfrac{1}{N_c}$ （$\alpha_1 = \dfrac{n_1}{N_c}$、$\cdots$、$\alpha_k = \dfrac{n_k}{N_c}$；$N_C$：總循環數）

例 2-7

試述金屬材料疲勞（metal fatigue）破壞之原因及其破斷面之外觀。並請說明 S-N 曲線之特性及其在疲勞設計上之應用。（地特四等）

解 (1) 金屬材料疲勞破壞最大的特徵為當構件所受應力值超過疲勞強度時，構件中的最大應力處或材料有缺陷處出現細微裂紋，隨著反覆受力超過一定的次數後，裂紋逐漸擴展成為裂縫。由於應力交替變化，裂縫兩邊的材料時而壓緊時而張開，使材料相互擠壓研磨，形成光滑區。當斷面削弱至一定程度而抗力不足時，在一個偶然的衝擊或振動下，便發生突然的脆性斷裂，斷裂處形成粗糙區，其斷面截面如右所示：

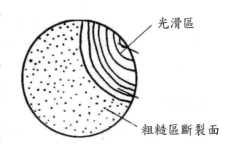
光滑區

粗糙區斷裂面

(2) 參考 2－2 節內容

例 2-8

一機械元件有 200000 次的循環壽命，30%時間承受應力 σ_1=100MPa，60%時間承受應力 σ_2=60MPa。σ_1=100Mpa 時。由 S-N 曲線得 N_1=100000 週轉；σ_2=60MPa 時，由 S-N 曲線得 N_2=800000 週轉。試求所餘的時間於 S-N 曲線中的循環壽命？

解 由密納法則（Miner's Rule）

$$\frac{\alpha_1}{L_1}+\frac{\alpha_2}{L_2}+\frac{\alpha_3}{L_3}+\cdots\cdots+\frac{\alpha_k}{L_k}=\frac{1}{N_c}$$

$$\left(\alpha_1=\frac{n_1}{N_c}、\cdots、\alpha_k=\frac{n_k}{N_c}；N_C：總循環數\right)$$

$$\Rightarrow \frac{0.3\times200000}{100000}+\frac{0.6\times200000}{800000}+\frac{0.1\times200000}{N_3}=1\Rightarrow N_3=80000$$

例 2-9

假設一機械元件分別承受三種不同之完全反覆負載而產生之完全反覆之最大應力為 800Mpa、500Mpa 與 300Mpa 時，其相對之疲勞壽命分別為 4,000 循環、40,000 循環與 140,000 循環，若此三種負載混合作用於此元件上，使用之循環數依序分別為總疲勞循環數之 10%、40%與 50%而破壞，試決定破壞時之總循環？（普考）

解　$\dfrac{0.1 \times N_c}{4000} + \dfrac{0.4 \times N_c}{40000} + \dfrac{0.5 \times N_c}{140000} = 1$

$N_c = 25925.926$（循環）

例 2-10

有一軸承於三種不同負載下操作，其一週期內三種不同負載分別使用 10hr、15hr、25hr，三種不同負荷之個別壽命為 500hr、1000hr、2000hr，則其軸承之配重壽命為？

解　由密納法則（Miner's Rule）

$\dfrac{\alpha_1}{L_1} + \dfrac{\alpha_2}{L_2} + \dfrac{\alpha_3}{L_3} + \cdots\cdots + \dfrac{\alpha_k}{L_k} = \dfrac{1}{N_c}$ （$\alpha_1 = \dfrac{n_1}{N_c}$、$\cdots$、$\alpha_k = \dfrac{n_k}{N_c}$；$N_C$：總循環數）

$\Rightarrow \dfrac{\frac{10}{10+15+25}}{500} + \dfrac{\frac{15}{10+15+25}}{1000} + \dfrac{\frac{25}{10+15+25}}{2000} = \dfrac{1}{N_c} \Rightarrow N_c = 1053$（hr）

2-3 動態及疲勞強度設計

一、蘇德柏安全準則（Soderberg's Criterion）

變動負荷的反覆應力基本上可以分成靜態和動態兩個部分，靜態部分的應力可以用平均應力 σ_{av} 來描述，而動態部分的應力則可以用應力振幅 σ_r 來描述。變動負荷中若平均應力 $\sigma_{av} \neq 0$，即表示靜態應力和動態應力對疲勞破壞皆有貢獻，如圖 2.4 中蘇德柏準則是將平均應力 σ_{av} 代表靜態應力繪於水平軸，而交變應力 σ_r 代表疲勞部分繪於垂直軸。若交變應力 $\sigma_r = 0$ 時，則為靜態應力，應力值等於材料的降伏強度時即達破壞。若平均應力 $\sigma_{av} = 0$，則為完全反覆應力，應力值等於材料的疲勞強度時即達破壞。以此兩點的連線就是蘇德柏線，如果應力值落在此直線之內時，可以預測此應力狀態為安全，相反的如果此應力值落在直線之外，則可以預測會有破壞產生，若考量設計時的安全係數，則蘇德柏線之方程式為：

$$\frac{\sigma_{av}}{S_y} + K_f \times \frac{\sigma_r}{S_e} = \frac{1}{FS}$$

（S_e：疲勞強度、FS：安全係數、K_f：應力集中因子、S_y：材料降伏強度）

二、修正古德曼準則（Modified Goodman）

延性材料受靜態負載時，當應力值達到材料的降伏強度即視為破壞，但延性材料受到動態疲勞負載時，有趨向脆化材質的變化，因此古德曼建議放寬變動負荷的極限範圍，如圖 2.4ACB 線所示即為修正古德曼線，因此古德曼之方程式為：

$$\frac{\sigma_{av}}{S_u} + K_f \times \frac{\sigma_r}{S_e} = \frac{1}{FS} \quad （\text{AC 線段大多利用此段分析}）$$

（S_e：疲勞強度、FS：安全係數、K_f：應力集中因數、S_u：材料極限強度）

$$\frac{\sigma_{av}}{S_y} + K_f \times \frac{\sigma_r}{S_e} = \frac{1}{FS} \quad （\text{CB 線段}）$$

（S_e：疲勞強度、FS：安全係數、K_f：應力集中因數、S_y：材料降伏強度）

【觀念說明】

1. 疲勞負載內之靜態所貢獻的成分所占比例不大,因此古德曼線大多利用AC線段,即題目若指名古德曼準則用此段運算。
2. 以上所述之疲勞破壞理論為機件所受單一正應力或剪應力之情況。σ_r 交變應力蘇德古德曼線。

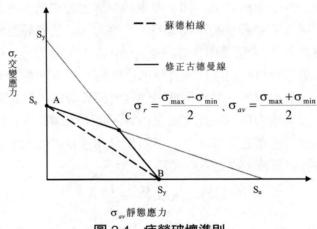

圖 2.4　疲勞破壞準則

三、庫倫定律

學者庫倫及莫爾根據脆性材料之拉伸及壓縮試驗破壞時之莫爾氏圓,及此兩圓的兩條外公切線,定出一安全的範圍如圖所示。對脆性材料而言,只要最大莫爾氏圓不超出此範圍如圖中虛線圓所示,便不會發生破壞,此即庫倫-莫爾理論。由此理論可推導出,當

$$\frac{\sigma_1}{S_{ut}} - \frac{\sigma_3}{S_{uc}} < 1$$

即不會破壞。σ_1、σ_2及σ_3為三個主應力且$\sigma_1 > \sigma_2 > \sigma_3$。

故根據庫倫-莫爾理論,對任何平面應力問題,其於平面上兩個主應力,只要其應力值落於圖之陰影區域內即不會破壞。

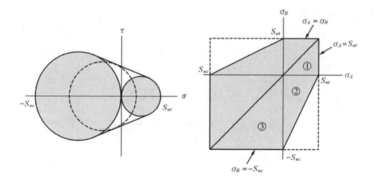

例 **2-11**

機製零件用鋼具有下列性質：降伏強度 S_y=480MPa，S_{ut}=600MPa，S_e=200MPa。試繪出"修正 Goodman 線？（Modified Goodman line），並求下列應力狀況的安全係數：(1)介於 40 與 100 MPa 間的交替彎應力（alternating bending stress）；(2)介於 0 與 200 MPa 間的交替彎應力（alternating bending stress）。（郵政升資）

解 (1) $\sigma_{av} = \dfrac{40+100}{2} = 70$（MPa）

$\sigma_r = \dfrac{100-40}{2} = 30$（MPa）

代入修正古德曼式 $\dfrac{\sigma_{av}}{S_u} + \dfrac{k\sigma_r}{S_e} = \dfrac{1}{FS} \Rightarrow \dfrac{70}{600} + \dfrac{30}{200} = \dfrac{1}{FS}$

FS＝3.75

(2) $\sigma_{av} = \dfrac{0+200}{2} = 100$（MPa）

$\sigma_r = \dfrac{200-0}{2} = 100$（MPa）

代入古德曼式 $\dfrac{\sigma_{av}}{S_u} + \dfrac{k\sigma_r}{S_e} = \dfrac{1}{FS} \Rightarrow \dfrac{100}{600} + \dfrac{100}{200} = \dfrac{1}{FS}$

FS＝1.5

(3) 古德曼線如圖所示

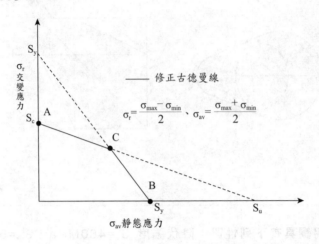

例 2-12

一連續轉動的軸之直徑為40 mm。此軸之抗拉強度（tensile strength）為430 MPa、降伏強度（yield strength）為360 MPa，而其完全修正後（fully corrected）疲勞限界（endurance limit）為180 MPa：(1)請根據修正古德曼（modified Goodman）理論作考量，計算當此軸受一週期性（cyclic）應力，而此應力變化範圍在200 MPa到−150 MPa之間，其安全因數（factor of safety）為何？(2)請根據此軸是否會降伏（yield）作考量，計算當此軸受一週期性（cyclic）應力，而此應力變化範圍在200 MPa到−150 MPa之間，其安全因數（factor of safety）為何？(3)基於以上兩小題之安全因數（factor of safety），此軸是否會立即損壞（immediate failure）？請說明之。（台酒）

解 (1) $S_u = 430\text{MPa}$、$S_y = 360\text{MPa}$，$S_e = 180\text{MPa}$

$$\sigma_{av} = \frac{200 + (-150)}{2} = 25 \ (\text{MPa})$$

$$\sigma_r = \frac{200 - (-150)}{2} = 175 \ (\text{MPa})$$

代入修正古德曼

$$\frac{\sigma_{av}}{S_u} + \frac{k\sigma_r}{S_e} = \frac{1}{FS} \Rightarrow \frac{25}{430} + \frac{175}{180} = \frac{1}{FS} \Rightarrow FS = 0.97$$

(2) $\dfrac{\sigma_{av}}{S_y}+\dfrac{k\sigma_r}{Se}=\dfrac{1}{FS}\Rightarrow\dfrac{25}{360}+\dfrac{175}{180}=\dfrac{1}{FS}\Rightarrow FS=0.96$

(3) 由於(1)(2)分析後安全因數皆小於 1，因此此軸會立即損壞。

例 2-13

一承受週期應力，$\sigma_{max}=90MPa$，$\sigma_{min}=30MPa$之鋼製零件，其拉伸之抗拉強度（ultimate strength）Sut＝600MPa，降伏強度（yield strength）Sy＝450MPa，修正後之疲勞限（endurance limit）Se＝150MPa，若不考慮應力集中之影響，試分別以下列破壞理論計算其設計時之安全係數：
(一) 一次週期破壞理論（Single cycle failure theory）
(二) 古德曼疲勞破壞理論（Goodman's fatigue failure theory）
(三) 蘇德堡疲勞破壞理論（Sodeberg's fatigue failure theory）（103身障三等）

解 $\sigma_{max}=90$ $\qquad\sigma_{av}=\dfrac{90+30}{2}=60$

$\sigma_{min}=30$ $\qquad\sigma_r=\dfrac{90-30}{2}=30$

$S_{ult}=600$
$S_{yp}=450$
$S_e=150$
$k=1$
single cycle（假設較嚴苛條件）

$(F_S)_1=\dfrac{S_{yp}\sigma_{all}}{\sigma_{all}}\rightarrow\dfrac{450}{90}=5$ $\qquad(F_S)_2=\dfrac{S_{ult}}{\sigma_{ALL}}=\dfrac{600}{90}=6.67$

$F_S=\min((F_S)_1,(F_S)_2)=5$

goodman

$\dfrac{\sigma_{av}}{S_{yp}}+\dfrac{K\beta_r}{Se}=\dfrac{1}{F_s}$ $\qquad\dfrac{60}{600}+\dfrac{30}{150}=\dfrac{1}{F_s}$

$F_S=3.33$

soderberg

$\dfrac{\sigma_{av}}{S_{yp}}+\dfrac{K\beta_r}{Se}=\dfrac{1}{F_s}$ $\qquad\dfrac{60}{450}+\dfrac{30}{160}=\dfrac{1}{F_s}$

$F_S=3.12$

2-4　組合應力之疲勞損壞

2-3 節所述之疲勞破壞理論為機件所受單一正應力或剪應力之情況，若機件同時受到拉、彎曲、扭力等組合作用力之負載而產生組合應力，此時應力情況可依以下兩個方法來簡化使用。

一、疲勞破壞之等效靜負荷轉換(方法一)：

(一) 利用蘇德柏準則分析⇒等效靜負荷轉換

蘇德柏線之方程式：$\dfrac{\sigma_{av}}{S_y} + K_f \times \dfrac{\sigma_r}{S_e} = \dfrac{1}{FS}$ 經重組可得等效靜態正應力：

$$\sigma_s = \frac{S_y}{FS} = \sigma_{av} + K_f \times \frac{S_y \sigma_r}{S_e}$$

同理等效靜態剪應力：$\tau_s = \dfrac{S_y}{FS} = \tau_{av} + K_f \times \dfrac{S_y \tau_r}{S_e}$

再將等效靜態正應力及等效靜態剪應力代入靜力破壞理論（最大剪應力理論、畸變能理論）求安全係數：

1. 代入最大剪應力理論

$$\tau_{max} = \sqrt{\left(\frac{\sigma_s}{2}\right)^2 + \tau_s^2} = \sqrt{\frac{1}{4}\left(\sigma_{av} + K_f \times \frac{S_y \sigma_r}{S_e}\right)^2 + \left(\tau_{av} + K_f \times \frac{S_y \tau_r}{S_e}\right)^2}$$

$$\tau_{max} = \frac{0.5 S_y}{FS} \ (FS \geq 1)$$

2. 代入畸變能理論

$$\sigma_M = \sqrt{(\sigma_s)^2 + 3\tau_s^2} = \sqrt{\left(\sigma_{av} + K_f \times \frac{S_y \sigma_r}{S_e}\right)^2 + 3\left(\tau_{av} + K_f \times \frac{S_y \tau_r}{S_e}\right)^2}$$

$$\sigma_M = \frac{S_y}{FS} \ (FS \geq 1)$$

(二) 利用修正古德曼準則分析⇒等效靜負荷轉換

將蘇德柏式之材料降伏強度 S_y，換成材料極限強度 S_u 得古德曼之 AC 線段方程式：$\dfrac{\sigma_{av}}{S_u} + K_f \times \dfrac{\sigma_r}{S_e} = \dfrac{1}{FS}$ 經重組可得

等效靜態正應力：$\sigma_s = \dfrac{S_u}{FS} = \sigma_{av} + K_f \times \dfrac{S_u \sigma_r}{S_e}$

等效靜態剪應力：$\tau_s = \dfrac{S_u}{FS} = \tau_{av} + K_f \times \dfrac{S_u \tau_r}{S_e}$

1. 代入最大剪應力理論

$$\tau_{max} = \sqrt{(\dfrac{\sigma_s}{2})^2 + \tau_s^2} = \sqrt{\dfrac{1}{4}(\sigma_{av} + K_f \times \dfrac{S_u \sigma_r}{S_e})^2 + (\tau_{av} + K_f \times \dfrac{S_u \tau_r}{S_e})^2}$$

$$\tau_{max} = \dfrac{0.5 S_y}{FS} \ (FS \geq 1)$$

2. 代入畸變能理論

$$\sigma_M = \sqrt{(\sigma_s)^2 + 3\tau_s^2} = \sqrt{(\sigma_{av} + K_f \times \dfrac{S_u \sigma_r}{S_e})^2 + 3(\tau_{av} + K_f \times \dfrac{S_u \tau_r}{S_e})^2}$$

$$\sigma_M = \dfrac{S_y}{FS} \ (FS \geq 1)$$

二、靜力破壞理論求應力（方法二）：

(一) 先求出平均正向應力 $(\sigma_{av})_x$、$(\sigma_{av})_y$、$(\tau_{av})_{xy}$ 及變動應力 $(\sigma_r)_x$、$(\sigma_r)_y$、$(\tau_r)_{xy}$。

(二) 再利用靜力破壞理論(最大剪應力理論、畸變能理論)求合成平均正向應力及合成變動應力，合成應力若代入最大剪應力理論，如下所示。

$$\tau_{av} = \sqrt{[\dfrac{(\sigma_{av})_x}{2} + \dfrac{(\sigma_{av})_y}{2}]^2 + (\tau_{av})_{xy}^2} \ 、 \ \tau_r = \sqrt{[\dfrac{(\sigma_r)_x}{2} + \dfrac{(\sigma_r)_y}{2}]^2 + (\tau_r)_{xy}^2}$$

(三) 再利用蘇德柏準則或修正古德曼準則求安全係數，合成應力若代入蘇德柏準則可得：$\dfrac{\tau_{av}}{S_y} + K_f \times \dfrac{\tau_r}{S_e} = \dfrac{1}{FS}$

【觀念說明】

方法一及方法二於機械設計中皆可使用，其結果會有些許的不同。

例 2-14

有一運轉之機件有下列性質：降伏強度 S_y＝615MPa、極限強度 S_u＝800MPa、疲勞強度 S_e＝300MPa、應力集中因數 K_f＝1.35，其受到一平均剪應力τ_{av}＝0.55MPa、變動剪應力 τ_r＝0MPa、平均應力 σ_{av}＝0.306MPa、變動應力σ_r＝4.91MPa，試利用最大剪應力理論及修正古德曼準則計算出此零件的安全係數。

解 先由修正古得曼準則求等效靜應力：

$$(\sigma_x)_{eq}=(\sigma_x)_{av}+K_f\cdot(\sigma_x)_r\cdot\frac{S_{ut}}{S_e}=0.306+1.35\times4.91\times\frac{800}{300}=18\text{MPa}$$

再由最大剪應力準則求安全因數：$FS=\dfrac{0.5S_{yp}}{\tau_{max}}=\dfrac{0.5\times615}{\sqrt{\left(\dfrac{18}{2}\right)^2+0.55^2}}=34.1$

例 2-15

機製零件用鋼具有下列0性質：降伏強度 S_y＝515MPa，疲勞強度 S_e＝258MPa，其負載分析如下表，試利用畸變能理論計算出此零件的安全係數。

應力	最大值（MPa）	最小值（MPa）
σ_x	200	70
σ_y	－180	－60
τ_{xy}	110	40

解 本題使用方法二：

$$(\sigma_{av})_x=\frac{200+70}{2}=135\text{（MPa）}$$

$$(\sigma_r)_x=\frac{200-70}{2}=65\text{（MPa）}$$

$$(\sigma_{av})_y=\frac{-180-60}{2}=-120\text{（MPa）}$$

$$(\sigma_r)_y=\frac{-180-(-60)}{2}=-60\text{（MPa）}$$

$$\tau_{av}=\frac{110+40}{2}=75\text{（MPa）}$$

$$\tau_r=\frac{110-40}{2}=35\text{（MPa）}$$

以畸變能理論

$$\sigma_{av} = \sqrt{(\sigma_{av})_x^2 + (\sigma_{av})_y^2 - (\sigma_{av})_x (\sigma_{av})_y + 3\tau_{av}^2}$$

$$= \sqrt{(135)^2 + (-120)^2 - (135) \times (-120) + 3 \times (75)^2}$$

$$= 256.32 \text{ (MPa)}$$

$$\sigma_r = \sqrt{(\sigma_r)_x^2 + (\sigma_r)_y^2 - (\sigma_r)_x (\sigma_r)_y + 3\tau_r^2}$$

$$= \sqrt{(65)^2 + (-60)^2 - (65) \times (-60) + 3 \times (35)^2}$$

$$= 124.1 \text{ (MPa)}$$

代入蘇德柏準則

$$\frac{\sigma_{av}}{S_y} + \frac{k\sigma_r}{Se} = \frac{1}{FS} \Rightarrow \frac{256.32}{515} + \frac{124.1}{258} = \frac{1}{FS}$$

$$FS = 1.02$$

例 2-16

一直徑為 40mm 之旋轉軸，若軸材料降伏強度 S_y＝370MPa、極限強度 S_u＝440MPa、疲勞強度 S_e＝220MPa，應力集中因子及減少係數不計，使之承受 40 至 150N-m 之變動扭矩及 −160N-m 之穩定彎曲力矩，利用畸變能理論搭配蘇德伯理論求此軸之安全係數。

解 (1) 由於軸會旋轉，所以 M_{max}＝160（N-m），M_{min}＝−160（N-m）

M_{av}＝0，$M_r = \dfrac{160 - (-160)}{2} = 160 \text{N·m}$

$T_{av} = \dfrac{40 + 150}{2} = 95 \text{ (N·m)}$，$T_r = \dfrac{150 - 40}{2} = 55 \text{ (N·m)}$

$\sigma_{av} = 0$，$\sigma_r = \dfrac{M_r \cdot y}{I} = \dfrac{160 \times 10^3 \times \left(\dfrac{40}{2}\right)}{\dfrac{\pi}{4} \times \left(\dfrac{40}{4}\right)^4} = 25.48 \text{MPa}$

$\tau_{av} = \dfrac{T_{av} \times r}{J} = \dfrac{16T_{av}}{\pi d^3} = \dfrac{16 \times 95 \times 10^3}{\pi \times (40)^3} = 7.56 \text{MPa}$

$\tau_r = \dfrac{T_r \times r}{J} = \dfrac{16T_r}{\pi d^3} = \dfrac{16 \times 55 \times 10^3}{\pi \times (40)^3} = 4.39 \text{MPa}$

(2) 蘇德柏準則：

$$\sigma_e = \sigma_{av} + k \times \frac{\sigma_r S_y}{s_e} = 0 + 1 \times 25.48 \times \frac{370}{220} = 42.853 \text{Mpa}$$

$$\tau_e = \tau_{av} + k \times \frac{\tau_r S_y}{S_e} = 7.56 + 1 \times 4.39 \times \frac{370}{220} = 14.943 \text{Mpa}$$

代入畸變能理論

$$\sigma = \sqrt{(\sigma_e)^2 + 3(\tau_e)^2} = \sqrt{(42.853)^2 + 3 \times (14.943)^2} = 50.06 = \frac{S_y}{FS}$$

$$FS = \frac{370}{50.06} = 7.4$$

精選試題

一　問答題型

1. **在結構設計時常用安全因數（safety factor），說明要用安全因數之理由。**
（普考）

解 在工程設計上為確保結構物的安全，並滿足強度、剛度及穩定度之要求，故結構實際所能支持的負載必須大於操作時所需承受的負載，當設計時經常以一個機件可承受的應力值作為設計的依據，此一較極限應力為小的設計應力，一般稱之為容許應力，而機件可承受的應力值與容許應力間之比值亦稱為安全係數或安全因數，為避免結構的損壞，安全因數必須大於 1，通常以 n 表示：$n = \dfrac{\text{可承受應力值}}{\text{容許應力}}$ 若材料為脆性材料，則機件可承受的應力值為極限應力；若材料為延性材料，則機件可承受的應力值為降伏應力。

2. (1) **請說明下列各破壞理論（Failure theory）：**

　　A. **最大正向應力理論（Maximum Normal Stress Theory）。**

　　B. **最大剪應力理論（Maximum Shear Stress Theory）。**

　　C. **畸變能理論（Distortion Energy Theory）。**

(2) **若工作為脆性（Brittle）材料製成，請問應使用何種破壞理論，並請對該理論做一說明。**

解 (1) A. 最大正向應力理論：材料發生破壞的主要因素是最大正向應力 σ_1，只要最大正向應力 σ_1 達到材料在軸向拉伸時發生斷裂破壞的極限應力值 σ_b，材料就發生斷裂破壞，將極限應力 σ_b 除以安全因數，得到容許應力 σ，表示材料在安全範圍之內。

$$\frac{\sigma_b}{n} = \sigma \geq \sigma_1$$

此理論是用於脆性材料在二向或三向拉伸斷裂時，但對於單向壓縮、三向壓縮等沒有拉應力的應力狀態，或是延性材料此理論不適用。

B. 最大剪應力理論：材料塑性降伏破壞的主要因素是最大剪應力 τ_{max}，只要最大剪應力 τ_{max} 達到材料在軸向拉伸時發生塑性降伏破壞的極限剪應力值 τ_y，材料就發生塑性降伏破壞。在材料受到雙軸以上之應力狀態下的 $\tau_{max} = \dfrac{\sigma_1 - \sigma_3}{2}$，$0.5\tau_y$ 除以安全因數，得到許用應力 τ，表示材料在安全範圍，所以最大剪應力理論建立的強度條件：$\tau_{max} \leq \dfrac{0.5\tau_y}{n} = \tau$

C. 畸變能密度理論：材料降伏破壞的主要因素是畸變能密度達到材料軸向拉伸時發生塑性降伏的畸變能密度，構件就發生塑性降伏破壞，塑性降伏破壞的條件是：

$$\sigma_d = \sqrt{\frac{1}{2}[(\sigma_1 - \sigma_2)^2 + (\sigma_2 - \sigma_3)^2 + (\sigma_3 - \sigma_1)^2]} \leq \frac{\sigma_y}{n}$$

(2) 脆性材料適用於最大正交應力理論、庫倫-莫爾理論、修正庫倫-莫爾理論的破壞曲線圖，應力值於第一、三象限之情況時，適用於最大正交應力理論，在二、四象限最大正交應力理論使用的誤差較大，正確性不高，可利用庫倫-莫爾理論分析，其說明如下

A. 庫倫－莫爾理論（Coulomb-Mohr theory）：材料發生降伏或破壞，不僅與該截面上的剪應力有關，而且還與該截面上的正應力有關，只有當材料的某一截面上的剪應力與正應力達到最不利組合時，才會發生降伏或破壞。

a. $\sigma_1 > \sigma_2 > 0$ 或 $\sigma_1 < \sigma_2 < 0$（正負號相同）：以最大正交應力理論處

理 $\dfrac{S_u}{n} = \sigma_1$

b. $\sigma_1 > 0 > \sigma_2$（正負號相反）：

$$\dfrac{K\sigma_1}{S_{ut}} + \dfrac{K\sigma_2}{S_{uc}} = \dfrac{1}{n}$$（S_{ut}：極限拉伸強度、S_{uc}：極限壓縮強度、

K 集中因數，若題目沒給通常表示為 1）

B. 修正庫倫－莫爾理論（Modified-Coulomb-Mohr theory）

a. $\sigma_1 > \sigma_2 > 0$ 或 $\sigma_1 < \sigma_2 < 0$：與最大正應力理論相同

$$\dfrac{S_u}{n} = |\sigma_1|$$

b. $\left| \dfrac{\sigma_2}{\sigma_1} \right| \leq 1$ 及 $\sigma_1 > 0 > \sigma_2$：$\dfrac{S_u}{n} = |\sigma_1|$

c. $\sigma_1 > 0 > \sigma_2$ 且 $\left| \dfrac{\sigma_2}{\sigma_1} \right| > 1$：

$$\dfrac{K\sigma_1}{S_{ut}} - \dfrac{K(\sigma_2 + \sigma_1)}{S_{uc}} = \dfrac{1}{n}$$（S_{ut}：極限拉伸強度、S_{uc}：極限壓縮強

度、K 應力集中因數）

3. 產品的生命週期可分為那些階段？（普考）

解 產品的生命週期是指：產品的概念設計→備料→產品製造、組裝→產品
運銷→消費者使用→提供產品服務→回收再利用→最後的廢棄處理。

**4. 從經濟上考慮，機械設計時應注意那些事項？從生態（環保）上考慮，選擇材
料和機械設計時應注意那些事項？**（地特四等）

解 (1) 從經濟上考慮，機械設計時應注意事項：

A. 標準尺寸：使用標準規格或是現貨的尺寸可降低成本。

B. 使用較大公差：機件有較大的公差，可使用機器以較高的生產力
生產，不良品較少，可節省成本。

C. 損益平衡點：當比較兩種以上之設計方法時，須找出成本相同的
對應點，稱之為損益平衡點，可在最大的經濟效益下進行生產。

D. 成本估計：利用得到的相對成本數字，使得兩種或兩種以上之設
計得以比較成本，再採用較低成本的方式進行。

(2) 選擇材料和機械設計時應注意那些事項

A. 與環境相容的特性：即產品從生產到使用甚至廢棄回收處理的各階段對環境衝擊或危害最小。

B. 有效利用材料資源：應盡量減少使用材料的種類和數量，尤其是稀有貴重的以及有毒害的材料，盡量簡化產品結構，使材料大多能重複利用。

C. 應充分有效地利用能源，盡量減少消耗。

5. **請說明機件受力產生破壞的分類。**

解　機件受力產生破壞的分類一般分為兩種一是延性破壞；一是脆性破壞：

(1) 延性破壞：當材料所受的負載達到材料的降伏強度後，材料開始降伏產生塑性變形，進而頸縮而斷裂，材料產生破壞前其伸長率大於 5%，在工程上材料若是開始降伏時，可視為已產生破壞。

(2) 脆性破壞：當材料所受的負載達到材料的極限強度後，材料並沒有大量的塑性變形及頸縮，而是直接產生斷裂，材料產生破壞前其伸長率小於 5%。

6. **機械元件設計除了需要瞭解所受負載（受力）情況之外，最根本要獲取的是工件材料的機械性質如降伏強度、最大拉升強度、彈性極限、線性極限等。請以常見的鋼材為例，在其典型的應力－應變圖上標示相關的機械性質。說明設計時，大多採用降伏強度為失效計算基礎之原因。**（原特四等）

解　應力－應變圖

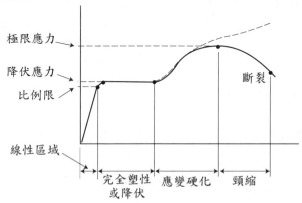

對於延性材料，材料若維持在線彈性區域內，則負載卸除時，將不會產生變形，若負載超過降伏強度則會產生永久變形的破壞，因此普遍使用設計方法是以結構降伏應力來定安全因數。

7. 繪圖指出機械元件內三個會發生應力集中的地方。（原特四等）

解 (1)

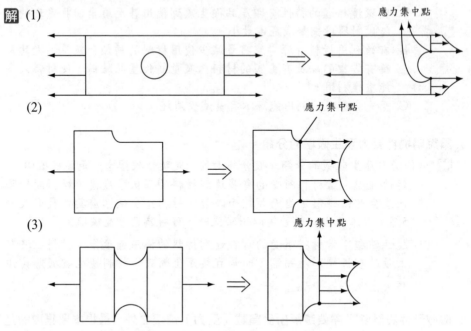

(2)

(3)

8. 構件在交變應力作用下發生的破壞和靜應力作用時的破壞不同，請說明疲勞破壞及破壞面的特點。

解 疲勞破壞最大的特徵為當構件所受應力值超過疲勞強度時，構件中的最大應力處或材料有缺陷處出現細微裂紋，隨著反覆受力超過一定的次數後，裂紋逐漸擴展成為裂縫，由於應力交替變化，裂縫兩邊的材料時而壓緊時而張開，使材料相互擠壓研磨，形成光滑區，當斷面削弱至一定程度而抗力不足時，在一個偶然的衝擊或振動下，便發生突然的脆性斷裂，斷裂處形成粗糙區。

9. 試解釋下列機械設計常用術語：(1)安全係數（factor of safety）；(2)應力集中（stress concentration）；(3)疲勞強度（fatigue strength）；(4)畸變能破壞理論（distortion energy failure theory）；(5)螺栓保證強度（bolt proof strength）。（台糖）

解 (1) 結構所需支持之負載稱為工作負載（working loads）或容許負載（allowable loads），將結構實際可承受之負載與容許負載之比值稱為安全係數。

(2) 在結構幾何形狀上突然有變化的區域，受力時便會造成應力不平
均，此不平均的應力的最大值通常大於平均應力甚多，我們稱之為
應力集中。

(3) 在經過指定的變動應力周期性的負載後，使疲勞測試試片斷裂所需
的變動應力。

(4) 詳見 2－1 節內容。

(5) 螺栓保證強度（bolt proof strength）：為保證負載與拉應力面積比。

10. **具裂縫（Crack）機件其破壞（Fracture）一般可以分為那三種型式？試畫圖
表示之。其應力值是如何計算？計算時此數值有物理意義嗎？**（高考）

解 具裂縫（Crack）機件其破壞（Fracture）一般可以分為三種
型式，模式一：張裂型（Opening mode）、模式二：剪裂型
（Sliding mode）、模式三：撕裂型（Tearing mode），如圖所
示，機件的破裂常是結合以上三種破裂模式靠近裂縫的局部應力
依公稱應力 σ 和半裂縫長的開根號的乘積而定，此關係式即為應
力強度因子 $K_I = \alpha\sigma\sqrt{\pi a}$（$\alpha$：依試片和裂縫幾何形狀而定的參數、
a：裂縫長度荷）。應力強度因子 K_I 為一描述沿著裂紋應力分佈
的方便方法，對於許多裂縫及荷重的型式可使用彈性理論來計算
K_I 值。

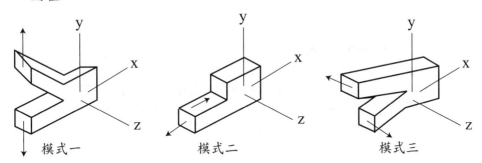

模式一　　　　　　　模式二　　　　　　　模式三

11. **試使用莫耳圓（Mohr's circle）圖示並說明機械設計中有那些破壞理論
（Failure theory）？並分類那些適合撓性（ductile）材料，那些適合脆性
（brittle）材料？**（高考）

解 詳見 2－1 節內容。

12. **解釋並回答下列問題：**
　　(1) **在變動負荷（Fluctuating Loading）中，如何以改良固特門線（Modified Goodman Line）？計算所能承受的應力。**
　　(2) **請簡單解釋最大剪應力理論（Maximum Shear Stress Theory）及如何計算安全因素（Factor of Safety）？（技師）**

　解 (1) 詳見 2－3 節內容。

　　　 (2) 詳見 2－1 節內容。

13. **試解釋耐久限界（Endurance limit）及它的修正係數（Modifying factors）在金屬機械元件疲勞（Fatigue）破壞上的意義。（郵政升資）**

　解 (1) 耐久限界（Endurance limit）：當機件承受完全反向應力，其反覆應力若低於某一臨界值時，反覆轉動無限多次，材料也不會產生破壞，則其壽命可視為無限次，此一臨界值稱為耐久限界（Endurance limit）。

　　　 (2) 耐久限界之修正係數（Modifying factors）：一般疲勞測試實驗中測試試片的耐久限界為較理想的值。而在實際設計應用上，如材料的尺寸、外形、不同的應力形態、溫度效應、可靠度等，都會影響到忍受限的大小，需要一連串的修正，才能得到適合設計狀況的忍受限值，所以所使用之忍受限值需要適度修正，才可作為實際的疲勞強度使用。

14. **試解釋耐請說明下列問題：**
　　(1) **機械元件的持久限（Endurance limit）。**
　　(2) **實驗室所得到機械元件的持久限 Se′ 與實際的持久限 Se 不同。**
　　(3) **工程師一般如何修正 Se′ 而得到機械元件的持久限 Se。**
　　(4) **累積疲勞破損（Cumulative fatigue damage）的意義。（港務升資）**

　解 (1) 持久限（Endurance limit）：當機件承受完全反向應力，其反覆應力若低於某一臨界值時，反覆轉動無限多次，材料也不會產生破壞，則其壽命可視為無限次，此一臨界值稱為耐久限界（Endurance limit）。

　　　 (2) 耐久限界之修正係數（Modifying factors）：一般疲勞測試實驗中測試試片的持久限為較理想的值，而在實際設計應用上，如材料的尺寸、外形、不同的應力形態、溫度效應、可靠度等，都會影響到持久限的大小，需要一連串的修正，才能得到適合設計狀況的持久限值，所以所使用之忍受限值需要適度修正，才可作為實際的疲勞強度使用。

(3) 實際的持久限 $Se = K_1 K_2 K_3 K_4 K_5 Se'$ 其中 Se'：試驗之持久限、K_1：表面修正因數、K_2：應力修正因數、K_3：尺寸修正因數、K_4：溫度修正因數、K_5：可靠度修正因數。

(4) 在有限的壽命中，任一不同之疲勞負載，其負載的循環次數對機件之疲勞破壞皆有貢獻，亦即每一負載之每次的循環皆會減少疲勞壽命。

15. 常見增加機件之疲勞限的方法有哪些？

解 (1) 珠擊法：利用小鋼珠高速射擊機件表面，使機件表面留有殘留應力，增加疲勞限度。

(2) 表面硬化法：利用表面處理使機件表面強度增強，抑制裂縫產生，增加疲勞限度。

(3) 表面輥壓法：對機件表面做滾軋，使機件表面留有殘留應力，增加疲勞限度。

16. (1)靜負載情況下預測材料破壞的理論，有最大正向應力理論（maximum normal stresstheory）與最大剪應力理論（maximum shear stress theory），請說明之。

(2)請繪製延性材料與脆性材料的「應力-應變」示意圖，標示出降伏應力與極限應力。

(3)並請說明在機械設計上一般如何定義這兩種材料的安全因數。

（郵政升資）

解 (1) 詳見 2－1 節內容

(2)

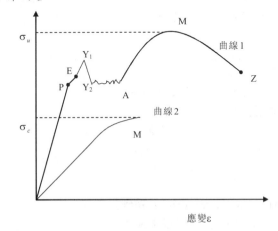

曲線 1 為延性材料，曲線 2 脆性材料：

E 點的應力定義為彈性限、P 點所對應的應力值稱為比例極限、Y_1 所對應的應力叫降伏極限、M 點的強度是材料能承受的極限強度。

(3) 機件可承受的應力值與容許應力間之比值亦稱為安全係數或安全因數，為避免結構的損壞，安全因數必須大於 1，通常以 n 表示：

$$n = \frac{可承受應力值}{容許應力}$$

A. 若材料為脆性材料，則機件可承受的應力值為極限應力

$$\Rightarrow n = \frac{極限應力}{容許應力}$$

B. 若材料為延性材料，則機件可承受的應力值為降伏應力

$$\Rightarrow n = \frac{極降伏應}{容許應力}$$

17. **請說明機械元件的持久限（Endurance limit）與累積疲勞破損（Cumulative fatiguedamage）的意義。**（地特四等、103機械技師）

解 (1) 持久限（Endurance limit）：當機件承受完全反向應力，其反覆應力若低於某一臨界值時，反覆轉動無限多次，材料也不會產生破壞，則其壽命可視為無限次，此一臨界值稱為耐久限界（Endurance limit）。

　　(2) 累積疲勞破損（Cumulative fatigue damage）：在有限的壽命中，任一不同之疲勞負載，其負載的循環次數對機件之疲勞破壞皆有貢獻，亦即每一負載之每次的循環皆會減少疲勞壽命。

18. (1) **請列舉二個適用於脆性材料（brittle material）受到靜態負載（static loading）時之破壞理論（failure theory）？**

　　(2) **圖 2-1 為根據一結構上某處之三個互相垂直方向上之主應力（-25 MPa, 10 MPa, 60 MPa）所繪出之莫爾氏圓（Mohr's Circle）。請問於此處所受之最大剪應力（maximum shear stress）為何？**

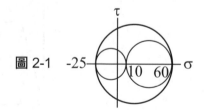

圖 2-1

　　(3) **延性材料（ductile material）受到靜態負載（static loading）時使用之最大剪應力破壞理論之內容為何？**（台菸）

解 (1) A. 最大正交應力理論（maximum normal stress theory）材料就發生斷裂破壞，便預測會產生破壞，即材料發生破壞的主要因素是最大拉應力 s_1，只要最大拉應力 s_1 達到材料在軸向拉伸時發生斷裂破壞的極限應力值 Su，將極限應力 Su 除以安全因數（大於或等於1），得到容許應力 s，表示材料在安全範圍之內。

$$\frac{S_u}{n} = \sigma \geq \sigma_1$$

B. 庫倫-莫爾理論（Coulomb-Mohr theory）

材料發生降伏或破壞，不僅與該截面上的剪應力有關，而且還與該截面上的正應力有關，只有當材料的某一截面上的剪應力與正應力達到最不利組合時，才會發生降伏或破壞。

(a) $s_1 > s_2 > 0$ 或 $s_1 < s_2 < 0$（正負號相同）：以最大正交應力理論處理 $\frac{S_u}{n} = s_1$

(2) $s_1 > 0 > s_2$（正負號相反）：

$$\frac{K\sigma_1}{S_{ut}} + \frac{K\sigma_2}{S_{ut}} = \frac{1}{n}$$（S_{ut}：極限拉伸強度、S_{uc}：極限壓縮強度、K集中因子，若題目沒給通常表示為 1）

(2) $\sigma_1 = 60$（MPa）、$\sigma_2 = 10$（MPa）、$\sigma_3 = -25$（MPa）

$$\tau_{max} = \frac{\sigma_1 - \sigma_3}{2} = \frac{60 - (-25)}{2} = 42.5$$（MPa）

(3) 材料在受力時，其所受之最大剪應力 τ_{max} 達到材料在軸向拉伸時發生塑性降伏破壞的降伏強度 S_{sy}，材料就發生塑性降伏破壞；在材料受到雙軸以上之應力狀態下的 $\tau_{max} = \frac{\sigma_1 - \sigma_3}{2}$，容許剪應力通常考慮採用材料的剪力降伏強度（yielding strength in shear）S_{sy}（$S_{sy} = 0.5S_y$），表示材料在安全範圍，所以最大剪應力理論建立的強度條件：$\tau_{max} = \frac{\sigma_1 - \sigma_3}{2} \leq \frac{0.5S_y}{n} = \tau$

19. 疲勞破壞（Fatigue fracture）是結構失
去功能最重要的因素之一。假設某一細
長之結構元件，使用一段時間後發生破
斷，其破斷面呈現如圖 2，其中實線為
疲勞裂紋，陰影為最終破斷面。請問該
元件是受到何種外力？請描述之。

疲勞裂紋成長時，常用公式：$da/dN = c(\Delta K)^n$，累積計算該裂紋在使用過程
中，可能之壽命。請說明這公式中，
每個符號代表之意義。（台鐵員級）

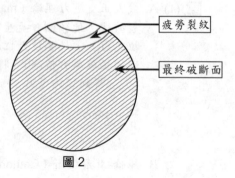

圖2

解 (1) 該元件受到交替變化的應力作用，當構件所受應力值超過疲勞強度
時，構件中的最大應力處或材料有缺陷處出現細微裂紋，隨著反覆
受力超過一定的次數後，裂紋逐漸擴展成為裂縫，由於應力交替變
化，裂縫兩邊的材料時而壓緊時而張開，使材料相互擠壓研磨，當
斷面削弱至一定程度而抗力不足時，在一個偶然的衝擊或振動下，
便發生突然的脆性斷裂，斷裂處形成粗糙區。

(2) a：裂縫長度荷、N：造成損壞所需的估計週期數、c：材料經驗常
數、m：材料經驗常數、ΔK：應力強度因子。

20. 在機械設計的過程中，為避免機械元件產生破壞（Failure），常會就其承受
之應力（Stress）與元件之材料強度（Strength）做一比較，請就下列各種延
性（Ductile）材料之強度名稱，試說明其使用條件：
(1)最大強度（Ultimate strength）
(2)降伏強度（Yield strength）
(3)疲勞強度（Fatigue strength），用S-N曲線（curve）來解釋
(4)耐久極限（Endurance limit），用S-N曲線（curve）來解釋（103鐵員）

解 (1) 最大強度（Ultimate strength）

構件承受負載時，當負載持續增加直至構件無法再承受更高負載時
之材料強度極為最大強度。

(2) 降伏強度（Yield strength）

當構件承受外力時，材料達到其降伏強度即產生大量塑性變形。

(3) 疲勞強度（Fatigue strength）及耐久極限（Endurance limit），用S-N
曲線（curve）來解釋

在疲勞實驗分析中，一般可以應力幅ΔS與破壞週次N之對數值作圖，可得材料之疲勞特性曲線（俗稱S-N曲線），如圖所示。在一特定之破壞週次，有一對應之應力幅值，此應力幅稱為材料在此特定過次疲勞強度。若此特定過次定為無限大時，其疲勞強度即為該材料之耐久極限（Endurance limit）。

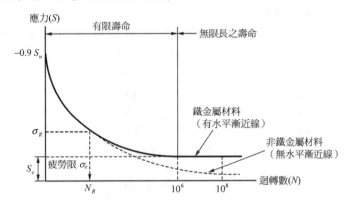

21. (1) 金屬疲勞之S-N曲線是如何得到的？試說明之。
    (2) 軸同時受到彎矩及扭矩動態負載（平均外力不為零）作用時，軸之疲勞強度要如何分析？（104高考）

解 (1) S-N曲線定義：

在高速迴轉梁試驗機等速旋轉下，對試片造成不同之完全反向變動應力下相對循環週期數（旋轉至斷裂所需的轉數），繪製其相異負載應力與試片破壞壽命關係曲線，稱為S-N曲線。

其中S代表工作之完全反向應力振幅，N表示在該應力振幅下之疲勞壽命次數（斷裂時迴轉次數），如下圖。

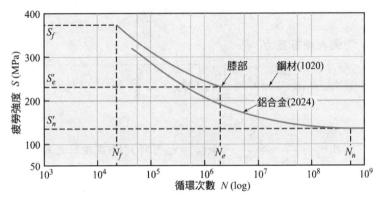

S-N曲線最左邊與縱軸交點的應力數值，表示為每一個反覆次數值對應的疲勞強度(S)，應力減小時，所能反覆施加的次數也逐漸上升，直到應力低於某一個值時，循環應力作用次數達到10^6次（或10^7次、$10^6 \sim 10^7$次）時，表示反覆轉動無限多次，材料也不會產生破壞，這個應力值就稱作材料的「疲勞限（fatigue limit）(S'_e)或耐久限（endurance limit）」。

(2) 當軸同時承載變動彎矩負載$M_{av} - M_r \leq M \leq M_{av} + M_r$與變動扭矩負載$T_{av} - T_r \leq T \leq T_{av} + T_r$時分析軸所受到之應力分別為

$$\sigma_{av} = \frac{32M_{av}}{\pi d^3} \qquad\qquad \sigma_r = \frac{32M_r}{\pi d^3}$$

$$\tau_{av} = \frac{16T_{av}}{\pi d^3} \qquad\qquad \tau_r = \frac{16T_r}{\pi d^3}$$

A. Goodman等效最大靜剪應力理論

$$\sigma = \sigma_{av} + k_n \frac{S_{ut}}{S_e} \sigma_r \qquad\qquad \tau = \tau_{av} + k_s \frac{S_{ut}}{S_e} \tau_r$$

最大靜剪應力

$$\tau_{max} = \sqrt{\left(\frac{\sigma}{2}\right)^2 + \tau^2} = \frac{16}{\pi d^3} \sqrt{\left(M_{av} + k_n \frac{S_{ut}}{S_e} M_r\right)^2 + \left(T_{av} + k_s \frac{S_{ut}}{S_e} T_r\right)^2}$$

且$\tau_{all} = \dfrac{S_{sy}}{FS} = \dfrac{\frac{1}{2} S_{yp}}{FS}$，令$\tau_{max} = \tau_{all}$可得到FS或設計之軸徑d。

B. Soderberg等效之最大靜剪應力理論：

$$\sigma = \sigma_{av} + k_n \frac{S_{yp}}{S_e} \sigma_r \qquad\qquad \tau = \tau_{av} + k_s \frac{S_{yp}}{S_e} \tau_r$$

最大靜剪應力

$$\tau_{max} = \sqrt{\left(\frac{\sigma}{2}\right)^2 + \tau^2} = \frac{16}{\pi d^3} \sqrt{\left(M_{av} + k_n \frac{S_{yp}}{S_e} M_r\right)^2 + \left(T_{av} + k_s \frac{S_{yp}}{S_e} T_r\right)^2}$$

且$\tau_{all} = \dfrac{S_{sy}}{FS} = \dfrac{\frac{1}{2} S_{yp}}{FS}$，令$\tau_{max} = \tau_{all}$可得到FS或設計之軸徑d。

C. 畸變能（應變能）理論（Distortion-energy）

(A)等效靜態正交應力

$$S = \sqrt{\sigma^2 + 3\tau^2} = \frac{32}{\pi d^3}\sqrt{(M_{av} + k_n \frac{S_{ut}}{S_e} M_r)^2 + \frac{3}{4}(T_{av} + k_s \frac{S_{ut}}{S_e} T_r)^2}$$

$\sigma_{all} = \dfrac{S_{yp}}{FS}$，令$S = \sigma_{all}$可得到FS或設計之軸徑d。

(B)將σ_{av}與τ_{av}化成等效平均正向應力，且將σ'_{av}與τ'_{av}化成等效交變正向應力σ'_r，

$$\sigma'_{av} = \sqrt{\sigma_{av}{}^2 + 3\tau_{av}{}^2} = \frac{32}{\pi d^3}\sqrt{M_{av}^2 + \frac{3}{4}T_{av}^2}$$

$$\sigma'_r = \sqrt{(k_n\sigma_r)^2 + 3(k_s\tau_r)^2} = \frac{32}{\pi d^3}\sqrt{(k_n M_r)^2 + \frac{3}{4}(k_s T_r)^2}$$

再代入Goodman-equation或Soderberg-equation如下：

(a)Goodman-equation：$\dfrac{\sigma'_{av}}{S_{ut}} + \dfrac{\sigma'_r}{S_e} = \dfrac{1}{FS}$

(b)Goodman-equation：$\dfrac{\sigma'_{av}}{S_{yp}} + \dfrac{\sigma'_r}{S_e} = \dfrac{1}{FS}$

可得到安全係數FS或設計之軸徑d。

二　普考、四等計算題型

1. 一個由碳鋼製成的機械元件，受到組合負載作用下在其臨界點產生的應力狀態為$\sigma_x = 120$ Mpa、$\sigma_y = 60$ Mpa及$\tau_{xy} = 40$ Mpa。當安全係數FS＝2時，根據最大畸變能失效理論，求該元件不會失效的最小降伏強度（yield strength）S_y。
(104地四)

解　$\sigma_d = \sqrt{\sigma_x{}^2 - \sigma_x\sigma_y + \sigma_y{}^2 + 3\tau_{xy}{}^2}$

$= \sqrt{120^2 - 120 \times 60 + 60^2 + 3 \times 40^2} = 124.9(MPa)$

$\dfrac{S_y}{124.9} = 2 \Rightarrow S_y = 249.8(MPa)$

2. 使用降伏強度為 320MPa 的硬銅材料，其承受應力情況為 sx＝－20Mpa，sy ＝－70Mpa，txy ＝30Mpa（c.c.w），請利用三種常用的靜力破壞理論，分別求其安全係數。（地特四等）

【觀念說明】

若是構件負載位於第一、三象限中，最大剪應力理論與最大正交應力理論破壞曲線是相同的，表示所求得的安全係數會相同。

解 $\sigma_x=-20\text{Mpa}$，$\sigma_y=-70\text{Mpa}$，$\tau_{xy}=30\text{MPa}$

$$\sqrt{\left(\frac{\sigma_x-\sigma_y}{2}\right)^2+\tau_{xy}^2}=39.051\,(\text{MPa})$$

$$\sigma_1=\frac{\sigma_x+\sigma_y}{2}+39.051=-5.949\,(\text{MPa})$$

$$\sigma_2=\frac{\sigma_x+\sigma_y}{2}-39.051=-84.051\,(\text{MPa})$$

(1) 最大正交應力理論

$$n=\left|\frac{S_y}{\sigma_2}\right|=\left|\frac{320}{-84.051}\right|=3.8$$

(2) 最大剪應力理論

$$\tau_{max}=\frac{\sigma_2-\sigma_3}{2}=\frac{-84.051-0}{2}=-42.03$$

$$n=\left|\frac{0.5\times S_y}{\tau_{max}}\right|=3.8$$

(3) 畸變能理論

$$\sigma=\sqrt{\sigma_1^2+\sigma_2^2-\sigma_1\sigma_2}$$
$$=\sqrt{(-5.949)^2+(-84.051)^2-(-5.949)\times(-84.051)}$$
$$=81.24$$
$$n=\left|\frac{S_y}{\sigma}\right|=\frac{320}{81.24}=3.94$$

3. 元件上某點之應力為：$\sigma_x=68MPa$，$\sigma_y=24MPa$，$\tau_{xy}=76MPa$，材料之降伏應力（yieldstress）為 $\sigma_{yp}=260MPa$。(1)利用最大剪應力理論（maximum shear stress theory）求安全係數。(2)利用畸變能理論（distorsion energy theory）求安全係數。（地特四等）

解 $\sigma_{1,2}=\dfrac{\sigma_x+\sigma_y}{2}\pm\sqrt{\left(\dfrac{\sigma_x-\sigma_y}{2}\right)^2+\tau_{xy}^2}$

$\Rightarrow \sigma_1=\dfrac{68+24}{2}+\sqrt{\left(\dfrac{68-24}{2}\right)^2+76^2}=125.12$（MPa）

$\sigma_2=\dfrac{68+24}{2}-\sqrt{\left(\dfrac{68-24}{2}\right)^2+76^2}=-33.12$（MPa）

(1) 最大剪應力理論

$\tau_{max}=\dfrac{\sigma_1-\sigma_2}{2}=\dfrac{125.12-(-33.12)}{2}=79.12$

$n=\dfrac{0.5\times s_y}{\tau_{max}}=1.643$

(2) 最大畸變能理論

$\sigma=\sqrt{\sigma_1^2-\sigma_1\sigma_2+\sigma_2^2}$

$=\sqrt{(125.12)^2-(125.12)\times(-33.12)+(-33.12)^2}$

$=144.55$（MPa）

$n=\dfrac{S_y}{\sigma}=1.8$

4. 元件上某點之有一均勻截面之圓拉桿抗拉強度為 620Mpa，降伏強度為 560Mpa，疲勞強度為238Mpa，承受由 88000N 變化至 220000N 連續變化負荷，若元件之，安全因數為 1.8 分別依(1) Goodman 準則；(2) Soderberg 準則，求出該元素之橫截面積。

解 $F_{av}=\dfrac{88000+220000}{2}=154000$

$F_r=\dfrac{220000-88000}{2}=66000$

$\sigma_{av}=\dfrac{F_{av}}{A}=\dfrac{154000}{A}$

$\sigma_r=\dfrac{F_r}{A}=\dfrac{66000}{A}$

(1) Goodman 準則

$$\frac{\sigma_{av}}{S_u}+\frac{k\sigma_r}{S_e}=\frac{1}{FS}\Rightarrow\frac{\dfrac{154000}{A}}{620}+\frac{\dfrac{66000}{A}}{238}=\frac{1}{1.8}$$

$$\Rightarrow A=946.26mm^2$$

(2) Soderberg 準則

$$\frac{\sigma_{av}}{S_y}+\frac{k\sigma_r}{S_e}=\frac{1}{FS}\Rightarrow\frac{\dfrac{154000}{A}}{560}+\frac{\dfrac{66000}{A}}{238}=\frac{1}{1.8}\Rightarrow A=994.16mm^2$$

5. 一機械元件所承受之應力狀態為 σ_x=90MPa，σ_y=30MPa，τ_{xy}=84MPa。機械元件之降伏強度 σ_y=280MPa，試以最大剪應力失效理論計算該機械元件的安全係數。（原特四等）

解 $\sigma_{1,2}=\dfrac{\sigma_x+\sigma_y}{2}\pm\sqrt{(\dfrac{\sigma_x-\sigma_y}{2})^2+\tau_{xy}^2}$

$\Rightarrow\sigma_1=\dfrac{\sigma_x+\sigma_y}{2}+\sqrt{(\dfrac{\sigma_x-\sigma_y}{2})^2+\tau_{xy}^2}$

$=\dfrac{90+30}{2}+\sqrt{(\dfrac{90-30}{2})^2+84^2}$

$=149.2$（MPa）

$\sigma_2=\dfrac{\sigma_x+\sigma_y}{2}-\sqrt{(\dfrac{90-30}{2})^2+84^2}=-29.2$（MPa）

$\tau_{max}=\dfrac{\sigma_1-\sigma_2}{2}=\dfrac{149.2-(-29.2)}{2}=89.2$（MPa）

$n=\dfrac{0.5\times S_y}{\tau_{max}}=\dfrac{0.5\times280}{89.2}=1.57$

6. 一機械若一機械元件所承受之應力狀態為 σ_x=100MPa，σ_y=20MPa，τ_{xy}=80MPa，試求其有效應力（Von Mises 應力）。（原特四等）

解 $\sigma=\sqrt{\sigma_x^2-\sigma_x\sigma_y+\sigma_y^2+3\tau_{xy}^2}$

$=\sqrt{100^2-(100)\times(20)+20^2+3\times(80)^2}=166.13$（MPa）

7. 有一材料承受 10000Mpa 之穩定拉應力及 2000Mpa 之變動應力，若材料上有應力集中現象，應力集中因數為 1.2，且疲勞限為降伏強度的 0.4 倍，安全因數為 2.4。依 Soderberg 準則求出該材料之降伏強度。

解 $\sigma_{av}=1000\text{Mpa}$，$\sigma_r=2000\text{Mpa}$

$$\frac{\sigma_{av}}{S_y}+\frac{k\sigma_r}{S_e}=\frac{1}{FS} \Rightarrow \frac{10000}{S_y}+\frac{1.2\times2000}{0.4\times S_y}=\frac{1}{2.4} \Rightarrow S_y=38400 \text{（MPa）}$$

8. 一機械元件有10%時間承受應力70Kpsi，40%時間承受應力55Ksi，50%時間承受應力45Ksi且在 $\sigma_1=70\text{Kpsi}$。由SN曲線得$N_1=3000$週轉、 $\sigma_2=55\text{Kpsi}$。由SN曲線得$N_2=25000$週轉、 $\sigma_3=45\text{Kpsi}$。由SN曲線得$N_3=130000$週轉，試求出此元件之壽命?

解 由密納法則（Miner's Rule）

$$\frac{n_1}{L_1}+\frac{n_2}{L_2}+\frac{n_3}{L_3}=1 \Rightarrow \frac{0.1N}{3000}+\frac{0.4N}{25000}+\frac{0.5N}{130000}=1$$

故 N=18804 週轉

9. 如圖之階梯軸材料為合金鋼$S_y=920\text{MPa}$，$S_e=520\text{MPa}$，階梯軸在彎矩$M_{max}=1200\text{N}\cdot\text{m}$和$M_{min}=\frac{1}{4}M_{max}$的交替作用下，試求該軸的安全係數。

解 $$\sigma_{max}=\frac{M_{max}}{W}=\frac{1200}{\frac{\pi}{32}(40\times10^{-3})^3}=191\text{MPa}$$

$$\sigma_{max}=\frac{1}{4}M_{max}=47.8\text{MPa}$$

$$\sigma_r=\frac{1}{2}(\sigma_{max}-\sigma_{min})=71.6\text{MPa}$$

$$\sigma_{av}=\frac{1}{2}(\sigma_{max}+\sigma_{min})=119\text{MPa}$$

$$\frac{\sigma_{av}}{S_y}+K_f\times\frac{\sigma_r}{S_e}=\frac{\sigma_r}{FS} \Rightarrow \frac{119}{920}+1\times\frac{71.6}{520}=\frac{1}{FS}$$

FS = 3.74

10. 一金屬機械元件的降伏強度為360 MPa，受到靜力負荷所產生的應力狀態為$\sigma_x = 100$ MPa，$\sigma_y = 20$ MPa，$\tau_{xy} = 75$ MPa，試以畸變能理論（Distorsion-energy theory）求出其有效應力（von-Mises stress）及安全係數。（102地特四等）

解　$\sigma = \sqrt{(100)^2 + (20)^2 - 100 \times 20 + 3 \times 75^2} = 158.98(\text{MPa})$

$\text{F.S.} = \dfrac{360}{158.98} = 2.26$

11. 如圖所示一零件的 $S_{ut} = 820\,\text{MPa}$ ，$S_{yp} = 620\,\text{MPa}$ 及 $S_e = 300\,\text{MPa}$ ，承受的彎矩由$1,040,000$變化至 $5,000,000$ Nmm，切削加工表面，試利用古得曼定理求其安全因數。（K=1.4）

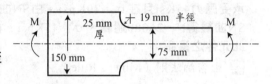

解　$M_{av} = 3,020,000\,\text{Nmm}$　　$\sigma_{av} = \dfrac{6M_{av}}{bh^2} = 129\,\text{MPa}$

　　$M_r = 1,980,000\,\text{Nmm}$　　$\sigma_r = \dfrac{6M_r}{bh^2} = 84\,\text{MPa}$

$\dfrac{\sigma_{ult}}{N_{fs}} = \sigma_{av} + K_f\,\sigma_r\left(\dfrac{\sigma_{ult}}{\sigma_e}\right)$

$\dfrac{820}{N_{fs}} = 129 + 1.41 \times 84 \times \left(\dfrac{820}{300}\right)$

$N_{fs} = \dfrac{820}{457} = 1.79$

12. 一低碳鋼AISI 1015之降伏強度為190 MPa，抗拉強度320 MPa。當此材料受應力$\sigma_x = 75$ MPa、$\sigma_y = -25$ MPa、$\tau_{xy} = 70$ MPa，請使用最大剪應力理論及畸變能理論分別計算此時之安全因數。

解　$\sigma_x = 75\text{MPa}$、$\sigma_y = -25$ MPa、$\tau_{xy} = 70$ MPa

$\sigma_1 , \sigma_2 = \dfrac{\sigma_x + \sigma_y}{2} \pm \sqrt{\left(\dfrac{\sigma_x - \sigma_y}{2}\right)^2 + \tau_{xy}^2}$

$= \dfrac{75 + (-25)}{2} \pm \sqrt{\left(\dfrac{75 + (-25)}{2}\right)^2 + 70^2}$

$= 110.0，-61.0$

根據最大剪應力理論之安全因數

$$n_s = \frac{S_y}{\sigma_A - \sigma_B} = \frac{190}{111 - (-61)} = 1.10$$

根據畸變能理論之安全因數

$$\sigma' = \left(\sigma_A^2 - \sigma_A\sigma_B + \sigma_B^2\right)^{1/2} = \left[111^2 - (111)(-61) + (-61)^2\right]^{1/2} = 151.0$$

$$\sigma' = \frac{S_y}{n} = \frac{190}{151.0} = 1.26$$

13. 一金屬機械元件的降伏強度為$S_y = 380\text{MPa}$，受到靜力負荷所產生的應力狀態為$\sigma_x = 95\text{MPa}$，$\sigma_y = 25\text{MPa}$，$\tau_{xy} = 60\text{MPa}$，試以最大剪應力失效理論求出最大剪應力與安全係數。

解 $\tau_{max} = \sqrt{\left(\frac{\sigma_x - \sigma_y}{2}\right)^2 + \tau_{xy}^2} = \sqrt{\left(\frac{95 - 25}{2}\right)^2 + 60^2} = 69.46(\text{MPa})$

$F_S = \dfrac{0.5 \times S_y}{\tau_{max}} = \dfrac{0.5 \times 380}{69.46} = 2.74$

三 高考、三等計算題型

1. 一薄壁壓力筒容器，由降伏強度 138 MPa 的鋁合金所製成，外徑為 60 mm，壁厚為 1.5 mm，其承受的內壓力為 3 MPa，請利用三種常用的靜力破壞理論，分別求其安全係數。（地特三等）

解 薄壁圓筒平均直徑$= \dfrac{D_o + D_i}{2} = \dfrac{60 + (60 - 1.5 \times 2)}{2} = 58.5$

$R = \dfrac{58.5}{2} = 29.25$

$\sigma_t = \dfrac{PR}{t} = \dfrac{3 \times 29.25}{1.5} = 58.5$（MPa）

$\sigma_e = \dfrac{PR}{2t} = \dfrac{3 \times 29.25}{2 \times 1.5} = 29.25$（MPa）

(1) 最大正交應力理論

$$n=\frac{S_y}{\sigma}=\frac{138}{58.5}=2.36$$

(2) 最大剪應力理論

$$\tau_{max}=\frac{\sigma_t-0}{2}=29.25$$

$$n=\frac{0.5\times S_y}{\tau_{max}}=2.36$$

(3) 畸變能理論

$$\sigma=\sqrt{\sigma_1^2+\sigma_2^2-\sigma_1\sigma_2}$$

$$=\sqrt{(58.5)^2+(29.25)^2-(58.5)\times(29.25)}$$

$$=50.66$$

$$n=\frac{S_y}{\sigma}=\frac{138}{50.66}=2.73$$

2. 有一鋼製長筒狀兩端封閉之圓柱形薄壁壓力容器，其外徑為250mm，壁厚為5mm，材料之降伏強度為200MPa，若考量其為三維應力之狀態下，並以最大剪應力破壞理論（maximum shear stress failure theory）作設計準則，試求在安全係數為2.0之情形下，此容器所容許之最大內壓力為多少？（103年身障三等）

解 $t=5$，$D_0=250$，$D_{av}=240$，$\sigma_{yp}=200$，$F_S=2$

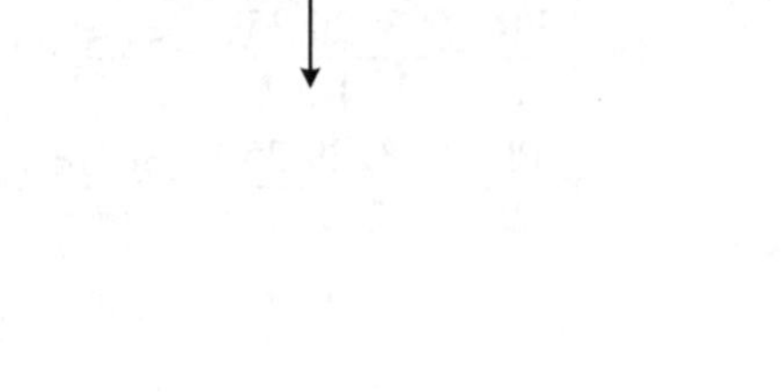

$$\sigma_H=\frac{P\times120}{5}=24P$$

$$\sigma_L=\frac{P\times120}{2\times5}=12P$$

$$\tau_{max}=\left(\frac{24P-12P}{2}\right)=6P=\frac{\frac{1}{2}\sigma_{yp}}{F_s}=50$$

$$6P=50 \Rightarrow P=8.33(MPa)$$

$$\frac{Pr}{t}=\sigma_H$$

$$\sigma_L=\frac{Pr}{2t}$$

3. 如已知一扁桿厚度0.5mm，小端寬30mm，大端寬39mm，內圓半徑4.8mm。設若扁桿材料為軟鋼，軸向降伏應力為300MPa，安全因數（factoro fsafety）為1.5，試參考下圖並採最大剪應力理論求扁桿所能容許最大拉力P為若干？（高考）

解 $\dfrac{D}{d}=\dfrac{39}{30}=1.3$

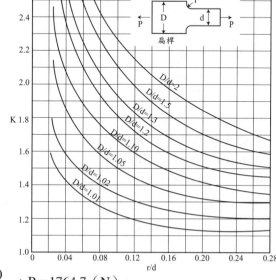

$\dfrac{D}{r}=\dfrac{4.8}{30}=0.16$

對照圖可知 k＝1.7

$\sigma'=\dfrac{P}{A}=\dfrac{P}{30\times0.5}=\dfrac{P}{15}$

考慮應力集中

$\sigma=1.7\times\sigma'=\dfrac{1.7P}{15}$

$\tau_{max}=\dfrac{\sigma-0}{2}=\dfrac{1.7P}{30}$

最大剪應力理論

$n=\dfrac{0.5\times s_y}{\tau_{max}}\Rightarrow 1.5=\dfrac{0.5\times300}{\dfrac{1.7P}{30}}\Rightarrow P=1764.7（N）$

4. 圖一的軸承受變動的軸向外拉力P，變動範圍為20000 N到33400 N。材料的抗拉強度S_{ut}為615 MPa，軸向變動負荷的疲勞限應力（stress endurance limit, S'_e）為0.45 S_{ut}。該軸於圓角$r=1.3$ mm處的疲勞應力集中因子（fatigue stress concentration factor）K_f為1.87，應用古德曼策略（Goodman criterion），試問：
於軸肩圓角處有無限壽命的設計時，安全係數（safety factor）為何？
於軸肩以外的部分，有無限壽命的設計時，安全係數為何？

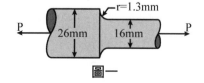

圖一

（提示：$\dfrac{K_f n_s \sigma_a}{S'_e}+\dfrac{n_s \sigma_m}{S_{ut}}=1$）(102高考)

解 $F_{av} = \dfrac{20000 + 33400}{2} = 26700$ (N)　　　　$F_r = \dfrac{33400 - 20000}{2} = 6700$

$\sigma_{av} = \dfrac{26700}{\dfrac{\pi}{4} \times 16^2} = 132.79$ (MPa)　　　　$\sigma_r = \dfrac{6700}{\dfrac{\pi}{4} \times 16^2} = 33.32$(MPa)

$S_e' = 0.45 \times 615 = 276.75$

(一)　$\dfrac{1.87 \times 33.32}{276.75} + \dfrac{132.79}{615} = \dfrac{1}{\text{F.S.}} \Rightarrow \text{F.S.} = 2.27$

(二)　$\dfrac{33.32}{276.75} + \dfrac{132.79}{615} = \dfrac{1}{\text{F.S.}} \Rightarrow \text{F.S.} = 2.97$

5. 一韌性材料的降伏強度 $S_y = 400\text{MPa}$，當此材料所受之應力狀況為：$\sigma_x = 120\text{MPa}$，$\sigma_y = 80\text{MPa}$，$\tau_{xy} = 40\text{MPa}$，以最大正向應力理論，計算其安全係數。（機械技師）

解 $\sigma_1 \sigma_2 = \dfrac{\sigma_x + \sigma_y}{2} \pm \sqrt{\left(\dfrac{\sigma_x - \sigma_y}{2}\right)^2 + \tau_{xy}^2} = \dfrac{120 + 80}{2} \pm \sqrt{\left(\dfrac{120 - 80}{2}\right)^2 + 40^2}$

$= 100 \pm 44.72 = 144.72，55.28\text{MPa}$

∵兩主應力同號，

$\therefore \text{Nfs} = \dfrac{400}{144.72} = 2.76$

6. 一金屬機械元件的降伏強度為380MPa，它受到靜力負荷所產生的應力狀態為 $\sigma_x = 90\text{MPa}$，$\sigma_y = 24\text{MPa}$，$\tau_{xy} = 84\text{MPa}$，試以最大畸變能理論（Maximum distorsion-energy theory）求出其有效應力（von-Mises stress）與安全係數。

解 $\sigma_1 \sigma_2 = \dfrac{\sigma_x + \sigma_y}{2} \pm \sqrt{\left(\dfrac{\sigma_x - \sigma_y}{2}\right)^2 + \tau_{xy}^2} = \dfrac{90 + 24}{2} \pm \sqrt{\left(\dfrac{90 - 24}{2}\right)^2 + 84^2}$

$= 57 \pm 90.25 = 147.25，-33.25\text{MPa}$

$S = \sqrt{147.25^2 - (147.25)(-33.25) + (33.25)^2} = 166.39\text{MPa}$

$\text{F.S.} = \dfrac{380}{166.39} = 2.28$

7. 一個材料承受3維之應力如下所示：

$$\begin{bmatrix} \sigma_{xx} & \sigma_{xy} & \sigma_{xz} \\ \sigma_{yx} & \sigma_{yy} & \sigma_{yz} \\ \sigma_{zx} & \sigma_{zy} & \sigma_{zz} \end{bmatrix} = \begin{bmatrix} 0 & 3 & 0 \\ 3 & 0 & 4 \\ 0 & 4 & 0 \end{bmatrix} \times 10^7 Pa$$

此材料之降伏應力為$S_{yp} = 250MPa$，求3個主應力（x,y,z方向）為多少？及利用最大剪應力理論求安全餘數值為多少？（高考二級）

解 (1) $\sigma^3 + (-3^2 - 4^2)\sigma = 0$

$\sigma^3 = -25\sigma = 0$，$\sigma(\sigma^2 - 25) = 0$

得三個主應力分別為 $\sigma_1 = 5 \times 10^7 Pa = 50MPa$，

$\sigma_2 = 0$，$\sigma_3 = -50MPa$

(2) $\tau_{max} = \dfrac{50 - (-50)}{2} = 50MPa$　$S_{sy} = 0.5 \times 250 = 125MPa$

$F.S. = \dfrac{S_{sy}}{\tau_{max}} = \dfrac{125}{50} = 2.5$

8. 右圖所示為一截面為正方形的桿件，材質為AISI 1040（$S_u = 780MPa$，$S_y = 590MPa$，修正後的耐久極限（Endurance limit）$S_e = 150MPa$）

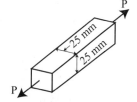

(1) 若該桿件受力為靜張力（Static tensile load）P，請問P為何值時會產生破壞？

(2) 若該桿件受力為完全交替型（Completely reversing）動態軸向負載±P，請問P為何值時會產生疲勞破壞？（機械技師）

解 (1) 設桿件為脆性材料：以極限強度為設計基準　$\sigma_t = \dfrac{S_u}{N_{f_s}} = \dfrac{P}{A}$

$\dfrac{780}{1} = \dfrac{P}{25 \times 25}$，解得P = 487,500N（拉裂）

設桿件為延性材料：以降伏強度為設計基準　$\sigma_t = \dfrac{S_u}{N_{f_s}} = \dfrac{P}{A}$

$\dfrac{590}{1} = \dfrac{P}{25 \times 25}$，解得P = 368,750N（降伏）

(2) 對疲勞破壞，應以耐久極限為設計基準

$$\frac{150}{1} = \frac{P}{25 \times 25}, \quad P = 93,750N$$

9. 有一鋼製的機械元件受到變動應力的作用，其極限強度（Ultimate strength）S_{ut}＝600MPa，降伏強度（Yielding strength）S_y＝480MPa，持久限（Endurance limit）S_e＝240MPa，變動應力的最大應力 $\sigma_{max} = \frac{240}{d^3}$ MPa，最小應力 $\sigma_{min} = \frac{90}{d^3}$ MPa，其中 d為機械元件之直徑。若強度和平均應力（Mean stress）σ_m之安全係數為1.2，應力幅度（Stress amplitude）σ_a之安全係數為2.0，試以修正Goodman理論計算機械元件之安全直徑。（關務三等）

解　$\dfrac{1.2\sigma_m}{\dfrac{S_{ut}}{Nfs}} + \dfrac{2.0\sigma_a}{\dfrac{S_e}{Nfs}} = 1$

$\dfrac{1.2\left(\dfrac{165}{d^3}\right)}{\dfrac{600}{1.2}} + \dfrac{2.0\left(\dfrac{75}{d^3}\right)}{\dfrac{240}{1.2}} = 1$

$\dfrac{198}{500d^3} + \dfrac{150}{200d^3} = 1$, $\dfrac{1.146}{d^3} = 1$

d＝1.05mm

10. 機製零件用鋼具有下列性質：降伏強度S_y＝480MPa，S_{ut}＝600MPa，S_e＝200MPa。試繪出"修正Goodman線"（Modified Goodman line），並求下列應力狀況的安全係數。
(1) 介於40與100MPa間的交替彎應力（alternating bending stress）。
(2) 介於0與200MPa間的交替彎應力（alternating bending stress）（升資）

解　(1) $\sigma_{av} = \dfrac{100+40}{2} = 70$

$\sigma_r = \dfrac{100-40}{2} = 30$

代入 $\dfrac{\sigma_{av}}{S_{ut}}+\dfrac{\sigma_r}{S_e}=\dfrac{1}{F.S.}$ ， $\dfrac{70}{600}+\dfrac{30}{200}=\dfrac{1}{F.S.}$

解得Nfs＝3.75

(2) $\sigma_{av}=\dfrac{200+0}{2}=100$

$\sigma_r=\dfrac{200-0}{2}=100$

$\dfrac{100}{600}+\dfrac{100}{200}=\dfrac{1}{F.S.}$ ，解得F.S.＝1.5

11. **一鑄鐵材料之抗壓強度572 MPa，抗拉強度152 MPa，當此材料受應力σ_x＝75 MPa、σ_y＝－25 MPa、τ_{xy}＝100 MPa，請使用最大正應力理論及庫侖－莫爾理論分別計算此時之安全因數。**

解 $\sigma_x=75$ MPa、$\sigma_y=-25$ MPa、$\tau_{xy}=100$ MPa，則其主應力求得

$$\sigma_1,\sigma_2=\dfrac{\sigma_x+\sigma_y}{2}\pm\sqrt{\left(\dfrac{\sigma_x-\sigma_y}{2}\right)^2+\tau_{xy}^2}$$

$$=\dfrac{75+(-25)}{2}\pm\sqrt{\left(\dfrac{75-(-25)}{2}\right)^2+100^2}$$

$$=136.8,-86.8$$

根據最大正應力理論之安全因數

$$n_s=\min(\dfrac{S_{ut}}{\sigma_A},-\dfrac{S_{uc}}{\sigma_B})=\min(\dfrac{152}{136.8},-\dfrac{572}{-86.8})=1.11$$

根據庫侖－莫爾理論之安全因數 $\dfrac{136.8}{152}+\dfrac{-86.8}{572}=\dfrac{1}{n_s}\Rightarrow n_s=1.34$

12. **有一鋼製的掘冰鑽（ice auger），其降伏強度（yield strength）是276MPa。若此冰鑽能承受的應力狀態為 σ_x＝－105MPa及 τ_{xy}＝105MPa，(1)以最大剪應力理論（maximum shear stress theory）判定此冰鑽是否發生降伏失敗（failure）？(2)以最大畸變能理論（maximum distortion energy theory）判定此冰鑽是否發生降伏失敗？（提示：有效應力（effective stress）或VonMises應力為 $\sigma_\theta=\sqrt{\left[(\sigma_1)^2+(\sigma_2)^2-(\sigma_2\sigma_1)^2\right]}$**

解 (1) 最大剪應力理論：

三維應力元素分析，需先找出 σ_1，σ_2，

σ_3 三個主應力

$$\sigma_{1,3} = \frac{\sigma_x + \sigma_y}{2} \pm \sqrt{\left(\frac{\sigma_x - \sigma_y}{2}\right)^2 + \tau_{xy}^2}$$

$$\frac{-105 + 0}{2} \pm \sqrt{\left(\frac{\sigma_x - \sigma_y}{2}\right)^2 + 105^2}$$

$\sigma_1 = 64389$（MPa），$\sigma_3 = -169.89$（MPa）　　$\sigma_2 = 0$　$\sigma_1 > \sigma_2 > \sigma_3$

$$\tau_{max} = \frac{\sigma_1 - \sigma_3}{2} = \frac{64.89 - (-169.89)}{2} = 117.39$$

$$n = \frac{S_y \times 0.5}{\tau_{max}} = \frac{276 \times 0.5}{117.39} = 1.18 > 1（安全）$$

(2) 最大畸變能理論：$\sigma_d = \sqrt{\sigma_1^2 - \sigma_1\sigma_3 + \sigma_3^2}$　（$\sigma_2 = 0$）

$$= \sqrt{(64.89)^2 - (64.89) \times (-169.89) + (-169.89)^2} = 210$$

（MPa）

$$n = \frac{S_y}{\sigma_d} = \frac{276}{210} = 1.31 > 1（安全）$$

13. 有一零件承受週期性作用應力（cyclic stress），其最大值為140MPa，最小值為60MPa，假設此零件材料之抗拉強度（ultimate tensile strength）為250MPa，降伏強度200MPa，修正後之耐久限（endurance limit）為125MPa，試依據修正古德曼（modify Goodman）疲勞失效準則求安全因數，並繪圖說明。（台電）

解

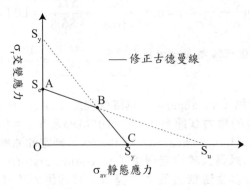

(1) 修正古德曼線如圖所示

$S_y = 200$（Mpa）、$S_u = 250$（Mpa）、$S_e = 125$（Mpa）

先求 B 點之座標，利用截距式

$$\frac{x}{200} + \frac{y}{200} = 1 \text{①}$$

$$\frac{x}{250} + \frac{y}{250} = 1 \text{②}$$

由①②可得 x＝150、y＝50 則 B 座標為（150，50）

$$\sigma_r = \frac{\sigma_{max} - \sigma_{min}}{2} = \frac{140 - 60}{2} = 40$$

$$\sigma_{av} = \frac{\sigma_{max} + \sigma_{min}}{2} = \frac{140 + 60}{2} = 100$$

由圖式可知座標（100，40）位於 OABC 之封閉面積內

(2) 取 AC 線段

$$\frac{\sigma_{av}}{S_u} + K \times \frac{\sigma_r}{S_e} = \frac{1}{FS} \Rightarrow \frac{100}{250} + 1 \times \frac{40}{125} = \frac{1}{FS} \Rightarrow FS = 1.39$$

取 BC 線段且 $K_f = 1$

$$\frac{\sigma_{av}}{S_y} + K \times \frac{\sigma_r}{S_y} = \frac{1}{FS} \Rightarrow \frac{100}{200} + 1 \times \frac{40}{200} = \frac{1}{FS} \Rightarrow FS = 1.42$$

由圖式及計算分析結果，座標（100，40）位於 OABC 之封閉面積內，表示零件受週期性之作用力後可安全使用。

14. 中空的空心軸固定於牆上。其外直徑為150mm，內直徑為113mm，與牆交接處的應力集中因數為3。(a)若材料為 $S_{ut} = 172$ MPa，$S_{uc} = 690$ MPa 的鑄鐵，試求其 N_{fs}。(b)若材料為 $S_{yp} = 345$ MPa 的延性材料，試求 N_{fs}。

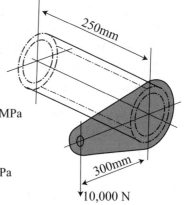

解 轉動剪應力 $\tau = \dfrac{T\rho}{J} = \dfrac{10,000 \times 300 \times 75 \times 32}{\pi(150^4 - 113^4)} = 6.678$ MPa

tact = Kt = 3×6.678 = 20.03 MPa

彎曲應力 $\sigma = \dfrac{Mc}{I} = \dfrac{10,000 \times 250 \times 75 \times 64}{\pi(150^4 - 113^4)} = 11.13$ MPa

sact = Ks = 3×11.13 = 33.39 MPa

15. 如圖所示之機械元件降伏強度為280 MPa，受負載F
= 0.5kN，T = 20N-m，P = 6.0kN。試求出機械元件
於A點處(可將A點視為一小立方體)

(1)於Z方向上之正應力為何？

(2)於x方向上之正應力為何？

(3)於x面上朝z方向之剪應力為何？

(4)根據畸變能理論之等效應力為何？

(5)根據A點是否降伏作考量，此元件根據畸變能之安全因數為何？

解 (1) 0MPa

(2) $\sigma_x = \dfrac{6\times10^3}{\pi\times10^2} + \dfrac{32\times0.5\times10^3\times100}{\pi\times20^3} = 19.11 + 63.69 = 82.80\text{MPa}$

(3) $\tau = \dfrac{16\times20\times1000}{\pi\times20^3} = 12.74\text{MPa}$

(4) von Mises stress $= \left(82.80^2 + 3\times12.74^2\right)^{\frac{1}{2}} = 85.69\text{MPa}$

(5) $n = \dfrac{280}{85.69} = 3.27$

16. 如圖所示，該機械元件之材料均相同，其抗拉強
度320 MPa，降伏強度為190 MPa。軸A之一端固
定，直徑為20 mm，另一自由端有軸B穿過並彼此
互相緊配，其直徑為5m。現於軸A自由端受一壓
力800N，於軸B兩端受一大小相等方向相反之力
F。設定安全因數為1.5，分別使用最大剪應力理論
及畸變能理論來計算不會使軸A降伏破壞之最大力
量F。(應力集中之現象可忽略)

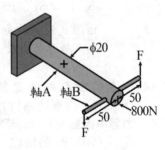

解 由於軸A受一扭矩及一壓力作用，由扭矩所產生的扭應力

$$t = \frac{16T}{pd^3} = \frac{16\times F\times0.1}{p\times0.02^3} = 63694F$$

由800 N所產生的壓應力為

$$s = \frac{P}{pd^2} = \frac{800}{p\times0.02^2} = 0.64\text{MPa}$$

故於軸A表面所受應力如下圖所示。

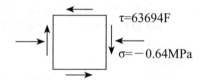

主應力

$$\sigma_1, \sigma_2 = \frac{\sigma_x + \sigma_y}{2} \pm \sqrt{\left(\frac{\sigma_x - \sigma_y}{2}\right)^2 + \tau_{xy}^2}$$

$$= \frac{-0.64}{2} \pm \sqrt{\left(\frac{-0.64}{2}\right)^2 + (63694F)^2}$$

根據最大剪應力理論之F

$$n_s = \frac{S_y}{S_A - S_B} = \frac{190 \times 10^6}{2\sqrt{\left(\frac{-0.64}{2}\right)^2 + (63694F)^2}} = 1.50$$

$$\Rightarrow F = 994.3 \text{N}$$

畸變能之等效應力

$$\sigma' = \left(0.64^2 + 3(63694F)^2\right)^{\frac{1}{2}}$$

根據畸變能理論之F

$$n = \frac{S_y}{\sigma'} = \frac{190 \times 10^6}{\left(0.64^2 + 3(63694F)^2\right)^{\frac{1}{2}}} = 1.5$$

$$\Rightarrow F = 1148.2 \text{N}$$

17. 一鈹銅合金薄板試片，其形狀與尺寸如圖 1-1 所示。其中 G＝50 mm、W＝12.5 mm、R＝2.5 mm、L＝200 mm、A＝57 mm、B＝50 mm、C＝20 mm，試片厚度為 t＝0.2 mm，沿著薄板長度方向，受到軸向拉張力 P＝500 N。材料之降伏強度為 600 MPa，楊氏模數為 120 GPa。在考慮應力集中因數的情況下，（應力集中因數可由圖 1-2 求得）
    (1)請計算於此試片中央部份所產生之最大拉應力為何？
    (2)請計算於此試片圓角處所產生之最大應力為何？
    (3)請說明於此軸向拉力作用下此試片是否會於其圓角處開始降伏？（台菸）

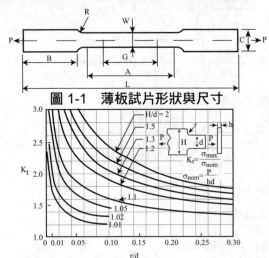

圖 1-1　薄板試片形狀與尺寸

圖 1-2　肩部有圓角的不等寬平板於受張力時之應力集中因數

解 (1) $\sigma_{nom}=\dfrac{P}{A}=\dfrac{500}{12.5\times0.2}=200$（MPa）

(2) $\dfrac{H}{d}=\dfrac{C}{W}=\dfrac{20}{12.5}=1.6$　　　$\dfrac{r}{d}=\dfrac{R}{W}=\dfrac{2.5}{12.5}=0.2$

於圖中比對取 $K_t=1.9$

$\sigma_{nom}=1.9\times200=380$（MPa）

(3) 材料降伏強度＝600（MPa）>380（MPa）

故試片在此軸向拉力作用下不會於圓角處開始降伏

18. **一均勻鋼棒，棒上某點若同時承受一穩定扭轉應力（Steady Torsional Stress）$\tau_m=60$Mpa；一變異扭轉應力（Alternating Torsion Stress）$\tau_a=40$MPa 及一變異彎曲應力（Alternating Bending Stress）$\sigma_a=40$MPa。若此鋼棒之材質具有：疲勞極限（Endurance Limit）$S_y=270$MPa，降伏強度，$S_y=400$MPa 及抗拉強度（Ultimate Strength）$S_{ut}=550$MPa。試利用 von Mises 應力配合 Modified Goodman's 破壞理論及 Soderberg's 破壞理論，分別計算此棒在此負載狀況下之安全係數值。**（鐵路高員）

解 (1) 利用修正古德曼準則分析 c 等效靜負荷轉換

古德曼之 AC 線段方程式：經重組可得

A. 等效靜態正應力

$$\sigma_s=\frac{S_u}{FS}=\sigma_m+K_f\times\frac{S_u\sigma_a}{S_e}=\sigma_a=0+1\times\frac{550\times40}{270}=81.48$$

B. 等效靜態剪應力

$$\tau_s=\frac{S_u}{FS}=\tau_m+K_f\times\frac{S_u\tau_a}{S_e}AD=60+1\times\frac{550\times40}{270}=141.48$$

C. 代入畸變能理論

$$\sigma_M=\sqrt{(\sigma_s)^2+3\tau_s^2}=\sqrt{(81.48)^2+3(141.48)^2}=258.24$$

$$FS=\frac{S_u}{\sigma_M}=\frac{550}{258.24}=2.13$$

(2) 利用蘇德柏準則分析⇒等效靜負荷轉換

蘇德柏線之方程式：$\frac{\sigma_M}{S_y}+K_f\times\frac{\sigma_a}{S_e}=\frac{1}{FS}=213$ 經重組可得：

A. 等效靜態正應力

$$\sigma_s=\frac{S_u}{FS}=\sigma_m+K_f\times\frac{S_y\sigma_a}{S_e}=0+1\times\frac{400\times40}{270}=59.26$$

B. 等效靜態剪應力

$$\tau_s=\frac{S_u}{FS}=\tau_m+K_f\times\frac{S_y\tau_a}{S_e}=60+1\times\frac{400\times40}{270}=119.26$$

再將等效靜態正應力及等效靜態剪應力代入靜力破壞理論（最大剪應力理論、畸變能理論）求安全係數。

C. 代入畸變能理論

$$\sigma_M=\sqrt{(\sigma_s)^2+3\tau_s^2}=\sqrt{(59.26)^2+3(119.26)^2}=214.9$$

$$FS=\frac{S_y}{\sigma_M}=1.86$$

19. 延展性材料承受靜態負載時，畸變能理論（distortion energy theory）可用以判斷材料破壞與否，試說明此理論，與其安全係數之決定。（地三）

解 畸變能理論(von Mises Hencky theory) 只適用於延性材料，當材料受到等效應力時所產生的單位體積應變能，達到材料軸向拉伸時所產生降伏的單位體積應變能，材料即產生降伏破壞，其降伏破壞的條件是

$$\sigma_d = \sqrt{\frac{1}{2}[(\sigma_1-\sigma_2)^2+(\sigma_2-\sigma_3)^2+(\sigma_3-\sigma_1)^2]} \le \frac{S_y}{n}$$

若僅為雙軸向應力，即$\sigma_1 \ne 0$，$\sigma_2 \ne 0$，$\sigma_3 = 0$

$$\sigma_d = \sqrt{[(\sigma_1)^2+(\sigma_2)^2-(\sigma_2\sigma_1)]} \le \frac{S_y}{n}$$

20. 一延性材料製成的圓棒，其降伏強度Sy＝380MPa，圓棒所承受之應力狀態為σ_x＝90MPa，σ_y＝24Mpa，τ_{xy}＝84MPa，試以兩種延性材料適用的失效理論計算該圓棒的安全係數。（高三）

解
$$\sigma_{1.2} = \frac{\sigma_x+\sigma_y}{2} \pm \sqrt{\left(\frac{\sigma_x-\sigma_y}{2}\right)^2 + \tau_{xy}{}^2} = 147.25 - 33.25$$

$$\tau_{max} = \sqrt{\left(\frac{\sigma_x-\sigma_y}{2}\right) + \tau_{xy}{}^2} = 90.25(\text{Mpa})$$

(1) 最大剪應力理論

$$n = \frac{0.5 \times 380}{90.25} = 2.1$$

(2) 畸變能理論

$$\sigma_e = \sqrt{\sigma_1^2+\sigma_2^2-\sigma_1\sigma_2} = \sqrt{(147.25)^2+(-33.25)^2+(147.25 \times 33.25)}$$

$$= 166.386(\text{MPa})$$

$$n = \frac{380}{166.386} = 2.284$$

21. **下圖所示為厚度**50 mm**之板承受變動拉力由**360 kN**至**45 kN**，板使用材料之**S_y = 410 MPa**，**S_e = 220 MPa**，**S_u = 635 MPa**。斷面變化處之應力集中因數為**K_f = 1.50**，安全係數為**1.2**，試求板所需之寬度**d**。請利用修正古德曼（Modified Goodman）準則。**（101專利商標審查特考）

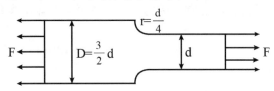

解 $F_{av} = \dfrac{360 + 45}{2} = 202.5 \text{(kN)}$

$F_r = \dfrac{360 - 45}{2} = 157.5 \text{(kN)}$

$\sigma_{av} = \dfrac{202.5 \times 10^3}{50 \times d} = \dfrac{4050}{d}$

$\sigma_r = \dfrac{157.5 \times 10^3}{50 \times d} = \dfrac{3150}{d}$

由Goodman

$\dfrac{\sigma_{av}}{S_u} + \dfrac{K_f \times \sigma r}{S_e} = \dfrac{1}{F.S}$

$\Rightarrow \dfrac{\dfrac{4050}{d}}{635} + \dfrac{1.5 \times \dfrac{3150}{d}}{220} = -\dfrac{1}{1.2}$

d＝33.43(mm)

22. 下圖所示為一寬60mm，厚2.5mm的長方形板，其中心有一直徑為6mm的貫穿孔。該板之材料為1040碳鋼，其材料特性為：S_u=372MPa、S_y=330MPa、S_e=186MPa。該板受一完全反覆的變動力（Completely reversed alternating force）P_a=−8kN至8kN。該板受 此力不會產生拙屈現象，且其疲勞及中應力係數K_f=2.29。請計算該板在此受力狀況下是否具有無限壽命。(103鐵員)

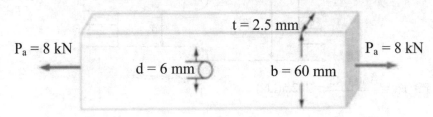

解 $P_{av}=0(kN)$，$P_r=8(kN)$，$\sigma_{av}=0$，$\sigma_r=\dfrac{8\times10^3}{(60-6)\times2.5}=59.26(MPa)$

$\dfrac{59.26\times2.29}{186}=\dfrac{1}{F.S.}\Rightarrow F.S.=1.37$，故具有無限壽命

23. 1045的熱軋（Hot-rolled）鋼板，承受下列應力：$\sigma_x=231kg/cm^2$，$\sigma_y=2030kg/cm^2$，$\tau_{xy}=0$。材料降伏強度為$\sigma_{yp}=3150kg/cm^2$。
   (1)試以最大剪應力理論求安全係數N_{fs}。
   (2)試以von Mises-Hencky理論，求安全係數N_{fs}。
   (3)若板料為Class25的鑄鐵做成（抗壓強度$\sigma_{uc}=-7000kg/cm^2$，抗拉強度$\sigma_{ut}=1750kg/cm^2$），求安全係數N_{fs}。（103高考）
   解 由$\tau_{xy}=0$知$\sigma_x=231kg/cm^2=\sigma_1$，$\sigma_y=-2030kg/cm^2=\sigma_2$

   (1) $\tau_{max}=\dfrac{\sigma_1-\sigma_2}{2}=1130.5\ (kg/cm^2)$

   $\tau_{all}=\dfrac{\tau_y}{FS}=\dfrac{\frac{1}{2}\sigma_{yp}}{FS}=\dfrac{1572}{FS}\ (kg/cm^2)$

   令$\tau_{max}=\tau_{all}\Rightarrow FS=1.39$。

   (2) $S_d=\sqrt{\sigma_1^2+\sigma_2^2-\sigma_1\sigma_2}=2154\ (kg/cm^2)$

   $\sigma_{all}=\dfrac{yp}{FS}=\dfrac{3150}{FS}$

   令$S_d=\sigma_{all}\Rightarrow FS=1.46$。

(3) $\sigma_{all,c} = \dfrac{\sigma_{uc}}{FS} = \dfrac{7000}{FS}$

令 $\sigma_{aa,c} = \sigma^2 \Rightarrow FS = 3.45$

$\sigma_{all,t} = \dfrac{\sigma_{ut}}{FS} = \dfrac{1750}{FS}$

令 $\sigma_{all,t} = \sigma_1 \Rightarrow FS = 7.58$

取 $FS = \min[3.45, 7.58] = 3.45$。

24. 圖中的軸承（Bearing）受到如圖示的穩定負荷，而且不旋轉。

(1)請於A點元素中，繪製顯示其應力狀態的立方塊，並使用莫爾圓計算該位置的主應力。

(2)請於B點元素中，繪置顯示其應力狀態的立方塊，並使用莫爾圓計算該位置的主應力。(請將位置的橫向剪應力效應納入計算。)（103高考）

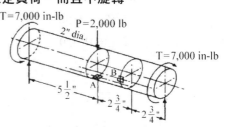

解

SFD (1b)

1000

0

−1000

BMD (1b-in)

5500

2750

T (1b-in)

7000

(1) (A)A應力元素

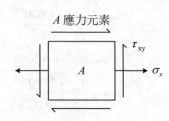

A 應力元素

$$\sigma = \frac{32M}{\pi d^3} = \frac{32 \times 5500}{\pi(2)^3}$$

$$= 7003(\text{psi}) = \sigma_x \text{（拉應力）}$$

$$\tau = \frac{16T}{\pi d^3} = \frac{16 \times 7000}{\pi(2)^3} = 4456(\text{psi}) = \tau_{xy}$$

$\sigma_y = 0$。

(B) 利用莫爾圓

取 A (7003, 4456)

　B (0, −4456)v

　C (3501.5, 0)

$$R = \sqrt{(7003 - 3501.5)^2 + 4456^2} = 5667$$

$$\sigma_1 = \overline{OC} + R = 3501.5 + 5667 = 9168.5 \text{ (psi)}$$

$$\sigma_2 = \overline{OC} - R = 3501.5 - 5667 = -2165.5 \text{ (psi)}。$$

(2) (A)B應力元素（純剪應力狀態）

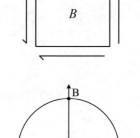

$$\tau_v = \frac{4V}{3A} = \frac{4 \times 1000}{3 \times \frac{\pi}{4}(2)^2} = 424 \text{ (psi)}$$

$$\tau_{xy} = \tau_v + \tau_T = 4880 \text{ (psi)}$$

取A(0, 4880)、B(0, −4880)、C(0, 0)。

(B)利用莫爾圓

由圓知$\sigma_1 = 4880$ (psi)

$\sigma_2 = -4880$ (psi)。

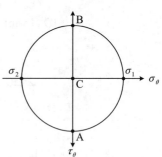

25. 一壓床（如下圖）在設計時要求兩圓柱A之最大伸長量不超過0.2mm，圓柱A
材料之楊氏係數為E＝200GPa（$G=10^9$，$Pa=N/m^2$），直徑d＝20mm，則F為
多少？若圓柱A能承受的最大應力為140MPa（$M=10^6$，$Pa=N/m^2$），其安全
係數為何？(103技師)

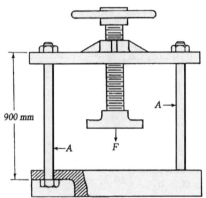

解 (1) 圓柱A之受力$0.2 = \dfrac{P \times 900}{200 \times 10^3 \times \dfrac{\pi}{4} \times (20)^2} \Rightarrow P = 13962.634$ (N)

取板之F.B.D

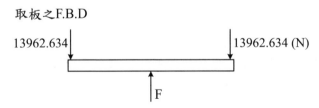

F＝13962.634×2＝27925.27 (N)

(2) $\sigma = = 44.44$ (MPa)

F.S. $= \dfrac{140}{44.44} = 3.15$

26. AISI 1020鋼材之降伏強度為210MPa，抗拉強度320MPa。當此材料受應力 $\sigma_x=75$MPa，$\sigma_y=25$MPa，$\tau_{xy}=70$MPa。
    (1)請使用最大剪應力理論計算此時之安全因數。
    (2)請使用畸變能（Distorsion Energy）理論計算此時之安全因數。
    (3)說明AISI 1020鋼材之特性。（103地特三等）

解 (1) $\sigma_{1,2} = \dfrac{\sigma_x + \sigma_y}{2} \pm \sqrt{(\dfrac{\sigma_x - \sigma_y}{2})^2 + \tau_{xy}^2} = \dfrac{75+25}{2} \pm \sqrt{(\dfrac{75-25}{2})^2 + 70^2}$

$\sigma_1 = 50 + 74.33 = 124.33$

$\sigma_2 = 50 - 74.33 = -24.33$

最大剪應力

$$\text{F.S.} = \frac{0.5s_y}{\tau_{max}} = \frac{s_y}{\sigma_1 - \sigma_2} = \frac{210}{124.33 - (-24.33)} = 1.41$$

(2) $\sigma' = \sqrt{\sigma_1^2 - \sigma_1\sigma_2 + \sigma_2^2}$

$\quad = \sqrt{(124.33)^2 - (124.33)(-24.33) + (24.33)^2} = 138.10$

$$\text{F.S.} = \frac{210}{138.1} = 1.52$$

(3) AISI 1020低碳鋼

強度與硬度較低，塑性與韌性較好，冷成形良好可採用卷邊、摺彎、沖壓等方式成形加工。

第3章

軸及相關元件強度設計

頻出度A：依據出題頻率分為：A頻率高、B頻率中、C頻率低

課前導讀

1. 軸靜態強度設計
   (1) 軸轉動功率　　　　　　(2) 軸受單一負載之情況
   (3) 軸受組合負載之情況
2. 軸動態強度設計
3. 旋轉軸的臨界速度
4. 軸之相關零件-鍵
5. 軸之相關零件-聯軸器

重點內容

3-1 軸靜態強度設計

一、軸轉動功率

功率 P	應用公式	常用單位
公制（kW）	$P\,(\text{kW}) = \dfrac{T \times 2\pi N}{60 \times 1000} = \dfrac{T \times N}{9550}$	T：扭矩（N-m） N：轉速（rpm）
英制馬力（HP）	$P\,(\text{HP}) = \dfrac{2\pi NT}{60 \times 550}$	T：扭矩（lb-ft） N：轉速（rpm）
	$P\,(\text{HP}) = \dfrac{T \times N}{63025.4}$	T：扭矩（lb-in） N：轉速（rpm）
公制馬力（PS）	$P\,(\text{PS}) = \dfrac{2\pi NT}{60 \times 75}$	T：扭矩（kg-m） N：轉速（rpm）

備註：1HP=0.746kW、1PS=0.736kW

二、軸受單一負載之情況

軸負載	應力公式	最大剪應力理論	畸變能理論
扭矩負載	$\tau_{max}=\dfrac{Tr}{J}=\dfrac{16T}{\pi d^3}$	$FS=\dfrac{0.5S_y}{\tau_{max}}=\dfrac{\pi d^3 S_y}{32T}$	$FS=\dfrac{S_y}{\sqrt{3}\tau_{max}}=\dfrac{\pi d^3 S_y}{16\sqrt{3}T}$ （軸受純剪力）
彎曲負載	$\sigma_{max}=\dfrac{My}{I}=\dfrac{32M}{\pi d^3}$ $\tau_{max}=\dfrac{1}{2}\sigma_{max}=\dfrac{16M}{\pi d^3}$	$FS=\dfrac{0.5S_y}{\tau_{max}}=\dfrac{\pi d^3 S_y}{32M}$	$FS=\dfrac{S_y}{\sqrt{\sigma_1^2+\sigma_2^2-\sigma_1\sigma_2}}$ $=\dfrac{S_y}{\sigma_{max}}=\dfrac{\pi d^3 S_y}{32M}$
軸向負載	$\sigma_{max}=\dfrac{F}{A}=\dfrac{4F}{\pi d^2}$ $\tau_{max}=\dfrac{1}{2}\sigma_{max}=\dfrac{2F}{\pi d^2}$	$FS=\dfrac{0.5S_y}{\tau_{max}}=\dfrac{\pi d^2 S_y}{4F}$	$FS=\dfrac{S_y}{\sigma_{max}}=\dfrac{\pi d^2 S_y}{4F}$

【觀念說明】

(一) 若軸受到單一彎曲負載或是軸向負載，採用最大剪應力理論、畸變能理論或最大正交應力理論，其應力值均落在破壞曲線圖 s1 軸上（參考圖 2.1a），其所求之安全係數 FS 均相同。

(二) 若脆性材料軸受靜態單一彎曲負載與軸向負載時，可使用最大正交應力理論求解，但若只受扭矩負載，則不可使用最大正交應力理論求解。

三、軸受組合負載之情況

對於軸受組合負載之破壞分析，首先按靜力等效原理，將負載進行簡化、分解，使每一種負載產生一種基本應力與變形；其次，分別計算各基本變形的解（內力、應力、變形）；最後綜合考慮各基本變形，疊加其應力、變形，進行桿構件受力狀況的分析，再將所分析的應力值代入靜力破壞理論（最大正交應力理論、最大剪應力理論、畸變能理論）求安全係數。例如軸受彎曲負載及扭矩負載，利用最大剪應力理論分析如下所示：

彎曲負載：$\sigma=\dfrac{My}{I}=\dfrac{32M}{\pi d^3}$、扭矩負載 $\tau_{xy}=\dfrac{Tr}{J}=\dfrac{16T}{\pi d^3}$

$\tau_{max}=\sqrt{\left(\dfrac{\sigma}{2}\right)^2+\tau_{xy}^2}=\dfrac{16T}{\pi d^3}\sqrt{M^2+T^2}\Rightarrow FS=\dfrac{0.5S_y}{\tau_{max}}$（$FS\geq1$）

四、軸的分類

依功能可分為：

(一) 只擔負產生相對旋轉運動之功能而不傳遞扭力（只承受彎矩負荷而不承受扭矩負荷）者：

1. **軸輪（axle）**：例如腳踏車之車輪軸（輪軸固定，承受靜彎矩負荷），軌道車輛之非動力車輪軸（車輪固定於輪軸上一起旋轉，此時輪軸承受反覆彎矩負荷）。

2. **銷（pin）**：例如活塞銷。

(二) 同時擔負產生相對旋轉運動及傳遞扭力之功能者：

1. **傳動軸（shaft）**：可能同時承受彎矩及扭矩負荷（例如齒輪軸、鏈輪軸、皮帶輪軸、渦輪軸等），或只承受扭矩負荷（例如前置引擎後輪傳動汽車之傳動軸）。

2. **心軸（spindle）**：為一旋臂短軸，同時承受彎矩及扭矩負荷（例如車床、銑床、鑽床等工具機之主軸）。

依形狀可分為：

(一) 圓柱軸、非圓柱軸。

(二) 實心軸、空心軸。

(三) 直軸、曲柄軸（crank shaft）。

(四) 剛性軸、撓性軸（flexible shaft）。

五、軸的外形

為了在軸上安裝相鄰接之各種機器元件，其外形如圖所示，有軸頸、軸肩、鑑槽、栓槽、銷孔、環溝、平面、螺旋、倒角……等部位。

(一) 軸頸：為光滑之圓柱形，用以安裝齒輪、鏈輪、皮帶輪、軸承……等。

(二) 軸肩：係在軸頸之一邊有較大之直徑以作為齒輪、鏈輪、皮帶輪、軸承……等之定位用。

(三) 鏈槽：是在軸頸上加工一道特殊形狀之溝槽，用安裝適當之鑑(key)來將齒輪、鏈輪、皮帶輪……等固定於軸上。

(四) 栓槽：係在軸頸圓周上加工許多軸向平行溝槽，若齒輪之軸孔亦加工有相配合之栓槽，則齒輪可在軸頸上沿軸向滑行，但是不能與軸發生相對旋轉，常用於齒輪變速箱。

(五) 銷孔：在軸頸上鑽孔，用銷將齒輪、鏈輪、皮帶輪……等固定於軸上。

(六) 環溝：在軸頸加工一道溝槽，用扣環使軸承……等固定於軸上，以免發生軸向運動。

(七) 平面：配合定位螺栓將齒輪、鏈輪、皮帶輪……等固定於軸上。

(八) 螺紋：配合螺帽將齒輪、鏈輪、皮帶輪……等鎖緊在於軸肩上。

(九) 倒角：在不同直徑之軸肩端部加工稍許或45度之斜面，以方便安裝齒輪、鏈輪、皮帶輪、軸承……等機件。

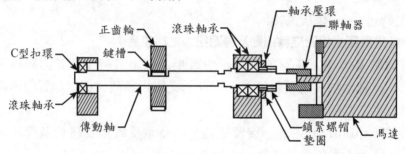

例 3-1

一軸由SAE 4140之鉻鉬合金鋼製成，由一功率為7.5 kW之馬達驅動。此軸轉速固定為50 rpm。若此軸材料容許之剪應力為100 MPa。

(1)　請決定此軸之最小直徑，以使此軸不會因為受到剪應力而破壞。

(2)　為配合市售之軸承內徑，則軸直徑應加大成多少mm較佳？

(3)　試述4140 鉻鉬合金鋼適用於機器主軸之理由？（103普考）

解 $7.5 = \dfrac{T \times 50}{9550} \Rightarrow T = 1432.5$ (N-m)

(1) $\tau = \dfrac{16 \times T}{\pi d^3} \Rightarrow 100 = \dfrac{16 \times 1432.5 \times 10^3}{\pi d^3}$

$d^3 = 72956.63$，$d = 41.785$(mm)

(2) 軸承內徑 $\Rightarrow 45$(mm)，故d取45(mm)

(3) 鉻鉬合金鋼鍍鉻軸心擁有良好的抗拉與降伏強度，較中碳鋼棒優，亦可調質。高週波後，材質更具高度延展性，具有強韌之特性，廣泛的被運用於汽車、橋樑、建築用之螺絲及軸心。

例 3-2

一空心軸傳達功率E=25000W，轉速n=400rpm，軸只承受扭矩，其最大剪應力τ=4.2kg／mm^2，軸之內外徑比$\dfrac{d_i}{d_o}$=0.7。(1)求軸之外徑 d；(2)若軸改為實心軸，求軸之直徑 d。

解 (1) 內外徑比 C=d_i／d_o=0.7

$$E=\frac{25000}{1000}=\frac{T\times400}{9550}\Rightarrow T=596.9N\cdot m$$

$$1kg=9.81N\Rightarrow T=60843.5kg\cdot mm$$

$$S_s=\frac{32T\times(\frac{d_o}{2})}{\pi(d_o^4-d_i^4)}=\frac{16T}{\pi d_o^3(1-C^4)}\Rightarrow 4.2=\frac{16\times60843.5}{\pi(d_o^3)(1-0.7^4)}$$

$$\therefore d_o^3=\frac{16\times60843.5}{\pi(4.2)(1-0.7^4)}=97090.95$$

$$d_o=46（mm）$$

(2) 若為實心軸

$$S_s=\frac{16T}{\pi d^3}\Rightarrow d^3=\frac{16\times60843.5}{\pi\times4.2}=73779.4\Rightarrow d=42mm$$

例 3-3

一長度 ℓ 為 745 公釐之均勻直徑實心軸，於轉速 n 為 3600 轉／分下，將功率 P 為 50 千瓦的動力由馬達傳至一離心泵。若僅基於扭矩來考慮，且材料為碳鋼，其剪彈性模數 G 為 78.6×10^3 牛頓／平方公釐，拉伸降伏強度 S_{yt} 為 360 牛頓／平方公釐，試問：

(1)安全係數 f_s 為 2 時，軸徑 d（公釐）為何？

(2)若其單位長度扭轉角度極限為 15.7×10^{-5} 徑度／公釐，則軸之扭轉剛性是否足夠？扭矩以 T（牛頓‧公釐）表示，扭轉角以 θ 表示。

解 (1) $P=\dfrac{T\times N}{9550}=\dfrac{T\times3600}{9550}=50（kw）$

$\Rightarrow T=132.64N\cdot m$

$\tau=\dfrac{Tr}{J}=\dfrac{16\times T}{\pi d^3}=\dfrac{675.53}{d^3}$

$n=\dfrac{0.5\times S_y}{\tau}\Rightarrow 2=\dfrac{0.5\times360\times10^6}{\dfrac{675.53}{d^3}}\Rightarrow d=0.01958m$

(2) $\theta = \dfrac{T \times L}{GJ} = \dfrac{132.64 \times 0.745}{78.6 \times 10^9 \times \dfrac{\pi}{2} \times (\dfrac{0.01958}{2})^4} = 0.0871$（rad）

$15.7 \times 10^{-5} \times 745 = 0.117$（rad）

所以純扭剛性足夠。

例 3-4

一直徑 100mm 的實心圓軸，可傳達 T_s 扭矩，而不超過其最大容許剪應力，若一空心軸壁厚為 20mm，外徑為多少 mm 時截面積與實心圓軸相同？該空心軸可傳達扭矩為多少個 T_s？（地特四等）

解 (1) 假設此空心軸外徑為 d，則內徑為（d－2×20）mm

$\dfrac{\pi}{4} \times 100^2 = \dfrac{\pi}{4} \left[d^2 - (d-40)^2 \right] \Rightarrow d = 145$（mm）

(2) 實心軸 $\tau = \dfrac{16 T_s}{\pi \times (100)^3} = 5.093 \times 10^{-6} T_s$

空心軸

$\tau = \dfrac{T \times \dfrac{145}{2}}{\dfrac{\pi}{2} \times \left[(\dfrac{145}{2})^4 - (\dfrac{105}{2})^4 \right]} = 2.3 \times 10^{-6} T = 5.093 \times 10^{-6} T_s \Rightarrow T = 2.21 T_s$

例 3-5

請利用畸變能理論（Distortion energy theory）計算出右圖 A 及 B 兩點的安全係數。該圓棒之材料為 AISI 1006，其降伏強度 $S_y = 280$MPa，抗拉強度 $S_{ut} = 330$MPa。受力 F=0.55kN、P=8.0kN、T=30.0N-m

（102技師）

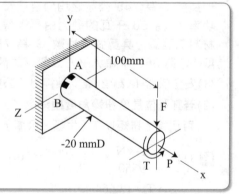

解 (1) A 點位置：

剪應力：$\tau = \dfrac{Tr}{J} = \dfrac{16T}{\pi \cdot d^3} = \dfrac{16\,(30 \times 10^3)}{\pi \times 20^3} = 19.11$MPa

拉應力：$\sigma=\dfrac{P}{A}+\dfrac{My}{I}=\dfrac{4P}{\pi\cdot d^2}+\dfrac{32FL}{\pi\cdot d^3}=\dfrac{4\times 8000}{\pi\cdot d^2}+\dfrac{32\,(550\times 100)}{\pi\cdot d^3}$

　　　　$=95.56\text{MPa}$

　　　$\sigma_{1,2}=\dfrac{\sigma_x+\sigma_y}{2}\pm\sqrt{(\dfrac{\sigma_x-\sigma_y}{2})^2+\tau_{xy}{}^2}$

　　　$\sigma_1=\dfrac{\sigma}{2}+\sqrt{(\dfrac{\sigma}{2})^2+\tau^2}=\dfrac{95.56}{2}+\sqrt{(\dfrac{95.56}{2})^2+19.11^2}$

　　　　$=99.24\,(\text{MPa})$

　　　$\Rightarrow\sigma_2=\dfrac{\sigma}{2}-\sqrt{(\dfrac{\sigma}{2})^2+\tau^2}=\dfrac{95.56}{2}-\sqrt{(\dfrac{95.56}{2})^2+19.11^2}$

　　　　$=-3.68\,(\text{MPa})$

(2) B 點位置：

　　剪應力 $\tau=\dfrac{Tr}{J}+\dfrac{4V}{3A}=\dfrac{16T}{\pi\cdot d^3}+\dfrac{16P}{3\pi\cdot d^2}=\dfrac{16\,(30\times 10^3)}{\pi\times 20^3}+\dfrac{16\times 550}{3\pi\times 20^2}$

　　　　$=221.43\text{MPa}$

　　軸向拉應力 $\sigma=\dfrac{P}{A}=\dfrac{4P}{\pi\cdot d^2}=\dfrac{4\times 8000}{\pi\times d^2}=25.46\text{MPa}$

　　　　$\sigma_{1,2}=\dfrac{\sigma_x+\sigma_y}{2}\pm\sqrt{(\dfrac{\sigma_x-\sigma_y}{2})^2+\tau_{xy}{}^2}$

　　　　$\sigma_1=\dfrac{\sigma}{2}+\sqrt{(\dfrac{\sigma}{2})^2+\tau^2}=\dfrac{25.46}{2}+\sqrt{(\dfrac{25.46}{2})^2+21.43^2}$

　　　　　$=37.66\,(\text{MPa})$

　　　$\Rightarrow\sigma_2=\dfrac{\sigma}{2}-\sqrt{(\dfrac{\sigma}{2})^2+\tau^2}=\dfrac{25.46}{2}-\sqrt{(\dfrac{25.46}{2})^2+21.43^2}$

　　　　　$=-12.20\,(\text{MPa})$

(3) 由以上分析可知 A 處受到應力較大

　　$\sigma_1=99.24\,(\text{MPa})>37.66\,(\text{MPa})$

　　由畸變能理論可知

　　$\sigma_d=\sqrt{\sigma_1{}^2+\sigma_2{}^2-\sigma_1\sigma_2}=\sqrt{99.24^2+(-3.68)^2-99.24\times(-3.68)}$

　　　$=101.13\text{MPa}$

　　$n=\dfrac{S_{yp}}{\sigma_d}=\dfrac{280}{101.13}=2.77$

例 **3-6**

下圖所示為一軸,其長度為 200mm、軸徑為 20mm,該軸兩端分別由 A、B 兩個軸承支撐。有兩力(各為 2000N 及 400N)分別作用於皮帶輪上。請計算並繪圖表示作用於軸頂面(T)及軸側面(S)兩個位置的應力值(不考慮應力集中現象)。(高考二級)

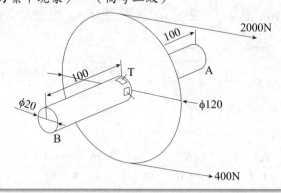

解 (1) 如圖所示軸頂面 T
受到扭轉剪應力+切向剪應力

$$\tau = \frac{T \times r}{J} + \frac{4}{3}\frac{V}{A} = \frac{(2000-400) \times (\frac{120}{2}) \times (\frac{20}{2})}{\frac{\pi}{2} \times (\frac{20}{2})^4} + \frac{4}{3} \times$$

$$\frac{2400}{\frac{\pi}{4} \times (20)^2} = 61.115 + 10.18 = 71.3 \text{ (MPa)}$$

$\tau = 71.3 \text{(MPa)}$

τ

(2) (2000+400) N
L=200mm
如圖所示軸側面受力
彎矩應力

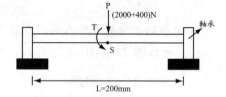

$$M = \frac{PL}{4} = \frac{(2000+400) \times 200}{4} = 120000 \text{N-mm}$$

$$\sigma = \frac{My}{I} = \frac{120000 \times \frac{20}{2}}{\frac{\pi}{4} \times (\frac{20}{2})^4} = 152.79 \text{ (MPa)}$$

$$\tau = \frac{T \times r}{J} = 61.115 \text{ (MPa)}$$

$\tau = 61.115 \text{MPa}$

S

152.79(MPa)

例 3-7

一般而言，測試齒輪磨耗壽命（Wear life）的方法是在安裝齒輪組合時，預設一扭矩於系統中。如此，即使在輸入功率較小時亦能在系統中獲得較大之扭矩。圖所示之齒輪組合即是利用此一原理製成。裝配的方式是先將齒輪 A、B 及 C 組合，再將齒輪 C 固定。接著將齒輪 D 與 C 間之軸扭一角度 $\theta = 3°$，再將齒輪 D 與 C 嚙合，此時即有一預扭矩（Pretorsion）存在於系統中。請計算每一軸中之最大剪應力為若干？軸之剪力模數（Shear modulus 或 Modulus of rigidity）為 11.5Mpsi.

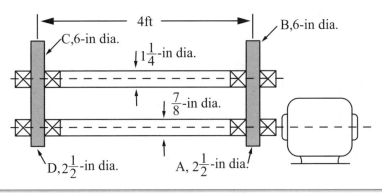

解 $\theta = 3 \times \dfrac{\pi}{180} = \dfrac{3 \times \theta_{BC}}{1.25} + \theta_{AD} = \dfrac{3 \times \pi}{180}$

$F_{BC} = F_{AD} \Rightarrow \dfrac{T_{BC}}{R_{BC}} = \dfrac{T_{AD}}{R_{AD}} \Rightarrow \dfrac{T_{BC}}{3} = \dfrac{T_{AD}}{1.25}$

$\Rightarrow T_{BC} = 2.4 T_{AD}$

$$\dfrac{T_{AD} \times (4 \times 12)}{(\frac{\pi}{32}) \times (\frac{7}{8})^4 \times 11.5 \times 10^6} + \dfrac{3}{1.25} \times \left[\dfrac{2.4 T_{AD} \times (4 \times 12)}{(\frac{\pi}{32}) \times (\frac{5}{4})^4 \times 11.5 \times 10^6} \right] = \dfrac{3 \times \pi}{180}$$

$\Rightarrow T_{AD} = 302.925 \quad \ell b - in$

$\quad T_{BC} = 727.02 \quad \ell b - in$

$\tau_{BC} = \dfrac{16 \times T_{BC}}{\pi \times (d_{BC})^3} = \dfrac{16 \times 727.02}{\pi \times (\frac{5}{4})^3} = 1895.77 \text{ psi}$

$\tau_{AD} = \dfrac{16 \times T_{AD}}{\pi \times (d_{AD})^3} = \dfrac{16 \times 302.95}{\pi \times (\frac{7}{8})^3} = 2302.93 \text{ psi}$

例 3-8

一根以延性材料所製成的直徑為 50mm 之圓棒，所承受之應力狀態為 $\sigma_x=95\text{MPa}$，$\sigma_y=25\text{MPa}$，τ_{xy} 之值為未知。該圓棒之降伏強度（Yielding strength）$S_y=280\text{MPa}$，以畸變能失效理論計算出該圓棒的安全係數為 2.5，試求 τ_{xy} 之值，並求出其主應力（Principal stresses）。（地特三等）

解
$$\sigma=\sqrt{\sigma_x^2-\sigma_x\sigma_y+\sigma_y^2+3\tau_{xy}^2}=\sqrt{95^2-95\times25+25^2+3\tau_{xy}^2}$$

$$n=\frac{S_y}{\sigma}\Rightarrow2.5=\frac{280}{\sqrt{95^2-95\times25+25^2+3\tau_{xy}^2}}$$

$$\tau_{xy}=41.9\ (\text{MPa})$$

$$\sigma_{1,2}=\frac{\sigma_x+\sigma_y}{2}\pm\sqrt{(\frac{\sigma_x-\sigma_y}{2})^2+\tau_{xy}^2}$$

$$\Rightarrow\sigma_1=\frac{95+25}{2}+\sqrt{(\frac{95-25}{2})^2+(41.9)^2}=114.59\ (\text{MPa})$$

$$\sigma_2=\frac{95+25}{2}-\sqrt{(\frac{95-25}{2})^2+(41.9)^2}=5.4\ (\text{MPa})$$

3-2 軸的動態強度設計

利用蘇德柏準則分析⇒等效靜負荷轉換

等效靜態正應力 $\sigma_s=\dfrac{S_y}{\text{FS}}=\sigma_{av}+K_f\times\dfrac{S_y\sigma_r}{S_e}$

同理等效靜態剪應力 $\tau_s=\dfrac{S_y}{\text{FS}}=\tau_{av}+K_f\times\dfrac{S_y\tau_r}{S_e}$

再將等效靜態正應力及等效靜態剪應力代入靜力破壞理論（最大剪應力理論、畸變能理論）求安全係數：

代入最大剪應力理論

$$\tau_{max}=\sqrt{(\frac{\sigma_s}{2})^2+\tau_s^2}=\sqrt{\frac{1}{4}(\sigma_{av}+K_f\times\frac{S_y\sigma_r}{S_e})^2+(\tau_{av}+K_f\times\frac{S_y\tau_r}{S_e})^2}$$

$$\tau_{max}=\frac{0.5S_y}{\text{FS}}\ (\text{FS}\geq1)$$

代入畸變能理論

$$\sigma_M = \sqrt{(\sigma_s)^2 + 3\tau_s^2} = \sqrt{(\sigma_{av} + K_f \times \frac{S_y\sigma_r}{S_e})^2 + 3(\tau_{av} + K_f \times \frac{S_y\tau_r}{S_e})^2}$$

$$\sigma_M = \frac{S_y}{FS}\ (FS \geq 1)$$

【觀念說明】

上述等效靜態應力主要是利用蘇德柏準則進行轉換，若將蘇德柏式之材料降伏強度 S_y，換成材料極限強度 S_u，即表示利用古德曼理論進行轉換，可參考 2-4 節。

例 3-9

有一如圖所示之軸，軸材料之最小抗拉強度為 90000psi，降伏強度為 54000psi，疲勞強度為 45000psi 若忽略材料強度之減少係數，則當安全因數為 2 時，(1)若軸不轉動，則軸徑應為若干？(2)若軸轉動，則軸徑應為若干？

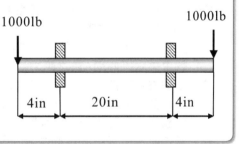

解 (1) 畫 VD 圖及 MD 圖

　　$M = 4000\ell b - in\ (\circlearrowleft)$

　　(a) 以最大剪應力理論

$$\sigma = \frac{My}{I} = \frac{32M}{\pi d^3} = \frac{32 \times 4000}{\pi \times d^3}$$

$$= \frac{40743.67}{d^3}$$

$$\tau = \sqrt{(\frac{\sigma}{2})^2} = \frac{20371.835}{d^3}$$

$$n = \frac{0.5 \times S_y}{\tau} = \frac{0.5 \times 54000}{\dfrac{20371.835}{d^3}} = 2$$

$$\Rightarrow d = 1.147in$$

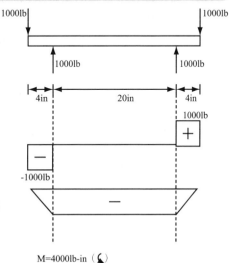

M=4000lb-in（↺）

(b) 若轉動則 $M_{max} = +4000\ell b - in$

$$M_{min} = -4000\ell b - in$$

$$M_{av} = \frac{M_{max} + M_{min}}{2} = 0 \text{ , } M_r = \frac{M_{max} - M_{min}}{2} = 4000$$

$$\Rightarrow \sigma_{av} = 0 \text{ , } \sigma_r = \frac{40743.67}{d^3}$$

$$\frac{\sigma_{av}}{S_y} + \frac{k\sigma_r}{S_e} = \frac{1}{FS} \Rightarrow \frac{\dfrac{40743.67}{d^3}}{45000} = \frac{1}{2}$$

$$d = 1.22in$$

例 3-10

如圖所示，有一直徑40mm，長度為200mm之實心圓軸，兩端為簡支樑，在中央處有一垂直向下之負荷P＝5000N，且在兩端各施以扭矩T＝800N-m以及正壓力F＝900N。若該軸不旋轉，且各負荷為穩態負荷，試求：

(一) 軸中央水平側面A處之應力。

(二) 距軸右端支撐50mm處，底部B處之應力。

(三) 若傳動軸為延性材料，其降伏強度Sᵥ為620MPa，安全因數N為1.8。試利用最大剪應力損壞理論求該軸之最小安全直徑。

(四) 若要配合市售軸承標準件之內徑，則軸直徑應改為多少mm才合理？

(103地四)

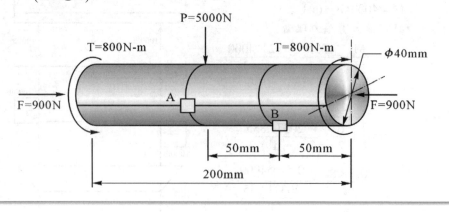

解 (一) A點

$$\tau_P = \frac{4V}{3A} = \frac{4 \times 2500}{3 \times \pi \times (20)^2} = 2.65 \text{MPa}$$

$$\tau_T = \frac{16T}{\pi d^3} = \frac{16 \times 800 \times 1000}{\pi \times (40)^3} = 63.66 \text{MPa}$$

$$\sigma_F = \frac{F}{A} = \frac{900}{\pi (20)^2} = 0.716 \text{MPa}$$

$$\begin{cases} \tau = \tau_T = 63.66 + 2.65 = 66.31 \text{MPa} \\ \sigma = \sigma_F = 0.716 \text{MPa} \end{cases}$$

(二) B點

$$\sigma_M = \frac{32M}{\pi d^3} = \frac{32 \times 2500 \times 50}{\pi (40)^3} = 19.89 \text{MPa}$$

$$\sigma_F = \frac{F}{A} = \frac{900}{\pi (20)^2} = 0.716 \text{MPa}$$

$$\tau_T = \frac{16T}{\pi d^3} = \frac{16 \times 800 \times 1000}{\pi \times (40)^3} = 63.66 \text{MPa}$$

$$\begin{cases} \sigma = \sigma_M - \sigma_F = 19.89 - 0.0716 = 19.174 \text{MPa} \\ \tau = \tau_T = 63.66 \text{MPa} \end{cases}$$

(三) 最大剪應力損壞理論求最小安全直徑：

$$d = \left(\frac{32N}{\pi S_y} \sqrt{M^2 + T^2} \right)^{\frac{1}{3}} = \left[\frac{32 \times 1.8}{\pi \times 620} \sqrt{(2500 \times 100)^2 + (800 \times 1000)^2} \right]^{\frac{1}{3}}$$

$$= 29.16 \text{mm}$$

(四) 內徑號碼自04～96之間者，將號碼乘以5後即為內徑尺寸。

軸直徑其內徑改為30mm（6×5＝30mm）才合理。

例 3-11

有一軸所承受之扭矩在零和 1350,000N-mm 之間變化，彎曲力矩由 680,000N-mm 變化至 1,130,000N-mm，且二者之疲勞應力集中因數 K_f 均為 2.5，軸不迴轉，軸之強度分別為 S_{ut}=400Mpa，S_{yp}=270Mpa，S_e=160Mpa，基於降伏點之安全因數為 2，試求軸徑。依(1)最大剪應力理論；(2)畸變能理論。

解 (1) $T_{av} = \dfrac{1350000}{2} = 675000\text{N-mm}$

$M_{av} = \dfrac{680000 + 1130000}{2} = 905000\text{N-mm}$

$T_r = 675000\text{N-mm}$，$M_r = 225000\text{N-mm}$

$\sigma_{av} = \dfrac{M_{av} \times y}{I} = \dfrac{32M_{av}}{\pi d^3} = \dfrac{9218254.3}{d^3}$

$\sigma_r = \dfrac{M_r \times y}{I} = \dfrac{32M_r}{\pi d^3} = \dfrac{2291831.18}{d^3}$

$\tau_{av} = \dfrac{16T_{av}}{\pi d^3} = \dfrac{3437746.77}{d^3}$

$\tau_r = \dfrac{16T_r}{\pi d^3} = \dfrac{3437746.77}{d^3}$

利用古德曼求等效應力

$\sigma_e = \sigma_{av} + k \times \dfrac{S_u \sigma_r}{S_e} = \dfrac{9218254.3}{d^3} + 2.5 \times \dfrac{400 \times \dfrac{2291831.18}{d^3}}{160}$

$= \dfrac{23542199.175}{d^3}$

$\tau_e = \tau_{av} + k \times \dfrac{S_y \tau_r}{S_e}$

$= \dfrac{3437746.77}{d^3} + \dfrac{2.5 \times 400 \times \dfrac{3437746.77}{d^3}}{160} = \dfrac{24923664.09}{d^3}$

$\tau_{max} = \sqrt{\left(\dfrac{\sigma_e}{2}\right)^2 + \tau^2_e} = \dfrac{27563523.3}{d^3}$

$$n = \frac{0.5 \times 270}{\tau_{max}} = \frac{0.5 \times 270}{\frac{27563523.3}{d^3}} = 2$$

$$d = 74.2mm$$

(2) 畸變能理論

$$\sigma = \sqrt{\sigma^2_e + 3\tau^2_e} = \frac{49171152.49}{d^3}$$

$$n = \frac{270}{\sigma} \Rightarrow d = 71.4mm$$

例 3-12

如圖所示之鋼軸，長 1000mm。若在軸中點同時受一穩定負荷 P＝20000N 與一穩定平均扭矩 T_{av}＝3600N-m，其扭矩的變動幅度 T_r＝0.12T_{av}，若應力集中因子 K＝1.4，軸之安全因數 FS＝1.4，試利用最大剪應力理論求軸徑 d（材料降伏強度 S_y＝600MPa、極限強度 S_u＝800MPa、疲勞強度 S_e＝300MPa）。

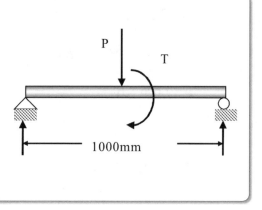

解 (1) 若軸不旋轉，以靜態模式分析

彎曲應力

$$\sigma_{av} = \frac{My}{I} = \frac{32M_{av}}{\pi d^3} = \frac{32 \times (20000 \times \frac{500}{2})}{\pi d^3} = \frac{5.093 \times 10^7}{d^3} \text{（MPa）}，$$

$$\sigma_r = 0 \Rightarrow \sigma = \sigma_{av}$$

平均扭轉剪應力

$$\tau_{av} = \frac{T_{av}r}{J} = \frac{16T_{av}}{\pi d^3} = \frac{16 \times (2.3 \times 10^6)}{\pi d^3} = \frac{1.171 \times 10^7}{d^3} \text{（MPa）}$$

$$T_r = 0.12\,T_{av}$$

$$\Rightarrow \tau_r = 0.12\tau_{av} = \frac{1.406 \times 10^6}{d^3} \text{（MPa）}$$

代入古德曼準則求等效剪應力

$$\tau = \tau_{av} + \frac{KS_u}{S_e}\,\tau_r = \frac{(1.171 \times 10^7)}{d^3} + \frac{1.4 \times 800}{300} \times \frac{1.406 \times 10^6}{d^3}$$

$$= \frac{1.696 \times 10^7}{d^3}\ (\text{MPa})$$

$$\tau_{max} = \sqrt{(\frac{\sigma}{2})^2 + \tau^2} = \frac{3.06 \times 10^7}{d^3}\ (\text{MPa})$$

利用最大剪應力理論

$$\tau_{max} = \frac{0.5S_y}{FS} \Rightarrow \frac{0.5 \times 600}{1.4} = \frac{3.06 \times 10^7}{d^3} \Rightarrow d = 52.3\text{mm}$$

(2) 若考慮軸旋轉

$$\sigma_r = \frac{5.093 \times 10^7}{d^3} \cdot \sigma_{av} = 0$$

$$\sigma = \sigma_{av} + \frac{KS_u}{S_e}\,\sigma_r = 0 + \frac{1.4 \times 800}{300} \times \frac{5.093 \times 10^7}{d^3} = \frac{1.9 \times 10^8}{d^3}$$

$$\tau = \frac{1.696 \times 10^7}{d^3}$$

$$\tau_{max} = \sqrt{(\frac{\sigma}{2})^2 + \tau^2} = \frac{9.65 \times 10^7}{d^3}\ (\text{MPa})$$

利用最大剪應力理論

$$\tau_{max} = \frac{0.5S_y}{FS} \Rightarrow \frac{0.5 \times 600}{1.4} = \frac{9.65 \times 10^7}{d^3} \Rightarrow d = 76.7\text{mm}$$

例 3-13

一砂輪如圖所示，已知承受扭矩 T＝12N-m，摩擦係數 μ＝0.6，且該軸之應力集中因子 $k_{f(b)}$ ＝1.25。該軸的 S_e＝291MPa、S_{ut}＝900MPa，試問其安全因數？

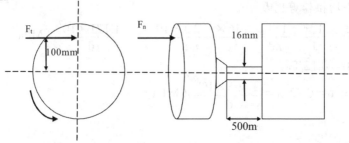

解 如圖所示砂輪輪盤上的法向力 $F_n = \dfrac{T}{\mu r} = \dfrac{12}{0.6 \times 0.1} = 200N$

切向力 $F_t = 200 \times 0.6 = 120N$

短軸剪應力：扭轉剪應力＋直接剪應力

$$\tau_{av} = \frac{Tr}{J} + \frac{P}{A} = \frac{16T}{\pi \cdot d^3} + \frac{4F_t}{\pi \cdot d^2} = \frac{16 \times 12000}{\pi \cdot 16^3} + \frac{4 \times 120}{\pi \times 16^2} = 15.5MPa$$

疲勞負荷的型態之合成的疲勞力矩：

$M_{av} = 0$

$$M_r = \sqrt{M_x^2 + M_z^2} = \sqrt{(F_t \times 50)^2 + (F_n \times 100)^2}$$
$$= \sqrt{(120 \times 50)^2 + (200 \times 100)^2} = 20880.6 \,(N \cdot mm)$$

平均應力：$\sigma_{av} = \dfrac{M_{av}y}{I} + \dfrac{F_n}{A} = 0 + \dfrac{4 \times 200}{\pi \cdot 16^2} = 0.995MPa$

應力振幅：$\sigma_r = \dfrac{M_r y}{I} = \dfrac{32 \times M_r}{\pi \cdot d^3} = \dfrac{32 \times 20880.6}{\pi \cdot 16^3} = 52MPa$

本題採用第二章第2-4節方法二，先由畸變能準則求等效應力：

$$(\sigma_{av})_{eq} = \sqrt{(\sigma_x)^2_{av} + (\sigma_y)^2_{av} - (\sigma_x)_{av}(\sigma_y)_{av} + 3(\tau_{xy})^2_{av}}$$
$$= \sqrt{\sigma^2_{av} + 3\tau^2_{av}} = \sqrt{0.995^2 + 3 \times 15.52^2} = 26.9MPa$$
$$(\sigma_r)_{eq} = \sqrt{(\sigma_x)^2_r + (\sigma_y)^2_r - (\sigma_x)_r(\sigma_y)_r + 3(\tau_{xy})^2_r}$$
$$= \sqrt{(k_{f(b)}\sigma_r)^2 + 3(k_{f(b)}\tau_r)^2} = \sqrt{(1.25 \times 52)^2 + 0} = 65MPa$$

再由修正古得曼理論求安全因數：

$$\frac{(\sigma_{av})_{eq}}{S_{ut}} + \frac{(\sigma_r)_{eq}}{S_e} = \frac{1}{FS}$$

$$FS = (\frac{26.9}{900} + \frac{65}{291})^{-1} = 4$$

3-3 旋轉軸的臨界速度

旋轉軸在轉動時，當轉速達到某一臨界值時，轉軸將顯現動態不平衡，並可能引起大幅震動，此時的軸轉速稱之為臨界轉速，當軸不旋轉時其橫向自然振動的振動頻率與旗臨界轉速相同，若假設軸為集中重量：

$f = \dfrac{1}{2\pi} \sqrt{\dfrac{K}{M}}$ 又因為 $w_{cr} = 2\pi f$

$$\Rightarrow w_{cr}=\sqrt{\frac{K}{M}}=\sqrt{\frac{Kg}{W}} \quad (\text{K：軸彈簧常數、W：軸集中重量})$$

當軸上有數個圓盤，其集中重量為 W_1、W_2、……、W_n，各重量在各位置所產生的撓度分別為 y_1、y_2、……、y_n，其臨界速度與頻率如下所示：

$$f=\frac{1}{2\pi}\sqrt{\frac{g\,(W_1y_1+W_2y_2+\cdots+W_ny_n)}{W_1y_1^2+W_2y_2^2+\cdots+W_ny_n^2}} \quad (\text{cycle/s})$$

$$\Rightarrow w_{cr}=\sqrt{\frac{g\,(W_1y_1+W_2y_2+\cdots+W_ny_n)}{W_1y_1^2+W_2y_2^2+\cdots+W_ny_n^2}} \quad (\text{rad/s})$$

例 3-14

無附著物且直徑為 D_1 之實心鋼軸，且臨界轉速 ω_{c1} 為 1200rev／min，若將此軸鑽成空心，使其內徑 D_2 等於 $\frac{3}{4}D_1$，則其臨界轉速 ω_{c2} 為多少？

解 臨界轉速比 $\dfrac{W_{cr2}^2}{W_{cr1}^2}=\dfrac{\delta_{空}}{\delta_{實}}=\dfrac{\delta_1}{\delta_2}$

$$\Rightarrow \frac{W_{cr2}}{W_{cr1}}=\sqrt{\frac{I_2W_1}{I_1W_2}}$$

$$\frac{I_2}{I_1}=\frac{d^4-(0.75d)^4}{d^4}=0.6836$$

$$\frac{W_1}{W_2}=\frac{d^2}{d^2-(0.75d)^2}=2.2857$$

$$\frac{W_{cr2}}{W_{cr1}}=\sqrt{\frac{I_2W_1}{I_1W_2}}=\sqrt{(0.6836)\times(2.2857)}=1.25$$

$$W_{cr2}=1.25W_{cr1}=1.25\times1200=1500\text{rpm}$$

例 3-15

一無附著物且直徑為 D 之剛軸，其臨界轉速為 2000rev／min，若將此軸鑽成空心使其內徑為 $\frac{1}{2}D$，則臨界轉速為多少？

解 $W_{cr} = \sqrt{\dfrac{5g}{4 \times \delta}}$ （均布質量軸之臨界轉速）

$\Rightarrow \dfrac{W_{crn}}{W_{crs}} = \dfrac{\delta_s}{\delta_h}$ （h：空心軸，s：實心軸）

$\delta = \dfrac{-5W\ell^3}{384EI}$ （在 $x = \ell$ 處） $\Rightarrow \dfrac{\delta_s}{\delta_h} = \dfrac{\dfrac{W_s}{I_s}}{\dfrac{W_h}{I_h}} = \dfrac{W_s \times I_h}{W_h \times I_s}$

$= \dfrac{D^2}{D^2 - (\frac{1}{2}D)^2} \times \dfrac{D^4 - (\frac{1}{2}D)^2}{D^4} = \dfrac{1}{1 - (\frac{1}{2})^2} \times \dfrac{1 - (\frac{1}{2})^2}{1} = 1.25$

$W_{crh} = W_{crs} \times \sqrt{\dfrac{\delta_s}{\delta_h}} = 2000 \times \sqrt{1.25} = 2236 \text{rpm}$

例 3-16

如圖所示之剛軸中 A、B 靜撓曲度等於 0.27mm，試求臨界速率之值（以 rpm 表示）

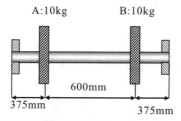

A:10kg　　　　B:10kg

600mm

375mm　　　　375mm

解 $f = \dfrac{1}{2\pi} \sqrt{\dfrac{g\,(W_1 y_1 + W_2 y_2 + \cdots + W_n y_n)}{W_1 y_1^2 + W_2 y_2^2 + \cdots + W_n y_n^2}} \Rightarrow \dfrac{1}{2\pi} \sqrt{\dfrac{g\,(W_1 y_1 + W_2 y_2)}{W_1 y_1^2 + W_2 y_2^2}}$

$\Rightarrow f = \dfrac{1}{2\pi} \sqrt{\dfrac{g}{y_1}} = \dfrac{1}{2\pi} \sqrt{\dfrac{9800}{0.27}} = 30.3$ （cycle/s）

$\Rightarrow W_{cr} = 30.2 \times 60 = 1812 \text{rpm}$

3-4 軸之相關零件一鍵

一、鍵的功用

鍵為一連接機件，兩側面是工作面，部分嵌入軸上之鍵座，一部分嵌入機件的鍵槽中，靠鍵與鍵槽的側面擠壓來傳遞扭矩，於軸上使旋轉元件固定，主要是防止兩零件之間的相對迴轉，以傳遞動力，特別適用於傳遞較大動力且須經常拆裝修護之非永久性結合，如圖 3.1 所示。

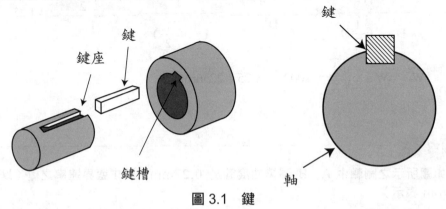

圖 3.1　鍵

二、鍵的強度設計

如圖 3.2 所示若一連接機件之鍵元件的長*寬*高為 L*W*H，其軸受到的扭矩負載為 T、D 為軸徑、F 為鍵所受壓力，則鍵的強度分析如下所示：

鍵之強度分析	應力公式
傳達扭轉力矩（T）	$T = F \times \dfrac{D}{2} \Rightarrow F = \dfrac{2T}{D}$
鍵上所受的壓應力	$\sigma_c = \dfrac{F}{A_c} = \dfrac{\dfrac{2T}{D}}{L \times \dfrac{H}{2}} = \dfrac{4T}{DLH}$

鍵之強度分析	應力公式
鍵上所受的剪應力	$\tau = \dfrac{F}{A_s} = \dfrac{\dfrac{2T}{D}}{L \times W} = \dfrac{2T}{DLW}$
扭矩傳動馬力	1. $P(kW) = \dfrac{T \times 2\pi N}{60 \times 1000} = \dfrac{T \times N}{9550}$ (T：N－m、N：rpm) 2. $P(HP) = \dfrac{2\pi N \times T}{33000 \times 12} = \dfrac{T \times N}{63025}$ （T：lb－in、N：rpm）
鍵的最佳形狀	使鍵受壓極受剪具有相同之扭矩負載 $T = \dfrac{\sigma_c DHL}{4} = \dfrac{\tau DWL}{2} \Rightarrow \dfrac{H}{W} = \dfrac{2\tau}{\sigma_c}$ 又 $\dfrac{\sigma_c}{2} = \tau \Rightarrow H = W \Rightarrow$ 方鍵

備註：在分析鍵之強度設計時，先計算其鍵上所受的壓應力及剪應力，再取較
　　　大的值帶入破壞理論計算安全係數。

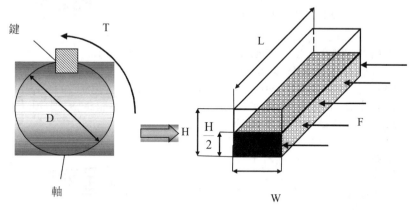

圖 3.2　鍵之強度分析

三、鍵的種類及功用

(一) 用於傳動小動力

種類	說明
方鍵	1. 最常用之鍵，斷面呈正方形，鍵寬與鍵高相等，約等於軸徑的 $\frac{1}{4}$，構造為兩側面為工作面，靠鍵與槽的擠壓和鍵的剪切傳遞扭矩。 2. 最佳設計之鍵，缺點為鍵座會減少軸的強度，易軸向滑動。 3. 規格表示法：寬（W）×高（H）×長（L）×端形。 例：方鍵8×8×24雙圓端。 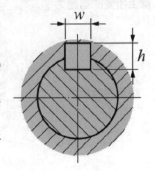
平鍵	1. 斷面呈長方形，鍵寬比鍵高大，厚度較方鍵小，構造為兩側面為工作面，靠鍵與槽的擠壓和鍵的剪切傳遞扭矩。 2. 規格表示法：寬（W）×高（H）×長（L）×端形。 例：平鍵12×8×30單圓端。 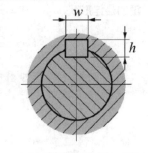
斜鍵	又稱推拔鍵，上、下面為工作表面，公制斜度為1：100，英制斜度為1：96，工作時靠上下面摩擦傳遞扭矩，並可傳遞小部分單向軸向力，適用於低速輕載、精度要求不高。缺點：對中性較差，力有偏心，不宜高速和精度要求高的聯接，變載下易鬆動。 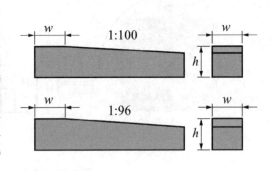

種類	說明
帶頭鍵	又稱勾頭斜鍵,將方鍵或平鍵之上方製成適當的斜度,於裝配時藉斜面確保緊密結合,且在鍵之較厚之一端增加長度製成勾頭,其勾頭主要作用為易於拆卸,斜度之公制為 $1:100$,即每公尺傾斜1公分;英制為 $1:96$,即每吋傾斜1/8吋。 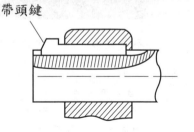

半圓鍵	1. 又稱半月鍵或伍德氏鍵。鍵寬=1/4軸徑,鍵之直徑=軸之直徑。裝配時,2/3埋於鍵座,1/3嵌於鍵槽。
	2. 用螺釘使鍵固定於軸內,可使套裝在軸上的機件作軸向滑動,鍵在槽中能繞其幾何中心擺動以適應轂上鍵槽的傾斜度,因此具備自動調整中心功能,常用於錐形軸。缺點是軸上的鍵槽較深,對軸的強度影響較大,適用於中輕級負載情況。
	3. 規格表示:
	  (1) 公制:寬度×直徑半圓鍵。例如:5×20半圓鍵。
	  (2) 英制:以號碼表示,後二位數字乘以 $\frac{1}{8}$,表示直徑;後二位數字之前的數字乘以 $\frac{1}{32}$,表示鍵寬,例如:半圓鍵No.404,鍵直徑 $=04\times\frac{1}{8}=\frac{1}{2}^{"}$,鍵寬 $=4\times\frac{1}{32}=\frac{1}{2}^{"}$。
	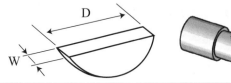

鞍鍵	底部圓弧狀,在裝配時不需在傳動軸上挖製鍵槽,是依靠摩擦力來傳送動力,所以只適合輕負載之傳動。 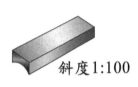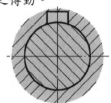

(二) 用於傳動大動力

種類	說明
圓形鍵	不易變形，不需緊密配合即可防止扭轉，且拆裝容易，可分為圓柱體或圓錐體，通常圓鍵的大端約為軸徑的1/4，圓錐體的錐度公制為1：50，英制為1：48，小型的圓鍵多用於固定曲柄、手輪及其他輕負載的機件上。 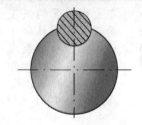
滑鍵	又稱「羽鍵」，其形狀與方鍵相同，利用螺釘使鍵固定於軸內，除可與輪轂繞軸迴轉外，且可沿軸向移動，使另一個機件的鍵槽做軸向運動。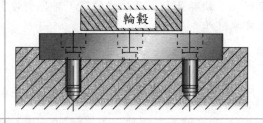
路易氏鍵	亦稱「切線鍵」，用兩個斜鍵相對組合而成，鍵之對角線必須在剪力線，適用於承受衝擊性負載之輪轂配合件與軸，使用於傳動扭矩較大或具有衝擊負載的情況。 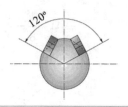
甘迺迪鍵	此種鍵包括兩個方形斜鍵組成，兩個鍵之對角線交於軸心，且互成90度，使用於傳動扭矩較大的情況。 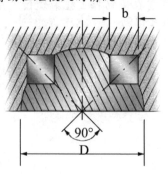 $$b=\frac{D}{4}\sim\frac{D}{5}$$

種類	說明
斜角鍵	嵌於軸部分的兩側製成斜面，此種鍵亦可旋轉180度使用，即斜角部分裝於輪轂之鍵槽中。 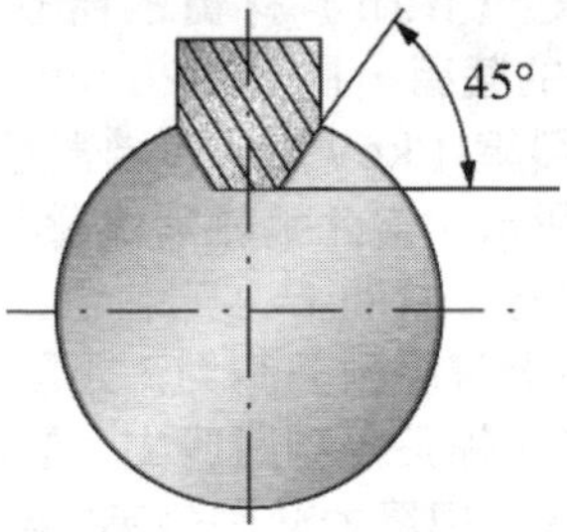

栓槽鍵	1. 亦稱「裂式鍵」，將鍵與軸製成一體，即在軸之外圓周上等間隔銑成數條槽，稱之為「栓槽」，栓槽鍵之輪廓有平行式及漸開式。
	  (1) 漸開線栓槽鍵：是具有漸開齒面的鋸齒軸，用於軸與轂固定接的情況，其齒數一般在6~40齒之間，齒數取偶數值，壓力角為20°，齒形大小以模數為準，其優點為高強度、易安裝、空間準確、在齒上平均受應力、能自動對心，使用於傳動大扭矩的情況，常運用於汽車傳動軸。
	  (2) 平行式栓槽：基本上是多個方鍵以等間隔分佈於軸上並和軸作成一體者稱之，可以同時承受徑向負荷及傳導扭力矩，常被廣泛的應用在汽車上。
	2. 一輪轂上製有許多對稱的栓槽，軸上則製有許多突出的「鍵」，當兩者配合在一起時，即可傳動較大的扭矩，此種軸稱為栓槽軸。
	 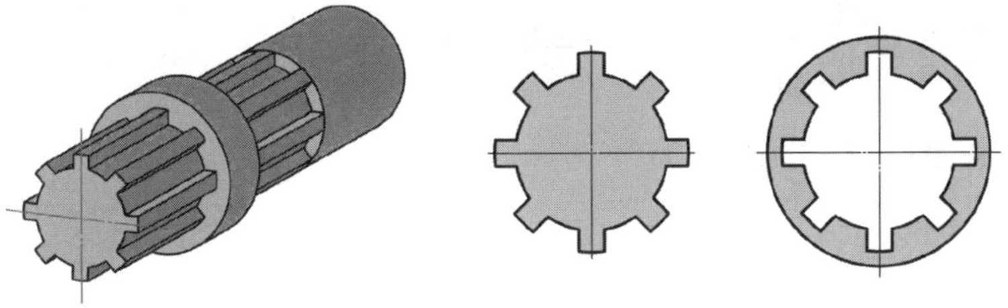
	(a)鍵與鍵槽　　　　(b)鍵座　　　　(c)鍵槽

例 **3-17**

某輪轂（hub）材質的降伏強度S_y為97 MPa，以 w×h的截面，長度為20 mm，降伏強度S_y為295 MPa 的鋼製鍵（key），連結直徑為35 mm鋼製的軸，如 圖二所示。當此輪軸需傳遞40 N-m的扭力，且安全係 數為3時，試問：

(1) 考慮鍵受到剪應力，設計鍵的需要寬度w？

(2) 考慮輪轂受到壓應力，設計鍵的需要高度h？

（注意：剪應力允許值為$0.4S_y$，壓應力允許值為$0.9S_y$）

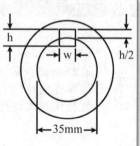

圖二

解 T＝40 (N-m)

$$F = \frac{T}{\dfrac{D}{2}} = \frac{40}{\dfrac{0.035}{2}} = 2285.71 \text{ (N)}$$

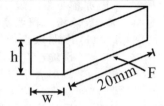

(1) 剪應力

$$\frac{2285.71}{W \times 2D} = \frac{0.4 \times 295}{3} \Rightarrow W = 2.91 \text{ (mm)}$$

(2) 壓應力

鍵：$\dfrac{2285.71}{\dfrac{h}{2} \times 20} = \dfrac{295 \times 0.9}{3} \Rightarrow h = 2.58 \text{(mm)}$

輪轂：$\dfrac{2285.71}{\dfrac{h}{2} \times 20} = \dfrac{97 \times 0.9}{3} \Rightarrow h = 7.85 \text{(mm)}$

故選h＝7.855(mm)

例 **3-18**

有一馬達輸出最大扭矩為 150N-m，其軸之直徑為 30mm，此軸利用一方 形鍵（長度為 20mm）來將扭矩傳到聯軸器上，若不考慮安全係數及疲勞 的影響，此鍵的寬度及高度要多少才可支持此扭矩？（軸與鍵材料之容許 正向應力為 250Mpa 而容許剪力為 125Mpa.）（地特四等）

解 (1) 鍵受壓應力

T＝150N-m

$$F = \frac{T}{\dfrac{D}{2}} = \frac{2 \times 150}{30 \times 10^{-3}} = 10000 \text{N}$$

假設此方鍵長×寬×高＝20×W×H

其中 W＝H

$$\sigma = \frac{F}{A} = \frac{F}{\frac{H}{2} \times 20} = \frac{10000}{10H} = \frac{1000}{H}$$

$$n = 1 = \frac{S_y}{\sigma} = \frac{250}{\frac{1000}{H}} \Rightarrow H = 4mm$$

(2) 鍵受剪應力

$$\tau = \frac{F}{A} = \frac{10000}{W \times 20} = \frac{500}{W}$$

$$n = \frac{S_y}{\tau} = \frac{125}{\frac{500}{W}} = 1 \Rightarrow W = 4mm$$

故 W＝H＝4mm

例 3-19

某圓軸直徑為 10cm，該圓軸上設有一方鍵，該方鍵之寬度為圓軸直徑的四分之一，圓軸與方鍵具有相同的材料強度，降伏剪應力值等於降伏拉應力值的一半，試計算傳遞圓軸扭矩所需要的方鍵長度。（高考）

解 (1) 軸的剪力負載 $\tau = \frac{16T}{\pi d^3}$

(2) 鍵之剪力負載

$$\tau = \frac{P}{A} = \frac{T \big/ (\frac{d}{2})}{L \times (\frac{d}{4})} = \frac{8T}{L \times d^2}$$

若材料相同，應使鍵及軸之剪力負載相同

$$\frac{16T}{\pi d^3} = \frac{8T}{Ld^2} \Rightarrow L = \frac{\pi}{2}d = 15.7（cm）$$

3-5 軸之相關零件—聯軸器

兩種不同的機件需要傳遞動力，它們可能沒有共同的軸心，為了使兩軸心固定於同一中心線而轉動，以期達到減少振動、改變系統之剛性與固有頻率，此時兩機件之軸需以聯結器聯結，採用聯結器另一優點為因撓度允許量之增加而使負載能力增加，可預防過負載發生時，機件因不能承擔而破壞。

一、聯結器的種類及功用

(一) 剛性聯結器：

種　類	說　明
筒形聯結器	主動與從動軸端裝上套筒，再用錐形銷固定，當扭矩過大時，錐形銷被剪斷，從動軸即停止運轉，以避免損傷機器。 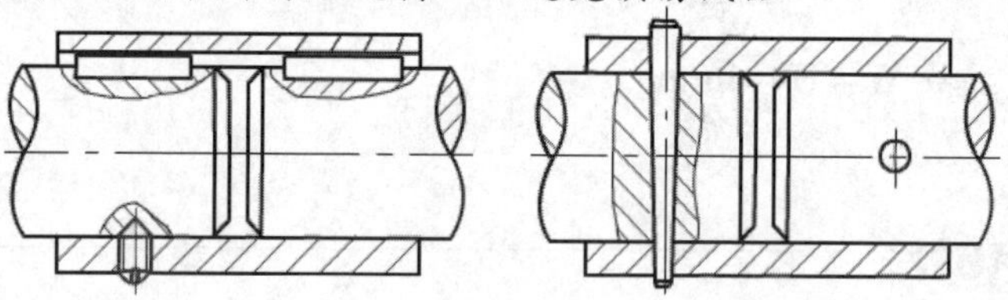
分筒聯結器	兩半圓筒對合以螺栓鎖緊，軸與筒間以鍵結合，兩軸必須成一直線，兩軸間不允許有夾角或是偏差。 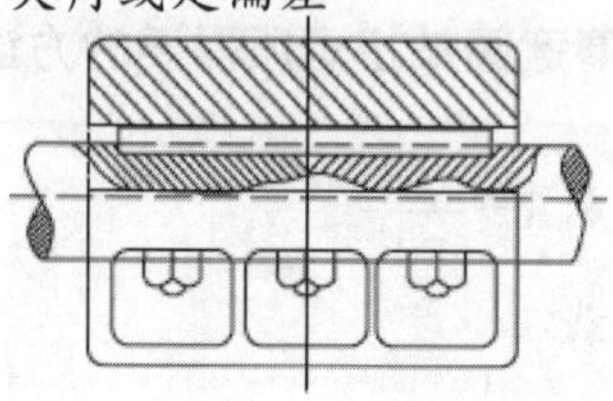
摩擦阻環聯結器	將欲連接的兩軸，分別置入兩端呈錐狀的分裂圓筒，再配合內孔呈錐形的圓環套緊，然後經由機件間的摩擦力來傳達動力。

種　類	說　明
凸緣聯結器	由兩個帶凸緣的半聯軸器和一組螺栓組成，是採用普通螺栓聯接，以通過分別具有凸槽和凹槽的兩個半聯軸器的相互嵌合來使軸心對準；另一種軸心對準方式為利用螺栓與孔的緊配合，當尺寸相同時後者傳遞的轉矩較大，且裝拆時軸不必作軸向移動，主動軸與從動軸分別與兩個凸緣，用鍵連結，通常兩凸緣用四支或六支螺栓結合。 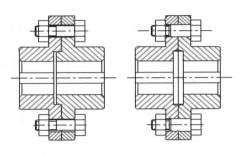
賽勒氏聯結器	由製成適當錐度的內外推拔圓筒組合而成，並以鍵固定，再以貫穿螺栓鎖緊之。利用兩套筒錐部之間的摩擦力傳遞動力。

(二) 撓性聯結器：

種　類	說　明
歐丹聯結器	1. 橢圓機構的變形，亦即兩等邊連桿組之應用，由三部分組成，在兩軸端各裝置一個凸緣，且在凸緣之接觸面上各切一凹槽，而中間部分則為兩面成互相垂直之凸緣，傳動時，凸緣與凹槽可滑動；常用於互相平行但不在同一中心線上的兩軸，且軸心距離相差不大，兩軸的角速度又需絕對相等的情況下使用之。 2. 連接二旋轉軸時，用於二軸的中心線不在一直線上而可有小距離偏差，連接兩相平行軸最佳的撓性聯結器。 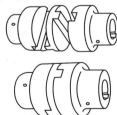

種　類	說　明
萬向接頭	1.萬向接頭可以允許動力軸之間有角度與高度差,可用於不相互平行且中心線相交於一點的主動軸與從動軸上。 2.兩個互成直角的 U 型塊所組成,並由相等長度的臂交叉連接。 3.二軸中,主動軸作等角速度旋轉,則從動軸作非等角速度旋轉。 4.萬向接頭二軸的交角在 5° 以內效果最佳。 5.可將兩個軸心線相交且夾一角度,連接兩相平行軸最佳的撓性聯結器。 6.使用一對萬向接頭是為了使原動軸與從動軸以相等之角速度旋轉,以達成同步化之目的,常用於汽車之傳動軸上。 7.欲使主動軸與從動軸角速度一致,須於二軸間另設一中間軸,並令連接相交之兩軸夾角相等。 8.從動軸角速度之比介於 $\cos\theta \sim \dfrac{1}{\cos\theta}$ 之間,角度愈小,速度變化愈小。 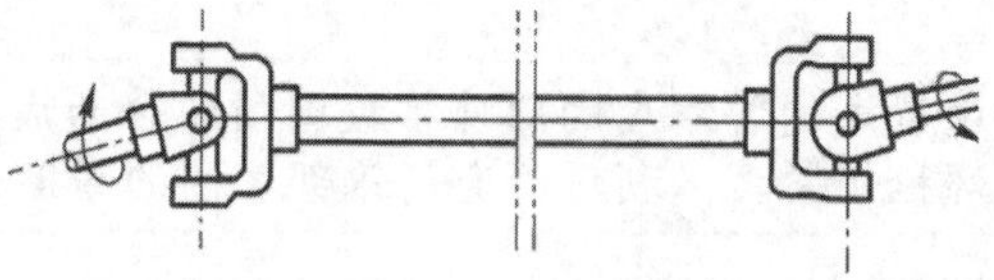
彈性材料膠合聯結器	為最簡單的可撓性聯結器,允許兩軸有微量的軸向偏差及扭矩的變化。
鏈條聯結器	由兩鏈輪組成,鏈輪上則環繞著可分離的雙重鏈條。應用於兩軸有微量的偏心或角度偏差時。
撓性齒輪聯結器	兩軸端各裝一外齒輪,然後用兩個相對應之環齒輪嚙合,再以螺栓鎖固之。應用於兩軸有微量的偏心或角度偏差時。 
撓性彈簧環片聯結器	用一薄彈簧鋼片來回彎曲纏繞二軸上,應用於兩軸有微量的偏心或角度偏差時。 

(三) 流體聯結器：又稱為液壓聯結器，係利用流體之輸入與輸出產生壓力使兩軸結合，以傳達動力。當油輸入時，先由動葉輪得到動量而旋轉，此時動葉輪上之葉片，以油作媒介壓迫渦輪之葉片迴轉，再將動力傳出，例如汽車之自動排檔即使用此種聯結器。

二、凸緣聯結器之應力分析

凸緣聯軸器由兩個帶凸緣的半聯軸器和一組螺栓組成如圖1.3所示，此聯軸器是採用普通螺栓聯接，以通過分別具有凸槽和凹槽的兩個半聯軸器的相互嵌合來使軸心對準；另一種軸心對準方式為利用螺栓與孔的緊配合，當尺寸相同時後者傳遞的轉矩較大，且裝拆時軸不必作軸向移動，本書以此種聯軸器為例來進行破損強度分析，分析時應考慮鍵的破壞（1-2已分析）、螺栓破壞、輪轂的破壞三種情形進行討論。

凸緣聯軸器	應力公式
螺栓受剪應力	$\tau_c = \dfrac{F_c}{A_c} = \dfrac{8T}{D_c n \pi d^2}$（n：螺栓數量）
螺栓壓應力	$\sigma_c = \dfrac{F_c}{A_c} = \dfrac{2T}{ndtD_c}$（n：螺栓數量）
輪轂凸緣根部之剪應力	$\tau_w = \dfrac{F_w}{A_w} = \dfrac{2T}{\pi D_w^2 t}$

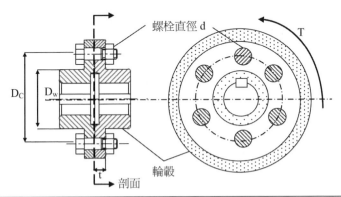

螺栓直徑：d	螺栓所圍直徑：D_c	凸緣螺栓位置厚：t
凸緣根部直徑：D_w	所受扭矩：T	

圖 3.3　凸緣聯結器之強度分析

例 **3-20**

一凸緣聯軸器連結兩直徑相同的傳動軸，軸的轉速為 900rpm，傳動功率為 350kW，試求傳動扭矩。（港務升資、地特四等）

解 $P（kW）= \dfrac{T \times N（rpm）}{9550}$

$\Rightarrow 350 = \dfrac{T \times 900}{9550} \Rightarrow T = 3713.89（N\text{-}m）$

例 **3-21**

有一鋼製聯軸器用5隻直徑為19mm螺栓拴住，於轉速900rpm下傳送350kW之動力，螺栓平均剪應力為2kg／mm²，傳動軸容許剪應力4.2kg／mm²，試求：(1)傳動軸之直徑d；(2)螺栓所在位置直徑大小。

解 $P（kW）= \dfrac{T \times N（rpm）}{9550}$

$\Rightarrow 350 = \dfrac{T \times 900}{9550}$

$\Rightarrow T = 3713.89（N\text{-}m）$

(1) 傳動軸所受之剪應力

$\tau = \dfrac{T \times r}{J} = \dfrac{16T}{\pi d^3} = \dfrac{16 \times 3713.89}{\pi \times（d）^3} = 4.2 \times 9.81 \times 10^6（Pa）$

$\Rightarrow d = 0.0771m$

(2) 切線作用力 $F = \tau \times A \times n = 2 \times 9.81 \times 5 \times \left(\dfrac{\pi \times（19）^2}{4}\right) = 27814$（N）

$T = \dfrac{FD}{2} \Rightarrow D = \dfrac{2 \times 3713.89}{27814} = 0.267m = 267mm$

例 3-22

試計算圖(a)中插銷所受的剪應力。並計算圖(b)中連結兩軸的螺栓所受的剪應力。（詳細列出計算式，但不需計算實際結果數值）（103原民四等）

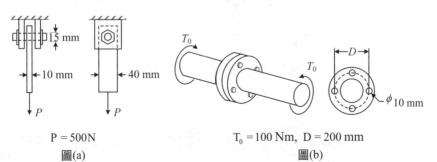

P = 500N

圖(a)

$T_0 = 100$ Nm, D = 200 mm

圖(b)

解 (一) 插銷所受的剪應力

1. 取圖(a)之F.B.D

2. (1)利用直接剪應力之公式：$\tau = \dfrac{V}{A}$

   V：對插銷所受之內力

   A：插銷之截面積

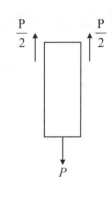

(2)$\tau = \dfrac{\dfrac{P}{2}}{\dfrac{1}{4}\pi(d)^2} = \dfrac{\dfrac{500}{2}}{\dfrac{1}{4}\pi \times (15)^2} = 1.415$ (MPa)

3. 插銷所受的剪應力為1.415 (MPa)

(二) 兩軸螺栓所受的剪應力

1. 此小題之示意圖

2. (1)利用直接剪應力公式：$\tau = \dfrac{V}{An}$

   V：螺栓所受之內力

   A：螺栓之截面積

   n：螺栓數

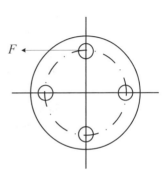

$$(2) \because \tau = \frac{V}{An} = \frac{\dfrac{2T_0}{D}}{\dfrac{1}{4}\pi d^2 \times n} = \frac{8 \times T_0}{D \times \pi \times d^2 \times n}$$

$$\therefore \tau = \frac{8 \times 100 \times 10^3}{200 \times \pi \times (10)^2 \times 4} = 3.183 (MPa)$$

(3)此題螺栓所受的剪應力為3.183(MPa)

精選試題

一　問答題型

1. (1)在決定合適的軸之各個不同截面的直徑值時，那些因素必須考慮？(2)何謂應力集中（stress concentration）？在何種負荷（靜態、動態、或衝擊）及材料（延展性或脆性）下，應力集中才重要？（鐵路員級）

解 (1) 在決定合適的軸之各個不同截面的直徑值，與軸的強度與工作應力的大小和性質有關，因此在選擇軸的結構和形狀時應注意以下幾個方面：

(A)軸的剛性、強度及軸使用的材料，以充分利用材料的承載能力。

(B)儘量避免各軸段剖面突然改變以降低局部應力集中，提高軸的疲勞強度。

(C)改變軸上零件的布置，有時可以減小軸上的載荷。

(D)軸的臨界速度。

(2) 一構件在受力時，若是構件結構幾何形狀上突然有變化的區域，受力時便會造成應力突然變大，稱之為應力集中，此現象在延性材料受動態負荷時更為明顯。延性材料在動態負荷下，發生的破壞和靜應力作用時的破壞不同，不是直接斷裂或降伏，而是一種進行如脆性材料般的破裂或分離的破壞。此破壞最容易從應力集中處開始，因此為增加材料的適用範圍，提高材料的耐用性，在設計時應儘量避免不規則部位的存在，以減少應力集中的現象。

2. 設一根圓形轉軸受到扭矩 T，試繪圖描述其截面的應力分布圖，並據以說明實際應用時為減輕轉軸重量所常採的設計方案。（地特三等）

解 (1) 扭轉：一直桿在力偶作用下，任意兩橫截面將發生繞著軸心的相對轉動，這種形式的變形稱為扭轉，發生扭轉變形時，橫截面上分佈內力的合力偶矩，稱為扭矩，其扭轉剪應力為 $\tau = \dfrac{Tr}{J}$（T 扭矩、r 表示離圓心之距離、J 表極慣性矩），其截面的應力分布圖如右圖所示：

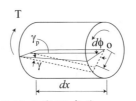
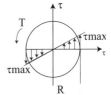

(2) 一般減輕轉軸重量所常採的設計方案通常為採用空心圓軸，不但可以節省材料又可以維持軸的剛性。

3. 試回答下列問題：
(1) 敘述扣環（retaining ring）的用途。何謂外扣環及內扣環？
(2) 敘述一般鍵（key）的用途。何謂帶頭鍵？何謂半圓鍵？
(3) 敘述栓槽（spline）的用途。什麼是兩種基本的栓槽並比較其功能之特色。（地特三等）

解 (1) 扣環常用於取代軸肩或套筒，於軸上或在外箱孔為元件軸向作定位。外扣環是用以固定軸上為元件軸向作定位；內扣環在外箱孔為元件軸向作定位。

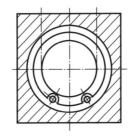

外扣環　　　　　　　　內扣環

(2) A.鍵為一連接機件，兩側面是工作面，部分嵌入軸上之鍵座，一部分嵌入機件的鍵槽中，靠鍵與鍵槽的側面擠壓來傳遞扭矩，於軸上使旋轉元件固定，主要是防止兩零件之間的相對迴轉，以傳遞動力。
B.帶頭鍵又稱勾頭斜鍵，如下頁圖所示是將斜鍵在較厚之一端增加長度且製成勾頭，以便於拆卸。

C. 半圓鍵聯接如下頁圖所示，用螺釘使鍵固定於軸內，可使套裝在軸上的機件作軸向滑動，鍵在槽中能繞其幾何中心擺動以適應轂上鍵槽的傾斜度，因此具備自動調整中心功能，常用於錐形軸，缺點是軸上的鍵槽較深，對軸的強度影響較大，所以一般多用於輕載情況。

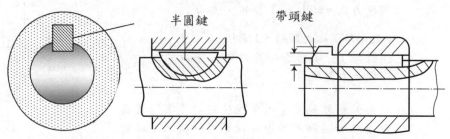

半圓鍵　　　帶頭鍵

(3) 栓槽：在軸上拉出數個槽，凸出部分當成鍵來使用，輪轂部分需配合軸拉出數個槽。
　A. 直線形栓槽：基本上是多個方鍵以等間隔分布，於軸上並和軸作成一體者稱之，可以同時承受徑向負荷及傳導扭力矩，常被廣泛的應用在汽車上。
　B. 漸開線形栓槽：是具有漸開面的鋸齒軸，用於軸與轂固定接的情況，由於漸開齒型之故，其優點為高強度、易安裝、空間準確、在齒上平均受應力、能自動對心，可承受高扭矩。

4. 一般聯軸器可分為剛性聯軸器與撓性聯軸器，請各舉兩例說明其功能。

解 (1) 剛性聯軸器
　A. 凸緣聯軸器：由兩個帶凸緣的半聯軸器和一組螺栓組成，是採用普通螺栓聯接，以通過分別具有凸槽和凹槽的兩個半聯軸器的相互嵌合來使軸心對準；另一種軸心對準方式為利用螺栓與孔的緊配合，當尺寸相同時後者傳遞的轉矩較大，且裝拆時軸不必作軸向移動。
　B. 套筒聯結器：兩軸必須成一直線，兩軸間不允許有夾角或是偏差，將欲連接的兩軸套入套筒內，利用螺釘或銷將其固定接合。

(2) 撓性聯軸器
　A. 歐丹聯軸器：用於二軸的中心線不在一直線上而可有小距離偏差的聯結器。
　B. 萬向接頭：在傳動機構中，可將兩個軸心線相交且夾一角度的兩軸聯結，可以允許動力軸之間有角度與高度差，若主動軸以等角速度迴轉，則從動軸則作變角速度運動。因此萬向接頭常成對使用，主要目的是使主動軸與從動軸的轉速相同。

5. 一旋轉軸於實際應用時發覺其剛性不足,請問下列那一種方法最能改善其剛性:(1)改用強度更好的合金鋼,(2)改變熱處理的方法,(3)加大直徑,請說明每個選項的改善效果並做出你的選擇。(101高考三級)

解 軸一般使用材料為普通碳鋼、軟鋼、合金鋼,材料的剛性代表其抵抗受力的特性,線性彈性材料的剛性係數(Modulus)為常數,即所謂的楊氏係數(Young's modulus)

(1) 合金鋼是在碳鋼的基礎上,添加某些合金元素,用以保證一定的生產和加工技術以及所要求的組織與性能的鐵基合金。合金鋼有較好的性能,但也有不少缺點。最主要的是由於含有合金元素,其生產ad和加工工藝比碳鋼差,也比較複雜,價格也較昂貴。因此,在應用碳鋼能夠滿足要求時,一般不使用合金鋼。

(2) 熱處理(Heat treatment)主要是用於改變金屬或合金材料的組織,因而獲得所預期改善的機械性質或物理性質。處理的過程中,材料保持固態,藉由控制加熱和冷卻相互配合的操作來達到目的。熱處理的缺點是工件尺寸太大,材料內部的溫度變化不平均,容易失敗,且處理時間太長,不符合經濟原則。

(3) 增加軸的截面積或直徑,可使軸的慣性矩加大,可提高軸的剛性,或是縮短軸的長度亦可提高軸之剛性,此方法簡單,處理時間簡短,成本增加有限,符合經濟原則,因此可使用此方法來改善軸之剛性。

二 普考、四等計算題型

1. 一鍵(key)置於一直徑 d 為 4in 之馬達軸上,以傳送扭矩 T 為 45000in－ℓb。設鍵之材料之容許壓應力及容許剪應力分別為 S_b=24000psi 及 τ_d=9000psi,鍵之寬及厚分別為 b=1in 及 t=3/4in,試求此鍵之長度 L_k(in)。(1in＝25.4mm,1ℓb＝0.454kg,1psi＝1ℓb/in^2)

解 (1) $F = \dfrac{T}{\dfrac{D}{2}} = \dfrac{45000}{\dfrac{4}{2}} = 22500$($\ell$b)

鍵受剪力 $\tau = \dfrac{F}{bL_k} = \dfrac{22500}{1 \times L_k} = 9000$ $L_k = 2.5$(in)

(2) 鍵受壓應力 $\sigma = \dfrac{F}{\dfrac{t}{2} \times L_k} = \dfrac{22500}{\dfrac{1}{2} \times \dfrac{3}{4} \times L_k} = 24000$

$L_k = 2.5$(in) 故此鍵長 $L_k = 2.5$(in)

2. 一根鋼製實心圓軸的扭角變形 為每 2000 mm 得超過1°， 軸的許可剪應 為 $\tau_w = 55$ N/mm^2，剪彈性模 G為77 GPa，試求該軸之直徑。（102地特四等）

解 $\theta = \dfrac{TL}{GJ} \Rightarrow \dfrac{1}{360} \times 2\pi = \dfrac{T \times 2}{77 \times 10^9 \times \dfrac{\pi}{2} \times (\dfrac{d}{2})^4}$ ……(1)

$\tau = 55 \times 10^6 = \dfrac{T \times 16}{\pi d^3}$ ……(2)

由(1)(2)可得d＝0.164(m)

3. 一軸由SAE 4140之鉻鉬合金鋼製成，由一功率為7.5kW之馬達驅動。此軸轉速固定為50rpm。若此軸材料容許之剪應力為100MPa，
    (一) 請決定此軸之最小直徑，以使此軸不會因為受到剪應力而破壞。
    (二) 為配合市售之軸承內徑，則軸直徑應加大成多少mm較佳？
    (三) 試述4140鉻鉬合金鋼適用於機器主軸之理由？（103普考）

解 $7.5 = \dfrac{T \times 50}{9550} \Rightarrow T = 1432.5$(N-m)

(一) $\tau = \dfrac{16 \times T}{\pi d^3} \Rightarrow 100 = \dfrac{16 \times 1432.5 \times 10^3}{\pi \times d^3}$

$d^3 = 72956.63$，d＝41.785(mm)。

(二) 軸承內徑 $\Rightarrow$ 45(mm)，故d取45(mm)。

(三) 鉻鉬合金鋼鍍鉻軸心擁有良好的抗拉與降伏強度，較中碳鋼棒優，亦可調質。高週波後，材質更具高度延展性，具有強韌之特性，廣泛的被運用於汽車、橋樑、建築用之螺絲及軸心。

4. 一馬達之輸出最大扭矩為 50N-m，經過一 4：1 的減速機來帶動一個輪軸，若此輪軸的材料之抗剪降伏強度為 125 MPa，若不考慮疲勞的影響，求輪軸在安全係數為 3 的情況下輪軸之直徑為何？（地特四等）

解 $T = 50 \times 4 = 200$（N-m）

$\tau = \dfrac{Tr}{J} = \dfrac{16T}{\pi d^3} = \dfrac{16 \times 200}{\pi d^3} = \dfrac{1018.6}{d^3}$

$n = \dfrac{S_y}{\tau} \Rightarrow 3 = \dfrac{125 \times 10^6}{\dfrac{1018.6}{d^3}}$

$\Rightarrow d = 0.02902$m

5. 有一軸轉速 500rpm，傳送馬力 150PS，若此軸僅受扭力作用。軸材料之極限抗剪強度為 32kg／mm²，假設安全係數為 5，試求軸之直徑為若干？（地特四等）

解 $150ps = 150 \times 0.736$（kW）$= 110.4kW$

$$P（kW）= \frac{T \times N}{9550} \Rightarrow 110.4 = \frac{T \times 500}{9550}$$

$$\Rightarrow T = 2108.64（N\text{-}m）$$

$$\tau = \frac{16T}{\pi d^3} = \frac{16 \times 2108.64}{\pi d^3} = \frac{10739.215}{d^3}$$

$$n = \frac{S_y}{\tau} \Rightarrow 5 = \frac{32 \times 9.81 \times 10^6}{\dfrac{10739.215}{d^3}}$$

$$d = 0.0555m$$

6. 有一方鍵高及寬均為 10mm，與輪及軸材料相同，降伏強度 $S_y = 600N／mm²$，剪降伏強度 $S_{sy} = 300N／mm²$。若傳力 $F = 100,000N$，軸的直徑為 50mm，取安全係數為 2，求所需鍵長。（原特四等）

解 (1) 鍵受壓應力

$$\sigma = \frac{F}{\dfrac{H}{2} \times L} = \frac{100000}{\dfrac{10}{2} \times L} = \frac{20000}{L}$$

$$n = \frac{S_y}{\sigma} = \frac{600}{\dfrac{20000}{L}} = 2$$

$$\Rightarrow L = 66.67（mm）$$

(2) 鍵所受之剪力

$$\tau = \frac{F}{W \times L} = \frac{100000}{10 \times L} = \frac{10000}{L}$$

$$h = \frac{S_y}{\tau} = \frac{300}{\dfrac{10000}{L}} = 2$$

$$\Rightarrow L = 66.67（mm）$$

故鍵長為 66.67mm

7. 若汽車傳動軸為一實心,圓柱結構外徑 D＝10cm,當引擎輸出之扭力 T＝410N-m 時,試求該軸所承受之應力分布及最大剪應力 (原特四等)

解 (1) 應力分布:

    A.如圖由虎克定律橫截面上任意一點的扭轉剪應力,與該點到圓心的距離成正比,即表示同半徑圓周上各點處的剪應力都相等:

$$\gamma_p = r\frac{d\phi}{dx} \Rightarrow \tau_p = G\gamma_p = Gr\frac{d\phi}{dx}$$

    B.發生扭轉變形時,橫截面上分佈內力的合力偶矩,用 T 表示扭矩、r表示離圓心之距離、J 表極慣性矩,根據定義:

$$矩\,T = \int_A r\tau dA = \int_A r^2 G\frac{d\phi}{dx}dA = G\frac{d\phi}{dx}\int_A r^2 dA \Rightarrow \tau = \frac{Tr}{J}$$

    C.扭矩 T 的方向規定:按右手螺旋法則把 T 表為向量,向量的方向與截面的外法線方向一致時為正,反之為負。

    D.當 r＝R 時有最大剪應力 $\tau_{max} = \dfrac{TR}{J}$

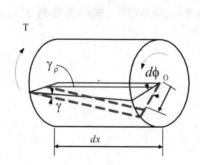 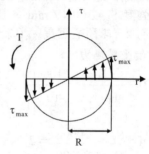

    (2) $\tau_{max} = \dfrac{TR}{J} = \dfrac{410 \times 0.1 \,/\, 2}{\dfrac{\pi}{2} \times \left(\dfrac{0.1}{2}\right)^4} = 2088112.853$ (Pa)

8. 一實心圓軸之直徑為 15mm,轉速為 1800rpm,若軸的允許工作剪應力為 $\tau = 50\text{N}/\text{mm}^2$,試求該軸所能傳遞的動力。 (原特四等)

解 $\tau = \dfrac{Tr}{J} = \dfrac{16T}{\pi d^3} \Rightarrow 50 \times 10^6 = \dfrac{16 \times T}{\pi \times (0.015)^3}$

    T＝33.134 (N-m)

    $P = \dfrac{T \times N}{9550} = \dfrac{33.134 \times 1800}{9550} = 6.245$ (kW)

9. 有一根承受扭矩的鋼製實心圓軸，圓軸的外徑為d=15mm，圓軸的轉速為
n=1800rpm，許可工作剪應力為τ_w=80N/mm²，試求該軸所能承受的扭矩及所能
傳遞的功率。

解　$\tau = \dfrac{Tr}{J} = \dfrac{16T}{\pi d^3} = \dfrac{16 \times T}{\pi(15)^3} = 80$

　　$\Rightarrow T = 53014.38(\text{N-mm}) = 53.01(\text{N-mm})$

　　$P(\text{kw}) = \dfrac{53.01 \times 1800}{9550} = 10(\text{kw})$

10. 如圖所示的聯軸器，鍵的尺寸為$\dfrac{9}{16} \times \dfrac{9}{16} \times 3\dfrac{1}{2}$ in，螺栓所圍成的圓周直徑D_b=

6in.，輪轂直徑D_h=4in.，D=2in.，使用六個$\dfrac{3}{4}$ - in.的螺栓，凸緣厚度t_f=$\dfrac{7}{8}$ in.，

試求　(a)鍵的剪應力和壓應力。　　(b)螺栓的剪應力。

(c)在凸緣內，螺栓的壓應力。　　　(d)在凸緣內，輪轂的剪應力。

已知：軸在速度200rpm下傳遞60hp的靜態負載。

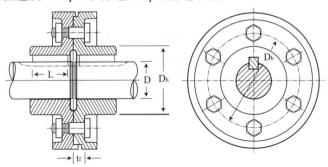

解　$T = \dfrac{63000\text{hp}}{n} = \dfrac{63000(60)}{200} = 18.9 \text{ kip in}$

　　$F = \dfrac{T}{r} = \dfrac{18.9}{1} = 18.9 \text{ kips}$

(a) 鍵的剪力面積 = (9/16)(3.5) = 1.969 in²

　　鍵的壓力面積 = (9/32)(3.5) = 0.984 in²

　　鍵的剪應力：$\tau = \dfrac{18.9}{1.969} = 9.6 \text{ ksi}$

　　鍵的壓應力：$\sigma = \dfrac{18.9}{0.984} = 19.21 \text{ ksi}$

(b)螺栓的剪力面積 $= 6\left(\dfrac{\pi}{4}\right)\left(\dfrac{3}{4}\right)^2 = 2.651\,\mathrm{in}^2$

螺栓圓周上的力：$F = \dfrac{18.9}{3} = 6.3\,\mathrm{kips}$

螺栓的剪應力：$\tau = \dfrac{6.3}{2.651} = 2.377\,\mathrm{ksi}$

(c)螺栓的壓力面積 $= 6\left(\dfrac{3}{4}\right)\left(\dfrac{7}{8}\right) = 3.938\,\mathrm{in}^2$

螺栓的壓應力：$\sigma = \dfrac{6.3}{3.938} = 1.6\,\mathrm{ksi}$

(d)輪轂邊界的剪力面積 $= \pi\,D_h\,t_f = 4\pi\left(\dfrac{7}{8}\right) = 10.996\,\mathrm{in}^2$

輪轂邊界的力：$F = \dfrac{T}{D_h/2} = \dfrac{18.9}{2} = 9.45\,\mathrm{kips}$

輪轂的剪應力：$\tau = \dfrac{9,450}{10.996} = 859\,\mathrm{psi}$

11. 方鍵的寬度等於 $\dfrac{1}{4}$ 軸徑，軸與鍵的材料有相等的強度，剪力的降伏強度等於拉伸降伏強度的一半。試依根據軸徑所能傳送的扭矩求所需的鍵長。

解 $J = \dfrac{\pi d^4}{32} \qquad \tau = \dfrac{1}{2}\sigma$

$T = \dfrac{\tau J}{r} = \dfrac{\sigma}{2}\dfrac{\pi d^4}{32}\dfrac{d}{2} = \dfrac{\pi\sigma d^3}{32} \qquad F = \dfrac{T}{r} = \dfrac{\pi\sigma d^3}{32}\times\dfrac{2}{d} = \dfrac{\pi\sigma d^2}{16}$

$A = \dfrac{d\tau}{8} \qquad F = \sigma A \qquad \dfrac{\pi\sigma d^2}{16} = \sigma\dfrac{d\tau}{8} \qquad \iota = \dfrac{\pi d}{2} = 1.57d$

12. 假設一個長度為 2m 的實心圓軸，在轉速 1,200rpm 之下，傳輸 500kW 的功率，必須同時滿足條件 1：實心圓軸內之剪應力，不得超過材料的剪力降伏強度（Yield strength in shear）σ_{ys}＝300MPa；條件 2：實心圓軸的總扭轉角（Twisting angle）必須小於 4°。請問實心圓軸的直徑應該是多少？（剪力模數 G＝80GPa，安全係數 FS＝1.5）（鐵路員級）

解 $\dfrac{T \times 1200}{9550} = 500 \Rightarrow T = 3979.17$（N-m）

$\tau = \dfrac{16T}{\pi d^3} = \dfrac{20265.746}{d^3} = 300 \times 10^6 \times 1.5 \Rightarrow d = 0.0356$（m）

$\theta = \dfrac{TL}{GJ} \Rightarrow 4 \times \dfrac{2\pi}{360} = \dfrac{3979.17 \times 2}{80 \times 10^9 \times (\dfrac{\pi d^4}{32})} \Rightarrow d = 0.061723$（m）

取直徑較大者
d＝0.06173（m）

13. 當一滾珠軸承在1500 rpm下運轉，此時該軸承所受的負載為其型錄負載值（catalog load rating）的1/3，該型錄負載值是在壽命為10^6轉（revolutions）時所測得，請問該軸承在此操作條件下的壽命為若干？（地特四等）

解 $\left(\dfrac{L_1}{L_{10}}\right) = \left(\dfrac{C}{\dfrac{1}{3}C}\right)^3$

$\Rightarrow \dfrac{L_1}{10^6} = (3)^3 \Rightarrow L_{10} = 2.7 \times 10^7$（轉）

$\dfrac{2.7 \times 10^7}{1500} = 18000$（分鐘）

14. 下圖所示為一機器轉軸的尾端承載一皮帶輪（pulley），該軸由套筒（sleeve）軸承A與B所支承。該皮帶輪與軸承B的距離為203 mm，皮帶張力作用在皮帶輪的力為334 N。該軸是由中碳鋼所製成，其降伏強度Sy＝896 MPa。若安全係數採用2.0，在忽略扭矩的情形下，請決定軸的直徑d為若干？（地特四等）

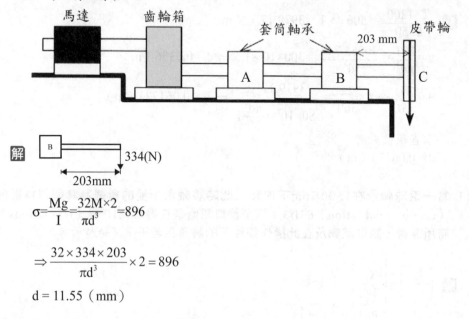

解

$$\sigma = \frac{Mg}{I} = \frac{32M \times 2}{\pi d^3} = 896$$

$$\Rightarrow \frac{32 \times 334 \times 203}{\pi d^3} \times 2 = 896$$

d = 11.55（mm）

三　高考、三等計算題型

1. 下圖所示為一齒輪磨耗壽命測試設備之概念圖。齒輪之組裝方式為先將齒輪 A、B 及 C 組合，再將齒輪 C 固定。接著將齒輪 D 之軸扭一角度 θ＝2°，再將齒輪 D 與 C 嚙合，此時即有一預扭矩存在於系統中。請計算每一軸所受之最大剪應力。軸之剪力模數（Shear Modulus）為 79.3 GPa，長度單位為 mm。（高考二級）

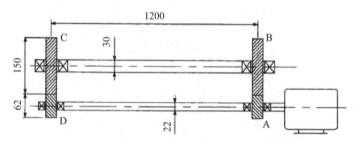

解 $T_{BC}=F\times\dfrac{150}{2}$ ，$T_{AD}=F\times\dfrac{62}{2}$

$$\dfrac{T_{BC}}{T_{AD}}=\dfrac{F\times\dfrac{150}{2}}{F\times\dfrac{62}{2}}=\dfrac{150}{62}\Rightarrow T_{BC}=2.42T_{AD}\cdots\cdots$$

$$\dfrac{150}{62}\times\theta_{BC}+\theta_{AD}=2\times\dfrac{\pi}{180}\Rightarrow\dfrac{150}{62}\times(\dfrac{T_{BC}\times L}{GJ_{BC}})+\dfrac{T_{AD}\times L}{GJ_{AD}}=\dfrac{2\times\pi}{180}\cdots\cdots$$

由　可知 $\dfrac{(2.42)^2 T_{AD}\times L}{GJ_{BC}}+\dfrac{T_{AD}\times L}{GJ_{AD}}=\dfrac{2\times\pi}{180}$

$$\Rightarrow\dfrac{(2.42)^2\times T_{AD}\times(1200\times10^{-3})}{79.3\times10^9\times\dfrac{\pi}{2}\times(\dfrac{0.03}{2})^4}+\dfrac{T_{AD}\times(1200\times10^{-3})}{79.3\times10^9\times\dfrac{\pi}{2}\times(\dfrac{0.022}{2})^4}=\dfrac{2\times\pi}{180}$$

$T_{AD}=22$（N-m）　$T_{BC}=53.24$（N-m）

$$\tau_{BC}=\dfrac{16T_{BC}}{\pi d_{BC}^3}=\dfrac{16\times53.24}{\pi\times(0.03)^3}=10042442.07（Pa）=10.04（MPa）$$

$$\tau_{AD}=\dfrac{16T_{AD}}{\pi d_{AD}^3}=\dfrac{16\times22}{\pi\times(0.011)^3}=84181126.92（Pa）=84.18（MPa）$$

2. 有一實心圓軸及一空心圓軸，假設兩個軸的長度及最大容許剪應力皆相同。實心圓軸直徑為 D，可傳達 Ts 扭矩，而不會超過其最大容許的剪應力，若空心圓軸壁厚為 0.1D，外徑仍為 D，則其可傳達扭矩為多少個 Ts，而不會超過其最大容許的剪應力？再計算空心軸對實心軸重量比值是多少？空心軸每單位重量所能承受扭矩為實心軸的多少倍？（地特三等）

解 (1) 實心軸：

$$\tau=\dfrac{16\times T_s}{\pi D^3}=\dfrac{5.093T_s}{D^3}\cdots\cdots$$

空心軸：

$$\tau=\dfrac{T_a\times\dfrac{D}{2}}{\dfrac{\pi}{2}[(\dfrac{D}{2})^4-(\dfrac{0.8D}{2})^4]}=\dfrac{8.626T_a}{D^3}\cdots\cdots$$

由　可知 $\dfrac{5.093T_s}{D^3}=\dfrac{8.626T_a}{D^3}\Rightarrow T_a=0.59T_s$

(2) 實心軸重 $W_s = \dfrac{\pi}{4} D^2 \times L \times \rho$

空心軸重 $W_a = \dfrac{\pi}{4} \times [D^2 - (0.8D)^2] \times L \times \rho$

$\dfrac{W_a}{W_s} = \dfrac{[D^2 - (0.8D)^2]}{D^2} = 0.36$

(3) $\dfrac{\dfrac{T_a}{W_a}}{\dfrac{T_s}{W_s}} = \dfrac{T_a \times W_s}{T_s \times W_a} = \dfrac{0.59 \times 1}{0.36} = 1.64$

3. 某輪轂（hub）材質的降伏強度S_y為97 MPa，以w×h的截面，長度為20 mm，降伏強度S_y為295 MPa的鋼製鍵（key），連結直徑為35 mm鋼製的軸，如圖二所示。當此輪軸需傳遞40 N-m的扭力，且安全係數為3時，試問：
考慮鍵受到剪應力，設計鍵的需要寬度w？
考慮輪轂受到壓應力，設計鍵的需要高度h？
（注意：剪應力允許值為$0.4S_y$，壓應力允許值為$0.9S_y$）

(102高)

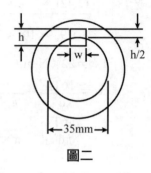

圖二

解 $T = 40$ (N-m)

$F = \dfrac{T}{\dfrac{D}{2}} = \dfrac{40}{\dfrac{0.035}{2}} = 2285.71$ (N)

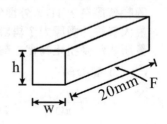

(一) 剪應力

$\dfrac{2285.71}{W \times 2D} = \dfrac{0.4 \times 295}{3} \Rightarrow W = 2.91$ (mm)

(二) 壓應力

鍵：$\dfrac{2285.71}{\dfrac{h}{2} \times 20} = \dfrac{295 \times 0.9}{3} \Rightarrow h = 2.58$(mm)

輪轂：$\dfrac{2285.71}{\dfrac{h}{2} \times 20} = \dfrac{97 \times 0.9}{3} \Rightarrow h = 7.85$(mm)

故選h＝7.855(mm)

4. 一呈鉛直置放之圓柱形轉軸 A，其
頂部水平設置一圓桿 B，該圓桿 B
之末端連接一均質鐵球 M，如圖
所示，長度單位為 mm，若圓桿 B
之質量忽略不計，鐵球 M 之質量
為 80kg，轉軸 A 自靜止以等角加
速度 α=10rad／sec² 開始旋轉，當
轉速 ω 達 300rpm 時改為等速迴
轉；若圓桿 B 為中碳鋼材質，其
容許拉應力為 σa=150MPa，則圓
桿 B 之直徑應設計為若干 mm？
（技師）

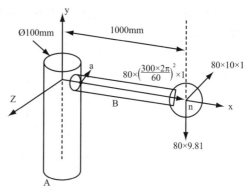

解 (1) $M_y = 80 \times 10 \times (1000 - \frac{100}{2})$

$= 760000\text{N-mm}$

$M_z = 80 \times 9.81 \times (1000 - \frac{100}{2})$

$= 745560$

合力矩 $M = \sqrt{(M_y)^2 + (M_z)^2}$

$= \sqrt{(760000)^2 + (745560)^2}$

$= 1064640.65\ (\text{N-mm})$

(2) B 圓桿所受最大拉應力

$\sigma = \frac{P}{A} + \frac{My}{I}$

$\Rightarrow \sigma = \dfrac{80 \times (\dfrac{300 \times 2\pi}{60})^2}{\dfrac{\pi}{4}d^2} + \dfrac{32 \times 1064640.65}{\pi d^3}$

$= \dfrac{100530.96}{d^2} + \dfrac{10844340.61}{d^3}$

$= 150$

利用試誤法

$d \geq 47\ (\text{mm})$

5. 下圖中之機械元件之降伏強度（Yield strength）為300MPa，受負載F=500N，T=30N-m，P=6000N。試求出機械元件於A點處之下述問題（可將A點視為一小立體）。

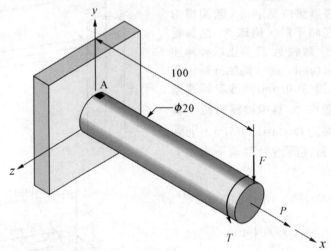

(一) 於x方向上之正應力為何？
(二) 於z方向上之正應力為何？
(三) 於x面上朝z方向之剪應力為何？
(四) 根據畸變能理論之馮密士應力（Von Mises stress）為何？
(五) 根據A點是否降伏作考量，此元件根據畸變能理論之安全因數為何？
　　（103地特三等）

解 (一) $\sigma_x = \dfrac{6 \times 10^3}{\pi \times 10^2} + \dfrac{32 \times 500 \times 100}{\pi \times 20^3} = 19.11 + 63.69 = 82.8$ (MPa)

(二) $\sigma_z = 0$

(三) $\tau = \dfrac{16 \times 30 \times 1000}{\pi \times 20^3} = 19.1$ (MPa)

(四) $\sigma' = \sqrt{(82.8^2 + 3 \times 19.1^2)} = 89.16$ (MPa)

(五) F.S.$= \dfrac{300}{89.16} = 3.36$

6. 一根直徑D=60mm且降伏強度Sy=290 Mpa的實心鋼軸，同時受到組合軸向負載P及扭矩T的作用。已知扭矩T=2 kN-m，安全係數FS=2。根據最大畸變能失效準則，試求可同時作用在該軸件使其不會產生失效的最大軸向負載P。
（104地特三等）

解 $\tau = \dfrac{16T}{\pi d^3} = \dfrac{16 \times 2 \times 10^3 \times 10^3}{\pi (60)^3} = 47.18 \text{(MPa)}$

$\sigma = \dfrac{P}{A} = \dfrac{P}{\dfrac{\pi}{4} \times (60)^3}$

$\sigma = \sqrt{\sigma_x^2 - \sigma_x \sigma_y + \sigma_y^2 + 3\tau_{xy}^2}$

$\Rightarrow \sqrt{\sigma^2 + 3 \times (47.18)^2} = \dfrac{290}{2} \Rightarrow \sigma = 119.78 \text{(MPa)}$

$119.78 = \dfrac{P}{\dfrac{\pi}{4} \times (60)^2} \Rightarrow P = 338669.97 \text{(N)}$

7. 一皮帶動力經由圓形傳動軸傳遞至另一皮帶輪（附圖之 C，D 位置），軸承支撐點為 A 及 B，假設其為簡單支撐並且無摩擦阻力，又傳動軸為韌性材料，降伏強度為 500MPa，但考慮安全係數為 2，故設計實用之最大應力不可超過一半，試求該實心軸的最小直徑應為多少？ 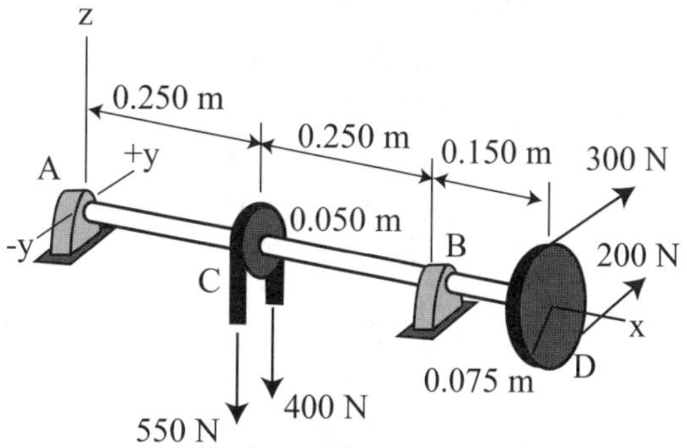
同時繪製自由體圖（Free body diagram），彎矩圖以及扭矩圖。（沿傳動軸之方向為 x）（地特三等）

解 (1) 先繪彎矩圖

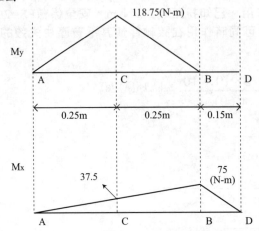

(2) 扭矩圖

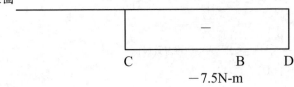

(3) 故最大受力位於 C 點

$$M_C=\sqrt{[(M_y)c]^2+[(M_z)c]^2}=\sqrt{(118.75)^2+(37.5)^2}$$
$$=124.53\ (\text{N-m})$$

$$\sigma_C=\frac{32\times M_C}{\pi d^3}=\frac{1268.15}{d^3}$$

$$\tau_C=\frac{16\times T}{\pi d^3}=\frac{38.197}{d^3}$$

$$\tau_{max}=\sqrt{(\frac{\sigma_C}{2})^2+(\tau_C)^2}=\sqrt{(\frac{634.07}{2\times d^3})^2+(\frac{38.197}{d^3})^2}=\frac{635.22}{d^3}$$

$$n=2=\frac{0.5\times500\times10^6}{\dfrac{635.22}{d^3}}\Rightarrow d=0.017m$$

8. 一實心圓形軸,其半徑為 r,另有一方形軸,其剖面(section)為正方形且邊長 a=√πr。若這兩根軸的材料相同,根據薄膜類比學(membrane analogy)理論,(1)那根軸可承受較大的扭力矩?(2)方形軸的最大應力發生在剖面的何處?(技師)

解 (1) 方形軸之剪應力:$\tau=\dfrac{4.81\times T}{a^3}=\dfrac{4.81\times T}{(\sqrt{\pi}\times r)^3}=\dfrac{0.864T}{r^3}$

圓軸之剪應力 $\tau=\dfrac{T\times r}{\dfrac{\pi}{2}(r)^4}=\dfrac{0.6366T}{r^3}$

若同樣的扭矩 T 則方形軸所受之剪應力較大,較易破壞,因此圓形軸可承受較大的扭力矩。

(2) 如圖所標示,方形軸最大應力發生在端面中點處。

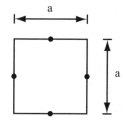

9. 一根懸臂圓桿前端受扭力 T 及下壓力 P。圓桿是由延性材料製造,降伏強度 S_y=50Kpsi,下壓力 P=500lbf,扭力 T=1000lbf-in。圓桿有 5 英吋長 l=5″,安全係數為 2,試依最大剪應力理論(Maximum_Shear_Stress Theory)求出最小的直徑 d 需求。(郵政升資)

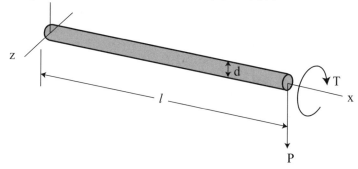

解 $\sigma = \dfrac{My}{I} = \dfrac{32M}{\pi d^3} = \dfrac{32 \times 500 \times 5}{\pi d^3} = \dfrac{25464.79}{d^3}$

$\tau = \dfrac{Tr}{J} = \dfrac{16T}{\pi d^3} = \dfrac{16 \times 1000}{\pi d^3} = \dfrac{5092.96}{d^3}$

$\tau_{max} = \sqrt{\left(\dfrac{\sigma}{2}\right)^2 + \tau^2} = \sqrt{\left(\dfrac{25464.79}{2 \times d^3}\right)^2 + \left(\dfrac{5092.96}{d^3}\right)^2} = \dfrac{13713.21}{d^3}$

利用最大剪應力理論

$n = \dfrac{0.5 \times S_y}{\tau_{max}} \Rightarrow 2 = \dfrac{0.5 \times 50 \times 10^3}{\dfrac{13713.21}{d^3}}$

$d = 1.031$（in）

10. 一鋼製之結構由直徑為 40mm 的圓棒組成，如圖所示。受一作用在 AB 上之軸向拉力 P 及作用在 BC 末端向下之垂直力 F，且 P=40F。材料的降伏強度為 S_y，S_y=500MPa。若不考慮 F 所造成剪力的效應，設定安全係數 n=2。以最大剪應力理論（Maximum shear stress theory），以及畸變能理論（Distortion energy theory）分別計算最大的 F 值。
（技師）

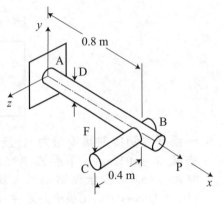

解

$$\sigma = \dfrac{P}{A} + \dfrac{32M}{\pi d^3} \Rightarrow \dfrac{40 \times F}{\dfrac{\pi}{4} \times (40)^2} + \dfrac{32 \times (F \times 0.8 \times 10^3)}{\pi \times (40)^3} = 0.159F$$

$$\tau=\frac{T\times r}{J}=\frac{16T}{\pi d^3}=\frac{16\times400F}{\pi\times(40)^3}=0.03183F$$

(1) 最大剪應力理論

$$\tau_{max}=\sqrt{(\frac{\sigma}{2})^2+(\tau)^2}=\sqrt{(\frac{0.159F}{2})^2+(0.03183F)^2}=0.0856F$$

$$n=\frac{0.5\times S_y}{\tau_{max}}\Rightarrow 2=\frac{0.5\times500}{0.0856F}\Rightarrow F=1460.28（N）$$

(2) 畸變能理論

$$\sigma_e=\sqrt{\sigma^2+3\tau^2}=\sqrt{(0.159F)^2+3\times(0.03183F)^2}=0.1683F$$

$$n=\frac{S_y}{\sigma_e}=\frac{500}{0.2174F}=2\Rightarrow F=1485.56（N）$$

11. 如下圖所示之由滾珠軸承支撐在 A 與 B 點直徑為 30mm 之旋轉軸，其載重為一不旋轉之外力 F=20kN，此軸是否可永久使用？軸之材料經各種影響校正後之疲勞極限（Endurance limit）為 220Mpa，而極限強度 690Mpa，降伏強度 580Mpa（地特三等）

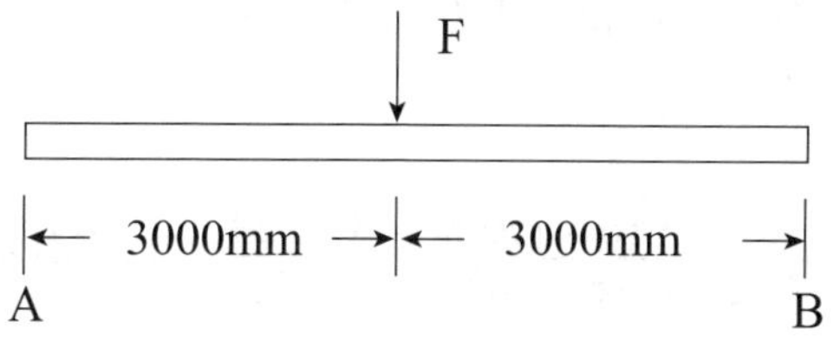

解 (1) 彎曲應力

$$M=\frac{F\times L}{4}=\frac{20\times10^3\times6}{4}=30000（N\text{-}m）$$

旋轉軸

$$M_{av}=0，M_r=30000（N\text{-}m）$$

$$\sigma_r=\frac{32\times M_r}{\pi d^3}=\frac{32\times30000}{\pi\times(0.03)^3}=11317684842.1（Pa）$$
$$=11317.685（MPa）$$

(2) 由蘇德柏準則

$$\frac{\sigma_{av}}{S_y}+\frac{k\times\sigma_r}{S_e}=\frac{1}{F_s}\Rightarrow F_s=0.019$$

因此此軸不安全

12. 一砂輪如圖所示，承受切向力 $F_t=120N$ 與法向力 $F_n=600N$，應力集中係數 $k_f=1.35$，該砂輪軸徑 50mm，$S_e=300MPa$、$S_{ut}=800MPa$、$S_{yp}=615MPa$。試問安全因數？

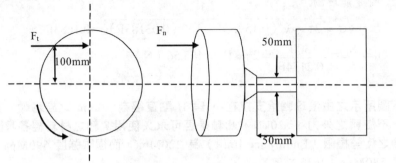

解 (1) 軸所受之剪應力：扭轉剪應力+直接剪應力

$$\tau_{av}=\frac{Tr}{J}+\frac{P}{A}$$

$$=\frac{16T}{\pi\cdot d^3}+\frac{4F_t}{\pi\cdot d^2}=\frac{16\times12000}{\pi\times50^3}+\frac{4\times120}{\pi\times50^2}=0.55MPa$$

(2) 壓應力：彎曲應力+軸向應力
合成的疲勞力矩：

$M_{av}=0$

$$M_r=\sqrt{Mz^2+Mx^2}=\sqrt{(F_t\times50)^2+(F_n\times100)^2}$$
$$=\sqrt{(120\times50)^2+(600\times100)^2}=60299N\cdot mm$$

平均壓應力：$\sigma_{av}=\dfrac{M_{av}y}{I}+\dfrac{F_n}{A}=0+\dfrac{4\times600}{\pi\cdot50^2}=0.306MPa$

壓應力振幅：$\sigma_r=\dfrac{M_r y}{I}=\dfrac{32\times M_r}{\pi\cdot d^3}=\dfrac{32\times60299}{\pi\cdot50^3}=4.91MPa$

由修正古得曼準則求等效靜應力：

$$(\sigma_x)_{eq} = (\sigma_x)_{av} + K_f \cdot (\sigma_x)_r \cdot \frac{S_{ut}}{S_e}$$

$$= 0.306 + 1.35 \times 4.91 \times \frac{800}{300} = 18 \text{MPa}$$

再由最大剪應力準則求安全因數：

$$FS = \frac{0.5S_y}{\tau_{max}} = \frac{0.5 \times 615}{\sqrt{(\frac{18}{2})^2 + 0.55^2}} = 34.1$$

13. 有一直徑為d＝50mm之軸上安裝一長度為L、寬度為b＝14mm之方鍵，此鍵使用材料之容許拉伸或壓縮應力為σ_w＝100MPa，容許剪應力為τ_w＝58MPa，為了使軸能傳遞扭矩T＝875N·m，請問此方鍵最小之長度為多少mm？（高考）

解　T＝875N-m＝875,000N-mm

軸表面上之切線力$F = \frac{T}{r} = \frac{875,000}{25} = 35,000 \text{N}$

(1) 鍵之承剪面積$A_s = bL = 14L \text{mm}^2$

鍵之剪應力 $\tau = \frac{F}{A_s} = \frac{35,000}{14L}$

令 $\frac{35,000}{14L} = \tau_w = 58$，得L＝43.1mm

(2) 鍵之承壓面積$A_s = \frac{bL}{2} = 7L \text{mm}^2$

鍵之壓應力 $\sigma_c = \frac{F}{A_c} = \frac{35,000}{7L}$

令 $\frac{35,000}{7L} = \sigma_w = 100$，得L＝50mm

依(1)及(2)，取鍵長L＝50mm

14. 一個長200 mm，直徑為42 mm之軸在兩端各有一個滾珠軸承支撐，在軸的中間施以一1.5 kN軸向 力、一1.0 kN徑向力及一72 N-m扭力，假設徑向力及扭力均可被軸左端之馬達承受。若無應力集中的考量，請算出該軸最大的蒙氏應力（Von-Misesstress）。若材料之最小強度（minimum strength）為250 MPa，求軸的安全係數。(104高考)

解

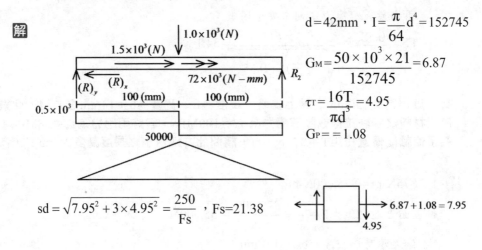

$d=42mm，I=\dfrac{\pi}{64}d^4=152745$

$G_M=\dfrac{50\times10^3\times21}{152745}=6.87$

$\tau_T=\dfrac{16T}{\pi d^3}=4.95$

$G_P==1.08$

$sd=\sqrt{7.95^2+3\times4.95^2}=\dfrac{250}{Fs}$ ，Fs=21.38

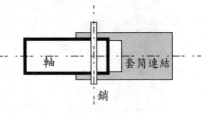

15. 銷的設計應力80MPa，軸的直徑為40mm，連接一套筒連結器（sleeve coupling）如右圖，承受剪力的銷直徑5mm，軸的轉速120rpm，求傳動的功率（power，kW）？（升資）

解 軸可傳遞之扭矩 $T=2\left(\dfrac{\pi}{4}\times5^2\times80\right)\times20=62,832$ N-mm

功率 $=\dfrac{2\pi NT}{60\times10^6}=\dfrac{2\pi(120)(62,832)}{60\times10^6}=0.7896$kW

16. 軸徑D為68mm之鋼軸與鑄鐵轂之間，嵌入一平鍵（flat key），一半嵌入軸內，另一半則嵌於轂中。鍵的寬b為18mm，高t為12mm，長度1，鍵的抗壓降伏強度$S_{yc}=360$ N/mm^2，抗剪降伏強度$S_{sy}=180$N/mm^2。於轉速n＝150rpm條件下，欲傳達功率P為120kW(仟瓦特)，基於純扭轉及安全係數f_s為2的情況下，試設計平鍵的長度。（技師）

解 $P = \dfrac{2\pi nT}{60 \times 10^6}$，$120 = \dfrac{2\pi(150)T}{60 \times 10^6}$

得傳送扭矩T＝7,639,437 N-mm

軸表面上之切線力$F = \dfrac{T}{r} = \dfrac{7,639,437}{34} = 224,689N$

基於鏈的抗剪強度$\tau = \dfrac{S_{sy}}{fs} = \dfrac{F}{bl}$

$\dfrac{180}{2} = \dfrac{224,689}{18\ell}$，得 $\ell = 139mm$

基於鏈的抗壓強度$\sigma_c = \dfrac{S_{yc}}{fs} = \dfrac{F}{\dfrac{t}{1}\ell}$

$\dfrac{360}{2} = \dfrac{224,689}{\dfrac{12}{2}\ell}$，得 $\ell = 208mm$

取鏈長 $\ell = 208mm$

17. 一凸緣聯軸器連結兩相同直徑的傳動軸，軸的轉速為900rpm，傳動功率為350kW，試求傳動扭矩。（升資）

解 $P = \dfrac{2\pi nT}{60 \times 10^6}$

$350 = \dfrac{2\pi(900)T}{60 \times 10^6}$

得傳動扭矩T＝3,713,615 N-mm

18. 一根懸臂圓桿前端受扭力T及下壓力P。圓桿是由延性材料製造，降伏強度S_y＝50Kpsi，下壓力P＝500lbf，扭力T＝1000lbf-in。圓桿有5英吋長1＝5"，安全係數為2，試依最大剪應力理論（Maximum-Shear-Stress Theory）求出最小的直徑d需求。（升資）

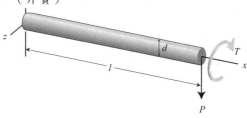

解 在圓桿固定端所承受之負荷計有：
(1)直接剪力 V＝P＝500 lbf（↓）
(2)彎矩 M＝Pl＝500×5＝2,500 lbf-in（↷）
(3)扭矩 T＝1,000 lbf-in（↶）
在固定端的上、下外表面上承受有彎應力 σ 及扭轉剪應力 τ

$$\sigma = \frac{32M}{\pi d^3} = \frac{32 \times 2,500}{\pi d^3} = \frac{25,465}{d^3}$$

$$\tau = \frac{16T}{\pi d^3} = \frac{16 \times 1,000}{\pi d^3} = \frac{5,093}{d^3}$$

$$\tau_{max} = \sqrt{\left(\frac{\sigma}{2}\right)^2 + \tau^2} = \sqrt{\left(\frac{25,465}{2d^3}\right)^2 + \left(\frac{5,093}{d^3}\right)^2} = \frac{13,713}{d^3}$$

依最大剪應力理論：$\tau_{max} = \dfrac{S_{sy}}{F.S.} = \dfrac{0.5 S_y}{F.S.}$

$$\frac{13,713}{d^3} = \frac{0.5\left(50 \times 10^3\right)}{2} \text{，得} d = 1.03 \text{ in}$$

19. 右圖所示有一軸，該軸不旋轉且為簡
支撐（Simply supported），作用於該
軸的外力為靜（Steady）力。軸徑為
50mm，軸長度為180mm。作用在中
央的力為9,000N，作用於軸兩端的扭
矩相等各為1,000,000 N-mm。請畫出
元素A所受之應力，其中A元素是在軸
中央的底面。（原特三等）

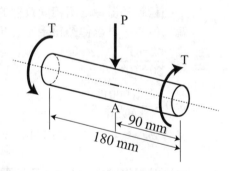

解 軸中央支彎矩 M＝4,500×90＝405,000 N-mm
在A元素上承受有扭轉剪應力 τ 及彎應力 σ

$$\tau = \frac{16T}{\pi d^3} = \frac{16\left(1,000,000\right)}{\pi\left(50\right)^3} = 41\text{MPa}$$

$$\sigma = \frac{32M}{\pi d^3} = \frac{32\left(405,000\right)}{\pi\left(50\right)^3} = 33\text{MPa}（拉）$$

20. 下圖所示為一曲柄受F＝1200N 之力，軸AB是由AISI 1020 熱壓鋼製成，其降伏強度為210MPa。請以A點之應力狀況為依據用畸變能理論（Distortion Energy Theory）計算其安全係數為若干。（原特三等）

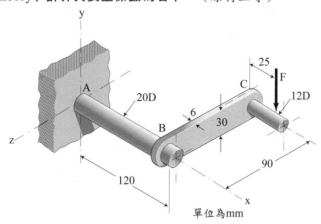

單位為mm

解 A點承受之負荷計有：

(1)直接剪力V＝F＝1,200N

(2)彎矩M＝F（120＋25）＝174,000 N-mm

(3)扭矩 T＝F×90＝108,000 N-mm

彎應力 $\sigma = \dfrac{32M}{\pi d^3} = \dfrac{32(174,000)}{\pi(20)^3} = 221.5\text{MPa}$

剪應力 $\tau = \dfrac{16T}{\pi d^3} = \dfrac{16(108,000)}{\pi(20)^3} = 68.8\text{MPa}$

等效應力 $S = \sqrt{\sigma^2 + 3\tau^2} = \sqrt{(221.5)^2 + 3(68.8)^2} = 251.5\text{MPa}$

$\text{F.S.} = \dfrac{S_{yp}}{S} = \dfrac{210}{251.5} = 0.83$

21. 一鋼製之結構由直徑為 40mm 的圓棒組成，如圖所示。受一作用在 AB 上之軸向拉力 P 及作用在 BC 末端向下之垂直力 F，且 P=20F。材料的降伏強度為 Sy，Sy=500 MPa。若不考慮 F 所造成剪力的效應，設定安全係數 n，n=1.4。以畸變能理論（Distortion energy theory）分別計算最大的 F 值

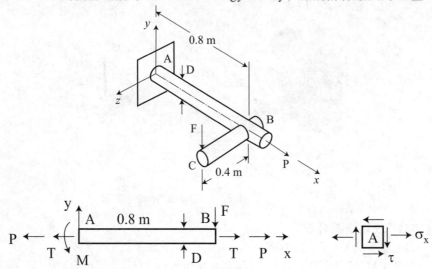

解 P=20F，T=0.4F，M=0.8F

$$\sigma_b = \frac{32M}{\pi D^3} = \frac{32\ (0.8F)}{\pi\ (0.04)^3} = 127{,}324F$$

$$\tau = \frac{16T}{\pi D^3} = \frac{16\ (0.4F)}{\pi\ (0.04)^3} = 31{,}831F$$

$$\sigma_a = \frac{20F}{\pi\ (0.04)^2/4} = 15{,}915.5F \qquad \sigma_x = \sigma_a + \sigma_b = 143{,}239.5F$$

$$\frac{S_y}{n} = [\sigma_x^2 + 3\tau^2]^{\frac{1}{2}}\ ; \ \frac{250\ (10^6)}{1.4} = F[(143{,}239.5)^2 + 3\ (31{,}831)^2]^{\frac{1}{2}}$$

$$\Rightarrow F = 1.163\ kN$$

22. 一根實心鋼軸，在C處有一個滑輪，滑輪承受輸送帶的張力(角度α在yz平面上)，如圖所示。假設α=0度，安全係數為n，根據下列的準則，設計此軸。(a)最大剪應力理論(b)最大畸變能理論。已知：S_y=250MPa，n=1.5

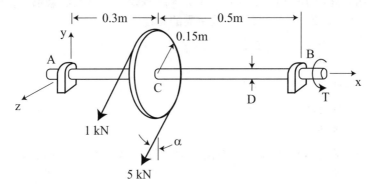

解

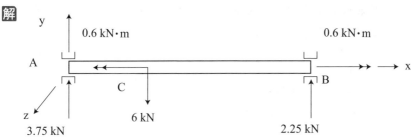

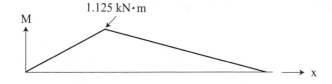

(a) $\dfrac{S_y}{n} = \dfrac{32}{\pi D^3}\sqrt{M^2 + T^2}$ ， $\dfrac{250(10^6)}{1.5} = \dfrac{32(10^3)}{\pi D^3}\left[1.125^2 + 0.6^2\right]^{\frac{1}{2}}$

或 D = 42.71 mm

(b) $\dfrac{250(10^6)}{1.5} = \dfrac{32(10^3)}{\pi D^3}\left[1.125^2 + \dfrac{3}{4}(0.6)^2\right]^{\frac{1}{2}}$ 得 D = 42.3 mm

23. 機械轉軸上裝置的飛輪，基本目的為何？如何實務設計飛輪結構，使其得到最大效果？在一個循環裡（轉動360°），某實心圓盤狀飛輪（solid round disk）的動能K_e為170 N-m，平均速度是700 rpm，採用的波動係數（coefficient of fluctuation）C_f為0.04。該飛輪的材質為低碳鋼，密度為7860 kg/m³，厚度為25 mm，試問飛輪所需的直徑？

（提示：$I_m = \dfrac{K_e}{C_f \varpi_{avg}^2}$，$I_m = \dfrac{m_a d^2}{8}$）(102高)

解 (一) 1. 減低速度變動振幅

2. 降低所需最大的扭矩值

3. 可儲存與釋放能量

(二) 1. 最有效的飛輪設計為使用最少材料以便獲得最大的I_m(質量慣性矩)。

2. 將飛輪質量集中在最大半徑或邊緣上，在製造上最容易得到

(三) $W_{av} = \dfrac{700 \times 2\pi}{60} = 73.3(\text{rad}/_s)$

$I_m = \dfrac{k_e}{C_f(W_{av})^2} = \dfrac{170}{0.04 \times (73.3)^2} = 0.79(\text{kg} - \text{m}^2)$

$I_m = \dfrac{m_a d^2}{8} = \dfrac{\pi d^2 \times t \times \rho}{4} \times \dfrac{d^2}{8} = \dfrac{\pi}{32} \rho d^4 t$

$\Rightarrow I_m = \dfrac{\pi}{32} \times 7860 \times 0.025 \times d^4 = 0.79 \Rightarrow d = 0.45m$

24. 如下圖，一直徑D＝20mm之均勻鋼棒其材質之降伏強度（Yield Strength）為S_y＝330MPa。試問此鋼棒在承受 F＝0.55kN；P＝8kN 及T＝30Nm 混合靜力負載下，在圖上 A 點之：

(一)應力張量（Stress Tensor）。

(二)最大主應力值σ1、σ2及σ3。

(三)利用最大剪應力理論（Maximum Shear Stress Theory）計算該點之安全係數（Factor of Safety）值。

（鐵路高員、102機械技師）

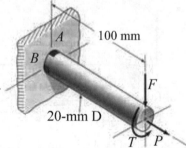

解 (一) A點位置：

剪應力：$\tau = \dfrac{Tr}{J} = \dfrac{16T}{\pi \cdot d^3} = \dfrac{16(30 \times 10^3)}{\pi \times 20^3} = 19.11MPa$

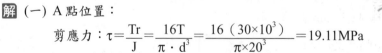

拉應力：$\sigma = \dfrac{P}{A} + \dfrac{My}{I} = \dfrac{4P}{\pi \cdot d^2} + \dfrac{32FL}{\pi \cdot d^3} = \dfrac{4 \times 8000 +}{\pi \cdot d^2}$

$\dfrac{32 (550 \times 100)}{\pi \cdot d^3} = 95.56 MPa$

應力張量 $= \begin{bmatrix} \sigma_{xx} & \sigma_{xy} & \sigma_{xz} \\ \sigma_{yx} & \sigma_{yy} & \sigma_{yz} \\ \sigma_{zx} & \sigma_{zy} & \sigma_{zz} \end{bmatrix} = \begin{bmatrix} 95.56 & 0 & 19.11 \\ 0 & 0 & 0 \\ 19.11 & 0 & 0 \end{bmatrix}$

(二) $\sigma_{1,2} = \dfrac{\sigma_x + \sigma_y}{2} \pm \sqrt{(\dfrac{\sigma_x - \sigma_y}{2})^2 + \tau_{xy}^2}$

$\sigma_1 = \dfrac{\sigma}{2} + \sqrt{(\dfrac{\sigma}{2})^2 + \tau^2} = \dfrac{96.56}{2} + \sqrt{(\dfrac{96.56}{2})^2 + 19.11^2}$

$\quad = 99.24$（MPa）

$\sigma_2 = \dfrac{\sigma}{2} - \sqrt{(\dfrac{\sigma}{2})^2 + \tau^2} = \dfrac{96.56}{2} - \sqrt{(\dfrac{96.56}{2})^2 + 19.11^2}$

$\quad = -3.68$（MPa）

$\sigma_3 = 0$

(三) 依最大剪應力理論：S.F. $= \dfrac{0.5 S_y}{\tau_{max}} = \dfrac{0.5 \times 330}{51.46} = 3.2$

25. 一直徑為 d＝2 英吋之鋼質齒輪轉軸，其軸材料之降伏強度為 $(S_y)_s$＝80kpsi。一 0.5" × 0.5" 方形軸銷（Key）用於銷合此軸與齒輪如下圖示。此方形軸銷材料之降伏強度為 $(S_y)_k$＝65kpsi。當此轉軸在轉速 ω＝800rev/min 下時，其傳遞之馬力將為 H＝50hp。令此軸與軸銷相關材料之抗剪降伏強度均可近似為 S_{sy}＝0.577S_y。（提示！問題中之馬力 horsepower H(hp)，轉速 ω(rpm) 及扭矩 T (lbf-in) 間之關係為

$T = \dfrac{63,025 H}{\omega}$）

(一) 試問基於軸銷剪破裂模式預估，若安全係數為 n＝2.8，該銷之長度最短當為多少？

(二) 試問基於軸銷面壓延（Bearing Failure）破裂模式預估，若安全係數為 n＝2.8，該銷之長度最短當為多少？

（鐵路高員）

解 (一) $T=\dfrac{63025\times50}{800}=3939.06$（$\ell$b-in）

$f=\dfrac{3939.06\times2}{2}=3939.06$（$\ell$b）

$\tau_{max}=\dfrac{f}{A}=\dfrac{3939.06}{0.5\times b}=\dfrac{7878.12}{b}$

$n=2.8=\dfrac{s_{sy}}{\tau_{max}}=\dfrac{0.577\times65\times10^{3}}{\dfrac{7878.12}{b}}\Rightarrow b=0.588$（in）

(二) $\sigma_{max}=\dfrac{f}{A}=\dfrac{3939.06}{\dfrac{0.5}{2}\times b}=\dfrac{15756.24}{b}$

$n=2.8=\dfrac{s_{sy}}{\sigma_{max}}=\dfrac{65\times10^{3}}{\dfrac{15756.24}{b}}\Rightarrow b=0.6787$（in）

26. 如下圖所示承受負荷之圓形截面懸臂樑，試求最大容許的負荷 P 為何？d＝60mm，F＝10PN，T＝0.1PN，容許之拉伸應力為 100MPa，距離自由端 a＝120mm 處截面容許的剪應力為 60MPa。（高考）

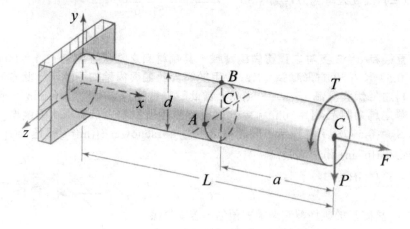

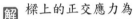

解 樑上的正交應力為

$$\sigma'_x = \frac{F}{A} = \frac{10P}{\pi(0.03)^2} = 3536.8P$$

樑外圈的扭轉應力為

$$\tau_t = -\frac{Tc}{J} = -\frac{0.1P(0.03)}{\pi(0.03)^4/2} = -2357.9P \quad \cdots\cdots(b)$$

發生在B點（a＝120mm）的最大彎曲張應力為

$$\sigma''_x = \frac{Mc}{I} = \frac{0.12P(0.03)}{\pi(0.03)^4/4} = 5658.8P$$

因此 $Q = A\bar{y} = (\pi c^2/2)(4c/3\pi) = 2c^3/2$ ，b＝2c。

故在A點的最大直接剪應力為

$$\tau_d = -\frac{VQ}{Ib} = -\frac{4V}{3A} = -\frac{4P}{3\pi(0.03)^2} = -471.57P \quad \cdots\cdots(c)$$

(一) A點分析

　　最大主應力和最大剪應力

$$(\sigma_1)_A = \frac{\sigma'_x}{2} + \left[\left(\frac{\sigma'_x}{2}\right)^2 + (\tau_d + \tau_1)^2\right]^{1/2}$$

$$= \frac{3536.8P}{2} + \left[\left(\frac{3536.8P}{2}\right)^2 + (-2829.5P)^2\right]^{1/2}$$

$$= 1768.4P + 3336.7P = 5105.1P$$

$$(\tau_{max})_A = 3336.7P$$

(二) B點分析

　　最大主應力和最大剪應力

$$(\sigma_1)_B = \frac{\sigma'_x + \sigma''_x}{2} + \left[\left(\frac{\sigma'_x + \sigma''_x}{2}\right)^2 + \tau_1^2\right]^{1/2}$$

$$= \frac{9195.6P}{2} + \left[\left(\frac{9195.6P}{2} \right)^2 + (-2357.9P)^2 \right]^{1/2}$$

$$= 4897.8\,P + 5167.2P = 9765P$$

$$(\tau_{max})_B = 5167.2P$$

由此可看出B點處的應力比A點為大，又由前述給定的值可得

$100(10^6) = 9765P$或$P = 10.24kN$

$60(10^6) = 5167.2P$或$P = 11.61kN$

註解：可允許的最大截面負載、軸向負載和扭轉負載分別為

P＝10.24kN、F＝102.4kN和T＝1.024kN・m。

27. 如圖所示，有一直徑
40mm，長度為200 mm
之實心圓軸，兩端為簡
支撐，在中央處有一垂
直向下5000N之負荷P，
且在兩端各施以800 N-m
之扭矩以及900N之正壓
力。若該軸不旋轉，且
各負荷為穩態負荷，試
求：

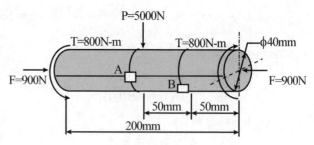

(1)軸中央水平側面A處之應力，
(2)距軸右端支撐50 mm處，底部B處之應力。

解 (1) A點

$$\tau_p = \frac{4V}{3A} = \frac{4 \times 2500}{3 \times \pi \times (20)^2} = 2.65\,MPa$$

$$\tau_T = \frac{16T}{\pi d^3} = \frac{16 \times 800 \times 1000}{\pi \times (40)^3} = 63.66\,MPa$$

$$\sigma_F = \frac{F}{A} = \frac{900}{\pi(20)^2} = 0.716\,MPa$$

$$\begin{cases} \tau = \tau_T = 63.66 + 2.65 = 66.31(MPa) \\ \sigma = \sigma_F = 0.716\,MPa \end{cases}$$

(2) B點

$$\sigma_M = \frac{32M}{\pi d^3} = \frac{32 \times 2500 \times 50}{\pi (40)^3} = 19.89 \, \text{MPa}$$

$$\sigma_F = \frac{F}{A} = \frac{900}{\pi (20)^2} = 0.716 \, \text{MPa}$$

$$\tau_T = \frac{16T}{\pi d^3} = \frac{16 \times 800 \times 1000}{\pi \times (40)^3} = 63.66 \, \text{MPa}$$

$$\begin{cases} \sigma = \sigma_M - \sigma_F = 19.89 - 0.0716 = 19.174 \, \text{MPa} \\ \tau = \tau_T = 63.66 \, \text{MPa} \end{cases}$$

28. 若如圖所示,有一等直徑為25 mm之傳動軸
(E=206,900 MPa),於兩端用徑向軸承支撐,間
距為600 mm,中心處裝有一重量50 kg之齒輪。
若忽略軸之本身重量,試求該傳動軸之第一臨界
轉速。

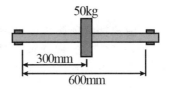

解 $I = \dfrac{\pi d^4}{64} = \dfrac{\pi (25)^4}{64} = 19174.76 \, \text{mm}^4$

$y = \dfrac{P\ell^3}{48EI} = \dfrac{(50 \times 9.8)(600)^3}{48(206900)(19174.76)} = 0.556 \, \text{mm}$

$f = \dfrac{1}{2\pi} \sqrt{\dfrac{gwy}{wy^2}} = \dfrac{1}{2\pi} \sqrt{\dfrac{g}{y}} = \dfrac{1}{2\pi} \sqrt{\dfrac{9800}{0.556}} = 21 \left(\dfrac{\text{rev}}{\text{sec}} \right)$

29. 有一鋼製的機械元件受到變動應力的作用,其極限強度(Ultimate strength)
S_{ut}=600MPa,降伏強度(Yielding strength)Sy=480MPa,持久限
(Endurance limit)S_e=240MPa,變動應力的最大應力 $\sigma_{max} = \dfrac{240}{d^3}$ GPa,
最小應力$\sigma_{min} = \dfrac{90}{d^3}$ GPa,其中 d(mm)為機械元件之直徑。若強度和平均
應力(Mean stress)σ_m 之安全係數為 1.2,應力幅度(Stress
amplitude)σ_a 之安全係數為 2.0,試以修正 Goodman 理論計算機械元件
之安全直徑。(地特三等)

解 $\sigma_{av} = \dfrac{\sigma_{max} + \sigma_{min}}{2} = \dfrac{165}{d^3}$ （GPa）

$\sigma_r = \dfrac{\sigma_{max} - \sigma_{min}}{2} = \dfrac{75}{d^3}$ （GPa）

代入修正古德曼

$\dfrac{1.2 \times \sigma_{av}}{S_u} + \dfrac{k \times 2 \times \sigma_r}{S_e} = \dfrac{1}{FS}$

$\Rightarrow \dfrac{1.2 \times \dfrac{165 \times 10^3}{d^3}}{600} + \dfrac{2 \times \dfrac{75 \times 10^3}{d^3}}{240} = \dfrac{1}{1.2}$

$\Rightarrow$ d＝10.46（mm）

30. 由冷抽鋼所製成的圓軸承受565到1,130N-m的變動彎曲力矩，和4,500至13,500N的變動應力軸向負荷，鋼圓軸的極限強度（Ultimate strength）S_{ut}＝500MPa，降伏強度（Yielding strength）S_y＝470MPa，持久限（Endurance limit）S'_e＝275MPa。若已知疲勞表面修正係數為0.88，疲勞尺寸修正係數為0.90，應力集中因子為1.0，及設計安全係數為2，試以Soderberg破壞理論計算鋼圓軸的安全直徑。（高考）

解 修正持久限S_e＝$0.88 \times 0.9 \times 275$＝217.8(MPa)

M_{max}＝1130(N-m)，M_{min}＝565(N-m)，P_{max}＝13500(N)，P_{min}＝4500(N)

$M_{av} = \dfrac{1130 + 565}{2} = 847.5$(N-m)，$M_r = \dfrac{1130 - 565}{2} = 282.5$(N-m)

P_{av}＝9000N，P_r＝4500N

$\sigma_{av} = \dfrac{32M_{av}}{\pi d^3} + \dfrac{4P_{av}}{\pi d^2} = \dfrac{32 \times 847.5 \times 10^3}{\pi d^3} + \dfrac{4 \times 9000}{\pi d^2}$ ……(1)

$\sigma_r = \dfrac{32M_r}{\pi d^3} + \dfrac{4P_r}{\pi d^2} = \dfrac{32 \times 282.5 \times 10^3}{\pi d^3} + \dfrac{4 \times 4500}{\pi d^2}$ ……(2)

由Soderber理論 $\dfrac{\sigma_{av}}{S_y} + k\dfrac{\sigma_r}{S_e} = \dfrac{1}{Fs} \Rightarrow \dfrac{\sigma_{av}}{470} + 1 \times \dfrac{\sigma_r}{217.8} = \dfrac{1}{2}$

將(1)(2)代入上式

得$16300800d + 1015553600 = 160796d^3$

利用試誤法，d＝40.5(mm)

31. 一凸緣聯軸器（Flange coupling）連結兩相同直徑的傳動軸，軸的轉速為900rpm，傳動功率為350kW，聯軸器以六根直徑為20mm的螺栓結合，螺栓的允許剪應力為20MPa，傳動軸的允許剪應力為40MPa，試求傳動扭矩、傳動軸的直徑和六根螺栓所在的節圓直徑。（高考）

解 (1) $\dfrac{T \times 900}{9550} = 350 \Rightarrow T = 3713.89(\text{N-m})$

$40 = \dfrac{T \times r}{J} = \dfrac{16T}{\pi D^3} \Rightarrow D^3 = \dfrac{16 \times 3713.89 \times 10^3}{\pi \times 40}$

傳動軸直徑 $D = 77.91(\text{mm})$

(2) 每一螺栓受力

$F = \dfrac{T}{R} = \dfrac{2T}{D_b} \Rightarrow 20 = \dfrac{F}{A} = \dfrac{2T}{D_b A} = \dfrac{2 \times 3713.89 \times 10^3}{D_b \times \dfrac{\pi}{4} \times (20)^2 \times 6}$

$D_b = 197.02(\text{mm})$

32. 一直徑為30 mm的扭力軸，受到200 N·m靜態扭矩，扭力軸的材料為195-T6鑄鋁，其拉伸降伏強度160 MPa，壓縮降伏強度為180 MPa，扭力軸係由車床精車至所需尺寸：

(1)試計算該扭力軸的三個主應力。

(2)請用庫倫-莫耳法（Coulomb-Mohr theory）估算其安全係數。（101高考三級）

解 (1) $\tau = \dfrac{TC}{J} = \dfrac{200 \times 10^3 \times \dfrac{30}{2}}{\dfrac{\pi}{2} \times (\dfrac{30}{2})^4} = 37.73(\text{MPa})$

$\sigma_1 = 37.73(\text{MPa})$，$\sigma_2 = -37.73(\text{MPa})$，$\sigma_3 = 0$

(2) 由庫倫－莫耳法

$\dfrac{37.73}{160} + \dfrac{37.73}{180} = \dfrac{1}{\text{F.S}}$

$\Rightarrow \text{F.S} = 2.245$

33. 液動軸承（Hydrodynamic Bearing）在承受
　　輕負荷時，其旋轉軸位於軸承中心，如右
　　圖所示。
　(1)請推導旋轉軸切線方向摩擦力的公式。
　(2)請推導旋轉軸因油膜摩擦力造成功率損耗
　　　的公式。（101專利商標審查特考）

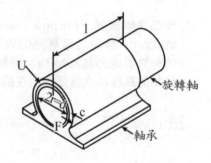

解 $\tau = \mu \dfrac{U}{h} = \dfrac{F}{A}$

$\mu = \dfrac{Fh}{AU} \left(\dfrac{N\,sec}{m^2} \right)$

油膜厚度 h 變成徑向間隙 c，或軸承半徑與軸頸半徑間的差值。

$F = 2\pi \mu \, U r l / c$

若將F1取為單位軸向長度的切線摩擦力，則

$F = F_1 l$　　　　$\dfrac{F_1}{\mu U} \left(\dfrac{c}{r} \right) = 2\pi$

$F_1 = \dfrac{2\pi \mu U r}{c}$　　　　　$H = F \cdot U = F_1 l U = \dfrac{2\pi \mu U r l}{c} \cdot U$

34. 右圖所示為一直徑50 mm，長
　　度200 mm之實心圓軸，兩端
　　為簡支撐，在中央處有一垂直
　　向下6000 N之負荷P，且在兩
　　端各施以1000 N-m之扭矩T。
　　若該軸不旋轉，且各負荷為穩
　　態負荷，試求：

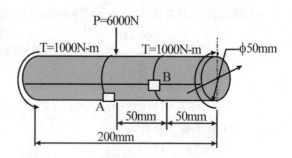

(1)軸中央底部A處之應力？
(2)距軸右端支撐50 mm處，水平側面B處之應力？（101專利商標審查特考）

解 (1) A處之應用力：
　　　6000 N之垂直向下負荷P，
　　　對於A處僅產生拉應力。

$\sigma = \dfrac{32M}{\pi d^3} = \dfrac{32(3000 \times 100)}{\pi (50)^3}$

$= 24.45 \ (Mpa)$

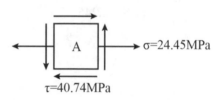

1000 N－m之扭矩T，對於A處產生剪應力

$$\tau = \frac{16T}{\pi d^3} = \frac{16 \times 1000000}{\pi(50)^3} = 40.74 \text{ (Mpa)}$$

【注意】1000 N-m=1000000 N-mm

$\sigma = 24.45$ (Mpa)，$\tau = 40.74$ (Mpa)

(2) B處之應用力：

　　6000N之垂直向下負荷P，對於B點而言，
　　由於B點位於中性面上，故彎曲應力為零，
　　但是承受最大橫向剪應力：

τ=42.78MPa

$$\tau_p = \frac{4V}{3A} = \frac{4 \times 3000}{3 \times \pi(25)^2} = 2.04 \text{ (Mpa)}$$

1000 N－m之扭矩T，對於B處產生之剪應力與A處相同為：

$$\tau_r = \frac{16T}{\pi d^3} = \frac{16 \times 1000000}{\pi(50)^3} = 40.74 \text{ (Mpa)}$$

故B處產生之剪應力總和為：

$\tau_{Total} = \tau_p + \tau_T = 2.04 + 40.74 = 42.78$ (Mpa)

$\sigma = 0$ (Mpa)，$\tau = 42.78$ (Mpa)

35. 有一碳鋼製的圓柱形實心連桿承受一軸向的週期力，該力之最大值為270 kN之張力（Tension），最小為180 kN之壓縮力（Compression）。該碳鋼的最大張力強度為$S_u = 690$ MPa，降伏強度為$S_y = 524$ MPa，修正後的耐久極限（Endurance limit）為$S_e = 182.9$ MPa。若安全係數為2.5時，請計算欲使該連桿獲得永久壽命（Infinite life），其直徑至少需若干？使用修正顧德曼理論（Modified Goodman theory）。（101地特三等）

解 $F_{max} = 270$ kN　　　　　　　$F_{min} = -180$ kN

$$F_{av} = \frac{270 + (-180)}{2} = 45 \text{ (kN)}$$

$$F_r = \frac{270 - (-180)}{2} = 225 \text{ (kN)}$$

$$\sigma_r = \frac{225000}{\frac{\pi}{4}d^2} = \frac{286478.9}{d^2} \text{ (MPa)}$$

$$\sigma_{av} = \frac{45000}{\frac{\pi}{4}d^2} = \frac{57295.78}{d^2} \text{ (MPa)}$$

利用修正Goodman

$$\frac{\sigma_{av}}{S_u} + \frac{\sigma_r}{S_e} = \frac{1}{F.S}$$

$$\Rightarrow \frac{\dfrac{-57295.78}{d^2}}{690} + \frac{\dfrac{286478.9}{d^2}}{182.9} = \frac{1}{2.5} \Rightarrow d = 64.2 \text{ (mm)}$$

$$\frac{\sigma_{av}}{S_y} + \frac{\sigma_r}{S_y} = \frac{1}{F_S}$$

$$\Rightarrow \frac{\dfrac{286478.9 + 57295.78}{d^2}}{524} = \frac{1}{2.5} \Rightarrow d = 40.5 \text{ (mm)}$$

故d＝64.2 (mm)

36. 圖二所示，有一UNS G10350的鋼軸，其最小降伏強
度（Minimum yield strength）為525 MPa，其直徑為
36 mm。該軸在轉速為600 rpm時傳輸30 kW的功率給
齒輪。若不考慮應力集中影響，採用UNS G10200（降
伏強度為455 MPa），邊長10 mm的方型鍵（Key），
請計算該方型鍵所需的最短長度？安全係數採用2.80。
（101地特三等）

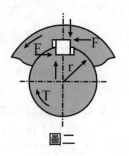

圖二

解 $30 = \dfrac{T \times 600}{9550} \Rightarrow T = 477.5 \text{ (N-m)}$

$F = \dfrac{T}{r} = \dfrac{477.5}{\dfrac{36 \times 10^{-3}}{2}} = 26527.78 \text{ (N)}$

鍵受剪應力 $\tau = \dfrac{26527.78}{10 \times L}$

$\dfrac{0.5 \times 455}{\dfrac{26527.78}{10 \times L}} = 2.8 \Rightarrow L = 32.65 \text{ (mm)}$

鍵受壓應力 $\dfrac{455}{\dfrac{26527.78}{\dfrac{10}{2} \times L}} = 2.8 \Rightarrow L = 32.65 \text{ (mm)}$

頻出度B：依據出題頻率分為：A頻率高、B頻率中、C頻率低

課前導讀
1. 彈簧種類、彈簧基本參數及彈簧組合
2. 螺旋彈簧靜態強度分析
   (1) 彈簧承受變動負荷設計　　(2) 螺旋彈簧材料疲勞試驗
3. 彈簧變形量與彈簧常數
4. 彈簧承受變動負荷設計
5. 螺旋彈簧材料疲勞試驗
6. 其它彈簧設計
   (1) 平面彈簧　　　(2) 扭轉彈簧（圓形）　　　(3) 葉片彈簧

重點內容

4-1 彈簧基本原理

一、彈簧種類

彈簧為利用彈性材料製造成特種形狀之機件，其功用為受外力作用時可產生伸長或縮短或其他不同方式的變形，吸收機械瞬間震動的能量，調節機件的位置或保持機件的接觸，保持機械元件的接觸彈性，避免鬆脫以吸收外力而儲存於本體內，等到外力除去將儲存之能量放出，恢復成原來形狀，彈簧若發生鬆弛現象，主要因素為負荷增加或溫度升高，其分類如下所示：

(一) 線狀彈簧

彈簧名稱	說明	圖示
螺旋壓縮彈簧	1.各圈之間有間隙，承受軸向壓力而產生縮短變形，外力消失又可恢復原長度。 2.為了使承受壓力之接觸面增加，常把兩端約有3/4圈磨平，常使用在安全閥或汽車上之汽門彈簧。 3.螺旋彈簧多以受塑性加工成型，並以珠擊法改善其抗疲勞強度。	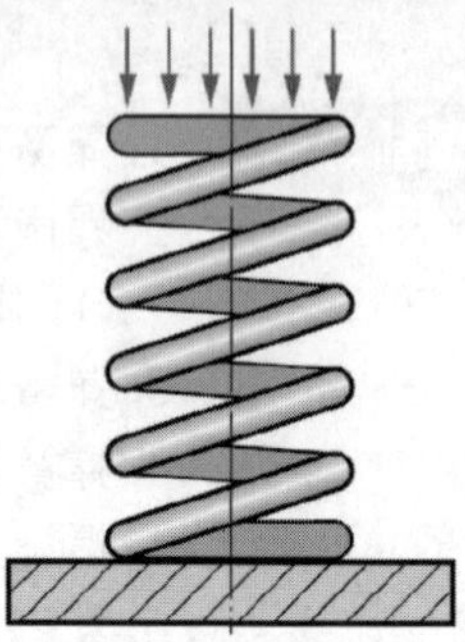
拉伸彈簧	又稱為拉力彈簧，彈簧每一圈都緊靠在一起，受外力拉伸後伸長，外力消失恢復原狀，其各圈之間沒有間隙，而互相貼緊，兩端製成環狀或鉤狀，以利掛鉤物品。	
扭力彈簧	1.螺旋扭力彈簧： (1)扭轉彈簧的繞法跟彈簧一樣，除了在末端的形狀隨各種應用不同而異，線圈呈螺旋狀。 (2)受力時對軸中心線產生一扭轉力，常使用在能自動關閉之紗門、家電用品、書夾、曬衣夾等。	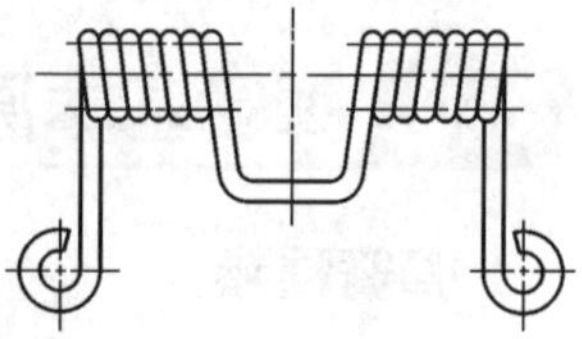
	2.蝸旋扭轉彈簧：用薄鋼片繞成蝸線形狀，且各圈在同一平面上，用於鐘錶及動力玩具之發條。	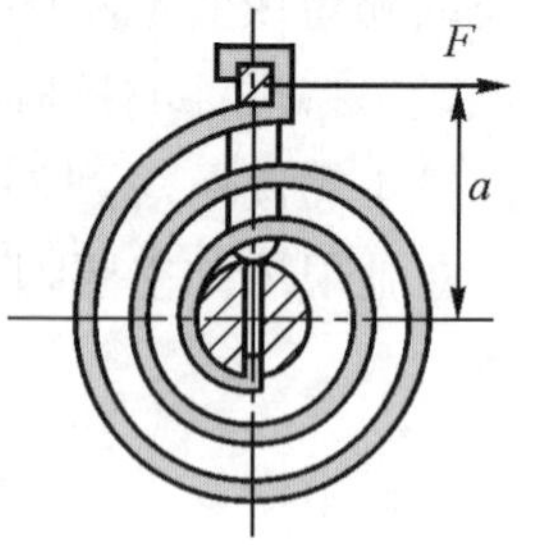

彈簧名稱	說明	圖示
錐形彈簧	1. 繞成錐形的螺旋圈，可承受壓力，其優點為壓力大時大直徑變形較大，可將彈簧壓至最低點而成為一圓形板狀，彈簧線圈會縮小進入大圈之平面內，通常隨著壓縮量增加而增加。 2. 多用於小空間，或短距離彈性範圍內的機件上，壓縮時，大直徑先變形且彈簧常數通常隨著壓縮量增加而增加。 3. 常用於手電筒後蓋；兩端大中間小之錐形彈簧用於沙發之彈簧；兩端小中間大之錐形彈簧用於修剪花木之剪刀。	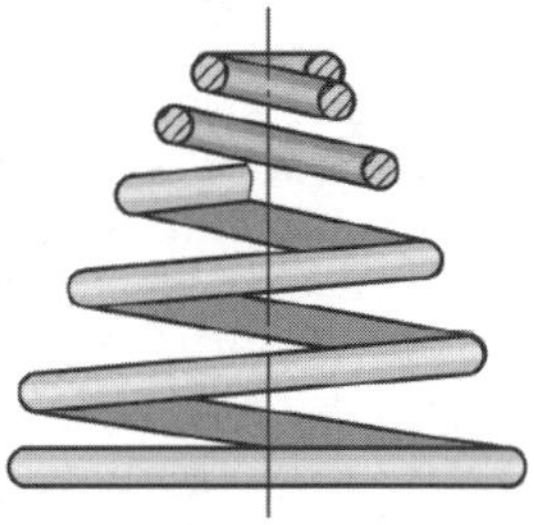

(二) 板片彈簧

彈簧名稱	說明	圖示
簡易平彈簧	由單一金屬薄片製成之彈簧，用平的金屬板製成用於負荷較小的場合，為節省材料常製成三角形。常用於電器開關、機槍彈匣、指甲剪。	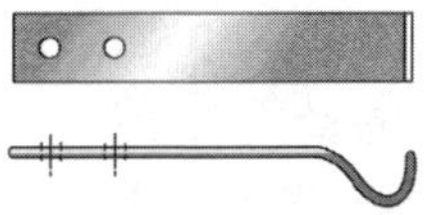
皿形彈簧	1. 圓盤或碟形彈簧，常用於大負荷，空間狹小受到限制的場合。 2. 有一變形區域是屬於非線性表現，在相當大的撓度下可使負荷維持定值。 3. 外徑等於二倍孔徑時，具有最佳彈性及柔軟性。	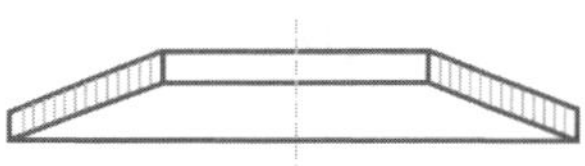
渦形彈簧	又稱錐形渦漩彈簧，由具有平行軸線長尺寸的鋼片捲製而成，有自行減震的效應，應用於一般機械加工之鑽床，其進刀把手在鑽孔完成後手一放開，把手即自動彈回。	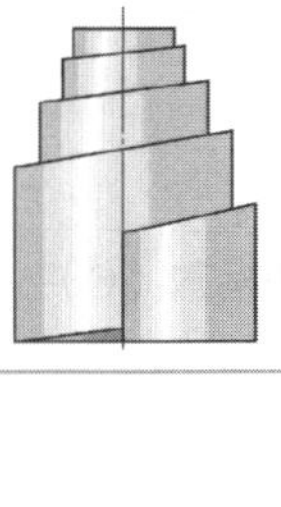

彈簧名稱	說明	圖示
疊片彈簧	1.疊成的板狀彈簧片屬於一種串聯式彈簧組合，又稱葉片彈簧。 2.用數片長度不同具有曲度之彈簧鋼片組成，一般設計為三角形或梯形，其目的係讓彈簧每一個斷面的彎曲應力都相等。 3.疊成的板狀彈簧片運作時會互相摩擦，承受壓力時，彈簧即逐漸變形而儲存能量或吸收振動，於中央區域有最大變形量。常用於汽車、火車之底盤彈簧。	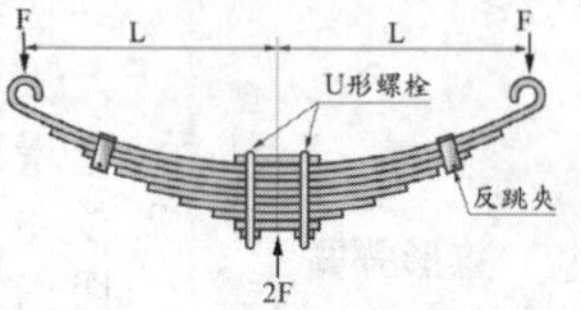
扣環	1.扣環常用於取代軸肩或套筒，於軸上或在外箱孔為元件軸向作定位，可作為軸端或其他機件之固定，可防止機件發生軸向之運動。 2.可分C型扣環及E型扣環，C型扣環須使用「C型扣環卡鉗」，方可將扣環裝入軸中。	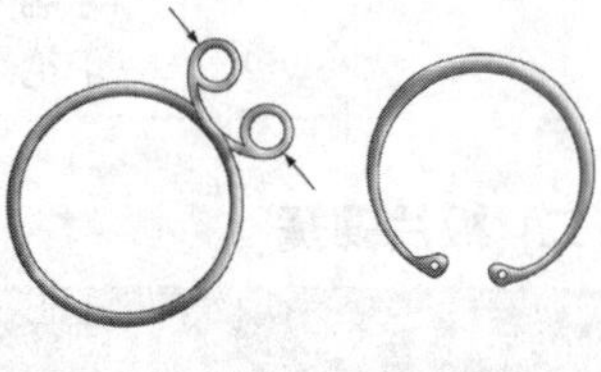

二、彈簧的用語

名稱	說明	圖式
直徑（d）	使用鋼線之大小。	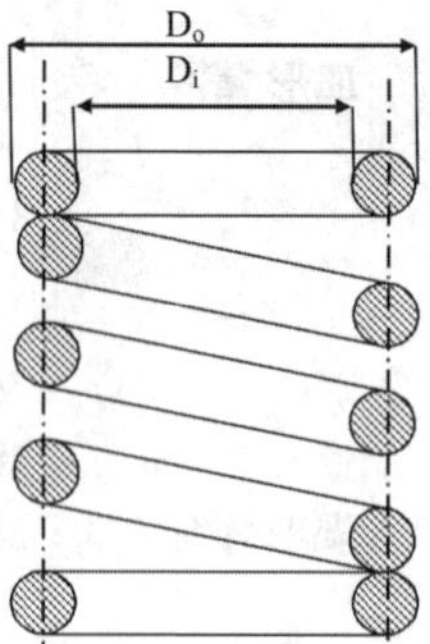
外徑（D_0）	彈簧線圈的最大直徑，即 $D_0 = D_m + d$。	
內徑（D_i）	彈簧線圈的最小直徑，即 $D_i = D_m - d$。	
平均直徑（D_m）	外徑與內徑的平均值 $D_m = \dfrac{D_0 + D_i}{2}$	
彈簧指數（C）	平均直徑與線直徑之比值，值越大越容易變形 $\Rightarrow C = \dfrac{D_m}{d}$	
自由長度（L）	彈簧在完全無負荷下的長度。	

名稱	說明	圖式
自由長度（L）	彈簧在完全無負荷下的長度。	
壓實長度	壓縮彈簧被壓至各圈緊密時的長度。	
變形量（d）	彈簧受外力後伸長或縮短的長度。	
彈簧常數（K）	彈簧受外力時，負荷（F）與變形量（δ）之比值。	
彈簧圈數	有效圈數：彈簧受負荷產生伸長或縮短之有用圈數	
	無效圈數：彈簧受負荷產生伸長或縮短之無用圈數	
	總圈數＝有效圈數＋無效圈數	

三、彈簧組合

(一) 彈簧串聯與並聯

1.彈簧串聯

(1) 所有彈簧承受相同之負荷。

(2) 總撓度等於個別彈簧承受相同負荷所產生撓度之總和。

(3) 串聯之等值彈簧常數 k 為 $\dfrac{1}{k} = \dfrac{1}{k_1} + \dfrac{1}{k_2} + \dfrac{1}{k_3} + \cdots$。

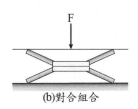

(a)　　　　　　　(b)對合組合

2.彈簧並聯

(1) 總負荷為所有彈簧個別負荷之總和。

(2) 所有彈簧均與負荷直接接觸而產生相同之撓度。

(3) 並聯之等值彈簧常數 k 為 $k = k_1 + k_2 + k_3 + \cdots$。

(4) 同心彈簧 (Concentric Spring)

 A. 彈簧以並聯方式使用，且各彈簧之軸線重合在一起者，稱為同心彈簧或套彈簧 (Nested Spring)。

B. 在有限之空間內可承受較大之負荷。

C. 當其中某一彈簧斷裂時，短時間內仍可維持系統之操作。

D. 為避免因側向移動而使兩彈簧互相扭絞，相鄰兩彈簧之旋向應相反。

E. 依據彈簧之並聯原理，外側與內側彈簧所分擔之負荷值分別為：

$$\begin{cases} F_1 = \dfrac{k_1}{k_1+k_2}F \\ F_2 = \dfrac{k_2}{k_1+k_2}F \end{cases}，其中 \begin{cases} k_1為外側彈簧之彈簧係數 \\ k_2為內側彈簧之彈簧係數 \end{cases}$$

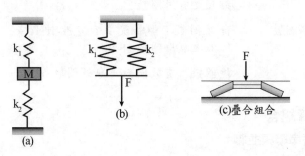

(二) 彈簧振動週期

物體的簡諧運動是由作用在物體的重力或彈性恢復力所引起的，由於這些力是保守的，故可能用能量守值方程式來獲得彈簧的自然頻率或振動週期，如圖 4.1 當方塊從其平衡位置產生了任意的位移量 x，則其動能為

$T = \dfrac{1}{2}m\dot{x}^2$，而位能為 $V = \dfrac{1}{2}kx^2$，利用能量守恆方程式：

$T + V = 常數 \Rightarrow \dfrac{1}{2}kx^2 + \dfrac{1}{2}m\dot{x}^2 = 常數$

對時間微分：$m\ddot{x}\dot{x} + kx\dot{x} = 0$

運動過程中 $\dot{x}$ 不全為零，故可消去 $\Rightarrow m\ddot{x} + kx = 0$

$\Rightarrow 令 \ w^2 = \dfrac{k}{m}$

得 $\ddot{x} + w^2 x = 0$

其解為：$x = A\sin(wt + \varphi)$

1. **週期 T**：$\Rightarrow T = \dfrac{2\pi}{w} \Rightarrow w = \sqrt{\dfrac{k}{m}} \Rightarrow T = 2\pi\sqrt{\dfrac{m}{k}}$（w：固有頻率）

2. **振動頻率 f**：$f = \dfrac{1}{T} \Rightarrow f = \dfrac{1}{2\pi}\sqrt{\dfrac{k}{m}}$

當負載消失時，彈簧儲存的位能被釋放而變成動能，持續在某固有頻率下振動之效應稱之為彈簧顫動，若有一外來負載的頻率跟彈簧的固有頻率很接近，它會引致振動幅度增大，稱之為共振，彈簧容易振動幅度過大而損壞。

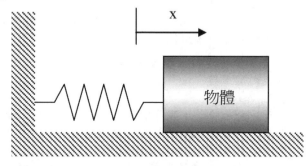

圖 4.1　彈簧振動週期

四、彈簧材料

(一) 金屬彈簧材料

1. 彈簧材料：

金屬彈簧材料	金屬彈簧材料又分為鐵金屬彈簧材料及非鐵金屬彈簧材料。
鐵金屬彈簧材料	鐵金屬彈簧材料以碳鋼及合金鋼為主，除了以加入矽、錳、鉻等元素以增加彈性疲勞限外，還有使用熱間加工及冷間加工方式得到不同性能。

2. 材料加工：

(1) 熱間加工：熱間加工為用於淬火回火而得出必要性能的彈簧，若淬火回火適當，會得到大致相同的彈簧特性，幾乎與鋼的成份及種類無關。

(2) 冷間加工：利用冷間成形的方式得出必要性能，常見的鐵金屬彈簧介紹如下：

A. 鋼琴線：一抽線操作賦予冷間加工，具高彈性限度，為小形彈簧最佳材料。

B. 油回火線：藉淬火回火的高彈性限度，用於螺旋彈簧。

C. 矽錳鋼：用於葉片彈簧。

(二) 非金屬彈簧材料

非鐵金屬彈簧材料

1. 銅合金材料：其電傳導度好，耐蝕性好，不適用高溫，主要有磷青銅，鈹銅，黃銅等材料。
2. 鎳合金材料：可得非磁性材料，耐蝕性佳，適用高低溫，可作恆彈性率。
3. 鈷合金材料：耐蝕性佳，疲勞限度高，可作恆彈性率，常用鐘錶等精密組件。

非金屬彈簧材料

非金屬彈簧材料主要為橡膠，橡膠彈簧是利用橡膠具有的彈性及內部摩擦。

特性：
1. 可與金屬接著，容易安裝。
2. 具有適當內部摩擦，故不會激變。
3. 防音效果好。

※ 橡膠彈簧有幾種形狀：壓縮形、剪斷形、複合形、扭轉形。

例 4-1

如圖所示之彈簧系統，K_1=10N／mm，K_2=20N／mm，K_3=10N／mm，K_4=10N／mm，則組合後總彈簧係數為多少 N／mm？

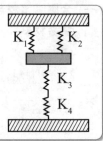

解 總彈簧常數 $K=(K_1+K_2)+\dfrac{K_3\times K_4}{K_3+K_4}=(10+20)+\dfrac{10\times 10}{10+10}=35N／mm$

例 4-2

圖中各彈簧常數分別為 K_1=4N／m、K_2=5N／m、K_3=8N／m、K_4=10N／m，當質量 M=2kg 時：(1)系統之等效彈簧常數為何？(2)系統之自然頻率為何？
（普考）

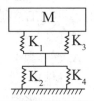

解 (1) $\dfrac{1}{K}=\dfrac{1}{K_1+K_3}+\dfrac{1}{K_2+K_4}=\dfrac{K_1+K_2+K_3+K_4}{(K_1+K_3)(K_2+K_4)}$

$=\dfrac{4+5+8+10}{(4+8)(5+10)}=0.15 \Rightarrow k=6.67$

(2) $f = \dfrac{1}{2\pi}\sqrt{\dfrac{k}{m}} = \dfrac{1}{2\pi}\sqrt{\dfrac{6.67}{2}} = 0.29$

$f = \dfrac{1}{4}\sqrt{\dfrac{k}{m}} = \dfrac{1}{4}\sqrt{\dfrac{6.67}{2}} = 0.456(\text{cycle}/\sec)$

例 4-3

某彈簧承受 4.25Lb 之負荷後長度為 1.42in，若彈簧常數為 15.6Lb／in 試求其未受力時之自由長度，若此彈簧之壓實長度 1.26in. 試求壓實所需之負荷？

解 (1) $F = k\delta \Rightarrow 4.25 = 15.6 \times (L - 1.42) \Rightarrow L = 1.6924$（in）

(2) $F = k\delta \Rightarrow F = 15.6 \times (1.6924 - 1.26) = 6.745\ell b$

4-2 螺旋彈簧靜態強度分析

一、彈簧端圈

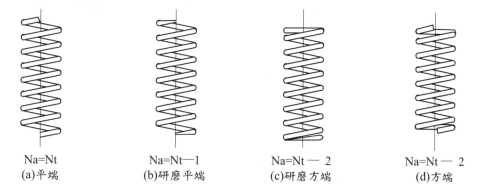

Na=Nt	Na=Nt—1	Na=Nt — 2	Na=Nt — 2
(a)平端	(b)研磨平端	(c)研磨方端	(d)方端

	端圈型式			
	平端	研磨平端	方端	研磨方端
總圈數N_f	Na（有效圈）	Na + 1	Na + 2	Na + 2
自由長度L_o	pNa + d	p(Na + 1)	pNa + 3d	pNa + 2d
壓實長度Ls	d(N_f + 1)	dN_f	d(N_f + 1)	dN_f
節距P	(L_o−d)/Na	L_o/(Na + 1)	(L_o−3d)/Na	(L_o−2d)/Na

二、彈簧所受剪應力

螺旋彈簧的靜態負荷如圖 4.2 所示，一螺旋彈簧受一軸向之壓力 F，其截面實際所受之剪應力，以內側 B 點所受之剪應力為最大，其所受之剪應力為扭轉剪應力及橫向剪應力之和，其分析如下：

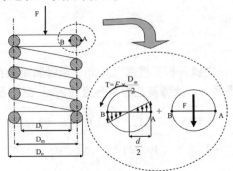

圖 4.2　彈簧截面受力狀況

(一) 視為彎曲所產生之橫向剪應力（不計曲率效應）

橫向剪應力 $\tau_F = \dfrac{4F}{3A} = \dfrac{16F}{3\pi d^2} = \dfrac{16F \times (D_m)}{3\pi d^2} \times \dfrac{d}{D_m} = \dfrac{16F \times (D_m)}{3\pi d^3}(\dfrac{1}{C})$

（其中彈簧指數 $C = \dfrac{D_m}{d}$）

扭轉剪應力 $\tau_T = \dfrac{Tr}{J} = \dfrac{16T}{\pi d^3} = \dfrac{16F \times (\dfrac{D_m}{2})}{\pi d^3}$

總剪應力

$\tau = \tau_F + \tau_T = \dfrac{16F \times (\dfrac{D_m}{2})}{\pi d^3} + \dfrac{16F \times (D_m)}{3\pi d^3} \times (\dfrac{1}{C})$

$= \dfrac{16F \times (\dfrac{D_m}{2})}{\pi d^3}(1 + \dfrac{0.667}{C}) \Rightarrow \tau = K_s \dfrac{16F \times (\dfrac{D_m}{2})}{\pi d^3}$

（其中 $K_s = (1 + \dfrac{0.667}{C})$ 稱之為剪應力修正因數）

(二) 橫向剪應力考慮成平均剪應力（不計曲率效應）

橫向剪應力 $\sigma_F = \dfrac{F}{A} = \dfrac{4F}{\pi d^2} = \dfrac{4F \times (D_m)}{\pi d^3} \times \dfrac{d}{D_m} = \dfrac{4F \times (D_m)}{\pi d^3} \times (\dfrac{1}{C})$

（其中彈簧指數 $C = \dfrac{D_m}{d}$）

扭轉剪應力 $\tau_T = \dfrac{Tr}{J} = \dfrac{16T}{\pi d^3} = \dfrac{16F \times (\dfrac{D_m}{2})}{\pi d^3}$

總剪應力 $\tau = \tau_F + \tau_T$

$= \dfrac{4F \times (D_m)}{\pi d^3} \times (\dfrac{1}{C}) + \dfrac{16F \times (\dfrac{D_m}{2})}{\pi d^3} = \dfrac{16F \times (\dfrac{D_m}{2})}{\pi d^3} (1 + \dfrac{0.5}{C})$

$\Rightarrow \tau = K_s \dfrac{16F \times (\dfrac{D_m}{2})}{\pi d^3} \Rightarrow K_s = (1 + \dfrac{0.5}{C})$

(三) 彈簧較精準之分析（考慮曲率效應）

在內徑處的橫向剪應力為假設均勻分佈所得值的 1.23 倍

橫向剪應 $\tau_F = 1.23 \dfrac{F}{A} = 1.23 \dfrac{4F}{\pi d^2} = 1.23 \times \dfrac{4F \times (D_m)}{\pi d^3} \times (\dfrac{1}{C})$

扭轉剪應力 $\tau_T = \dfrac{Tr}{J} = \dfrac{16T}{\pi d^3} = \dfrac{16F \times (\dfrac{D_m}{2})}{\pi d^3}$

總剪應力 $t = t_F + t_T = \dfrac{16F \times (\dfrac{D_m}{2})}{\pi d^3} + (1 + \dfrac{0.615}{C})$

$\tau = K_s \dfrac{16F \times (\dfrac{D_m}{2})}{\pi d^3} \Rightarrow K_s = (1 + \dfrac{0.615}{C})$

【觀念說明】

(一) 一般彈簧受靜態負荷，均是求最大剪應力，本書剪應力修正因數共有三種，考試時依題意計算，若是無註明，對大多數彈簧而言，C 的範圍為 6～12，曲率效應主要對於彈簧承受疲勞負荷有非常大的影響，但對於靜態負載而言此應力可以忽略，因此若彈簧為靜態負載時，筆者建議可採用教科書 Shigley 的方法，利用將橫向剪應力考慮成平均剪應力進行推導

$$\tau = \frac{16F \times (\frac{D_m}{2})}{\pi d^3}(1+\frac{0.5}{C})，此式也很通用。$$

（教科書Shigley考慮曲率效應之剪應力修正因數本書並未列出）

(二) 彈簧受到靜態或動態負載時，也可採用教科書 Spotts 的算法，考慮曲率效應之

剪應力 $t = \dfrac{16F \times (\frac{D_m}{2})}{\pi d^3}(1+\dfrac{0.615}{C})$ 計算分析較為正確。

(三) (一)、(二)此兩種方法於靜態作用時皆可使用，於動態分析時需依題意計算，若無註明建議採用 Spotts 的算法。

二、彈簧變形量與彈簧常數

當螺旋壓縮彈簧承受一負載，此彈簧的線圈會扭曲及彈簧產生撓度，欲求螺旋彈簧之撓度可用能量法，其分析如下所示：

外力作的功 = 材料之應變能 $\Rightarrow \dfrac{1}{2}F\delta = \dfrac{1}{2}T\theta = \dfrac{1}{2}T \times (\dfrac{TL}{GJ})$

$$\Rightarrow F\delta = T \times (\frac{TL}{GJ}) = \frac{(F \times \frac{D_m}{2})^2 L}{\frac{1}{32}\pi d^4 G}$$

其中 $L = \pi D_m N_{有效}$（$N_{有效}$ 為彈簧之有效圈數）

$$\Rightarrow \delta = \frac{8FD_m^3 \times N_{有效}}{d^4 G} \Rightarrow K = \frac{F}{\delta} = \frac{d^4 G}{8D_m^3 N_{有效}}$$

【觀念說明】

一般彈簧受靜負荷負載,剪應力、變形量及彈簧常數的計算,公式均不需背誦,讀者僅需了解彈簧基本特性,再利用材料力學方式推導即可。

例 4-4

某螺旋彈簧的彈簧常數為 k,在未受力時,其長度為 L。若將此彈簧截去一半,長度只剩 L／2,但螺距與螺旋半徑皆保持不變,試求所剩半截彈簧之彈簧常數。請詳述理由或詳列計算過程。(普考)

解 (1) 外力作的功=材料之應變能

$$\frac{1}{2}F\delta = \frac{1}{2}T\theta = \frac{1}{2}T \times (\frac{T \times L}{GJ})$$

$$\Rightarrow F \times \delta = T \times (\frac{TL}{GJ}) = \frac{(F \times \frac{D_m}{2})^2 L}{\frac{1}{32}\pi d^4 G}$$

$$\Rightarrow \delta = \frac{8FD_m^2 \times L}{\pi d^4 G}$$

$$k = \frac{F}{\delta} = \frac{\pi d^4 G}{8D_m^2 \times L}$$

(2) 又 $L \rightarrow \frac{L}{2}$

$$k_1 = 2 \times (\frac{\pi d^4 G}{8D_m^2 \times L}) = 2k$$

例 4-5

一螺旋彈簧由直徑 4.0mm 之油回火鋼線製成,其外徑為 34mm,當它承受負荷為750N 之疲勞負荷後,產生了 64mm 之撓度,若剪應力修正因數$K_s = (\frac{4C-1}{4C-4} + \frac{0.667}{C})$,且 G=79300MPa,試求出彈簧之最大應力值與作用圈數。

解 (1) d=4mm,D_m=34-4=30mm

$$C = \frac{D_m}{d} = 7.5$$

$$\tau = k_s \times \frac{8FD_m}{\pi d^3} = (\frac{4C-1}{4C-4} + \frac{0.667}{C}) \times \frac{8FD_m}{\pi d^3}$$

$$= (\frac{4 \times 7.5 - 1}{4 \times 7.5 - 4} + \frac{0.667}{7.5}) \times \frac{8 \times 750 \times 30}{\pi \times (4)^3}$$

$$= 1078.16 \, (MPa)$$

(2) $\delta = \frac{8FD_m^3 \times N}{d^4 G} = \frac{8 \times 750 \times 30^3 \times N}{4^4 \times 79300} = 64$

$\Rightarrow N = 8.02$ 圈

例 4-6

一個兩端未修整（plain）之彈簧平均直徑（coil mean diameter）為 15mm，彈簧係數為 1N／mm，彈簧線之剪模數（shear modulus）G=80GPa，最大容許剪應力為 480N／mm²，最大載重為 100N，求彈簧圈數及線徑。

（註：$C = \frac{D_m}{d}$，$k = \dfrac{Gd}{8C^3 N_a (1+\dfrac{0.5}{C})}$，$K = \dfrac{C+0.5}{C}$，$P_{max} = \dfrac{pd^3 t_{max}}{8D_m K}$

上式中 D_m=平均直徑，d 為線徑，N_a 為有效圈數。）（高考）

解 (1) 已知 $D_m = 15mm$，$k = 1N／mm$，$\tau_{max} = 480N／mm^2$

$P_{max} = 100N$，$G = 80Gpa$

$$P_{max} = \frac{\pi d^3 \tau_{max}}{8D_m k} = \frac{\pi d^3 \tau_{max}}{8D_m (C + \dfrac{0.5}{C})} \Rightarrow 100 = \frac{\pi \times d^3 \times 480}{8 \times 15 \times (1 + \dfrac{0.5}{\dfrac{15}{d}})}$$

$\Rightarrow 12000 \, (1 + 0.033d) = \pi \times d^3 \times 480$

利用試誤法求得 d=2.04

(2) $C = \dfrac{D_m}{d} = 7.353$

$$k = \frac{Gd}{8C^3 N_a (1 + \dfrac{0.5}{C^2})} \Rightarrow 1 = \frac{80 \times 10^3 \times 2.04}{8 \times (7.353)^3 \times N_a \times (1 + \dfrac{0.5}{(7.353)^2})}$$

$N_a = 50.84$ 圈

例 4-7

有一螺旋彈簧由琴鋼絲所製成，彈簧的平均圈徑為50mm，有效圈數為10圈，鋼絲的直徑為5mm，琴鋼絲的剛性模數G為80GPa，彈簧受6kg的靜壓負荷時，試求彈簧的撓度及所承受的剪應力。(102地四)

解 $K = \dfrac{d^4G}{8 \times D^3 N_{有效}} = \dfrac{5^4 \times 80 \times 10^3}{8 \times (50)^3 \times 10} = 5(\text{N}/\text{mm})$

$\delta = \dfrac{F}{K} = \dfrac{6 \times 9.81}{5} = 11.772(\text{mm})$

$\tau = \dfrac{F}{A} + \dfrac{T_C}{J} = \dfrac{6 \times 9.81}{\frac{\pi}{4} \times (5)^2} + \dfrac{6 \times 9.81 \times \frac{50}{2} \times 16}{\pi \times (5)^3} = 62.95(\text{MPa})$

例 4-8

在兩同心壓縮彈簧中，較大的外部彈簧是由 38mm 直徑圓桿製成，螺旋外徑為 225mm 有 6 個作用圈。內部彈簧是由 25mm 直徑圓桿製成，螺旋外徑為 140mm 有 9 個作用圈。外部彈簧比內部彈簧的自由高度大 19mm。試求出在 90000 牛頓負荷下，外部和內部每一彈簧的壓縮量（Deflection）及負荷（Load）。（設彈簧 G＝77000MPa）（技師、103地四類題）

解 (1) 先求彈簧常數：

外圈：$K_1 = \dfrac{d_1^4 \times G}{64 \times (R_1)^3 N_1} = \dfrac{(38)^4 \times (77000)}{64 \times (\frac{225-38}{2})^3 \times 6} = 511.5 \text{N}/\text{mm}$

內圈：$K_2 = \dfrac{d_2^4 \times G}{64 \times (R_2)^3 \times N_2} = \dfrac{(25)^4 (77000)}{64 \times (\frac{140-25}{2})^3 \times 9} = 274.7 \text{N}/\text{mm}$

外彈簧先承受 $19 \times 511.5 = 9718.5$N

$\Rightarrow$ 剩下負荷（$900000 - 9718.5$）$= 80281.5$N

由二並聯彈簧承受並聯後的撓度為

$80281.5 = \delta \times (K_1 + K_2) \Rightarrow \delta = 102.1$mm

(2) 外圈撓曲＝$102.1 + 19 = 121.1$mm，外圈負荷＝$511.5 \times 121.1 = 61943$N

(3) 內圈撓曲＝102.1mm，內圈負荷＝28047N

4-3 螺旋彈簧動態強度分析

一、彈簧承受變動負荷設計

(一) 以變動負荷從之小值 F_{min} 至最大值 F_{max}，而交變負載 F_r 及平均負載 F_{av} 分別為 $F_r = \dfrac{(F_{max} - F_{min})}{2}$ 及 $F_{av} = \dfrac{(F_{max} - F_{min})}{2}$。

(二)計算彈簧其截面所受之交變負載剪應力 τ_r 及平均負載 τ_{av}。

(三)再帶入古德曼或是蘇德柏準則計算安全係數。

二、螺旋彈簧材料疲勞試驗

彈簧通常均在有預力的情況下工作，因此在做彈簧材料試驗時，其受力狀況如圖 4.3(c) 所示，以平均應力 τ_{av} 為橫軸，振幅剪應力 τ_r 為縱軸，線段 AD 代表彈簧材料以振動剪力試驗所受之剪應力由 0 至 S_{se} 反覆變動（試驗條件如下圖(a)所示，其中 t 代表時間，τ 代表應力）此時振幅剪應力 $\tau_r =$ 平均剪應力 $\tau_{av} = \dfrac{S_{se}}{2}$，可由 A 點（$\dfrac{S_{se}}{2}$，$\dfrac{S_{se}}{2}$）畫起，再與靜態降伏點 D（$S_{sy}$，0）連線，

可獲的近似破壞線（the line of failure）。

線段 BC 代表壓縮彈簧受到連續性變動負荷（應力變動條件如下圖 (b) 所示，其中 t 代表時間，t 代表應力）的工作應力線（working stressline），表示實際彈簧之剪應力變動曲線，其中 KC 為由曲率引起的應力集中因數（Wahl 因數）$\Rightarrow K_c = \dfrac{4C-1}{4C-4}$（C：彈簧指數），利用圖圖 4.3(c) 中線段 AD 與橫軸所產生的三角形與線段 BC 與橫軸所產生的三角形為相似三角形，由

對應邊的比例關係可得 $\dfrac{K_C \tau_r}{\dfrac{S_{sy}}{FS} - \tau_{av}} = \dfrac{\dfrac{1}{2}S_{se}}{S_y - \dfrac{1}{2}S_{se}}$

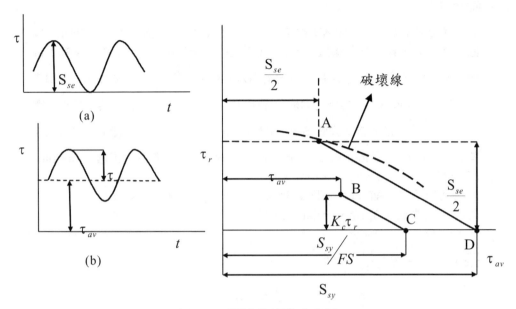

圖 4.3　彈簧動態強度分析

三、彈簧的選用方法

1.彈簧安置空間：彈簧作動的空間，即彈簧長度等。

2.承受的工作負荷與撓度變形的大小：設計目標的訂定，依照不同的限制
選用彈簧材料。

3.彈簧運作空間的環境條件：運作溫度、運作環境是否需耐蝕性或耐熱性等。

4.精確度與可靠度的需求。

5.所需間隙與規格上的容許變異量。

6.成本與批量的要求。

例 4-9

有一螺旋壓縮彈簧，平均圈直徑 D=20mm（公釐），鋼線直徑 d=3mm，線圈數 N=10，兩端無效圈數 Q=2，負荷在 $F_{min}=0$ 與 $F_{max}=60N$（牛頓）間變化。對平均剪應力 τ_m 之校正橫向剪應力因數 $k_s = \dfrac{2C+1}{2C}$，式中 c=彈簧指數（Spring index），對剪應力變化振幅 τ_a 之校正橫向剪應力及應力集中因數 $k_B = \dfrac{4C+2}{4C-3}$。已知抗剪強度 $S_u=150N／mm^2$（牛頓／平方公釐），彈簧剪疲勞限（Torsional endurance limit）$S_e=310N／mm^2$，剪彈性模數（Modulus of rigidity）$G=79,300N／mm^2$。

(1)應用修正古德曼說（Modified Goodman theory）求安全因數 n。

(2)求彈簧常數（Spring constant）k。

解 (1) $C = \dfrac{D_m}{d} = \dfrac{20}{3} = 6.667$

$$F_{av} = \frac{1}{2} \times (F_{max} + F_{min}) = \frac{1}{2} \times (60+0) = 30N$$

$$F_r = \frac{1}{2} \times (F_{max} - F_{min}) = \frac{1}{2} \times (60-0) = 30N$$

$$\tau_{av} = \frac{8F_{av} \times D_m}{\pi d^3} \times k_s = \frac{8 \times 30 \times 20}{\pi \times (3)^3} \times \frac{2 \times 6.67 + 1}{2 \times 6.67} = 60.83 \text{（MPa）}$$

$$\tau_r = \frac{8 \times F_r \times D_m}{\pi d^3} \times k_B = \frac{8 \times 30 \times 20}{\pi \times (3)^3} \times \frac{4 \times 6.67 + 2}{4 \times 6.67 - 3} = 68.543 \text{（MPa）}$$

代入古德曼準則

$$\frac{\tau_{av}}{S_u} + \frac{\tau_r}{S_e} = \frac{1}{n}$$

$$\Rightarrow \frac{60.83}{150} + \frac{68.543}{310} = \frac{1}{n} \Rightarrow n = 1.596$$

(2) 彈簧常數

$$k = \frac{G \times d}{8 \times C^3 \times N_a} = \frac{79300 \times 3}{8 \times (6.67)^3 \times (10-2)}$$

$$= 12.54 \text{（N／mm）}$$

例 4-10

有一螺旋壓縮彈簧，其鋼線直徑為 3mm，線圈為 28mm，有效圈數為 7 圈，受負荷由 0 變化至 60N，線圈材料的抗剪強度（ultimate torsional strength）為 1154 MPa，疲勞限（endurance limit）為 310 MPa，彈簧鋼線剪彈性模數 G＝79.3GPa。請問

(1)彈簧常數（spring rate）K＝？

(2)應用 modified Goodman theory，求疲勞破壞安全係數。（鐵路高員）

解 (1) $D_m = 28mm$，$d = 3mm$，$C = \dfrac{28}{3} = 9.33$

$$k = \frac{d^4 G}{8 \times D_m^3 \times N_{有效}} = \frac{3^4 \times 79.3 \times 10^3}{8 \times (28)^3 \times 7} = 5.225 \text{（N／mm）}$$

(2) $F_{av} = \dfrac{1}{2}(0+60) = 30 \text{（N）}$

$F_r = \dfrac{1}{2} \times (60-0) = 30 \text{（N）}$

$$\tau_{av} = \frac{8 F_{av} \times D_m}{\pi d^3} \times k_s = \frac{8 \times 30 \times 28}{\pi \times 3^3} \times (1 + \frac{0.615}{9.33}) = 84.45 \text{（MPa）}$$

$$\tau_r = \frac{8 \times F_r \times D_m}{\pi d^3} \times k_s = \frac{8 \times 30 \times 28}{\pi \times 3^3} \times (1 + \frac{0.615}{9.33}) = 84.45 \text{（MPa）}$$

$$\frac{\tau_{av}}{S_u} + \frac{k \tau_r}{S_e} = \frac{1}{FS} \Rightarrow FS = 2.89$$

例 4-11

設若如下圖(c)所示，線段 $\overline{AD}$ 代表彈簧材料以振動剪力試驗（試驗條件如下圖(a)所示，其中 t 代表時間，τ 代表應力）所獲得的近似破壞線（the line of failure），線段 $\overline{BC}$ 代表壓縮彈簧受到連續性變動負荷（應力變動條件如下圖(b)所示，其中 t 代表時間，τ 代表應力）的工作應力線（working stress line），試以 τ'_e、τ_{av}、τ_r、τ_{yp}、K_c 以及 F_s 表示出下圖(c)中的 A 點、B 點、C 點以及 D 點的座標，並證明

$$\tau_r = \frac{\tau'_e\,(\tau_{yp} - F_s\tau_{av})}{K_cF_s\,(2\tau_{yp} - \tau'_e)}$$

上式中，τ'_e、τ_{av} 以及 τ_r 如示於圖(a)以及圖(b)，τ_{yp} 代表彈簧材料之剪降伏強度，K_c 代表應力集中因數，F_s 代數安全因數。（技師）

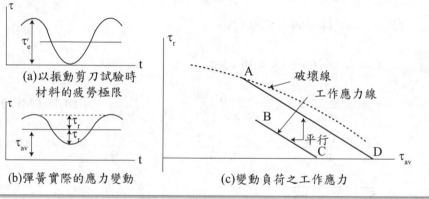

(a)以振動剪刀試驗時材料的疲勞極限

(b)彈簧實際的應力變動

(c)變動負荷之工作應力

解 (1) A 點座標 $\left(\dfrac{1}{2}\tau'_e,\ \dfrac{1}{2}\tau'_e\right)$　　B 點座標 $(\tau_{av},\ k_c\tau_r)$

C 點座標 $\left(\dfrac{\tau_{yp}}{F_s},\ 0\right)$　　　D 點座標 $(\tau_{yp},\ 0)$

(2) 如圖所示△AA'D 相似於△BB'C

$$\frac{\overline{B'C}}{\overline{A'D}} = \frac{\overline{B'B}}{\overline{AA'}} \Rightarrow \frac{\dfrac{\tau_{yp}}{F_s} - \tau_{av}}{\tau_{yp} - \dfrac{1}{2}\tau'_e} = \frac{K_C\tau_r}{\dfrac{1}{2}\tau'_e}$$

$$\tau_r = \frac{1}{K}\left[\frac{1}{2}\tau'_e \times \frac{\dfrac{\tau_{yp}}{F_s} - \tau_{av}}{\tau_{yp} - \dfrac{1}{2}\tau'_e}\right] = \frac{\tau'_e\,(\tau_{yp} - F_s\tau_{av})}{k_cF_s\,(2\tau_{yp} - \tau'_e)}，故得證$$

4-4　其它彈簧設計

彈簧名稱	彈簧公式
平面彈簧	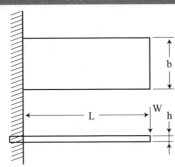 (1)單片式： 最大抗彎應力為 $\sigma = \dfrac{My}{I} = \dfrac{WL\left(\dfrac{h}{2}\right)}{\dfrac{bh^3}{12}} = \dfrac{6WL}{bh^2}$ 最大撓度為 $\delta = \dfrac{WL^3}{3EI} = \dfrac{4WL^3}{bh^3E}$ (2) n 片式（n 片平面彈簧重疊） 最大抗彎應力為 $\sigma = \dfrac{My}{I} = \dfrac{WL\left(\dfrac{h}{2}\right)}{\dfrac{nbh^3}{12}} = \dfrac{6WL}{nbh^2}$ 最大撓度為 $\delta = \dfrac{WL^3}{3nEI} = \dfrac{4WL^3}{nbh^3E}$
扭轉彈簧 **（圓形）**	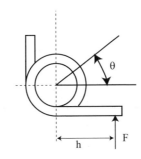 線徑：d、平均直徑 D_m、 彈簧指數：$C = \dfrac{D_m}{d}$ 彎曲角度 $\theta = \dfrac{ML}{EI} = \dfrac{FhL}{EI}$

彈簧名稱	彈簧公式
	因為扭轉後其彈簧平均直徑會改變，因此其中 $L=（\pi D_m N_{有效}）_1=（\pi D_m N_{有效}）_2$ 彎曲應力 $\sigma=K\dfrac{M\times\dfrac{d}{2}}{I}$ 其中 K 為應力集中因數 彈簧內緣 $K=\dfrac{4C^2-C-1}{4C（C-1）}$、彈簧外緣 $K=\dfrac{4C^2+C-1}{4C（C+1）}$ 註：應力集中因數通常題目會給，若無特別註明以彈簧內緣 $K=\dfrac{4C^2-C-1}{4C（C-1）}$ 計算之。
葉片彈簧	若將全長板片標名為 f，分級板標名為 g，且厚度為 h (1)假設應力均勻 $\sigma=\sigma_f=\sigma_g=\dfrac{6FL}{nbh^2}$、$\delta=\dfrac{6FL^3}{nbh^3E}$ (2)假設應力不均勻 $\sigma_f=\dfrac{18FL}{（2n_g+3n_f）bh^2}$、$\sigma_g=\dfrac{2\sigma_f}{3}$ $\delta=\dfrac{12FL^3}{（2n_g+3n_f）bh^3E}$ 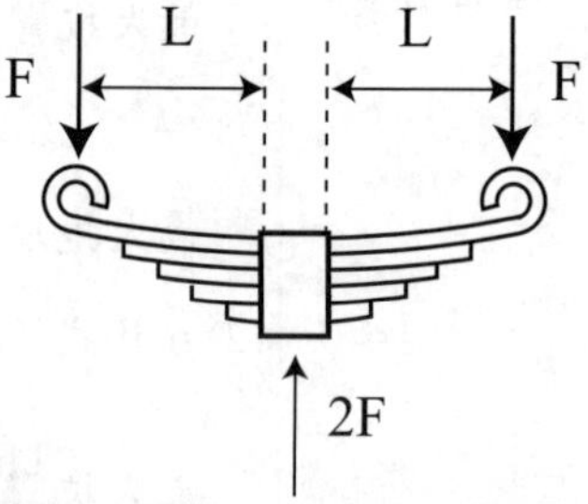
板片彈簧	複合板片彈簧可以視為如圖之簡單懸吊樣式，由三角板切成 n 個寬為 b 的相等長條板，以階梯形式堆疊，在分析複合板片彈簧之前，先考慮單板片懸吊彈簧，此彈簧為固定矩形的截面。矩形截面其寬為 b 而高為 t 時，直樑所受的最大彎應力為 $$\sigma=\dfrac{6M}{bt^2}=\dfrac{6P_x}{bt^2}$$ P_x 為力矩而最大力矩產生於 x＝L 且為截面的外緣部分或 $$\sigma_{max}=\dfrac{6PL}{bt^2}$$ 為了達成此項要求，不管是 t 或是 b 改變，應力為任意 x 之常數值。 $$\dfrac{b(x)}{x}=\dfrac{6P}{t^2\sigma}$$

彈簧名稱	彈簧公式

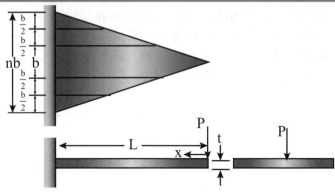

(a) 三角平板彈簧、懸臂樑彈簧

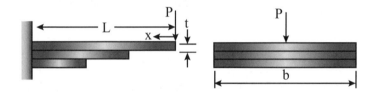

(b) 等效複合板片彈簧

三角平板彈簧與等效之複合板片彈簧擁有相同的應力及變形的特性，但有兩項例外：

1. 複合板片彈簧之內部的摩擦力可提供阻尼。
2. 複合板片彈簧只能承受單一方向的負荷。

理想的板片彈簧之撓度及彈簧率為

$$\delta = \frac{6PL^3}{Enbt^3} \ , \ k = \frac{P}{\delta} = \frac{Enbt^3}{6PL^3}$$

例 **4-12**

有一單板片彈簧如圖所示，當L＝1000mm，
W＝16kg，b＝50mm，h＝6mm 及簧鋼片
之楊氏模數 E＝20000kg／mm² 時，試求彈
簧內所產生之應力及撓度。（普考）

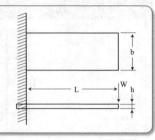

解 $\sigma = \dfrac{My}{I} = \dfrac{W \times L \times \left(\dfrac{h}{2}\right)}{\dfrac{bh^3}{12}} = \dfrac{6WL}{bh^2}$

$\Rightarrow \sigma = \dfrac{6 \times 16 \times 9.81 \times 1000}{50 \times 6^2} = 523.2$（MPa）

$\delta = \dfrac{WL^3}{3EI} = \dfrac{4WL^3}{bh^3E} \Rightarrow \delta = \dfrac{4 \times 16 \times 9.81 \times (1000)^3}{50 \times (6)^3 \times 20000 \times 9.81} = 296.3$（mm）

例 **4-13**

下圖所示為一扭轉彈簧（Torsion spring），該彈簧是由直徑 0.072in.琴鋼
線（Music wire）製成，總共有 4.25 圈。該彈簧之降伏強度為 223kpsi，
彈性模數（Modulus of elasticity，E）為 30Mpsi，剛性模數（Modulus
of rigidity，G為 11.5Mpsi）。（應力集中係數$k_i = \dfrac{4C^2 - C - 1}{4C\,(C - 1)}$）

(1)請計算該彈簧所能承受最大的力矩為何？
(2)相對於(1)在承受最大力矩時，其角位移量為若干？
(3)相對於(1)在承受最大力矩時，該彈簧之內徑減少值為若干？

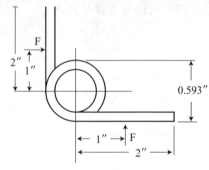

解 (1) 彈簧指數 $C = \dfrac{0.593-0.072}{0.072} = 7.236$

應力集中係數

$k_i = \dfrac{4C^2-C-1}{4C(C-1)} = 1.1147$

$S_y = k_i\sigma = k_i\dfrac{32M}{\pi d^3} \Rightarrow 223\times10^3 = 1.1147\times\dfrac{32M}{\pi\times(0.072)^3}$

$M = 7.33\,\ell b - in$

(2) $\theta = \dfrac{ML}{EI} = \dfrac{M(\pi DN)}{E\times(\dfrac{\pi d^4}{64})} = \dfrac{64MDN}{Ed^4}$

$\Rightarrow \theta = \dfrac{64(7.33)(0.593-0.072)\times(4.25)}{(30\times10^6)(0.072)^4} = 1.288\text{rad}$

(3) $(\pi DN)_1 = (\pi DN)_2$

$\Rightarrow D_2 = \dfrac{D_1 N_1}{N_2} = \dfrac{(0.521)\times(4.25)}{4.25+(\dfrac{1.288}{2\pi})} = 0.497\,(\text{in})$

內徑減少 $D_1 - D_2 = 0.521 - 0.497 = 0.024\,(\text{in})$

例 4-14

有一扭轉彈簧其直徑 1.1mm，其平均螺旋直徑為 22mm，圈數為 400 圈，

基於降伏強度為 126（kgf／mm²）之安全因數為 2，若考慮曲率之應力集

中，彈簧內緣 $K = \dfrac{4C^2-C-1}{4C(C-1)}$，試求：

(1) 彈簧內緣之應力為多少？
(2) 如果自最大應力狀態下放鬆 12 圈，此時彈簧所能作用之扭矩應為
　　若干？（$E = 2.1\times10^4$ kg／mm²）

解 (1) $C = \dfrac{D_m}{d} = \dfrac{22}{11} = 20$

$k = \dfrac{4C^2-C-1}{4C(C-1)} = \dfrac{4\times20^2-20-1}{4\times20\times(20-1)} = 1.039$

$n = \dfrac{S_y}{k\sigma} \Rightarrow k\sigma = \dfrac{126}{2} = 63\,(\text{kg}／\text{mm}^2)$

$\therefore \sigma = \dfrac{63}{1.039} = 60.6\,(\text{kg}／\text{mm}^2)$

(2) $I = \dfrac{\pi}{4} \times r^4 = \dfrac{\pi}{4} \left(\dfrac{d}{2}\right)^4 = \pi/4 \times \left(\dfrac{1.1}{2}\right)^4 = 0.072 \text{mm}^4$

在最大應力時之扭矩

$M = \dfrac{\sigma I}{y} = \dfrac{60.6 \times 0.072}{\dfrac{1.1}{2}} = 7.93 \ (\text{kg-mm})$

$L = \pi D_m N = \pi \times 22 \times 400 = 27646 \ (\text{mm})$

$\theta = \dfrac{ML}{EI} = \dfrac{7.93 \times 27646}{2.1 \times 10^4 \times 0.072} = 145 \text{rad}$

在鬆開 12 圈後之撓角為

$\theta = 145 - 12 \times 2\pi = 69.6 \ (\text{rad})$

此時扭矩

$M = \dfrac{EI\theta}{L} = \dfrac{2.1 \times 10^4 \times 0.072 \times 69.6}{27646} = 3.8 \ (\text{kg-mm})$

精選試題

一　問答題型

1. 選擇避震器用的彈簧，其彈簧常數要以什麼原則來決定？試說明之。（97 普考）

解 彈簧的彈簧常數選擇，必須使得機器與隔振彈簧所組合的合成系統所具有的自然頻率，不等於機器正常運轉下所對應的外力激振頻率，以避免形成共振而使得機器位移振幅太大，同時也可以降低由機器振動傳遞到地面的振動力，以汽機車而言，亦可搭配阻尼形成彈簧阻尼的避震系統。避震系統會對衝擊作緩衝，作用的時間增長，所受的衝擊減少，當彈簧的係數增加大時，乘客會受彈簧力的振動，使乘客感到不適。所以需增加阻尼係數，緩衝彈簧力，並在避震系統中取平衡值，才可以讓乘客得到最佳的舒適度。

2. **盤型彈簧**（Initially coned or Belleville spring）**有一變形區域是屬於非線性表現**，如下圖所示，此非線性區域在機械設計的眼光有何可以利用的地方？（普考）

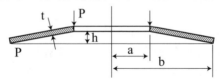

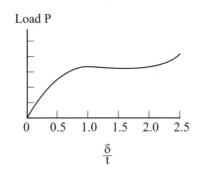

解 盤型彈簧（Initially coned or Belleville spring）有一變形區域是屬於非線性表現，其尺寸可設計成實際上在相當大的撓度下可使負荷維持定值，在某些機械結構上是很有用的特性，占有空間較小，且可利用此特性用於扣緊機構。

3. **彈簧依受外力的形式可分為那四種常見類型，並舉例說明？**（普考）

解 詳見4-1節內容。

4. **在什麼設計情況下要考慮彈簧的自然頻率**（natural frequency）？（普考）

解 當負載消失時，彈簧儲存的位能被釋放而變成動能，持續在某固有頻率下振動之效應稱之為彈簧顫動，若有一外來負載的頻率跟彈簧的固有頻率很接近，它會引致振動幅度增大而產生共振，彈簧容易振動幅度過大而損壞，因此在設計時考慮彈簧的自然頻率（natural frequency），其固有頻率跟外加負載頻率的比值不能等於或接近 1，此比值常建議大於 20，以避免共振情況發生。

5. **壓縮彈簧**（compression spring）**及扭力彈簧**（torsion spring）**的線圈**
 （coils）所承受之應力（stress）**是何種形式（正應力或剪應力）？請分別說**
 明。（鐵路員級）

解 (1) 壓縮彈簧（compression spring）
 螺旋彈簧的靜態負荷如圖所示，一螺旋彈簧受一軸向之壓力 F，其
 截面實際所受之應力為剪應力，以內側 B 點所受之剪應力為最大，
 其所受之剪應力為扭轉剪應力及橫向剪應力之和。

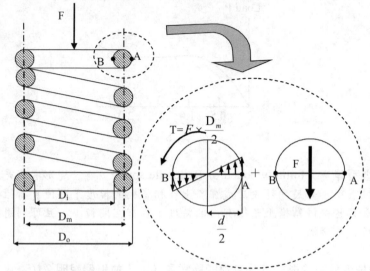

(2) 扭力彈簧（torsion spring）：
 扭力彈簧的靜態負荷如圖所示，一扭力彈簧受負載 F，承受一彎曲力
 矩而在彈簧線圈上形成一抗彎應力產生彎曲應力，其彎曲角度 $\theta = \dfrac{ML}{EI}$

 $= \dfrac{FhL}{I}$，彎曲正應力 $\sigma = k\dfrac{M \times \dfrac{d}{2}}{d}$，其中 K 為應力集中因數。

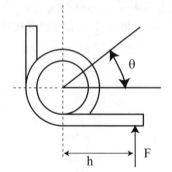

線徑：d、平均直徑 D_m、

彈簧指數：$C = \dfrac{D_m}{d}$

6. **試述進行壓縮螺旋彈簧（Compression helical spring）設計時須考慮的事項與設計步驟。**（高考）

解 (1) 壓縮螺旋彈簧設計時須考慮的事項：
　　A.彈簧必須裝入及操作的空間。
　　B.作用力及撓度之值維持理想的線性。
　　C.所需的準確度及可靠度。
　　D.規格中的公差與容許變化。
　　E.環境狀態，例如溫度及腐蝕性大氣的存在。
　　F.設計材料成本與所需的量。
(2) 設計步驟：
　　A.選擇適合線徑。
　　B.設計彈簧總圈數，包含有效圈數及無效圈數。
　　C.選擇一種材料，並計算其彈簧指數及係數。
　　D.利用此材料之金屬線徑，計算扭轉降伏強度。
　　E.計算彈簧為壓實緊密時所需的最大扭轉應力，並計算彈簧固體長度、自由長度及將彈簧壓到固體長度所需的力。
　　F.計算彈簧常數。
　　G.利用彈簧所希望的操作作用力，計算對應的扭轉力與彈簧的撓度值。

7. **試述進設計螺旋彈簧時（helical spring），試答下列問題：(1)螺旋彈簧之平均直徑為 D，線直徑為 d，彈簧長為 L，若彈簧承受一軸向力 F，試分析彈簧所受應力有哪些？(2)因螺旋彈簧是圓弧形，其曲率（curvature）對螺旋彈簧應力之影響為何？(3)說明螺旋彈簧之設計程式。**（台糖）

解 (1) 詳見4-2節內容。
(2) 由於直線繞成螺旋線後而形成彈簧，彈簧線的曲率增加了彈簧內側的應力，使彈簧內表面產生了非常類似應力集中的效應，但只稍微減少了外側的應力，該曲率應力主要對於彈簧承受疲勞負荷有非常大的影響，對於靜態負載而言此應力可以忽略。
(3) 彈簧設計程序：
　　A.選擇適合線徑。
　　B.設計彈簧總圈數，包含有效圈數及無效圈數。
　　C.選擇一種材料，並計算其彈簧指數及係數。
　　D.利用此材料之金屬線徑，計算扭轉降伏強度。
　　E.計算彈簧為壓實緊密時所需的最大扭轉應力，並計算彈簧固體長度、自由長度及將彈簧壓到固體長度所需的力。
　　F.計算彈簧常數。
　　G.利用彈簧所希望的操作作用力，計算對應的扭轉力與彈簧的撓度值。

8. **請說明螺旋彈簧的最佳設計為何？**

解 螺旋彈簧之合成剪應力 $\tau = \dfrac{16F \times \left(\dfrac{D_m}{2}\right)}{\pi d^3}\left(1 + \dfrac{0.615}{C}\right)$，其中括號內

第一項為扭轉剪應力，第二項為考慮曲率效應之橫向剪應力。若僅考慮扭轉剪應力及有效圈數時，則最佳的彈簧設計即以最節省材料為目的：

(1) 在最小的壓縮情況下，彈簧必須能作用一已知力 F_1。

(2) 在在最大的壓縮情況下，扭轉剪應力必須不超過在安全係數下之所需要的剪應力 τ_2，即 $\tau_2 \le \dfrac{S_y}{FS}$。

(3) 此時若彈簧內作用力 $F_{min} = \dfrac{F_{max}}{2}$、剪應力 $\tau_{min} = \dfrac{\tau_{max}}{2}$、壓縮量。

$\delta_{min} = \dfrac{\delta_{max}}{2}$，彈簧所需的材料為最少，即為彈簧最佳設計。

9. **請說明試以與彈簧的彈性係數 k 有關的四種參數分別說明增大彈性係數的方法。**（原特四等）

解 彈簧的彈性係數 $K = \dfrac{F}{\delta} = \dfrac{d^4 G}{8 D_m^3 N_{有效}}$，若要增大彈簧係數有以下方法：

(1) 可增加彈簧線徑 d。

(2) 使用彈簧剪彈性模數 G 較大之材料。

(3) 減小彈簧平均直徑。

(4) 減少彈簧有效圈數。

10. **何謂彈簧？壓縮彈簧在設計或選用時，應考慮哪些因素)？**（97 台電）

解 (1) 彈簧就是利用彈性材料製造成特種形狀之機件，受力與形變量需成正比（F=KX）。

(2) 壓縮彈簧設計及選用時須考慮的事項:

　　A. 彈簧必須裝入及操作的空間。

　　B. 作用力及撓度之值維持理想的線性。

　　C. 所需的準確度及可靠度。

　　D. 規格中的公差與容許變化。

　　E. 環境狀態，例如溫度及腐蝕性大氣的存在。

　　F. 設計材料成本與所需的量。

11. **試說明彈簧（spring）的用途，並舉例說明其應用。**（地四）

　解 (一) 量測力量：依據虎克定律，伸長量與負荷呈現線比例關係，如彈簧秤。

　　 (二) 吸收震動及衝擊：汽機車之避震器、卡車之板片彈簧、火車之底盤彈簧。

　　 (三) 儲存能量：儲存能量慢慢的釋放或做回復動作，如鐘錶渦旋彈簧及彈珠發球時壓縮彈簧。

　　 (四) 控制機件作動：為使機件保持一定作用力，如使用螺絲調整彈簧長度，控制壓力開關。

12. **一彈簧的彈性常數會受到材料剪力彈性模數、彈簧鋼絲線徑、彈簧外徑以及有線圈數等四個參數影響。如果想要得到彈性常數較高的彈簧，應如何改變這四個參數(如增大那些參數、減小那些參數)？其中又以那些參數影響較大？**(103 原四)

　解 (一) 1. 利用能量法推導出彈性常數

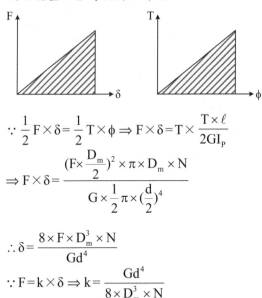

$$\because \frac{1}{2}F \times \delta = \frac{1}{2}T \times \phi \Rightarrow F \times \delta = T \times \frac{T \times \ell}{2GI_p}$$

$$\Rightarrow F \times \delta = \frac{(F \times \frac{D_m}{2})^2 \times \pi \times D_m \times N}{G \times \frac{1}{2}\pi \times (\frac{d}{2})^4}$$

$$\therefore \delta = \frac{8 \times F \times D_m^3 \times N}{Gd^4}$$

$$\because F = k \times \delta \Rightarrow k = \frac{Gd^4}{8 \times D_m^3 \times N}$$

　　 2. 依上式分析，若欲得到彈性常數較高的彈簧需：

　　　 (1)減少彈簧平均直徑(D_m)

　　　 (2)減少彈簧之有效圈數(N)

　　　 (3)增加彈簧線徑(d)

　　　 (4)增加剪力彈性模數(G)

(二) 那些參數影響較大：

　　由上小題可知，在相同材料下（G固定），平均直徑(D_m)和線徑(d)影響較大。

　　P.S.次方數較大

二　普考、四等計算題型

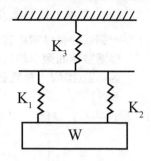

1. 如圖所示之彈簧系統，K 代表彈簧常數，$K_1=12N／m$，$K_2=8N／m$，$K_3=10N／m$，試求組合的彈簧常數？

解 K_1、K_2 並聯

$\Rightarrow K_1+K_2=12+8=20$（N／m）

K_3 與 K_1、K_2 串聯

$$\frac{1}{K}=\frac{1}{K_1+K_2}+\frac{1}{K_3}=\frac{1}{20}+\frac{1}{10} \Rightarrow K=\frac{20}{3}（N／m）$$

2. 一彈簧率 $K_1=12kg／mm$ 之螺旋彈簧 1 裝於一彈簧率 $K_2=7kg／mm$ 的螺旋彈簧 2 上端，成串聯。彈簧總伸長量 $\delta=45mm$。

(1)求各彈簧之伸長量，δ_1 與 δ_2（mm）。

(2)求各彈簧所承受之負載，F_1 與 F_2（kg）。

解 (1) $\dfrac{1}{K}=\dfrac{1}{K_1}+\dfrac{1}{K_2}=\dfrac{1}{12}+\dfrac{1}{7} \Rightarrow k=4.421$

$F=k\delta=4.421\times45=198.945kg$

$\delta_1=\dfrac{F}{K_1}=16.58$（mm）

$\delta_2=\dfrac{F}{K_2}=28.42$（mm）

(2) $F_1=F_2=F=198.945kg$

3. 兩同心螺旋壓縮彈簧，外部的彈簧常數為$428.5kg/cm$，內部彈簧常數為$312.5kg/cm$。外部彈簧較內部彈簧之自由長度長$1.27cm$。設總負荷為$3628kg$，

(一) 試求每一彈簧所支持的負荷？

(二) 試說明一般彈簧材料主要有那些？(103普)

解 (一) 假設內部彈簧k_1變形δ

外部彈簧k_2變形$(1.27+\delta)$

$3628=k_1\delta+(k_2)(1.27+\delta)$

$\qquad=312.5\times\delta+428.5\times(1.27+\delta)$

$\Rightarrow\delta=4.162(cm)$

內部彈簧受力：

$4.162\times312.5=1300(kg)$

外部彈簧受力：

$(1.27+4.162)\times428.5=2327.6(kg)$。

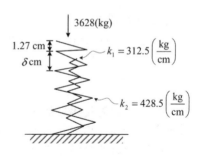

(二) 大都以彈性係數及比例限大的材料製成，需具有高抗拉強度、抗疲勞及耐衝擊等特性，其主要材料有金屬彈簧材料及非金屬彈簧材料，其中金屬彈簧材料又分為鐵金屬彈簧材料及非鐵金屬彈簧材料。

1. 鐵金屬彈簧材料以碳鋼及合金鋼為主，除了以加入矽、錳、鉻等元素以增加彈性疲勞限外，還有使用熱間加工及冷間加工方式得到不同性能，如：琴線鋼、不鏽鋼線、矽錳鋼油、回火彈簧線。

2. 非鐵金屬彈簧材料：銅合金材料、鎳合金材料、鈷合金材料、高鎳銅合金材料。

3. 非金屬彈簧材料主要為橡膠，橡膠彈簧是利用橡膠具有的彈性及內部摩擦。

4. 一螺旋彈簧受負載 $F=120lb$ 時縮短 $\delta=2.5in$。鋼絲之直徑 $d=0.162in$，抗剪彈性係數 $G=11.5\times10^6psi$，彈簧指數 $C=6$，應力修正係數 $K=1+0.615/C$。設彈簧之平均直徑$=D_m$。

(1) 求彈簧之最大剪應力 τ（lb/in^2）。

(2) 求有效圈數 n（圈）。

（$1lb=0.45kg$，$1in=25.4mm$，$1psi=1lb/in^2$）

解 $D_m=C\times d=6\times(0.162)=0.972in$

$k_s=1+\dfrac{0.615}{C}=1+\dfrac{0.615}{6}=1.1025$

(1) 最大剪應力

$$\tau=k_s\frac{16FR}{\pi d^3}=1.1025\times\frac{16\times120\times(\dfrac{0.972}{2})}{\pi\times(0.162)^3}=77023.1（psi）$$

(2) 有效圈數

$$\delta = \frac{8FD_m^3 \times N}{d^4G} = \frac{8 \times 120 \times (0.972)^3 \times N}{(0.162)^4 \times 11.5 \times 10^6} = 2.5$$

$$\Rightarrow N = 22.46 （圈）$$

5. 有一螺旋壓縮彈簧係以線徑為 3.0mm 之琴鋼絲所捲成,有效圈數為 7 圈,其外徑為 28mm,自由長度為 60mm,琴鋼絲的剛性模數 G 為 79.3×10^3MPa,試求壓縮彈簧的彈性係數 k。（95 年原特四等、96 年地特四等）

解 $D_m = D_o - d = 28 - 3 = 25$（mm）

$$k = \frac{d^4G}{8D_m^3N} = \frac{(3)^4 \times 79.3 \times 10^3}{8 \times (25)^3 \times 7} = 7.34 （N／mm）$$

6. 兩同心壓縮彈簧組合,較大者由直徑38mm的圓桿製成,彈簧線圈的外徑為225mm,有效圈數為6。內圈彈簧由直徑25mm的圓桿製成,彈簧線圈的外徑為140mm,有效圈數為9。外圈彈簧的自由長度較內圈彈簧長19mm。試求彈簧上端承受90000N的負荷時,各彈簧的撓度。及外圈與內圈彈簧的負荷。（已知G＝79310psi）(103地四)

解 $G = 79310$ (psi) $= 79310$ ($\ell b/in^2$) $= 546.8$ (MPa)

外簧 $k_1 = \dfrac{d_1^4 \times G}{64(R_1)^3 N_1} = \dfrac{38^4 \times 546.8}{64 \times (\dfrac{225-38}{2})^3 \times 6} = 3.6324$ (N/mm)

內簧 $k_2 = \dfrac{d_2^4 \times G}{64(R_2)^3 N_2} = \dfrac{(25)^4 \times 546.8}{64 \times (\dfrac{140-25}{2})^3 \times 9} = 1.95$ (N/mm)

外簧吸收$19 \times 3.6324 = 69.0156$ (N)

剩下負載$(90000 - 69.0156) = 89930.984$ (N)

$$\delta = \frac{89930.98}{(1.95 + 3.6324)} = 16109.735 \text{ (mm)}$$

外簧撓度$= 8 + 19 = 16128.735$ (mm)

內簧撓度$= 16109.735$ (mm)

外簧負荷$= 3.6324 \times 16128.735 = 58586$ (N)

內簧負荷$= 1.95 \times 16109.735 = 31414$ (N)

檢　討

1. 本題G的值單位給錯了,應該要給Mpa,否則會解出不可思議的答案。
2. 本題機械技師也考過一模一樣之題目,差異在於G值大小。

7. 有一根承受20 N壓縮力的琴鋼絲所捲成之螺旋壓縮彈簧,線徑為3 mm,剛性模數為79×10^3 MPa,彈簧的外徑為28 mm,總圈數為11圈,有效圈數為10圈,自由長度為40 mm,試求彈簧的彈性係數、壓縮後的彈簧長度及壓縮至實長所需的壓縮力。(104鐵員)

解 (一) $K = \dfrac{d^4 G}{8D^3 N} = \dfrac{3^4 \times 79 \times 10^3}{8 \times (25)^3 \times 10} = 5.12(\text{N}\big/\text{mm})$。

(二) $8 = \dfrac{20}{5.12} = 3.9(\text{mm})$。

(三) 壓實長度$= d \times N_t = 3 \times 11 = 33(\text{mm})$

$(40 - 33) = \dfrac{F}{5.12} \Rightarrow F = 35.84(\text{N})$

8. 將彈簧率為10N/mm的螺旋彈簧,裝於彈簧率為7N/mm的另一彈簧上。當總撓度為50 mm 時,試求所需之施力P。

解 此為串聯彈簧,等效彈簧常數為

$\dfrac{1}{k} = \dfrac{1}{k_1} + \dfrac{1}{k_2} = \dfrac{1}{10} + \dfrac{1}{7} = \dfrac{17}{70}$

所需之施力$P = K\delta = \dfrac{70}{17} \times 50 = 205.9PN$

9. 如圖所示之圓形鋼質扭力桿,其直徑為 8mm,在距離固定端500mm 處承受600N-mm 之扭矩。試求此扭力桿之扭轉角度及表面之剪應力各為多少?其相對應之彈簧率(spring rate)為若干?材料之剪力模數 G=3000MPa (地特四等)

解 $\tau = \dfrac{16T}{\pi d^3} = \dfrac{16 \times 600}{\pi \times (8)^3} = 5.97$(MPa)

$\theta = \dfrac{T \times L}{GJ} = \dfrac{600 \times 500}{3000 \times \dfrac{\pi}{2} \times \left(\dfrac{8}{2}\right)^4} = 0.2487$(rad)

$k = \dfrac{T}{\theta} = \dfrac{600}{0.2487} = 2412.74$

10. 有一螺旋彈簧之線徑為5 mm，螺圈直徑為100 mm，此彈簧之剪彈性模數為80000 MPa，允許之最大剪應力為600 MPa，欲設計彈性係數為1000N/m之彈簧，試問螺圈彈簧之有效圈數為何。

$$\left(\text{其中}k=\frac{Gd}{8c^3Na\left[1+\dfrac{0.5}{c}\right]}\right)$$

解 因$c=\dfrac{D}{d}=20$

推得彈性係數為

$$k=\frac{Gd}{8c^3Na\left[1+\dfrac{0.5}{c}\right]}$$

$$1000=\frac{8\times10^{10}\times0.005}{8\times20^3Na\left[1+\dfrac{0.5}{20}\right]}$$

$$N_a=6.24（圈）$$

11. 圖中假設桿為無重量的剛體，而且在左端的鉸接無摩擦。每個彈簧均由d＝3.429mm鋼線繞成，作用圈數為10，彈簧指數為5。在桿維持水平時，彈簧中無應力。試求各彈簧承受的負荷及撓度。

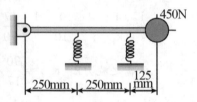

解 設左、右兩彈簧之受力分別為P_1及P_2，撓度分別為δ_1及δ_2

$$\frac{P_1}{\delta_1}=\frac{P_2}{\delta_2}，\frac{P_1}{P_2}=\frac{\delta_1}{\delta_2}　又\frac{\delta_2}{\delta_1}=\frac{500}{250}=2，\therefore P_2=2P_1$$

對左側接頭取力矩平衡：

$$450\times625=500(2P_1)+250P_1，得P_1=225N，P_2=450N$$

$$\delta_1=\frac{8P_1D^3N}{Gd^4}=\frac{8(225)(5\times3.429)^3(10)}{79,300(3.429)^4}=8.27mm$$

$$\delta_2=2\delta_1=16.54mm$$

12 一螺旋壓縮彈簧（helical compression spring）需被置入於一直徑為52mm之柱型空孔內，且彈簧周圍與孔壁間皆須保持2mm之空隙，此彈簧將承受600N到1.2kN之反覆變動負載，於此負載下彈簧之長度變化為25mm，因反覆次數（cycles）不多，故不需考慮疲勞破壞問題。彈簧兩端為封閉並輪磨（squared and ground），材料之剪力模數為80 GPa，彈簧指數（spring index）C＝7，安全係數訂為1.25。
(1)請決定彈簧之平均線圈直徑（mean coil diameter）。
(2)請決定彈簧之總圈數。（普考）

解 (1) $C = \dfrac{Dm}{d} = \dfrac{(52-2\times 2)-d}{d} = 7 \Rightarrow d = 6(mm)$

(2) $k = \dfrac{1200-600}{25} = 24(N/mm)$

$k = \dfrac{Gd^4}{8Dm^3N} \Rightarrow 24 = \dfrac{80\times 10^3 \times (6)^4}{8\times (42)^3 \times N}$

$\Rightarrow N = 7.29$圈
總圈數＝N＋2＝9.29圈

三　高考、三等計算題型

1. 有一端部未處理之螺旋壓縮彈簧（helical compression spring with plain ends），當其受力 F 作用使其內部之最大剪應力剛好等於其剪降伏強度（shear yield strength），此時彈簧撓度（deflection）為 y。若於後續生產此彈簧時不慎將其節矩（pitch）由原先的P增加成為 1.2P，而彈簧材料、平均線圈直徑（mean coil diameter）、線徑（wire diameter）及有效線圈數（number of active coils）均維持不變，請問於受相同力 F 作用時，此時彈簧撓度為何？（台酒）

解 外力作功＝材料之應變能

$\dfrac{1}{2}Fy = \dfrac{1}{2}T\theta = \dfrac{1}{2}\times T \times (\dfrac{TL}{GJ})$

$\Rightarrow Fy = T\times (\dfrac{T\times L}{GJ}) = \dfrac{(F\times \dfrac{D_m}{2})^2 \times L}{\dfrac{1}{32}\pi d^4 G}$

$\Rightarrow y = \dfrac{8F\times D_m^2 \times L}{\pi d^4 G} = \dfrac{8FD_m^3 \times N_{有效}}{d^4 G}$

彈簧撓度與彈簧節矩 P 無關，若彈簧材料 G、D_m·d、$N_{有效}$、F 均相同，則彈簧撓度 y 不會改變。

2. 在兩同心壓縮彈簧，內部較小的彈簧線徑 3.2mm，線外徑 13mm，且有個 11 個作用圈，其外部較大彈簧線徑 6.3mm，線外徑 28mm，有 6 個作用圈，外部彈簧比內部彈簧的自由高度高 5 mm，當兩同心壓縮螺旋彈簧承受 4000N 負荷時，試求內外彈簧之剪應力（設彈簧 G＝77000MPa）。

解　$D_1＝D_{o1}－d_1＝13－3.2＝9.8$（mm）
$D_2＝D_{o2}－d_2＝28－6.3＝21.7$（mm）

內簧：

$$k_1＝\frac{(d_1)^4 \times G}{64 \times (\frac{D_1}{2})^3 \times N_1}＝\frac{(3.2)^4 \times 77000}{64 \times (\frac{9.8}{2})^3 \times 11}＝94.483（N／mm）$$

外簧：

$$k_2＝\frac{(d_2)^4 \times G}{64 \times (\frac{D_1}{2})^3 \times N_2}＝\frac{(6.3)^4 \times 77000}{64 \times (\frac{21.7}{2})^3 \times 6}＝247.3（N／mm）$$

外簧吸收 $5 \times 247.3＝1236.5$（N）
剩下負荷 $(4000－1236.5)＝2763.5$（N）
$2763.5＝\delta (k_1＋k_2)＝\delta (94.483＋247.3) \Rightarrow \delta＝8.086$（mm）
外簧負重 $F_2＝(8.086＋5) \times 247.3＝3236.05$（N）
內簧負重 $F_1＝8.086 \times 94.483＝763.95$（N）

$$\tau_1＝\frac{8 \times F_1 D_1}{\pi d_1^3} \times (1＋\frac{0.615}{C})$$

$$＝\frac{8 \times 763.95 \times 9.8}{\pi \times (3.2)^3} \times (1＋\frac{0.615}{\frac{9.8}{3.2}})＝698.65（MPa）$$

$$\tau_2＝\frac{8 \times F_2 D_2}{\pi d_2^3} \times (1＋\frac{0.615}{C})＝\frac{8 \times 3236.05 \times 21.7}{\pi \times (6.3)^3} \times (1＋\frac{0.615}{\frac{21.7}{6.3}})$$

$$＝842.83（MPa）$$

3. 有一螺旋彈簧（Helical spring）之尺寸為外徑（D）50mm，長度 120mm，彈簧之線徑（d）為 3.4mm，有效圈數（Number of active coils）N 為 13 圈，彈簧線之剪力模數 G（Shear modulus）為 80Gpa。求將彈簧壓到使每一圈彈簧線都接觸時之外力大小。（地特三等）

解　彈簧壓實長度 $L_1＝(N＋1) \times d＝14 \times 3.4＝47.6$（mm）
$D_m＝D－d＝50－3.4＝46.6$（mm）

$$k=\frac{d^4G}{8D_m^3N_{有效}}=\frac{(3.4)^4\times80\times10^3}{8\times(46.6)^3\times13}=1.016\,(\text{N}/\text{mm})$$

$$F=k\delta=1.016\times(120-47.6)=73.56\,(\text{N})$$

4. 一螺旋彈簧由剪應變係數 G 的鋼線所製成,作用圈數 N 圈,鋼線直徑 d,彈簧直徑 D,受荷重 F,鋼線內最大剪應力為 τ,推導出(1)τ 為 F,d,D 的函數關係。沃爾修正因子(Wahl correction factor)設為 1,(2)再推導出彈簧常數 k 為 G,d,D,N 的函數關係(地特三等)

解 (1) 橫向剪應力 $\tau_F=\dfrac{F}{A}=\dfrac{4F}{\pi d^2}$

扭轉剪應力 $\tau_T=\dfrac{Tr}{J}=\dfrac{16T}{\pi d^3}=\dfrac{8F\times D}{\pi d^3}$

總剪應力 $\tau=\tau_F+\tau_T=\dfrac{4F}{\pi d^2}+\dfrac{8F\times D}{\pi d^3}$

(2) 外力作的功=材料之應變能 $\Rightarrow\dfrac{1}{2}F\delta=\dfrac{1}{2}T\theta=\dfrac{1}{2}T\times\left(\dfrac{TL}{GJ}\right)$

$$\Rightarrow F\delta=T\times\left(\dfrac{TL}{GJ}\right)=\dfrac{(F*\dfrac{D}{2})^2L}{\dfrac{1}{32}\pi d^3G}$$

其中 $L=\pi DN\Rightarrow\delta=\dfrac{8FD^3\times N}{d^4G}\Rightarrow K=\dfrac{F}{\delta}=\dfrac{d^4G}{8D^3}\,N$

5. 一螺旋壓縮彈簧之外徑 $D_0=0.5\text{in}$,彈簧線直徑 $d=0.1\text{in}$,直徑之有效圈數 $N_a=10$,應力集中係數 $K_s=(2C+1)/2C$,剪彈性模數 $G=11.5\times10^6\text{psi}$,剪降伏強度 $S_{sy}=150\text{kpsi}$,有一靜態的負荷 F 作用於彈簧上,請問當彈簧之壓縮量 δ 等於多少時,彈簧開始降伏(yielding)?

解 $D_m=D_o-d=0.4\text{in}\Rightarrow C=\dfrac{D_m}{d}=4$

$$\tau=k_s\times\dfrac{8FD_m}{\pi d^3}=\dfrac{2\times4+1}{2\times4^3}\times\dfrac{8\times F\times0.4}{\pi\times(0.1)^3}=150\times10^3$$

$$\Rightarrow F=130.9\ell b$$

$$\delta=\dfrac{8\times F\times D_m^3\times N_{有效}}{d^4G}=\dfrac{8\times130.9\times(0.4)^3\times10}{(0.1)^4\times11.5\times10^6}=0.583\,(\text{in})$$

6. 有一由6mm鋼線製成的螺旋彈簧,彈簧指數為6,最大應力為400MPa。當彈簧承受靜負荷由最壓縮位置放鬆10mm時,須能產生600N的力,試求所需的作用圈數。G=79,300MPa

解 由 $\tau_{max} = \dfrac{8PD}{\pi d^3}\left(1+\dfrac{0.615}{C}\right)$ 及D=c×d=6×6=36mm

$$400 = \dfrac{8P \times 36}{\pi(6)^3}\left(1+\dfrac{0.615}{6}\right) \text{,得P=855N}$$

設彈簧使用於線彈性範圍內,則彈簧受力與撓度成正比

$$\dfrac{855}{600} = \dfrac{\delta_{max}}{\delta_{max}-10} \text{,得} \delta_{max}=33.5mm$$

依 $N = \dfrac{\delta Gd^4}{8PD^3} = \dfrac{\delta_{max}Gd^4}{8P_{max}D^3} \Rightarrow N = \dfrac{33.5 \times 79,300 \times 6^4}{8 \times 855 \times 36^3} = 10.8$圈

7. 相同材料之兩同心彈簧如圖一所示,內側彈簧之有效圈數$N_1=10$且$D_1=70mm$、$d_1=8mm$。外側彈簧之有效圈數$N_2=7$且$D_2=100mm$、$d_2=12mm$,兩彈簧之實體長度(solid length)一樣。若彈簧承受壓負載P=4,900N的作用下,試求兩彈簧各別之應力。(機械技師)

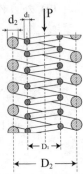

解 由於兩彈簧之高度相同,因此承受負荷後之撓度也相同

$$\delta = \dfrac{8P_1D_1^3N_1}{Gd_1^4} = \dfrac{8P_2D_2^3N_2}{Gd_2^4}$$

$$\dfrac{P_2}{P_1} = \left(\dfrac{D_1}{D_2}\right)^3 \times \left(\dfrac{d_2}{d_1}\right)^4 \times \left(\dfrac{N_1}{N_2}\right) = \left(\dfrac{70}{100}\right)^3 \times \left(\dfrac{12}{8}\right)^4 \times \dfrac{10}{7} = 2.48 \cdots\cdots(1)$$

又$P_1+P_2=4,900N\cdots\cdots(2)$

解 兩式,得$P_1=1,408N$,$P_2=3,492N$

$$C_1 = \dfrac{D_1}{d_1} = 8.75 \text{,} K_1 = 1+\dfrac{0.615}{C_1} = 1.070$$

$$C_2 = \dfrac{D_2}{d_2} = 8.33 \text{,} K_2 = 1+\dfrac{0.615}{C_2} = 1.074$$

$$\therefore \tau_1 = K_1 \frac{8P_1D_1}{\pi d_1^3} = (1.070)\frac{8 \times 1,408 \times 70}{\pi(8)^3} = 524.5\text{MPa}$$

$$\tau_2 = K_2 \frac{8P_2D_2}{\pi d_2^3} = (1.074)\frac{8 \times 3,492 \times 100}{\pi(12)^3} = 552.7\text{MPa}$$

8. 一彈簧其材料為 No.4 回火碳鋼絲（d_w=0.2253in，τ_y=84,600psi），其彈簧指數（Spring index）c=5，該彈簧承受一平均負載 F_{ave}=125lb，若安全係數為 1.4，剪應力之疲勞極限 τ_e=41,360psi。試求其負載幅度及最大、最小之負載。疲勞破壞理論以索德堡理論（Soderberg theory）計算，應力修正係數

K=$\dfrac{4c-1}{4c-4}$。

解 $C=5=\dfrac{D_m}{d}=\dfrac{D_m}{0.2253} \Rightarrow D_m = 1.1265$

$\tau_{av} = (\dfrac{\delta F_{av} \times D_m}{\pi d^3}) = \dfrac{8 \times 125 \times 1.1265}{\pi \times (0.2253)^3} = 31354.35$（psi）

$k=\dfrac{4C-1}{4C-4}=1.1875$

代入 Soder berg theory

$\dfrac{\tau_{av}}{\tau_y} + \dfrac{k\tau_r}{\tau_e} = \dfrac{1}{Fs} \Rightarrow \dfrac{31354.35}{84600} + \dfrac{1.1875 \times \tau_r}{41360} = \dfrac{1}{1.4}$

$\tau_r = 11969.75$（psi）

$\tau_r = \dfrac{F_r \times D_m}{\pi d^3} = \dfrac{8 \times F_r \times 1.1265}{\pi \times (0.2253)^3} = 11969.75 \Rightarrow F_r = 47.72$（ℓb）

$F_{av} = 125 = \dfrac{1}{2}(F_{max} + F_{min})$ ……①

$F_r = 47.72 = \dfrac{1}{2}(F_{max} - F_{min})$ ……②

由①②可得

$F_{max} = 172.72$（psi）、$F_{min} = 77.28$（psi）

9. 有一扭轉彈簧，其平均螺旋直徑為 0.75in，螺旋線圈直徑為 0.054in 圈數為 420 圈，基於降伏強度之安全因數為 2.5，試求彈簧內緣之容許最大扭矩及最大扭矩作用下之角變形量？

（S_y=202400psi、彈簧內緣 $K=\dfrac{4C^2-C-1}{4C（C-1）}$、$E=2.85\times10^7$psi）

解 (1) $C=\dfrac{D_m}{d}=\dfrac{0.75}{0.054}=13.89$

$k=\dfrac{4\times（13.89）^2-13.89-15}{4\times13.89（13.89-1）}=1.0567$

$\sigma=k\times\dfrac{My}{I}=k\times\dfrac{32M}{\pi d^3}=1.0567\times\dfrac{32M}{\pi}\times（0.054）^3=68355.039M$

$n=\dfrac{S_y}{\sigma}=2.5=\dfrac{202400}{68355.039M}\Rightarrow M=1.184（\ell b-in）$

(2) $\theta=\dfrac{ML}{EI}=\dfrac{1.184\times（\pi\times0.75\times420）}{2.85\times10^7\times\dfrac{\pi}{4}\times（\dfrac{0.054}{2}）^4}=98.5rad$

10. 一鋼螺旋彈簧的最大和最小靜負荷分別為 380N 和 320N。此負荷發生 6mm 曲率變化。彈簧指數為8，最大應力為 480MPa。試求 d 的理論值。並求 R 和 N。

解 $\tau=\dfrac{7Pc}{\pi d^2}（1+\dfrac{0.615}{c}）$

$480=\dfrac{8(380)(8)}{\pi d^2}（1+\dfrac{0.615}{8}）\Rightarrow d=4.17（mm）$

$k=\dfrac{P_2-P_1}{\delta_2-\delta_1}=\dfrac{60}{6}=10$

但 $k=\dfrac{Gd}{8c^3N_e}\Rightarrow N=\dfrac{(79300)(4.17)}{8(8)^3(10)}=8.07（圈）$

$c=8=\dfrac{2R}{d}\Rightarrow R=\dfrac{8d}{2}=16.7（mm）$

11. 試設計一螺旋壓縮彈簧，當所受之外力由 22kg 增加至 34kg 時，彈簧之長度由 75mm 變化至 60mm，若設定彈簧之節圓直徑 D＝110mm，端圈為方端且磨平（squared and ground），$N_a=N_t-2$，$h_s=N_td$。當彈簧被壓實後，其剪應力不得超過 40kg/mm²，長度不得大於 60mm，已知 G＝8300 kg/mm²。請問

(一)線徑 d＝7mm 鋼絲，是否能符合上述要求？

(二)線徑 d＝8mm 鋼絲，是否能符合上述要求？

註：$K=\dfrac{Gd^4}{8D^3N_a}$，$\tau=\dfrac{8PD}{\pi d^3}(1+\dfrac{0.5}{C})$，$C=\dfrac{D}{d}$

N_a：有效圈數，h_s：彈簧壓實後長度，N_t：總圈數（高考）

解 (一) d＝7mm 時，$\tau=\dfrac{8\times34\times110}{\pi\times(7)^3}(1+\dfrac{0.5}{\frac{110}{7}})=28.65$（kg／mm^2）

自由度 $L=75+\dfrac{22}{0.8}=102.5<40$（kg／mm^2）

$K=\dfrac{34\text{-}22}{75\text{-}60}=0.8$

$K=0.8=\dfrac{Gd^4}{8D^3N_a}=\dfrac{8300\times(7)^4}{8\times(110)^3N_a}\Rightarrow N_a=2.339$

$N_t=2.339+2=4.339$

$h_s=4.339\times7=30.375<60$（mm）

彈簧壓實時 $P=k\delta=0.8\times(102.5\text{-}35)=54$（kg）

代回 $\tau=\dfrac{8\times54\times100}{\pi\times(7)^3}(1+\dfrac{0.5}{15.71})=45.5740(\text{kg}/\text{mm}^2)$

故 d＝7mm 時不符合上述要求

(二) d＝8mm 時，$\tau=\dfrac{8\times34\times110}{\pi\times(8)^3}\times(1+\dfrac{0.5}{\frac{110}{8}})=19.19$（kg／mm^2）

<40（kg／mm^2）

$K=0.8=\dfrac{Gd^4}{8D^3N_a}=\dfrac{8300\times(8)^4}{8\times(110)^3\times Na}$ c $Na=4$

$N_t=4+2=6$

$h_s=6\times8=48mm<60$（mm）

彈簧壓實時 $P=k\delta=0.8(102.5-48)=43.6$（kg）

代回 $\tau=\dfrac{8\times43.6\times110}{\pi\times8^3}(1+\dfrac{0.5}{13.75})=24.72>40$（kg／mm^2）

故 d＝8mm 時可符合上述要求

12. 有一螺旋壓縮彈簧係以線徑為2.0mm之琴鋼絲所捲成，外徑為22mm，總圈數為8.5圈，有效圈數為7.5圈，琴鋼絲的剛性模數G為79.3×10³MPa。當彈簧從自由長度壓縮至實長(Solid lenth)時，所受的剪應力不得超過琴鋼絲的扭轉降伏強度(Torsional yielding strength) 591MPa，試求：

(一)該彈簧從自由長度壓縮至實長所需的力

(二)彈簧係數k

(三)該彈簧的自由長度

(四)該彈簧的節距（高考）

解 (一) $F=\dfrac{\pi d^3 \tau}{8D_m}\times(1+\dfrac{0.615}{C})=\dfrac{\pi\times2^3\times591}{8\times1.06\times20}=87.58$

(二) $k=\dfrac{d^4\times G}{8\times D_m^3\times N}=\dfrac{2^4\times(79.3\times10^3)}{8\times20^3\times7.5}=2.643(\text{N/mm})$

(三) $L=N\times d+\dfrac{F_1}{k}=8.5\times2+\dfrac{87.58}{2.643}=50.13(\text{mm})$

(四) $P=\dfrac{50.13}{8.5}=5.9(\text{mm})$

13. 右圖所示為一扭力彈簧（Torsion Spring），該彈簧是由直徑1.80 mm的琴鋼線（Music Wire）製成，總共有4.25圈。該彈簧的降伏強度$S_y = 1537$ MPa，彈性模數（Modulus of Elasticity）E = 207 GPa，剛性模數（Modulus of Rigidity）G = 79.3 GPa；應力集中係數$K_i=(4C^2\text{-}C\text{-}1)/(4C(C\text{-}1))$。請計算該彈簧所能承受的最大負荷F為何？（右圖僅為示意，尺寸大小未按比例。）（101專利商標審查特考）

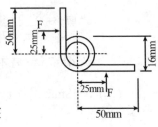

解 C=7.89，K_i=1.10425

$\sigma=\dfrac{My}{I}k_i=\sigma=\dfrac{32M}{\pi d^3}k_i$

$\Rightarrow1537=\dfrac{32M}{\pi(1.8)^3}1.0425\Rightarrow M=796.94$ (N-mm)

故F=31.88(N)

第5章 螺旋

頻出度B：依據出題頻率分為：A頻率高、B頻率中、C頻率低

課前導讀

1. 螺旋基本原理
    (1) 螺旋原理　　　　　　　　(2) 螺紋各部位名稱、分類及功用
    (3) 螺紋的標註
2. 螺栓強度設計
    (1) 螺栓靜態強度設計　　　　(2) 螺栓有受預拉力
    (3) 螺栓有受預拉力之動態分析
3. 螺栓偏心負荷設計
    (1) 螺旋動力傳遞　　　　　　(2) 機械利益與機械效率
    (3) 螺旋傳動斜面原理

重點內容

5-1 螺旋基本原理

一、螺旋原理

如圖 5.1 螺旋為斜面之應用，將一直角三角形圍繞圓柱體，則斜邊為螺旋線（Helix），直股為螺旋之導程，而斜面的傾斜角為導程角 α，β 稱為螺旋角則 $\tan\beta = \dfrac{\pi d_1}{L}$、$\tan\alpha = \dfrac{L}{\pi d_1}$。

二、螺紋各部位名稱

(一) **陽螺紋**：又稱「外螺紋」，在圓柱或圓錐機件外表面製成之螺紋。

(二) **陰螺紋**：又稱「內螺紋」，機件內孔之螺紋。

(三) **大徑 d_o**：又稱「公稱直徑」，外螺紋牙頂相重合的假想圓柱面直徑，螺紋之最大直徑，陽螺紋時稱為「外徑」，陰螺紋時稱為「全徑」。

(四) **小徑 d_i**：又稱「根徑」，與外螺紋牙底相重合的假想圓柱面直徑，螺紋最小直徑，在強度計算中作危險剖面的計算直徑，陽螺紋時稱為「底徑」，陰螺紋時稱為「內徑」。

(五) **節圓直徑 d_m**：簡稱「節徑」，大徑與小徑間的假想直徑，為螺紋配合時，接觸點所形成的直徑，約略等於螺紋平均直徑。

(六) **牙峰**：螺紋之頂部。

(七) **節距**：螺紋牙上任一點到相鄰螺牙上之同對應點在軸上的距離，以 P 表示。

(八) **導程**：螺紋旋轉一圈，沿軸線所移動的螺距＝螺紋線數×節距。

(九) **牙角**：又稱螺紋角，是螺紋兩邊的夾角。

(十) **導程角**：節徑上螺旋線之切線與軸心垂直線所夾的角。

(十一) **螺旋角**：節徑上螺旋線之切線與軸心線所夾的角。

(十二) **牙深**：牙頂到牙底的垂直距離。

(十三) **牙頂**：又稱牙峰，螺紋外徑上之螺紋面。

(十四) **牙根**：螺紋底徑上之螺紋面。

(十五) **牙腹**：牙頂與牙根連結之牙面。

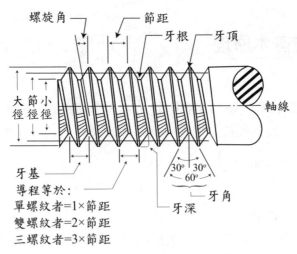

圖 5.1　螺旋各部分之名稱

三、螺紋的功用

(一) 連接及固定機件
用於連接兩個或兩個以上的機件,使其緊密接合。此類螺紋具有高強度、低效率,故大多用 V 型螺紋。

(二) 傳達運動或動力
利用螺旋來傳達運動或動力,採用之螺旋效率越高越好,才能使機械利益增大。一般以滾珠螺紋效率最佳,方螺紋其次,斜方、梯形螺紋再次之。

(三) 調整機件位置
利用螺紋來調整位置,改變效果。如機車利用螺旋調整鍊條之鬆緊,車床之刀座利用螺旋來調整進刀量之大小。

(四) 尺寸量測
如螺旋測微器(分厘卡),利用精確之螺桿,使其旋轉一周即前進一個導程,藉以測定尺寸。

四、螺紋的分類

(一) 依螺紋繞軸方向及依螺紋線數分類

螺紋的種類	說明	圖示
依螺紋繞軸方向	右旋螺紋:以「R」表示,由側面看,螺紋自右向左下傾斜者,或螺桿依順時針方向旋轉向下者。(若未特別註明,即為右旋螺紋)	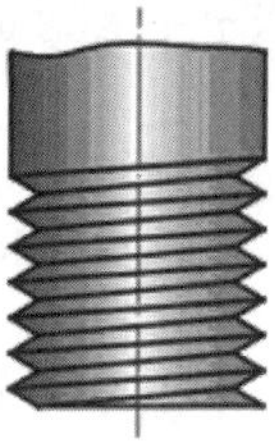
	左旋螺紋:以「L」表示,由側面看,螺紋自左向右下傾斜者,或螺桿依逆時針方向旋轉向下者。	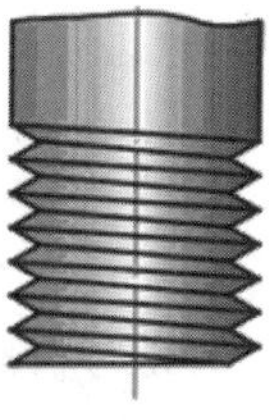

螺紋的種類	說明	圖示
依螺紋線數	單線螺紋：螺紋旋轉一周，軸線前進或後退一個螺距，導程等於螺距。	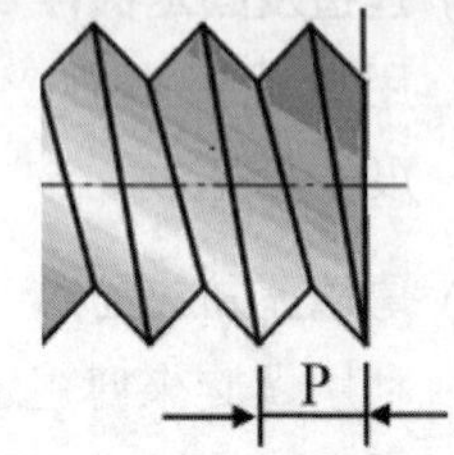
	複線螺紋：螺紋旋轉一周，軸線前進或後退 n 個螺距（n 表螺線數），導程與螺距關係 L=nP，螺旋線相隔角度 $\theta = \dfrac{360°}{n}$ 。	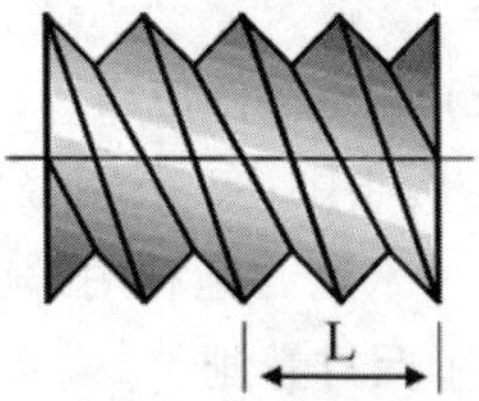

(二) 依螺紋功用分類

1. 連接用螺紋

螺紋	說明	圖示
尖 V 型螺紋	1. 螺峰及螺根呈尖 V 形，螺紋角 60°，強度差，容易損壞。 2. 不易使用螺絲攻及螺絲模製造。 3. 僅用於永久接合，防漏接合及機件精密調節時使用。	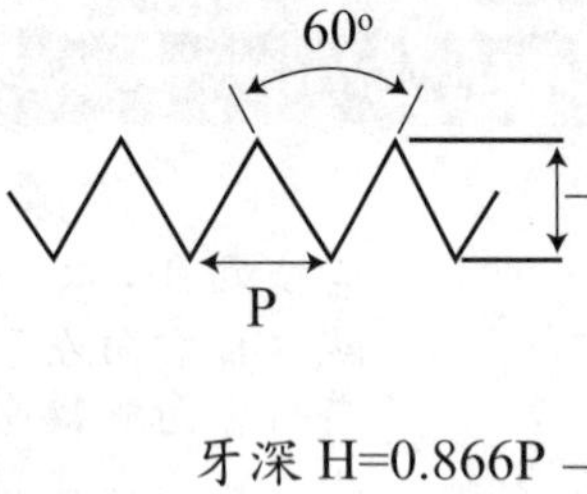
美國標準螺紋	1. 尖 V 型螺紋之改良，螺紋峰與根均製成 $\dfrac{1}{8}$ P 寬的平面。 2. 製造容易，螺紋角 60°，牙深 =H- $2 \times \dfrac{H}{8}$ =0.6495P。 3. 分為粗螺紋（NC）、細螺紋（NF）及特細螺紋（NEF）三級。	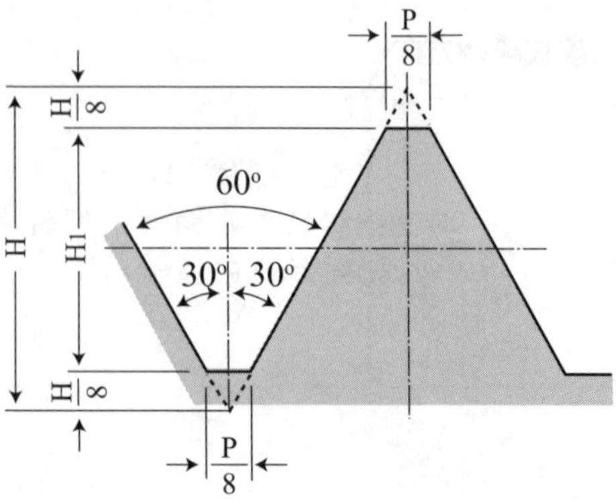

螺紋	說明	圖示
統一標準螺紋	1. 基本上由美國螺紋所構成，牙根製成圓弧以增加螺紋強度。 2. 牙峰製成平面或圓弧，螺紋角為 60°，分為粗螺紋（UNC）、細螺紋（UNF）及特細螺紋（UNEF）三級。 3. 外螺紋牙深 $=0.6134P$，內螺紋牙深 $= 0.54125P$	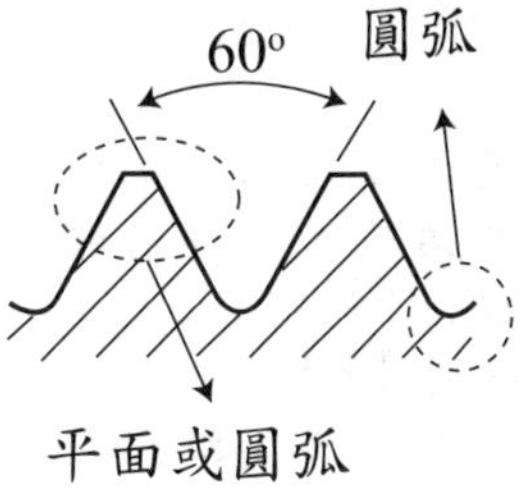
國際公制標準 (SI螺紋)	1. 我國訂此制為 CNS 標準，牙根製成圓弧以增加螺紋強度。 2. 螺峰為平面，寬度為 $\frac{1}{8}$ P，以 mm 為單位，易於車削，螺紋角為 60°。 3. 分粗螺紋系（粗牙）與細螺紋系（細牙）兩種，其螺紋之外徑與螺紋角均相同，僅螺距不同，粗螺紋用於一般用途上，細螺紋用於汽車及飛機等精密機械上。 4. 外螺紋牙深 $=0.65P$，內螺紋牙深 $= 0.54125P$	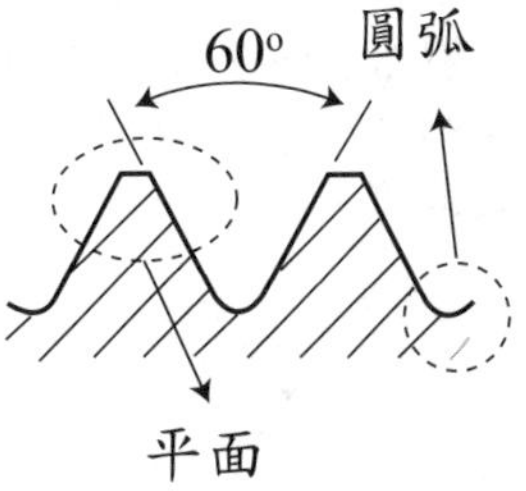
圓螺紋	峰與根呈半圓形，用於較粗糙之連結，如燈泡頭及橡皮管連接螺紋，不適於一般機件間之連接、鎖緊或動力傳送。	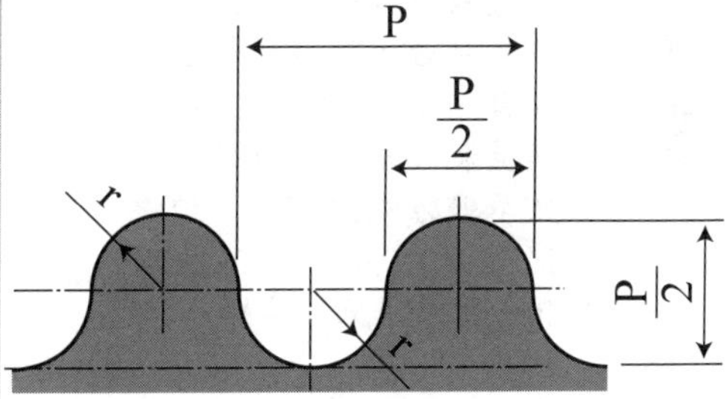

2. 傳動用之螺紋

螺紋	說明	圖示
方螺紋	1.慢速較大動力之傳達,磨損較大,傳動效率僅次於滾珠螺紋。 2.僅能用車製或磨製,製造成本較高,如虎鉗螺桿。	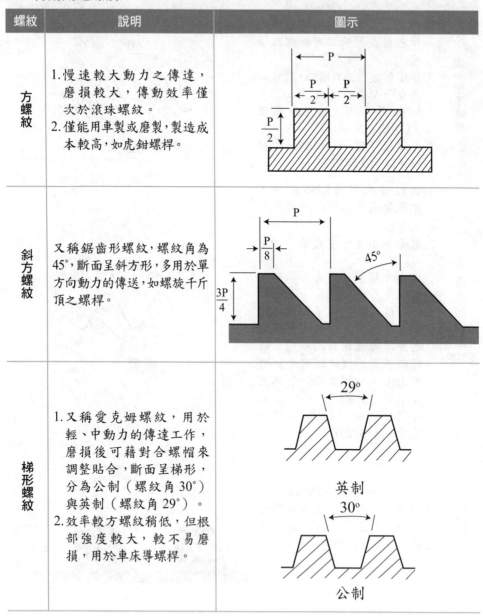
斜方螺紋	又稱鋸齒形螺紋,螺紋角為45°,斷面呈斜方形,多用於單方向動力的傳送,如螺旋千斤頂之螺桿。	
梯形螺紋	1.又稱愛克姆螺紋,用於輕、中動力的傳達工作,磨損後可藉對合螺帽來調整貼合,斷面呈梯形,分為公制(螺紋角30°)與英制(螺紋角29°)。 2.效率較方螺紋稍低,但根部強度較大,較不易磨損,用於車床導螺桿。	

螺紋	說明	圖示
滾珠螺紋	1. 由螺桿、螺帽、鋼珠、導螺管組成，又稱球承鋼珠螺紋。 2. 作動方式為改變螺桿與螺帽間滑動接觸成為滾動接觸，具有較高的傳動精度、速度及效率，為目前工業上傳達動力最好的螺紋。 3. 用於傳動精度要求甚高之數控工具機及機械手臂。	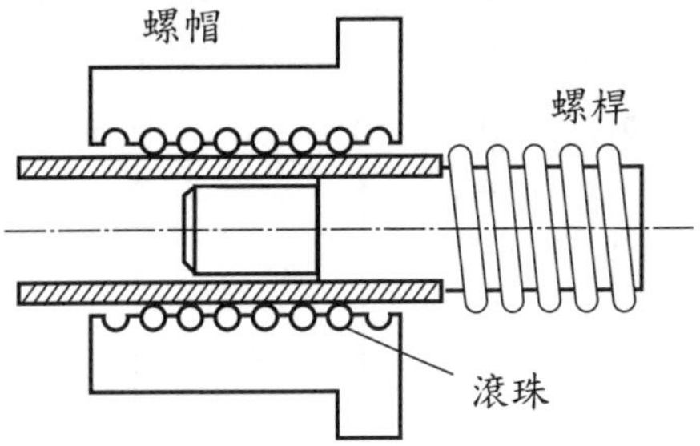 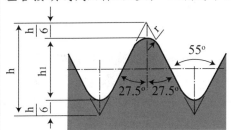

3.管用螺紋

種類	說明
直管螺紋	以 NPS 表示，螺紋角為 55°，螺距較同直徑的普通螺紋較小，用於低壓管接頭或機油杯固定端，又稱為平行管螺紋。 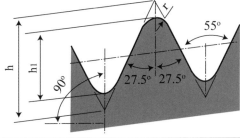 h=0.969491P h1=0.640327P r=0.137329P
斜管螺紋	以 NPT 表示，螺紋角大都為 55°，亦有 60°，錐度為 1：16，用於高壓管接頭，又稱錐形管螺紋。 h=0.960237P h1=0.640327P r=0.137328P

五、螺紋的標註

(一) 公制螺紋表示法

公制螺紋之大小，以螺距（P）的大小表示，其單位為 mm，公制螺紋之表示法如下：

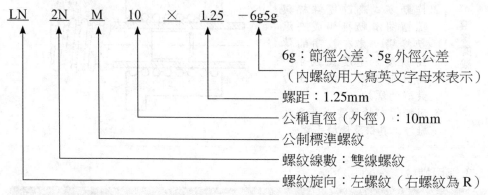

| LN | 2N | M | 10 | × | 1.25 | −6g5g |

6g：節徑公差、5g 外徑公差
（內螺紋用大寫英文字母來表示）
螺距：1.25mm
公稱直徑（外徑）：10mm
公制標準螺紋
螺紋線數：雙線螺紋
螺紋旋向：左螺紋（右螺紋為 R）

(二) 英制螺紋表示法

英制螺紋之大小，通常以螺紋上每吋長度有若干螺紋數表示，簡稱為「每吋牙數」，英制螺紋之表示法如下：

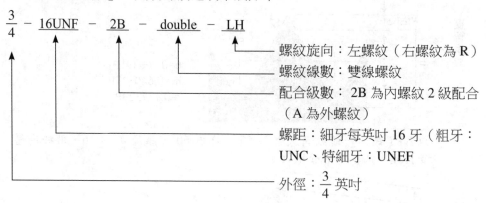

$$\frac{3}{4} - 16UNF - 2B - double - LH$$

螺紋旋向：左螺紋（右螺紋為 R）
螺紋線數：雙線螺紋
配合級數：2B 為內螺紋 2 級配合
（A 為外螺紋）
螺距：細牙每英吋 16 牙（粗牙：UNC、特細牙：UNEF
外徑：$\frac{3}{4}$ 英吋

六、螺栓與螺釘

(一) 螺栓與螺釘的差異

	螺　栓	螺　釘
直　　徑	6.35mm 以上	6.35mm 以下
螺　　桿	部分不具螺紋	整體皆具螺紋
承受負載	大	小
應　　用	常須與螺帽配合鎖緊	不須與螺帽配合鎖緊，具備有螺釘頭施以扭矩

(二) 螺栓的種類與用途

種類	說明	圖示
貫穿螺栓	適用於二機件鑽有通孔且螺帽可留在機件外端，用於常需拆卸之處，可不需在連接件上製螺紋。	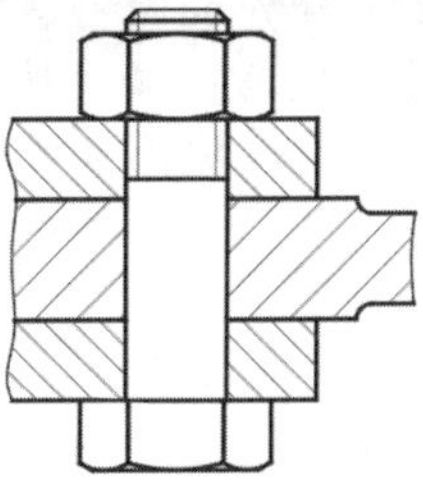
帶頭螺栓	不需螺帽，安裝時穿過薄機件而旋入厚機件，不宜時常拆裝，適合用於薄件不常拆卸處。	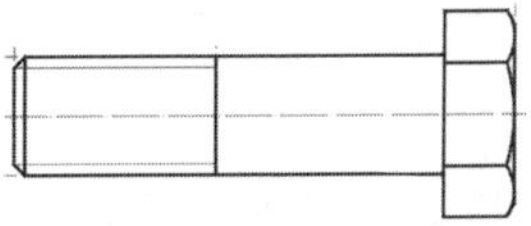
柱頭螺栓（螺椿）	螺桿的兩端皆有螺紋，其中一端鎖固於機件的陰螺孔中，另一端則貫穿配合件，再以螺帽鎖緊，用於不適宜用貫穿螺栓處，如汽缸蓋。	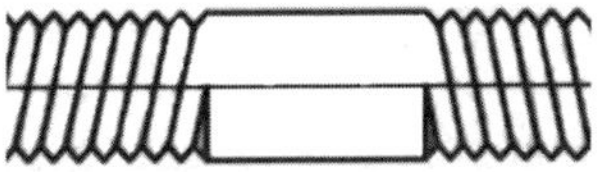
環首螺栓	用於需吊起機械的場合。	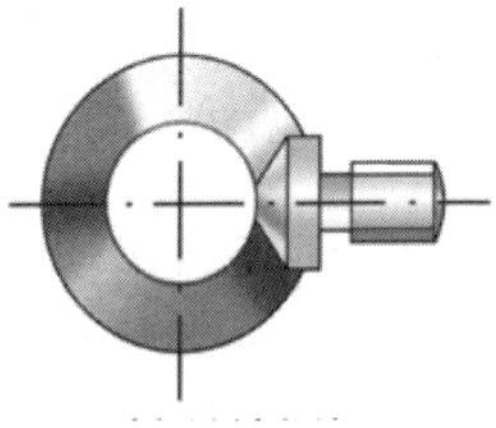
T型螺栓	頭部四角的螺栓，頭部深入於槽中，鎖緊螺帽，常用於銑床虎鉗、鉋床虎鉗與床台之固定螺栓。	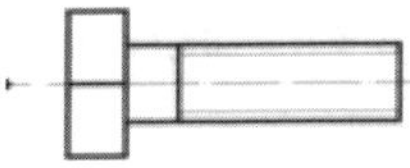

(三) 螺釘的種類與用途

種類	說明	圖示
帽螺釘	用於較輕機件接合,不需使用螺帽,用以固定機件時,該機件上須備有螺紋孔。	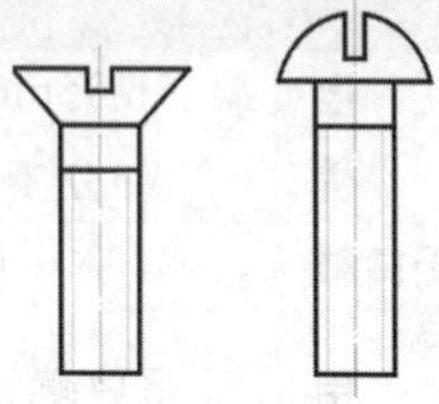
自攻螺釘	硬化鋼製成,螺釘的前端具有斜度,於旋緊時可自動攻出孔螺紋,因此較為經濟,適用於軟金屬、塑膠以及薄鐵板之連接工作。	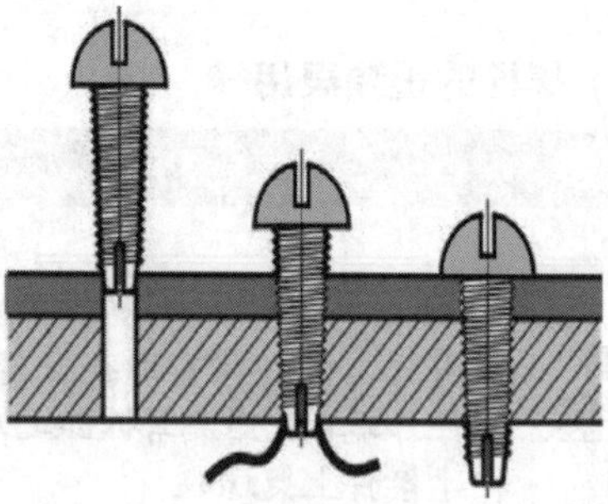
固定螺釘(定位螺釘)	硬化鋼製成,阻止兩機件間的相對運動,避免圓形機件與孔發生相對的滑動。	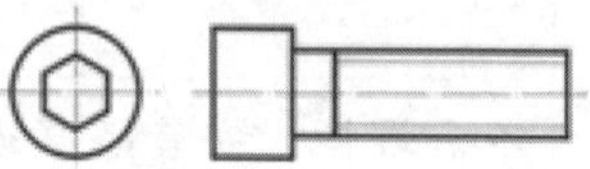
肩頭螺釘	僅在螺釘的前端比圓柱直徑略小處有螺紋而已,常用於鉋床、衝床之拍擊箱。	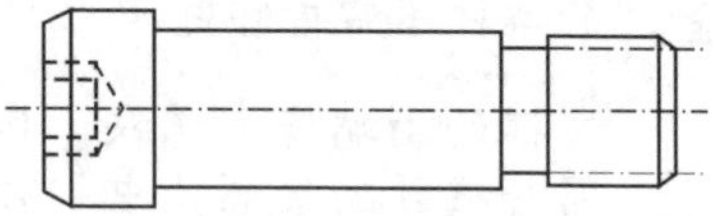
木螺釘	用於機械零件與木質體的連接,螺釘的前端為尖形可產生自攻的作用。	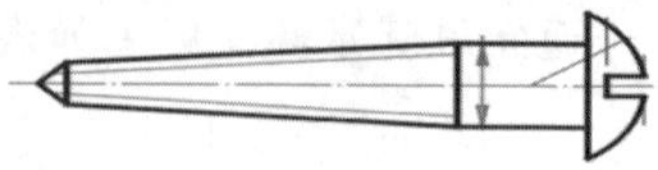

七、螺帽的種類與用途

(一) **螺帽種類**:螺旋連接的機件,如果持續處於振動的情況,或是承受反覆變動的負載時,常會有鬆脫的現象,因此需要一個鎖緊裝置,以確保螺旋扣接件能發揮連接機件之功能,因此需要螺帽鎖緊裝置。

種類	說明
六角螺帽	使用最多之螺帽,螺帽外觀成六角形,依負荷之大小分成一般級與重力級兩種。一般級:螺帽厚度 H = 0.8D,對邊寬度 B = 1.5D。重力級:螺帽厚度 H = D,對邊寬度 B = 1.5D+3.2mm。 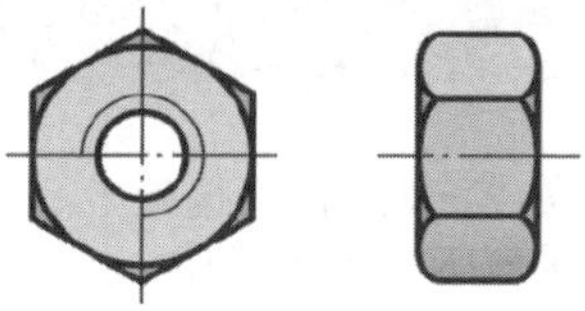
方形螺帽	製造容易,用於輕負荷小螺釘之固定。
堡形螺帽(有槽螺帽)	有防鬆的功效外型如皇冠,螺帽上開數條槽孔以配合安裝開口銷,當其鎖在具有銷孔之螺栓後,使槽孔對準銷孔,插過開口銷並彎開銷腳,以防止螺帽因震動而鬆脫。 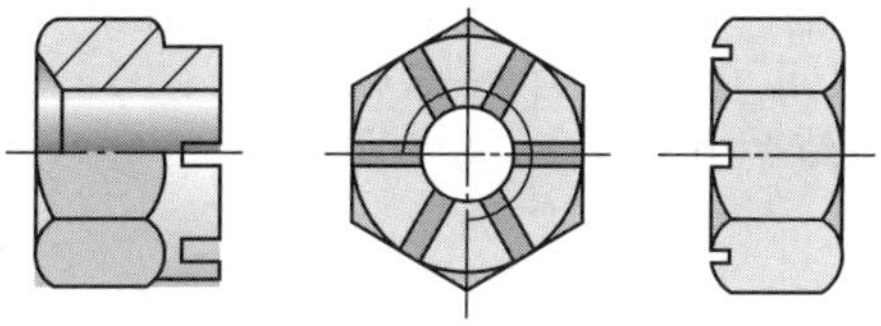
凸緣螺帽	螺帽底部製成凸緣,可增加接觸面積而增大鎖緊力。
翼形螺帽	可快速拆卸,常用於較輕負載螺栓接合。 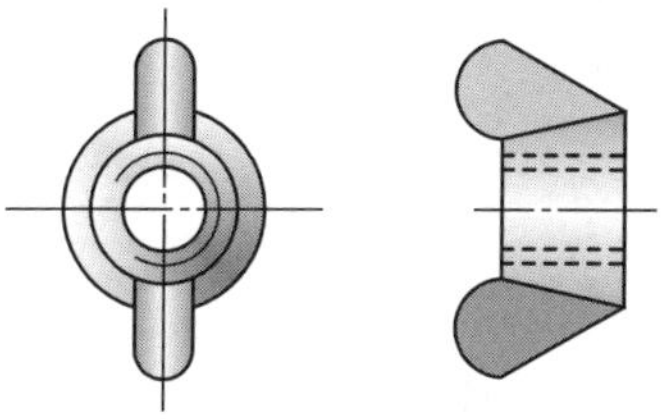
蓋頭螺帽	其一端製成圓頭,成為封閉形,常用於防止水和油的洩漏或滲入處。 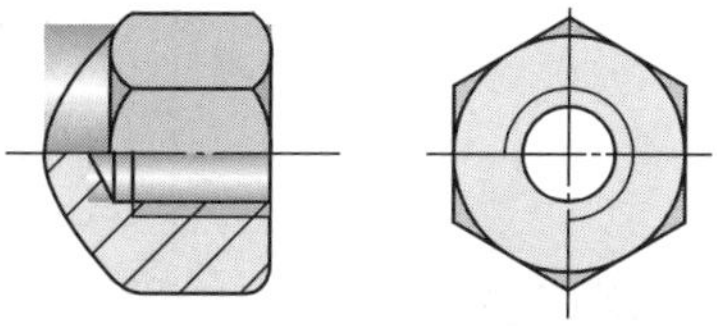

(二) 螺帽鎖緊的方法（防止螺栓連接鬆動的方法）：螺帽鎖緊的方法主要分為
摩擦阻力鎖緊裝置及確閉鎖緊裝置兩種類：

1. **摩擦阻力鎖緊裝置**：靠著機件間的摩擦力使螺帽不鬆脫，用於小負荷螺
旋連接的場合。

種類	說明	圖示
鎖緊螺帽	在原有的螺帽上再加裝一螺帽，然後旋緊，上方的螺帽通常較下方的螺帽厚，$T=\dfrac{7}{8}D$，$T_1=\dfrac{1}{2}D\sim\dfrac{7}{8}D$。	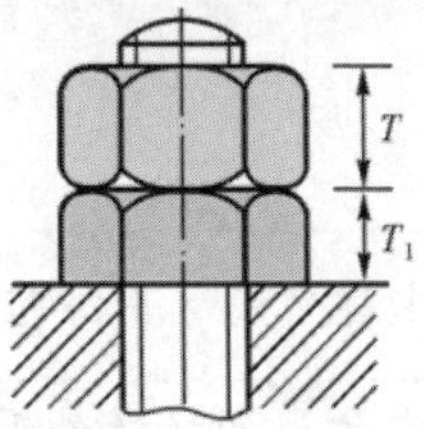
彈簧鎖緊墊圈	在螺帽下方墊一彈簧墊圈，當螺帽鎖緊時，利用它的彈力把螺帽頂住，而增加鎖緊力量。	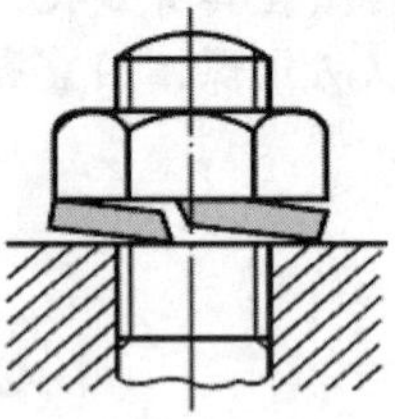
槽縫螺帽	先在螺帽頂端攻一小螺紋孔，並製有內螺紋，於小孔側邊鋸一槽，再使用固定螺釘旋緊。	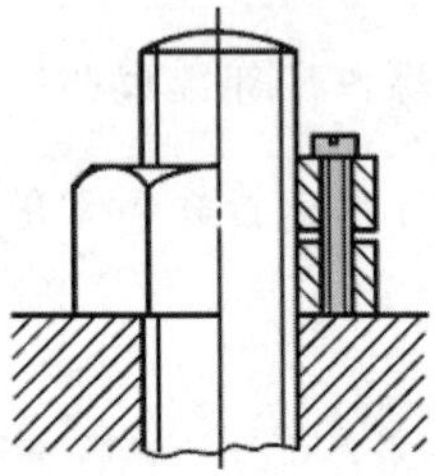
鎖緊螺釘	在螺帽一側使用固定螺釘壓入一銅片，以防止螺紋受損，並增加其摩擦阻力。	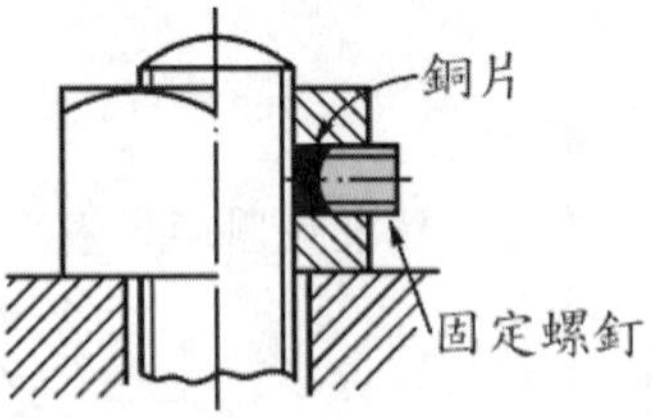
彈性鎖緊螺帽	將一纖維環套入螺帽內處，當螺帽鎖緊時，便藉其彈性增加螺紋間的阻力，不致鬆脫。	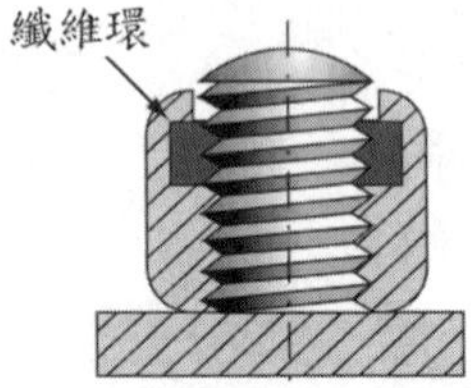

2. 確閉鎖緊裝置：

種類	說明	圖示
開口銷	螺帽鎖緊後，於螺栓上鑽一孔，以銷穿入阻止螺帽的鬆脫。	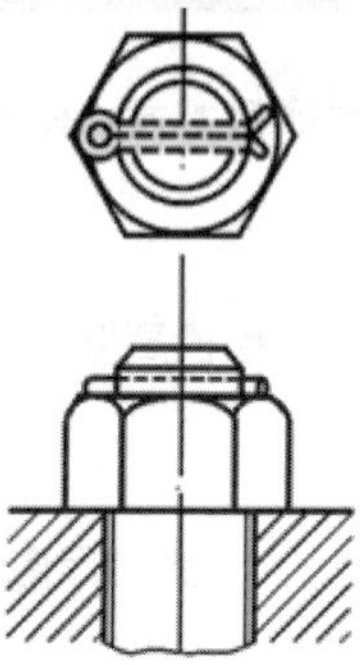
彈簧線鎖緊	在螺帽上製成圓形槽，並需鑽六個小孔，當螺帽鎖緊後將彈簧線套入圓槽，並插入小孔內阻止螺帽的鬆脫。	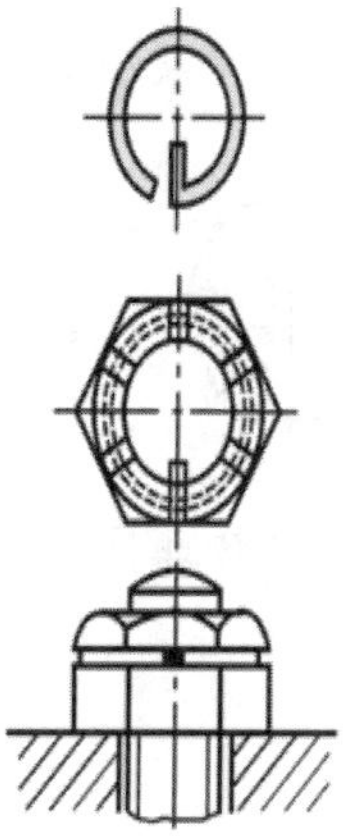
上彎墊圈	又稱翻上墊圈、舌形墊圈，當螺帽鎖緊後，將墊圈彎成 N 形，以阻止螺帽鬆退，使用於活塞等大螺帽，螺帽可固定於任何位置，螺栓不會減少強度。	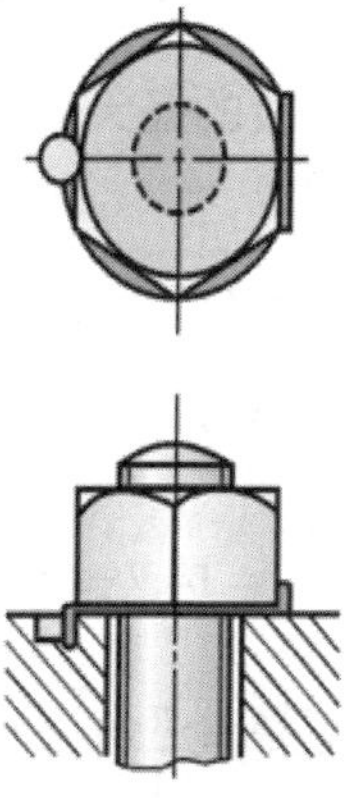

八、螺栓與螺帽各部分名稱及尺寸

名　　稱	正級螺栓及螺帽	重級螺栓及螺帽
螺栓頭及螺帽對邊的寬度(W)	$\frac{3}{2}D$	$\frac{3}{2}D+3mm$
螺栓高度(厚度)	$\frac{2}{3}D$	$\frac{3}{4}D$
螺帽厚度	$\frac{7}{8}D$	D

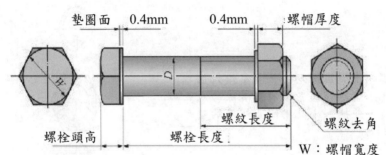

墊圈面　0.4mm　　0.4mm　螺帽厚度

螺紋長度

螺紋去角

螺栓頭高　　　螺栓長度

W：螺帽寬度
D：螺栓之公稱直徑

例 5-1

有一 SI 螺紋的最大外徑為 16 mm，節距為 2 mm，試求節圓直徑及根部面積。（高考）

解 節徑 $D = D_o - 0.6495P = 16 - 0.6495 \times 2 = 14.701$（mm）

根徑 $D_i = D - 2 \times \frac{h}{4} = 14.701 - \frac{1}{2} \times 0.86603P$

$\qquad = 14.7 - \frac{1}{2} \times 0.86603 \times 2 = 13.835$

根部面積 $= \frac{\pi}{4} \times (D_i)^2 = 1150$（mm^2）

5-2　螺栓強度設計

一、螺栓靜態強度設計
螺桿部分破壞（如圖 5.2）

(一) 軸向應力

$$\sigma = \frac{F}{A_s} = \frac{S_y}{FS}$$ （其中 F：軸向負載、A_s：螺桿軸向應力面積）

$$A_s = \frac{\pi}{4}\left(\frac{d_i + d_m}{2}\right)^2$$ （d_i：底徑、d_m：節徑（$d_m = \frac{d_i + d_o}{2}$）

(二) 橫向剪應力

單剪 $\tau = \dfrac{F}{A_b} = \dfrac{S_y}{FS}$（其中 F：橫向剪力、$A_b$：螺桿剪切之面積）

雙剪 $\tau = \dfrac{F}{2A_b} = \dfrac{S_y}{FS}$（其中 F：橫向剪力、$A_b$：螺桿剪切之面積）

(三) 扭轉剪應力

$$\tau = \frac{Tr}{J} = \frac{16T}{\pi d_i^3} = \frac{S_y}{FS}$$ （d_i：底徑）

(四) 拉應力＋扭轉剪應力之合成應力

在傳遞動力時同時承受一扭矩及軸向作用力，其最大剪應力：

$$\tau_{max} = \sqrt{\left(\frac{\sigma}{2}\right)^2 + \tau^2} = \frac{S_y}{FS}$$

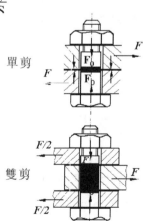

圖 5.2　螺栓受軸向應力及橫向剪應力

二、螺栓有受預拉力

螺栓在接合機件時,可藉由鎖緊之預拉力,防止因振動而鬆開,物件分有離傾向,適當的預拉力,也可有效的降低應力振幅,增加承受變動負載時之壽命。

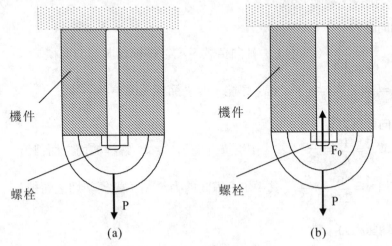

(a)　　　　　　　　　　(b)

圖 5.3　螺栓與機件受力圖

(一) 螺栓無預拉力之負載

如圖 5.3(a)所示螺帽鎖至與機件剛好相貼且機件固定於上方,並無預拉力之負載,機件與螺栓均無應力產生,今施加一負載 P,可將機件與螺栓視為彈簧並聯組合,其中機件之彈簧常數為 K_p、螺栓之彈簧常數為 K_b,則機件變形量等於螺栓變形量,其運算如下所示:

$$\delta_p = \delta_b \Rightarrow \frac{P_p L}{E_p A} = \frac{P_b L}{E_b A_b} \text{ 且 } P_p + P_b = P$$

其中 $K_p = \dfrac{E_p A_p}{L}$ 且 $K_b = \dfrac{E_b A_b}{L}$

$$\Rightarrow P_p = \frac{K_p}{K_p + K_b} P \text{、} P_b = \frac{K_b}{K_p + K_b} P$$

(二) 螺栓有預拉力之負載

如圖 5.3(b) 所示,若一外力負載 F_0 利用螺栓鎖緊施於機件上,在預緊力 F_0的作用下,因預力大小不同者,有以下兩種情況:

1. $F_0 > \dfrac{K_p}{K_p+K_b}$ P：機件為受壓狀態

　螺拴所受之力 $F_b = F_0 + P_b \Rightarrow F_b = F_0 + \dfrac{K_b}{K_p+K_b}$ P

　機件所受之力 $F_p = -F_0 + P_p \Rightarrow F_p = -F_0 + \dfrac{K_p}{K_p+K_b}$ P

2. $F_0 < \dfrac{K_p}{K_p+K_b}$ P：機件不受力

　螺拴所受之力 $F_b = P$

　機件所受之力 $F_p = 0$

三、螺栓有受預拉力之動態分析

一機件利用螺栓鎖緊於機架上，其負載是從最小值 F_{min} 至最大值 F_{max}，而交變負載 $F_r = \dfrac{(F_{max} - F_{min})}{2}$ 及平均負載 $F_{av} = \dfrac{(F_{max} + F_{min})}{2}$，則

　　螺拴所受之平均負載（F_b）$_{av} = F_0 + \dfrac{K_b}{K_p+K_b}$ F_{av}

　　螺拴所受之交變負載（F_b）$_r = \dfrac{K_b}{K_p+K_b}$ F_r

最後再將螺拴所受之平均負載及螺拴所受之交變負載再帶入古德曼或是蘇德柏準則計算安全係數。

例 5-2

一鋼質螺栓（如圖所示斷面積 $A_1 = 600mm^2$）用於固鎖兩個鋼質墊片（斷面積均為 $A_2 = 5400mm^2$，總厚度為 L）。在初始狀態下，螺栓所受應力為 150 MPa，試問當外力 P=75kN 作用下，螺栓之應力狀態有何變化？（專利特考）

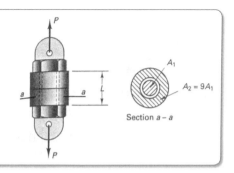

解 螺栓之剛性 $k_1 = \dfrac{EA_1}{L}$

墊片之剛性 $k_2 = \dfrac{EA_2}{L}$

螺栓所受之分配力

$$F_1 = \dfrac{\dfrac{EA_1}{L}}{\dfrac{EA_2}{L} + \dfrac{EA_1}{L}} \times P$$

$$= \dfrac{600}{600 + 5400} \times 75 \times 10^3$$

$$= 7500 \,(\text{N})$$

螺栓產生之應力

$$\sigma = \sigma_o + \dfrac{F_1}{A_1} = 150 + \dfrac{7500}{600}$$

$$= 162.5 \,(\text{MPa})$$

例 5-3

有一 $\dfrac{1}{2}''$-13-UNC-2A 的螺栓，螺栓與零件長度相同。螺紋止於螺帽之上方，而其材料的降伏強度（Yielding strength）Syield=69k psi，極限強度（Ultimate strength）Sultimate tensile=101k psi，耐久強度 Sendurance=30k psi，螺紋的應力集中數為 3.85，應力面積為 0.142in^2，而零件承受的面積為 0.5in^2。今假設外部負載在 0～2400 lb 連續變化，請以古德曼線（Goodman line）作為安全操作考量，試答下列問題：

(1) 解釋 $\dfrac{1}{2}''$-13-UNC-2A。

(2) 若一開始螺栓沒有給起始張力，請問螺栓的安全係數為何？

(3) 需給多少螺栓之起始張力，螺栓在上述外部負載條件下才不致於與零件間會沒有壓力發生？

(4) 若螺栓之起始張力給 2500 lb，請問安全係數多少？（高考）

解 (1) $\dfrac{1}{2}{}'' - 13 - \text{UNC} - 2\text{A}$

$\dfrac{1}{2}$：外徑 $\dfrac{1}{2}$ 英吋

13：螺距每英吋 13 牙

UNC：粗牙

2A：2 級配合外螺紋

(2) 無初拉力存在時，螺栓承受負荷等於零件所承受之外加負荷

$F_{av} = F_r = 1200$

$\sigma_{av} = \dfrac{F_{av}}{A_t} = \dfrac{1200}{0.142} = 8450.7$（psi），

$\sigma_r = k \times \dfrac{F_r}{A_t} = 3.85 \times \dfrac{1200}{0.142} = 32535.21$（psi）

代入古德曼準則

$\dfrac{8450.7}{101 \times 10^3} + \dfrac{32535.21}{30 \times 10^3} = \dfrac{1}{FS} \Rightarrow FS = 0.856$

螺栓不安全

(3) 螺栓總面積 $= \dfrac{\pi}{4} \times \left(\dfrac{1}{4}\right)^2 = 0.1924$（in²）

最小起始張力 $F_o = \dfrac{k_p}{k_b + k_p} \times F_{max} = \dfrac{\dfrac{A_p E_p}{L}}{\dfrac{A_b E_b}{L} + \dfrac{A_p E_p}{L}} \times F_{max}$

$= \dfrac{0.5}{0.5 + 0.1964} \times 2400 = 1723.15$（ℓb）

(4) 起始張力 2500ℓb > F_o

$(F_r)_b = \dfrac{k_b}{k_p + k_b} \times F_r = \dfrac{0.1964}{0.6964} \times 1200 = 338.43$（ℓb）

$\Rightarrow \sigma_r = \dfrac{338.43}{0.142} = 2383.31$（psi）

$(F_{av})_b = \dfrac{k_b}{k_p + k_b} \times F_{av} + F_o = \dfrac{0.1964}{0.6964} \times 1200 + 2500 = 2838.43$（ℓb）

$\Rightarrow \sigma_{av} = \dfrac{2838.43}{0.142} = 19988.94\text{psi}$

代入古德曼準則

$\dfrac{\sigma_{av}}{S_u} + \dfrac{k\sigma_r}{S_e} = \dfrac{1}{FS} \Rightarrow \dfrac{19988.94}{101 \times 10^3} + \dfrac{3.85 \times 2383.31}{30 \times 10^3} = \dfrac{1}{FS} \Rightarrow FS = 1.98$

例 5-4

一螺栓之組合件，螺栓為 3／4in-16UNF，有效應力面積為 0.373in^2，螺栓之強度為 S$_{ut}$=140000psi、S$_{yp}$=120000psi、S$_e$=45000psi，應力集中因數為 3.8，零件和螺栓之E值均為 3×10^{7}psi，零件之截面積為 1.5in^2，若螺栓負荷由3000Lb 變化到 12000Lb，試依 Goodman 原則：

(1)若無預加負荷時，求螺栓之安全因數。

(2)若預加負荷為 8000Lb 時，求螺栓之安全因數。

(3)若預加負荷為 13000Lb 時，求螺栓之安全因數。

解 (1) 若無預加負荷，螺栓受力與零件受力相同

$$F_{av}=\frac{1}{2}（12000+3000）=7500，F_r=\frac{1}{2}（12000-3000）=4500$$

$$\sigma_{av}=\frac{F_{av}}{A_t}=\frac{7500}{0.373}=20107.23，\sigma_r=\frac{4500}{0.373}=12064.34$$

代入古德曼準則

$$\frac{\sigma_{av}}{S_u}+\frac{k\sigma_r}{S_e}=\frac{1}{FS}\Rightarrow\frac{20107.23}{140000}=\frac{3.8\times12064.34}{45000}=\frac{1}{FS}$$

$$\Rightarrow FS=0.86（螺栓不安全）$$

(2) 螺栓總面積 $\frac{\pi}{4}\times（\frac{3}{4}）^2=0.442（in^2）$

$$F_p=\frac{k_p}{k_b+k_p}\times F_{max}=\frac{1.5}{1.5+0.442}\times12000=9268.8（\ell b）>8000\ell b$$

因此螺栓與零件為分離狀態，故螺栓受 100% 負載

$$\sigma_{av}=12064.34+\frac{F_o}{A_t}=2010.23$$

$$\sigma_r=12064.34$$

代入古德曼準則

$$\frac{\sigma_{av}}{S_u}+\frac{k\sigma_r}{S_e}=\frac{1}{FS}\Rightarrow\frac{20107.23}{140000}+\frac{3.8\times12064.36}{45000}=\frac{1}{FS}$$

$$FS=0.86$$

(3) $13000\ell b > 9268.8 \Rightarrow$ 因此螺栓與零件同受外負載

$$\sigma_{av} = 12064.34 \times \frac{k_b}{k_p + k_b} + \frac{F_o}{A_t} = 12064.34 \times \frac{0.442}{1.5 + 0.442} + \frac{13000}{0.373}$$
$$= 37598.4$$

$$\sigma_r = 12064.34 \times \frac{k_b}{k_p + k_b} = 12064.34 \times \frac{0.442}{1.5 + 0.442} = 2745.39$$

代入古德曼準則

$$\frac{\sigma_{av}}{S_u} + \frac{k\sigma_r}{S_e} = \frac{1}{FS} \Rightarrow \frac{37598.4}{140000} + \frac{3.8 \times 2745.39}{45000} = \frac{1}{FS} \Rightarrow FS = 1.99$$

5-3　螺栓偏心負荷設計

當一負載作用在螺栓組幾何中心的位置以外時，受到一作用力負載如圖 5.4(a)(b) 所示，承受負載時，必須先決定其幾何中心，就任意參考點（X，Y）而言，如果第 I 個鑼栓之位置（X_i，Y_i）且其截面積為 A_i，則幾何中心位置

$$\overline{X} = \frac{\sum_{i=1}^{n} A_i \cdot X_i}{\sum_{i=1}^{n} A_i} = \quad , \quad \overline{Y} = \frac{\sum_{i=1}^{n} A_i \cdot Y_i}{\sum_{i=1}^{n} A_i}$$

其螺栓組所受的剪應力為負載剪力加上扭轉剪力，其分析如下：

(一) 負載剪應力

由於負載會產生剪應力或抗彎應力，所造成之剪力稱為負載剪力，若 n 為鉚釘數，假設所有螺栓組承受之負載皆相等，則每個螺栓所承受之負載為：$F_s = \dfrac{F}{n}$

(二) 扭矩剪力

由於所施負載相對螺栓幾何中心所產生之扭矩，會造成各螺栓承受扭矩剪力 F_b，假設各螺栓所承受之扭轉剪力與螺栓到幾何中心之距離成正比，則

$$\frac{F_{b1}}{r_1} = \frac{F_{b2}}{r_2} = \cdots\cdots = \frac{F_{bn}}{r_n} = C \Rightarrow F_{b1} = Cr_1 \cdot F_{b2} = Cr_2 \cdot \cdots \cdot F_{bn} = Cr_n$$

扭矩 $T = F \times L = F_{b1}r_1 + F_{b2}r_2 + \cdots + F_{bn}r_n = C(r_1^2 + r_2^2 + \cdots + r_n^2)$

(三) 螺栓組所受的剪力

螺栓所承受之合成剪力為負載剪力 F_s 與扭矩剪力 F_{bn} 之向量和。

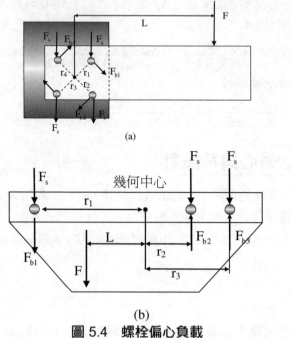

(a)

(b)

圖 5.4　螺栓偏心負載

【觀念說明】

當一負載作用在鉚釘組幾何中心的位置以外時,其分析方法與螺栓組相同,
先求幾何中心位置,其鉚釘組所受的剪應力為負載剪力加上扭轉剪力,鉚釘
所承受之合成剪力為負載剪力 Fs 與扭矩剪力 Fbn 之向量和,其分析方法與
螺栓組相同。

例 5-5

如圖所示，長度單位為公厘（mm），一長方形鋼板以四個螺栓固定於牆上，鋼板之一端承受 16,000 牛頓（N）之力，試求：(1)作用於每一個螺栓之力。(2)螺栓之最大剪應？。（普考）

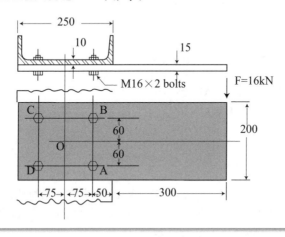

解　(1) 如圖所示，螺栓群之形心為 O，則反作用力 V 將通過 O，反作用力矩對 O

V＝16kN，M＝16×（425）＝6800N-m

從形心到各螺栓距離為 r

$$r＝\sqrt{(60)^2＋(75)^2}＝96mm$$

$$F'_A＝F'_B＝F'_C＝F'_D＝\frac{16×10^3}{4}＝4000（N）$$

$$F''_A＝F''_B＝F''_C＝F''_D$$

$$＝\frac{M}{4r}＝\frac{6800×10^3}{4×96}＝17700$$

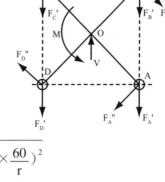

(2) 取 B 處 $$F_B＝\sqrt{(F'_B＋F''_B×\frac{75}{r})^2＋(F''_B×\frac{60}{r})^2}$$

$$＝\sqrt{(4000＋17700×\frac{75}{96})^2＋(17700×\frac{60}{96})^2}$$

$$＝20981.4（N）$$

$$\tau_B＝\frac{20981.4}{\frac{\pi}{4}×(16)^2}＝104.35（MPa）$$

取 D 處

$$F_C = F_D = \sqrt{\left(F'_D - F''_D \times \frac{75}{r}\right)^2 + \left(F''_D \times \frac{60}{r}\right)^2}$$

$$= \sqrt{\left(4000 - 17700 \times \frac{75}{96}\right)^2 + \left(17700 \times \frac{60}{96}\right)^2}$$

$$= 14797.67 \text{ (N)}$$

$$\tau_C = \tau_D = \frac{14797.67}{201.06} = 73.6 \text{ (MPa)}$$

故最大剪應力位於 AB 處

$$\tau_{max} = 104.35 \text{ (MPa)}$$

例 5-6

如圖所示，一用 3／8″×2″，Sy＝54K psi 的冷抽鋼製成的懸臂樑支持 300 磅的負荷。此樑用?只 1／2″–13 UNC 5 級（Sy＝92Kpsi）螺栓固定。

試求以下各種方式的破壞下的安全係數：

(1) 螺栓的剪切破壞
　　（Shear of bolt）。
(2) 螺栓的支承破壞
　　（bearing on bolt）。
(3) 懸臂樑的支承破壞
　　（bearing on member）。
(4) 懸臂樑受彎矩應力
　　之破壞。
　　（假設 S_{sy}=0.577 Sy）

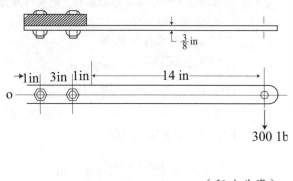

（郵政升資）

解 M＝16.5(300)
＝4950lbf·in

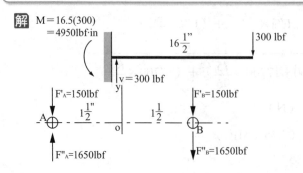

$$F''_A = F''_B = \frac{4950}{3} = 1650 \text{ lbf}$$

$F_A = 1500 \text{ lbf} \text{，} F_B = 1800 \text{ lbf}$　　　　B 處所受之力為最大。

(1) 螺栓的剪切破壞：

$$A_s = \frac{\pi}{4}(0.5)^2 = 0.1963 \text{in}^2$$

$$\tau = \frac{F}{A} = \frac{1800}{0.1963} = 9170 \text{psi}$$

$$S_{sy} = 0.577(92) = 53.08 \text{kpsi}$$

$$n = \frac{53.08}{9.17} = 5.79$$

(2) 螺栓的支承破壞：

$$A_b = \frac{1}{2}\left(\frac{3}{8}\right) = 0.1875 \text{ in}^2$$

$$\sigma = -\frac{F}{A} = -\frac{1800}{0.1875} = -9600 \text{psi}$$

$$n = \frac{92}{9.6} = 9.58$$

(3) 懸臂樑的支承破壞：

$$S_y = 54 \text{ kpsi} \text{，} n = \frac{54}{9.6} = 5.63$$

(4) 懸臂樑受彎矩應力之破壞：

$$M = 300(15) = 4500 \text{ lbf·in}$$

$$I = \frac{0.375(2)^3}{12} - \frac{0.375(0.5)^3}{12} = 0.246 \text{ in}^4$$

$$\sigma = \frac{Mc}{I} = \frac{4500(1)}{0.246} = 18300 \text{psi}$$

$$n = \frac{54(10)^3}{18300} = 2.95$$

例 5-7

圖(a)及圖(b)皆顯示一略呈三角形之鋼板被鉚接於一基座，鉚釘數目如圖所示，且鉚釘直徑皆為 0.75 英吋，且鉚釘的工作剪應力皆為 14,000 psi。

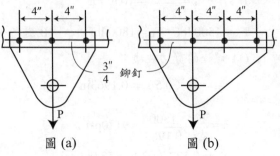

圖 (a)　　　　　圖 (b)

(1) 在圖(a)中，試以鉚釘的工作剪應力為依據，計算所能承受的工作負荷 P 的值。

(2) 試比較圖(a)及圖(b)所示的兩種鉚接方式中，在不超過鉚釘的工作剪應?的條件下，何者能承受較大的工作負荷 P？請敘明理由（高考）

解 (1) 圖(a)之設計

$$\tau=\frac{4P}{n\pi d^2} \Rightarrow 14000=\frac{4P}{3\times\pi\,(\frac{3}{4})^2} \Rightarrow P=18555\,(\ell b)$$

(2) 圖(b)之設計

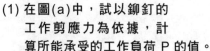

$$T=P\times2=C\times(r^2_A+r^2_B+r^2_C+r^2_D)$$

$$\Rightarrow P\times2=C\,[2\times(2)^2+2\times(6)^2] \Rightarrow C=0.025P$$

A 處受力最大

$$F'_A=\frac{P}{4}\,,\ F''_A=C\times r_A=(0.025P)\times6=0.15P$$

$$F_A=F'_A+F''_A=0.25P+0.15P=0.4P$$

$$\tau=\frac{4F_A}{\pi d^2} \Rightarrow 14000=\frac{4\times0.4P}{\pi\,(\frac{3}{4})^2} \Rightarrow P=15462.52$$

圖(a)可承受較大的工作負荷

5-4 螺旋動力傳遞

一、機械利益與機械效率

(一) 機械利益

任何一部機械,欲使其運轉,必須由原動件加入作用力,才能使從動件產生抵抗力,克服阻力而作功,在原動件施加的力,稱為作用力;在從動件產生用來克服阻力的力,稱為抵抗力,抵抗力與作用力的比值,則稱為機械利益。如圖 5.5(a)所示,設以 M 代表機械利益,W 代表抵抗力,F 代表作用力,則:

$F \times \pi D = W \times L$

$$M = \frac{輸出力}{輸入力} = \frac{W}{F} = \frac{\pi D}{L} = \frac{1}{\tan\alpha} \Rightarrow F = W\tan\alpha$$

(二) 機械效率

一部機器,其能量功率利用的高低,一般以機械效率表示,假設有一機械,輸入主動件的能量為 E_F,由從動件輸出的能量為 E_W,其中由於摩擦所造成的能量損失為 E_E,若 η 代表機械效率,則:

$$\eta = \frac{輸出力}{輸入力} = \frac{E_W}{E_F} = \frac{E_F - E_E}{E_F}$$

如圖 5.5(a) 所示,設以 M 代表機械利益,W 代表抵抗力,F 代表作用力,則:

$$\eta = \frac{輸出力}{輸入力} = \frac{W \times L}{F \times \pi D}$$

【觀念說明】

1. 機械利益與機械效率不同,機械效率可判斷該機構能源損失,其值必小於 1。機械利益可判斷該機構是否省力,當 M>1 則:省力、費時,如螺旋起重機、滑車組;當 M＝1 則:不省時不省力,其目的為方便作功;當 M<1 則:費力、省時。

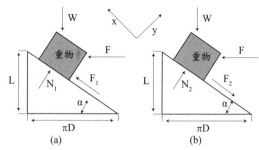

圖 5.5 螺旋動力傳遞斜面原理

2. 數個機械組合使用時，其總機械利益等於個各機械利益連乘積；而總機械效率等於各機械效率連乘積，亦即：

$$M = M_1 \times M_2 \times M_3 \times \cdots \times M_n$$

$$\eta = \eta_1 \times \eta_2 \times \eta_3 \times \cdots \times \eta_n$$

二、螺旋傳動斜面原理

(一) 方螺紋傳動升高重物（座環摩擦不計）

如圖 5.5(b)所示，一重為 W 的滑塊放在傾角為 α 的固定斜面上，已知滑塊與斜面間的靜摩擦因數 f，水平推力 F 可推動重為 W 的重物上升，故其受力自由體圖如圖 5.5(b) 所示，由平衡方程式：

$$\Sigma F_x = 0 \Rightarrow F\cos\alpha - W\sin\alpha - F_2 = 0$$

$$\Sigma F_y = 0 \Rightarrow -F\sin\alpha - W\cos\alpha + N_2 = 0$$

若為方螺紋傳動，令 $\tan\beta = f$（其中 β 表示摩擦角）

$$\Rightarrow F_2 = fN_2 = N_2\tan\beta$$

$$\Rightarrow 解得\ F = W\frac{\sin\alpha + f\cos\alpha}{\cos\alpha - f\sin\alpha} = W \times \frac{\tan\alpha + \tan\beta}{1 - \tan\alpha\tan\beta} = W\tan(\alpha + \beta)$$

則 **扭矩** $T = F \times r_t = W \times r_t \times \tan(\alpha + \beta) = W \times r_t \times \dfrac{\tan\alpha + f}{1 - f\tan\alpha}$

(二) 非方螺紋傳動升高重物（座環摩擦不計）

若為非方螺紋傳動，令 $\tan\beta = \dfrac{f}{\cos\theta_n}$

（其中 β 表示摩擦角、$\tan\theta_n = \tan\theta \times \cos\alpha$、θ 為螺紋角）

$$\Rightarrow F_2 = fN_2 = N_2\tan\beta\cos\theta_n$$

$$\Rightarrow 解得\ F = W \times \frac{\tan\alpha + \tan\beta}{1 - \tan\alpha\tan\beta} = W \times \frac{\tan\alpha + \dfrac{f}{\cos\theta_n}}{1 - \tan\alpha\dfrac{f}{\cos\theta_n}} = W \times \frac{\cos\theta_n\tan\alpha + f}{\cos\theta_n - f\tan\alpha}$$

扭矩 $T = F \times r_t = W \times r_t \times \dfrac{\cos\theta_n\tan\alpha + f}{\cos\theta_n - f\tan\alpha}$

(三) 非方螺紋之傳動(考慮座環摩擦)

扭矩 $T = W \times r_t \times \dfrac{\cos\theta_n \tan\alpha + f}{\cos\theta_n - f\tan\alpha} + W \times r_c \times f_2$

其中 r_c（軸環平均半徑）$= \dfrac{軸環內半徑 + 軸環外半徑}{2}$、$f_2$ 為座環摩擦係數

(四)傳動螺紋之降下重物

1. 方螺紋頂住重物下降 a>b

   如圖 5.5(a) 所示，一重為 W 的滑塊放在傾角為 α 的固定斜面上，已知滑塊與斜面間的靜摩擦因數 f，水平推力 F 可推動重為 W 的重物上升，故其受力自由體圖如圖 5.5(a) 所示，由平衡方程式：

   $\Sigma F_x = 0 \Rightarrow F\cos\alpha + F_1 = W\sin\alpha$

   $\Sigma F_y = 0 \Rightarrow -F\sin\alpha - W\cos\alpha + N_1 = 0$

   又因為 $\tan\beta = f$（其中 β 表示摩擦角）

   $\Rightarrow F_1 = \mu N = N\tan\beta$

   $\Rightarrow$ 解得 $F = \dfrac{W\sin\alpha - \mu\cos\alpha}{\cos\alpha + \mu\sin\alpha} = W\tan(\alpha\text{-}\beta)$（方螺紋頂住重物下降）

   扭矩 $T = F \times r_t = W \times r_t\tan(\alpha\text{-}\beta) = W \times r_t \times \dfrac{\tan\alpha - f}{1 + f\tan\alpha}$（方螺紋頂住重物下降）

   非方螺紋之傳動與考慮座環摩擦，分析可參考(一)(二)(三)之推導

2. 方螺紋推動重物下降（摩擦力大需推動 a<b）

   $F = \dfrac{W\mu\cos\alpha - \sin\alpha}{\cos\alpha + \mu\sin\alpha} = W\tan(\beta - \alpha)$（方螺紋推動重物下降）

   扭矩 $T = F \times r_t = W \times r_t \times \tan(\beta - \alpha) = W \times r_t \times \dfrac{f - \tan\alpha}{1 + f\tan\alpha}$（方螺紋推動重物下降）

   非方螺紋之傳動與考慮座環摩擦，分析可參考(一)(二)(三)之推導。

   【觀念說明】

   傳動螺旋的自鎖條件，通常使用於在傳動螺紋之推動重物下降時。以方螺紋為例若 $f \geq \tan\alpha$ 時，則 $T = W \times r \times \dfrac{f - \tan\alpha}{1 + f\tan\alpha} \leq 0$，即扭矩 T 成為零或負值，此時重物 W 會使螺紋自動旋轉而滑下，若欲使螺紋具有自鎖作用以避免重物下滑，螺紋表面之摩擦係數需要求為 $f > \tan\alpha$。

例 5-8

有一螺旋千斤頂,手柄半徑為 200mm,螺桿導程為 10mm,若機械損失為 20%,當施力為 98N 時,可升起質量為多少之物體?(重力加速度為 9.8 m/sec^2)(普考)

解 $\eta = (1-0.2) = \dfrac{W \times L}{F\pi d} = \dfrac{W \times L}{2\pi \times T} \Rightarrow 0.8 = \dfrac{W \times 10}{2\pi \times (98 \times 200)}$

$\Rightarrow W = 9852 \, (N) = 1004.3 \, (kg)$

例 5-9

方形螺紋之雙螺紋(double thread)螺桿的主直徑為35 mm,其節矩為 5 mm;摩擦係數為0.05,承載7 kN。
(一) 將承載升起需要扭矩為多少?
(二) 當升起負載時螺桿效率是多少?
(三) 何謂自鎖現象?(104高考)

解 假設主直徑為外勁 $\Rightarrow d_m = 35 - \dfrac{5}{2} = 32.5$

$\tan\lambda = \dfrac{L}{\pi d_m} = \dfrac{2 \times 5}{\pi \times 32.5} \Rightarrow \alpha = 5.59$

$\tan\phi = 0.05 \Rightarrow \phi = 2.862$

(一) $T = w \times \tan(\lambda+\phi) \times \dfrac{dm}{2} = 7 \times 10^3 \times \tan(5.59+2.862) + \dfrac{32.5}{2}$

$= 16902.64 \text{(N-mm)}$

(二) $\eta = \dfrac{\tan\lambda}{\tan(\lambda+\phi)} = \dfrac{\tan(5.59)}{\tan(2.862+5.59)} = 0.6587 = 65.87\%$

(三)自鎖:由於摩擦力使物體保持靜止。

例 5-10

一個三紋方螺紋（Triple square thread）螺桿，其齒根直徑（Root diameter）d_r=2吋，每吋2螺紋，使其連接一個外直徑4吋，內直徑2.5吋之軸環，如需推動3000lb之負荷上升，試求外力需多大？此外力作用於36吋半徑處，螺紋與軸環之摩擦係數為μ=0.2。設α＝導程角，半徑r=36in，P＝外力。

解 (1) 螺紋節距 $P=\dfrac{1}{2}''$

節圓 $D=d_r+$螺紋高$=d_r+\dfrac{P}{2}=2+\dfrac{1}{4}=\dfrac{9}{4}$

軸環之摩擦半徑$r_c=\dfrac{2+1.25}{2}=1.625$（吋）

(2) 升高所需之扭矩$T=W\times r_t\times\tan(\alpha+\beta)+W\mu_2 r_c$

又 $\tan a=\dfrac{L}{\pi d_t}=\dfrac{3\times\dfrac{1}{2}}{\pi\times\dfrac{9}{4}}=0.212$ ；$\tan b=m=0.2$

$T=3000*\dfrac{9}{8}*\left(\dfrac{0.212+0.2}{1-0.212\times0.2}\right)+3000*0.2*1.625=2427$（lb-in）

$F=\dfrac{2427}{36}=46.42$

精選試題

一　問答題型

1. 常用的螺A桿主要有兩種，分別是傳動螺桿（Power screws）及滾珠螺桿（Ball screws）。試就兩者間之區別，解釋「為何滾珠螺桿無法自鎖（Self－locking）？」。若欲控制此螺桿以解決因溫升所產生的變形問題，試從機械設計的眼光，說明如何提供一些方法以解決此問題？並說明如何提供另一種智慧方法來解決？（普考）

解 傳動螺桿（Power screws）若摩擦係數 f≤tanα 導程角時，則

$T=W×r_t×\dfrac{f-\tanα}{1+f\tanα}≤0$，即扭矩 T 成為零或負值，此時重物 W 會使螺紋自動旋轉而滑下，若欲使螺紋具有自鎖作用以避免重物下滑，螺紋表面之摩擦係數需要求為 f＞tanα，但滾珠螺桿（Ball screws）因為摩擦係數很小，導致摩擦係數＜導程角 ⇒f＜tanα，所以滾珠螺桿無法自鎖（Self-locking），故需要有剎車功能的裝置輔助，裝設在軸之進給馬達，使滾珠螺桿不致於自轉。

2. **簡述常用防止螺栓連接鬆動的方法。**（普考）

　解 (1) 摩擦阻力鎖緊裝置

　　　A.鎖緊螺帽：在原有螺帽上加裝一螺帽旋緊。

　　　B.螺旋彈性鎖緊墊圈：斷面成梯形，鎖緊時利用墊圈的彈力使螺帽及螺栓間互相擠壓，再利用其摩擦力來增加鬆脫的阻力，以達到防止螺帽鬆脫之目的。

　　　C.鎖緊螺釘：在螺帽一側使用固定螺釘 S 壓入一銅片或纖維片T，以防止螺紋受損，並增加其摩擦阻力。

　　　D.有槽螺帽：在螺帽頂攻一小螺紋孔，並鋸一槽，以小螺釘來增加螺紋的軸向壓力，產生鎖緊作用。

　　　E.彈性鎖緊螺帽：將一纖維環套入螺帽內處，藉其彈力增加螺紋阻力，阻止鬆脫。

　　　F.使用特殊墊圈法：利用一對楔入固定的特殊墊圈，可將螺栓固定在接合點上不會鬆脫。

　　(2) 確閉鎖緊裝置

　　　A.開口銷：在螺帽鎖緊後，在螺栓上鑽一孔，插入銷以阻止螺帽鬆脫。

　　　B.彈簧線鎖緊：螺帽上端製成圓形槽，鑽六小孔，鎖緊後將彈簧套入圓槽。

3. **使用方螺紋或愛克姆（ACME）螺紋所製作而成的螺桿的主要應用為何？**（本題只寫答案即可）（台酒）

　解 (1) 方螺紋傳動效率高，機械利益大，用於：慢速較大動力之傳達，例如：虎鉗之螺桿、起重機之螺紋。

　　(2) 愛克姆（ACME）螺紋傳達運動或動力用螺紋用於：輕、中動力的傳達工作，磨損後可藉對合螺帽來調整貼合。

4. **試解釋下列機械設計常用術語：螺栓保證強度（bolt proof strength）。**（台糖）

解 螺栓保證強度（bolt proof strength）：為保證負載與拉應力面積比。

5. **請解釋動螺桿（Power screw）之自鎖（Self-locking）條件。**（高考二級）

解 傳動螺旋的自鎖條件，通常使用於在傳動螺紋之推動重物下降時，以方螺紋為例，若 $f \leq \tan\alpha$ 時，則 $T = W \times r_t \times \dfrac{f - \tan\alpha}{1 + f\tan\alpha} \leq 0$，即扭矩 T 成為零或負值，此時重物 W 會使螺紋自動旋轉而滑下，若欲使螺紋具有自鎖作用以避免重物下滑，螺紋表面之摩擦係數需要求為 $f > \tan\alpha$。

6. **當你發現一機器的螺栓斷裂時，通常可以從螺栓的破斷面來判斷造成螺栓斷裂的應力是屬於穩定靜應力或是變動應力，試說明你該如何判斷？**（地特三等）

解 (1) 穩定靜應力：

A.若螺栓材料為脆性材料，材料失效時未發生明顯的塑性變形而突然斷裂，其斷裂面與螺桿呈 45 度，其截面為平面斷口，產生顯著的剝裂（Cleavage）現象。

B.若螺栓材料為延性材料，材料失效時發生明顯的塑性變形而頸縮，最後發生斷裂，斷裂面呈杯錐狀斷口，斷面大部份呈絲紋層，且光色粗暗。

(2) 變動應力：螺栓中的最大應力處或材料有缺陷處出現細微裂紋，隨著反覆受力超過一定的次數後，裂紋逐漸擴展成為裂縫，由於應力交替變化，裂縫兩邊的材料時而壓緊時而張開，使材料相互擠壓研磨，形成光滑區，當斷面削弱至一定程度而抗力不足時，在一個偶然的衝擊或振動下，便發生突然的脆性斷裂，斷裂處形成粗糙區，其斷面截面如下所示。

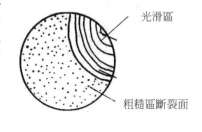

7. **圖 1 所示之結構，是經由鉚釘連接在一起的二個平板。當外力P施加之後，從力學觀點而言，請問該結構將會發生那幾種破壞？請描述之。並針對每一種破壞，列出計算式，提供該結構的強度設計。**（台鐵員級）

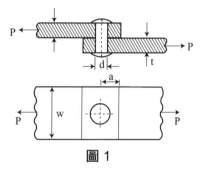

圖 1

解 鉚釘破壞模式時，可區分為鉚釘本身的破壞
及板材之破壞，其分析如下所示：

鉚接受力型式	破壞模式
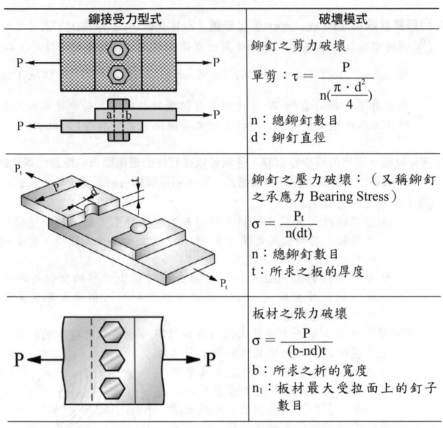	鉚釘之剪力破壞 單剪：$\tau = \dfrac{P}{n(\dfrac{\pi \cdot d^2}{4})}$ n：總鉚釘數目 d：鉚釘直徑
	鉚釘之壓力破壞：（又稱鉚釘之承應力 Bearing Stress） $\sigma = \dfrac{P_t}{n(dt)}$ n：總鉚釘數目 t：所求之板的厚度
	板材之張力破壞 $\sigma = \dfrac{P}{(b-nd)t}$ b：所求之析的寬度 n_1：板材最大受拉面上的釘子數目

鉚接承受的安全負荷稱為鉚接強度，通常以穿孔後板塊能承受的最大張力，最大壓力和鉚釘所能承受之最大剪力，三者中取較小值為鉚接強度。

鉚接效率：

$$\eta = \frac{每一節距中鉚接後的容許荷重}{每一節距中（板板材抗拉強 \times 板材未穿時的面積）}$$

板之效率（接合效率）：

$$\eta = \frac{穿孔後每一節距長度鋼板之抗拉力}{每一節距板材未穿孔時的抗拉力}$$

8. **試述螺紋聯結物（threaded fastener）之應用與其優缺點。**（地四）

解 螺旋連接件系指使用具有螺紋之元件來連結兩機件使其固定，而不互相
作相對運動；常用於定位、鎖緊、調整、連接機件等用途，一般可分為
螺栓、螺釘兩大類：

(一) 螺栓的種類與用途

種類	用途	圖示
貫穿螺栓	適用於二機件鑽有通孔且螺帽可留在機件外端，用於常需拆卸之處，可不需在連接件上製螺紋。	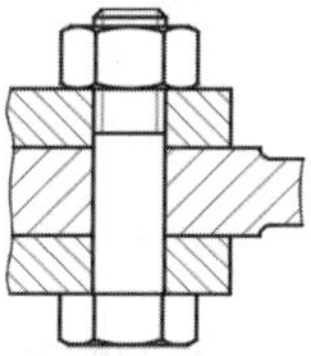
帶頭螺栓	不需螺帽，安裝時穿過薄機件而旋入厚機件，不宜時常拆裝，適合用於薄件不常拆卸處。	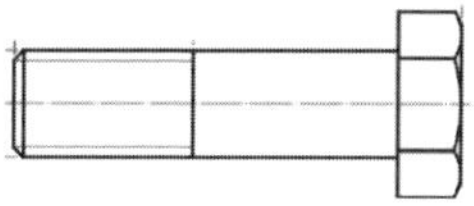
柱頭螺栓 (螺樁)	螺桿的兩端皆有螺紋，其中一端鎖固於機件的陰螺孔中，另一端則貫穿配合件，再以螺帽鎖緊，用於不適宜用貫穿螺栓處，如汽缸蓋。	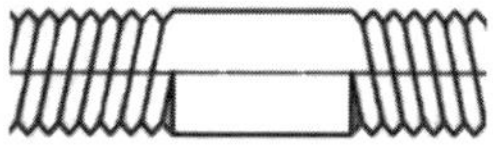
環首螺栓	用於需吊起機械的場合。	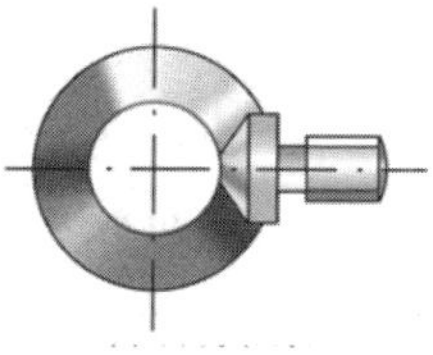
T型螺栓	頭部四角的螺栓，頭部深入於槽中，鎖緊螺帽，常用於銑床虎鉗、鉋床虎鉗與床台之固定螺栓。	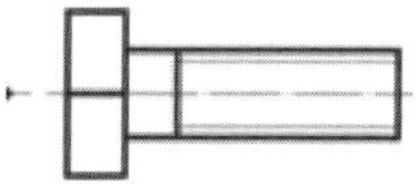

(二) 螺釘的種類與用途

種類	用途	圖示
帽螺釘	用於較輕機件接合，不需使用螺帽，用以固定機件時，該機件上須備有螺紋孔。	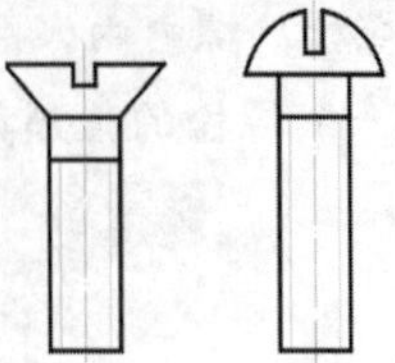
自攻螺釘	硬化鋼製成，螺釘的前端具有斜度，於旋緊時可自動攻出孔螺紋，因此較為經濟，適用於軟金屬、塑膠以及薄鐵板之連接工作。	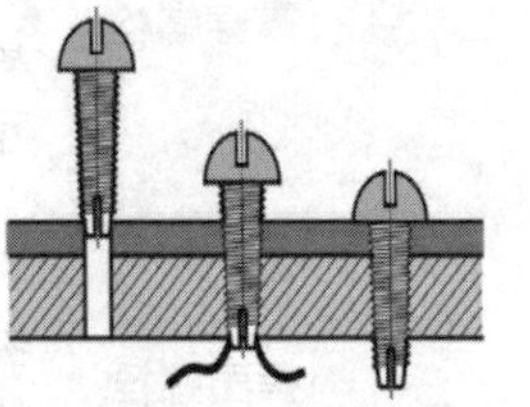
固定螺釘(定位螺釘)	硬化鋼製成，阻止兩機件間的相對運動，避免圓形機件與孔發生相對的滑動。	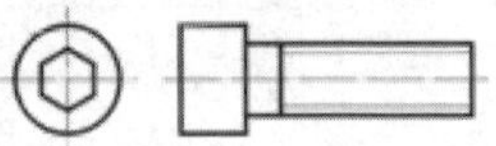
肩頭螺釘	僅在螺釘的前端比圓柱直徑略小處有螺紋而已，常用於鉋床、衝床之抬擊箱。	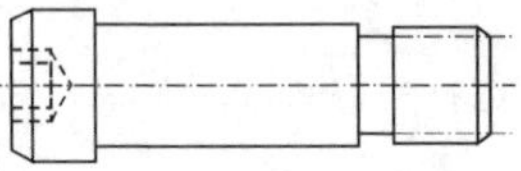
木螺釘	用於機械零件與木質體的連接，螺釘的前端為尖形可產生自攻的作用。	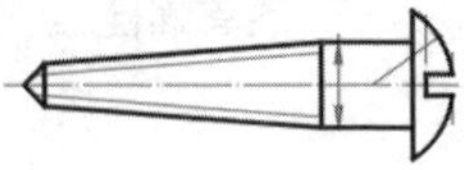

二 普考、四等計算題型

1. 有一汽櫃與其蓋用螺栓連結，櫃內直徑 D＝900mm（公釐），汽壓 P＝2N／mm²（牛頓／平方公釐）。螺栓最大拉應力 $\sigma_1＝KF_a/A_t＋F_i/A_t$，式中 K＝襯墊連結因數，$F_a$＝每根螺栓分擔外加負荷（N），$F_i$＝連結負荷（無外加負荷，即汽壓 P＝0 時）＝2800d（經驗公式），d＝螺栓公稱直徑（mm），A_t＝螺栓應力面積。若用 d＝16mm，A_t＝157mm²，材料降伏強度 S_y＝600N／mm²，取安全因數 n＝1.5，使用硬銅襯墊 K＝0.25，求所需螺栓數目 N_b。

解 螺栓可承受之最大拉應力

$$\sigma＝\frac{S_y}{n}＝\frac{600}{1.5}＝400N／mm^2$$

$$\sigma＝\frac{kF_a}{A_t}＋\frac{F_i}{A_t}＝\frac{0.25\times F_a}{157}＋\frac{2800\times 16}{157}＝400$$

$$F_a＝72000（N）$$

$$P\times A＝2\times\frac{\pi}{4}\times（900）^2＝1272345（N）$$

$$N_b＝\frac{P\times A}{F_a}＝\frac{1272345}{72000}＝17.67$$

取 18 根

2. 兩鋼板搭接用鋼鉚釘連接，受穩定負荷 P＝20，000N（牛頓），如圖所示。許可剪應力 τ_w＝70N／mm²（牛頓／平方公釐），許可壓應力與許可拉應力同為 s_w＝140N／mm²。
   求(1)鉚釘直徑 d（mm，公釐），取稍大之整數。
   　　(2)鋼板厚 t（mm）。
   　　（9.81 牛頓＝1 公斤力）

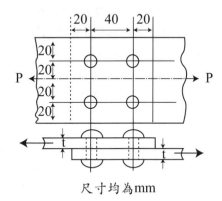

尺寸均為mm

解 (1) 鉚釘剪應力

$$\tau＝\frac{F}{n\times\frac{\pi}{4}\times d^2}＝\frac{20000}{4\times\frac{\pi}{4}\times d^2}＝70$$

$$\Rightarrow d＝9.53（mm）$$

故鉚釘直徑取 10mm

(2) 鉚釘間鋼板之拉應力

$$\sigma=\frac{F}{(P-2d)\,t}\Rightarrow140=\frac{20000}{(80-2\times10)\,t}$$

$$\Rightarrow t=2.38\,(mm)$$

鉚釘壓鋼板之壓應力

$$\sigma=\frac{F}{ndt}\Rightarrow140=\frac{20000}{4\times10t}$$

$$t=3.57\,(mm)$$

取大者故鋼板厚 4mm

3. 一單螺紋 25mm 直徑之方牙傳力螺紋，節距 5mm，若承受一 5KN 之負荷，試求上升一負荷作用於節圓圓周上所需之力 F_{up}。設螺紋之摩擦係數為 0.08，而套環之摩擦不計。

解 節徑 $d=d_0-\dfrac{p}{2}=25-\dfrac{5}{2}=22.5mm$

導程角 $\alpha=\tan^{-1}\left(\dfrac{p}{\pi d}\right)=4.05°$，摩擦角 $\beta=\tan^{-1}(0.08)=4.57°$

推動負荷上升所需之力 $F_{up}=W\times\tan(\alpha+\beta)=758N$

4. (一) 請說明 $M12\times1.75$ 之意義。

(二) 若安全係數為 1.5，螺栓之張應力面積為 84.3 mm^2，螺栓之最小安全強度為 225 MPa，當螺栓受到一張力作用，請問最大負載力為何？(104普)

解 (一)　M 12×1.75

　　　　　　　　↳節距1.75mm

　　　　　　↳外徑12mm

　　　　↳公制螺紋

(二) $\dfrac{P}{84.3}=\dfrac{225}{1.5}\Rightarrow P=12645(N)$

5.某傳動螺旋的直徑25mm，而螺紋節距為5mm(a)若為方螺紋，試求螺紋深度、螺紋寬度、平均直徑與根直徑及導程(b)若換成艾克母螺紋，試求螺紋深度、螺紋寬度、平均直徑與根直徑及導程

解 (a)螺紋深＝2.5mm

Width＝2.5mm

$d_m = 25 - 1.25 - 1.25 = 22.5\,mm$

$d_r = 25 - 5 = 20\,mm$

$l = p = 5\,mm$

(b)螺紋深＝2.5mm

Width at pitch line＝2.5mm

$d_m = 22.5\,mm$

$d_r = 20\,mm$

$l = p = 5mm$

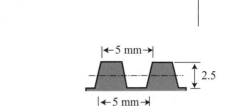

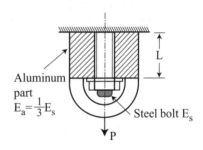

6. 機件由螺栓鎖緊，若螺栓之面積與機件面積為 $A_a = 9A_s$ 且 $E_a = \frac{1}{3}E_s$，求在外力P＝9.6kN時螺栓所受負載（初拉力 $F_0 = 5.3kN$）

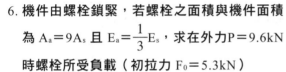

解 $K_a = \dfrac{E_a A_a}{L}$ ， $K_s = \dfrac{E_s A_s}{L}$

$\dfrac{K_a}{K_s} = 3$

$\dfrac{K_a}{K_s + K_a} = \dfrac{3}{1+3} = \dfrac{3}{4}$

$F_a = \dfrac{3}{4} \times 9.6 - 5.3 = 1.9$

脫落故螺栓受力9.6kN

7. 請繪製簡圖說明如下圖所示承受剪力的鉚釘接頭各種可能破壞的方式。（普考）

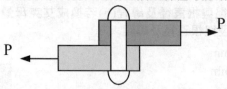

解 鉚釘破壞模式時，可區分為鉚釘本身的破壞及板材之破壞，其分析如下所示：

破壞模式

鉚釘之剪力破壞

單剪：$\tau = \dfrac{P}{n(\dfrac{\pi \cdot d^2}{4})}$

n：總鉚釘數目　　d：鉚釘直徑

鉚釘之壓力破壞：（又稱鉚釘之承應力 Bearing Stress）

$\sigma = \dfrac{P_t}{n(dt)}$

n：總鉚釘數目　　t：所求之板的厚度

板材之張力破壞

$\sigma = \dfrac{P}{(b-nd)t}$

b：所求之析的寬度　　n_1：板材最大受拉面上的釘子數目

---

8. 如右圖所示為承受拉力負載之螺栓接頭的剖面圖，螺栓規格為M14×2，ISO粗螺紋，螺栓的預負荷為F_i＝33 kN，拉力負載P＝18 kN。已知該螺栓及接頭（或組件）的勁度（stiffness）分別為k_b＝0.79 MN/mm及k_j＝3.40 MN/mm；螺栓拉應力面積（tensile stress area）A_t＝115 mm^2。

(一) 求接頭勁度常數（stiffness constant）C。

(二) 求作用於螺栓的總負荷F_b及拉應力大小σ_b。

(三) 求螺栓達到指定預負荷下所需的扭矩 T（假設扭矩係數K＝0.2）。(104地四)

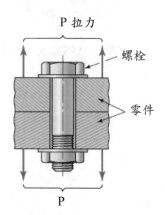

P 拉力

螺栓

零件

P

解 (一) 接頭勁度（stiffness constant）$C = k_j = 3.4(\mathrm{MN/mm})$

接合勁度（joint constant）$C = \dfrac{0.79}{0.79 + 3.4} = 0.189$

(二) 取螺栓之F、B、D

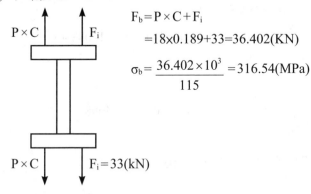

$F_b = P \times C + F_i$

$= 18 \times 0.189 + 33 = 36.402(\mathrm{KN})$

$\sigma_b = \dfrac{36.402 \times 10^3}{115} = 316.54(\mathrm{MPa})$

$F_i = 33(\mathrm{kN})$

(三) $T = 0.2 \times 33 \times 10^3 \times 14 = 92400(\mathrm{N\text{-}mm})$。

三　高考、三等計算題型

1. 一機械組件以料降伏強度為 $S_{yp} = 620\mathrm{Mpa}$ 的 M20×2.5 螺栓結合，應力集中因數 $K_t = 1.5$，零件截面積為 $800\mathrm{mm}^2$，機械組件最大負荷 $W = 50000\mathrm{N}$。(1)若無預負荷，求螺栓之安全因數。(2)最少須預負荷多少使零件不致鬆脫？(3)若預負荷為 50000 N，求螺栓之安全因數。

解 (1) 螺栓之應力面積 $A_t = \dfrac{\pi}{4} \times (\dfrac{D + D_i}{2})^2$

$= \dfrac{\pi}{4} \times (\dfrac{D_0 - 0.6495P + D - \dfrac{1}{2} \times 0.86603P}{2})^2$

$\Rightarrow A_t = \dfrac{\pi}{4} \times (D_o - 1.0825)^2 = \dfrac{\pi}{4} \times (20 - 1.0825 \times 2.5)^2 = 234.89\mathrm{mm}^2$

若無預負荷

$\sigma = \dfrac{W}{A_t} = \dfrac{50000}{234.89} = 212.86$（MPa）

$n = \dfrac{S_y}{k_t \times \sigma} = \dfrac{620}{1.5 \times 212.86} = 1.94$

(2) $F_p = \dfrac{k_p}{k_b+k_p} \times W - F_o = \dfrac{A_p}{A_b+A_p} \times W - F_o = 0$

$F_o = \dfrac{A_p}{A_p+A_b} \times W = \dfrac{800}{800+\dfrac{\pi}{4} \times (20)^2} \times 50000 = 35901.51 \text{（N）}$

(3) 若預負荷 50000N＞35901.51

$F_p = \dfrac{800}{800+\dfrac{\pi}{4} \times (20)^2} \times 50000 - 50000 = -14098.49 \text{（N）}$

$F_b = \dfrac{\dfrac{\pi}{4} \times (20)^2}{800+\dfrac{\pi}{4} \times (20)^2} \times 50000 + 50000 = 64098.49 \text{（N）}$

$\sigma = \dfrac{F_b}{A_t} = \dfrac{64098.49}{244.8} = 261.84 \text{（MPa）}$

$F_s = \dfrac{S_y}{k_t\sigma} = \dfrac{620}{1.5 \times 261.84} = 1.579$

2. 一個 15×200 mm 的矩型鋼板，被使用四根 $M20 \times 2.5$ 的螺栓固鎖在 250 mm 的槽型鋼上而形成懸臂梁形式。螺栓最小直徑處之面積為 225 mm²，螺紋長度為 $2d+6$，d 為螺栓外徑；螺帽高度為 18 mm，墊圈厚度為 2.5 mm。(1)計算在 A，B，C 及 D 處，各螺栓的合成應力。(2)每根螺栓長度設計為 55 mm，合理嗎？試述其理由。(3)試求螺栓所承受之最大剪應力。(4)試求最大承壓應力（bearing stress）。（地特三等）

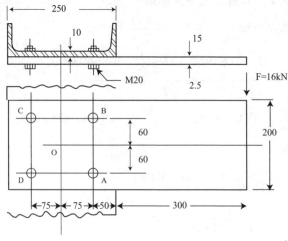

（長度單位：mm）

解 (1) 如圖所示，螺栓群之形心為 O，則反作用力 V 將通過 O，反作用力矩對 O

$V = 16kN$，$M = 16 \times (425) = 6800\text{N-m}$

從形心到各螺栓距離為 r

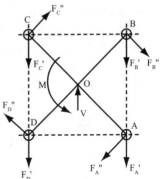

$r = \sqrt{(60)^2 + (75)^2} = 96\text{mm}$

$F'_A = F'_B = F'_C = F'_D = \dfrac{16 \times 10^3}{4} = 4000 \ (\text{N})$

$F''_A = F''_B = F''_C + F''_D = \dfrac{M \times r}{4r^2}$

$\qquad = \dfrac{6800 \times 10^3}{4 \times 96} = 17700 \ (\text{N})$

取 B 處 $F_B = \sqrt{(F'_B + F''_B \times \dfrac{75}{r})^2 + (F''_B \times \dfrac{60}{r})^2}$

$\qquad = \sqrt{(4000 + 17700 \times \dfrac{75}{96})^2 + (17700 \times \dfrac{60}{96})^2}$

$\qquad = 20981.4 \ (\text{N})$

$F_A = F_B = 20981.4 \ (\text{N})$

$\tau_A = \tau_B = \dfrac{20981.4}{225} = 93.25 \ (\text{MPa})$

取 D 處

$F_D = \sqrt{(F'_D - F''_D \times \dfrac{75}{r})^2 + (F''_D \times \dfrac{60}{r})^2}$

$\quad = \sqrt{(4000 - 17700 \times \dfrac{75}{96})^2 + (17700 \times \dfrac{60}{96})^2}$

$\quad = 14797.67 \ (\text{N})$

$F_C = F_D = 14797.67 \ (\text{N})$

$\tau_C = \tau_D = \dfrac{14797.67}{225} = 65.767 \ (\text{MPa})$

(2) 螺栓長度 $> 10 + 15 + 18 + 2.5 = 45.5$

$55\text{mm} > 45.5$

故螺栓長度設計為 55，為合理之設計

(3) 最大剪應力為 $\tau_A = \tau_B = 93.25 \ (\text{MPa})$

(4) 最大承壓應力

$\sigma = \dfrac{F}{A_b} = \dfrac{F}{t \times d} = \dfrac{-20981.4}{10 \times 20} = 104.91 \ (\text{MPa})$

3. 下圖中，一用 $3/8''\times2''$UNSG10180 冷抽鋼（$S_y=54$kpsi）製成的懸臂樑支持 300 1b 的負荷。此樑係用 2 只相距 3" 的 $1/2''-13$ UNC 5 級螺栓（$S_y=85$kpsi）固定。試求出下列各種方式破壞下的安全係數（Factor of Safety）：

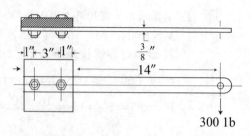

(1)螺栓的剪切（Shear of Bolt），(2)螺栓的支承破壞（Bearing on Bolt），(3)接合件的支承破壞（Bearing on Member），(4)接合件的強度（Strength of Member）。（技師）

解 $F'_A=\dfrac{300}{2}=150=F'_B$

$F''_A=F''_B=\dfrac{300\times(14+2.5)}{3}=1650$

$F_A=1500\ell b$，$F_B=1800\ell b \Rightarrow$ B 處所受的力為最大。

(1) 螺栓剪切破壞

$A=\dfrac{\pi}{4}\times(0.5)^2=0.1963\ (\text{in}^2)$

$\tau=\dfrac{F}{A}=\dfrac{1800}{0.1963}=9170\ (\text{psi})$

$n=\dfrac{0.5\times S_y}{\tau}=\dfrac{85\times10^3\times0.5}{9170}=4.63$

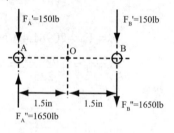

(2) 螺栓支承破壞

$A_b=\dfrac{1}{2}\times\dfrac{3}{8}=0.1875$

$\sigma=-\dfrac{F}{A}=\dfrac{-1800}{0.1875}=-9600\ (\text{psi})$

$n=\dfrac{85\times10^3}{9600}=8.854$

(3) 接合件支承破壞

$S_y=54$kpsi $\Rightarrow n=\dfrac{54000}{9600}=5.625$

(4) 接合件強度

$M=300\times15=4500\ell b-\text{in}$

$I=\dfrac{0.375\times(2)^3}{12}-\dfrac{0.375\times(0.5)^3}{12}=0.246\ (\text{in}^4)$

$$\sigma = \frac{MC}{I} = \frac{4500 \times 1}{0.246} = 18300 \text{（psi）}$$

$$n = \frac{54 \times 10^3}{18300} = 2.95$$

4. 一鋼板結構以 5 支大小相同之中碳鋼螺栓結合，如下圖四所示，L＝10，H＝0.5，E＝0.2，F＝0.05，t＝0.05，長度單位為 m；鋼板之比重為 8；螺栓受剪切之斷面均為圓形，其容許剪應力為 $\tau_a = 100MPa$；請設計該螺栓之直徑（不考慮摩擦力）。（技師）

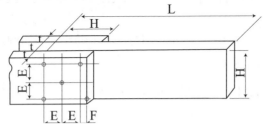

解 (1) 鋼比重$＝8g/cm^3 = 8000kg/m^3$

鋼重 $8000 \times 10 \times 0.5 \times 0.05 = 2000$（kg）

$$M = 2000 \times 9.81 \times \left(\frac{L}{2} - E\right)$$

$$= 2000 \times 9.81 \times \left(\frac{10}{2} - 0.2\right) = 94176 \text{（N-m）}$$

$$V = 2000 \times 9.81 = 19620 \text{（N）}$$

(2) 如圖所示，B 處所受之力為最大

$$F'_B = \frac{19620}{5} = 3924 \text{（N）}$$

$$F''_B = \frac{M}{4r} = \frac{94176}{4} \times \sqrt{(0.2)^2 + (0.2)^2} = 83240.61$$

$$F_B = \sqrt{\left(F''_B \times \frac{\sqrt{2}}{2} + F'_B\right)^2 + \left(F''_B \times \frac{\sqrt{2}}{2}\right)^2}$$

$$= \sqrt{\left(83240.61 \times \frac{\sqrt{2}}{2} + 3924\right)^2 + \left(83240.61 \times \frac{\sqrt{2}}{2}\right)^2} = 86060.04 \text{（N）}$$

$$\tau = 100 = \frac{86060.04}{2 \times \frac{\pi}{4}d^2} \Rightarrow d = 23.4 \text{（mm）}$$

5. 如圖所示，若鉚釘的剪工作應力 τ_w 為 13500 psi（磅／平方吋），負荷 P 為 12000 lb磅）作用於距離最左邊鉚釘為 b＝4.8in（吋）處，試求鉚釘直徑 d（吋）為多少？

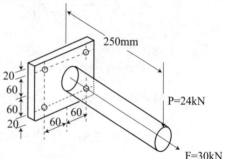

解 鉚釘形心距最左端鉚釘的距離

$$x=\frac{0\times1+5.5\times1+8\times1+10.5\times1}{4}=6$$

負荷偏心距 $\ell=6-4.8=1.2$（in）

$$P\times\ell=C\ (r_1^2+r_2^2+r_3^2+r_4^2)\Rightarrow C=\frac{1200\times(1.2)}{(6^2+0.5^2+2^2+4.5^2)}=238$$

最左端鉚釘受力最大

$$F''_1=Cr_1=238\times6=1428\ (\ell b)\ ;\ F'_1=\frac{P}{n}=\frac{12000}{4}=3000\ (\ell b)$$

$$F_1=F'_1+F''_1=4428\ (\ell b)$$

$$\tau=\frac{F_1}{\frac{\pi}{4}\times d^2}\Rightarrow 13500=\frac{4428}{\frac{\pi}{4}\times d^2}\Rightarrow d=0.646in$$

6. 下圖所示為一圓棒及鋼板之組合體，該鋼板以四顆同樣的螺桿固定在牆上，假設該螺桿的容許應力為 600MPa。當作用力 P 為 24kN、F 為 30kN 時，請計算該螺桿的直徑大小（採用安全係數為 3）。

解 (1) 假設上螺桿為 A，下螺桿為 B

對鋼板下緣取扭矩平衡

$$2F_A\times(60+60+20)+2\times F_B\times20=24\times10^3\times250\cdots\cdots\cdots①$$

$$\frac{F_A}{60+60+20}=\frac{F_B}{20}\Rightarrow\frac{F_A}{F_B}=7\cdots\cdots\cdots\cdots\cdots\cdots\cdots②$$

由①②可得 $F_B=3000$（N），$F_A=21000$（N）

(2) A 螺桿受力最大

A 螺桿受拉力 $F'=21000+\frac{3000}{4}=285000$

A 螺桿受剪力 $F''=\frac{24000}{4}=6000$

拉應力 $\sigma = \dfrac{4F'}{\pi d^2} = \dfrac{4 \times 285000}{\pi d^2}$

剪應力 $\tau = \dfrac{4F''}{\pi d^2} = \dfrac{4 \times 6000}{\pi d^2}$

合成剪應力 $\tau_{max} = \sqrt{\left(\dfrac{\sigma}{2}\right)^2 + (\tau)^2} = \dfrac{19686}{d^2}$

利用最大剪應力理論

$\dfrac{0.5 \times S_y}{3} = \tau_{max} \Rightarrow \dfrac{0.5 \times 600}{3} = \dfrac{19686}{d^2} \Rightarrow d = 14.03$（mm）

7. 一單螺紋 25mm 直徑之方牙傳力螺紋，節距 5mm，若承受一 5KN 之負荷，試求上升此一負荷所需之扭矩及螺紋效率。設螺紋之摩擦係數為 0.08，而套環之摩擦係數為 0.06，套環直徑為 45mm。

解 節徑 $d = d_0 - \dfrac{p}{2} = 25 - \dfrac{5}{2} = 22.5$mm

導程角 $\alpha = \tan^{-1}\left(\dfrac{p}{\pi d}\right) = 4.05°$，摩擦角 $\beta = \tan^{-1}(0.08) = 4.57°$

推動負荷上升所需扭矩

$T_{up} = W \times \dfrac{d}{2} \times \tan(\alpha + \beta) + W \times 0.06 \times \left(\dfrac{45 + 25}{4}\right) = 13777$（N-m）

效率 $E = \dfrac{W \times d / 2 \times \tan(\alpha)}{W \times d / 2 \times \tan(\alpha + \beta) + W \times 0.06 \times \left(\dfrac{45 + 25}{4}\right)} = 0.288$

8. 有一節距 6mm，外徑 40mm 之雙紋方螺牙（double square thread）螺桿，其配合之螺帽以 48mm/s 之速度移動並推動 10000N 之負荷，試求驅動此螺桿所須之扭矩（torque）與功率（power）。假設螺紋之摩擦係數為 0.1，軸環之摩擦係數為 0.15，軸環之摩擦直徑為 60mm。

解 (1) 節徑 $D = D_0 - \dfrac{p}{2} = 40 - \dfrac{6}{2} = 37$（mm）

$\tan\alpha = \dfrac{2 \times 6}{\pi \times 37} = 0.10324$

$T = W \times r_t \times \dfrac{\tan\alpha + f}{1 - f \times \tan\alpha} + W \times r_c \times f_2$

$$T = 10000 \times \frac{37}{2} \times \frac{0.10324 + 0.1}{1 - 0.10324 \times 0.1} + 10000 \times \frac{60}{2} \times 0.15$$

$$= 82991.625 \text{ （N-mm）}$$

$$T = 82991.625 \text{ （N-mm）} = 83 \text{ （N-m）}$$

(2) $N = \dfrac{N}{L} = \dfrac{48}{2 \times 6} = 4$ （rev/v）

$w = 2\pi N = 2\pi \times 4 = 8\pi$

$H = Tw = T \times 2\pi N = 83 \times 8\pi = 2086.01$ （W）

9. 一水平加工平台（Table），如下圖所示。其平台及工件重量W＝1200kg，摩擦係數μ＝0.05，螺桿上之摩擦扭力矩T_f＝0.8N-m，螺桿節距l＝20mm/rev，螺桿直徑D_b＝40mm，長度L_b＝1000mm，螺桿材料密度γ_b＝7.8×10^3kg/m³；傳動效率η＝0.9，工件進給速度V＝60m/min，加速時間t_a＝0.08s（秒），馬達轉動慣量（Inertia）為0.0053kg·m²，其位置增益量k_s＝30s⁻¹，試計算：

(一) 主軸馬達之扭力矩。

(二) 負載總慣性矩J_s。（103地三）

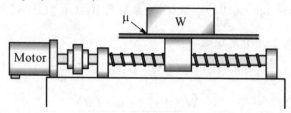

解 馬達主軸之扭力：$T_m = \dfrac{F \times 1}{\pi\eta} + T_f$

$F = \mu \times W = 0.05 \times 1200 \times 9.8 = 588N$

$T_m = \dfrac{588 \times 20 \times 10^{-3}}{2\pi \times 0.9} + 0.8 = 2.879N \cdot m$

馬達轉速：$V_m = \dfrac{V}{1} = \dfrac{60}{20 \times 10^{-3}} = 3000 min^{-1}$

$J_w = w \times \left(\dfrac{1}{2\pi}\right)^2 = 1200 \times \left(\dfrac{20 \times 10^{-3}}{2\pi}\right)^2 = 0.01216 kg \cdot m^2$

負載總慣性矩J_s：$J_s = J_b + J_w = 0.01412 kg \cdot m^2$

加速度矩：

$$T_a = V_m \times \frac{2\pi}{60} \times \frac{1}{t_a} \times (J_M + J_s/\eta) \times (1 - e^{-k_s t_a})$$

$$= 3000 \times \frac{2\pi}{60} \times \frac{1}{0.08} \times (0.0053 + \frac{0.01412}{0.9}) \times (1 - e^{-30*0.08}) = 74.9 N \; m .$$

最大加速扭力之速度值：

$$V_r = V_m \times \left[1 - \frac{1}{k_s t_a}\left(1 - e^{-k_s t_a}\right) \right] = 3000 \times \left[1 - \frac{1}{0.1 \times 30}\left(1 - e^{-30 \times 0.1}\right) \right]$$

$$= 1863.39 mm^{-1}$$

馬達轉軸總力矩為：$T = T_a + T_m = 74.9 + 2.88 = 77.78 N \cdot m$

10. 有一方牙動力螺旋，節徑為70mm，螺紋的摩擦係數$\mu_1 = 0.15$，提升重物時的效率為0.65。假設重物為9,000kg，試求欲使重物維持等速下降時，所需施加之扭矩為何？軸環摩擦可忽略不計。

解　螺紋效率$eff = 0.65 = \dfrac{1 - \mu_1 \tan\alpha}{1 + \mu_1 \cot\alpha} = \dfrac{1 - 0.15\tan\alpha}{1 + 0.15\cot\alpha}$

解上式得$\tan\alpha = 0.32$

$$T_3 = wrt\left[\frac{\tan\alpha - \mu_1}{1 + \mu_1\tan\alpha} \right]$$

$$= (9,000 \times 9.81)\left(\frac{70}{2}\right)\left[\frac{0.32 - 0.15}{1 + 0.15 \times 0.32} \right]$$

$$= 500,754 N\text{-}mm$$

11. 一方牙動力螺旋在重物靜止時，恰能產生自滑使螺桿迴轉。當以4.6m/min的速度提升450kg的重物時，消耗0.69kW的動力，試求螺旋的螺距。已知節徑為20mm，軸環摩擦可忽略不計。

解　自滑時：$T_3 = wrt\left[\dfrac{\tan\alpha - \mu_1}{1 + \mu_1\tan\alpha} \right] = 0$，$\therefore \tan\alpha = \mu_1$

效率$eff = \dfrac{(450 \times 9.8)(4.6)/(60)(10^3)}{0.69} = 0.49$

由 $0.49 = \dfrac{1 - \mu_1 \tan\alpha}{1 + \mu_1 \cot\alpha} = \dfrac{1 - \tan\alpha^2}{1 + 1}$ ，得 $\tan\alpha = 0.1414$

$\tan\alpha = \dfrac{P}{\pi dt}$

$\therefore P = \pi dt \tan\alpha = \pi(20)(0.1414) = 8.88\text{mm}$

12. 連桿螺直徑為10mm；螺距1.25mm，拉至16000N的初力。螺材料有研磨的螺紋，$\sigma_{ult} = 760\text{MPa}$，$\sigma_{yp} = 620\text{MPa}$ 和 $\sigma_e = 350\text{MPa}$。螺桿住的零件之平均截面積為320mm^2，應力面積=0.1187in^2。螺紋的應力集中因數等於3.85。零件負荷由 0 至11000N，連續變化。試求螺安全因數之值。並求零件最小力的值。零件材料和螺有相同的係數。

解 應力面積 $= 0.1187\text{in}^2 = 76.58\text{mm}^2$

螺總面積 $= \dfrac{\pi}{4} \times (10)^2 = 78.54\text{mm}^2$

$F_{bav} = \dfrac{K_b}{K_b + K_p} P_{av} + F_0 = \dfrac{78.54}{78.54 + 320}\left(\dfrac{11000}{2}\right) + 16000 = 17084\text{N}$

$\therefore \sigma_{av} = \dfrac{17084}{76.58} = 223.1\text{MPa}$

$F_{br} = \dfrac{K_b}{K_b + K_p} P_r = \dfrac{78.54}{78.54 + 320}\left(\dfrac{11000}{2}\right) = 1084\text{N}$

$\therefore \sigma_r = \dfrac{1084}{76.58} = 14.15$

但 $\sigma_{ult} = 760\text{MPa}$，$\sigma_{yp} = 620\text{MPa}$

$\dfrac{\sigma_{ult}}{F_s} = \sigma_v + \dfrac{K\sigma_{ult}}{\sigma_e}\sigma_r$

$\dfrac{760}{F_s} = 223.1 + \dfrac{3.85760}{350}(14.15) = 341.5 \Rightarrow FS = 2.23$

$F_{min} = \dfrac{K_b}{K_b + K_p} P_{max} - F_0 = \dfrac{320}{78.54 + 320}(11000) - 16000 = -7167\text{N}$

13. 某單線方螺紋之動力螺旋的直徑為25mm，節距為5mm，該螺紋上的垂直髮像負荷最大可達6kN，軸環之摩擦係數0.05，螺紋間的摩擦係數0.08，軸環的摩擦半徑為40mm，試求　(1)升起時負荷所需扭距　(2)下降時負荷所需扭距　(3)總效率。

解 (1) $T_R = \dfrac{6(22.5)}{2}\left[\dfrac{5+\pi(0.08)(22.5)}{\pi(22.5)-0.08(5)}\right] + \dfrac{6(0.05)(40)}{2}$

$\qquad = 10.23 + 6 = 16.23 \text{N} \cdot \text{m}$

(2) $T_L = \dfrac{6(22.5)}{2}\left[\dfrac{\pi(0.08)22.5-5}{\pi(22.5)+0.08(5)}\right] + \dfrac{6(0.05)(40)}{2}$

$\qquad = 0.622 + 6 = 6.622 \text{N} \cdot \text{m}$

(3) $e = \dfrac{6(5)}{2\pi(16.23)} = 0.294$

14. 試求圖中，承受最大負荷之鉚釘承受的力。

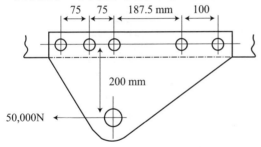

解

$\text{S}\overline{\text{x}} = 75 + 150 + 337.5 + 437.5 = 1000$

$\overline{\text{x}} = 200 \,\text{mm}$

$C(N_1 r_1^2 + N_2 r_2^2 + \cdots) = P_e$

$$C(50^2 + 125^2 + 200^2 + 137.5^2 + 237.5^2) = 50,000 \times 200$$
$$133,437.5C = 10,000,000 \qquad C = 74.94 \text{N/mm}$$

$$F_x = 237.5 \times 74.94 = 17,800 \text{N}$$

$$F_y = \frac{50,000}{5} = 10,000 \text{N}$$

$$合力 = \sqrt{17,800^2 + 10,000^2} = 20,400 \text{N}$$

15. 如下的栓接圖，係由兩 SAE 5 級的螺栓（Bolt）栓鎖住兩厚度同為 1/4 英吋的 AISI 1018 鋼板。此螺栓之材質規範為：抗拉降伏強度 S_y＝92kpsi；抗剪降伏強度（Shear Yield Strength）S_y＝53.08kpsi。而 AISI 1018 鋼板具有抗拉降伏強度 S_{sy}＝32kpsi。試問此栓接接頭在垂直向拉伸負載為 F_c＝4,000lbf 時，下列各式破壞模式之安全係數值：

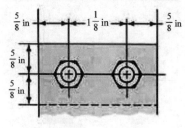
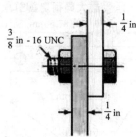

(一)螺栓剪破壞（Shear failure of all bolts）。
(二)螺栓表面壓延破壞（Bearing failure on all bolts）。
(三)低碳鋼板表面壓延破壞（Bearing failure on connected members）。
(四)低碳鋼板之拉伸破壞（Tension failure on members across two bolts）。

（鐵路高員）

解 (一) $A_S = 2\left[\dfrac{\pi\,(0.375)^3}{4}\right] = 0.221\text{in}^2$

$\tau = \dfrac{F_S}{A_S} = \dfrac{4}{0.221} = 18.1\text{kpsi}$

$n = \dfrac{S_{Sy}}{\tau} = \dfrac{53.08}{18.1} = 2.93$

(二) $A_b = 2\,(0.25)\,(0.375) = 0.188\text{in}^2$

$sb = \dfrac{-4}{0.188} = -21.3\text{kpsi}$

$n = \dfrac{S_{yc}}{|\,\sigma_b\,|} = \dfrac{92}{|\,-21.3\,|} = 4.32$

（三）$n = \dfrac{S_{yc}}{|\sigma_b|} = \dfrac{32}{|-21.3|} = 1.50$

（四）$A_t = (2.375-0.75)(1/4) = 0.406in^2$

$st = \dfrac{4}{0.406} = 9.85kpsi$

$n = \dfrac{S_y}{A_t} = \dfrac{32}{9.85} = 3.25$

16. 下圖所示，有一螺栓接頭，某操作員於鎖緊該接頭時，使螺桿（鋼製，M10×1.5）承受一預張力$F_i = 4500N$。該螺栓接頭之被鎖件的長度$L_{m1} = L_{m2} = 20mm$，被鎖件之軸向（延受力方向）剛性為螺桿的3倍，請問該螺栓接頭受一分離力（Separating force）P＝5400N時，該接頭是否會被分開？請詳列計算過程。

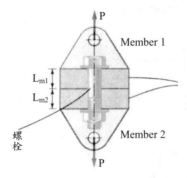

解 取被鎖件之F.B.D

當P＝5400時

$P \times \dfrac{4}{5} = 4320 < F_i$

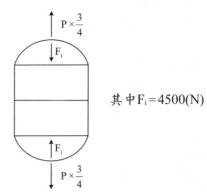

其中$F_i = 4500(N)$

故接頭不會分開

17. 如下圖所示，利用 5 根鉚釘（16mm 直徑）搭接的兩塊鋼板。兩鋼板厚度均為 10mm，主鋼板承受 16kN 負荷，試求鉚釘所承受的最大剪應力與承面應力（bearing stress）。（尺寸單位：mm） （98高考）

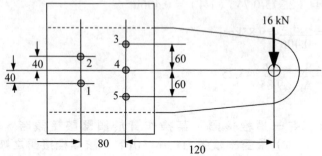

解 （一）

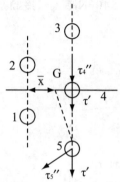

1. 先求形心位置

$$\bar{x} = \frac{3 \times A80}{5A} = 48 \text{（mm）}$$

2. 求直接剪應力 τ'

$$\tau' = \frac{16 \times 10^3}{5 \times \frac{\pi}{4} \times (16)^2} = 15.9155 \text{（MPa）}$$

3. 求扭轉剪應力 τ''

$T = 16 \times 10^3 \times (120 + 80 - 48) = 2432000$（N-mm）

r_1（G 至 4 之距離）$= 32$（mm）

r_2（G 至 3 之距離）$= \sqrt{(32)^2 + (60)^2} = 68$（mm）

$$r_3（\text{G 至 2 之距離}）=\sqrt{（48）^2+（40）^2}=62.48（\text{mm}）$$

$$T=C（r_1^2+2r_2^2+2r_3^2）\Rightarrow C=134.52$$

$$\tau_4''=\frac{Cr_1}{A}=\frac{134.52\times32}{\frac{\pi}{4}\times（16）^2}=21.4（\text{MPa}）$$

$$\tau_5''=\frac{Cr_2}{A}=\frac{134.52\times68}{\frac{\pi}{4}\times（16）^2}=45.5（\text{MPa}）$$

$$\tau_4=\tau'+\tau_4''=37.32（\text{MPa}）$$

$$\tau_5=\sqrt{（15.9155+45.5\times\frac{32}{68}）^2+（45.5\times\frac{60}{68}）^2}=54.82（\text{MPa}）$$

故最大剪應力為 54.82（MPa）

(二) 鉚釘 5 所受之剪力

$$F_5=54.82\times\frac{\pi}{4}\times16^2=11022.2（\text{N}）$$

$$\sigma=\frac{F_5}{16\times10}=68.88（\text{MPa}）$$

18. 一螺栓鎖緊兩物，如下圖所示，螺栓與兩物鎖緊時之內力為5 kN，若兩物之剛性與螺栓之剛性比為4，其後兩物承受10 kN拉力，試問螺栓所承受之負載為多少？

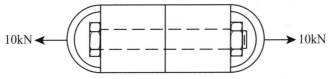

解 $10\times\dfrac{4}{4+1}=8(\text{kN})>5\text{kN}$

故二物為分離狀態

螺栓承受10kN的拉力

19. 一四線愛克姆螺紋的直徑為d＝30 mm，用以提升負載W＝6 kN，已知軸環平均
    直徑d_c＝40 mm，節距P＝4 mm，摩擦係數f＝0.16，軸環摩擦f_c＝0.16，試求：
    (一)導程、平均直徑和螺旋角。
    (二)上升和下降負載所需扭矩。
    (三)若軸環摩擦忽略不計，計算提升時螺紋效率。
    (四)當施加的力F＝150時的曲柄長度。

解 (一) $d_m = d - p/2 = 30 - 2 = 28mm$

$$L = np = 4(4) = 16mm$$

$$\lambda = \tan^{-1}\frac{16}{\pi(28)} = 10.31°$$

$$\alpha_n = \tan^{-1}(\cos\lambda\tan\alpha) = \tan^{-1}(\cos10.31°\tan14.5°) = 14.28°$$

$$T_u = \frac{6(28)}{2}\frac{0.16 + \cos14.28°\tan10.31°}{\cos14.28° - (0.16)\tan10.31°} + \frac{6(0.12)40}{2}$$

$$= 30.05 + 14.4 = 44.45 N\cdot m$$

$$T_d = \frac{6(28)}{2}\frac{0.16 - \cos14.28°\tan10.31°}{\cos14.28° + (0.16)\tan10.31°} + 14.4$$

$$= -1.37 + 14.4 = 13.03 N\cdot m$$

(二) 由f＝0.12和提升負載時的扭矩

$$e = \frac{\cos14.28° - (0.12)\tan10.31°}{\cos14.28 + (0.12)\tan10.31°} = 0.582 = 58.2\%$$

則曲柄軸長度為$a = \frac{T_u}{F} = \frac{44.45}{150} = 0.296$ m ＝296 mm

20. 某四紋愛克姆螺紋，外徑1 in.，節距0.2 in.，座環半徑為1.5與0.5 in.，令摩
    擦係數μ_1＝0.12，軸環摩擦μ_2＝0.12，試求：
    (一)導程角、節圓直徑和螺旋角
    (二)升高1000 lb負荷所需的扭矩。
    (三)將重物下降所需之扭矩大小。

解 (一) $\theta = 1/2 \times 29° = 14°30'$

節圓直徑＝$1.000 - 0.5p = 0.900$ in.

$r_1 = 0.45$ in.

導程角$\tan\alpha = \dfrac{4 \times 0.200}{0.900\pi} = 0.28294$

$\alpha = 15.8°48'$

$\tan\theta_n = 0.25862 \times 0.96222 = 0.24885$

$\theta_n = 13°58.5'$

(二) $T_{升高} = 1000 \times 0.450 \left(\dfrac{0.97040 \times 0.28294 + 0.12}{0.97040 - 0.12 \times 0.28294} + \dfrac{1.00}{0.45} \times 0.12 \right)$

$\qquad = 450\left(\dfrac{0.39456}{0.93645} + 0.26667 \right) = 309.6 \text{ in.lb}$

(三) $T_{下降} = 1000 \times 0.450 \left(\dfrac{0.12 - 0.97040 \times 0.28294}{0.97040 + 0.12 \times 0.28294} + \dfrac{1.00}{0.45} \times 0.12 \right)$

$\qquad = 450\left(-\dfrac{0.15459}{1.00436} + 0.26667 \right) = 50.7 \text{ in.lb}$

21. 一直徑30 mm，雙方螺紋節距為2 mm的傳力螺桿，其上的螺帽以40 mm/s移動，舉升一5 KN的負載，其軸環直徑為50 mm，螺桿及軸環的摩擦係數分別為μ＝0.1及μ＝0.15，請問需有多大的功率來驅動此螺桿？

解 $d_m = 30 - 1 = 29 \text{ mm}$

導程$\ell = 2(2) = 4 \text{ mm}$

$\lambda = \tan^{-1}\dfrac{\ell}{\pi d_m} = \tan^{-1}\dfrac{4}{\pi(29)} = 2.51°$

$T_u = \dfrac{Fd_m}{2}\left[\dfrac{1 + \pi d_m}{\pi d_m - \mu\ell} \right] + \dfrac{F\mu_c d_c}{2} = 674.25 \text{ N-m}$

轉速$n = \dfrac{V}{\ell} = \dfrac{40}{4} = 10 \text{ rps} = 600 \text{ rpm}$

$kw = \dfrac{Tn}{9549} = 42.37$

22. 如圖所示是以三根M20×25的粗螺紋鋼
質螺栓，在圓柱上垂直栓鎖工件螺栓可
承受145 MPa張力，80 MPa剪應力，已
知螺栓剪力面積$A_s = 225$ mm，拉力面積
$A_t = 245$ mm。試求可允許的最大負載P。

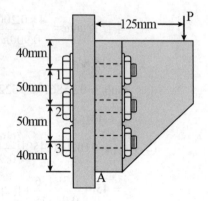

解 (一) 剪應力

$$A_s = \frac{\pi}{4}(16.93)^2 = 225 \ mm^2$$

$$\tau = \frac{P/3}{A_s} = \frac{P}{3(225) \times 10^{-6}} = 1,481P$$

(二) 拉應力

A處螺栓1承受較高負載

$$F_1 = \frac{Mr_1}{r_1^2 + r_2^2 + r_3^2} = \frac{125P(140)}{140^2 + 90^2 + 40^2} = 0.597P$$

$$\sigma_t = \frac{0.597P}{245(10^{-6})} = 2,437P_1$$

$$\sigma_{t,max} = \frac{\sigma_t}{2} + \sqrt{(\frac{\sigma_t}{2})^2 + \tau^2} = \frac{2,437P}{2} + \sqrt{(\frac{2,437P}{2})^2 + (1,481P)^2}$$

$$= (1,219 + 1,918)P = 3,137P$$

$3,137P = 145 \times 10^6$，$P = 46.22 \ kNv$

$1,918P = 80 \times 10^6$，$P_{all} = 41.71 \ kN$

第6章 軸承

頻出度B：依據出題頻率分為：A頻率高、B頻率中、C頻率低

課前導讀

1. 軸承的種類與功能
   - (1) 滾動軸承之種類與功能　　(2) 滑動軸承種類與功能
   - (3) 滑動軸承與滾動軸承之比較
2. 滾動軸承分析
   - (1) 滾動軸承受力　　　　　　(2) 滾動軸承的壽命計算
3. 滑動軸承分析
   - (1) 佩卓夫定律（Petroff 's law）
   - (2) 液體動力潤滑（hydrodynamic lubrication）
   - (3) 液體靜力潤滑（hydrostatic lubrication）
   - (4) 彈性液體動力潤滑（elastohydrodynamic lubrication）

重點內容

6-1 軸承的種類與功能

一、滾動軸承

(一) 徑向滑動軸承（軸頸軸承）

軸承	說明
整體軸承	1. 構造簡單，由一整塊材料中間製孔而成，其材料多以鑄鐵或鑄鋼等富有抗蝕性、高強度的材料製成。 2. 此種軸承可以用鑄鐵殼本身經機械加工成光滑之磨面，亦可在孔內裝進以合金製成之襯套，以便磨損時，可隨時取出更換，不必將軸承全部換新。襯套材料須比軸之材料軟如青銅、磷青銅、白合金及砲銅。 3. 只適用於低轉速傳動，缺點為當滑動表面磨損而間隙過大時，無法調整軸承間隙。軸頸只能從端部裝入，對於粗重的軸或具有中軸頸的軸安裝不便。

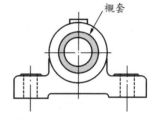

襯套

軸承	說明
對合軸承	1. 對合式軸承由軸承座、軸承蓋、剖分襯套、軸承蓋螺柱等組成,將軸承剖分製成上、下兩部,再以螺栓貫穿接合而成。 2. 在接合時,於兩者之接合處墊以數層墊片,當軸承有磨損時,減少墊片數即可使軸與軸承仍密合,繼續使用。 3. 剖分面最好與負載方向近於垂直,軸承蓋和軸承座的剖分面常作成階梯形,以便定位和防止工作時振動,如:工具機的主軸及汽車曲柄軸上之軸承等。 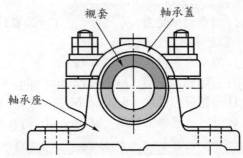 襯套　　　軸承蓋 軸承座
四部軸承	1. 軸承中間由四部分組合而成,可以作上下及左右之調整,如在軸承垂直方向下部產生磨損時,可在其底部加上墊片以調整之,若在水平方向產生磨損時,不論其在左側或右側,皆可利用二側部分背後之調節楔上升調整之。 2. 軸頸不論在水平或垂直方向,均可保持固定位置,此種軸承常應用於大型汽車、發電機、電動機、蒸氣機等之主軸軸承。 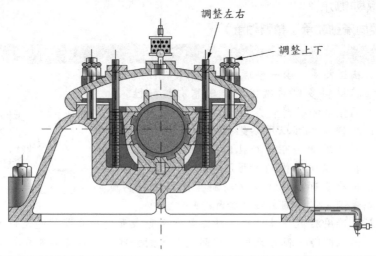 調整左右　　調整上下

(二) 滑動止推軸承

軸承	說明
樞軸承	1. 又稱為端軸承或階級軸承，係裝於軸端而用於支持垂直軸者，為了使軸承易於校正及摩擦部分磨損後能換裝，通常在軸之下端放置兩個或兩個以上的墊片，墊片可以是平面形或球面形，但為了能有自動的調整作用，最好為球面形。 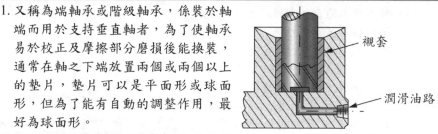 2. 軸承因外緣處之磨耗最大，使載荷集中於端部中央，引起過熱及潤滑失效，甚而使軸承破壞。所以一般大都用於轉動速度小、製造成本較低的機械上。
套環軸承	1. 此種軸承之裝置，不限於軸端，而可裝置於二軸間之任意位置。 2. 套環必須儘量置於靠近軸向負荷之處，以避免軸之彎曲，且此種軸承因負荷無法均勻分配於套環上，故套環所承受之壓力，必須較樞軸承略小。 3. 此種軸承一般常用於高速度及重負荷上，並樞軸承須配合使用自動潤滑裝置。 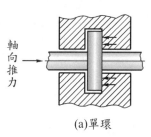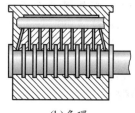 (a)單環　　　　　(b)多環
流體靜壓力軸承	1. 將外部加壓之潤滑油引入軸承與軸頸間形成薄膜，可防止軸與軸承在表面之間的相對運動而產生接觸以支撐負載。 2. 若改成空氣引入軸承與軸頸間，則稱為空氣軸承。 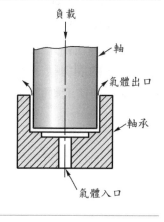

(三) 特殊軸承

軸承	說明
多孔軸承	1. 係以粉末冶金法製造的軸承,完成後的軸承呈多孔性。 2. 軸承體積大約 25% 有是氣室或氣孔,孔隙間填充非膠質潤滑油,當該軸承內之軸迴轉時,可將孔隙內之油吸出潤滑,軸停止轉動時,潤滑油再靠毛細管作用而吸回孔隙內。 3. 一般使用於軸徑小、負荷輕之轉軸。	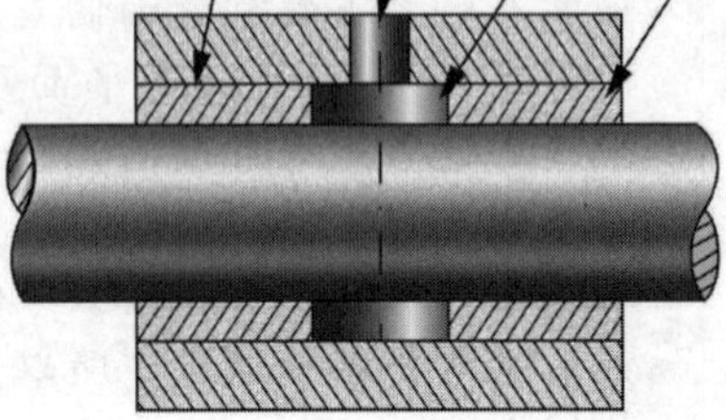
無油軸承	為充以石墨或其它固體潤滑劑作為襯套之軸承,如尼龍軸承即是無油式,因它擁有極佳的抗摩特性且只用於輕負荷設計,故不需潤滑劑。此種軸承一般使用於不可污染之轉軸,如食品機械。	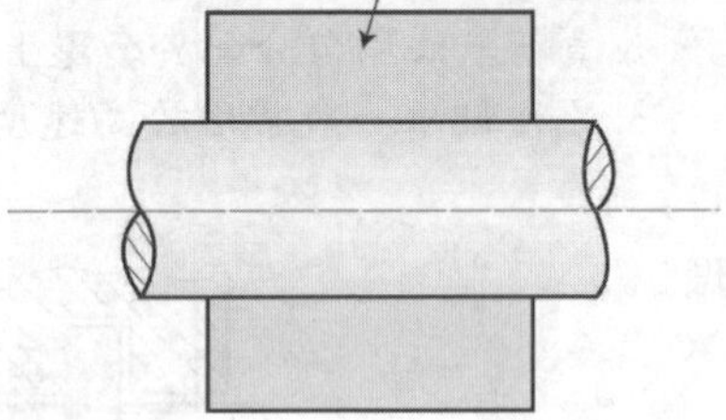

二、滑動軸承

滾動軸承組成:(一)外座圈:軸承的外環座圈;(二)內座圈:軸承的內環座圈;(三)鋼珠:或稱滾珠,為固定機件與迴轉機件的媒介物;(四)保持器:或稱滾珠籠,用來隔離滾珠,使滾珠各自滾動而不相接觸,以減少摩擦及噪音。內圈裝在軸頸上,外圈裝在機座或零件的軸承孔內,多數情況下,外圈不轉動,內圈與軸一起轉動,當內外圈之間相對旋轉時,滾動體沿著滾道滾動,保持架使滾動體均勻分佈在滾道上,並減少滾動體之間的碰撞和磨損。

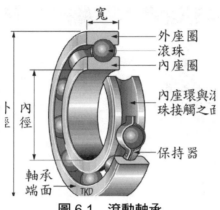

圖 6.1　滾動軸承

(一) 滾珠軸承

1. 承受單方向徑向或軸向負載之滾珠軸承

軸承	說明	圖示
深槽滾珠軸承	主要承受徑向負載，也可同時承受少量雙向軸向負載，摩擦阻力小，極限轉速高，結構簡單，價格便宜，應用最廣泛。	
自動調心滾珠軸承	主要承受徑向負載，也可同時承受少量的雙向軸向負載，減輕軸及軸承產生之內力，外座圈的內面為球面，具有對準誤差自動調心的作用，適用於彎曲剛度小的軸。	

軸承	說明	圖示
單列止推滾珠軸承	只能承受單向軸向負荷，不能承受徑向負載，不適於高速運轉。	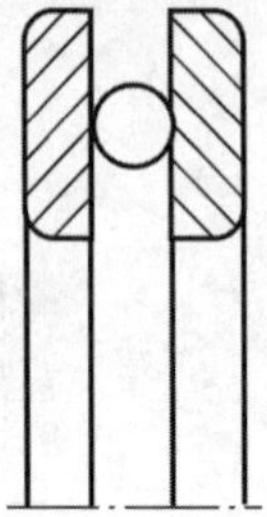
雙列止推滾珠軸承	主要承受雙方向之推力負荷，無法承受徑向負荷。	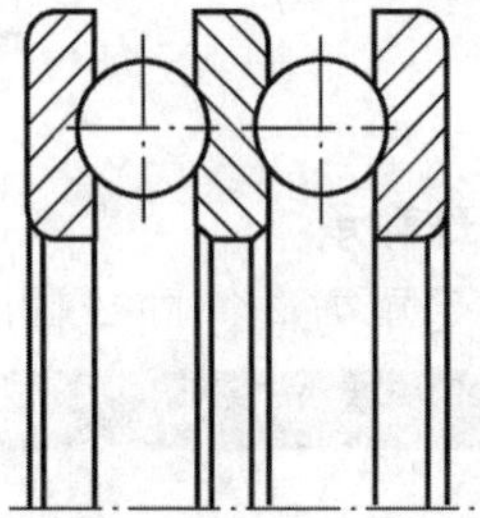

2. 可承受徑向及軸向負載之滾珠軸承

軸承	說明	圖示
單列斜角滾珠軸承	1. 軸承的外環（外圈）可以從整個軸承中作軸向分離，且同時產生軸向與徑向支撐力，意即可承受徑向及軸向負荷。 2. 轉軸和軸承之間運轉間隙可以調整，軸向與徑向支撐力的分配與接觸角有關，當接觸角 α 越大，軸承承受軸向載荷的能力越大。 3. 可將兩個單列斜角滾珠軸承配對使用以承受雙向軸向推力，常用於小型工具機主軸。	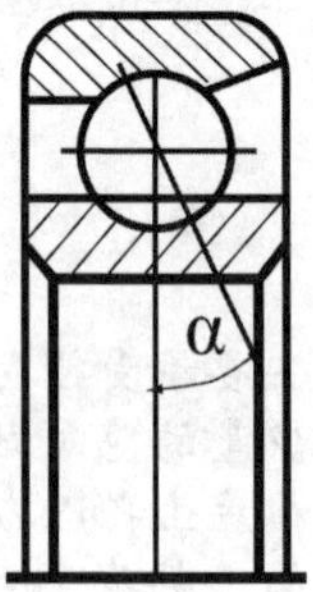

軸承	說明	圖示
雙列斜角滾珠軸承	可承受較大之徑向負載及正反兩方向之軸向力。	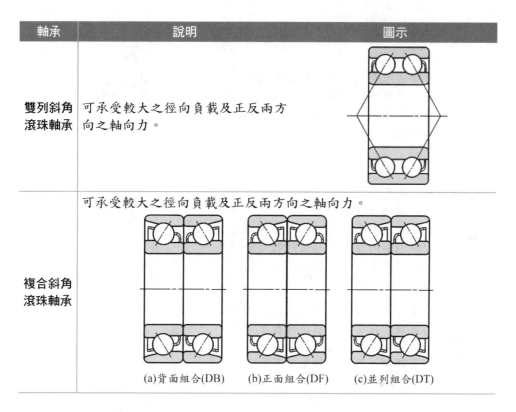
複合斜角滾珠軸承	可承受較大之徑向負載及正反兩方向之軸向力。 (a)背面組合(DB)　(b)正面組合(DF)　(c)並列組合(DT)	

(二) 滾子軸承

軸承	說明	圖示
圓筒滾子軸承	其滾子為等直徑圓柱體,適用於承受較大之徑向負荷,承受衝擊能力大,可高速旋轉,不能承受軸向載荷,如車床或銑床之主軸。	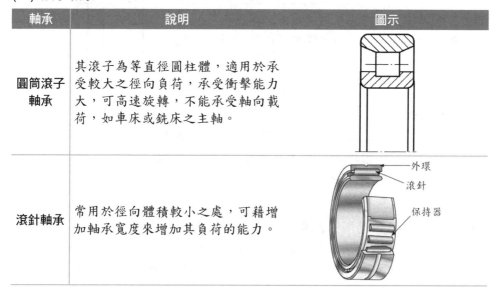
滾針軸承	常用於徑向體積較小之處,可藉增加軸承寬度來增加其負荷的能力。	外環 滾針 保持器

軸承	說明	圖示
錐形滾子軸承	可同時承受較大徑向負荷與軸向負荷，內外圈可分離，故軸承軸隙可在安裝時調整，通常成對使用，對稱安裝。	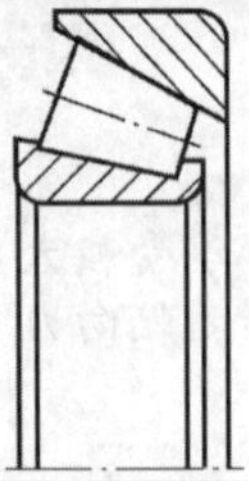
球面滾子軸承	用於承受徑向載荷，其承載能力比自動調心滾珠軸承大，也能承受少量的雙向軸向載荷，具有對準誤差自動調心的作用，為雙列的自動對正中心軸承。	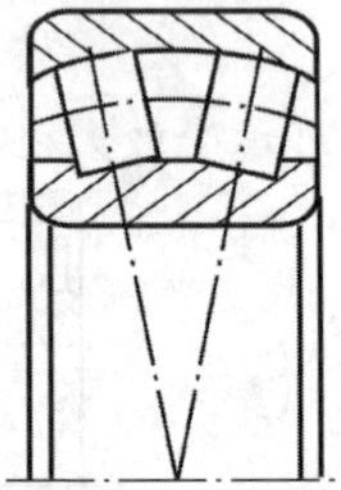
圓筒滾子止推軸承	可承受較大軸向負載，不能承受軸向負載，常用於止推滾珠軸承無法使用之場合，適用於軸向負荷大而不需調心，不允許軸線偏移，亦稱直滾子止推軸承。	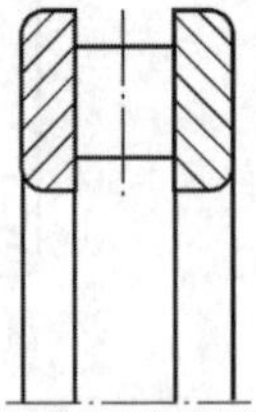
滾針止推軸承	與圓筒滾子止推軸承相同，將滾子改為滾針，可承受較大的負荷。	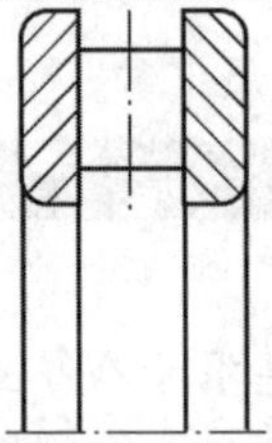

(三) 滾動軸承的選擇

主要承受徑向負載時應選用深溝滾珠軸承；當軸向負載比徑向負載大很多時，常用止推軸承和深溝滾珠軸承的組合結構；同時承受徑向和軸向負載時應選擇角接觸之斜角滾珠或錐形滾子軸承；承受衝擊負載時宜選用滾子軸承。

負載較大時應選用線接觸的滾子軸承；當軸向尺寸受到限制時，宜選用窄或特窄的軸承；當徑向尺寸受到限制時，宜選用滾動體較小的軸承；如要求徑向尺寸小而徑向負荷又很大，可選用滾針軸承。若軸承

的尺寸和精度相同，則滾珠軸承的極限轉速比滾子軸承高，所以當轉速較高且旋轉精度要求較高時，應選用滾珠軸承；止推軸承的極限轉速低，當工作轉速較高，而軸向載荷不大時，可採用斜角滾珠軸承或深溝滾珠軸承。

(四) 滾動軸承的規格

表 6.1 滾動軸承規格記號表示法

補助記號（附於基本記號之前）	
E	表面硬化鋼
EC	膨脹補正
F	不鏽鋼
TK	高速鋼
TS	特殊耐熱處理

基本記號			
軸承系列記號	型式記號	1	自動調心滾珠軸承
		2	自動調心滾子軸承
		3	雙列斜角滾珠軸承
			錐型滾子軸承
		4	雙列深槽滾珠軸承
		5	雙列斜角滾珠軸承
			止推滾珠軸承
		6	深槽滾珠軸承
		7	斜角滾珠軸承
		N，NU NF，NJ NH，NN	筒型滾子軸承
		UCP UCFC UCFL	連座軸承
	尺寸級序		
	內徑記號		

接觸角記號		
補助記號（附於基本記號之前）		
保持器記號	F1	鋼
	L1	銅合金
	PB	磷青銅
	Y	黃銅
封閉板記號	ZZ	鋼板（非接觸型）
	LLB	合金橡膠（非接觸型）
	LLC	合成橡膠（接觸型）
	LLU	合成橡膠（接觸型）
軌道圈形狀記號	K	內徑 1/12 錐度
	N	圈溝
	NR	附止環
組合記號	DB	背面組合
	DF	正面組合
	DT	並列組合
間隙記號	C1	比 C2 間隙小
	C2	比普通間隙小
	C3	比普通間隙大
	C4	比 C3 間隙大
等級記號	P6	JIS6 級
	P5	JIS5 級
	B5	ABEC5、RBEC5
	A7	ABEC7

表 6.2 接觸角記號

軸承型式			接觸角記號
斜角滾珠軸承	公稱接觸角	逾 10 在 22 以下	C
		逾 22 在 32 以下（普通 30）	A
		逾 32 在 45 以下（普通 40）	B
單列錐形滾柱軸承	公稱接觸角	逾 24 在 32 以下	C

(五) 滾動軸承的規格表示說明

滾動軸承內徑號碼規範：

1. 內徑尺寸在500mm以下者，以內徑號碼表示之，可分為下列三種：

(1) 內徑在9mm以下者，直接以內徑尺寸用個位數之號碼表示。例如公稱號「605」之軸承，表示其內徑為5mm。

(2) 不規則之表示法：內徑尺寸為10mm以內徑號碼「00」表示；內徑尺寸為12mm以內徑號碼「01」表示；內徑尺寸為15mm以內徑號碼「02」表示；內徑尺寸為17mm以內徑號碼「03」表示。

(3) 內徑尺寸在20mm至480mm以內徑號碼自04~96之表示，將號碼乘以5後即為內徑尺寸。例如「6212」之軸承，表示其內徑為60mm（12×5=60mm）。

2. 內徑尺寸在500mm以上者，其內徑大小即為公稱號碼。

3. 內徑號碼有斜線之號碼，其號碼之數字即為內徑尺寸。例如/22，表示內徑22mm。

(六) 滾動軸承的規格表示法範例

1. 軸承號碼：TK-7 2 06 C LI DB C2 P6

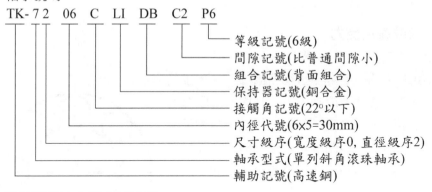

TK- 7 2　06　C　LI　DB　C2　P6

- 等級記號(6級)
- 間隙記號(比普通間隙小)
- 組合記號(背面組合)
- 保持器記號(銅合金)
- 接觸角記號(22°以下)
- 內徑代號(6×5=30mm)
- 尺寸級序(寬度級序0, 直徑級序2)
- 軸承型式(單列斜角滾珠軸承)
- 輔助記號(高速鋼)

2. 軸承號碼：6 12 30 Z NR

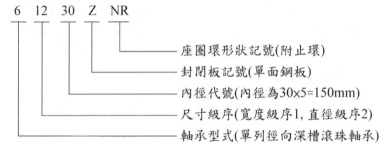

6　12　30　Z　NR

- 座圈環形狀記號(附止環)
- 封閉板記號(單面鋼板)
- 內徑代號(內徑為30×5=150mm)
- 尺寸級序(寬度級序1, 直徑級序2)
- 軸承型式(單列徑向深槽滾珠軸承)

3. 軸承號碼：2 32/520 K

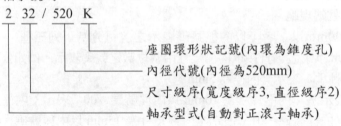

座圈環形狀記號(內環為錐度孔)
內徑代號(內徑為520mm)
尺寸級序(寬度級序3,直徑級序2)
軸承型式(自動對正滾子軸承)

(七) 滾動軸承在應用上要注意哪些？

1. 保持軸承及有關附件之清潔：因為軸承是精密機件，若有灰塵或其他雜物滲入內部，就會對其性能引起不良影響。

2. 軸承的配裝，必須符合設計目的以及使用條件：錐形滾子軸承與斜角滾珠軸承須預留軸承向內間隙以作補償，否則可能招致燒焦，不得不注意。

3. 正確使用適合的安裝工具：安裝時宜使用適合的工具，才不致傷及軸承。

6-2 滾動軸承分析

一、滾動軸承受力

滾動軸承轉動時，外圈固定，承受徑向載荷 F_r，如圖 6.2 所示。當內圈隨軸轉動時，內部的滾珠或滾子滾動體滾動，內、外圈與滾動體的接觸點不斷發生變化，其表面接觸應力隨著位置的不同作週期迴圈變化，滾動體在上面位置時不受負載，滾到下面位置受負載最大，兩側所受負載逐漸減小，所以軸承元件受到周期迴圈的接觸應力，因此滾動軸承在運轉時可能出現各種類型的失效。最主要為疲勞破壞、塑性變形和磨損，套圈和滾動體表面的疲勞破壞是滾動軸承最基本和常見的失效形式，因此滾動軸承壽命計算，應以疲勞強度計算為依據進行軸承的壽命計算。

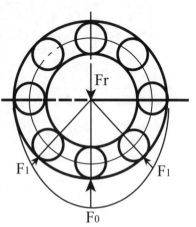

圖 6.2　滾動軸承之受力

二、滾動軸承的壽命計算

(一) 基本額定壽命與基本額定動負荷

1. **滾動軸承的壽命**：是指軸承的滾動體或套圈出現疲勞破壞之前，軸承所經歷的總轉數，或恆定轉速下的總工作小時數。

2. **基本額定壽命**：一批相同的軸承，在相同條件下運轉，其中 90%的軸承不出現疲勞破壞時的總轉數或在給定轉速下工作的小時數，用 L_{10} 或 $L_{10(h)}$ 表示。

3. **基本額定動負荷**：一批同型號的軸承基本額定壽命為一百萬轉次時軸承所承受的最大負荷，稱為該軸承的基本額定負荷值，通常用 C 表示。

(二) 滾動軸承的壽命計算公式

$$\{\frac{L_p（次數）}{L_{10}（次數）}\} = (\frac{C}{P})^k$$

其中 C：基本額定負荷值、L_{10}：基本額定壽命、P：軸承負荷值、L_p：軸承的壽命、滾珠軸承 k＝3、滾子軸承 $k＝\frac{10}{3}$

又可表示為 $\{\frac{L_{ph}（小時）\times 60 \times N（rpm）}{L_{10}（次數）}\} = (\frac{C}{P})^k$

其中 C：基本額定負荷值、L_{10}：基本額定壽命、P：軸承負荷值、L_p：軸承的壽命、滾珠軸承 k＝3、滾子軸承 $k＝\frac{10}{3}$

(三) 等效徑向負載(equivalent radial load)

承受不同之徑向負載時，軸承也有不同的額定壽命，因此當軸承承受一些徑向與軸向方面的負載時，必定存在一等值徑向負荷P，使此軸承在等值徑向負荷P之作用下，其壽命與原先軸向、徑向組合負荷之壽命相同；因此，欲求組合負荷之壽命時，須先求出等值徑向負荷P。

當軸承承受軸向與徑向負荷時，等值徑向負荷P為下列兩方程式中之最大者。

$P＝V_1 F_r$

$P＝X V_1 F_r＋Y F_a$

其中

P＝等效徑向負荷

F_r＝徑向負荷

F_a＝軸向負荷

X＝徑向因數

F_a＝軸向因數，由 F_a/iZD^2 值決定

V_1＝座環轉動因數，內環轉動為1，外環轉動為1.2

例 6-1

(1)何謂滾珠軸承之基本額定負載（basic rating load）？(2)若滾珠軸承之使用壽命希望延長至原來的五倍，其所承受之負載應作何變化？（普考）

解 (1) 基本額定負載：一批同型號的軸承基本額定壽命為一百萬轉次時軸承所承受的最大負荷，稱為該軸承的基本額定負荷值，通常用 C 表示。

(2) $(\dfrac{L_p}{L_{10}}) = (\dfrac{C}{P})^k$

$\Rightarrow \dfrac{L_p}{L_{10}} = (\dfrac{C}{P})^3$

$L_P = L_{10} \times (\dfrac{C}{P_1})^3 \cdots\cdots①$

$5L_P = L_{10} \times (\dfrac{C}{P_2})^3 \cdots\cdots②$

$\dfrac{①}{②} \Rightarrow \dfrac{1}{5} = (\dfrac{P_2}{P_1})^3$

$P_2 = 3\sqrt{\dfrac{1}{5}} P_1 = 0.5848P_1$

負載應減少為原來負載的 0.5848 倍

例 6-2

一滾珠軸承，承受徑向 770N 之負荷，預期壽命為 2.15×10^9 轉。(1)試求其基本額定負荷值（C＝？）。(2)軸承內徑為 25mm，試從下列滾珠軸承中，選出合適的滾珠軸承號碼。（鐵路高員）

	基本額定負荷值（C）
6004	7200N
6005	8650N
6006	10200N
6204	9800N
6205	10800N
6206	15999N
6304	12200N

解 $(\dfrac{L_p}{L_{10}}) = (\dfrac{C}{P})^k \Rightarrow \dfrac{2.15 \times 10^9}{10^6} = (\dfrac{C}{770})^3$

$\Rightarrow C = 9938.1$（N）

故選 6205

例 6-3

一滾子軸承（Roller bearing）希望在徑向負載為 F_D＝4000 牛頓（N）及轉速為 n_D＝600 轉／分（rpm）運轉條件下，能具有 L_D＝1200 小時的 L_{10} 壽命。但此軸承製造廠商之額定負載（Basic load rating）F_R，乃定義為在 n_R＝500 轉／分（rpm）轉速下，可支撐 L_R＝3800 小時 L_{10} 壽命時之徑向負載。試問宜選擇此廠商產品中，何種額定負載 F_R 以上之軸承產品，方可達原設計需求？

解 $(\dfrac{L_p}{L_{10}}) = (\dfrac{C}{P})^k \Rightarrow (\dfrac{1200 \times 600 \times 60}{10^6}) = (\dfrac{C}{4000})^{\frac{10}{3}} \Rightarrow C = 12379.56$

$(\dfrac{3800 \times 500 \times 60}{10^6}) = (\dfrac{12379.56}{F_R})^{\frac{10}{3}}$

$F_R = 2989.7$（N）

例 6-4

一滾珠軸承之工作循環如下：徑向負荷 2300 lb 時，以 200 rpm 轉動 25% 時間；2000 lb 時，以 500 rpm 轉動 20% 時間；1000 lb 時，以 400 rpm 轉動 55% 時間，負荷穩定；每天運轉 4 小時，每年工作 250 天，需運轉 7 年，求軸承基本額定負荷 C 的最小值為何？

解

	假設間距（分鐘）	rpm	在假設間距內之轉數
P_1＝2,300 lb	0.25	200	50 轉
P_2＝2,000 lb	0.20	500	100 轉
P_3＝1,000 lb	0.55	400	220 轉
合　計	1.00 分鐘		370 轉

$a_1 = \dfrac{50}{370}$, $\qquad a_2 = \dfrac{100}{370}$, $\qquad a_3 = \dfrac{220}{370}$,

$N_C = 370 \times 60 \times 4 \times 250 \times 7 = 155,400,000$ 轉

$\dfrac{10^6 C^3}{N_C} = \dfrac{50}{370} \times (2,300)^3 + \dfrac{100}{370}(2,000)^3 + \dfrac{220}{370}(1,000)^3$

$\qquad = 1,644,200,000 + 2,162,162,000 + 594,594,000$

$\qquad = 4,401,000,000$

$\dfrac{C^3}{N_C} = 4,401$

$C^3 = 4,401 \times 155,400,000 = 6.48 \times 10^{11}$

$C = 8,801$ lb

6-3 滑動軸承分析

滑動軸承工作表面的摩擦狀態有非液體摩擦和液體摩擦之分，摩擦表面不能被潤滑油完全隔開的軸承稱為非液體摩擦滑動軸承，這種軸承的摩擦表面容易磨損，但結構簡單，製造精度要求較低，用於一般轉速、載荷不大或精度要求不高的場合。摩擦表面完全被潤滑油隔開的軸承稱為液體摩擦滑動軸承，這種軸承與軸表面不直接接觸，因此避免了磨損。液體摩擦滑動軸承製造成本高，多用於高速、精度要求較高或低速、重載的場合，本章節大多討論液體摩擦滑動軸承（軸頸軸承）。

一、佩卓夫定律（Petroff's law）

對旋轉式的軸頸軸承來說，摩擦力的大小主要受到潤滑油的黏滯係數 μ（coefficient of viscosity）、轉速（n），以及軸承內潤滑油壓力（p）等三個因素的影響，可利用佩卓夫定律（Petroff's law），找出一組無因次參數，此定律所預測的摩擦係數即使軸不為同心也相當良好，分析如下：

(一) 牛頓黏滯定律

如圖 6.3(a) 所示，假設：(1)平板為無限大、(2)流體無端面效應、(3)接觸平板的流體之流速和平板相同、(4)流體為層流，流體粒子之速度向量彼此平行、(5)流體性質在有關的溫度範圍內保持不變，牛頓黏滯流動定律：

$$\tau = \frac{F}{A} = \mu \frac{du}{dy}$$

其中，μ 為絕對黏度或動態黏度

(二) 佩卓夫定律

如圖 6.3(b) 所示，C 為軸頸與套筒軸承間的餘隙，r 為軸半徑，L 代表軸承長度，若軸以轉速 N（rpm）轉動，決定套筒軸承和軸頸間之摩擦係數的假設：(1)套筒和軸頸為同心圓、(2)邊緣作用因長套筒和長軸頸而忽略、(3)餘隙與軸頸半徑非常小，其分析如下所示：

牛頓黏滯流動定律 $\tau = \mu \dfrac{U}{C}$（U 為流體速度 $= 2\pi rN$）

1. 流體之扭矩：$T = \tau Ar$

則 $T = \tau A\, r = \mu \dfrac{U}{C}(2\pi rL)\, r = \left(\dfrac{2\pi r\mu N}{C}\right)(2\pi rL)\, r = \dfrac{4\pi^2 r^3 \mu NL}{C}$

2. 壓力：$P = \dfrac{F}{2rL}$

3. 克服摩擦所需之扭矩：

$T = fFr = f2rLPr = 2r^2fPL$（其中 f 為摩擦係數）

$\Rightarrow T = \dfrac{4\pi^2 r^3 L\mu N}{C} = 2r^2fPL$

由以上分析可得：$f = 2\pi^2 \left(\dfrac{\mu N}{P}\right) \dfrac{r}{C}$，其中 $\dfrac{r}{C}$ 為餘隙比，$\dfrac{\mu N}{P}$ 為特徵值，是潤滑的重要參數

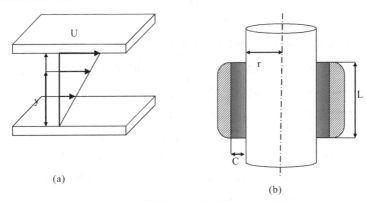

(a)
(b)

圖 6.3　對旋轉式的軸頸軸承分析

二、穩定潤滑

(一) 潤滑種類

潤滑種類	說明
液體動力潤滑（hydrodynamic lubrication）	軸承的負載承受面被一個相當厚的潤滑劑膜分開，當潤滑油膜的厚度增加，且由於楔形作用增加潤滑劑的壓力，最後可防止金屬對金屬在表面之間的相對運動而產生接觸，液體動力潤滑不需要倚賴壓力將潤滑劑導入，不過卻隨時需要有充分的潤滑劑供應，也稱為全膜潤滑（full-film lubrication）。
液體靜力潤滑（hydrostatic lubrication）	以高的足以將表面以一相當厚的潤滑劑膜分開之壓力，將潤滑劑引入負載承受區，此種潤滑不像液體動力潤滑，需要表面之間的相對運動。
彈性液體動力潤滑（elastohydrodynamic lubrication）	為潤滑劑引入滾動接觸的表面之間時所產生的現象。

(二) 軸承運轉的潤滑狀況

軸頸軸承的潤滑狀況可以分成「邊界潤滑（boundary lubrication）」、「液體動力潤滑（hydrodynamic lubrication）」和「混合薄膜潤滑（mixed-film lubrication）」等三個區域，流體動力潤滑是軸頸軸承運作最佳區域，此三個區域的差異可以圖 6.4 來解釋。

1. **邊界潤滑（boundary lubrication）**：軸頸開始以低速運動，則潤滑劑將被持續地供應以減少摩擦與表面之磨耗，此狀況發生在 $\dfrac{\mu N}{P}$ 值小時，即黏度小、低轉速或高壓力下，又稱薄膜潤滑。

2. **混合薄膜潤滑（mixed-film lubrication）**：當軸頸與套筒軸承的二表面部份被潤滑油膜分開，此時稍微改變 $\dfrac{\mu N}{P}$ 值，將導致大的摩擦係數變化，且不穩定。實務上應避免使用此區域，故用虛線表示。

3. **液體動力潤滑（hydrodynamic lubrication）**：
當潤滑油膜的厚度增加，且由於楔形作用力增加潤滑劑的壓力，最後可使軸頸和軸承完全分開，此區域內油膜厚度遠大於軸跟軸承表面之粗糙度，因此摩擦只與潤滑油之黏度有關，當旋轉負荷增加時，油膜厚會稍微減少，但軸與軸承間並未接觸，因而可在油膜內引起更大的壓力支撐外界負荷增加，軸在此狀態下可維持穩定運轉，此為液體動力潤滑，又稱全膜或厚膜潤滑。

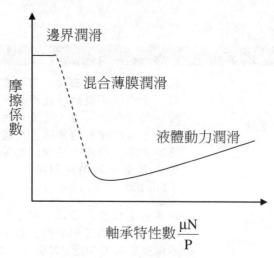

圖 6.4　軸承運轉的潤滑狀況

例 6-5

有一直徑250 mm，長度250 mm之軸承，支持轉速1,500 rpm、負荷108,000N軸，c/r值為0.0015。設潤滑油的黏度值為$3×10^{-8}$ MPa·sec，試以貝楚夫公式求摩擦動力損失。

解 $\mu=3.0×10^{-8}$MPa·sec

$U=\dfrac{\pi dn}{60}=\dfrac{\pi(250)(1500)}{60}=19635\ ^{mm}\!/\!_{sec}$

由貝楚夫公式：

$F_1=2\pi\mu U(\dfrac{r}{c})=2\pi(3.0×10^{-8})(19635)(\dfrac{1}{0.0015})=2.4674\ ^{N}\!/\!_{mm}$

$H=\dfrac{F_1LU}{10^6}=\dfrac{2.4674×250×19635}{10^6}=12.11\ kw$

例 6-5

一液動軸承(journal bearing)，其轉軸直徑為100 mm，軸承長150 mm，軸與軸承間之半徑間隙是0.05 mm，軸轉速為每分鐘900轉，潤滑油黏度為$7.1×10^{-9}$ N·sec/mm^2。試問此軸承因潤滑黏滯力造成之功率耗損約為多少？

解 $U=\dfrac{\pi dn}{60}=\dfrac{\pi×100×900}{60}=4712\ ^{mm}\!/\!_{sec}$

$F_1=2\pi\mu U(\dfrac{r}{c})=2\pi(7.1×10^{-9})(4712)(\dfrac{50}{0.05})=0.21\ ^{N}\!/\!_{mm}$

$H=\dfrac{F_1LU}{10^6}=\dfrac{0.21×150×4712}{10^6}=0.148kw$

精選試題

一　問答題型

1. **說明滾珠軸承之作動原理，在選用軸承時其額定負載（load rating）是指什麼？**（普考）

   解 基本額定負載：一批同型號的軸承基本額定壽命為一百萬轉次時軸承所承受的最大負荷，稱為該軸承的基本額定負荷值，通常用 C 表示。

2. **一般頸軸承利用所謂的液動潤滑劑進行之旋轉運動，試解釋薄膜擠壓現象（Squeeze_film phenomena）。**（普考）

   解 當潤滑油膜的厚度增加，且由於楔作用增加潤滑劑的壓力，最後可使軸頸和軸承完全分開。此區域內油膜厚度遠大於軸跟軸承表面之粗糙度，當旋轉負荷增加時，油膜厚會稍微減少，在油膜內引起更大的壓力支撐外界負荷增加，迫使軸頸向另外一邊移動，當油膜壓力夠大時，將軸頸軸承升起，並逐漸移向穩定的狀態。

3. **試以簡圖說明自動對正滾珠軸承（Self_aligning ball bearing）各構成元件與工作原理。**（普考）

   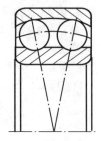

   解 自動對正滾珠軸承：由內圈、外圈、滾動體、保持架所構成，主要承受徑向負載，也可同時承受少量的雙向軸向負載，減輕軸及軸承產生之內力，外圈滾道為球面，具有對準誤差自動調心的作用，適用於彎曲剛度小的軸。

4. **(1)軸承的內環（inner ring）與軸的配合（fit）是那一種配合？而其外環（outer ring）與軸承箱（housing）的配合（fit）又是那一種配合？(2)設計液動潤滑軸承（hydrodynamic lubrication bearing）時，為何要知道 h_0（最小油膜厚度，minimum film thickness）之位置及大小？**（鐵路員級）

   解 (1) 滾動軸承的配合是指內圈與軸頸、外圈與外殼孔的配合，軸承的內、外圈屬於薄壁零件，容易變形，當它裝入外殼孔或裝在軸上後，其內外圈的不圓度將受到外殼孔及軸頸形狀的影響，滾動軸承內圈與軸的配合採用基孔制緊配合，外圈與外軸承箱的配合採用基軸制鬆配合。

(2) 為避免軸承與軸的直接接觸，容許之最小油膜厚度有其最小的極限值之限制，而此極限值視軸承與軸頸的表面粗糙度而定，因此需要了解最小油膜厚度之位置及大小，於設計時可避免軸承與軸的直接接觸而造成損壞。

5. 一滾柱軸承的承載負荷應如何改變才能使其壽命加倍？（鐵路員級）

解 滾動軸承的壽命計算公式

$$\left[\frac{L_p（次數）}{L_{10}（次數）} \right] = \left(\frac{C}{P} \right)^{\frac{10}{3}}$$

其中 C：基本額定負荷值、L_{10}：基本額定壽命、P：軸承負荷值、L_p：軸承的壽命，若要增加滾柱軸承的壽命 L_p，若承載負荷減少，如上式所計算出的結果，滾柱軸承的壽命 L_p 即會增加。

6. 在常見的工業機械、運輸工具或設備，甚至你腕上的手錶都可以發現軸承（Bearing）的應用。請說明軸承的機械功能、常見的分類、並詳述你所了解的三個實例。（原特四等）

解 (1) 軸承可分為滑動軸承與滾動軸承，功用為當其他機件裝於軸上，且彼此有相對運動時，用來保持軸的中心位置及控制其運動機件，可減少軸與固定件間的摩擦損失，增加傳動效率。

(2) A. 斜角滾珠軸承：可同時承受徑向及軸向負荷，可將兩個單列斜角滾珠軸承配對使用以承受雙向軸向推力，常用於小型工具機主軸。

B. 圓筒滾子軸承：其滾子為等直徑圓柱體，適用於承受較大之徑向負荷及高速迴轉，如車床或銑床之主軸。

C. 對合軸承（滑動軸承）：應用最多，可上下調整。如：工具機的主軸及汽車曲柄軸上之軸承等。

7. 滾動軸承的滾珠或滾針有分離架（separator）（或稱框籠（cage）、保持架（retainer）），其功能為何？（地特四等）

解 分離架（separator）（或稱框籠（cage）、保持架（retainer））：使滾動體均勻分布在滾道上，並減少滾動體之間的碰撞和磨損。

8. **在設計斜齒輪系時，軸承之選用應用那些類型的軸承，並畫簡圖表示含軸承之斜齒輪系。**（地特四等）

解 斜齒輪在運轉時，同時承受徑向載荷和軸向負荷，因此可採用斜角滾珠軸承，若是承受較大徑向負荷與軸向負荷，可採用錐形滾子軸承，內外圈可分離，軸承的軸隙可在安裝時調整，通常成對使用，對稱安裝。

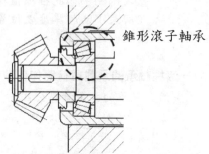

錐形滾子軸承

9. **試論滾珠軸承、滾子軸承、針狀軸承、斜角滾子軸承之選用場合有何不同？各有何優劣點？**（地特四等）

解 軸承承受負荷的大小、方向和性質是選擇軸承類型的主要依據，如負荷小而又平穩時，可選滾珠軸承；負荷大又有衝擊時，宜選滾子軸承；如軸承僅受徑向負荷時，選徑向接觸滾珠軸承或圓柱滾子軸承；只受軸向負荷時，宜選推力軸承。軸承同時受徑向和軸向負荷時，選用角接觸軸承的斜角滾子軸承，軸向負荷越大，應選擇接觸角越大的軸承，必要時也可選徑向軸承和推力軸承的組合結構，應該注意推力軸承不能承受徑向負荷，圓柱滾子軸承不能承受軸向負荷。當軸向尺寸受到限制時，宜選用窄或特窄的軸承。當徑向尺寸受到限制時，宜選用滾動體較小的軸承，如要求徑向尺寸小而徑向負荷又很大，可選用滾針軸承。

若軸承的尺寸和精度相同，則滾珠軸承的極限轉速比滾子軸承高。所以當轉速較高且旋轉精度要求較高時，應選用滾珠軸承，止推軸承的極限轉速低，當工作轉速較高，而軸向載荷不大時，可採用斜角滾珠軸承或深溝滾珠軸承。

10. **請說明下列專有名詞：**
(1)**滾珠軸承之 L_{10} 壽命。**
(2)**液動軸承（Hydrodynamic bearing）。**（高考二級）

解 1. 滾珠軸承之 L_{10} 壽命：是指軸承的滾動體或套圈出現疲勞破壞之前，軸承所經歷的總轉數，或恆定轉速下的總工作小時數。
2. 液動軸承（Hydrodynamic bearing）：流體動力軸承：潤滑油藉著軸的旋轉作用而供給於軸承中，並使之注入楔形的高壓油膜區域，可防止軸與軸承在表面之間的相對運動而產生接觸。

11. **試定義並且畫出所謂的雙背軸承 DB（Double back bearing）、雙前軸承 DF（Double front bearing）與止推軸承（Thrust bearing），其各別之功能為何？滾珠與滾柱軸承其負載與壽命如何計算？請寫下其公式。**（高考三等）

解 軸經常需要使用兩個或多個軸承，可得到額外的剛性及提高負載容量，如雙背軸承 DB（Double back bearing）、雙前軸承 DF（Double front bearing）

(1) 雙背軸承 DB（Double back bearing）：背對背安裝具有最大對準剛性，也適用於大徑向負載與任一方向之推力負載。

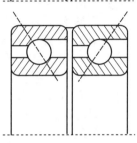

(2) 雙前軸承 DF（Double front bearing）：面對面安裝，將承受大徑向負載與任一方向之推力負載。

(3) 止推軸承（Thrust bearing）：用來承受與軸心平行之負荷，依滾動體的不同可分成滾珠止推軸承與滾子止推軸承，單列者可承受單一方向之推力，雙列者則可承受雙方向之推力。

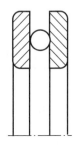 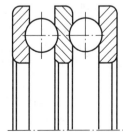

(4) 滾動軸承的壽命計算公式

$$\left[\frac{L_p\,（次數）}{L_{10}\,（次數）}\right] = \left(\frac{C}{P}\right)k$$

其中 C：基本額定負荷值、L10：基本額定壽命、P：軸承負荷值、

L_p：軸承的壽命、滾珠軸承 k=3、滾子軸承 k=$\frac{10}{3}$

又可表示為 $\left[\dfrac{L_{ph}\,（小時）\times 60\times N\,（rpm）}{L_{10}\,（次數）}\right] = \left(\dfrac{C}{P}\right)^k$

其中 C：基本額定負荷值、L_{10}：基本額定壽命、P：軸承負荷值、

L_p：軸承的壽命、滾珠軸承 k=3、滾子軸承 k=$\frac{10}{3}$

12. **在軸頸軸承（Journal Bearing）中，請簡單解釋液靜壓（Hydrostatic）與液動壓（Hydrodynamic）的原理，及其差異之處。**（技師）

　解　在軸軸承（Journal Bearing）中

　　(1) 液靜壓（Hydrostatic）：潤滑油藉著軸的旋轉作用而供給於軸承中，並使之注入楔形的高壓油膜區域，可防止軸與軸承在表面之間的相對運動而產生接觸。

　　(2) 液動壓（Hydrodynamic）：將外部加壓之潤滑油引入軸承內以支撐負載。

13. **如右圖所示之軸頸軸承，在設計其油槽（oil groove）之形狀、尺寸及位置時有那些注意要點？**（技師）

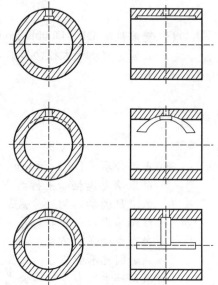

　解　如圖所示為滑動軸承之套筒，套筒是軸承直接和軸頸相接觸的零件，常在套筒內表面上貼附一層軸承襯。為了使軸承襯與套筒基體結合牢固，可在套筒基體內表面或側面製出溝槽。為了使潤滑油能均勻流到套筒的整個工作表面上，套筒上要開出油孔和油溝，用來使潤滑油散佈到軸頸表面，其形狀、尺寸及位置時之要點：

　　(1) 一般油孔和油溝應開在非承載區，以保證承載區油膜的連續性。

　　(2) 潤滑油應從油膜壓力最小處輸入軸承。

　　(3) 一般油孔和油溝應開在非承載區，以保證承載區油膜的連續性，否則會降低油膜的承載能力。

　　(4) 油槽軸向不能開通，以免油從油槽端部大量流失。

　　(5) 安裝軸承油槽時，不要延伸到非承載區，油槽應開在軸承端高處。

　　(6) 油室使潤滑油沿軸向均勻分佈，同時起到貯油、穩定供油和改善軸承散熱條件的作用，開在非承載區，如軸頸經常正反向轉時，也可在兩側開設。

14. **試解釋軸承（Bearing）的預壓（Pre load）為何？及其使用的必要性。** （郵政升資）

    解 軸承在製造完成後，其徑向與軸向上分別具有軸向間隙及徑向間隙，若間隙太大，則軸旋轉時得振動會較大，在軸承安裝以後，使滾動體和套圈滾道間處於適合的預壓狀態，稱為滾動軸承的預壓，預壓的目的在於消除軸承本身的間隙，提高其工作的剛度和旋轉精度，減少運轉時的振動與噪音，延長軸承壽命，成對並列使用的圓錐滾子軸承、角接觸球軸承及對旋轉精度和剛度有較高要求的軸系通常都採用預緊方法。

15. **現有三種型式的軸承：深溝滾珠軸承（deep-groove ball bearing）、圓柱滾子軸承（cylindrical roller bearing）、斜角滾珠軸承（angular-contact ball bearing）。現有一軸受一徑向負載（radial load）及一軸向推力負載（thrust load），而軸向推力負載之大小約為徑向負載之一半，請針對此情況選擇一種最佳的軸承型式。** （台酒）

    解 深溝滾珠軸承（deep_groove ball bearing）主要承受徑向負載，圓柱滾子軸承（cylindrical roller bearing）適用於承受較大之徑向負荷，承受衝擊能力大，可高速旋轉，兩者皆不能承受軸向載荷。因此需選擇可同時承受較大徑向負荷與軸向負荷的斜角滾珠軸承（angular_contact ball bearing）。

16. **試述「旋轉軸（rotating shaft）及組裝於軸承（bearing）組」之設計程序（design procedure）及其考慮內容：(1)旋轉軸之設計。(2)選用軸承。(3)軸與軸承組裝之設計。** （台糖）

    解 (1) 在決定合適的軸之各個不同截面的直徑值，與軸的強度與工作應力的大小和性質有關，因此在選擇軸的結構和形狀時應注意以下幾個方面
    A.軸的剛性、強度及軸使用的材料，以充分利用材料的承載能力。
    B.儘量避免各軸段剖面突然改變以降低局部應力集中，提高軸的疲勞強度。
    C.改變軸上零件的佈置，有時可以減小軸上的載荷。
    D.軸的臨界速度。
    (2) 選用軸承：負載較大時應選用線接觸的滾子軸承，受純軸向負載時選用止推軸承；主要承受徑向負載時應選用深溝滾珠軸承；同時承受徑向和軸向負載時應選擇角接觸之斜角滾珠或錐形滾子軸承軸承；當軸向負載比徑向負載大很多時，常用止推軸承和深溝滾珠軸承的組合結構；承受衝擊負載時宜選用滾子軸承；止推軸承不能承受徑向載荷，圓筒滾子止推軸承不能承受軸向負載。
    當軸向尺寸受到限制時，宜選用窄或特窄的軸承。當徑向尺寸受到限制時，宜選用滾動體較小的軸承，如要求徑向尺寸小而徑向負荷

又很大，可選用滾針軸承。若軸承的尺寸和精度相同，則滾珠軸承的極限轉速比滾子軸承高。所以當轉速較高且旋轉精度要求較高時，應選用滾珠軸承，止推軸承的極限轉速低，當工作轉速較高，而軸向載荷不大時，可採用斜角滾珠軸承或深溝滾珠軸承。

(3) 軸與軸承組裝之設計：

軸與軸承組裝之設計的內容包括：軸承的定位和緊固、軸承的配置設計、軸承位置的調節、軸承的潤滑與密封、軸承的配合以及軸承的裝拆等問題。

A. 軸係固定的方式：兩端固定支承或一端固定一端遊動支承或兩端遊動支承。

B. 滾動軸承的定位和緊固：滾動軸承的軸向緊固是指將軸承的內圈或外圈相對於軸或軸承座實施緊固。

C. 軸系部件的位置調整：若軸有受到軸向及徑向推力時，通常需要進行軸向位置的調整。

D. 滾動軸承的配合：滾動軸承的配合滾動軸承的配合是指內圈與軸頸、外圈與外殼孔的配合，滾動軸承內圈與軸的配合採用基孔制緊配合，外圈與外軸承箱的配合採用基軸制鬆配合。

E. 滾動軸承的裝拆：裝拆滾動軸承時，不能通過滾動體來傳力，以免使滾道或滾動體造成傷害。

F. 滾動軸承的潤滑：軸承的摩擦發熱使軸承升溫，油潤滑可以到起冷卻作用，從而降低軸承的工作溫度，延長使用壽命，可以防止表面氧化生鏽。

G. 滾動軸承的密封：滾動軸承的密封作用為阻止灰塵、水、酸氣和其它雜物進入軸承，防止潤滑劑流失。

17. 試說明液動（或滑動）軸承（Hydrodynamic Journal Bearing or Sliding Bearing）的基本運作原理與涉及此類軸承設計之主要參數。並試解釋液動軸承設計中蘇瑪費參數（Sommerfeld Number）之定義與意義。（鐵路高員）

解 (1) 液動軸承（Hydrodynamic bearing）：潤滑油藉著軸的旋轉作用而供給於軸承中，並使之注入楔形的高壓油膜區域，可防止軸與軸承在表面之間的相對運動而產生接觸。當潤滑油膜的厚度增加，且由於楔形作用力增加潤滑劑的壓力，最後可使軸頸和軸承完全分開，此區域內油膜厚度遠大於軸跟軸承表面之粗糙度，因此摩擦只與潤滑油之黏度有關。當旋轉負荷增加時，油膜厚會稍微減少，但軸與軸承間並未接觸，因而可在油膜內引起更大的壓力支撐外界負荷增加，軸在此狀態下可維持穩定運轉。

(2) 軸承設計之主要參數：

A. 軸承的平均比壓 $P=\dfrac{F}{2rL}$（r：軸半徑、L：軸承長度），P 較大，有利於提高軸承平穩性，減小軸承的尺寸。但 P 過大，油層變薄，對軸承製造安裝精度要求提高，軸承工作表面易破壞。

B. 寬徑比 $\dfrac{L}{2r}$ 愈小，軸承軸向尺寸小，高速重載軸承溫升高，軸承為提高支承剛性，$\dfrac{L}{2r}$ 應取小值；低速重載軸承為提高支承剛性，$\dfrac{L}{2r}$ 應取大值。

C. $\dfrac{r}{C}$ 為餘隙比，對承載 F、運轉精度溫升 Δt 有影響，餘隙比大，承載能力和運轉精度低，餘隙比小，承載能力和運轉精度高。但餘隙比過小，加工困難。

(3) sommerfeld number＝$\left(\dfrac{\mu N}{P}\right)\left(\dfrac{r}{C}\right)^2$，為大多數軸承設計的無因次量，可利用於設計軸承，其中 $\dfrac{r}{C}$ 為餘隙比，$\dfrac{\mu N}{P}$ 為特徵值，

P：軸承的平均比壓，C：軸頸與套筒軸承間的餘隙，r：軸半徑，
N：軸轉速，m：絕對黏度或動態黏度。

18. **右圖所示為液動軸承之摩擦係數與運轉特性之關係，若將該曲線分成三個區域，即 AB、BC、CD；請說明該三個區域的潤滑特性。**
   （101 專利商標審查特考）

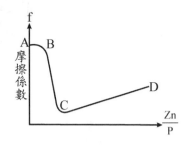

解 (1) 邊界潤滑 (boundary lubrication):
軸頸開始以低速運動，則潤滑劑將被持續地供應以減少摩擦與表面之磨耗，此

狀況發生在 $\dfrac{\mu N}{p}$ 值小時，即黏度小、低轉速或高壓力下又稱薄膜潤滑。

(2) 混合薄膜潤滑 ((mixed-film lubrication)
當軸頸與套筒軸承的二表面部份被潤滑油膜分開，此時稍微改變 $\dfrac{\mu N}{p}$ 值將導致大的摩擦係數變化，且不穩定，實務上應避免使用此

區域，故用虛線表示。

(3) 液體動力潤滑 (hydrodynamic lubrication)

當潤滑油膜的厚度增加,且由於楔形作用力增加潤滑劑的壓力,最後可使軸頸和軸承完全分開,此區域內油膜厚度遠大於軸跟軸承表面之粗糙度,因此摩擦只與潤滑油之黏度有關,當旋轉負荷增加時,油膜厚度會稍微減少,但軸與軸承間並未接觸,因而可在油膜內引起更大的壓力支撐外界負荷增加,軸在此狀態下可維持穩定運轉,此為液體動力潤滑,又稱全膜或厚膜潤滑。

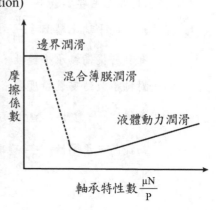

19. 請回答下列問題:
(1) 液動壓軸承(Hydrodynamic bearing)之工作原理。
(2) 液靜壓軸承(Hydrostatic bearing)之工作原理。
(3) 何謂滾珠軸承的L_{10}壽命(Life)?
(4) 觀察圖一左右兩端之軸承安裝方式有何不同,此一軸與軸承系統的安裝方式是否正確?若是,原因為何?若否,原因為何?(101地特三等)

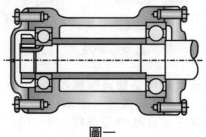

圖一

解 (1) 液動壓(Hydrodynamic):將外部加壓之潤滑油引入軸承內以支撐負載。
(2) 液靜壓(Hydrostatic):潤滑油藉著軸的旋轉作用而供給於軸承中,並使之注入楔形的高壓油膜區域,可防止軸與軸承在表面之間的相對運動而產生接觸。
(3) 滾珠軸承之L_{10}壽命:是指軸承的滾動體或套圈出現疲勞破壞之前,軸承所經歷的總轉數,或恒定轉速下的總工作小時數。
(4) A. 軸承內環與軸之間的固定
　　左端:藉由鎖緊螺帽與分隔套筒固定
　　右端:藉由分隔套筒與軸肩固定

B. 軸承外環與軸承座間之固定方法

左端:軸承外環頂住一殼肩部

右端:利用軸承蓋之凸肩嵌入軸承座孔內,並以螺紋扣件壓緊於軸
承外環上

C. 軸與軸承系統的安裝方式為軸的兩端一端固定一端游動之軸承裝置法,其中右端採內外環雙向固定,左端內環固定外環鬆配合之方式裝置。

二　普考、四等計算題型

1. 有一高轉速輕負載之滑動軸承(journal bearing),其軸承內徑為 D=100mm,軸承長度為 L=100mm,若其徑向間隙(radial clearance)為 c=0.04mm,平均潤油黏度為 $\mu=7.1\times10^{-9}$Nsec/mm^2,軸轉速 n=1200 轉/分。假設 Petroff 軸潤滑公式可適用此軸承,試求此軸承之功率耗損。

(提示:依Petroff 潤滑公式,軸轉單位長度所受之摩擦力為 $F=\dfrac{\pi\mu UD}{c}$(牛頓),式中U 為平均軸表面之切線速度(公釐/秒))

解 D=100mm,L=100mm,C=0.04mm

$\mu=7.1\times10^{-9}$(NS/mm^2),N=1200rpm

$U=\dfrac{\pi DN}{60}=\dfrac{\pi\times100\times1200}{60}=6283.2$mm/s

$F=\dfrac{\pi\mu UD}{C}=\dfrac{\pi\times7.1\times10^{-9}\times6283.2\times100}{0.04}=0.35$(N/mm)

$P=\dfrac{F\times L\times U}{10^6}=\dfrac{0.35\times100\times6283.2}{10^6}=0.22$(kW)

2. 滾珠軸承(Ball Bearing)之壽命公式為 $L=(C/P)^3$,式中L表軸承之壽命,單位 10^6 轉(100 萬轉),C為軸承之負荷容量(Load Capacity),P 為實際負荷,設有一軸承,其 C 值為 4000b,請問若預期使用壽命為 1.6×10^6 轉,所受之實際負荷應不超過若干?(原特四等)

解 $\dfrac{1.6\times10^6}{10^6}=(\dfrac{4000}{P})^3$

P=3419.95(ℓb)

3. 某公司之滾珠軸承受力 3000 磅，於轉速每分鐘 33.3 轉時，其 90%之壽命為 1500 小時，若其承受相當徑向負載增加一倍，試求其壽命。

解 $[\dfrac{L_p（次數）}{L_{10}（次數）}]=（\dfrac{C}{P}）^3 \Rightarrow [\dfrac{L_p（小時）}{L_{10}（小時）}]=（\dfrac{3000}{6000}）^3=0.13$

$L_D=0.13L_{10}=0.13\times1500=195$ 小時

4. 一鋼製機器拖盤受到反覆彎曲應力S_1作用於n_1週數、S_2作用於n_2週數、以及S_3作用於n_3週數。判斷是否會產生失效。（$N_1=12000, N_2=50000, N_3=280000$）

已知：$S_1=420MPa$、$S_2=350MPa$、$S_3=280MPa$、$n_1=5,000$週、

$n_2=20,000$週、$n_3=20,000$週。

解 $N_1=12,000$週、$N_2=50,000$週、$N_3=280,000$週

$$\dfrac{5000}{12,000}+\dfrac{20,000}{50,000}+\dfrac{30,000}{280,000}=0.924$$

註解：因為0.924小於1.0，所以此元件安全。

5. 某個同時承受 3000 N軸向力（表示為P_a）及 8200 N徑向力（表示為P_r）的滾珠軸承（ball bearing），軸之運轉速度為 1200 rpm，設計壽命為 20000小時。該軸承的等價徑向負荷（equivalent radial load）表示為$P=0.56P_r+1.5P_a$。

(1)試求該種軸承的基本動額定負荷（basic dynamic load rating）。

(2)依據前項結果，如何於軸承製造商的產品型錄（catalogue）中選擇適當的該軸承？

解 (1) $P=0.56\times8200+1.5\times3000=9092$

$$\left(\dfrac{9092}{C}\right)^3=\left(\dfrac{10^6}{1200\times20000\times60}\right)$$

$C=102670.8(N)$

(2) 1.選擇略大於基本額定負載之型號

2.且要符合軸承外形尺寸之規格

3.考慮軸承承受負荷及轉速

6. 一滾珠軸承在100萬轉的額定壽命下，其基本動額定負荷值為3,150 lb；試求其在(1)2,200 lb；(2)4,500 lb下的L_{10}壽命各為多少？

解 (1) $10^6(3150)^3 = N(2200)^3$

$N_1 = 2.94 \times 10^6$ 轉，

僅有90%的機會可達到或超過此一預期壽命

(2) $10^6(3150)^3 = N_2(4500)^3$

$N_2 = 3.43 \times 10^5$ 轉，

僅有90%的機會可達到或超過此一預期壽命

三　高考、三等計算題型

1. 若一滾珠軸承受到 100 N 的徑向力，以 100 rpm 的轉速運轉，其壽命為 100 小時（90%的可靠度），(1)若要使其壽命延長為 200 小時，要如何調整其徑向力？(2)額定壽命所代表的意義亦請說明之。（高考三等）

（註：$\dfrac{L_1}{L_2} = (\dfrac{P_2}{P_1})^3$，L 及 P 分別為壽命及載重。）

解 (1) $\dfrac{L_1}{L_2} = (\dfrac{P_2}{P_1})^3$

$\dfrac{100}{200} = (\dfrac{P_2}{100})^3 \Rightarrow P_2 = 79.37$（N）

(2) 額定壽命：一批相同的軸承，在相同條件下運轉，其中 90% 的軸承不出現疲勞破壞時的總轉數或在給定轉速下工作的小時數。

2. 就滾珠軸承而言，負荷 F 與壽命 L 之間存在一個三次方反比關係，其確切關係式需由應試者判斷。又軸承專業製造廠提供之設計資料，通常對其軸承設定之額定壽命為 10^6 轉，並有一相對應的額定負荷值。今使用者欲其軸承之轉速為 1725 rpm、負荷 400 磅力（lbf），壽命為 5000 小時，則製造商提供的設計資料上，10^6 轉所對應的額定負荷應為多少？（地特三等）

解 $\dfrac{L_1}{L_2} = (\dfrac{C}{P_1})^3 \Rightarrow \dfrac{5000 \times 60 \times 1725}{10^6} = (\dfrac{C}{400})^3$

$C = 3211.42$（ℓb）

3. 假設一個滾珠軸承（Ball bearing）的額定負載（Rate load，C_{10}，一百萬轉）為 15 kN，若在 1800 rpm 的轉速使用 5000 小時的狀況下，此軸承最高載重為多少？滾珠軸承之受力與壽命關係為 $FL^{\frac{1}{3}}=$常數（地特三等）

> **解** $\dfrac{L_1}{L_2}=(\dfrac{C}{P_1})^3 \Rightarrow \dfrac{5000\times60\times1800}{10^6}=(\dfrac{15}{P_1})^3 \Rightarrow P_1=1.842$（kN）

4. 某滾珠軸承（Ball bearing）於 33.3 rpm 與 1500 小時壽命的額定負載量為50 kN，若此軸承被用於承受 20 kN 之徑向負載，運轉之轉速為 1000 rpm，試求90%軸承之壽命。（港務升資）

> **解** $\dfrac{L_1}{L_2}=(\dfrac{C}{P_1})^3 \Rightarrow \dfrac{T\times60\times1000}{33.3\times1500\times60}=(\dfrac{50}{20})^3$
>
> T＝780.469（小時）

5. 一機械元件承受正常負載15小時與重負載25小時，總壽命為40小時，若只承受重負載時，其壽命為35小時，假設只承受正常負載時，預估壽命應為多少？（地三）

> **解** $\dfrac{15}{N}+\dfrac{25}{35}=1 \Rightarrow N=52.5$

6. 請推導貝楚夫軸承方程式（Petrodff's equation），並說明該方程式在何種條件下才有效。(103鐵三)

> **解** 若軸頸的直徑為2r或d，而l為軸向長度，軸頸展開的表面積A為2πrL。油膜厚度h變成徑向間隙c，或軸頸半徑與軸頸半徑間的差值。將A與h代入可得切線方向摩擦力$F=\dfrac{\mu AU}{h}=\dfrac{2\pi\mu Url}{c}$。
>
> 其中軸頸的切線速度U等於2πrn，若定義F_1為單位軸向長度上的切線摩擦力，則$F=F_1l$，則前式變為：$\dfrac{F_1}{\mu U}\left(\dfrac{c}{r}\right)=2\pi$。

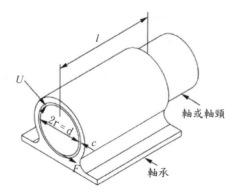

此式稱為貝楚夫軸承方程式（Petrodff's equation）。它僅在負荷趨近於零，且軸頸位於軸承中央的假設成立時才有效。

旋轉軸因油膜磨擦力而損耗之功率$H = F \times U = F_1/U = \dfrac{2\pi\mu Url}{c} \times U$

7. 一滾珠軸承，承受徑向770N之負荷，預期壽命為2.15×10^9轉。

 (1)試求其基本額定負荷值(C)＝？

 (2)軸承內徑為25mm，試從下列滾珠軸承中，選出合適的滾珠軸承號碼？

滾珠軸承號碼	6004	6005	6006	6204	6205	6206	6304
基本額定負荷值 C	7,200N	8,650N	10,200N	9,800N	10,800N	15,000N	12,200N

解 $10^6 C^3 = (2.15 \times 10^9)(770)^3$

  C＝9938N

  選用6205號軸承(C＝10,800N；內徑＝0.5x5＝25mm)

8. (1) 一個長500 mm之軸兩端各有一軸承，此軸在長度四分之一處垂直軸的方向受到一個20 kN之外力，若兩個軸承均用相同額定負荷之滾珠軸承，則兩個軸承之壽命比為多少？

 (2) 若受力最大軸承所選用的軸承之額定負荷為16.8 kN，在0.9 之可靠度下其壽命為何？

 (3) 另一端的軸承如果要和此軸承相同壽命且相同可靠度，則其額定負荷最少要多少？（104高考）

解 (1) $\curvearrowleft \Sigma M_A = 0 \Rightarrow R_B = 15(kN)$

$+\uparrow \Sigma Fy = 0 \Rightarrow R_A = 5(kN)$

$\dfrac{L_A}{L_B} = (\dfrac{15}{5})^3 = 27$

A軸承壽命為B軸承壽命2倍。

(2) $\dfrac{L_B}{10^6} = (\dfrac{16.8}{15})^3 \Rightarrow L_B = 1.405 \times 10^6$

(3) $\dfrac{1.405 \times 10^6}{10^6} = (\dfrac{c}{5})^3 \Rightarrow c = 5.6(kN)$

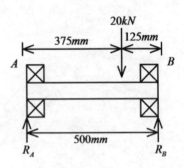

9. 一個外環旋轉的02系列深槽滾珠軸承（deep-groove ball bearing）用於支撐操作轉速1800rpm的軸，在此轉速下該軸承受到一穩定的2 kN徑向負載及 3 kN軸向（或推力）負載的作用。已知徑向負載係數X＝0.56及Y＝1.037，軸承的基本動額定負載C＝14 kN。

   (1)求該軸承的額定壽命L10為多少小時？

   (2)若要使該軸承多增加200小時的額定壽命，此時該軸承可以承受的等效徑向負載（equivalent radial load）應為多少？（104地三）

解 (1) $P = X \times R_x + R_y = 0.56 \times 2 + 1.037 \times 3 = 4.231$（等效徑向負載）

$(\dfrac{14}{4.231})^3 = \dfrac{L}{10^6} \Rightarrow L = 3.623 \times 10^7 (次)$

$\dfrac{3.623 \times 10^7}{1800} \times \dfrac{1}{10^6} = 335.45(小時)$

(2) $(\dfrac{14}{P})^3 = \dfrac{(396.99 + 200) \times 60 \times 1800}{10^6}$

$P = 3.5(kN)$

第7章　齒輪

頻出度 A：依據出題頻率分為：A頻率高、B頻率中、C頻率低

課前導讀

1. 齒輪的種類
   (1) 平面齒輪運動　　　　(2) 空間齒輪運動
2. 齒輪基本定律
   (1) 齒輪嚙合定律　　　　(2) 漸開線齒輪及擺線齒輪
3. 正齒輪之傳動
   (1) 正齒輪各部分之基本參數
   (2) 齒輪各部分之幾何運算
   (3) 正齒輪之齒輪配對及運轉互換
   (4) 齒輪傳動力與功率的分析
   (5)正齒輪抗彎應力（路易士方程式 Lewis equation）
4. 螺旋齒輪之傳動
   (1) 螺旋齒輪各部分之基本原理
   (2) 螺旋齒輪各部分之參數
   (3) 平行軸螺旋齒輪傳動
   (4) 交叉軸螺旋齒輪傳動
   (5) 螺旋齒輪傳動之力的分析
   (6) 螺旋齒輪抗彎應力
5. 蝸桿及蝸輪之傳動
   (1) 蝸桿蝸輪各部分之基本原理
   (2) 蝸桿蝸輪各部分之參數
6. 斜齒輪之傳動
   (1) 斜齒輪各部分之基本原理
   (2)斜齒輪各部分之參數
7. 齒輪輪系
   (1) 單式齒輪系　　　　(2) 複式齒輪系
   (3) 回歸齒輪系　　　　(4) 周轉齒輪系

重點內容

7-1 齒輪之基本原理

一、齒輪的種類

(一) 傳遞平行軸間的運動

齒輪	說明
正齒輪傳動	分成內接正齒輪及外接正齒輪，齒腹平行於軸線的圓柱齒輪，所有的齒形不彎曲，並且各齒皆平行於軸線，主要是用於平行軸間迴轉運動的傳遞，兩軸旋轉方向可同向（內接正齒輪）或反向（外接正齒輪）。 優點：1. 承載能力和速度範圍大，外廓尺寸小。 　　　2. 傳動比恒定，傳動效率高。 　　　3. 無軸向推力。 缺點：1. 接觸比較小、振動噪音大。 　　　2. 齒根強度較弱。 　　　3. 齒數少時易發生過切。 　　　4. 運轉速度受到較大限制，不可高速運轉。
螺旋齒輪	螺旋齒輪的各齒成螺旋狀，所以齒面切線和軸成一斜角，稱之為螺旋角，主要也是應用在平行軸間的運動傳遞，也可應用於交叉軸。 優點：1. 傳達動力大，其嚙合動作是漸近傳遞。 　　　2. 較平滑安靜，故噪音較小。 缺點：1. 製作困難，無互換性，須成對製造。 　　　2. 易生軸向推力。 　　　3. 軸承容易損壞，應採用人字形齒輪，或在產生軸向推力側加裝止推軸承以消除之。 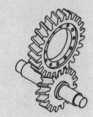
人字齒輪傳動	類似兩個具左、右方向相反螺旋角之螺旋正齒輪的組合體，傳動圓滑，噪音小，無軸向推力，可傳達較大荷重。 

齒輪	說明
針齒輪	其中一個齒輪之輪齒係由圓針或鎖所取代，一般都用於儀器上。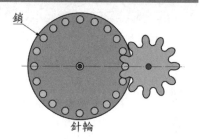
齒條與小齒輪	1. 齒條：相當於半徑為無窮大之齒輪 2. 應用於車床進刀在左右移動的齒輪。

(二) 傳遞不平行軸間的運動

斜齒輪

如果輸入、輸出軸不是互相平行（通常成90度角）時，運動的傳輸便要利用「斜齒輪（bevel gear）」。

1.直齒斜齒輪	2.冠狀齒輪	3.蝸線斜齒輪
其軸線相交成90°為最常用者，亦可交成任意角度；若相交兩軸，齒輪之大小相等時，稱為斜方齒輪	兩軸相交必大於90°，故可用於傳達二軸相交大於90°以上之動力。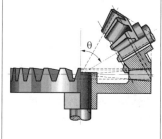	嚙合傳動時，主動小齒輪與環齒輪之中心線在同一平面上，適於高速及重負荷之傳動，常用於貨車的差速機構中。

(三) 連接不平行且不相交兩軸之齒輪

名稱	說明	圖示
雙曲面齒輪	（又稱歪斜齒輪）：常用於紡織機械中。	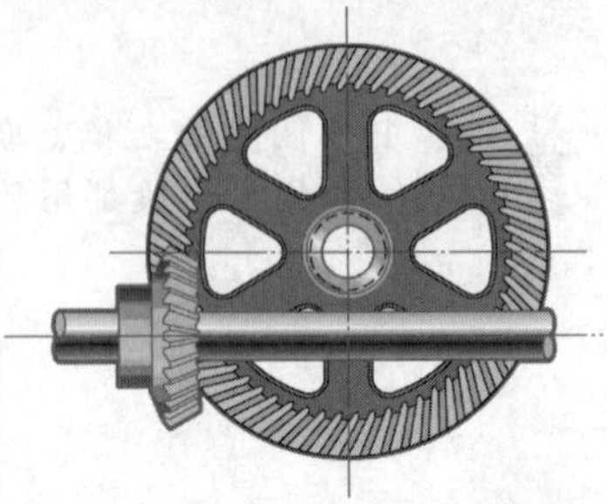
戟齒輪	常用於汽車加速器之傳動機構中。	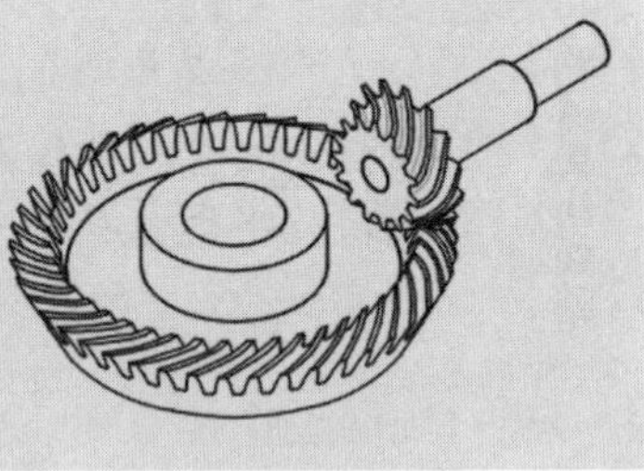
螺輪	輪齒與螺旋齒輪完全相同，嚙合之一對中，其螺旋腳步一定相等，旋相不一定相反，兩齒輪輪嚙合傳動時，接觸面成點接觸，易因磨損而造成晃動，故不適於傳動大的動力。	
蝸桿與蝸輪	1.蝸輪與普通正齒輪不同之點，為其輪面呈向內彎曲之弧形，使與蝸桿嚙合時，有更大之接觸表面。 2.蝸輪齒面與蝸桿中心之夾角約為 $60° \sim 90°$。 3.蝸桿與蝸輪之速比，與節圓直徑無關，僅與蝸桿上的螺線數有關；若係單線蝸桿，則每轉一周，僅使蝸輪轉動一齒。 4.蝸桿必為主動輪，蝸輪必為從動輪，傳動時聲音很小，用於大的轉速比。	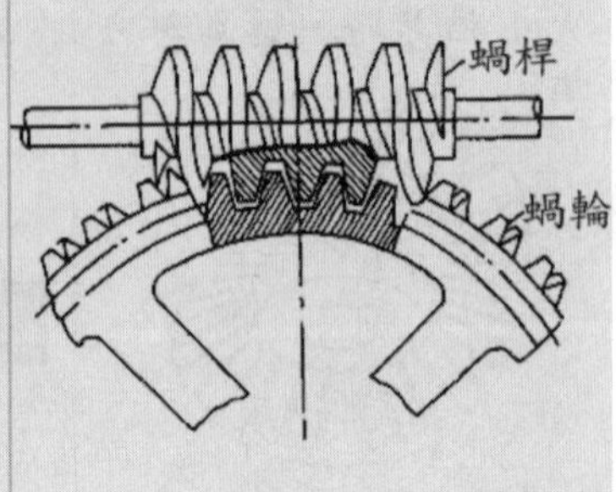 蝸桿 蝸輪

二、齒輪基本定律

(一) 齒輪之基本定律

齒輪之傳動，需使兩齒輪之角速度維持一定之比值，否則即使在低速下，也會產生極嚴重之震動及衝擊問題，所以兩相嚙合齒輪的輪齒，在每一瞬間其齒輪之齒廓必須能使接觸點的公法線通過兩齒輪連心線上的固定點（節點），滿足齒輪之基本定律的齒廓稱為共軛齒廓（Conjugate Profile）。常見的有擺線及漸開線，事實上漸開線最為常用，主要也是討論漸開線齒形。

(二) 漸開線齒輪及擺線齒輪

	漸開線齒輪	擺線齒輪
齒形定義	將圍繞於圓形圓周的一條弦線拉緊展開，則弦線端點的動路即為漸開線，弦線所圍繞之圓形圓周稱作基圓（Basic Circle）。 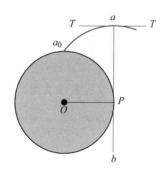	擺線齒形是用兩個演生圓（Generating circle）在齒輪的節圓曲線上滾動而得。 1. 正擺線：一圓在一直線上滾動所形成之軌跡，用於製造齒條齒面及齒腹之曲線。 2. 外擺線：將滾圓在另一節圓之外側滾動所形成之軌跡，用於製造擺線齒輪之齒面曲線。
干涉	兩相嚙合之漸開線齒輪，其輪齒之嚙合發生於基圓之內時，其輪齒之齒冠若超過作用線與基圓之切點時，必發生一方之齒面嵌入另一方之齒腹，亦即兩齒輪互相卡住之現象，此情形稱為干涉。	沒有干涉問題。

	漸開線齒輪	擺線齒輪
消除干涉現象的方法	1. 改用擺線齒輪。 2. 增大節圓直徑，增加齒數。 3. 增大壓力角，使作用線與基圓之切點往外移。 4. 修改齒腹或齒面（即挖空發生干涉之部位）。 5. 減低齒冠（即採短齒制），使齒頂圓與作用線之交點不要超過切點。	沒有無干涉問題。
優點	1. 齒根較擺線厚，故強度較大。 2. 齒形由單一曲線所構成，成本低，製造較容易，一般用於傳達動力及振動或衝擊大的情形下。 3. 兩軸中心距離可允許些微誤差，不影響速比。 4. 只要周節、模數、徑節相等，即可傳動，互換性高。	1. 齒輪嚙合傳動時，沒有干涉現象。 2. 齒形由兩種曲線所構成，不易搖動，傳動緻密效率較好，一般用於精密儀錶上。 3. 壓力角隨時改變，嚙合時由大而小，至節點為零，而後由小而大，傳動效率較高。 4. 嚙合傳動時，接觸線為曲線，潤滑良好，磨損較小。
缺點	1. 嚙合傳動時，接觸線為直線，潤滑不良，故磨損較大。 2. 壓力角一定，故效率較小。 3. 傳動時易生噪音。 4. 有干涉問題的產生。	1. 傳動之互換性差，滾圓直徑及周節要相等才可互換。 2. 兩軸中心距離要絕對正確。 3. 齒形之製造困難。 4. 齒之強度較差。

7-2 正齒輪之傳動

一、正齒輪之基本定理（參考圖7.1(a)(b)）

(一) 正齒輪各部分之基本參數

1. **作用線（壓力線）**：兩嚙合傳動齒輪，輪齒接觸點與節點的連線即為作用線，作用線必與兩嚙合齒輪之基圓相切。

2. **壓力角（ϕ）**：為兩嚙合齒輪之作用線與過節點所作節圓切線所夾之角。

3. **節圓直徑**：圖中節圓之直徑 $D_C = 2R_C$，兩嚙合齒輪節圓相切點稱為節點，如圖 7.1(a) 中 $R_C = \overline{O_1P}$ 或 $\overline{O_2P}$。

4. **基圓直徑**：以 D_b 來表示，圖中節圓之直徑 $D_b = 2R_b$，其中 $R_b = \overline{O_1b_1}$ 或 $\overline{O_2b_2}$。
   $$D_b = D_C\cos\phi \Rightarrow R_b = R_C\cos\phi$$

5. **齒頂圓**：齒輪的最外圓，或稱齒冠圓（外徑），以 D_o 表示，其中節圓之直徑 $D_o = 2R_o$，$R_o = \overline{O_1a_1}$ 或 $\overline{O_2a_2}$。

6. **齒冠**：齒頂面圓半徑與節圓半徑之差，或稱齒頂，以 h_a 表示。
   $h_a = mk$　全深齒 $k = 1$
   　　　　短齒 $k = 0.8$（m：模數）
   齒冠圓直徑＝節圓直徑＋2×齒冠 $\Rightarrow D_O = 2R_o = D_C + 2h_a$

7. **齒根圓**：包含各齒根部之圓，其直徑稱為內徑，以 D_i 表示。

8. **齒根**：齒輪節圓半徑與齒根圓半徑之差，以 h_b 表示。（$h_b = 1.25m$，m表模數）

9. **齒厚**：沿節圓上的齒之左右兩側間弧長。

10. **齒面**：節圓至齒頂圓間的曲面。

11. **齒腹**：節圓至齒根圓間的曲面，又稱齒根面。

12. **齒面寬**：為齒面或齒腹之寬度，又稱齒寬。

13. **背隙**：即一齒輪的齒間與其相嚙合齒輪的齒厚，間之空隙或稱齒隙，為製造及安裝上之誤差。

14. **間隙**：齒輪之齒根圓與其相嚙合齒輪之齒頂圓間之徑向距離，或稱餘隙。

15. **工作深度**：兩嚙合齒輪齒冠之和，或為兩倍的齒冠，亦等於全齒深減去間隙，以 h_k 表示。

16. **全齒深**：齒冠與齒根之和，又稱齒高，以 h 表示。

(二) 齒輪各部分之幾何運算

1. **周節**：沿節圓上，自齒上之某一點至相鄰齒上同位置之弧長，以 P_c 表示。
   $$P_c = \frac{\pi D_C}{T}（D_C：節圓直徑、T：齒輪齒數）$$

2. **基節**：沿基圓上，自齒上之某一點至相鄰齒上同位置之弧長，以 P_b 表示。

$$P_b = \frac{\pi D_b}{T} = \frac{\pi \times D_C \times \cos\phi}{T} = P_C \cos\phi \quad (D_b：基圓直徑、T：齒輪齒數)$$

3. **模數**：用於表示公制齒輪之大小，為節徑之 mm 數與齒數之比值，以 M 表示。

$$M = \frac{D_c}{T} \quad (D_c：節圓直徑、T：齒輪齒數)$$

4. **徑節**：用於表示英制齒輪之大小，為齒數與節徑之 in 數之比值，以 P_d 表示。

$$P_d = \frac{T}{D_c} = \frac{1}{M} = \frac{\pi}{P_c} \quad (D_c：基圓直徑、T：齒輪齒數、P_c：周節)$$

$$M + \frac{D_c}{T} = \frac{1}{P_d} \text{（in）} = \frac{25.4}{P_d} \text{（mm）} 模數與徑節因單位不同，不是互成倒數$$

5. **中心距 C**：

$$C = \frac{D_{c1} + D_{c2}}{2} = \frac{M}{2}(T_1 + T_2)$$

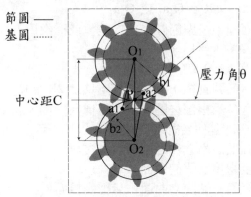

圖 7.1(a)　齒輪各部分之基本參數

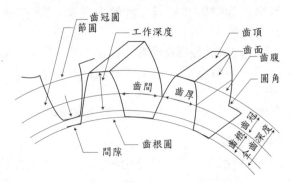

圖 7.1(b)　齒輪各部分之基本參數

二、正齒輪之齒輪配對及運轉互換

齒輪之互換條件需檢查三個齒輪配對之條件：(1)檢查嚙合條件（齒制相同、壓力角相同、模數相同）；(2)檢查干涉；(3)檢查接觸比＞1.4，需都通過三個檢查條件，齒輪才能進行運轉互換。

(一) 漸開線齒輪干涉判斷

兩相嚙合之漸開線齒輪，其輪齒之嚙合發生於基圓之內時，亦即兩齒輪互相卡住之現象，此情形稱為干涉，干涉會導致齒根部位發生過切（Under Cutting）現象，其判別式如下所示：

1. **齒條與小齒輪嚙合不發生干涉之小齒輪最少齒數：**

$$T = \frac{2k}{\sin^2\phi} \quad \begin{array}{l} \text{全深齒 } k=1 \\ \text{短齒 } k=0.8 \end{array}$$

兩大小不同之齒輪嚙合不發生干涉之最少齒數（不可用於齒條）：

$$T^2_{小} + 2T_{小}T_{大} = \frac{4k\,(T_{大}+k)}{\sin^2\phi} \quad （\text{全深齒 } k=1，\text{短齒 } k=0.8）$$

2. **所有齒配對不發生干涉之所允許大齒輪齒冠圓之最大半徑：**

$$R_O < \sqrt{R^2_b + (C\sin\phi)^2}$$

(二) 接觸比

1. **接觸長度**：參考圖 7.1(a) 兩漸開線齒輪嚙合的兩齒從接觸到分開的作用線長度（圖中的線段 $\overline{a_1a_2}$）。

$$Z = \overline{Pa_1} + \overline{Pa_2} = (\overline{a_2b_2} - \overline{Pb_2}) + (\overline{a_1b_1} - \overline{Pb_1})$$

$$\Rightarrow Z = \sqrt{(R_{C1}+h_{a1})^2 - R^2_{b1}} - R_{C1}\sin\phi + \sqrt{(R_{c2}+h_{a2})^2 - R^2_{b2}} - R_{C2}\sin\phi$$

$$= \sqrt{R^2_{O1} - R^2_{b1}} + \sqrt{R^2_{O2} - R^2_{b2}} - C\sin\phi$$

2. **作用弧長**：兩齒從接觸到分開，節圓所移動之弧長 $S = R\theta$
   （作用角 θ＝漸近角＋漸遠角），S 與 Z 之關係：$Z = S\cos\phi$

3. **接觸比（Contact Ratio，m_C）**：兩嚙合齒輪傳動時平均嚙合齒數

$$\Rightarrow 接觸比 \; m_C = \frac{S}{P_c} = \frac{Z}{P_b}$$

   (1) $m_C = 1$：兩輪齒嚙合傳動時，隨時恰有一組齒接觸。

   (2) $m_C > 1$：前一組齒尚未脫離接觸，下一組齒已開始接觸。

   (3) $m_C < 1$：前一組齒開始分離，下一組齒尚未開始接觸（輪齒嚙合易產生碰撞、振動、噪音）。

三、正齒輪強度分析

(一) 齒輪傳動力與功率的分析

齒輪受力時，為簡化分析。常以作用在齒寬中點處的集中力代替均布力，忽略摩擦力的影響、該集中力為沿嚙合線指向齒面的法向力 Fn，法向力分解為兩個力，即切向力 F_t 和徑向力 F_r，如圖 7.2 所示，以節圓直徑為 d_1 的正齒輪於節圓上一點 P 處的嚙合力來分析，可得：

$$F_t = \frac{T_1}{\frac{d_1}{2}} = F_n\cos\phi、\ F_r = F_n\sin\phi = F_t\tan\phi$$

齒輪間傳送功率如下表所示

功率 P	應用公式	常用單位
公制（kW）	$P(kW) = \dfrac{T \times 2\pi N}{60 \times 1000} = \dfrac{F_t V}{1000}$	T：扭矩（N-m） N：轉速（rpm） V：節圓切線速度（m/s） Ft：切向力（N）
英制馬力（HP）	$P(HP) = \dfrac{2\pi NT}{60 \times 550} = \dfrac{F_t V}{33000}$	T：扭矩（lb-ft） N：轉速（rpm） V：節圓切線速度
	$P(HP) = \dfrac{T \times N}{63025}$	T：扭矩（lb-in） N：轉速（rpm）
公制馬力（PS）	$P(PS) = \dfrac{2\pi NT}{60 \times 75}$	T：扭矩（kg-m） N：轉速（rpm）

備註：1HP=0.746kW、1PS=0.736kW

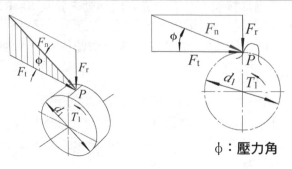

φ：壓力角

圖 7.2　正齒輪受力

【觀念說明】

齒輪間傳送功率（包含：正齒輪、螺旋齒輪、斜齒輪），都可用以上觀念計算出齒輪之切向力 F_t，再以節圓半徑為力臂球出扭矩後求出功率，其算法與旋轉軸相同。只要是旋轉件之功率（旋轉軸、齒輪、皮帶、鏈輪），均適用此種觀念。

(二) 正齒輪抗彎應力（路易士方程式Lewis equation）

齒輪的破壞形式有彎曲力矩的靜態破壞、彎曲力矩及接觸應力或稱赫茲應力造成的疲勞損壞，路易士首先推導出齒的抗彎應力的公式，他假設：(1)內圓角半徑的應力集中可忽略；(2)接觸比等於 1；(3)負載均勻分佈在面部的寬度處；(4)負載的徑向分量可忽略；(5)滑動摩擦力可忽略；(6)所有接觸負載作用在齒尖，在 A 點之抗彎應力如圖 7.3 所示：

$$\sigma = \frac{F_t h\left(\dfrac{t}{2}\right)}{\left(\dfrac{wt^3}{12}\right)} = \frac{6F_t h}{wt^2}$$

其中 h：齒頂至最弱斷面距離、w：齒面寬、t：最弱段面之齒厚其中係數 $\dfrac{t^2}{6h}$ 僅與輪齒形狀及輪齒尺寸有關之幾何因數，可表示為周節之函數

$P_c y = \dfrac{t^2}{6h}$，其中 y 可定義路易士形狀因數，可得抗彎應力為

$$\sigma = \frac{F_t}{wyP_c} = \frac{F_t P_d}{wy\pi} = \frac{F_t P_d}{wY} \quad (Y = y\pi)$$

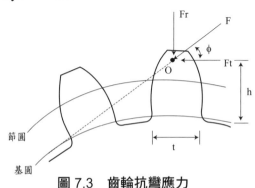

圖 7.3　齒輪抗彎應力

例 7-1

有一標準之全深齒齒輪，壓力角 20°，其齒數為 25，模數為 6，試求出其：(1)齒冠高、(2)齒根高、(3)工作深度、(4)齒頂隙、(5)齒冠圓直徑、(6)齒根圓直徑、(7)節圓直徑、(8)基圓直徑。

解 (1) $h_a = k \times m = 1 \times 6 = 6mm$

(2) $h_d = 1.25 \times m = 7.5mm$

(3) $h = 2 \times h_a = 2 \times 6 = 12$（mm）

(4) $h_c = h_d - h_a = 7.5 - 6 = 1.5$（mm）

(5) 節圓直徑 $D_c = m \times T = 6 \times 25 = 150$（mm）

$D_o = D + 2 \times h_a = 150 + 2 \times 6 = 162$（mm）

(6) $D_d = D_c - 2 \times h_d = 150 - 2 \times 7.5 = 135$（mm）

(7) $D_c = 150$（mm）

(8) $D_b = D_c \cos\phi = 150 \times \cos 20° = 140.95$（mm）

例 7-2

兩正齒輪外切嚙合，中心相距 600mm，若以小齒輪為原動，其齒數為 30，轉速比為 2：1，試求：(1)大齒輪之節圓直徑、(2)大齒輪之齒數、(3)模數。

解 $C = \dfrac{D_小 + D_大}{2}$　$600 = \dfrac{D_小 + D_大}{2}$　$\therefore D_小 + D_大 = 1200$

$\dfrac{D_小}{D_大} = \dfrac{T_小}{T_大} = \dfrac{1}{2}$　$D_大 = 2D_小$

$\Rightarrow D_小 = 400$（mm）$D_大 = 800$（mm）

$\dfrac{T_小}{T_大} = \dfrac{1}{2} = \dfrac{30}{T_大}$　$\therefore T_大 = 60$

$\therefore \dfrac{D_大 + D_小}{2} = \dfrac{(T_大 + T_小)M}{2}$　$D_大 = T_大 * M$

$800 = 60 * M$　$\therefore M = 13.3$（mm）

例 7-3

有一對速比（r_v）為 1／3 的正齒輪，從動輪的模數（m）為 6、齒數（T_3）為 96、轉速（n_3）為 600 rpm，試求主動輪的轉速（n_2）與齒數（T_2）、及節線速度（V_p）。

解 主動輪的轉速（n_2）與齒數（T_2）$\Rightarrow n_2 = \dfrac{n_3}{r_v} = \dfrac{600}{1/3} = 1,800$（rev／min）

$$T_2 = r_v T_3 = \frac{1}{3}（96）= 32$$

從動輪的節圓半徑（R_3）與角速度（w_3）為：

$$R_3 = \frac{m}{2}T_3 = \left(\frac{6}{2}\right)（96）= 288mm$$

$$w_3 = 600 \times 2\pi \times \frac{1}{60} = 62.83（rad/sec）$$

齒輪的節線速度（V_p）為：

$$V_p = R_3 w_3 = 288 \times 62.83 = 18,095（mm／sec）$$

例 7-4

兩模數 m 均為 12 之相嚙合漸開線正齒輪，小齒輪齒數 16 齒，大齒輪齒數 40齒，壓力角 20°。(1)計算節圓，基圓直徑及中心距。(2)若中心距增加5mm，則其節圓直徑及壓力角變化如何？

解 $P_c = \pi \times m = \pi \times 12 = 37.7$（周節）

小輪節徑 $= d_{p1} = m \times T_1 = 12 \times 16 = 192$（mm）

大輪節徑 $= d_{p2} = m \times T_2 = 12 \times 40 = 480$（mm）

中心距 $c = \dfrac{1}{2}m（T_1 + T_2）= 336$（mm）

基圓直徑 $d_{b1} = d_{p1} \times \cos\phi = 192 \times \cos 20° = 180.4$（mm）

$\qquad\qquad d_{b2} = d_{p2} \times \cos\phi = 480 \times \cos 20° = 451$（mm）

若中心距離增加 5mm $c' = 5 + 336 = \dfrac{1}{2}（d_{p1} + d_{p2}）= 341mm$

$\dfrac{d'_{p1}}{d'_{p2}} = \dfrac{m \times T_1}{m \times T_2} = \dfrac{16}{40}$　解得 $d'_{p1} = 194.9mm$　$d'_{p2} = 487.1mm$

壓力角 $\phi = \cos^{-1}\dfrac{d_{b1}}{d'_{p1}} = \cos^{-1}\dfrac{180.4}{194.9} = 22.24°$

例 7-5

一對模數為 12mm 之正齒輪，大齒輪齒數為 22 齒，小齒輪齒數為 15 齒，壓力角為 20°，齒冠 12mm，齒根 15mm，請求出：(1)周節及基節。(2)節圓及基圓半徑。(3)接觸路徑長。(4)接觸比。

解 (1) $T_1 = 22$，$T_2 = 15$，$m = 12mm$，$\phi = 20°$

ㅤㅤ$h_a = 12mm$，$h_d = 15mm$

ㅤㅤ$P_c = \pi m = \pi \times 12 = 37.7$（mm）

ㅤㅤ$P_b = P_c \cos\phi = 37.7 \times \cos 20° = 35.43mm$

ㅤ(2) $D_{c1} = m \times T_1 = 12 \times 22 = 264$（mm）

ㅤㅤ$R_{c1} = \dfrac{D_{c1}}{2} = 132$（mm）

ㅤㅤ$D_{c2} = m \times T_2 = 12 \times 15 = 180$（mm）

ㅤㅤ$R_{c2} = \dfrac{D_{c2}}{2} = 90$（mm）

ㅤㅤ$R_{b1} = R_{c1} \times \cos 20° = 124.04$（mm）

ㅤㅤ$R_{b2} = R_{c2} \times \cos 20° = 84.57$（mm）

ㅤ(3) $z = \sqrt{R_{o1}^2 - R_{b1}^2} + \sqrt{R_{o2}^2 - R_{b2}^2} - c \times \sin\phi$

ㅤㅤ$= \sqrt{(132+12)^2 - (124.04)^2} + \sqrt{(90+12)^2 - (84.57)^2}$

ㅤㅤㅤ$- (132+90) \times \sin 20°$

ㅤㅤ$= 54.23$（mm）

ㅤ(4) $m_c = \dfrac{z}{P_b} = \dfrac{54.23}{35.43} = 1.53$

例 7-6

有一對壓力角（ϕ）為 25° 的全深正齒輪，齒冠 $a = m$，速比（r_v）為 $1／3$，模數為 5，小齒輪齒數（T_2）為 20，試求這對齒輪的接觸比 r_c。

解 $D_2 = mT_2 = 100mm$，即 $R_2 = 50$（mm）

ㅤㅤ$D_3 = \dfrac{D_2}{r_v} = 30mm$，即 $R_3 = 150$（mm）

ㅤㅤ齒冠 a_2 和 a_3 為：$a_2 = a_3 = m = 5$（mm）

接觸長度（L_c）為：

$$L_c = \sqrt{(R_3+a_3)^2 - R_3^2\cos^2\phi} - R_3\sin\phi + \sqrt{(R_2+a_2)^2 - R_2^2\cos^2\phi} - R_2\sin\phi$$

$$= \sqrt{(150+5)^2 - (150\cos25°)^2} - 150\sin25°$$

$$+ \sqrt{(50+5)^2 - (50\cos25°)^2} - 50\sin25°$$

$$= 21.101 \text{（mm）}$$

接觸比（m_c）為：$m_c = \dfrac{L_c}{m\pi\cos\phi} = \dfrac{21.101}{5\pi\cos25°} = 1.482$

例 7-7

一對齒數分別為 $N_1=24$，$N_2=48$ 齒之漸開線齒輪，其模數為 m=6 公釐（mm），齒面寬度 b=75 公釐（mm），齒形壓力角 ϕ=20 度。

(1) 試問其周節（circular pitch）p_C，大小齒輪之節徑（pitch diameter）D_{p1}、D_{p2} 及中心距離（center distance）C。

(2) 若該齒形之路易士齒形係數（Lewis factor）y=0.107 及齒輪材料之許可彎曲應力值為 σ_b=220.7×10^6 牛頓／平方米，試問小齒輪轉速 120 rpm 時，此齒對僅考慮彎曲應力所可承受之最大傳遞功率 H 為若干？

（提示：切向彎曲負荷 $W_t = \sigma_b b p_c y$）

解 (1) $D_{P1} = m \times T_1 = 6 \times 24 = 144$（mm）　　$D_{P2} = m \times T_2 = 6 \times 28 = 288$（mm）

$$C = \frac{1}{2}(D_{P1} + D_{P2}) = 216 \text{（mm）}$$

(2) $W_t = \sigma_b P_c y$

$$= 220.7 \times 10^6 \times (75 \times 10^{-3}) \times \frac{\pi \times 144 \times 10^{-3}}{24} \times 0.107$$

$$= 33384.77 \text{（N）}$$

$$H = \frac{T \times N \text{（rpm）}}{9550} = \frac{33384.77 \times \dfrac{144 \times 10^{-3}}{2} \times 120}{9550} = 30.2 \text{（kW）}$$

例 7-8

一對鋼制之 14.5° 漸開線齒輪，徑節 $P_d=4$，齒面寬 $f=3in$，轉速比 $m_w=3.5$。小齒輪之齒數 $N_P=20$，其轉速 $n_p=900rpm$。大齒輪與小齒輪之這Lewis 齒形係數分別為 Y_g（$=\pi y_g$）$=0.361$，Y_p（$=\pi y_p$）$=0.283$；工作應力（working stress）$S_w=35,000\ \ell b/in^2$。用 Lewis 公式並考慮速度因素，求連續使用、有衝擊的情形下之傳動功率 E（Hp）。設使用係數（service factor）$SF=0.65$。

（設 D_p 與 D_g 分別為小齒輪與大齒輪之節圓直徑，修改因數 $k_v=\dfrac{600}{600+v}$）

解 小輪直徑 $D_c=\dfrac{T}{P_d}=\dfrac{20}{4}=5$（in）

小輪切線速度 $V=\dfrac{\pi D_c \times N}{12}=\dfrac{\pi \times 5 \times 900}{12}=1178.1ft/min$

若考慮速度因素，求修正因數 k_v

$k_v=\dfrac{600}{600+v}=\dfrac{600}{600+1178.1}=0.3374$

Lewis 公式

$S_w=\dfrac{W_t \times P_d}{k_v \times f \times Y_p} \Rightarrow W_t=\dfrac{S_w \times k_v \times f \times Y_p}{P_d}=\dfrac{35000 \times 0.3374 \times 3 \times 0.283}{4}$

$=2506.7$（ℓb）

$P=\dfrac{T \times (N)}{63025} \times SF=\dfrac{2506.7 \times \frac{5}{2} \times 900}{63025} \times 0.65=58.17$（hp）

7-3 螺旋齒輪之傳動

一、螺旋齒輪之基本定理

(一) 螺旋齒輪各部分之基本原理

在一般傳動機構中螺旋齒輪（helical gear）的應用比正齒輪更為廣泛，兩個螺旋齒輪咬合時，螺旋齒輪的齒與軸之夾角稱作螺旋角（helix angle），齒的接觸是由一端逐漸擴散到全齒，可降低傳動噪音和齒的磨耗，但主要缺點是齒輪傳遞運動同時，會產生軸向的推力，導致齒輪的互相推斥而有脫離的可能，其各部位之基本原理如下所示：

1. 齒斜向由軸的左下方往右上方則稱之右螺旋齒輪，反之，則稱為左螺旋齒輪，右螺旋齒輪必須與左螺旋齒輪配合使用。

2. 接觸平緩而安靜，螺旋齒輪所能接受的動力負載較正齒輪小，但速度可較高。

3. 二軸彼此垂直稱之為交叉螺旋齒輪，則當兩螺旋齒輪的軸彼此平行時稱之為平行螺旋齒輪。

4. 小的螺旋角所產生的推力負載較小，但大螺旋角的運轉卻較平滑。螺旋角通常大到足以有重覆的齒在作用。

(二) 螺旋齒輪各部分之參數（參考圖 7.4）

垂直於螺旋齒輪軸線的平面稱為端面，與圓柱螺旋線垂直的平面稱為法面，在進行螺旋齒輪幾何尺寸計算時，應當注意端面參數與法面參數之間的關係。

1. 法面周節 P_{cn} 取於和齒面垂直的平面上可得：

$$P_{cn} = P_C \cos\alpha$$

2. 法向徑節 P_{dn}：亦即垂直齒平面上的徑節可得為：

$$P_{dn} = \frac{P_d}{\cos\alpha}$$

3. 周節與徑節 P_d 之間的關係為：

$$P_c P_d = \pi \Rightarrow P_{cn} P_{dn} = \pi$$

由於 $P_c = \frac{\pi D_C}{T} \Rightarrow D_C = \frac{P_c T}{\pi} = \frac{T P_{cn}}{\pi \cos\alpha}$

可得 $D_C = \frac{T}{P_{dn} \cos\alpha}$

4. 又因 $P_c = M\pi$，故法面模數 M_n 和端面模數 M_t 之間的關係為

$$M_n = M_t \cos\alpha$$

5. 軸向節距：$P_a = \frac{P_c}{\tan\alpha} = \frac{P_{cn} / \cos\alpha}{\sin\alpha / \cos\alpha} = \frac{P_{cn}}{\sin\alpha}$

6. 螺旋齒輪接觸比：$m_T = m_C + m_f$

（螺旋齒輪總接觸比 $m_T = $ 正齒輪接觸比 $m_C + $ 齒面接觸比 m_f）

$m_C = \frac{Z}{P_b}$　$m_f = \frac{B \tan\alpha}{P_c} = \frac{B}{P_a}$　B：齒面寬度

7. 平行軸螺旋齒輪傳動：

(1) 嚙合傳動條件為螺旋角相等、節距相等、螺旋線的旋向相反（一為左旋一為右旋）。

(2)螺旋齒輪速比：（N：轉速、T：齒數、D：直徑）

$$\frac{N_A}{N_B}=\frac{D_B}{D_A}=\frac{T_B}{T_A}（與正齒輪相同）$$

(3)中心距與正齒輪相同。

8. 交叉軸螺旋齒輪：

(1)嚙合傳動條件：常具有相同之旋向，為螺旋角之大小無限制。

(2)螺旋齒輪速比：（N：轉速、T：齒數、D：直徑、α：螺旋角）

$$\frac{N_A}{N_B}=\frac{D_B\cos\alpha_B}{D_A\cos\alpha_A}=\frac{T_B}{T_A}$$

(3)中心距：

$$D_A=\frac{T_AP_c}{\pi}=\frac{P_nT_A}{\pi\cos\alpha_A}=\frac{T_A}{P_{dn}\cos\alpha_A}$$

$$D_B=\frac{T_BP_c}{\pi}=\frac{P_nT_B}{\pi\cos\alpha_B}=\frac{T_B}{P_{dn}\cos\alpha_B}$$

$$C=\frac{D_A+D_B}{2}=\frac{1}{2P_{dn}}[\frac{T_A}{\cos\alpha_A}+\frac{T_B}{\cos\alpha_B}]=\frac{P_n}{2\pi}[\frac{T_A}{\cos\alpha_A}+\frac{T_B}{\cos\alpha_B}]$$

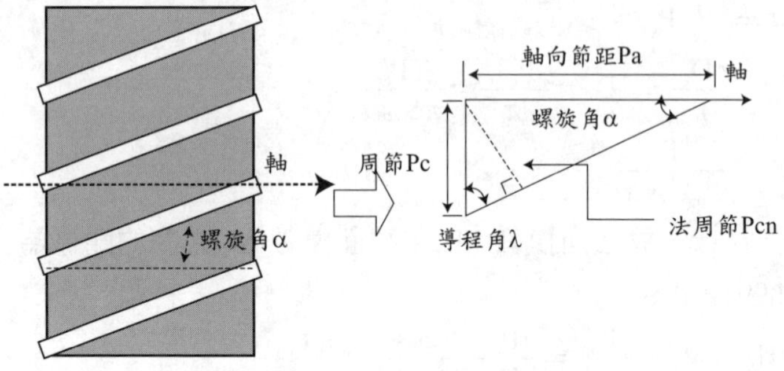

圖 7.4　螺旋齒輪各部分之參數

二、螺旋齒輪傳動之力的分析

螺旋齒輪由於螺旋角的存在，造成作用在齒輪上的力為三維，如圖 7.5 所示，圖中的圓代表節圓，由基本幾合的關係可推導出：

$F_t=F\times\cos\phi_n\times\cos\alpha$（切向力：有效力）

$F_a=F\times\cos\phi_n\times\sin\alpha$（軸向推力）

$F_r=F\sin\phi_n$（徑向分力）

$\tan\phi_n=\tan\phi_t\times\cos\alpha$（法線壓力角 ϕ_n、α 螺旋角、橫向壓力角 ϕ_t）

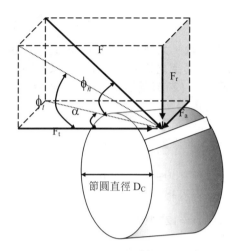

圖 7.5 螺旋齒輪傳動之力的分析

三、螺旋齒輪抗彎應力

螺旋齒輪的破壞形式有彎曲力矩的靜態破壞,與正齒輪相同可利用路易士方程式(Lewis equation),螺旋齒輪的應力是將螺旋齒輪假想成正齒輪所得一虛齒輪進行分析,螺旋齒輪的虛齒輪相關公式:

螺旋齒輪虛齒數:$T_v = \dfrac{T}{\cos^3 \alpha}$

螺旋齒輪虛節圓直徑:$D_v = \dfrac{D}{\cos^2 \alpha}$

螺旋齒輪虛周節:$(P_c)_v = \dfrac{\pi D_v}{T_v} = \dfrac{\pi D}{T} \cos \alpha \rightarrow (P_c)_v = P_{cn}$

螺旋齒輪虛模數:$M_v = M_n$

螺旋齒輪虛徑節:$(P_d)_v = P_{dn}$

再利用路易斯方程式(Lewis equation)可得

螺旋齒的彎曲應力:$\sigma_b = \dfrac{\dfrac{F_t}{\cos \alpha}}{K_v \dfrac{B}{\cos \alpha} P_c \cos \alpha \cdot y} = \dfrac{F_t}{K_v B P_{cn} y}$

螺旋齒輪的輪齒應力計算,應以螺旋齒輪虛齒數查出齒形係數 y 再代入公式中。

例 7-9

一平行傳遞動力之螺旋齒輪，大齒輪齒數為 48 齒，小齒輪齒數為 30 齒，其螺旋角為 23°，在法平面上之模數為 3mm，以及壓力角為 20°，求出：(1)在旋轉平面上的模數。(2)節圓直徑。(3)中心距。(4)在法平面上的周節。(5) 在旋轉平面上的周節。

解 (1) $m = \dfrac{m_n}{\cos\alpha} = \dfrac{3}{\cos 23°} = 3.259$ （mm）

(2) $D_{c1} = m \times T_1 = 3.259 \times 30 = 97.77$ （mm）
$D_{c2} = m \times T_2 = 3.259 \times 48 = 156.432$ （mm）

(3) $C = \dfrac{1}{2}(D_{c1} + D_{c2}) = 127.101$ （mm）

(4) $P_n = \pi m_n = \pi \times 3 = 9.425$ （mm）

(5) $P_c = \dfrac{P_{cn}}{\cos\alpha} = \dfrac{9.425}{0.9205} = 10.239$ （mm）

例 7-10

某平行之螺旋齒輪組，以齒數為 17 齒之小齒輪驅動一齒數為 34 之大齒輪，小齒輪右手螺旋角為 30°，法壓力角為 20°，法徑節為 5 齒／in，試求：(1)法周節、橫向周節及軸節。(2)橫向徑節及橫向壓力角。(3)法基節。(4)每個齒輪的齒冠齒根及節圓直徑。

解 (1) $P_n = \pi/5 = 0.6283\text{in}$
$P_t = P_n/\cos\alpha = 0.6283/\cos 30° = 0.7255\text{in}$
$P_x = p_t/\tan\alpha = 0.7255/\tan 30° = 1.25\text{in}$

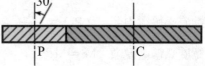

(2) $P_t = P_n\cos\alpha = 5\cos 30° = 4.33\text{teeth/in}$
$\phi_t = \tan^{-1}(\tan\phi_n/\cos\alpha) = \tan^{-1}(\tan 20°/\cos 30°) = 22.8°$

(3) $P_{nb} = P_n\cos\phi_n = 0.6283\cos 20° = 0.590$ （in）

(4) $a = 1/5 = 0.200\text{in}$
$b = 1.25/5 = 0.250\text{in}$

$d_P = \dfrac{17}{5\cos 30°} = 3.926$ （in）

$d_G = \dfrac{34}{5\cos 30°} = 7.852$ （in）

例 7-11

兩個相嚙合之螺旋齒輪,法模數為 5mm,齒數各為 30 及 50 齒,螺旋角各為 20° 及 30°,則中心距離為若干 mm?

解 螺旋角各為 20° 及 30° 可判斷為交叉軸之螺旋齒輪組

令 $M_n = 5mm$,$T_1 = 30t$,$T_2 = 50t$,$\alpha = 20°$,$\beta = 30°$

$$C = \frac{M_n}{2} \left(\frac{T_1}{\cos\alpha} + \frac{T_2}{\cos\beta} \right)$$

$$= \frac{5}{2} \left(\frac{30}{\cos 20°} + \frac{50}{\cos 30°} \right) = 224.16 \text{（mm）}$$

例 7-12

一交叉傳遞動力之螺旋齒輪,兩軸連接成 45°,右旋大齒輪齒數為 48 齒,右旋小齒輪齒數為 36 齒,其螺旋角為 20°,在法平面上之模數為 2.5mm,求出:(1)大齒輪之螺旋角。(2)在法平面上的周節。(3)小齒輪在旋轉平面上之模數。(4)大齒輪在旋轉平面上之模數。(5)中心距。

解 (1) $\Sigma = \alpha_1 + \alpha_2$

$\sigma_2 = 45 - 20 = 25°$

(2) $P_n = \pi m_n = \pi \times 2.5 = 7.854 \text{（mm）}$

(3) $m_1 = \dfrac{m_n}{\cos\alpha_1} = \dfrac{2.5}{\cos 20°} = 2.66 \text{（mm）}$

(4) $m_2 = \dfrac{m_n}{\cos\alpha_2} = \dfrac{2.5}{\cos 25°} = 2.758 \text{（mm）}$

(5) $D_{c1} = m_1 T_1 = 2.66 \times 36 = 95.76 \text{（mm）}$

$D_{c2} = m_2 T_2 = 2.758 \times 48 = 132.384 \text{（mm）}$

$C = \dfrac{1}{2} (D_{c1} + D_{c2}) = 114.072 \text{（mm）}$

例 7-13

某減速齒輪組原先之設計係採用正齒輪，齒數分別為 $N_1=30$ 齒與 $N_2=80$ 齒，其徑節（Diametral pitch）為 $P_d=16$。今為降低噪音，擬改用螺旋齒輪，但其軸心距 C 及減速比 r 皆不改變。若螺旋齒輪的法徑節 $P_{nd}=16$，且螺旋角愈小愈好，試求：

(1) 螺旋齒輪的齒數 N_1 與 N_2。

(2) 螺旋角 ψ。

解 (1) 正齒輪之節圓直徑 $D_{c1}=\dfrac{T_1}{P_d}=\dfrac{30}{16}$

$$D_{c2}=\dfrac{T_2}{P_d}=\dfrac{80}{16}$$

中心距 $C=\dfrac{1}{2}\left(D_{c1}+D_{c2}\right)=3.4375（in）$

速比 $e=\dfrac{D_{C2}}{D_{C1}}=\dfrac{T_2}{T_1}=\dfrac{8}{3}$

(2) 螺旋齒輪中心距：

$$C=\dfrac{1}{2}\left(D_{c1}+D_{c2}\right)=\dfrac{1}{2}\left[\dfrac{T_1}{P_{dn}\cos\alpha}+\dfrac{T_2}{P_{dn}\cos\alpha}\right]=3.4375$$

又 $\dfrac{T_2}{T_1}=\dfrac{8}{3}$

$\left(1+\dfrac{8}{3}\right)T_1=3.437\times2\times P_{dn}\cos\alpha\Rightarrow T_1=30\cos\alpha$

同理 $T_2=80\cos\alpha$

T_1、T_2 為整數令 $\cos\alpha=0.9$，$\alpha=25.84°$

$T_1=N_1=27$，$T_2=N_2=72$

且 $\alpha=\phi=25.84°$

7-4 蝸桿及蝸輪之傳動

一、蝸桿及蝸輪之基本原理

蝸齒輪組是由蝸桿（worm）和蝸齒輪（worm gear）所組成，蝸桿（worm）、蝸齒輪（worm gear）在兩垂直軸間傳輸動力，運轉過程中摩擦力相當大且接觸面有滑動，故機械效率不高，但機械利益大，可以提供高減速比以及傳遞較高的扭力。蝸桿的齒成螺旋狀，蝸桿每轉動一圈，所前進的齒數稱之為蝸桿齒

數，一般來說蝸桿齒數可為單螺線是 1 齒、雙螺線是 2 齒、四螺線是 4 齒，以此類推，因此與蝸齒輪配合時可以造成非常大的減速比。

二、蝸桿及蝸輪各部分之參數（參考圖7.6(a)(b)）

1. 蝸輪之齒周節＝蝸桿螺紋節距。

2. 速比＝$\dfrac{\text{蝸輪齒數}}{\text{蝸桿線數（齒數）}}$。

3. 蝸桿導程角 λ_w ＝蝸輪螺紋角 α_G、蝸輪導程角 λ_G ＝蝸桿螺紋角 α_w。

4. 蝸桿軸向節距 P_{aw} ＝蝸輪周節 P_{cG}。

5. 蝸桿螺紋線數： 單螺線蝸桿旋轉一圈，蝸輪前進一個齒輪；雙螺線蝸桿旋轉一圈，蝸輪前進二個齒輪，以此類推，蝸桿螺紋線數以 N_w，來表示。

6. 導程 L：蝸桿旋轉一圈所前進的軸向距離稱為導程 $L = N_w \times P_{aw}$。

7. 蝸桿蝸輪的受力：（μ：摩擦係數）

   (1) 蝸桿切向力＝－蝸輪軸向推力：$F_{tw} = -F_{aG} = F(\cos\phi_n \sin\lambda_w + \mu\cos\lambda_w)$

   (2) 蝸桿徑向力＝－蝸輪徑向力：$F_{rw} = -F_{rG} = F\sin\phi_n$

   (3) 蝸桿軸向推力＝－蝸輪切向力：$F_{aw} = -F_{tG} = F(\cos\phi_n \cos\lambda_w - \mu\sin\lambda_w)$

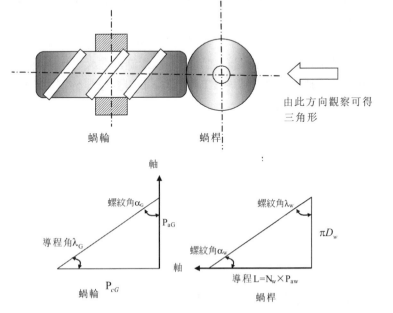

圖 7.6(a)　蝸桿蝸輪的基本參數

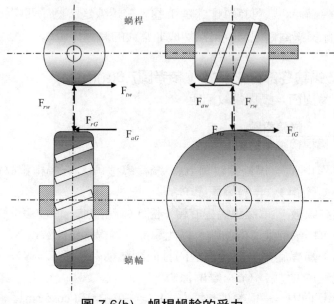

蝸桿

蝸輪

圖 7.6(b)　蝸桿蝸輪的受力

【觀念說明】

1. 讀者須熟記螺旋齒輪、蝸桿蝸輪基本參數之三角形定義（圖 7.4 及圖 7.6(a)），於解考題時有很大的幫助。

2. 若題目出現螺旋角或導程角，可視為交叉軸之螺旋齒輪組。

　(1) **嚙合傳動條件**：常具有相同之旋向，為螺旋角之大小無限制。

　(2) **螺旋齒輪速比**：（N：轉速、T：齒數、D：直徑、α：螺旋角）

$$\frac{N_A}{N_B} = \frac{D_B \cos\alpha_B}{D_A \cos\alpha_A} = \frac{T_B}{T_A}$$

　(3) **中心距**：

$$D_A = \frac{T_A P_c}{\pi} = \frac{T_A}{\pi \cos\alpha_A} = \frac{T_A}{P_{dn} \cos\alpha_A}$$

$$D_B = \frac{T_B P_c}{\pi} = \frac{T_B}{\pi \cos\alpha_B} = \frac{T_B}{P_{dn} \cos\alpha_B}$$

$$C = \frac{D_A + D_B}{2} = \frac{1}{2P_{dn}} \left[\frac{T_A}{\cos\alpha_A} + \frac{T_A}{\cos\alpha_B} \right] = \frac{P_n}{2\pi} \left[\frac{T_A}{\cos\alpha_B} + \frac{T_A}{\cos\alpha_B} \right]$$

例 7-14

雙線蝸桿與一 30 齒之蝸輪相嚙合，蝸桿節圓直徑 10cm，蝸輪節圓直徑 60cm，欲使蝸輪每分鐘轉3轉，則蝸桿轉速為每分鐘多少轉？

解 $\dfrac{蝸桿轉數}{蝸輪轉數}=\dfrac{蝸輪齒數}{蝸桿螺線數}\Rightarrow\dfrac{蝸桿轉數}{3}=\dfrac{30}{2}\Rightarrow$ 蝸桿轉數 $=45\text{rpm}$

例 7-15

有一根雙線蝸桿與一個 60 齒的蝸輪作傳動，若蝸桿的轉速為 600rpm，試求蝸輪的轉速。　　　　　　　　　　　　　　　　　　（地特三等）

解 $\dfrac{蝸桿轉數}{蝸輪轉數}=\dfrac{蝸輪齒數}{蝸桿螺線數}\Rightarrow\dfrac{N_1}{N_2}=\dfrac{T_2}{T_1}\Rightarrow\dfrac{600}{N_2}=\dfrac{60}{2}$

$N_2=20$（rpm）

例 7-16

某三線蝸桿的導角為 17 度，節圓直徑為 2.2802in，求此蝸桿與一齒數為 48齒嚙合作動時的中心距。

解 $\sin\lambda=\sin17°=0.292$

$P_{c1}=\dfrac{D_{c1}\pi}{T_1}=\dfrac{2.2802\times\pi}{3}=2.38$

$P_{dn}=\dfrac{\pi}{P_{c1}\sin\lambda}=\dfrac{\pi}{2.38\times0.292}=4.5$

$\alpha_1=90-17°=73°$（蝸桿螺旋角）

$\alpha_2=17°$（蝸輪螺旋角）

$c=\dfrac{1}{2P_{dn}}=\left[\dfrac{T_1}{\cos\alpha_1}+\dfrac{T_2}{\cos\alpha_2}\right]=\dfrac{1}{2\times4.5}\times\left[\dfrac{3}{\cos73°}+\dfrac{48}{\cos17°}\right]$

$=6.72$（in）

例 7-17

一對軸相交成 90 度的三線蝸桿及蝸輪，其減速比為 15 比 1，三線蝸桿之導程角為 20°，軸向節距為 0.4in，求出：(1)蝸齒輪之齒數、節圓直徑、螺旋角。(2)蝸桿之節圓直徑。(3)中心距。

解 (1) $\dfrac{N_W}{N_G}=\dfrac{T_G}{T_W}=\dfrac{15}{1}$

$T_G = 15 \times T_W = 15 \times 3 = 45$

$D_G = \dfrac{P_C T_G}{\pi} = \dfrac{0.4 \times 45}{\pi} = 5.73$（in）

$\alpha_G = \lambda_W = 20°$

(2) $\tan\lambda = \dfrac{T_W \times P_C}{\pi D_{CW}}$

$\Rightarrow D_{CW} = \dfrac{T_W \times P_C}{\pi \times \tan\lambda} = \dfrac{3 \times (0.4)}{\pi \tan 20°} = 1.049$（in）

(3) $C = \dfrac{1}{2}(D_{CG} + D_{CW}) = \dfrac{1}{2}(1.049 + 5.73) = 3.39$（in）

7-5 斜齒輪之傳動

一、斜齒輪之基本原理

正齒輪和螺旋齒輪主要還靠著平行軸之間的運動而傳輸動力，如果輸入、輸出軸不是互相平行時，運動的傳輸便要利用「斜齒輪（bevel gear）」，斜齒輪的外型常成傘狀，故也有稱之為傘齒輪。兩個斜齒輪要能互相咬合，除了齒的模數、壓力角必須一致外，兩斜齒輪圓錐必須有一共同頂點，各有一圓錐角半頂角 α、β（cone angle），可分為內接齒輪與外接齒輪，如圖 7.6(a)(b)所示。

1. **斜齒輪優點**：(1)齒型變化多，可有直齒及蝸線齒斜齒輪。(2)蝸線齒斜齒輪接觸比高，運轉平滑安靜，可做精確調整，過切現象少。
2. **斜齒輪缺點**：(1)製造不易。(2)對直齒斜齒輪，齒數少時易發生過切。(3)有軸向推力的存在。(4)裝配時需精準，距離過小時會干涉，距離過大時易產生噪音及運轉不精確。

二、斜齒輪各部分之參數

1. 斜齒輪速比：（N：轉速、T：齒數、D：直徑、R：半徑）

$$\frac{N_A}{N_B} = \frac{D_B}{D_A} = \frac{R_B}{R_A} = \frac{T_B}{T_A} = \frac{\sin\beta}{\sin\alpha}$$

(1) 外接斜齒輪（參考圖 7.7(a)）

$$\theta = \alpha + \beta \Rightarrow \frac{N_A}{N_B} = \frac{\sin\alpha}{\sin\beta} = \frac{\sin\alpha}{\sin(\theta - \alpha)} = \frac{\sin\alpha}{\sin\theta\cos\alpha - \cos\theta\sin\alpha}$$

分子分母同除以 $\cos\alpha \Rightarrow \tan\alpha = \dfrac{\dfrac{N_B}{N_A}\sin\theta}{1 + \dfrac{N_B}{N_A}\cos\theta}$

分子分母同除以 $\dfrac{N_B}{N_A} \Rightarrow \tan\alpha = \dfrac{\sin\theta}{1\dfrac{N_A}{N_B} + \cos\theta}$

$$\therefore \alpha = \tan^{-1}\left(\frac{\sin\theta}{\dfrac{N_A}{N_B} + \cos\theta}\right)$$

同理 $\tan\beta = \dfrac{\sin\theta}{\dfrac{N_B}{N_A} + \cos\theta}$

(2) 內接斜齒輪（參考圖 7.7(b)）

$$\theta = \alpha - \beta \Rightarrow \frac{N_B}{N_A} = \frac{\sin\alpha}{\sin\beta} = \frac{\sin\alpha}{\sin(\alpha - \theta)} = \frac{\sin\alpha}{\sin\alpha\cos\theta - \cos\alpha\sin\theta}$$

分子分母同除以 $\cos\alpha \Rightarrow \tan\alpha = \dfrac{N_B\sin\theta}{N_B\cos\theta - N_A} \Rightarrow \tan\alpha = \dfrac{\sin\theta}{\cos\theta - \dfrac{N_A}{N_B}}$

同理 $\tan\beta = \dfrac{\sin\theta}{\dfrac{N_B}{N_A} - \cos\theta} \Rightarrow \beta = \tan^{-1}\left(\dfrac{\sin\theta}{\dfrac{N_B}{N_A} - \cos\theta}\right)$

2. 斜齒輪的受力：

(1) 斜齒輪切向力：$F_t = F\cos\phi = \dfrac{2 \cdot T}{D_{av}}$（T：扭矩）

D_{av} 斜齒輪節圓錐大小端之平均節圓直徑

$$D_{av} = \frac{D+d}{2} = 2\left(A_0 - \frac{B}{2}\right) \times \sin\gamma$$

（B：齒面寬、Ao 錐距、γ：圓錐半頂角、錐距 $A_0 = \dfrac{0.5D}{\sin\gamma}$）

(2)斜齒輪徑向力：$F_r = F\sin\phi\cos\gamma = F_t\tan\phi\cos\gamma$

(3)斜齒輪軸向推力：$F_a = F\sin\phi\sin\gamma = F_t\tan\phi\sin\gamma$

3. **斜齒輪虛齒數**

斜齒輪虛齒數即為虛齒輪上的齒數：

斜齒輪虛齒數：$T_v = \dfrac{T}{\cos\gamma}$

斜齒輪虛節圓直徑：$D_v = \dfrac{D}{\cos\gamma}$

斜齒輪虛周節：$(P_c)_v = \dfrac{\pi D_v}{T_v} = \dfrac{\pi D}{T} \rightarrow (P_c)_v = P_C$

斜齒輪虛模數：$M_v = M$

斜齒輪虛徑節：$(P_d)_v = P_d$

4. 斜齒輪的應力是利用假想正齒輪（又稱虛齒輪）進行分析，斜齒輪的輪齒應力計算，應以虛齒數查出齒形係數 y 代入 Lewis 公式：

$$\sigma_b = \frac{F_t}{K_v BP_c y} = \frac{F_t P_d}{K_v BY} = \frac{F_t}{K_v BMY} \quad (Y = \pi \cdot y)$$

斜齒輪虛齒數（成型齒數）：$T_v = \dfrac{T}{\cos\gamma}$

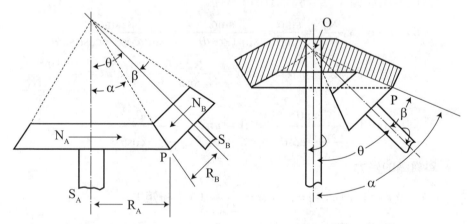

圖 7.7(a)　外接斜齒輪　　　　圖 7.7(b)　內接斜齒輪

【觀念說明】各類齒輪之傳動整理。

齒輪種類	齒輪之傳動
正齒輪	正齒輪傳動（N：齒輪轉速、D_C：節圓直徑、T：齒輪齒數） $$\frac{N_1}{N_2} = \frac{D_{C2}}{D_{C1}} = \frac{T_2}{T_1}$$
螺旋齒輪	1. 平行軸螺旋齒輪傳動 　(1) 嚙合傳動條件為螺旋角相等、節距相等、螺旋線的旋向相反 　　（一為左旋一為右旋） 　(2) 螺旋齒輪速比：（N：轉速、T：齒數、D：直徑） 　　$$\frac{N_A}{N_B} = \frac{D_B}{D_A} = \frac{T_B}{T_A}$$ （與正齒輪相同） 　(3) 中心距與正齒輪相同 2. 交叉軸螺旋齒輪 　(1) 嚙合傳動條件：常具有相同之旋向，為螺旋角之大小無限制。 　(2) 螺旋齒輪速比：（N：轉速、T：齒數、D：直徑、α：螺旋角） 　　$$\frac{N_A}{N_B} = \frac{D_B \cos\alpha_B}{D_A \cos\alpha_A} = \frac{T_B}{T_A}$$
蝸桿及蝸輪	1. 蝸輪之齒周節＝蝸桿螺紋節距 2. 速比 ＝ $\dfrac{蝸輪齒數}{蝸桿線數（齒數）}$ 3. 蝸桿導程角 λ_w＝蝸輪螺紋角 λ_w、蝸輪導程角 λ_w＝蝸桿螺紋角 λ_w。 4. 蝸桿螺紋線數：單螺線蝸桿旋轉一圈，蝸輪前進一個齒輪；雙螺線蝸桿旋轉一圈，蝸輪前進二個齒輪，以此類推，蝸桿螺紋線數以 N_w，來表示。 5. 導程 L：蝸桿旋轉一圈所前進的軸向距離稱為導程 $L=N_w \times P_{aw}$
斜齒輪	斜齒輪速比：（N：轉速、T：齒數、D：直徑、R：半徑、圓錐角半頂角 α、β） $$\frac{N_A}{N_B} = \frac{D_B}{D_A} = \frac{R_B}{R_A} = \frac{T_B}{T_A} = \frac{\sin\beta}{\sin\alpha}$$

例 7-18

一對相嚙合之斜齒輪 A、B，轉速比為 $\sqrt{2}$：1，已知A輪之節錐角為 $30°$，則其軸交角為？

解 $\dfrac{N_B}{N_A}=\dfrac{\sin\alpha}{\sin\beta} \Rightarrow \dfrac{1}{\sqrt{2}}=\dfrac{\sin30°}{\sin\beta}=\dfrac{\dfrac{1}{2}}{2\sin\beta}$

$\sin\beta=\dfrac{\sqrt{1}}{2} \Rightarrow \beta=45°$，$\theta=30°+45°=75°$

例 7-19

一外接（外切）傘齒輪，兩中心軸之夾角為 θ，主動輪之轉速為 N_A，從動輪之轉速為 N_B，則主動輪之半頂角為 α，則從動輪之半頂角為 β，試利用 θ、N_A、N_B 來表示 α 及 β。

解 $\theta=\alpha+\beta \Rightarrow \dfrac{N_B}{N_A}=\dfrac{\sin\alpha}{\sin\beta}=\dfrac{\sin\alpha}{\sin(\theta-\alpha)}=\dfrac{\sin\alpha}{\sin\theta\cos\alpha-\cos\theta\sin\alpha}$

分子分母同除以 $\cos\alpha \Rightarrow \tan\alpha=\dfrac{\dfrac{N_B}{N_A}\sin\theta}{1+\dfrac{N_B}{N_A}\cos\theta}$

分子分母同除以 $\dfrac{N_B}{N_A} \Rightarrow \tan\alpha=\dfrac{\sin\theta}{\dfrac{N_A}{N_B}+\cos\theta}$

$\therefore \alpha=\tan^{-1}\left(\dfrac{\sin\theta}{\dfrac{N_A}{N_B}+\cos\theta}\right)$

同理 $\tan\beta=\dfrac{\sin\theta}{\dfrac{N_B}{N_A}+\cos\theta} \Rightarrow \beta=\tan^{-1}\left(\dfrac{\sin\theta}{\dfrac{N_B}{N_A}+\cos\theta}\right)$

7-6 齒輪輪系

一、普通輪系（定軸輪系）

各軸均繞其固定軸心迴轉者，稱之為普通輪系，其中輪系值 e 為末輪速度與首輪速度之比，其意義為：(1)｜e｜＞1 為增速；(2)｜e｜＜1 為減速；(3)｜e｜＝1 為轉數不變。最簡單的定軸輪系是由一對齒輪所組成的，稱之為單式齒輪，一輪軸上有兩個以上同動輪者謂之複式齒輪，其計算輪系值如下所示：

(1) 單式輪系之輪系值 $e=\dfrac{\text{末輪轉速}}{\text{首輪轉速}}=\dfrac{\text{首輪齒數（節徑）}}{\text{末輪齒數（節徑）}}$

(2) 複式輪系之輪系值 $e=\dfrac{\text{末輪轉速}}{\text{首輪轉速}}$

$=\dfrac{\text{各主動輪齒數（節徑）之連乘積}}{\text{各從動輪齒數（節徑）之連乘積}}=\dfrac{\text{各主動輪齒數與帶輪直徑之連乘積}}{\text{各從動輪齒數與帶輪直徑之連乘積}}$

對於外嚙合齒輪傳動，兩輪轉向相反，上式取"—"號；對內嚙合齒輪傳動，兩輪轉向相同，上式取"＋"號。

名稱	輪系圖	計算方式
單式輪系	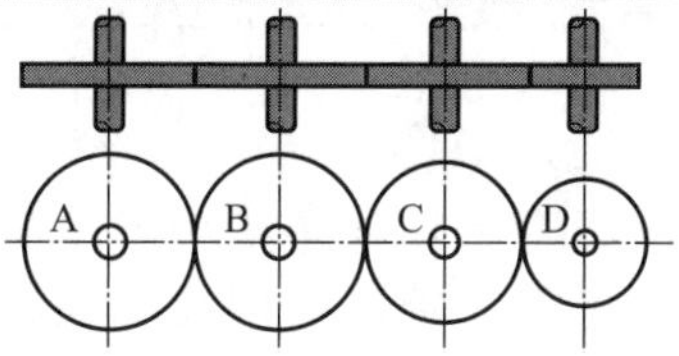	$e_{A\to D}=\dfrac{N_D}{N_A}=(-\dfrac{T_A}{T_B})\times(-\dfrac{T_B}{T_C})\times(-\dfrac{T_C}{T_D})$
複式輪系	複式齒輪系的優點在於可用較小的齒輪來達到大的減速比 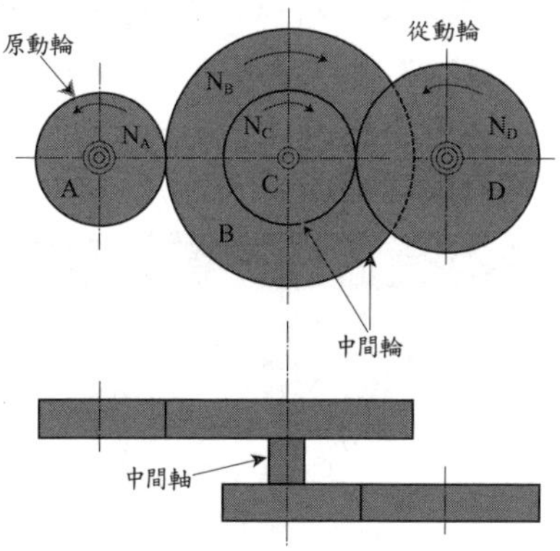 	$e_{A\to D}=\dfrac{N_D}{N_A}=(-\dfrac{T_A}{T_B})\times(-\dfrac{T_C}{T_D})$

名稱	輪系圖	計算方式
帶輪輪系	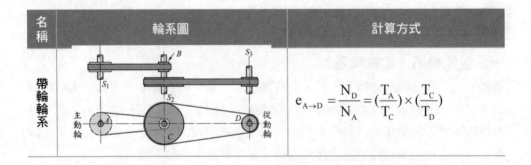	$e_{A \to D} = \dfrac{N_D}{N_A} = (\dfrac{T_A}{T_C}) \times (\dfrac{T_C}{T_D})$

二、回歸齒輪系

在複式輪系中,首輪與末輪在同一軸線上旋轉者,只要模數相同,則互相嚙合之兩對齒數和必相等,主要用於減速機構之場合。

輪系圖	計算方式
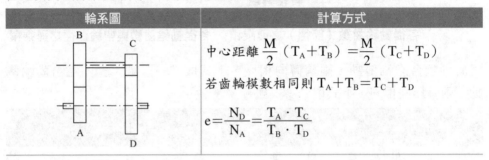	中心距離 $\dfrac{M}{2}(T_A + T_B) = \dfrac{M}{2}(T_C + T_D)$ 若齒輪模數相同則 $T_A + T_B = T_C + T_D$ $e = \dfrac{N_D}{N_A} = \dfrac{T_A \cdot T_C}{T_B \cdot T_D}$

三、周轉齒輪系

在一輪系中,有一輪或數輪係繞固定之軸迴轉,其餘各輪復繞本身亦有迴轉運動之軸而迴轉,則此輪系稱為周轉輪系或行星輪系。根據相對運動原理,假想對整個行星齒輪加上一個繞主軸線轉動的臂速度,各構件的相對運動關係並不改變,但此時臂的角速度變為零時,即相對靜止不動。而齒輪組則成為繞定軸轉動的齒輪,於是可將原行星齒輪系轉化為假想的定軸齒輪系,其輪系值如下所示:

周轉輪系之輪系值 $e = \dfrac{\text{末輪之絕對轉速} - \text{輪系臂之轉速}}{\text{首輪之絕對轉速} - \text{輪系臂之轉速}}$

輪系圖	計算方式
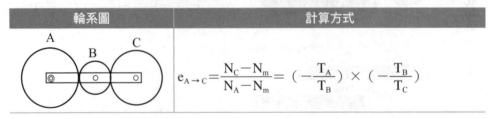	$e_{A \to C} = \dfrac{N_C - N_m}{N_A - N_m} = (-\dfrac{T_A}{T_B}) \times (-\dfrac{T_B}{T_C})$

輪系圖	計算方式
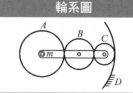	$e_{A \to D} = \dfrac{N_D - N_m}{N_A - N_m} = \left(-\dfrac{T_A}{T_B} \right) \times \left(-\dfrac{T_B}{T_C} \right) \times \left(\dfrac{T_C}{T_D} \right)$
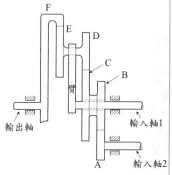	若遇到雙輸入問題時 1. 先固定輸入軸 1 $e_{A \to F} = \dfrac{N_{輸出1} - N_m}{N_{輸入2} - N_m}$ $= \left(-\dfrac{T_A}{T_B} \right) \times \left(-\dfrac{T_C}{T_D} \right) \times \left(\dfrac{T_E}{T_F} \right)$ 2. 固定輸入軸 2 $e_{B \to F} = \dfrac{N_{輸出2} - N_m}{N_{輸入1} - N_m} = \left(-\dfrac{T_C}{T_D} \right) \times \left(\dfrac{T_E}{T_F} \right)$ 3. 利用疊加原理 輸出轉速 $N = N_{輸出1} + N_{輸出2}$

【觀念說明】

周轉輪系或行星輪系還有一種解法為列表法，此種方法可參考例題 7-23 說明，若題目無限制，建議使用公式法即可。

7-7 輪系的應用

一、普通輪系之應用

車床換向輪系

利用輪系傳動，2 及 3 為兩個惰輪，其中心裝置於一臂上，如圖 (a) 所示，傳動由 1 經過惰輪 2 及 3 而達到 4，故輪 4 與輪 1 轉向相同，當臂向下壓，惰輪 2 插入而達到反向之目的，如圖 (b) 所示，當輪 1 與惰輪 2 及 3 不接觸，則輪 4 靜止不動。

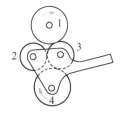 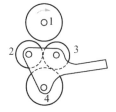

(a) 輪 4 與輪 1 轉向相同　(b) 輪 4 與輪 1 轉向相反　(c) 輪 4 靜止不動

起重齒輪系

$$\frac{W}{F} = \frac{2RN_A}{DN_E} = \frac{2R}{D} \times \frac{1}{e} \ (\text{e 為輪系值})$$

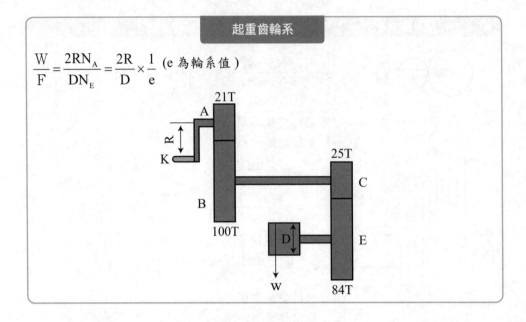

二、回歸輪系之應用

背齒輪系

首輪 A 與末輪 D 在同一軸上旋轉,其中末輪固定於軸上,首輪不固定但套在軸上,可以自由旋轉者。

$$e = \frac{N_A}{N_D} = \frac{T_A \times T_C}{T_B \times T_D}$$

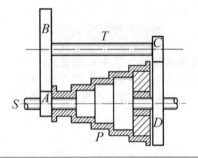

三、周轉輪系之應用

(一) 汽車之差速輪系

1. 具二個自由度的行星傘齒輪系，可用來產生差動傳動，常應用於車輛的差動器與機械式的計算器中，如圖差動器的速比如下：

$$\frac{N_4 - N_5}{N_2 - N_5} = -(\frac{T_2}{T_3})(\frac{T_3}{T_4}) = -1 \Rightarrow N_5 = \frac{1}{2}(N_2 + N_4)$$

2. 行星架5的轉速等於傘齒輪2與齒輪4轉速的代數平均值。當齒輪2與齒輪4的轉向相同且大小相等時，可得$N_5 = N_2 = N_4$。再者，當齒輪2與齒輪4的轉速相同但轉向相反時，$N_2 = -N_4$、$N_5 = 0$。

3. 汽車直線行走時，左右兩輪的轉速自動相同；右轉彎時，左車輪的轉速自動增加；左轉彎時，右車輪的轉速自動增加。

4. 差速器將一個動力轉成兩個動力輸出，差速器的兩個輸出速度會與車輛轉彎弧度成比例變化。

5. 若遇天雨路滑或雪地停車時，地面阻力變化不定，雖然車輪仍按照地面阻力自動調整轉速，車身即因此變化不定，當車輛驅動輪有一輪打滑，或因劇烈操駕導致車輛轉彎時因為離心力有一邊或一個輪胎舉起，離開地面，因為差速器的等扭矩作用，全部的動力會傳送到那個打滑的輪子，使其他車輪失去動力，致使轉向無從控制而易生事故。

6. 若是四輪驅動車輛需要多組差速器。

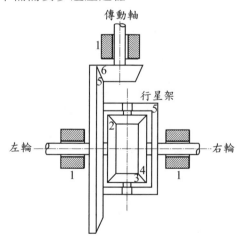

圖 7.8 汽車之差速輪係

(二) 斜齒輪週轉輪系

如圖11.3為一斜齒輪周轉輪系，斜齒輪4、6為輪系中大小相同之兩斜齒輪，齒輪3及7為分別用套筒連成一體並圍繞著十字軸A軸旋轉，齒輪2與A軸相連接，各齒輪之齒數如圖所示，則

輪系值 $e_{3 \to 7} = \dfrac{N_5 - N_A}{N_4 - N_A} = -\dfrac{T_4}{T_5} = -1$ 。

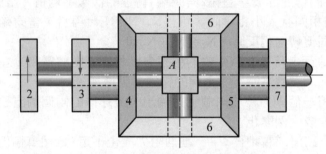

圖 7.9 斜齒輪週轉輪系

(三) 太陽行星輪系

為瓦特氏太陽行星輪裝置，係由瓦特氏所創，用於蒸汽機上，其特性為：當活塞往復一次，能使曲柄旋轉兩次。

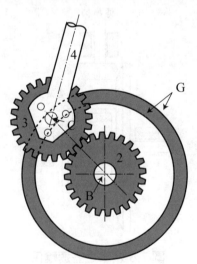

圖 7.10 太陽行星輪系

例 7-20

如圖所示為汽車齒輪箱之齒輪系，其中引擎之主軸與齒輪箱之輸入軸聯結，若齒輪 A 的軸轉速為 1750 rpm，N 表示各對應正齒輪之齒數（如齒輪 A 之齒輪數為 N_A 為 20），請求取輸出軸（軸 4）之轉數及方向。

（專利三等、原特四等）

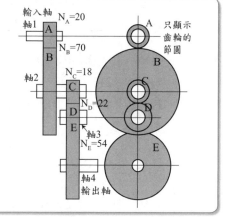

解

$$e_{A \to E} = \frac{N_E}{N_A} = (-\frac{N_A}{N_B})(-\frac{N_C}{N_D})(-\frac{N_D}{N_E})$$

$$\Rightarrow \frac{N_E}{1750} = (-\frac{20}{70})(-\frac{18}{22})(-\frac{22}{54})$$

$$N_E = -166.67 \text{（rpm）}$$

例 7-21

如下圖所示，已知齒輪壓力角 $\phi=20°$，模數（module）M=4.5，齒輪1的齒數為 24，齒輪 2 的齒數為 36，齒輪 3 的齒數為 18，齒輪 4 的齒數為 36，其中齒輪 1 為主動齒輪，以 2175 轉/分（即 2175rpm）的轉速傳遞 20 匹馬力，B 軸與齒輪 2 及 3 視為自由體。(1) 試依據齒輪 1 的傳遞馬力決定各齒輪之輪齒力。(2) 繪製 B 軸俯視圖，並標出一切水平負載及求出水平方向的反作用力。(3) 繪製 B 軸前視圖，並標出一切垂直負載及求出垂直方向的反作用力。

（技師）

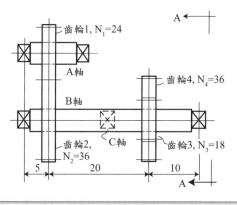

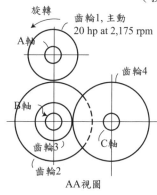

AA視圖

解 (1) $N_1 = 24$，$M = 4.5 \Rightarrow D_1 = 24 \times 4.5 = 108$（mm）

$$V_1 = \frac{\pi \times D_1 \times 2175}{60} = \frac{\pi \times 108 \times 10^{-3} \times 2175}{60} = 12.3 \text{（m／s）}$$

$F_{t1}V_1 = 20 \times 0.746 \times 10^3$

$\Rightarrow F_{t1} = 1213$（N）

$F_{r1} = F_{t1} \times \tan\phi = 1213 \times \tan 20° = 441.5$（N）

對齒輪3

$N_3 = 18$

$$V_3 = 12.3 \times \frac{18}{36} = 6.15 \text{（m／s）}$$

$F_{t3}V_3 = 20 \times 0.746 \times 10^3$

$\Rightarrow F_{t3} = 2426$（N）

$F_{r3} = 2426 \times \tan 20°$

$\quad = 882.99$

(2) 俯視圖：

$\Sigma M_a = 0 \Rightarrow 1213 \times 5 + 882.99 \times 25 = F_b \times 35$

$\quad\quad F_b = 457.42$（N）

$\quad\quad F_a = 787.43$（N）

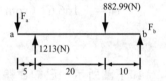

(3) 前視圖：

$\Sigma M_c = 0 \Rightarrow F_d = 1669.79$（N）

$F_c = 314.71$（N）

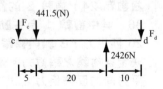

例 7-22

如圖所示之行星齒輪系中太陽齒輪、行星齒輪及環齒輪的齒數分別為 20、30 及 80，若環齒輪為固定不動，太陽齒輪以 100 rpm 的轉速順時針方向轉動，試計算行星臂之轉速及轉動方向。　　　　　　　　（普考）

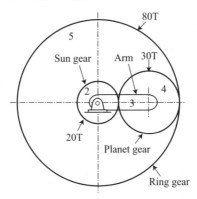

解 $e_{2\to5}=\dfrac{N_5-N_m}{N_2-N_m}=\left(-\dfrac{T_2}{T_4}\right)\times\left(\dfrac{T_4}{T_5}\right)\Rightarrow\dfrac{0-N_m}{100-N_m}=\left(-\dfrac{20}{30}\right)\times\left(\dfrac{30}{80}\right)$

$\Rightarrow N_m=20$（rpm）順時針

例 7-23

如圖之行星齒輪系若 A 齒輪接於主動件上，C 齒輪為固定不動一內齒輪，臂與從動軸連成一體，當主動軸順時針轉 80rpm 則求出齒輪 B 之轉速及方向。

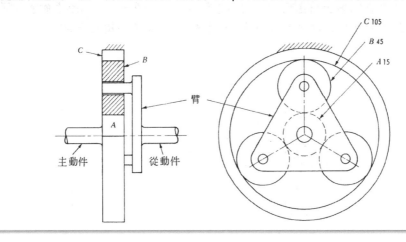

解 (1) 公式法（方法一）：

$$e_{A \to C} = \frac{N_C - N_m}{N_A - N_m} = \left(\frac{-T_A}{T_B}\right)\left(\frac{T_B}{T_C}\right) \Rightarrow \frac{0 - N_m}{80 - N_m} = \left(-\frac{15}{45}\right) \times \left(\frac{15}{105}\right)$$

$$N_m = 10 \text{（rpm）}$$

$$e_{A \to B} = \frac{N_B - N_m}{N_A - N_m} = \left(\frac{-T_A}{T_B}\right) \Rightarrow \frac{N_B - 10}{80 - 10} = \left(-\frac{15}{45}\right)$$

$$N_B = -13.33 \text{（rpm）逆時針}$$

(2) 表列法（方法二）：

元件	臂	A	B	C
輪系固定臂正轉一圈	+1	+1	+1	+1
臂固定C負轉一圈	0	$\frac{105}{45} \times \frac{45}{45}$	$-\frac{105}{45}$	-1
總圈數	+1	+8	$-\frac{11}{3}$	0

當 A=80rpm 則 B 為 $\frac{80}{8} \times \left(-1\frac{1}{3}\right) = -13.33$rpm

例 7-24

如圖為一斜齒輪周轉輪系，斜齒輪 2、3 為不固定於 S 軸，而可繞 S 軸迴轉之兩相等斜齒輪，軸環 P 用鏈銷固定在 S 軸上，短軸 A 又固定在 P 上，斜齒輪 4 套在短軸上自由轉動，與斜齒輪 2、3 相嚙合，各齒輪之齒數如圖所示。當齒輪 5 轉速為 +50rpm時，則齒輪 7 之轉速與轉向多少？

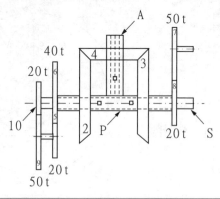

解 首輪：$N_6 = N_5 \dfrac{T_5}{T_6} = 50 \times \dfrac{-20}{40} = -25 \text{rpm}$

旋臂：$N_{10} = N_5 \dfrac{T_9}{T_{10}} = 50 \times \dfrac{-50}{20} = -125 \text{rpm}$

$e = \dfrac{N_8 - N_{10}}{N_6 - N_{10}} = -1 \Rightarrow \dfrac{N_8 - (-125)}{-25 - (-125)} = -1 \Rightarrow N_8 = -225 \text{rpm}$

$N_7 = N_8 \times \dfrac{T_8}{T_7} = -225 \times \left(-\dfrac{20}{50} \right) = -90 \text{rpm}$

例 7-25

如圖一行星齒輪中 A 齒輪主動件，齒輪 B 和 D 為一復式齒輪，C 和 E 為內齒輪且 C 固定，我們在右視圖表示其旋轉方向。若齒輪 A 順時針轉 360rpm，求輸出軸輸出之速度及方向。

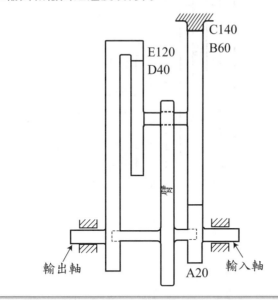

解 (1) $e_{A \to C} = \dfrac{N_C - N_m}{N_A - N_m} = \left(-\dfrac{T_A}{T_B} \right) \times \left(\dfrac{T_B}{T_C} \right)$

$\Rightarrow \dfrac{0 - N_m}{360 - N_m} = \left(-\dfrac{20}{60} \right) \times \left(\dfrac{60}{140} \right)$

$\Rightarrow N_m = 45 \text{ (rpm)}$

(2) $e_{A \to E} = \dfrac{N_E - N_m}{N_A - N_m} = (-\dfrac{T_A}{T_B}) \times (\dfrac{T_D}{T_E})$

$\Rightarrow \dfrac{N_E - 45}{360 - 45} = (-\dfrac{20}{60}) \times (\dfrac{40}{120})$

$N_E = 10$（rpm）$\Rightarrow$ 順時針

例 7-26

下圖齒輪系中，輸入分別為臂（Arm）轉速 150r／min 及齒輪 A 轉速 75r／min，齒數 A＝28，B＝32，C＝58，D＝48，E＝50，F＝56。試求出輸出齒輪 F 的轉速是多少及方向？　　　　　　（技師）

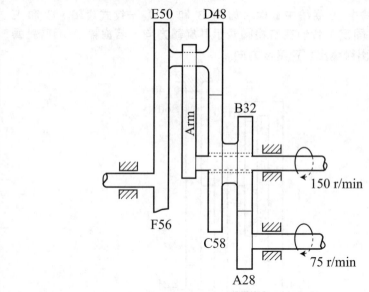

解 (1) 固定臂

$e_{A \to F} = \dfrac{N_{F1}}{75} = (-\dfrac{T_A}{T_B}) \times (-\dfrac{T_C}{T_D}) \times (-\dfrac{T_E}{T_F})$

$= (-\dfrac{28}{32}) \times (-\dfrac{58}{48}) \times (-\dfrac{50}{56})$

$N_{F1} = -70.8$（rpm）

(2) 固定 A 齒輪：

$$e_{A \to F} = \frac{N_{F2} - N_m}{N_A - N_m} = \left(-\frac{T_C}{T_D} \right) \times \left(-\frac{T_E}{T_F} \right)$$

$$= \frac{N_{F2} - 150}{0 - 150} = \left(-\frac{58}{48} \right) \times \left(-\frac{50}{56} \right)$$

$$N_{F2} = -11.83$$

$$N_F = N_{F1} + N_{F2} = -70.8 + -11.83 = -82.63 \text{（rpm）} \Rightarrow 逆時針$$

例 7-27

所示者為一種回歸齒輪系，若四個齒輪的模數均相同，試求這四個齒輪的適當齒數以使齒輪系的減速比為 13。

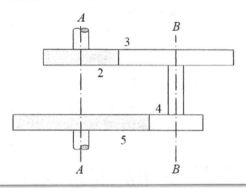

解 (1) 方法一：

根據題述的條件可知，四個齒輪的齒數比必須為：

$$\frac{T_2}{T_3} \times \frac{T_4}{T_5} = \frac{1}{13}$$

由於回歸齒輪系為二段減速，所以可將其減速比嘗試分配為

$$\frac{T_2}{T_3} \times \frac{T_4}{T_5} = \frac{1}{4} \times \frac{4}{13}$$

因為齒輪的齒數不可以太小，所以上列式子可改寫為：

$$\frac{T_2}{T_3} \times \frac{T_4}{T_5} = \frac{1x}{4x} \times \frac{4y}{13y}$$

其中，x 和 y 必須為正整數。由於兩個軸心距必須相同，因此可得：

$$m_2 \left(T_2 + T_3 \right) = m_4 \left(T_4 + T_5 \right)$$

由於四個齒輪的模數均相同，所以：$T_2+T_3=T_4+T_5$，$5x=17y$

上列式子最簡單的解為 x＝17、y＝5；

因此，可得四個齒輪的齒數分別為：

$T_2=17$，$T_3=68$，$T_4=20$，$T_5=65$

(2) 方法二（另解）：

若將其減速比改分配為：

$$\frac{T_2}{T_3}\times\frac{T_4}{T_5}=\frac{1}{3.5}\times\frac{3.5}{13}=\frac{2}{7}\times\frac{7}{26}=\frac{2x}{7x}\times\frac{7y}{26y}$$

其中，x 和 y 必須為正整數。由於兩個軸心距必須相同，因此可得：

$T_2+T_3=T_4+T_5$ $9x=33y$

因為 9 和 33 的最小公倍數為 99，

所以上列式子最簡單的解為 x＝11、y＝3；

因此，可得四個齒輪的齒數分別為：

$T_2=22$，$T_3=77$，$T_4=21$，$T_5=78$

【觀念說明】

上列兩組解均可滿足題述減速比為 13 的條件，但是兩組解之嚙合齒對的齒數和（T_2+T_3）不同，因此其對應的軸心距也會隨之變動。

精選試題

一 問答題型

1. 何謂正齒輪與斜齒輪，斜齒輪較正齒輪有何優缺點？（普考）

解 (1) A. 正齒輪（Straight spur gear）為齒腹平行於軸線的圓柱齒輪，所有的齒形不彎曲，並且各齒皆平行於軸線，主要是用於平行軸間迴轉運動的傳遞，兩軸旋轉方向可同向或反向。

B. 正齒輪優點：(a)承載能力和速度範圍大，外廓尺寸小；(b)傳動比恆定，傳動效率高；(c)無軸向推力。

C. 正齒輪缺點：(a)接觸比較小、振動噪音大；(b)齒根強度較弱；(c)齒數少時易發生過切；(d)運轉速度受到較大限制，不可高速運轉。

(2) A. 斜齒輪齒面為一滾動圓錐，相互咬合的大小，斜齒輪各有「圓錐角（cone angle）」，兩個斜齒輪要能互相咬合，除了齒的模數、壓力角必須一致外，兩斜齒輪圓錐必須有一共同頂點，如果輸入、輸出軸不是互相平行（通常成 90 度角）時，運動的傳輸便要利用「斜齒輪（bevel gear）」。

　　B. 斜齒輪優點：(a)齒型變化多，可有直齒及蝸線齒斜齒輪；(b)蝸線齒斜齒輪接觸比高，運轉平滑安靜，可做精確調整，過切現象少。

　　C. 斜齒輪缺點：(a)製造不易；(b)對直齒斜齒輪，齒數少時易發生過切；(c)有軸向推力的存在；(d)裝配時需精準，距離過小時會干涉，距離過大時易產生噪音及運轉不精確。

2. **說明齒輪間共軛傳動（conjugate action）之意義與重要性**（普考）

解 欲使若欲使一對齒輪以定速速比傳動，則互相嚙合兩齒輪之齒形曲線的公法線，必須通過中心線上的一個固定點，即節點，稱之為齒輪嚙合基本定律（Fundamental law of gearing）。一對嚙合齒輪，若符合齒輪嚙合基本定律，則稱其相對運動為共軛作用（Conjugate action）。

3. **在齒輪系內，請說明採用惰輪的二個主要用途及解釋其理由**（地特四等）

解 惰輪的功用：

(1) 當輸入輸出軸相距太遠時而無法直接接觸傳動，可利用惰輪傳動。

(2) 欲改變輸入軸及輸出軸之方向時，其說明如下：惰輪齒數（節徑）與輪系值無關，但惰輪數對末輪之迴轉方向有影響，以外接者而言，若是惰輪之數目為奇數者，則首末兩輪之迴轉方向相同；若是惰輪之數目為偶數者，則首末兩輪之迴轉方向相反。

4. **請說明在何種狀況下使用正齒輪？何種狀況下使用螺旋齒輪？**（原特四等）

解 正齒輪主要是用於平行軸間迴轉運動的傳遞，兩軸旋轉方向可同向或反向，運轉速度受到較大限制，不可高速運轉。

螺旋正齒輪（Helical spur gear）齒面的排列與軸線形成一螺旋角（Helix angle），負荷是由一個齒漸漸轉移至另一個齒與直齒正齒輪比較，陡振減少、傳動更平穩、噪音也較少，適用於高速運轉的傳動，其缺點為齒輪需承受軸向推力。

5. 使用漸開線（involute）齒輪的最大優點為何？（台酒）

解 (1) 齒根較擺線厚，故強度較大。

(2) 齒形由單一曲線所構成，成本低，製造較容易，一般用於傳達動力及震動或衝擊大的情形下。

(3) 兩軸中心距離可允許些微誤差，不影響速比。

(4) 只要周節、模數、徑節相等，即可傳動，互換性高。

6. **齒輪運轉中輪齒的主要失效形式有那些？**

解 (1) 輪齒折斷：齒輪工作時；若輪齒危險剖面的應力超過材料所允許的極限值，輪齒將發生折斷。輪齒的折斷有兩種情況，一種是因短時意外的嚴重超載或受到衝擊載荷時突然折斷，稱為超載折斷；另一種是由於迴圈變化的彎曲應力的反復作用而引起的疲勞折斷。輪齒折斷一般發生在輪齒根部。

(2) 齒面點蝕：在潤滑良好的齒輪傳動中，當齒輪工作了一定時間後，在輪齒工作表面上會產生一些細小的凹坑，稱為點蝕，點蝕的產生主要是由於輪齒嚙合時，齒面的接觸應力為週期性交互變化，此時接觸應力的多次重複作用下，在輪齒表面層會產生疲勞裂紋，裂紋的擴展使金屬微粒剝落下來而形成疲勞點蝕，通常疲勞點蝕首先發生在節線附近的齒根表面處，點蝕使齒面有效承載面積減小，點蝕的擴展將會嚴重損壞齒廓表面，引起衝擊和噪音，造成傳動的不平穩。

(3) 齒面磨損：互相嚙合的兩齒廓表面間有相對滑動，在載荷作用下會引起齒面的磨損。尤其在開放式傳動中，由於灰塵、砂粒等硬顆粒容易進入齒面間而發生磨損。齒面嚴重磨損後，輪齒將失去正確的齒形，會導致嚴重噪音和振動，影響輪齒正常工作，最終使傳動失效。

(4) 齒面膠合：在高速重載傳動中，由於齒面嚙合區的壓力很大，潤滑油膜因溫度升高容易破裂，造成齒面金屬直接接觸，其接觸區產生暫態高溫，致使兩輪齒表面焊黏在一起。當兩齒面相對運動時，較軟的齒面金屬被撕下，在輪齒工作表面形成與滑動方向一致的溝痕，這種現象稱為齒面膠合。

(5) 齒面塑性變形：在重載的條件下，較軟的齒面上表層金屬可能沿滑動方向滑移，出現局部金屬流動現象，使齒面產生塑性變形。齒廓失去正確的齒形，在起動和超載頻繁的傳動中較易產生這種失效形式。

7. **設計兩齒輪嚙合（meshing）時，試述下列問題：(1)何謂共軛運動（conjugate motion）？(2)寫出二種具有特性之齒形。(3)何謂齒輪律（law of gearing）？(4)兩齒輪運轉時，試述二種齒輪齒所受之應力。(5)兩齒輪運轉多時後，試述二種齒表面之破壞及其引起原因。（台糖）**

解 (1) 欲使若欲使一對齒輪以定速速比傳動，則互相嚙合兩齒輪之齒形曲線的公法線，必須通過中心線上的一個固定點，即節點，稱之為齒輪嚙合基本定律（Fundamental law of gearing）。一對嚙合齒輪，若符合齒輪嚙合基本定律，則稱其相對運動為共軛作用（Conjugate action）。

(2) 漸開線齒形（Involute gear teeth）：將圍繞於固定圓盤圓周的一條細線之一端固定於圓周上而將另一端拉緊展開，則細線端點的路徑即為漸開線（Involute curve）。此細線圍繞的圓，稱為產生漸開線的基圓（Base circle）。

擺線齒形是用兩個演生圓（Generating circle）在齒輪的節圓曲線上滾動而得。在節圓外所滾成的外擺線（Epicycloid），形成齒面；在節圓內所滾成的內擺線（Hypocyloid），形成齒腹。

(3) 欲使若欲使一對齒輪以定速速比傳動，則互相嚙合兩齒輪之齒形曲線的公法線，必須通過中心線上的一個固定點，即節點。

(4) 兩齒輪運轉時，二種齒輪齒所受之應力為彎曲應力及接觸應力，彎曲應力會導致齒輪在工作時發生輪齒折斷，接觸應力會導致齒面發生點蝕進而產生疲勞破壞。

(5) A. 齒面點蝕：

在潤滑良好的齒輪傳動中，當齒輪工作了一定時間後，在輪齒工作表面上會產生一些細小的凹坑，稱為點蝕。點蝕的產生主要是由於輪齒嚙合時，齒面的接觸應力為週期性交互變化，此時接觸應力的多次重複作用下，在輪齒表面層會產生疲勞裂紋，裂紋的擴展使金屬微粒剝落下來而形成疲勞點蝕。通常疲勞點蝕首先發生在節線附近的齒根表面處，點蝕使齒面有效承載面積減小，點蝕的擴展將會嚴重損壞齒廓表面，引起衝擊和噪音，造成傳動的不平穩。

B. 齒面磨損：

互相嚙合的兩齒廓表面間有相對滑動，在載荷作用下會引起齒面的磨損。尤其在開放式傳動中，由於灰塵、砂粒等硬顆粒容易進入齒面間而發生磨損。齒面嚴重磨損後，輪齒將失去正確的齒形，會導致嚴重噪音和振動，影響輪齒正常工作，最終使傳動失效。

8. (1)**齒輪傳動基本定率**（Fundamental Law of Gearing）。
  (2)**漸開線**（Involute）**齒形及其特性。**（技師）

  解 (1) 若欲使一對齒輪以定速速比傳動，則互相嚙合兩齒輪之齒形曲線的公法線，必須通過中心線上的一個固定點，即節點。

  (2) A. 將圍繞於固定圓盤圓周的一條細線之一端固定於圓周上而將另一端拉緊展開，則細線端點的路徑即為漸開線（Involute curve），此細線圍繞的圓，稱為產生漸開線的基圓（Base circle）。

  B. 漸開線的特性為：在任何展開位置的弦線均保持與基圓相切、弦長與弧長相等。

  C. 漸開線在任何展開位置的弦線均與基圓相切，且弦長永遠與漸開線垂直，一對互相接觸的漸開線，其公法線均相切於兩基圓。

  D. 漸開線齒形，若基圓大小一定，則齒形恆為一定；所以只要周節、壓力角相等，則均能完全嚙合。

  E. 漸開線齒條齒廓曲線為直線，因而刀具可為直線形，使漸開線齒輪較容易製造。

  F. 漸開線齒輪的中心距，允許稍有變化而不影響其速比，節圓半徑可隨中心距改變而變化，但與基圓半徑成正比，故漸開線齒輪的速比與基圓半徑成反比。

  G. 漸開線齒輪的接觸路徑為一直線，壓力角大小一定；若中心距改變，則其節點的位置與壓力角之大小會有隨著改變，故可用於減少干涉現象。

9. (1)**請列舉三種常見的方式，可使圖 3-1 中引擎之傳動軸與斜齒輪相連接？**
  (2)**請解釋螺紋符號 M6×1 所代表之意義。**
  (3)**使用螺釘或螺栓時，常同時使用墊圈**（washer）**，請問使用墊圈之目的為何？**
  (4)**圖 3-2 中銲接符號有一圓圈，其意義為何？**

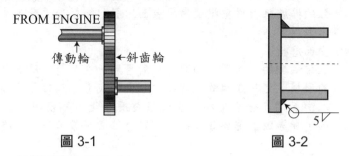

FROM ENGINE

傳動輪 ←斜齒輪

5

圖 3-1　　　　　　　圖 3-2

  (5)**請寫出二種常見彈簧的型式。**　　　　　　　　　　　　（台菸）

解 (1) A. 使用鍵連接，部分嵌入鍵座，一部分嵌入齒輪的鍵槽中，使齒輪
　　　與軸連成一體，旋轉傳動。
　　 B. 使用固定用扣環，於軸上做不同型式的定位工作，結構簡單，定
　　　位方便，但有應力集中的問題，所以適用於輕負載。
　　 C 使用緊定螺釘或銷，可軸向定位，傳遞動力不大。
(2)

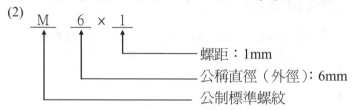

螺距：1mm
公稱直徑（外徑）：6mm
公制標準螺紋

(3) 使墊圈又叫華司，當機件連接時，在螺帽下加裝一金屬或非金屬薄
　　 片者稱為墊圈。墊圈的功用如下：
　　 A. 當連結材料較軟，而不能承受過大的壓力時，可用墊圈來增加適
　　　當的承面，並減少單位面積上所受的壓力。
　　 B. 可增加摩擦面，減少鬆動。
　　 C. 釘孔太大時，可用墊圈來補救。
　　 D. 在表面粗糙或傾斜時，可用墊圈作承面。
(4) 圓圈表示整圈熔接
(5) A. 壓縮彈簧：承受軸向壓力而產生縮短變形，為了使承受壓力之
　　　接觸面增加，常把兩端磨平。
　　 B. 螺旋扭力彈簧：線圈呈螺旋狀，受力時對軸中心線產生一扭轉
　　　力。

10. 試繪圖描述兩正齒輪咬合時之基圓、節圓、壓力線、壓力角，並推導兩齒輪
間正向負荷(W_n)、切線負荷(W_t)及徑向負荷(W_r)的關係。（專利三等）

解 (1) 將圍繞於固定圓盤圓周的一條
　　 細線之一端固定於圓周上而將
　　 另一端拉緊展開，則細線端點
　　 的路徑即為漸開線（Involute
　　 curve）。此細線圍繞的圓，稱
　　 為產生漸開線的基圓。

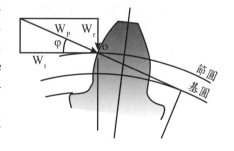

(2) 兩相嚙合之齒輪，在節點P成滾
　　 動接觸的圓。

(3) 嚙合齒輪對間的作用力總是沿著與兩基圓相切之直線，此線稱為壓力線，此線與水平線所成的角度名為壓力角，齒與齒之間的作用力 W_p 作用於壓力線上，可以分別分解為切線力以及徑向力。

二 普考、四等計算題型

1. 有 16 齒與 40 齒兩齒輪相接以產生減速之效果，若 16 齒的模數是 1，則兩齒輪的中心距離是多少？周節（circular pitch）是多少？（普考）

解 (1) 當外切時

$$M=1=\frac{D_1}{T_1}=\frac{D_2}{T_2} \Rightarrow 1=\frac{D_1}{16}=\frac{D_2}{40}$$

$$\Rightarrow D_1=16（mm），D_2=40（mm）$$

$$C=\frac{1}{2}（D_1+D_2）=28mm$$

$$P_C=\frac{\pi D_1}{T_1}=M\pi=\pi$$

(2) 當內接時 $C=\frac{1}{2}（D_2-D_1）=12（mm）$

2. 兩相嚙合之漸開線正齒輪，齒數分別為 25 和 51 齒，壓力角為 20°，模數為 5，試求此組合齒輪之(1)周節；(2)節徑；(3)基圓直徑；(4)基圓節距；(5)中心距。

解 (1) $P_C=M\pi=5\pi=15.7（mm）$

(2) $M=\frac{D_1}{T_1}=\frac{D_2}{T_2}=\frac{D_1}{25}=\frac{D_2}{51}=5 \Rightarrow D_1=125mm，D_2=255mm$

(3) $D_{b1}=D_1 \times \cos\alpha=125 \times \cos20°=117.46（mm）$
$D_{b2}=D_2 \times \cos\alpha=225 \times \cos20°=239.62（mm）$

(4) $P_b=P_C \times \cos\alpha=5 \times \pi \times \cos20°=14.76（mm）$

(5) $C=\frac{1}{2}（D_1+D_2）=190（mm）$

3. 要設計一對漸開線標準外齒輪嚙合時，此對齒輪減速比為1.67、模數（Module）為2mm、壓力角為20度、螺旋角為0度、小齒輪為21齒，而大、小齒輪之轉位係數皆為0，依據前述所給齒輪轉速比之參數，分別求出兩輪之：

(1) 中心距。　　　　　　　　　　(2) 節圓(Pitch circle)直徑。

(3) 基圓(Base circle)直徑。　　　　(4) 全齒高。

(5) 齒底圓(Root circle)直徑。　（103地三）

解 (1) $m_G = \dfrac{z_g}{z_p} = \dfrac{z_g}{21} = 1.67 \Rightarrow z_g = 35$

$D_g = 35 \times 2 = 70$ (mm)

$D_p = 21 \times 2 = 42$ (mm)

$C = \dfrac{1}{2} \times (D_p + D_g) = 56$ (mm)

(2) 節圓直徑

大齒輪節圓直徑$D_g = 35 \times 2 = 70$ (mm)

小齒輪節圓直徑$D_p = 21 \times 2 = 42$ (mm)

(3) 基圓直徑

$D_{bg} = D_g \times \cos 20° = 65.78$ (mm)

$D_{bp} = D_p \times \cos 20° = 39.47$ (mm)

(4) 全齒高

全齒高$= 2.25m = 4.5$(mm)

(5) 齒底圓直徑

大齒底圓直徑$D_g - 2 \times 2 \times 1.25$ (mm) $= 65$ (mm)

小齒底圓直徑$D_p - 2 \times 2 \times 1.25$ (mm) $= 37$ (mm)

4. 有一對嚙合正齒輪的模數為3，小齒輪有40齒，被動齒輪有60齒，試求齒冠、齒根、節圓直徑，周節與兩嚙合齒輪的軸間中心距離為若干？（地特四等）

解 (1) 齒冠$= k \times M = 1 \times 3 = 3$（mm）

齒根$= 1.25 \times M = 1.25 \times 3 = 3.75$（mm）

(2) $D_1 = MT_1 = 3 \times 40 = 120$（mm）

$D_2 = MT_2 = 3 \times 60 = 180$（mm）

(3) $P_C = M\pi = 3 \times \pi = 9.425$（mm）

$C = \dfrac{1}{2}(D_1 + D_2) = 150$（mm）

5. 一小齒輪 20 齒，模數（m）為 5mm／齒，以 1500 rpm 運轉去驅動一大齒輪，使其轉速為 500rpm，求大齒輪的齒數與理論中心距。（地特四等）

解 $\dfrac{1500}{500}=\dfrac{T_2}{20}$

$T_2=60$（齒）

$D_1=M\times T_1=5\times 20=100$（mm）

$D_2=M\times T_2=5\times 60=300$（mm）

$C=\dfrac{1}{2}(D_1+D_2)=200$（mm）

6. 有一對相嚙合的正齒輪，模數為 5 mm，其中心距為 350 mm，轉速比為 4：1，試求大小齒輪的節圓直徑，大小齒輪的齒數與大小齒輪的周節。（地特四等）

解 $e=\dfrac{4}{1}=\dfrac{D_1}{D_2}$ ⋯⋯⋯⋯⋯⋯ ①

$\dfrac{1}{2}(D_1+D_2)=350$ ⋯⋯⋯⋯ ②

由①②可得 $D_1=560$（mm），$D_2=140$（mm）

$T_1=\dfrac{D_1}{M}=\dfrac{560}{5}=112$（齒）

$T_2=\dfrac{D_2}{M}=\dfrac{140}{5}=28$（齒）

$P_C=M\pi=5\times\pi=15.7$（mm）

7. 有一對相嚙合的正齒輪，模數為 5 mm，中心距為 180 mm，轉速比為 3：1，試求該兩齒輪的齒數與周節。（原特四等）

解 $e=\dfrac{3}{1}=\dfrac{D_1}{D_2}$ ⋯⋯⋯⋯⋯⋯⋯ ①

$\dfrac{1}{2}(D_1+D_2)=180$ ⋯⋯⋯⋯ ②

由①②可得 $D_2=90$（mm），$D_1=270$（mm）

$T_1=\dfrac{D_1}{M}=\dfrac{90}{5}=18$（齒）

$T_2=\dfrac{D_2}{M}=\dfrac{270}{5}=54$（齒）

$P_C=M\times\pi=5\times\pi=15.7$（mm）

8. 一螺旋齒輪之螺旋角為 30°，周節為 15mm，求(1)法周節、(2)法模數，各為若干mm？

解　令 $\beta=30°$，$P_c=15mm$

(1) $P_{cn}=P_c \cdot \cos\beta=15\times\cos30° \doteqdot 13$（mm）

(2) $\because Pc=M\pi$　$\therefore M=\dfrac{P_c}{\pi}=\dfrac{15}{3.14}=4.777$（mm）

　　$M_n=M \cdot \cos\beta=4.777\cos30°=4.14$（mm）

　　或 $M_n=\dfrac{P_{cn}}{3.14}=\dfrac{13}{3.14}=4.14$（mm）

9. A、B 兩交叉軸螺旋齒相嚙合，若轉速比 $N_A：N_B=1：3\sqrt{3}$，且 A 輪節徑為 300mm，B 輪節徑為 100mm，A輪螺旋角為 30°，則 B 輪螺旋角為？

解　螺旋齒輪轉速比 $\dfrac{N_A}{N_B}=\dfrac{D_B\cos\beta}{D_A\cos\alpha}$　$\dfrac{1}{3\sqrt{3}}=\dfrac{100\times\cos\beta}{300\times\cos30°}\Rightarrow\cos\beta=\dfrac{1}{2}$，$\beta=60°$

10. (1)某正齒輪（spur gear）有 35齒，模數（module）為 1.5 mm，以 500 rev/min運轉，試問周節（circular pitch）及節圓速度（pitch-line velocity）為若干？

　　(2)兩正齒輪之速度比（velocity ratio）為 0.25，主動齒輪以 2000 rpm運轉，試問被動齒輪轉速為多少 rpm？（102普）

解　(1) $m=1.5=\dfrac{D}{35}\Rightarrow D=52.5(mm)$

　　$P_C=m\pi=1.5\pi$

　　$W=\dfrac{500\times2\pi}{60}=\dfrac{50}{3}\pi(^{rad}\!/_s)=52.36\ (^{rad}\!/_s)$

　　切線$V=W\times r=52.36\times\dfrac{0.0525}{2}=1.374\ (^m\!/_s)$

　　(2) 速比$=\dfrac{N_{輸出}}{N_{輸入}}\Rightarrow0.25=\dfrac{N_{輸出}}{2000}$

　　故$N_{輸出}=500(rpm)$

11. 如右圖所示，太陽齒輪（Sun gear）、環齒輪
（Ring gear）與行星齒輪（Planet gear）之齒
輪分別為 20、80 與 30，太陽齒輪為輸入，順
時針旋轉之速度為每分鐘 100 轉，環齒輪固
定不動，試求臂（Arm）與其星齒輪之旋轉速
率與方向（普考）

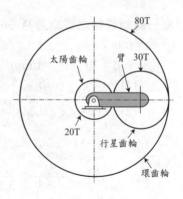

解　$\dfrac{N_3 - N_m}{N_1 - N_m} = (-\dfrac{T_1}{T_2}) \times (\dfrac{T_2}{T_3})$

$\Rightarrow \dfrac{0 - N_m}{100 - N_m} = (-\dfrac{20}{30}) \times (\dfrac{30}{80})$

$\Rightarrow N_m = 20$（rpm）$\Rightarrow$ 順時針

$e_{1\to2} = \dfrac{N_2 - 20}{100 - 20} = (-\dfrac{20}{30})$

$N_2 = -33.33$（rpm）$\Rightarrow$ 逆時針

12. 有一減速齒輪系如圖所示，其齒輪數分別以 T_A、T_B、T_C、T_D 及 T_E 表示，若
輸入軸轉速為 3000rpm，順時針方向旋轉，試求其輪系值？軸 4 之轉速及轉
向為何？（普考）

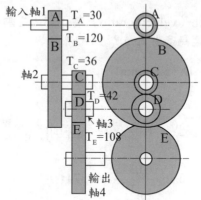

解　(1) $e_{A\to E} = (-\dfrac{T_A}{T_B}) \times (-\dfrac{T_C}{T_D}) \times (-\dfrac{T_D}{T_E})$

$= (-\dfrac{30}{120}) \times (-\dfrac{36}{42}) \times (-\dfrac{42}{108}) = -0.0833$

(2) $\dfrac{N_E}{N_A} = -0.0833$

$\Rightarrow N_E = -0.0833 \times 3000 = -250$（rpm）$\Rightarrow$ 逆時針

13. 就齒輪傳動而言：(1)如果傳動軸與被傳動軸共平面並垂直時，要用何種齒輪？又既不共平面也不平行，要用何種齒輪？(2)一行星齒輪系包含三組齒輪，一為太陽輪、假設其齒輪數為 N_{sun}；二為與太陽配合之行星齒輪，設其齒數 N_{planet}；三為外環齒輪，設其齒輪數為 N_{ring}。則三者的齒數關係為下列的那一個？(a) $N_{ring}=N_{sun}+N_{planet}$，(b) $N_{ring}=N_{sun}+2N_{planet}$，(c) $N_{ring}=N_{sun}+3N_{planet}$，(d) $N_{ring}=N_{sun}+4N_{planet}$。（地特四等）

解 (1) 詳見第 7-1 節內容

(2) 一般行星齒輪 $N_{ring}=N_{sun}+2N_{planet}$

故選 (b)。

14. 右圖為一輪系（A 之齒輪為 80，B 之齒數為 40），若輪 A 轉速為 $+50$ rpm，旋臂之轉速為 -20 rpm，試求輪 B 之轉速。若齒輪之模數為 3 mm，請問兩輪理論中心距為多少？（地特四等）

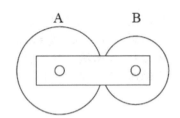

解 (1) $e_{A \to B} = \dfrac{N_B - N_m}{N_A - N_m} = (-\dfrac{T_A}{T_B})$

$\Rightarrow \dfrac{N_B - (-20)}{50 - (-20)} = (-\dfrac{80}{40})$

$N_B = -160$（rpm）

(2) $D_A = MT_A = 3 \times 80 = 240$（mm）

$D_B = MT_B = 3 \times 40 = 120$（mm）

$C = \dfrac{1}{2}(D_A + D_B) = 180$（mm）

15. 如圖所示，為一周轉輪系，A 輪軸為固定，若輪 A 順時針方向迴轉 2 次，輪 D 依反時針方向迴轉 3 次，則：(1)旋臂 C 的轉速為若干？(2) E 輪的轉速為若干？（A = 100t，B = 50t，D = 80t，E = 20t）

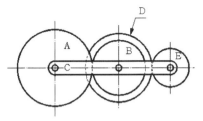

解 (1) $e_{AD} = \dfrac{N_D - N_C}{N_A - N_C} = -\dfrac{100}{50} = \dfrac{-3 - N_C}{+2 - N_C} = -2$，$\therefore N_C = \dfrac{1}{3}$ 圈

(2) $e_{AE} = \dfrac{N_E - N_C}{N_A - N_C} = +\dfrac{100 \times 80}{50 \times 20} = \dfrac{N_E - \dfrac{1}{3}}{+2 - \dfrac{1}{3}} = 8$，$\therefore N_E = +13\dfrac{2}{3}$ 圈

16. 如圖所示之迴歸周轉輪系，齒輪 A 為原動輪，齒輪E為最後之從動輪，若 A 輪迴轉＋38 次，則輪系臂之迴轉速為？

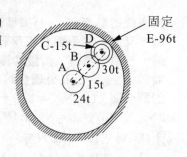

解 $e_{A/E} = \dfrac{24}{15} \times \dfrac{30}{96} = \dfrac{1}{2}$

$\dfrac{1}{2} = \dfrac{N_E - N_m}{N_A - N_m} \Rightarrow \dfrac{1}{2} = \dfrac{0 - N_m}{38 - N_m}$

$38 - N_m = -2N_m$

$N_m = -38 \,(\text{rpm}, \curvearrowleft)$

17. 如圖所示之行星齒輪系，齒輪2與齒輪3為行星複合齒輪，它們的齒數分別為30齒與20齒；太陽齒輪1的齒數為20齒，轉速為565 rpm逆時針方向轉動；環齒輪4的齒數為70齒，轉速為60 rpm順時針方向轉動。試求行星臂5及齒輪3之轉速。（102地四）

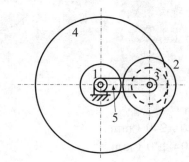

解 $(+) \curvearrowleft e_{1 \to 4} = \dfrac{-60 - N_5}{565 - N_5} = -\dfrac{20}{30} \times \dfrac{20}{70} \Rightarrow N_5 = 40(\text{rpm})$ 逆時針

$(+) \curvearrowleft e_{1 \to 3} = \dfrac{N_3 - 40}{565 - 40} = \dfrac{20}{30}$

$N_3 = -310(\text{rpm}) \curvearrowright$

18. 如圖所示為一個具有四個平行軸的齒輪減速機，以齒輪2為輸入齒輪，齒數為28；齒輪7為輸出齒輪，齒數為48，轉速為300 rpm（逆時針方向）；齒輪3與4為複式齒輪，齒數分別為56與24；齒輪5與6為複式齒輪，齒數分別為56與24，且所有齒輪的徑節皆為8，試求齒輪2的轉速及輸入軸A與輸出軸D之間的距離。（104鐵員）

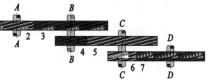

解

$$\circlearrowleft e_{2\to7} = \frac{300}{N_2} = -\left(\frac{28}{56} \times \frac{24}{56} \times \frac{24}{48}\right) = -2800(rpm)$$

故 $N = 2800(rpm)\searrow$，$P_d = \dfrac{T}{D}$

故 $D_2 = \dfrac{28}{8} = 3.5"$ $D_3 = \dfrac{56}{8} = 7"$

$D_4 = \dfrac{24}{8} = 3"$ $D_5 = \dfrac{56}{8} = 7"$

$D_6 = \dfrac{24}{8} = 3"$ $D_7 = \dfrac{48}{8} = 6"$

$C = \dfrac{1}{2}(D_2 + D_3) + \dfrac{1}{2}(D_4 + D_5) + \dfrac{1}{2}(D_6 + D_7) = 14.75"$

19. 由模數m＝3 mm及壓力角φ＝20°的兩個正齒輪（spur gear）組成的齒輪組，兩齒輪的中心距離c＝300 mm，且大齒輪與小齒輪的速度比為1/3。試求：
   (1)大齒輪與小齒輪的齒數。
   (2)大齒輪與小齒輪的基圓半徑。（104地四）

解 若齒輪組為外接

   (1) $\dfrac{T_1}{T_2} = \dfrac{1}{3}$……①，$\dfrac{1}{2} \times 3 \times (T_1 + T_2) = 300(mm)$……②，

   由①②得$T_1 = 50(齒)$，$T_2 = 150(齒)$。

   (2) $D_1 = 3 \times 50 = 150(mm) \Rightarrow \gamma_{b1} = \dfrac{1}{2} \times 150 \times \cos20° = 70.48(mm)$

   $D_2 = 3 \times 150 = 450(mm) \Rightarrow \gamma_{b2} = \dfrac{1}{2} \times 450 \times \cos20° = 211.43(mm)$

若齒輪組為內接

(1) $\dfrac{T_1}{T_2}=\dfrac{1}{3}\cdots\cdots①$ ，$\dfrac{1}{2}\times 3\times(T_2-T_1)=300(mm)\cdots\cdots②$ ，

由①②，$T_1=100(齒)$，$T_2=300(齒)$。

(2) $D_1=3\times100=300(mm)\Rightarrow\gamma_{b1}=\dfrac{1}{2}\times300\times\cos20°=140.95(mm)$

$D_2=3\times300=900(mm)\Rightarrow\gamma_{b2}=\dfrac{1}{2}\times900\times\cos20°=422.86(mm)$

20. 如圖所示一號驅動齒輪以1600rpm傳遞80kW通過惰輪到安裝在C軸上的三號齒輪，齒輪有8mm的模數以及25°壓力角。其表示在自由體圖上，試求(1)每個齒輪的切線負載和徑向負載。(2)C軸的合力。

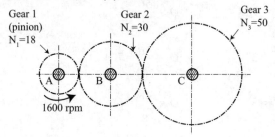

[解] (1) $T_1=\dfrac{9549kW}{n}=\dfrac{9549(80)}{1600}=477.5$ N-m

$r_1=\dfrac{mN_1}{2}=\dfrac{8(18)}{2}=72mm$　　$R_{t1}=\dfrac{T_1}{r_1}=\dfrac{477.5}{0.072}=6.632$ kN

$F_{r1}=6632\tan25°=3.093$ kN

(2) $r_3=\dfrac{mN_3}{2}=\dfrac{8(50)}{2}=200mm$

$R_C=\sqrt{6632^2+3093^2}=7.318$ kN，$F_C=6632(0.200)=1.326$ kN-m

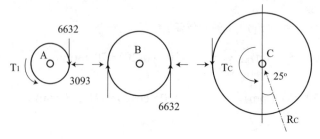

21. 三個嚙合的齒輪具有5mm的模數，以及20°的壓力角。驅動的1號齒輪以2000rpm的速度傳遞40kW到B軸上的2號惰輪。輸出的3號齒輪安裝在C軸上，驅動一部機器。試求並証明在自由體圖上(a)作用在2號齒輪的切線力及徑向力。

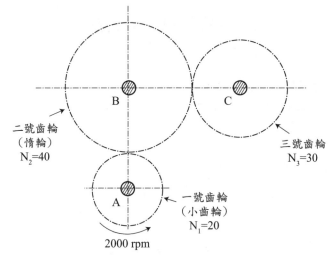

二號齒輪
（惰輪）
$N_2=40$

三號齒輪
$N_3=30$

一號齒輪
（小齒輪）
$N_1=20$

2000 rpm

解 (a) $T=\dfrac{9549kW}{n}=\dfrac{9549(40)}{2000}=\dfrac{9549kW}{n}=191\text{N-m}$

1號齒輪作用在2號齒輪的切線力及徑向力為

$F_{t.12}=\dfrac{T_1}{r_1}=\dfrac{191}{0.05}=3.82\text{kN}$ ，$F_{r.12}=3.82\tan20°=1.39\text{kN}$

由於2號齒輪是惰輪，它沒有扭矩，所以3號齒輪作用在2號齒輪上的切線合力也等於$F_{r.12}$。因此，可得 $E_{t.32}=3.82\text{kN}$ ，$F_{r.32}=1.39\text{kN}$

(b) 平衡惰輪上x跟y方向的作用力，得到 $R_{Bx}=R_{By}=3.82+1.39=5.21\text{kN}$ 。

則B軸的合力為 $R_B=\sqrt{5.21^2+5.21^2}=7.37\text{kN}$

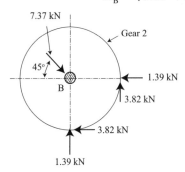

7.37 kN

Gear 2

45°

1.39 kN

3.82 kN

B

3.82 kN

1.39 kN

22. 一齒輪系如下圖所示，模數（module）為 6mm，壓力角為 20°。主動輪 1 轉速 1600rpm 經由一惰輪傳遞 80kW 功率至安裝於軸 C 上的齒輪 3。試求：

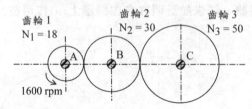

(一)每一齒輪切線與徑向負荷。

(二)軸 C 上之作用力。（普考）

解 (一) $T \times \dfrac{1600}{9550} = 80 \Rightarrow 477.5$（N-m）

　　1. 齒輪 1

　　　$M = \dfrac{D_1}{N_1} \Rightarrow D_1 = 108$（mm）

　　　$F_{t1} = \dfrac{2T}{D_1} = \dfrac{2 \times 477.5}{108 \times 10^{-3}} = 8842.6$（N）（切線力）

　　　$F_{n1} = F_{t1} \times \tan 20° = 3218.44$（N）（徑向負荷）

　　2. 齒輪 2

　　　由於齒輪2為惰輪，故切線力＝8842.6（N），徑向負荷＝3218.44（N）

　　3. 齒輪 3

　　　切線力＝8842.6（N），徑向負荷＝3218.44（N）

　　(二) 軸 C 之作用力＝ $P(kW) = \dfrac{T \times 2\pi N}{60 \times 1000} = \dfrac{F_t V}{1000}$

23. 有一21齒和一60齒之齒輪嚙合，壓力角為20°，若齒輪之模數為5，求此組齒輪知周節、節圓直徑、基圓直徑、基圓節距和中心距。

解 $P_C = \pi m = \pi \times 5 = 15.71$ mm

　　$d_1 = mN_1 = 5 \times 21 = 105$ mm

　　$d_2 = mN_2 = 5 \times 60 = 300$ mm

　　$d_{b1} = d_1 \cos\phi = 105 \times \cos 20° = 98.67$ mm

　　$d_{b2} = d_2 \cos\phi = 300 \times \cos 20° = 281.97$ mm

　　$P_b = P_c \cos\phi = 15.71 \times \cos 20° = 14.76$ mm

　　$C = \dfrac{m}{2}(N_1 + N_2) = \dfrac{5}{2}(21 + 60) = 202.5$ mm

24. 有兩個互相嚙合的齒輪,其大齒輪之齒數為60齒,若齒輪之齒冠高等於模數,
如不欲發生干涉試求小齒輪之最少齒數。當壓力角等於(a)14.51;(b)201時。

解 (a) $N_P^2 + 2\times60(N_P) = \dfrac{4\times1(60+1)}{\sin^2(14.5°)}$

$N_P = 26.5 = 27$齒

(b) $N_P^2 + 2\times60(N_P) = \dfrac{4\times1(60+1)}{\sin^2(20°)}$

$N_P = 15.4 = 16$齒

25. 某雙螺紋蝸桿節圓直徑為3 in。蝸輪有20齒,節圓直徑為5 in。求螺旋角。

解 $P_a = P_c = \dfrac{\pi d_G}{N_G} = \dfrac{\pi\times5}{20}$

$L = P_a N_w = \dfrac{\pi\times5}{20}\times2 = \dfrac{\pi}{2}$

$\tan\lambda = \dfrac{L}{\pi dw} = \dfrac{\overline{}}{\pi\times} = 0.167$

$\lambda = 9.46° = 9°27'$

螺旋角 $= 90° - 9.46° = 80.54°$

26. 右圖所示為一組回歸齒輪系(Reverted gear
train),其中齒輪2與齒輪3相嚙合,齒數分
別為32與48齒,模數為6mm,齒輪4與齒
輪5相嚙合,齒輪5的齒數為72齒,模數為
4mm,其中齒輪3與齒輪4安裝於同一轉軸
成為一個複合齒輪,試求
(一)兩轉軸A與B 之距離
(二)齒輪2與齒輪5的轉速比。

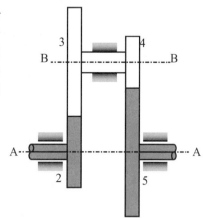

解 (一) 中心距$C = \dfrac{D_2 + D_3}{2} = \dfrac{m(T_2 + T_3)}{2} = \dfrac{6(32+48)}{2} = 240$(mm)

(二) 利用中心距相同，求齒輪4齒數

$$\frac{6(32+48)}{2} = \frac{4(T_4+72)}{2} \Rightarrow T_4 = 48$$

$$\frac{N_2}{N_5} = -\frac{T_5}{T_4} \times -\frac{T_3}{T_2} = -\frac{72}{48} \times -\frac{48}{32} = 2.25$$

27. 右圖所示為一馬達經由一齒輪組帶動一機
器，該齒輪組均為正齒輪，齒數分別為
25、26、32。各齒輪之模數m＝2.5 mm，
壓力角φ＝20°。中間齒輪（32齒）之軸
以A、B兩軸承支撐，請決定齒輪E之轉速
與扭矩。（地特四等）

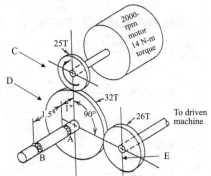

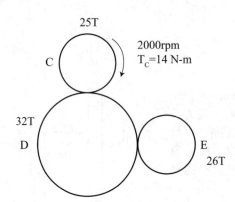

(一) $e_{c \to D} = \dfrac{N_E}{2000} = -\dfrac{25}{32} \times -\dfrac{32}{26}$

$N_E = 1923.08$(rpm)

(二) $\dfrac{T_C}{T_D} = \dfrac{25}{32} \Rightarrow T_D = 17.92$

$\dfrac{T_D}{T_E} = \dfrac{32}{26} \Rightarrow T_E = 14.56$（N-m）

三 高考、三等計算題型

1. 一小齒輪 18 齒，去驅動 30 齒的大齒輪，模數（m）為 2.5 mm／齒，齒頂高為1m，齒根高為 1.25 m，壓力角為 20 度，計算：(1)齒頂高，齒根高，齒間隙，周節（circular pitch），基圓直徑，基圓節距，兩齒輪中心距。(2)在裝設兩齒輪時，發生錯誤致使中心距較正確的中心距長4 mm，求新的節圓直徑及壓力角。（地特三等）

解 (1) 齒頂高 $h_a = 1 \times m = 2.5$（mm）
齒根高 $h_d = 1.25 \times m = 3.125$（mm）
齒間隙 $C_k = 0.25 \times m = 0.625$（mm）
$P_c = m\pi = 2.5\pi = 7.85$（mm）
$D_{C1} = T_1 \times m = 18 \times 2.5 = 45$（mm）
$D_{C2} = T_2 \times m = 30 \times 2.5 = 75$（mm）
$D_{b1} = D_{C1} \times \cos20° = 42.29$（mm）
$D_{b2} = D_{C2} \times \cos20° = 70.48$（mm）
$\dfrac{D_{b2} \times \pi}{T_2} = 7.38$
$C = \dfrac{1}{2}(D_{C1} + D_{C2}) = 60$（mm）

(2) $C' = 60 + 4 = \dfrac{1}{2}(D'_{c1} + D'_{c2})$ ....①
$\dfrac{D_{C1}}{D_{C2}} = \dfrac{18}{30}$ ....②
由①②可得
$D_{C2} = 80$（mm），$D_{C1} = 48$（mm）
$D_{C1} \times \cos\alpha = D_{b1}$
$\Rightarrow 48 \times \cos\alpha = 42.29$
新壓力角 $\alpha = 28.23°$

2. 有一模數為 6、齒數 24、齒面寬為 54mm 之全深正齒輪，該齒輪以轉速為 1800 rpm 做動，作動時之壓力角為 20°，若欲傳達 8KW 之動力，則齒形材料之允許抗彎應力至少要為若干?（試以 Lewis 公式解之，路易斯形狀因數 $Y = \pi y = 0.337$）

解 $D_c = m \times 7 = 6 \times 24 = 144$（mm）
$\dfrac{T \times 1800}{9550} = 8 \Rightarrow T = 42.44$（N-m）

$$F_t = \frac{T}{(\frac{D_C}{2})} = \frac{42.44 \times 10^3}{(\frac{144}{2})} = 589.5 \text{ (N)}$$

$$S_b = \frac{F_t}{b \times m \times Y} = \frac{589.5}{54 \times 6 \times 0.337} = 5.4 \text{ (MPa)}$$

3. 有一對相嚙合的正齒輪，模數為 5mm，其中心距為 320mm，轉速比為 3：1，試求大小齒輪的節圓直徑、齒數與周節。（交通升資）

解 (1) m＝5

$$\frac{D_1}{D_2} = \frac{3}{1} \cdots\cdots ①$$

$$\frac{1}{2}(D_1 + D_2) = 320 \cdots\cdots ②$$

由①②可得
D₂＝160（mm），D₁＝480（mm）

(2) $T_2 = \frac{D_2}{m} = \frac{160}{5} = 32$（齒）

$T_1 = \frac{D_1}{m} = \frac{480}{5} = 96$（齒）

(3) $P_c = m \times \pi = 5\pi = 15.7$（mm）

4. 一對 20° 的正齒輪，徑節（P_d）為 4，齒數為 T_2＝24、T_3＝48，試求這對齒輪的中心距 C。試問當中心距增加 0.3 in 時，壓力角 φ 變為多少？

解 兩齒輪的節徑（D_2 和 D_3）分別為：$D_2 = \frac{T_2}{P_d} = \frac{24}{4} = 6\text{in}$，$D_3 = \frac{T_3}{P_d} = \frac{48}{4} = 12\text{in}$

因此 $C = \frac{1}{2}(D_2 + D_3) = \frac{1}{2}(6+12) = 9\text{in}$

中心距的改變不影響基圓半徑，中心距增加使節圓半徑增加，壓力角增大。
$R_{b2} = R_2 \cos\phi = (6/2)\cos20° = 2.819\text{in}$
新的節圓半徑和間的關係為：

$R'_3 = (\frac{T_3}{T_2}) R'_2 = (\frac{48}{24}) R'_2 = 2R'_2$

由於新的中心距為：
$C' = R'_2 + R' = 9 + 0.3 = 9.3\text{in}$

因此，可求出新的節圓半徑 R'_2 為 3.1 in

因為基圓半徑沒有改變，新的壓力角 ϕ' 為：

$$\cos\phi' = \frac{R_{b2}}{R'_2} = \frac{2.819}{3.1} = 0.909 \text{ 即 } \phi' = 24.6°$$

5. 有兩個壓力角為 14.5° 之全深齒輪，中心距為 420mm，若模數為 5，轉速比為 1：2，試求其接觸比。

解 $\dfrac{D_1}{D_2} = \dfrac{1}{2}$ ·······························①

$\dfrac{1}{2}(D_1 + D_2) = 420$ ···········②

由①②可得 $D_1 = 280$mm，$D_2 = 560$mm

所以節圓半徑 $r_1 = 140$mm，$r_2 = 280$mm

$r_{a1} = 140 + h_a = 140 + 1 \times 5 = 145$

$r_{a2} = 280 + h_a = 280 + 1 \times 5 = 285$

$r_{b1} = r_1 \times \cos14.5° = 135.54$（mm）

$r_{b2} = r_2 \times \cos14.5° = 271.08$（mm）

$P_b = m \times \pi \times \cos14.5° = 15.2$（mm）

$$m_C = \frac{\sqrt{r_{a1}^2 - r_{b1}^2} + \sqrt{r_{a2}^2 - r_{b2}^2} - C \times \sin\phi}{P_b}$$

$$= \frac{\sqrt{(145)^2 - (135.54)^2} + \sqrt{(285)^2 - (271.08)^2} - 420 \times \sin14.5°}{15.2}$$

$$= 2.26$$

6. 有對材質均為碳鋼（抗拉強度 55 kg/mm²），模數 m＝3，壓力角 $\alpha = 20°$，齒寬 b＝30mm 的正齒輪組。小齒輪的齒數 $Z_1 = 20$，每分鐘轉數 $n_1 = 1500$。大齒輪的齒數 $Z_2 = 100$，每分鐘轉數 $n_2 = 300$。試求該對正齒輪之傳動馬力數。（設齒形係數 y＝0.102，負載係數 fw＝0.8，面壓強度 k＝0.039kg/mm²）（專利特考）

解 $P_C = m \times \pi = 3\pi$

$w_t = \sigma \times b \times P_C \times y \times 0.8$

$= 55 \times 9.81 \times 30 \times 3\pi \times 0.102 \times 0.8$

$= 12448.42$（N）

$H = \dfrac{T \times N}{9550} = \dfrac{(12448.42 \times 3 \times 50) \times 300 \times 10^{-3}}{9550}$

$= 58.66$（kW）

7. 四輪車輪使用圖示之差速器在迴旋半徑為 50m 的彎路上以 50km／h 等速右轉，已知各齒輪的齒數分別為 $N_2＝16$、$N_3＝48$、$N_4＝10$、$N_5＝N_6＝15$，若輪胎直徑 375mm 兩後輪中心距為 1600 mm 試求：(1)主動軸的轉速為何？(2)若左輪突然懸空，主動軸的轉速維持不變，右輪的轉速為何？（高考）

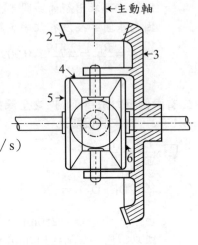

主動軸
2
3
4
5
6

解 (1) $V＝50（km／h）＝\dfrac{50 \times 10^3}{60 \times 60}＝13.89（m／s）$

$V＝\dfrac{\pi \times D \times N}{60}$

$\Rightarrow 13.89＝\dfrac{\pi \times 0.375 \times n_A}{60}$

輪子轉速 $n_A＝n_3＝707.41（rpm）$

輸入軸 $N＝707.41 \times \dfrac{48}{16}＝2122.23（rpm）$

(2) $n_右＝0$

8. 一行星齒輪系（planetary gear train，可參考右圖）被採用於曳引機的傳動器中，其中之太陽輪（sun gear）連接引擎，轉速為 3000rpm，而環齒輪（ring）是被固定於機架上，以行星架（arm）為輸出端，如果太陽輪有 16 齒，三個行星齒輪（planet）中的每一輪有 34 齒，請計算出：(1)行星架的轉速為多少 rpm？(2)每個行星齒輪的轉速為多少 rpm？（地特三等）

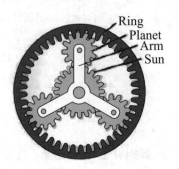

Ring
Planet
Arm
Sun

解 (1) 環齒輪齒數 $T＝16＋2 \times 34＝84$

$\dfrac{0－N_m}{3000－N_m}＝（－\dfrac{16}{34}）\times（\dfrac{34}{84}）$

$\Rightarrow N_m＝479（rpm）$

(2) $\dfrac{N_2－479}{3000－479}＝（－\dfrac{16}{34}）$

$N_2＝－707.35（rpm）$

9. 一由正齒輪組成之行星齒輪系，齒環 1 與齒輪 2 為同軸心，齒輪架 5 樞設有齒輪 2、3、4，如右圖所示，各齒輪之齒數分別為 $N_1 = 150$，$N_2 = 40$，$N_3 = 20$，$N_4 = 35$，齒輪架 5 以 10 rpm 反時針方向等速旋轉：(1)若齒環 1 為固定不動時，則齒輪 2 之轉速及方向為何？(2)若齒環 1 以 10 rpm 順時針方向等速旋轉時，則齒輪 2 之轉速及方向為何？（技師）

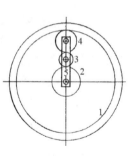

解 (1) $e_{2 \to 1} = \dfrac{0 - (-10)}{n_2 - (-10)} = (-\dfrac{40}{20}) \times (-\dfrac{20}{35}) \times (\dfrac{35}{150})$

$n_2 = 27.47$（rpm）順時針

(2) $e_{1 \to 2} = \dfrac{n_2 - (-10)}{10 - (-10)} = (\dfrac{150}{35}) \times (-\dfrac{35}{20}) \times (-\dfrac{40}{20})$

$\Rightarrow n_2 = 65$（rpm）順時針

10. 如右圖所示，所示者為一種回歸齒輪系，若四個齒輪的模數均是 5，且其軸心距必須小於 275 mm，試求這四個齒輪的適當齒數以使齒輪系的減速比為 17。（類似於鐘錶齒輪系中對減速比的精確要求，本題齒輪系的減速比必須正好等於 17，不得為近似解。）（技師）

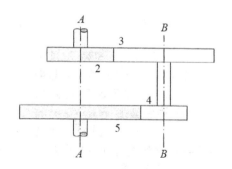

解 m = 5mm　C < 275mm

$\dfrac{T_2}{T_3} \times \dfrac{T_4}{T_5} = \dfrac{1}{17}$

可將其減速比嘗試分配

$\dfrac{T_2}{T_3} \times \dfrac{T_4}{T_5} = \dfrac{1x}{4x} \times \dfrac{4y}{17y}$

又四個齒輪模數相同

$(T_2 + T_3) = (T_4 + T_5) \Rightarrow 5x = 21y$

又 $C = \dfrac{1}{2}(D_2 + D_3) = \dfrac{1}{2}(m \times T_2 + mT_3) < 275$

$\Rightarrow T_2 + T_3 < 110$ 同理 $T_4 + T_5 < 110$

取 x = 21，y = 5

得 $T_2 = 21$，$T_3 = 84$，$T_4 = 20$，$T_5 = 85$

11. 一對 20° 的正齒輪（spur gears）齒數為 18 齒和 34 齒，模數為 5 mm（m＝5 mm）。(1)求出此兩齒輪正常安裝時之中心距mm。(2)若中心距增加 3 mm，求此時的壓力角與此兩齒的節圓（pitch circle）直徑。（技師）

解 (1) $D_1＝mT_1＝5×18＝90$（mm）

　　　$D_2＝mT_2＝5×34＝170$（mm）

　　　$C＝\dfrac{1}{2}（D_1＋D_2）＝130$（mm）

　　(2) $C'＝130＋3＝133＝\dfrac{1}{2}（D'_1＋D'_2）$ ⋯⋯⋯⋯⋯ ①

　　　　$\dfrac{D'_1}{D'_2}＝\dfrac{18}{34}$ ⋯⋯⋯⋯⋯⋯⋯⋯⋯⋯⋯⋯⋯⋯ ②

　　　由①②$D'_2＝173.92$（mm）

　　　　　　$D'_1＝92.08$（mm）

　　　$D_{b1}＝D_1×\cos20°＝84.57$

　　　$D'_1×\cosα＝84.57$

　　　$α＝23.3°$

12. 有一齒輪系如圖，輸入是由太陽齒輪 5 和環齒輪 2。若由圖的右方看輸入為反時針方向，其中角速度 $ω_5＝300$rpm 及 $ω_2＝500$rpm，試用公式法求臂 6 之轉速（rpm）及方向（從圖右方來看）。

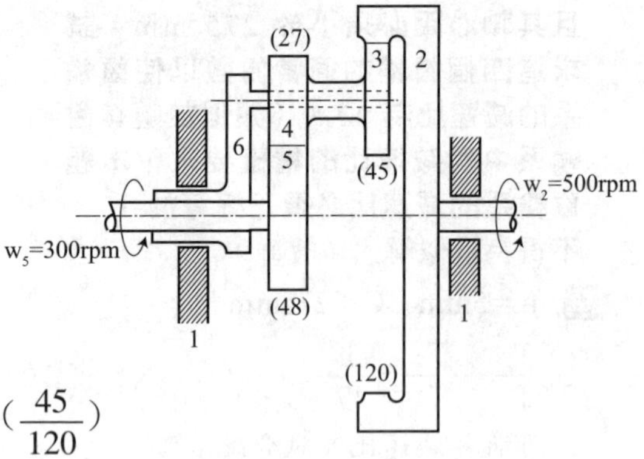

解 逆時針為正

　　$e_{5→2}＝\dfrac{500－n_m}{300－n_m}＝（－\dfrac{48}{27}）×（\dfrac{45}{120}）$

　　$⇒ n_m＝419.16$（rpm）逆時針

13. 右圖所示為一齒輪減速裝置，其輸入軸
「A」與輸出軸「C」同在一直線上，
輸入軸被一馬達驅動，當該馬達的輸出
功率為1kW、轉速為1725rpm、順時針
方向運轉。請計算：

(一)輸出軸的轉速與方向。

(二)輸出軸的輸出扭力。（103鐵三）

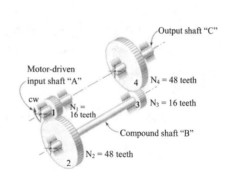

解 取齒輪1及齒輪2之F.B.D

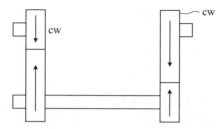

$$\frac{T_1 \times 1725}{9550} \Rightarrow T_1 = 5.536 \text{ (N-m)}$$

$$\frac{T_1}{T_4} = \frac{16}{48} \times \frac{16}{48} \Rightarrow T_4 = 49.827 \text{ (N-m)}$$

$$\oplus \downarrow e_{1 \to 4} = \frac{N_4}{1725} = \left(-\frac{16}{48}\right) \times \left(-\frac{16}{48}\right) \Rightarrow N_4 = 191.67 \text{(rpm)} \circlearrowright$$

14. 如圖所示，為一斜齒輪周轉輪系，輪 4 向上迴轉 20 圈，輪 5 向下迴轉 10
圈，試求轉動輪 A 的轉速及轉向。

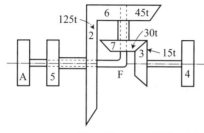

解 $N_A = +20$，$N_5 = -10$，$e_{5 \cdot 4} = \dfrac{N_4 - N_A}{N_5 - N_A} = -\dfrac{125 \times 30}{45 \times 15}$

$$\frac{20 - N_A}{-10 - N_A} = -\frac{50}{9}，\therefore N_A = -5.42 \text{（圈，向下）}$$

15. 兩個 $7P_d$（徑節）之齒輪，欲安裝一 16 吋之中心距離，兩齒輪速度比為 7：9，試求每一齒輪之齒數？（台電）

解　$\dfrac{D_1}{D_2}=\dfrac{7}{9}\Rightarrow D_1=\dfrac{7}{9}D_2$ ································ ①

$中心距=\dfrac{D_1+D_2}{2}\Rightarrow\dfrac{1}{2}(D_1+D_2)$ ········ ②

由①②可知

$D_1=14$（in），$D_2=18$（in）

又因為 $P_d=7=\dfrac{T_1}{14}\Rightarrow T_1=98$（齒）

$P_d=7=\dfrac{T_2}{18}\Rightarrow T_2=126$（齒）

16. 如右圖所示的行星齒輪系，環齒輪齒數為Z_R，太陽輪齒數為Z_S，行星輪齒數為Z_P，假設行星輪均勻分佈在行星臂架周圍：

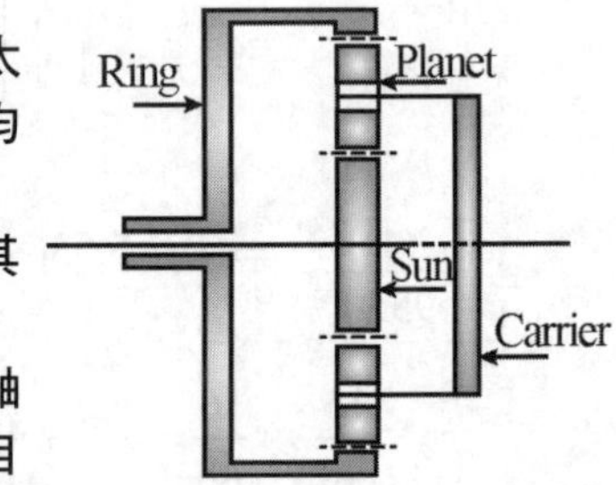

(一)請說明行星齒輪數目有沒有限制？請推導其限制條件。

(二)假設環齒輪固定，輸入軸為太陽輪，輸出軸為行星臂架，減速比為4：1，行星齒輪數目為3，每一種齒輪最少齒數不得低於16，請設計一滿足上述條件且環齒輪齒數最少的行星齒輪系。（101高考三級）

解　(一) 行星齒輪要滿足以下條件

1. $Z_R=Z_S+2Z_P\Rightarrow$維持中心距相等之必要條件

由模數$m=\dfrac{d_R}{Z_R}=\dfrac{d_S}{Z_S}=\dfrac{d_P}{Z_P}$

$\Rightarrow\dfrac{d_R}{Z_R}=\dfrac{d_S}{Z_S}=\dfrac{d_P}{Z_P}$ ······················(1)

由中心距$\dfrac{d_R}{2}=d_s+\dfrac{d_s}{2}$ ················(2)

由(1)(2)可得$Z_R=Z_S+2Z_P\Rightarrow$條件1

2. 拘束咬合條件

$$\frac{(Z_S + Z_R)\theta}{180} = 整數$$

θ：行星齒輪所對應圓心角的一半

$$\Rightarrow \frac{Z_S + Z_R}{\dfrac{360}{2\theta}} = 整數$$

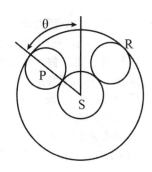

$(\dfrac{360}{2\theta}$：行星齒輪等分配之個數$)$

故 $\dfrac{Z_S + Z_R}{N} = 整數$（N：行星齒輪個數）

故行星齒輪數目有限制

(二)　$Z_R = Z_S + 2Z_P$ .... (1)

$$\frac{N_R - N_a}{N_S - N_a} = -\frac{Z_S}{Z_P} \times \frac{Z_P}{Z_R}$$

$$\Rightarrow \frac{0 - \dfrac{1}{4}N_S}{N_S - (\dfrac{1}{4}N_S)} = -\frac{Z_S}{Z_R} \Rightarrow \frac{1}{3} = \frac{Z_S}{Z_R}$$ ....(2)

由(1)(2)

當 $Z_p = 16$ 時 $Z_R = Z_S + 32$ ....(3)

由(2)(3) $Z_S = 16$ 故 $Z_R = 48$

17. 一對具有20°壓力角，1.6 mm模數（module）及20 mm面寬（face width）的正齒輪（spur gear）組，用於一減速機中。大齒輪（gear）是以硬度 240BHN的鋼製造，有72齒。小齒輪（pinion）是以RC60碳鋼製造，有18齒，並在操作轉速1600 rpm下傳遞1 kW的功率。已知計算接觸應力及允許接觸應力所需的修正係數為$K_T=1.0$及$K_R=1.50$；$K_o=1.25$、$K_v=1.11$、$K_s=1.0$及$K_m=1.4$；$C_H=1.0$、$C_P=191(Mpa)^{1/2}$、$C_f=1.25$及$C_L=1.1$；幾何係數$I=0.129$；小齒輪與大齒輪材料的接觸強度S_c分別為1379 Mpa及827 Mpa。根據磨損強度（wear strength）以及利用AGMA法，判斷該齒輪組的齒輪是否安全。（104地三）

接觸應力公式：$\sigma_c=C_p(F_tK_oK_vK_sK_mC_f\dfrac{1.0}{baI})^{0.5}$；

允許接觸應力公式：$\sigma_{c,all}=\dfrac{S_cC_LC_H}{K_TK_R}$

解

$1=\dfrac{T\times1600}{9550}\Rightarrow T=5.96875(\text{N-m})$

小齒輪$D=1.6\times1.8=28.8(\text{mm})$

$F_t=\dfrac{5.96875\times10^3}{\dfrac{28.8}{2}}=414.5(\text{N})$

$\sigma_c=(191)^{1/2}\times(414.5\times1.11\times1\times1.4\times1.25\times\dfrac{1}{20\times28.8\times0.129})^{0.5}=50.86(\text{MPa})$

$\sigma_{c,all}=\dfrac{1379\times1.1\times1}{1\times1.5}=1011.267\Rightarrow F.S=\dfrac{1011.267}{50.86}=19.88(\text{安全})$

大齒輪$D=1.6\times72=115.2(\text{mm})$

$F_t=\dfrac{5.96875\times10^3}{\dfrac{115.2}{2}}=103.62(\text{N})$

$\sigma_c=(191)^{1/2}\times(103.62\times1.25\times1\times1.4\times1.25\times\dfrac{1}{20\times115.2\times0.129})^{0.5}$

$=12.715(\text{MPa})$

$\sigma_{c,all}=\dfrac{827\times1.1\times1}{1\times1.5}=606.47\Rightarrow F.S=\dfrac{606.47}{12.715}=47.7(\text{安全})$

第8章 撓性傳動裝置

頻出度B：依據出題頻率分為：A頻率高、B頻率中、C頻率低

課前導讀

1. 皮帶之基本原理
   (1) 皮帶的種類
   (2) 皮帶有效力
   (3) 皮帶裝置的型式
   (4) 皮帶傳動功率
   (5) 階級塔輪
2. 鏈輪
   (1) 鏈輪基本原理
   (2) 鏈輪基本參數

重點內容

8-1 皮帶之基本原理

當主動軸與從動軸間的距離較長時，不適合使用摩擦輪或齒輪等直接傳動方式，可使用撓性中間連接物藉其拉力來傳達運動。安裝帶傳動時，須將環形帶緊套在兩個帶輪的輪緣上，使帶和帶輪輪緣接觸面間產生壓緊力（由於預緊，靜止時已受到預拉力），當主動輪回轉時，靠帶與帶輪接觸面間的摩擦力拖動從動輪一起回轉。

1. **皮帶傳動優點**：(1)可用於兩軸距離較遠之傳動；(2)不需潤滑即可傳動；(3)運轉平穩、安靜，能承受突然振動及過度負荷；(4)可使用惰輪或張力輪來調整皮帶張力值；(5)裝置簡單、成本低；(6)超載時，帶在帶輪上打滑，不至於損壞其他零件，起安全保護作用。
2. **皮帶傳動缺點**：(1)易發生皮帶滑動，傳動效率變小，滑動損失一般約23%；(2)速比不正確；(3)摩擦係數變大；(4)帶的壽命較短，有時需張緊裝置；(5)傳遞同樣大的圓周力時，輪廓尺寸和軸上壓力都比嚙合傳動大。

一、皮帶的種類

(一) 依皮帶的材料分類

名稱	說明
皮革帶	可分為單層、雙層、三層及四層帶，以單層及雙層帶最常用，其材質是用牛皮製造的，富有彈性，摩擦係數大。
織物帶	1. 用棉紗、麻或其他人造纖維製成，具有不易硬化、高度防潮、防熱等優點。 2. 由於纏繞於帶輪之緊密度較皮帶差，其傳動效率亦較差，因此常摺疊數層，以樹膠浸潤後使用之。
橡膠帶	1. 是用橡膠所製成的，具有防潮、抗酸、抗拉強度大、不易磨損、不易伸長且價格低廉等優點。 2. 對熱、油不易適應，若傳動時間久，皮帶容易損壞。應用：一般之三角皮帶即為此種帶。
鋼帶	1. 用薄鋼片所製成，厚度約 0.3~1.1 ㎜，寬度約 15~250 ㎜，不受氣候影響、洗滌方便、抗拉強度高、不易伸縮、經久耐用，適合高速轉動精密機械使用。 2. 摩擦係數小，接合不易，容易受傷。

(二) 依皮帶截面形狀分類

名稱	說明
平皮帶	1. 截面為扁平矩形，軸間距離 5~10 公尺。 2. 工作面是與輪面相接觸的內表面皮帶，寬度約為輪面寬度的 85% 為宜。 3. 皮帶與帶輪之接觸角以不小於 120° 為準，最大速比為 1：6，傳動線速度高達 25m/s。 4. 皮帶厚度與皮帶輪直徑之比須大於 $\frac{1}{50}$，以 $\frac{1}{20}\sim\frac{1}{30}$ 為佳。 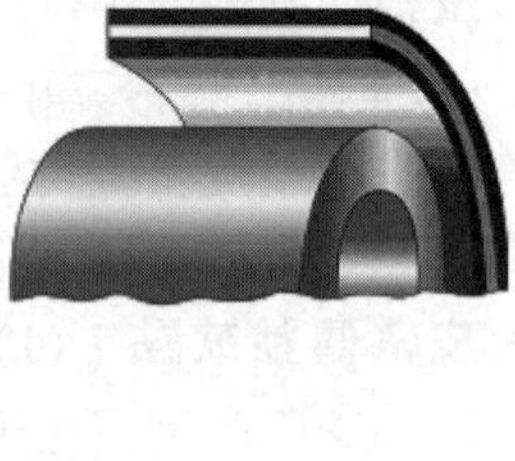

名稱	說明
V型皮帶	1. 截面為梯形,工作面是與輪槽相接觸的兩側面,但V帶與底槽不接觸,由於輪槽的楔形效應,預拉力相同時,V帶傳動較平帶傳動能產生更大的摩擦力,故可傳遞較大功率,應用更廣,常用於車床、銑床、鑽床。 2. 其優點: 　(1) 適用於兩軸距離短且轉速較快者。 　(2) 旋轉方向可以任意改變。 　(3) 摩擦力大,滑動損失小,可以吸收衝擊,轉動較平穩,噪音小。 　(4) 若數條使用時,其中一條折斷,仍可繼續傳動。 　(5) 裝置簡單,價格低廉,萬一損壞可立即購買更換。 3. V型皮帶有M、A、B、C、D、E六種形式,愈後面斷面積愈大,可傳遞的動力也愈大。 4. 規格表示法:型別×帶長。例:B×40 
圓形皮帶	斷面呈圓形,使用在輕負荷傳動,其帶輪需製成凹面半圓槽,以利配合,只能用於低速輕載的儀器或家用機械,如縫紉機。
確動皮帶(定時皮帶)	又稱為正時皮帶或定時皮帶,皮帶與帶輪的接觸面製成齒狀與相對應之齒面帶輪相嚙合,以達到確動同步的目的。優點:速比正確,無滑動現象且動力損失小,常用於同步傳動或定時傳動。 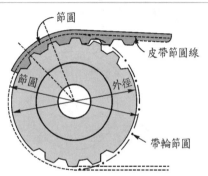

二、皮帶有效力

如圖 8.1 所示，考慮通過通過固定圓筒的平皮帶，皮帶兩邊之拉力為 T_1（緊邊張力）及 T_2（鬆邊張力），則：

皮帶初拉力：$F_0 = \dfrac{1}{2}(F_1 + F_2)$

皮帶有效拉力：$F_e = F_1 - F_2$

可求得拉力值的關係：

$$\Sigma F_y = 0 \Rightarrow -2F\sin\frac{d\theta}{2} - dF\sin\frac{d\theta}{2} + dN = 0$$

若是 $d\theta$ 角度非常小則 $\Rightarrow \sin\dfrac{d\theta}{2} \approx \dfrac{d\theta}{2}$ 且 $\cos\dfrac{d\theta}{2} \approx 1$

$$\Rightarrow dF = \mu dN \Rightarrow -Fd\theta - dF + dN = 0$$

可求得 $Fd\theta = dN$ 且 $dF = \mu Fd\theta \Rightarrow \dfrac{dF}{F} = \mu d\theta$

兩邊取積分得到 $\int_{F_2}^{F_1}\dfrac{dF}{F} = \int_0^b \mu\,d\theta \Rightarrow 1n\dfrac{F_1}{F_2} = \mu\beta \Rightarrow \dfrac{F_1\,（\textbf{緊邊張力}）}{F_2\,（\textbf{鬆邊張力}）} = e^{mb}$

轉速太高應考慮離心力：$\dfrac{F_1 - mv^2}{F_2 - mv^2} = e^{mb}$

皮帶單位長度之質量：m

離心力：$mr^2\omega^2 = mv^2$

同理若平皮帶為 V 字形三角帶，其角度為 α 則拉力 F_1 與 F_2 之關係為：

$$\dfrac{F_1}{F_2} = e^{\frac{\mu\beta}{\sin(\frac{\alpha}{2})}}$$

轉速太高應考慮離心力：$\dfrac{F_1 - mv^2}{F_2 - mv^2} = e^{\frac{\mu\beta}{\sin(\frac{\alpha}{2})}}$

皮帶單位長度之質量：m

離心力：$mr^2\omega^2 = mv^2$

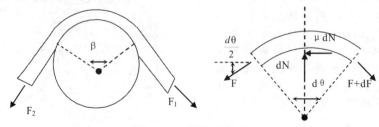

圖 8.1　皮帶有效力

三、皮帶裝置的型式（參考圖 8.2(a)、8.2(b)）

(一) 開口皮帶：

1. 小皮帶輪與皮帶之接觸角：$\theta_A = \pi - 2\alpha$
2. 大皮帶輪與皮帶之接觸角：$\theta_B = \pi + 2\alpha$

   其中 $\alpha = \sin^{-1}\left(\dfrac{D_B - D_A}{2C}\right)$

3. 開口皮帶長度：$\sqrt{4C^2 - (D_B - D_A)^2} + \dfrac{1}{2}(D_B\theta_B + D_A\theta_A)$

4. 開口皮帶近似長度：$L = \dfrac{\pi}{2}(D_A + D_B) + 2C + \dfrac{(D_B - D_A)^2}{4C}$

5. 皮帶之寬度 $W = \dfrac{F_1}{F_e} = \dfrac{\text{皮帶之緊邊張力}}{\text{每單位寬度之拉力}}$

(二) 交叉皮帶：

1. 大、小皮帶輪與皮帶之接觸角：$\theta_A = \theta_B = \theta = \pi + 2\alpha$

   其中 $\alpha = \sin^{-1}\left(\dfrac{(D_B + D_A)}{2C}\right)$

2. 交叉皮帶長度：$\sqrt{4C^2 - (D_B + D_A)^2} + \dfrac{\theta}{2}(D_B + D_A)$

3. 交叉皮帶近似長度：$L = \dfrac{\pi}{2}(D_A + D_B) + 2C + \dfrac{(D_B + D_A)^2}{4C}$

【觀念說明】

開口皮帶長度與交叉皮帶長度其推導可參考例題，由於近似長度與真實長度計算出來的值非常接近，建議可採用較簡單之近似解公式解題即可。

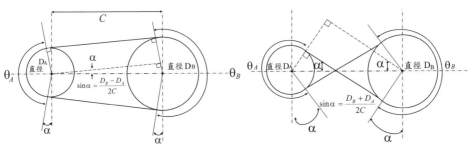

圖 8.2(a)　開口皮帶　　　　圖 8.2(b)　交叉皮帶

四、皮帶傳動
(一) 傳動速比

考慮因素	速比	符號定義
忽略皮帶厚度及滑動損失時	$速比 = \dfrac{N_2}{N_1} = \dfrac{D_1}{D_2}$	N：轉速
只考慮皮帶厚度時	$速比 = \dfrac{N_2}{N_1} = \dfrac{D_1+t}{D_2+t}$	D：輪直徑 t：皮帶厚度
考慮皮帶厚度及滑動損失時	$速比 = \dfrac{N_2}{N_1} = \dfrac{D_1+t}{D_2+t} \times (1-S)$	S：滑動率

(二) 傳動功率

功率 P	應用公式	常用單位
公制（kW）	$P(kW) = \dfrac{T \times 2\pi N}{60 \times 1000}$ $= \dfrac{(F_1-F_2) \times \frac{D}{2} \times 2\pi \times N}{60 \times 1000}$ $= \dfrac{(F_1-F_2) \times V}{1000}$	T：扭矩（N-m） N：轉速（rpm） F_1：緊邊張力（N） F_2：鬆邊張力（N） D：傳動輪直徑（m） V：切向速度（m／s）
英制馬力（HP）	$P(HP) = \dfrac{2\pi NT}{60 \times 550}$ $= \dfrac{(F_1-F_2) \times \frac{D}{2} \times 2\pi \times N}{60 \times 550}$ $= \dfrac{(F_1-F_2) \times V}{550}$	T：扭矩（lb-ft） N：轉速（rpm） F_1：緊邊張力（lb） F_2：鬆邊張力（lb） D：傳動輪直徑（ft） V：切向速度（ft／s）
公制馬力（PS）	$P(PS) = \dfrac{2\pi NT}{60 \times 75}$ $= \dfrac{2\pi N(F_1-F_2) \times \frac{D}{2}}{60 \times 75}$	T：扭矩（kg-m） N：轉速（rpm） F_1：緊邊張力（kg） F_2：鬆邊張力（kg） D：傳動輪直徑（m）

備註：1HP=0.746kW、1PS=0.736kW

五、帶輪之變速裝置

係一組由若干個直徑不同之皮帶輪製成為一體的組合,稱為塔輪,利用塔輪,可使從動軸塔輪的轉速有變化。塔輪裝置定律:連心線長一定,各階的皮帶長度均相等,塔輪若有三種不同直徑,稱為三級塔輪,以此類推,若完全相同之兩塔輪成對使用時,則稱為相等塔輪。

(一) 階級塔輪

皮帶輪傳動互相平行的兩軸,應用於變速裝置,其中N:主動輪轉速、D_x:主動輪第x階直徑、n_x:從動輪轉速、d_x:從動輪第x階直徑

1. 各階轉速比與帶輪直徑成反比

$$\frac{n_x}{N} = \frac{D_x}{d_x}$$

2. 開口皮帶的塔輪

(1) $\dfrac{n_x}{N} = \dfrac{D_x}{d_x}$

(2) $\dfrac{\pi}{2}(D_2 + d_1) + \dfrac{(D_2 - d_1)^2}{4C} = \dfrac{\pi}{2}(D_x + d_x) + \dfrac{(D_x - d_x)^2}{4C}$

3. 交叉皮帶的塔輪

(1) $\dfrac{n_x}{N} = \dfrac{D_x}{d_x}$

(2) $D_1 + d_1 = D_2 + d_2 = \cdots = D_x + d_x$

(二) 相等階級塔輪

兩個尺寸相同之塔輪彼此倒置,互相傳動,其中N:主動輪轉速,$D_1 \sim D_5$:主動輪之各階直徑,$n_1 \sim n_5$:從動輪各階之轉速,$d_1 \sim d_5$:從動輪之各階直徑,主動塔輪轉速為從動塔輪上對稱兩階帶輪轉速的比例中項;若為奇數階,則從動輪上各階的轉速為等比級數。

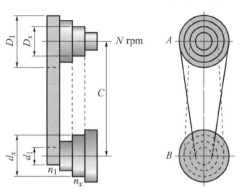

圖 8.3 階級塔輪

1. 三階時：$n_1 \times n_3 = n_2^2 = N^2$
2. 四階時：$n_1 \times n_4 = n_2 \times n_3 = N^2$
3. 五階時：$n_1 \times n_5 = n_2 \times n_4 = n_3^2 = N^2$

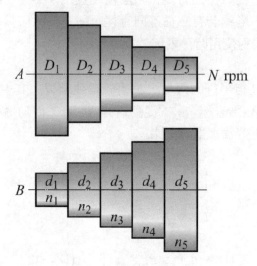

圖 8.4 相等階級塔輪

例 8-1

兩滑輪的直徑 d 與 D 分別為 400 公厘（mm）和 500 公厘，其中心距離 C 為 2000 公厘，若使用開口皮帶，皮帶之厚度 t 為 10 公厘，試分別推導皮帶長度 L 與接觸角 θ 之公式（以 d、D、t 和 C 表示）；並求皮帶長度與接觸角之值。（普考）

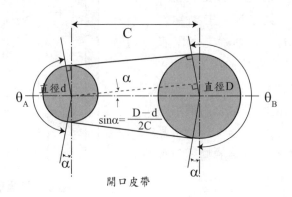

開口皮帶

(1) 如圖所示

A. 小皮帶輪與皮帶之接觸角：$\theta_A = \pi - 2\alpha$

B. 大皮帶輪與皮帶之接觸角：$\theta_B = \pi + 2\alpha$

其中 $\alpha = \sin^{-1}\left(\dfrac{(D+t)-(d+t)}{2C}\right) = \sin^{-1}\left(\dfrac{D-d}{2C}\right)$

(2) 如圖所示

開口皮帶長度 $L = 2 \times C \times \cos\alpha + \dfrac{1}{2}\left[(D+t)\theta_B + (d+t)\theta_A\right]$

$= 2 \times C \times \dfrac{\sqrt{4C^2 - [(D+t)-(d+t)]^2}}{2C} + \dfrac{1}{2}\left[(D+t)\theta_B + (d+t)\theta_A\right]$

$= \sqrt{4C^2 - (D-d)^2} + \dfrac{1}{2}\left[(D+t)\theta_B + (d+t)\theta_A\right]$

(3) $\alpha = \sin^{-1}\left[\dfrac{D-d}{2C}\right] = \sin^{-1}\left[\dfrac{500-400}{2000}\right] = 2.866°$

$2.866 \times \dfrac{\pi}{180} = 0.05$

$\theta_A = \pi - 2\alpha = 3.042$

$\theta_B = \pi + 2\alpha = 3.2416$

$L = 2 \times C \times \cos\alpha + \dfrac{1}{2}\left[(D+t)\theta_B + (d+t)\theta_A\right]$

$= 2 \times 2000 \times \cos 2.866 + \dfrac{1}{2}\left[(400+10)\times 3.2416 + (500+10)\times 3.042\right]$

$= 5435.235 \text{ (mm)}$

例8-2

兩軸之軸心距離2.5 m，軸上分別掛有直徑900 mm與300 mm之皮帶輪。試決定(a)開口皮帶裝置；(b)交叉皮帶裝置之皮帶長度及接觸角。

解 (a) $L = \dfrac{\pi}{2}(D+d) + 2C + \dfrac{(D-d)^2}{4C}$

$= \dfrac{\pi}{2}(900+300) + 2\times 2{,}500 + \dfrac{(900-300)^2}{4 \times 2{,}500}$

$= 6{,}921\text{mm}$

大帶輪之接觸角

$$\theta_2 = 180 + 2\sin^{-1}\left(\frac{D-d}{2C}\right)$$

$$= 180 + 2\sin^{-1}\left(\frac{900-300}{2\times2,500}\right)$$

$$= 193.8°$$

小帶輪之接觸角

$$\theta_1 = 180 - 2\sin^{-1}\left(\frac{900-300}{2\times2,500}\right) = 166.2°$$

(b) $L = \dfrac{\pi}{2}(D+d) + 2C + \dfrac{(D+d)^2}{4C}$

$$= \frac{\pi}{2}(900+300) + 2\times2,500 + \frac{(900+300)^2}{4\times2,500}$$

$$= 7,029\text{mm}$$

大、小帶輪之接觸角相等

$$\theta = 180° + 2\sin^{-1}\left(\frac{D+d}{2C}\right)$$

$$= 180° + 2\sin^{-1}\left(\frac{900+300}{2\times2,500}\right)$$

$$= 207.8°$$

例 8-3

一帶輪傳動機構，主動輪轉速 250rpm，從動輪轉速 600rpm，直徑為 25cm，兩平行軸相距 90cm，求(1)主動輪直徑為若干？(2)帶圈上任一點之線速度為若干m／min？(3)若使用開口帶傳動，則皮帶長為若干公分？

解 令 $C=90$cm　$n_1=250$rpm　$n_2=600$rpm　$D_2=25$cm

(1) $D_1 = \dfrac{n_2}{n_1} \times D_2 = \dfrac{600}{250} \times 25 = 60$（cm）

(2) $V = \pi D_2 n_2 = 3.14 \times 25 \times 600 = 47100$（cm／min）$= 471$m／min

(3) $L = \dfrac{\pi}{2}(D_1+D_2)+2C+\dfrac{(D_1-D_2)^2}{4C}$

$\quad = \dfrac{\pi}{2}(60+25)+2\times 90+\dfrac{(60-25)^2}{4\times 90}$

$\quad = 316.85$（cm）

例 8-4

一皮帶輪裝置，主動輪直徑為 20cm，轉速為 700rpm。若皮帶之厚度為 5mm，從動輪之直徑為 45cm。(1)若不計皮帶之厚度及滑動時，求從動輪轉速。(2)僅計皮帶之厚度而不計滑動時，求從動輪轉速。(3)皮帶厚度及滑動值 2%均計算在內時求從動輪轉速。

解　$D_1=20$cm，$D_1=700$rpm，$D_2=45$cm，$t=0.5$cm

(1) $\dfrac{D_1}{D_2}=\dfrac{N_2}{N_1}$，$N_2=\dfrac{D_1 N_1}{D_2}=\dfrac{20\times 700}{45}=311.11$rpm

(2) $\dfrac{(D_1+t)}{(D_2+t)}=\dfrac{N_2}{N_1}$，$N_2=\dfrac{(D_1+t)N_1}{D_2+t}=\dfrac{20.5\times 700}{45.5}=315.38$rpm

(3) $\dfrac{(D_1+t)}{(D_2+t)}(1-S)=\dfrac{N_2}{N_1}$，$N_2=\dfrac{(D_1+t)N_1}{D_2+t}(1-S)$

$\quad = \dfrac{20.5\times 700}{45.5}(1-0.02)=309.07$rpm

例 8-5

一對皮帶輪傳動裝置，輪徑為 d=25 公分及 D=40 公分，軸心距離 C=50 公分，試求使用開口皮帶及交叉皮帶時所需之皮帶長度 L 及其接觸角 θ（度）。（普考）

解　(1) 開口皮帶：

$L=\dfrac{\pi}{2}\times(D+d)+2C+\dfrac{(D-d)^2}{4C}$

$\quad =\dfrac{\pi}{2}\times(40+25)+2\times 50+\dfrac{(40-25)^2}{4\times 50}=203$（mm）

$\alpha=\sin^{-1}(\dfrac{D-d}{2C})=8.63°$

大輪接觸角 $\theta=180°+2\alpha=197.26°$

小輪接觸角 $\theta=180°-2\alpha=162.74°$

(2) 交叉皮帶：

$$L=\frac{\pi}{2}（D+d）+2C+\frac{（D+d）^2}{4C}$$

$$=\frac{\pi}{2}\times（40+25）+2\times50+\frac{（40+25）^2}{4\times50}$$

$$=223（mm）$$

$$\alpha=\sin^{-1}（\frac{D+d}{2C}）=40.54°$$

$$\theta=180°+2\alpha=261.08°$$

例 8-6

假設單根皮帶所能傳遞的最大功率 $P=4.2KW$，已知主動輪直徑 $D_1=160mm$，轉速 $n_1=1500rpm$。接觸角 $\alpha_1=140°$，帶與帶輪間的當量摩擦係數 $f=0.2$，求有效拉力 F，緊邊拉力 F_1。

解 (1) $V_1=\frac{\pi D_1 n_1}{60}=\frac{\pi\times0.16\times1500}{60}=12.57（m/s）$

$F=（F_1-F_2）V=P\Rightarrow F_1-F_2=\frac{1000\times P}{12.57}=\frac{1000\times4.2}{12.57}=334.13（N）$

(2) $\alpha_1=\frac{140}{180/\pi}=\frac{140}{57.3}=2.44（rad）$

$e^{f\alpha_1}=e^{0.2\times2.44}=e^{0.488}=1.63$

$\frac{F_1}{F_2}=e^{f\alpha_1}=1.63$

解聯立方程式 $F_1=864.5N$、$F_2=530.36N$

例 8-7

已知單條普通V型皮帶可以傳遞的最大功率為3.75kW，主動輪基準直徑為100mm，轉速為1200rpm，皮帶與皮帶輪間之接觸角度為150度，皮帶與皮帶輪間的摩擦係數為0.35；試求皮帶的：

(一) 有效挽力（Effective force）。

(二) 緊邊拉力。

(三) 鬆邊拉力。

(四) 最大有效圓周力（不考慮離心力）。(103高三)

解 本題未給V型皮帶夾角 ⇒ 故視為平皮帶計算

(一) (四)$3.75 = \dfrac{T \times 1200}{9550} \Rightarrow T = 29844$ (N-m)

$T = (F_1 - F_2) \times 0.05 = 29.844$

$\Rightarrow (F_1 - F_2) = 596.875$(N)

$\Rightarrow$ 最大有效圓周力 $= 596.875$(N)有效挽力……①

$\dfrac{F_1}{F_2} = e^{0.35 \times \frac{150\pi}{180}} = 2.5$……②

(二) 由①② ⇒ 緊邊拉力$F_1 = 994.7$(N)。

(三) 由①② ⇒ 鬆邊拉力$F_2 = 397.9$(N)。

例 8-8

一寬度為 200 mm 的交叉平皮帶，用來傳遞 60 kW 的動力，滑輪的中心距離為 6 m，主動輪的直徑為 300 mm，從動帶輪的直徑為 900 mm。皮帶的速度為 20m／s，皮帶的重量為 2kg／m，摩擦係數為 0.35，試求：(1)皮帶的接觸角。(2)皮帶的長度。(3)在緊拉邊與鬆弛邊的張力。（專利三等）

解 (1) $\alpha = \sin^{-1} \left[\dfrac{D+d}{2C} \right] = \sin^{-1} \left[\dfrac{900+300}{2 \times 6000} \right] = 5.739°$

$\theta = 180° + 2\alpha = 191.478°$

(2) $L = \dfrac{\pi}{2} \times (D+d) + 2C + \dfrac{(D+d)^2}{4C}$

$= \dfrac{\pi}{2} \times (900+300) + 2 \times 6000 + \dfrac{(900+300)^2}{4 \times 6000}$

$= 13944.96$（mm）

(3) $F_e \times 20 = 60 \times 10^3 \Rightarrow F_e = 3000$（N）

$\Rightarrow (F_1 - F_2) = 3000$……………①

$\dfrac{F_1 - mv^2}{F_2 - mv^2} = e^{ma} \Rightarrow \dfrac{F_1 - 2 \times 20^2}{F_2 - 2 \times 20^2} = e^{0.35*191.478*\frac{\pi}{180}}$

$\Rightarrow \dfrac{F_1 - 800}{F_2 - 800} = 3.221$……………②

由①②可得

$F_1 = 5150.743$（N） $F_2 = 2150.743$（N）

例 8-9

如下圖所示為交叉皮帶（crossed belt）與二段變速之塔輪（stepped pulley），原動輪之直徑$D_1=500mm$，轉速$N=100rpm$，兩軸之中心距離$C=2m$，若使用從動輪直徑d_1與d_2時之轉速分別為$n_1=100rpm$與$n_2=400rpm$，則D_2、d_1與d_2應為多少？

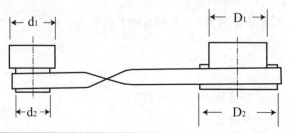

解 第一階級塔輪直徑與轉速關係

$$\frac{D_1}{d_1}=\frac{n_1}{N}\Rightarrow\frac{500}{d_1}=\frac{200}{100}\Rightarrow d_1=250mm$$

交叉皮帶直徑和相等

$$D_1+d_1=D_2+d_2\Rightarrow D_2+d_1=500+250=750\cdots(1)$$

$$\frac{D_2}{d_2}=\frac{n_2}{N}\Rightarrow\frac{D_2}{d_2}=\frac{400}{100}\Rightarrow D_2=4d_2\quad 代入(1)$$

得 $d_2=150mm$，$D_2=600mm$

8-2　鏈輪之基本原理及種類

一、鏈輪基本原理

鏈傳動是一種具有中間撓性件（鏈條）的嚙合傳動，由主動鏈輪、從動鏈輪和中間撓性件（鏈條）組成，通過鏈條的鏈節與鏈輪上的輪齒相嚙合傳遞運動和動力，它同時具有剛、柔特點，傳動時鏈條緊邊具有張力，鬆邊幾乎不具張力，是一種多邊形傳動，速率略有變化應用十分廣泛的機械傳動形式。

鏈輪傳動優點	鏈輪傳動缺點
1. 無滑動現象，平均速比正確。 2. 結構緊湊，軸上壓力小。 3. 傳動時，僅在緊邊有張力，鬆邊側幾近於零，故有效撓力大、傳動效率高，且軸承上所受力小，不易磨損。 4. 不受溼氣及冷熱之影響，仍可傳達動力，故壽命長。 5. 兩軸距離遠近，皆可適用。 6. 長度之調節及斷裂修理容易。	1. 不適合高速迴轉，因速度快時，易生擺動及噪音。 2. 只能用於平行軸間的傳動，且同向轉動。 3. 製造成本高，維護及安裝較麻煩。 4. 磨損後，會伸長。 5. 負載驟增時易斷裂，且須潤滑。 6. 暫態傳動比不恆定，迴轉不穩定。

二、鏈條的種類

(一) 起重及搬運鏈

名稱	說明
平環鏈 （起重）	此鏈係由橢圓形環所組成，所用之材料為熟鐵、碳鋼及合金鋼，鏈身有很高的抗張強度，可用在吊車及起重機。  (a)　　　(b)
柱環鏈 （起重）	又稱日字鏈，外型與套環鏈相似，只在每節套環中多一支柱，作加強及定位之用，故其強度較高且不易扭結，適用於船上之錨鍊或繫留鏈，主要材料為熟鐵或碳鋼。 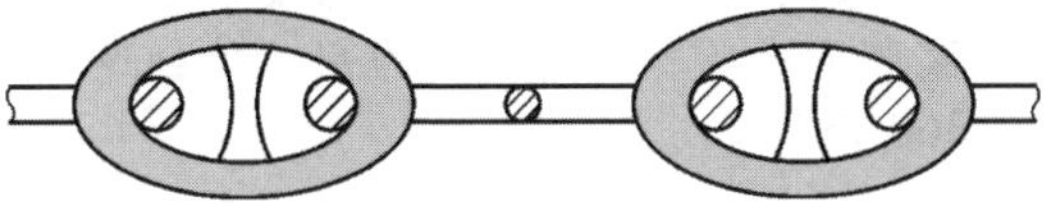
鉤連鏈 （搬運）	係鏈條用活鉤相互連接而成，其表面近乎平面，各節可以隨時裝上或拆下，以調整鏈的長度，可將物品置於其上運送，但若遇鬆散小物品時，則另加平板以免掉落。 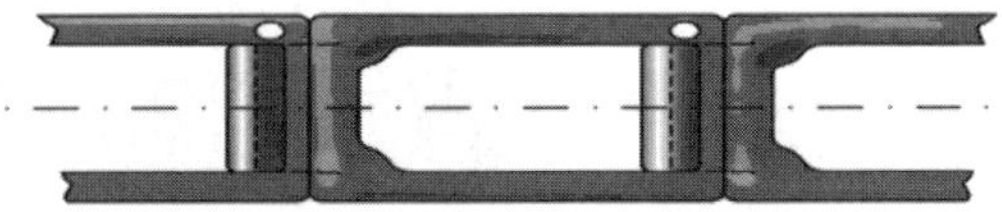

名稱	說明
合連鏈 （搬運）	又稱「閉連鏈」，鏈條由「銷」連接而成。由連接片、間隔管、銷等連接而成，大都用於連續操作工廠之輸送系統，此種鏈僅限於低速率、重負載之場合，必為偶數節始可連接成圈。 

(二) 動力傳達鏈條

名稱	說明
塊狀鏈	1. 鏈片用鋼製、鉚釘連接而成，鋼塊與鏈輪之間為滑動接觸，故摩擦較大，用於低轉速之動力傳達，係動力傳達鏈中構造最簡單的一種。 2. 傳動速率：最高可達每分鐘 240～270 公尺。 3. 應用：礦石機械、砂石機械等低速傳動的機械。
滾子鏈	1. 係由活動滾子、襯套、銷及聯片組合而成，為動力傳達鏈中最常用者。 2. 節距越大，越不適於高速旋轉，通常鏈條在每呎有 3/8 吋之拉長時，及必須更換新鏈條，鏈輪節圓內之齒形為半圓，節圓外之齒形為漸開線。 3. 當傳遞功率較大時，可採用雙排鏈或多排鏈，常使用於腳踏車、機車及一般工廠傳送動力用，傳動速率：最高可達每分鐘 300～360 公尺。 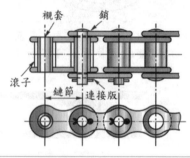

名稱	說明
無聲鏈	稱倒齒鏈，運轉時平穩安靜，傳動速率為所有鏈條之最高者，尺片之兩端製成斜直線之齒形，係具有斜直邊的齒形將其倒置與鏈輪相嚙合，鏈條與鏈輪的接觸到分離，無滑動發生，因此運轉時沒有噪音。 特點： 1. 適用於較大負荷及高速動力傳動的場合。 2. 節距因磨損而增長時，可自動補償磨損。 3. 傳動時不生噪音與陡震，效率高，壽命長。 4. 齒片兩端的齒形為斜直邊。

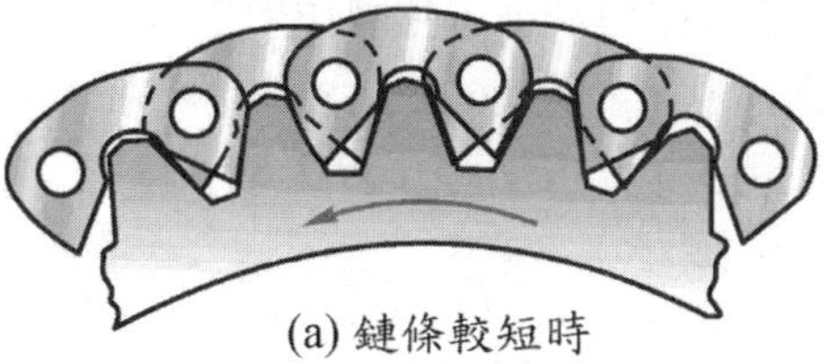

(a) 鏈條較短時

(b) 鏈條較長時

三、鏈條的組裝

(一) 鏈條的注意事項

1. 鏈輪之齒數鏈輪齒數一般不得小於25齒，亦不得大於120齒，齒數太多，當鏈條磨損後，較易發生脫離鏈輪的情形；齒數過少，鏈輪容易磨損，進而產生振動及噪音。
2. 接觸角應在 120°以上，速比一般在 1：7 以下為適當，低速時可達 1：10 左右。
3. 鏈條之緊邊應置於鏈輪上方，兩軸間之距離一般取鏈條節距之 30 至 50 倍左右。
4. 鏈條之節數須為偶數，鏈輪齒數須奇數，以防止鏈條磨損不均勻。

5. 鏈條應予適當之潤滑，以減少磨損，使其傳動效率達 95%~98%。

6. 鏈條應加保護蓋，以預防危險及防止灰塵侵入。

7. 通常鏈條之伸長量通常在每呎有 3/8 吋之拉長時，必須更換新鏈條。

8. 鏈條的擺動應防止，其預防的方法有下列幾種：

　(1) 利用拉緊輪，使鏈條受力適中，並徹底予以潤滑。

　(2) 變更或降低其轉速以減少鏈之自然擺動時發生諧振的機率。

　(3) 變更軸間的距離、鏈輪之齒數，轉速過大時，則使用較小的鏈條。

(二) 鏈條的振動

造成鏈輪在轉動時產生振動、噪音和傳動速率不穩定的主要原因為是弦線作用，欲使弦線作用減小，弦線作用之 $\Delta V = r(1 - \cos\theta)$，故可採用：

1. 鏈輪直徑變小。

2. 鏈輪齒數儘量多（θ 變小，$\cos\theta$ 變大）。

3. 鏈節縮小（θ 變小）。

4. 降低速率。

8-3 鏈輪之傳動功率與速比

一、鏈條的基本參數

利用鍊條與鏈輪之配合而傳達動力時，因無滑動發生，所以主動輪節圓直徑上一點之線速度與從動輪節圓直徑上一點之線速度相等，如圖8.5所示，可得鏈輪在傳動時之基本參數。

鏈條幾何關係（以開口鏈輪為例）：

1. 速比 $= \dfrac{N_B}{N_A} = \dfrac{D_A}{D_B} = \dfrac{T_A}{T_B}$ （N：轉速、D：節圓直徑、T：齒數）

2. 鏈輪周節 $P_C = \dfrac{\pi D}{T}$ （D：節圓直徑、T：齒數）

3. $D = \dfrac{P}{\sin(\theta)} = \dfrac{P}{\sin\left(\dfrac{180°}{T}\right)}$ （T：齒數、θ：鏈節半角、P：鏈節長度（鏈節距））

4. 若鏈輪齒數很多，則鏈輪周節 P_C 與鏈節長度（鏈節距）P 幾乎相等，於本章節視為鏈節長度（鏈節距）P= 鏈輪周節 P_C。

5. 小鏈輪與鏈條之接觸角：$\theta_A = \pi - 2\alpha$（與皮帶之公式相同）

其中 $\alpha = \sin^{-1}\left(\dfrac{D_B - D_A}{2C}\right)$、$D_B = \dfrac{P_B}{\sin(180°/T_B)}$、$D_A = \dfrac{P_A}{\sin(180°/T_A)}$

6. 鏈條長度：$L = \dfrac{\pi}{2}(D_A + D_B) + 2C + \dfrac{(D_B - D_A)^2}{4C}$（C：連心距）

7. 節距數：

(1) $N_{Pitch} = \dfrac{L}{P_C}$（L：鏈條長度、$P_C$：鏈輪周節）

(2) $\dfrac{L}{P_C} = \dfrac{\pi(D_A + D_B)}{2 \times P_C} + \dfrac{2C}{P_C} + \dfrac{(D_B - D_A)^2}{4C \times P_C}$

(3) $N_{Pitch} = \dfrac{1}{2}(T_A + T_B) + \dfrac{2C}{P} + \dfrac{P}{C}(\dfrac{T_B - T_A}{2\pi})^2$

8. 節距數：$N_{Pitch} = \dfrac{1}{2}(T_A + T_B) + \dfrac{2C}{P} + \dfrac{P}{C}(\dfrac{T_B - T_A}{2\pi})^2$

（節距數計算出小數者應取為整數，且最好為偶數）

二、鏈條的傳動功率

功率P	應用公式	常用單位
公制（kW）	傳動時鏈條緊邊具有張力，鬆邊幾乎不具張力 $P(kW) = \dfrac{T \times 2\pi N}{60 \times 1000}$ $= \dfrac{(F_1 - F_2) \times \dfrac{D}{2} \times 2\pi \times N}{60 \times 1000}$ $= \dfrac{F_1 \times V}{1000}$	T：扭矩（N-m） N：轉速（rpm） F_1：緊邊張力（N） F_2：鬆邊張力（N） D：傳動輪直徑（m） V：切向速度（m/s）

功率P	應用公式	常用單位
英制馬力 （HP）	$P(HP) = \dfrac{2\pi NT}{60 \times 550}$ $= \dfrac{(F_1 - F_2) \times \dfrac{D}{2} \times 2\pi \times N}{60 \times 550}$ $= \dfrac{F_1 \times V}{550}$	T：扭矩（lb-ft） N：轉速（rpm） F_1：緊邊張力（lb） F_2：鬆邊張力（lb） D：傳動輪直徑（ft） V：切向速度（ft/s）
公制馬力 （PS）	$P(PS) = \dfrac{2\pi NT}{60 \times 75} = \dfrac{2\pi NF_1 \times \dfrac{D}{2}}{60 \times 75}$	T：扭矩（kg-m） N：轉速（rpm） F_1：緊邊張力（kg） F_2：鬆邊張力（kg） D：傳動輪直徑（m）
備註：1HP=0.746kW、1PS=0.736kW		

【觀念說明】

鏈輪磨耗主要是發生在滾子與套筒之間，磨耗發生後，滾子與套筒之間的間隙變大，進而使得節距增加，當滾子磨耗越嚴重時，滾子將往齒尖上移，磨耗更嚴重時，滾子將上移到齒尖，進而脫鏈，為了得到均勻磨耗，鏈輪的齒數最好為奇數而且大於17，鏈條的銷數為偶數時，連結結構簡單，但成奇數時，則需特殊型連桿。

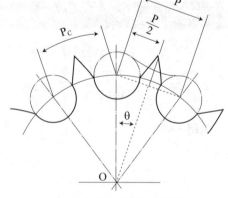

圖 8.5 鏈條幾何參數

例 8-10

某水平放置之滾子鏈條傳動，傳遞功率P＝7.5kW，主動鏈輪有19齒與馬達連接，轉速為760rpm，從動鏈輪有78齒轉速為185rpm，負荷平穩，潤滑良好，試設計此鏈條傳動裝置中，中心距為480mm，滾子鏈條節距為15.875mm，則

(一) 鏈條要多少mm長？
(二) 共需幾節鏈條？
(三) 試說明採用鏈條傳動之理由？(103普考)

解 (一) 主動輪 $\dfrac{d}{2} \times \sin\theta = \dfrac{P}{2} \Rightarrow d = \dfrac{P}{\sin\theta} = \dfrac{15.875}{\sin(\dfrac{180}{19})} = 96.45$(mm)

從動輪 $D = \dfrac{P}{\sin\theta} = \dfrac{18.875}{\sin(\dfrac{180}{78})} = 394.25$(mm)

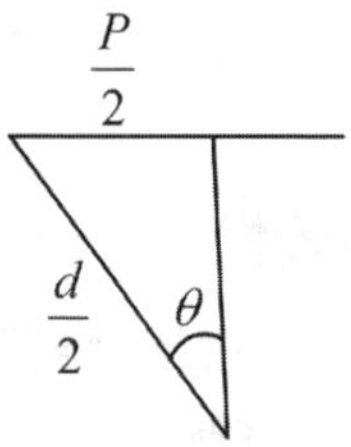

$L = \dfrac{\pi(D+d)}{2} + 2c + \dfrac{(D-d)^2}{4c} = 1776.98$(mm)。

(二) $n = \dfrac{L}{P} = \dfrac{1776.98}{15.875} = 111.94$，故取112節。

(三) 1. 無滑動現象，平均速比正確。

2. 結構緊湊，軸上壓力小。

3. 傳動時，僅在緊邊的一側有張力，鬆邊的一側幾近於零，故有效挽力大、傳動效率高，且軸承上所受力小，不易磨損。

4. 不受溼氣及冷熱之影響，仍可傳達動力，故壽命長。

5. 兩軸距離遠近，皆可適用。

6. 長度之調節及斷裂修理容易。

例 8-11

一鏈輪有 6 齒，鏈輪直徑 20 公分，則(1)弦線作用的變動值為若干公分？(2)鏈圈上最大線速度為若干m／sec？(3)最小之線速度為若干m／sec？（鏈輪轉速為 300rpm）

解 令 $T=6t$　$R=10cm$　$n=300rpm=5rps$

(1) $\theta=\dfrac{180°}{T}=\dfrac{180°}{6}=30°$

$R-R_{cos}\theta=R（1-\cos\theta）=10（1-\cos30°）=1.34（cm）$

(2) $V_{max}=2\pi Rn=2\times3.14\times10\times5=314（cm／sec）=3.14m／sec$

(3) $V_{min}=2\pi R\cos\theta\times n=2\times3.14\times10\times\cos30°\times5\doteqdot272（cm／sec）$
$\qquad=2.72m／sec$

例 8-12

經由馬達帶動某滾動鍊條（ rolling chain）傳動系統，傳動功率為 110 kW，鍊條速度為 55 m/s，馬達轉速為 6200 rpm，試問：

(一) 鍊條的傳遞力（transmitted force）。

(二) 鍊輪（sprocket）的半徑。

(三) 作用在鍊輪上的扭力。

(四) 安裝完成後的鍊條傳動裝置，需如何在維護上增長使用壽命？(102普)

解 $110=\dfrac{T\times6200}{9550}\Rightarrow T=169.435（N-m）$

$V=\dfrac{6200\times2\pi\times(\dfrac{D}{2})}{60}=55\Rightarrow D=0.1694（m）$

$F\times\dfrac{D}{2}=T\Rightarrow F\times\dfrac{0.1694}{2}=169.435$

$\qquad\qquad\Rightarrow F(傳遞力)=2000.14（N）$

精選試題

一　問答題型

1. **簡述使用鏈條（Chain）傳動的優點與缺點。**（普考）

解 鏈輪傳動優點：
   (1) 無滑動現象，平均速比正確；
   (2) 結構緊湊，軸上壓力小；
   (3) 傳動時，僅在緊邊有張力，鬆邊側幾近於零，故有效挽力大、傳動效率高，且軸承上所受力小，不易磨損；
   (4) 不受溼氣及冷熱之影響，仍可傳達動力，故壽命長；
   (5) 兩軸距離遠近，皆可適用；
   (6) 長度之調節及斷裂修理容易。

   鏈輪傳動缺點：
   (1) 不適合高速迴轉，因速度快時，易生擺動及噪音；
   (2) 只能用於平行軸間的傳動，且同向轉動；
   (3) 製造成本高，維護及安裝較煩；
   (4) 磨損後，會伸長；
   (5) 負載驟增時易斷裂，且須潤滑；
   (6) 暫態傳動比不恒定，迴轉不穩定。

2. **考慮附圖之皮帶傳動裝置，一個惰輪及重量壓在上方之皮帶，其作用為何？**（地特四等）

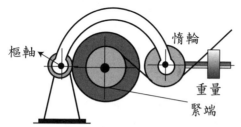

樞軸　惰輪　重量　緊端

解 皮帶惰輪的功用是在調整皮帶的鬆緊度，讓皮帶與皮帶盤能夠確實接觸和帶動。亦即在皮帶鬆邊加上惰輪，增加張力使接觸角增大，張緊輪可隨皮帶之增長而保持特定的壓力。

3. 請說明皮帶輪傳動較鏈條傳動適合高速傳動的原因，並解釋皮帶輪的中央一般
較其兩側略為凸起的目的。（地特四等、普考）

解 (1) 皮帶於高速傳動時，若是超載時，帶在帶輪上打滑，不至於損壞其
他零件，起安全保護作用。鏈條用於高轉速之兩平行軸間的傳動，
因為轉速太快時，鏈條易生擺動及噪音，易造成機械元件的破壞，
因此皮帶輪較鏈輪適合高速傳動。

(2) 為了防止皮帶脫落，一般會將皮帶輪組其中一個皮帶輪中央隆起，
隆起高度約為面寬 $\frac{1}{50}\sim\frac{1}{60}$。

4. 齒輪、凸輪與皮帶輪為三項重要的傳動元件，請說明在何種狀況下使用齒輪？
何種狀況下使用凸輪？何種狀況下使用皮帶輪？（原特四等）

解 (1) 若要將一軸之運動或功率傳達至另一軸上、要改變另一軸之運動方
式、速比正確傳遞、高低速傳動均可，即可選用齒輪傳動。

(2) 凸輪是一種不規則形狀的機件，一般為等轉速的輸入件，可經由直
接接觸傳遞運動到從動件，使從動件按設定的規律運動，而得到預
期的不連續不等速運動。

(3) 當主動軸與從動軸間的距離較長，不適合使用摩擦輪或齒輪等直接
傳動方式，可使用皮帶輪藉其拉力來傳達運動。

5. 使用皮帶時，有時會使用一惰輪（idler pulley），請問其主要目的為何？（台酒）

解 皮帶惰輪的功用是在調整皮帶的鬆緊度，讓皮帶與皮帶盤能夠確實接觸
和帶動。亦即在皮帶鬆邊加上惰輪，增加張力使接觸角增大，張緊輪可
隨皮帶之增長而保持特定的壓力。

6. 鏈條傳動一般適於較低轉速的傳動，試說明其理由。（地特三等）

解 當兩軸間之速比須絕對正確，但因距離太遠不適合齒輪傳動時，則以鏈
條傳動為最適宜，但鏈條不適合用於高轉速之兩平行軸間的傳動，因為
轉速太快時，鏈條易生擺動及噪音。

7. 請回答下列問題：(1)皮帶輪的中央一般較其兩側略為凸起的目的為何？(2)鏈
條是否適合用於高轉速之兩平行軸間的傳動？請說明理由。（港務升資）

解 (1) 在皮帶輪之輪面中央部份做成隆起狀，使帶與隆面帶輪緊密接觸防
止皮帶脫落，隆面高度約為輪寬的 1／50～1／100，目前平皮帶輪均
用此種方法約束皮帶脫落。

(2) 鏈條不適合用於高轉速之兩平行軸間的傳動，因為轉速太快時，鏈
條易生擺動及噪音。

8. (一) 請簡要說明在何種情況下，應考慮使用圖 4-1 中之軸承？
   (二) 請列舉三種皮帶（belts）的種類？
   (三) 圖 4-2 中皮帶輪之直徑為 D，皮帶的緊側張力（tight-side tension）為
        F_1，皮帶的鬆側張力（loose-side tension）為 F_2。請問此皮帶輪所傳遞之
        力矩 T 為何？
   (四) 請列舉兩種於汽車上常見的煞車型式。（台菸）

圖 4-1

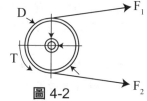
圖 4-2

解 (一) 自動調心滾珠軸承：主要承受徑向負載，也可同時承受少量的雙向
        軸向負載，減輕軸及軸承產生之內力，外圈滾道為球面，具有對準
        誤差自動調心的作用，適用於彎曲剛度小的軸。

   (二) 1. 平皮帶：截面為扁平矩形，工作面是與輪面相接觸的內表面皮帶
           寬度約為輪面寬度的 85％為宜，皮帶與帶輪之接觸角以不小於
           120°為準。

      2. V 型皮帶：截面為梯形，工作面是與輪槽相接觸的兩側面，但 V 帶
         與底槽不接觸，由於輪槽的楔形效應，預拉力相同時，V 帶傳動較
         平帶傳動能產生更大的摩擦力，故可傳遞較大功率，應用更廣。

      3. 確動皮帶（定時皮帶）：皮帶與帶輪的接觸面製成齒狀與相對應
         之齒 面帶輪相嚙合，以達到確動同步的目的。

   (三) $\dfrac{(F_1-F_2)}{(D／2)}$

   (四) 1. 帶式制動器：主要包括制動帶、制動鼓輪及槓桿連桿，制動帶可
           以用繩索、皮帶或柔性的鋼帶繞裝於鼓輪外而成，制動時乃利用
           槓桿原理將制動帶拉緊，以達到煞車的目的。

      2. 塊式制動器：其構造為制動鼓之圓周上用一或多塊制動塊，以槓
         桿之作用壓在制動鼓上，藉摩擦力產生制動效果。

9. (一) 比較鏈條傳動(Chain drive)和皮帶傳動(Belt drive)的傳動負荷能力，並簡述其理由。

(二) 說明「皮帶傳動比鏈條傳動適合高速傳動」的原因。（高考）

解 (一) 皮帶是靠帶與帶輪接觸面間的摩擦力拖動從動輪一起回轉，鏈傳動是一種具有中間撓性件(鏈條)的嚙合傳動，由主動鏈輪、從動鏈輪和中間撓性件(鏈條)組成，通過鏈條的鏈節與鏈輪上的輪齒相嚙合傳遞運動，動力傳動時，僅在緊邊有張力，鬆邊側幾近於零，故有效撓力大，比皮帶之傳動力還要高且更有效率。

(二) 皮帶於高速傳動時，若是超載時，帶在帶輪上打滑，不至於損壞其他零件，起安全保護作用，鏈條用於高轉速之平行軸間的傳動，因為轉速太快時，鏈條易生擺動及噪音，易造成機械元件的破壞，因此皮帶輪較鏈輪適合高速傳動。

10. (一) 自行車的傳動一般均使用鏈條而較少使用皮帶，原因為何？

(二) 汽車引擎汽門閥的開閉大都使用凸輪機構來驅動，其原因為何？（地特四等）

解 (一) 鏈條傳動

1.在踩踏踏板時，傳送速比正確，不會有滑動情形。

2.適用中低轉速運轉，傳動速率較皮帶佳。

3.壽命較皮帶長，較不受溫、濕度影響。

(二) 1.凸輪構造簡單，可使從動件產生不規則運動最簡捷而精確之機件。

2.凸輪具有特殊輪緣曲線，能使從動件作往復直線或搖擺運動。

11. 與齒輪傳動相較皮帶和鏈條有何優點？並說明分別較適合選用皮帶傳動以及選用鏈條傳動之狀況。（103原四）

解 (一) 1. 皮帶相較齒輪

(1)皮帶之優點

①可用於兩軸距離較遠之傳動。

②不需潤滑即可傳動。

③運轉平穩、安靜，能承受突然振動及過度負荷。

④超載時，帶在帶輪上打滑，不至於損壞其它零件，能有保護機制。

(2)皮帶傳動之示意圖

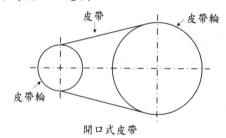

開口式皮帶

交叉式皮帶

2. 鏈條相較齒輪

(1)鏈條之優點

①結構緊湊，軸上壓力小。

②傳動時，僅在緊邊有張力，鬆邊側幾乎為零，故有效挽力大，傳動效率高。

③兩軸距離遠近皆可適用。

④長度之調節及斷裂修理容易。

(2)鏈條傳動之示意圖

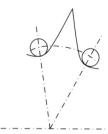

(二) 選定之適用

1. 適用皮帶之場合

(1)適合高速迴轉，且不需潤滑之傳動。

(2)當主動軸與從動軸間的距離較長時。

(3)裝置簡單，成本較低時。

2.適用鏈條之場合

(1)當傳動速比需絕對正確時。

(2)不受溼氣及冷熱之影響場合。

(3)兩軸距離遠近，皆可適用。

二 普考、四等計算題型

1. (一) 皮帶傳動系統分成幾種？請繪圖說明之。

(二) 試計算一開口平皮帶驅動系統之皮帶緊邊及鬆邊各自的張力，若兩傳動輪之直徑均為800 mm，皮帶最大負載為1000 N，轉速為600 rpm，皮帶質量為 0.8 kg/m，摩擦係數為 0.2。(104普)

解 (一) 1.　　　　　　　　　　　　　　　2.

開口皮帶　　　　　　　　　　　交叉皮帶

(二) $600\text{rpm} \Rightarrow V = \dfrac{600 \times 2\pi}{60} \times \dfrac{0.8}{2} = 25.13(\text{m}/\text{s})$

若皮帶最大負載為1000N，$F_1 = 1000(N)$，

$$\dfrac{1000 - 0.8 \times (25.13)^2}{F_2 - 0.8 \times (25.13)^2} = e^{0.2 \times \pi} \Rightarrow F_2 = 769.18(N)$$

2. 二皮帶輪傳動，B 輪直徑為 450mm 而 A 輪直徑 300mm，每分鐘 1000 轉，若皮帶厚度為 5mm，且帶與輪面間之滑動損失 2%，試求 B 輪每分鐘轉數？

解 $\dfrac{N_B}{N_A} = \dfrac{D_A + t}{D_B + t} \times (1 - 2\%)$ 　　$\dfrac{N_B}{1000} = \dfrac{(300 + 5)}{(450 + 5)} \times 0.98$ 　$N_B = 657$
(rpm)

3. 一直徑 20cm 之帶輪，其轉速為 250rpm，傳達 15 匹馬力之功率，設皮帶每 cm 寬之有效挽力為 80kg，求皮帶之寬度。

解 $D = 20\text{cm} = 0.2\text{m}$，$N = 250\text{rpm}$，$HP = 15$

$$P = \dfrac{M \times V}{4500} = \dfrac{M \times \pi DN}{4500} = \dfrac{M \times \pi \times 0.2 \times 250}{4500} = 15\text{ps}$$

$$M = \frac{4500 \times 15}{3.14 \times 0.2 \times 250} = 429.94 \text{kg}$$

$$\text{皮帶寬度 } w = \frac{429.94}{80} = 5.37 \text{cm}$$

4. 主動輪之直徑為 32cm，從動輪之直徑為 40cm；二軸間距離為 100cm，試
   求：(1)皮帶為開口連接時之長度。(2)皮帶為交叉連接時之長度。

   解 D＝32cm，d＝40cm，C＝100cm

   (1) $L = \frac{\pi}{2}(D+d) + 2C + \frac{(D-d)^2}{4C}$

   $= \frac{\pi}{2}(40+32) + 2 \times 100 + \frac{(40-32)^2}{4 \times 100}$

   $= 113.1 + 200 + 0.16 = 313.3 \text{cm}$（開口帶長）

   (2) $L = \frac{\pi}{2}(D+d) + 2C + \frac{(D+d)^2}{4C}$

   $= \frac{\pi}{2}(40+32) + 2 \times 100 + \frac{(40+32)^2}{4 \times 100}$

   $= 113.1 + 200 + 12.96 = 326.06 \text{cm}$（交叉帶長）

5. 有一速度 v 為 10m／sec 之平皮帶傳動 8 馬力，緊邊張力 T_1 為鬆邊張力
   T_2 之 2 倍，試求有效張力 T_e 及緊邊張力 T_1。又如皮帶之容許張應力 s_1
   為 25kg／cm²，皮帶之接合效率η為 80％，則此皮帶之截面積 A 應為多少
   （mm²）？

   解 $PS = \frac{F_e \times v}{75} \Rightarrow F_e = \frac{8 \times 75}{10} = 60$（kg）

   $F_1 = 2F_2$ ························ ①

   $F_e = T_1 - T_2 = 60$ ··············· ②

   由①②可得 $T_1 = 120 \text{kg}$，$T_2 = 60 \text{kg}$

   $\sigma = \frac{F_1}{A\eta} \Rightarrow A = \frac{F_1}{\sigma \times \eta} = \frac{120}{25 \times 0.8} = 6$（cm²）

6. 如圖所示 a、b、c、d 四皮帶輪，D_a＝150mm，D_b＝450mm，D_c＝200mm，D_d＝600mm，若不計滑動損失，則 N_a 以 1400rpm 原動時，求 d 的轉速？

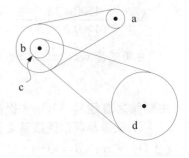

解 $\dfrac{n_d}{n_a}=\dfrac{D_a \times D_c}{D_b \times D_d} \Rightarrow \dfrac{N_d}{1400}=\dfrac{150 \times 200}{450 \times 600}$

$N_d=\dfrac{1400}{9} \div 156$（rpm）

7. 一鏈輪傳動機構，中心軸距為 500mm，大輪齒數為 75 齒，小輪齒數為 20 齒，鏈節長 15mm，求(1)鏈輪節圓直徑各為若干公分？(2)鏈圈長為若干？

解 令 C＝50cm　T_1＝75t　T_2＝20t　P＝1.5cm

(1) $D_1=\dfrac{PT_1}{\pi}=\dfrac{1.5 \times 75}{3.14}=35.83$（cm）

$D_2=\dfrac{PT_2}{\pi}=\dfrac{1.5 \times 20}{3.14}=9.55$（cm）

(2) $L_p=\dfrac{1}{2}(T_1+T_2)+2C_p+0.0253 \times \dfrac{(T_1-T_2)^2}{C_p}$

$=\dfrac{1}{2}(75+20)+\dfrac{2 \times 50}{1.5}+0.0253 \times \dfrac{(75-20)^2}{\dfrac{50}{1.5}}$

$=116.46$　取 L_p＝118 節

$L=P \times L_p=1.5 \times 118=177$（cm）

8. 一對五階相等塔輪，主動輪之轉速為240rpm，從動軸之最低轉速為120rpm，則從動輪之最高轉速為若干rpm？

解 N＝240rpm，n_5＝120rpm

$\dfrac{n_1}{N}=\dfrac{N}{n_5} \Rightarrow n_1=\dfrac{240 \times 240}{120}=480$ rpm

9. 一皮帶輪裝置之皮帶厚度為5mm，主動輪直徑為20cm，轉速為500rpm，從動輪之直徑為45cm，(1)若不計皮帶之厚度及滑動時，(2)僅計皮帶之厚度而不計滑動時，求從動輪轉速。(3)皮帶厚度及滑動值2%均計算在內時求從動輪轉速。

解 $D_1 = 20cm$ ， $N_1 = 700rpm$ ， $D_2 = 45cm$ ， $t = 0.5cm$

(1) $\dfrac{D_1}{D_2} = \dfrac{N_2}{N_1}$ ， $N_2 = \dfrac{D_1N_1}{D_2} = \dfrac{20 \times 500}{45} = 222.22rpm$

(2) $\dfrac{(D_1 + t)}{(D_2 + t)} = \dfrac{N_2}{N_1}$ ， $N_2 = \dfrac{(D_1 + t)N_1}{D_2 + t} = \dfrac{20.5 \times 500}{45.5} = 225.27rpm$

(3) $\dfrac{(D_1 + t)}{(D_2 + t)}(1 - S) = \dfrac{N_2}{N_1}$ ，

$$N_2 = \dfrac{(D_1 + t)N_1}{D_2 + t}(1 - S) = \dfrac{20.5 \times 500}{45.5}(1 - 0.02) = 220.77rpm$$

10. 一帶輪傳動機構，主動輪轉速250rpm，從動輪轉速600rpm，直徑為25cm，兩平行軸相距90cm，求(a)主動輪直徑為若干？(b)帶圈上任一點之線速度為若干m/min？(c)若使用開口帶傳動，則皮帶長為若干公分？

解 令 $C = 90cm$ 　　$n_1 = 250rpm$ 　　$n_2 = 600rpm$ 　　$D_2 = 25cm$

(a) $D_1 = \dfrac{n_2}{n_1}D_2 = \dfrac{600}{250} \times 25 = 60(cm)$

(b) $V = \pi D_2 n_2 = 3.14 \times 25 \times 600 = 41700(cm/min) = 417m/min$

(c) $L = \dfrac{\pi}{2}(D_1 + D_2) + 2C + \dfrac{(D_1 - D_2)^2}{4C}$

$= \dfrac{\pi}{2}(60 + 25) + 2 \times 90 + \dfrac{(60 - 25)^2}{4 \times 90}$

$= 316.85(cm)$

11. 主動輪之直徑為32cm，從動輪之直徑為40cm；二軸間距離為100cm，試求皮帶為交叉連接時之長度與皮帶為開口連接時之長度差。

解 D = 32cm，d = 40cm，C = 100cm

(1) $L = \dfrac{\pi}{2}(D+d) + 2C + \dfrac{(D-d)^2}{4C}$

$= \dfrac{\pi}{2}(40+32) + 2\times100 + \dfrac{(40-32)^2}{4\times100}$

$= 113.1 + 200 + 0.16 = 313.3$cm（開口帶長）

(2) $L = \dfrac{\pi}{2}(D+d) + 2C + \dfrac{(D+d)^2}{4C}$

$= \dfrac{\pi}{2}(40+32) + 2\times100 + \dfrac{(40+32)^2}{4\times100}$

$= 113.1 + 200 + 12.96 = 326.06$cm（交叉帶長）

$326.06 - 313.3 = 12.76$cm

12. 一皮帶輪之直徑為25cm，轉速為400rpm，如欲傳遞30kW之功率，則有效拉力F為多少？

解 $P(kW) = \dfrac{T\times2\pi N}{60\times1000} = \dfrac{F\times\dfrac{D}{2}\times2\pi\times N}{60\times1000}$

$\Rightarrow 30 = \dfrac{F\times\dfrac{25}{2}\times10^{-2}\times2\pi\times N}{60\times1000} \Rightarrow F = 5729.58$N

13. 若想使用60號鏈條（節距為6/8吋）以設計一鏈輪組，其大、小鏈輪之速度比約為3.6，小鏈輪有17齒，試求大鏈輪之齒數及節圓直徑？（注意：本題採英制單位）

解 速度與AD齒數關係

$\dfrac{Z_1}{Z_2} = \dfrac{V_2}{V_1} \Rightarrow \dfrac{Z_1}{17} = 3.6 \Rightarrow Z_1 = 61.2$

所以大鏈輪齒數約為62齒

鏈節、齒數與節圓直徑關係

$P \approx \dfrac{\pi D}{Z} \Rightarrow D = \dfrac{PZ}{\pi} = \dfrac{\frac{6}{8}\times12\times62}{\pi} = 14.8$in

14. 一組速比為3：2的鏈輪機構，大鏈輪的齒數為30齒且兩鏈輪之中心距離為100公分，鏈節長度為4公分，求(1)兩鏈輪之節徑。(2)鏈條之長度。

解 $\dfrac{T_1}{T_2} = \dfrac{N_2}{N_1} = \dfrac{3}{2}$，$\dfrac{30}{T_2} = \dfrac{N_2}{N_1} = \dfrac{3}{2}$，$\therefore T_2 = 30 \times \dfrac{2}{3} = 20$

(1) $D_1 = \dfrac{P \times T_1}{\pi} = \dfrac{4 \times 30}{3.14} = 38.22\,\text{cm}$，$d = \dfrac{PT_2}{\pi} = \dfrac{4 \times 20}{3.14} = 25.48\,\text{cm}$

(2) $N_{\text{pitch}} = \dfrac{1}{2}(T_A + T_B) + \dfrac{2C}{P} + \dfrac{P}{C}\left(\dfrac{T_B - T_A}{2\pi}\right)^2$

$\qquad\quad = \dfrac{1}{2}(30 + 20) + 2 \times \dfrac{120}{4} + \dfrac{4}{120} \times \left(\dfrac{30 - 20}{2\pi}\right)^2$

$\qquad\quad = 25 + 60 + 0.084 = 85.084 \Longrightarrow$ 取86節

鏈長 $L = 4 \times 86 = 344\,\text{cm}$

15. 有一同學利用一般直尺量測60號滾子鏈條傳動機構之鏈輪，量得鏈輪之節徑約為86mm，請問此鏈輪最可能之真正節徑及其齒數為何？（60號滾子鏈條之節距為 $\dfrac{6}{8}$ 吋，或19.05mm）

解 鏈輪之節徑D，節距P與齒數T之間的關係為 $D = \dfrac{P}{\sin(\theta)} = \dfrac{P}{\sin\left(\dfrac{180°}{T}\right)}$

(1) 本題節距P為19.05mm，節徑D大約量得86mm，代入上述公式，可計算出T=14.01，推估真正齒數為14齒。

(2) 將齒數N=14代入上述公式，可得真正節徑D=85.6mm。

16. 二直徑同為600 mm之皮帶輪以平皮帶傳達動力，若二者之摩擦係數為0.3，而軸之最大負荷不超過1,200N，試求：緊邊張力和鬆邊張力之最大值，若轉速為1,000 rpm，則輸出動力為若干？

解 (a) 軸之最大允許負荷為皮帶拉力之和，
故 $F_1 + F_2 = 1{,}200\text{N}$
又 $F_1 = F_2 e^{\mu\theta} = F_2 e^{(0.3)(\pi)} = 2.57 F_2$
解得 $F_2 = 336\text{N}$，$F_1 = 864\text{N}$

(b) 皮帶速度為

$V = \pi DN = \pi (0.6)(1,000/60) = 31.42$ m/sec

∴傳達動力為：

$H = (F_1 - F_2) \cdot V = (864 - 336) \times 31.42$

$= 16,590$ W $= 16.59$ kW

17. 一對三級塔體，已知主動輪轉決速為３００ ｒｐｍ，從動輪轉速分別為900,450,150 rpm；主動輪最大直徑為600 mm，兩軸中心距離為1米，試計算交叉皮帶時各輪之直徑。

解 (a) 由 $\dfrac{N}{n_1} = \dfrac{d_1}{D_1}$，得$d_1 = D_1 \times \dfrac{N}{n_1} = 600 \times \dfrac{300}{900} = 200$ mm

(b) $\dfrac{N}{n_2} = \dfrac{d_2}{D_2}$, $\dfrac{300}{450} = \dfrac{d_2}{D_2}$　　∴$D_2 = 1.5d_2$ .... (1)

又交叉皮帶之各對輪徑和相等：

$D_2 + d_2 = D_1 + d_1 = 800$ .... (2)

解(1)、(2)兩式，得$D_2 = 480$，$d_2 = 320$

(c) $\dfrac{N}{n_3} = \dfrac{d_3}{D_3}$, $d_3 = 2D_3$

$D_3 + d_3 = 800$

$D_3 = 266.6$ mm，$d_3 = 533.4$ mm

18. 有一平皮帶之傳動，其中輪A之直徑為100 mm，輪B之直徑為200 mm，皮帶之厚度為5 mm。設輪A為主動輪且其轉速為1,200 rpm，試求：

(a)無滑動損失的狀況下，從動輪B之轉速為若干？

(b)滑動損失為4%時，從動輪B之轉速為若干？

解 (a) $\dfrac{n_A}{n_B} = \dfrac{D_B}{D_A}$, $n_B = 1200 \times \dfrac{100}{200} = 600$ rpm

或$n_B = 1200 \times \dfrac{105}{205} = 615$ rpm

(b) $\dfrac{1200(1 - 0.04)}{n_B} = \dfrac{200}{100}$, $n_B = 576$ rpm

或$\dfrac{1200(1 - 0.04)}{n_B} = \dfrac{205}{105}$, $n_B = 590$ rpm

三 高考、三等計算題型

1. 二直徑同為 $600mm$ 之皮帶輪以平皮帶傳輸動力，摩擦係數為 0.3，若軸最大負載不超過 $1200N$，試求：(1) F_1F_2 之最大值。(2)若轉速為 $1000rpm$，求輸出動力。

   解 (1) $F_1 + F_2 = 1200$（N）.....................①

   $\dfrac{F_1}{F_2} = e^{mq} = e^{0.3*p} = 2.57$ ....②

   由①②可知 $F_1 = 864N$，$F_2 = 336N$

   (2) 皮帶速度

   $V = \pi DN = \pi \times 0.6 \times \dfrac{1000}{60} = 31.42$（m／s）

   $P = (F_1 - F_2) \times V = (864 - 336) \times 31.42 = 16590W$

2. 通常自行車的傳動方式採用鏈條，其最高機械效率可達 95%，今考慮改為齒輪及軸傳動，傳動軸由兩個滾動軸承支撐在車架上，軸的兩端都有一組傘形齒輪（Bevel gear）將腳踏板之輸入功率傳至後輪驅動，每組齒輪的機械效率為 98%，又軸承及封裝的摩擦效應消耗 0.1 N-m 扭矩。假定騎乘速度為 $20km／h$ 時需要驅動後輪的功率為 $220W$，此時軸的轉速為 1200 rpm，試問：擬改用軸傳動設計後的整體機械效率為多少？是大於或小於鏈條傳動的 95%？（地特三等）

   解 消耗功率

   $P = \dfrac{0.1 \times 1200}{9550} = 0.0125654kW = 12.5654W$，$12.565 \times 2 = 25.13$（h）

   $\eta = \dfrac{220}{220 + 25.13} = 0.8974$

   $\eta = \eta_1 \times \eta_2 = 0.8974 \times 0.98 \times 0.98 = 0.862$

   故整體效率小於鏈傳動

3. 一個時規皮帶（Timing belt），或稱
　為同步皮帶（Synchronous belt，見
　右圖），將渦化機動力傳至磨輪，皮
　帶長 750 mm 重 180g，最大可承受拉
　力為 2000 N，渦輪（turbine）及磨輪
　（grinding wheel）的轉速速是 5000
　rpm，試求當傳動最大功率時之最恰當的
　滑輪節直徑（Pulley pitch diameter）？
　（地特三等）

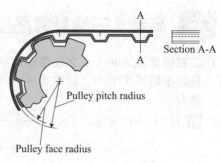

解 (1) $m = \dfrac{180}{750} = 0.24$（kg／mm）

$h_p = (F_1 - F_c)\, V = (2000 - mV^2)\, V = (2000 - 0.24 \times V^2)\, V$

(2) $\dfrac{\partial h_p}{\partial V} = 2000 - 0.24 \times 3 \times V^2 = 0$

$V = 52.7$（m／s）

$V = W \times \dfrac{D}{2} \Rightarrow D = \dfrac{2V}{W} = \dfrac{2 \times 52.7}{5000 \times \left(\dfrac{2\pi}{60}\right)} = 0.2013\text{m}$

4. 若有一條 RC80 的美國標準單列滾子鏈，其節距為 25.4 mm，其平均極限強
　度為64600 N，單位長度的質量為 2.52kg／m，用以配合齒數為 17 的主動鏈
　輪。當主動輪的轉速為1200 rpm 時，試求滾子鏈所能傳遞的最大動力。請解
　釋在計算過程中是否可忽略鏈條的離心力。（地特三等）

解 (1) 考慮離心力：

$V = \dfrac{P \times T \times N}{60 \times 1000}$

$\quad = \dfrac{25.4 \times 17 \times 1200}{60 \times 1000} = 8.636\text{m／s}$

$P = (F - F_c)\, V$

$\quad = (64600 - mV^2)\, V$

$\quad = \left[64600 - 2.52 \times (8.636)^2\right] \times 8.636$

$\quad = 556262.53\text{W}$

(2) 不考慮離心力：

$P = FV = 64600 \times 8.636$

$\quad = 557885.6$（W）

其值相當接近，可忽略離心力進行計算

5. 如圖的滑輪，忽略摩擦力的損失，試求要提高物體重量 W=200kg 的物體，須要多少力 F（牛頓）？

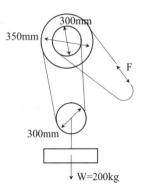

解 $2T＝200 \Rightarrow T＝100kg$

$\Sigma M_0＝0$

$\Rightarrow F \times (\dfrac{350}{2}) +T \times (\dfrac{300}{2}) -T \times (\dfrac{350}{2}) =0$

$F＝14.3$（kg）

故$F＝14.3 \times 9.81＝140.28N$

6. 平皮帶質量為0.6 kg/m，橫斷面為6 mm×80 mm，由於傳遞時負載擾動關係，使傳遞的動力有下述關係：$H＝(600－V^2)(1－e^{\mu\theta})V$，試求傳遞過程中皮帶的極速為何？因離心力所造成之拉應力為何？假設皮帶的摩擦係數為0.25，接觸角為170°。

解 令$\dfrac{dH}{dV}＝0$，

則$(600－V^2)(1－e^{\mu\theta})－2V^2(1－e^{\mu\theta})$

$=(1－e^{\mu\theta})(600－3V^2)＝0$

解得$V＝14.14 \dfrac{m}{sec}$

$F_C＝mV^2＝0.6(14.14)^2＝120N$

$\sigma_C＝\dfrac{120}{6 \times 80}＝0.25MPa$

7. 具1.5 kW，1,200 rpm的馬達藉V形皮帶驅動旋轉泵，若槽輪的節徑分別為d＝100 mm，D＝400 mm。於傳動時，主動槽輪的滑動量為2%，從動槽輪的滑動量為1%。軸承效率為0.98，其槽輪角β＝38°，設計上以單條皮帶驅動，試求：

(a)總驅動效率？

(b)皮帶的傳遞速度及從動槽輪之轉速？

(c)若中心距為600mm，則皮帶長度為何？

(d)緊邊張力F_1？(摩擦係數為0.3)

解 (a) $\eta_T＝0.98 \times 0.99 \times 0.98 \times 0.98＝0.93$

（主動輪與從動輪軸分別有一個軸承，因此共有二個軸承）

(b) $V=\dfrac{\pi \times 100 \times 1200}{60 \times 10^3} \times 0.98=6.16\,\text{m}\Big/\text{sec}$,

$n_2=1200 \times \dfrac{100}{400} \times 0.98 \times 0.99=291$ rpm

(c) $L=\dfrac{\pi}{2}(400+100)+2 \times 600+\dfrac{(400-100)^2}{4 \times 600}$

$=2023\text{mm}=2.023\text{m}$

(d) $\mu'=\dfrac{0.33}{\sin 19°}=1.01$

$\alpha=\sin^{-1}(\dfrac{400-100}{2 \times 600})=0.25268$,

$\theta=\pi-2\alpha=2.62799 \fallingdotseq 2.628$

設忽略離心力：$H=F_1(1-e^{-\mu\theta})V$

$1.5 \times 10^3=F_1(1-e^{-(1.01)(2.628)})(6.16)$

得$F_1=262N$

8. 有一2.5 kW，1,200 rpm之馬達，藉平皮帶驅動一迴轉泵，而皮帶輪直徑 d＝120 mm，D＝480 mm，試求
(a)皮帶速率及從動輪之轉速。
(b)若中心距為600 mm時，求皮帶長度。
(c)若摩擦係數為0.4，求緊邊張力。

解 (a) $\dfrac{120}{480}=\dfrac{n}{1200}$ ，n＝300rpm

$V=\dfrac{\pi \times 120 \times 1200}{1000}=452.4\,\text{m}\Big/\text{min}$

(b) $L=\dfrac{\pi}{2}(D+d)+2C+\dfrac{(D-d)^2}{4C}$

$=\dfrac{\pi}{2}(480+120)+2 \times 600+\dfrac{(480-120)^2}{4 \times 600}=2196.5$ mm

(c) $T=\dfrac{2.5 \times 10^6}{2\pi(\dfrac{1200}{60})}=19.894$ N-mm

$\alpha=\sin^{-1}\dfrac{(480-120)}{2 \times 600}=17.46°$

$$\theta = \pi - 2\sin^{-1}\frac{(480-120)}{2\times600} = 145.08° = 2.532 \text{ rad}$$

$$F_1 = F_2 e^{\mu\theta} = 2.75F_2，T = (F_1 - F_2)\times60 = 1.75F_2\times60$$

$$F_2 = 189.5N，F_1 = 2.75F_2 = 521N$$

9. 一平皮帶寬200mm，以20m/s之速度傳達60kW之動力，皮帶單位長度之質量為2kg/m。以交叉方式連接兩皮帶輪，主動輪直徑300mm，從動輪直徑900mm，二者之中心距為5.6m，試求
   (a)皮帶長度和接觸角
   (b)當摩擦係數為0.38時，求皮帶張力。

   解 (a) $L = \dfrac{\pi}{2}(900+300) + 2\times5600 + \dfrac{(900+300)^2}{4\times5600}$

   $$= 90228 \text{ mm} = 90.228 \text{ m}$$

   $$\alpha = \sin^{-1}\frac{(900+300)}{2\times5600} = 6.15°$$

   $$\theta = \pi - 2\alpha = 167.7° = 2.927 \text{ rad}$$

   (b) $F_c = mV^2 = 2\times20^2 = 800 \text{ N}$

   $$H = (F_1 - F_c)(1 - e^{-\mu\theta})V$$

   $$60\times10^3 = (F_1 - 800)(1 - e^{-(0.38)(2.927)})(20)$$

   $$F_1 = 5278N$$

   $$\frac{5278-800}{F_2-800} = e^{\mu\theta} = e^{0.38\times2.927}$$

   $$F_2 = 2278N$$

10. 一根纜繩繞過三個靜止管件如右圖所
    示，已知纜繩管件間摩擦係數為
    $\mu_s=0.25$與$\mu_k=0.20$，纜繩分別與管件A
    與C之接觸角度皆為90°，而與管件B
    之接觸角度為180°，請問：
    (a)若整個系統欲維持平衡，W之重量
       範圍應在多少N到多少N之間？
    (b)若管件B以一緩慢速率逆時針方向
       旋轉，而管件A與C仍維持靜止不
       動，此系統可升高之最大W重量是多少N？（高考三級）

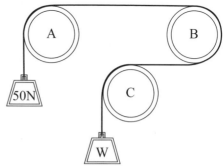

解 (a)

取A自由體圖	取B自由體圖	取C自由體圖
A，T_1，50N	B，T_1，T_2	C，$\sqrt{2}$，W
$\dfrac{50}{T_1} = e^{0.25 \times \frac{\pi}{2}}$	$\dfrac{T_1}{T_2} = e^{0.25\pi}$	$\dfrac{T_2}{W} = e^{0.25 \times \frac{\pi}{2}}$

故 $\dfrac{50}{T_1} \times \dfrac{T_1}{T_2} \times \dfrac{T_2}{W} = e^{\frac{\pi}{8}} \cdot e^{\frac{\pi}{4}} \cdot e^{\frac{\pi}{8}} = 4.8105 \Rightarrow W = 10.394\,(\mathrm{N})$

同理 $\dfrac{T_1}{50} \times \dfrac{T_2}{T_1} \times \dfrac{W}{T_2} = 4.8105 \Rightarrow W = 240.525\,(\mathrm{N})$

故 $10.394(\mathrm{N}) \le W \le 240.525(\mathrm{N})$

(b)

取A自由體圖	取B自由體圖	取C自由體圖
A，T_1，50	B，T_1，T_2	C，T_2，W
$\dfrac{50}{T_1} = e^{0.2 \times \frac{\pi}{2}} = e^{\frac{\pi}{10}}$	$\dfrac{T_2}{T_1} = e^{0.25\pi} = e^{\frac{\pi}{4}}$	$\dfrac{T_2}{W} = e^{0.2 \times \frac{\pi}{2}}$

故 $\dfrac{50}{T_1} \times \dfrac{T_1}{T_2} \times \dfrac{T_2}{W} = e^{\frac{\pi}{10}} \times e^{-\frac{\pi}{4}} \times e^{\frac{\pi}{10}} = 0.85464$

$W = 58.504\,(\mathrm{N})$

第9章 離合器與制動器

頻出度B：依據出題頻率分為：A頻率高、B頻率中、C頻率低

課前導讀

1. 摩擦接觸之圓盤離合器（Plate Clutch）
   - (1) 均勻磨耗理論
   - (2) 均勻壓力理論
2. 摩擦接觸之圓錐離合器（Cone Clutch）
   - (1) 均勻磨耗理論
   - (2) 均勻壓力理論
3. 圓盤制動器（Plate Brakes）
   - (1) 均勻磨耗理論
   - (2) 均勻壓力理論
4. 帶式制動器（Band Brakes）
   - (1) 單向帶式制動器
   - (2) 差動式帶制動輪（differential band brake）
5. 塊式制動器（Blocks Brakes）

重點內容

9-1 摩擦接觸之圓盤離合器（Plate Clutch）

在分析離合器軸向力與扭矩時，通常有兩種不同的假設：(1)均勻磨耗理論；(2)均勻壓力理論，其分析方式參考圖 9.1所示

一、均勻磨耗理論

適用在經使用一段時間後的離合器，假設零件具有充分的剛性，圓盤面上的襯料，磨耗情形均勻分布，則位於原盤上的任意半徑 r 處的接觸壓力為 P，在半徑較小處壓力較大。因此，在內半徑處壓力最大：

$Pr = P_{max}r_i = $ 常數

作用力 $F = \int_{r_i}^{r_o} P2\pi r dr = 2\pi \int_{r_i}^{r_o} P_{max}r_i dr = 2\pi P_{max}r_i (r_o - r_i)$

扭矩 $T = \int_{r_i}^{r_o} \mu P r dA = \int_{r_i}^{r_o} \mu \frac{P_{max}r_i}{r} r2\pi r dr = 2\pi P_{max}r_i\mu \int_{r_i}^{r_o} r dr$

$$T = \pi\mu P_{max}r_i\,(\,r_o{}^2 - r_i{}^2\,)$$

由 F、T 的關係式得：

$$T = \mu F\,(\frac{r_o + r_i}{2}) = \mu FR_e\,(其中\ R_e = (\frac{r_o + r_i}{2})\ 有效摩擦半徑)$$

以上單盤式離合器之推導，若為多盤式離合器，則扭矩均需再乘以離合片數 N。

二、均勻壓力理論

適用在新的、未磨耗的剛性離合器，假設平板面上之壓力會均勻分布

作用力為 $F = \int_{r_i}^{r_o} P2\pi dr = \pi P\,(\,r_o{}^2 - r_i{}^2\,)$

扭矩為 $T = \int_{r_i}^{r_o} \mu Pr2\pi rdr = \dfrac{2}{3}\pi\mu P\,(\,r_o{}^3 - r_i{}^3\,)$

又由 F、T 的關係式得：

$$T = \frac{2F\mu\,(\,r_o{}^3 - r_i{}^3\,)}{3\,(\,r_o{}^2 - r_i{}^2\,)} = \mu FR_e\ (其中\ R_e = \frac{2\,(\,r_o{}^3 - r_i{}^3\,)}{3\,(\,r_o{}^2 - r_i{}^2\,)}\ 有效摩擦半徑)$$

以上單盤式離合器之推導，若為多盤式離合器，則扭矩均需再乘以離合片數 N。

【觀念說明】

(一) 比較以上兩種假設所獲得的扭矩可發現，均勻磨耗的假設提供了較均勻壓力為小的扭矩容量，因此若以扭矩為離合器的設計目標，通常基於均勻磨耗的假設。

(二) 均勻磨耗理論及均勻壓力理論為離合器之常考題型，建議需會推導作用力及扭矩的公式。

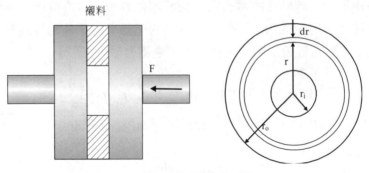

圖 9.1　圓盤離合器

例 9-1

一個單片摩擦盤式離合器，摩擦盤外徑（do＝300mm）及內徑（di＝230mm），制動力（actuating force）為 5kN，接觸面摩擦係依均勻磨耗理論（uniform wear），摩擦係數為 0.25，求接觸面的正向作用力及接觸面最大壓力。（鐵路四等）

解 均勻磨耗理論

$$F＝2\pi P_{max} \times r_i\,(r_o－r_i)$$

$$5 \times 10^3＝2\pi \times P_{max} \times (\frac{230}{2}) \times (\frac{300}{2}－\frac{230}{2})$$

$$\Rightarrow P_{max}＝0.1977\,(N／mm^2)$$

正向作用力＝F＝5000（N）

例 9-2

一單片圓盤式摩擦離合器（plate clutch with single pair of mating friction surfaces），其摩擦盤面之外徑為 D＝300 公釐（mm），內徑為 d＝225 公釐（mm），接觸面間之平均摩擦係數為 m＝0.25，兩盤間之制動力為 F＝5（kN）。

(1) 試依均勻摩耗分佈假設（uniform-wear assumption），計算其接觸面間之最大壓力 P_a 及傳遞轉矩（torque capacity）T。

(2) 試依均勻壓力分佈假設（uniform-pressure assumption），計算其接觸面間之均勻壓力 P 及傳遞轉矩 T。

解 (1) 均勻磨耗

$$F＝\int_{r_i}^{r_o} \frac{P_{max}r_i}{r} \times 2\pi rdr$$

$$＝2\pi P_{max}r_i\,(r_o－r_i)$$

$$\Rightarrow 5000＝2\pi \times P_{max} \times (\frac{225}{2}) \times (\frac{300}{2}－\frac{225}{2})$$

$$\Rightarrow P_{max}＝0.189\,(MPa)$$

$$T＝\mu Fr＝\int_{r_i}^{r_o} \frac{P_{max}r_i}{r} \times 2\pi r \times \mu rdr＝\pi\mu P_{max}r_ir^2\,\Big|_{r_i}^{r_o}$$

$$＝\pi\mu P_{max} \times r_i\,(r^2_o－r^2_i)＝\frac{1}{2}\mu\,(r_o＋r_i)\,F$$

$$\Rightarrow T＝\frac{1}{2} \times (0.25) \times (\frac{300＋225}{2}) \times 5000$$

$$＝164062.5\,(N\text{-}mm)$$

(2) 均勻壓力：

$$F = P\int_{r_i}^{r_o} 2\pi r dr = \pi P (r_o^2 - r_i^2)$$

$$\Rightarrow 5000 = \pi \times P \left[(\frac{300}{2})^2 - (\frac{225}{2})^2 \right]$$

$$P = 0.162 \text{ (MPa)}$$

$$T = \mu P\int_{r_i}^{r_o} r \times 2\pi r dr = \frac{2}{3} \pi \mu P (r_o^3 - r_i^3)$$

$$\Rightarrow T = \frac{2}{3} \pi \times (0.25) \times (0.162) \times \left[(\frac{300}{2})^3 - (\frac{225}{2})^3 \right]$$

$$= 165178.6 \text{ (N-mm)}$$

例 9-3

外徑250mm、內徑100mm的單面摩擦離合器，$\mu = 0.2$。求：
(a)均勻磨耗：$P_{max} = 0.9$MPa時，$F_a = ?$ $T = ?$
(b)均勻壓力：$P = 0.9$MPa時，$F_a = ?$ $T = ?$
(c)均勻磨耗：$F_n = 25,000$N時，$P_{max} = ?$ $T = ?$

解 (a) $F_n = 2\pi P_{max} r_i (r_0 - r_i) = 2\pi (0.9)(50)(75) = 21,205$N

$T = \pi\mu P_{max} r_i (r_0^2 - r_i^2) = \pi (0.2)(0.9)(50)(125^2 - 50^2)$

$= 371,100$ N-mm

(b) $F_n = \pi P(r_0^2 - r_i^2) = \pi (0.9)(125^2 - 50^2) = 37,110$ N

$T = \frac{2}{3}\pi\mu P(r_0^3 - r_i^3) = \frac{2}{3}\pi (0.2)(0.9)(125^3 - 50^3)$

$= 689,186$ N-mm

(c) $P_{max} = \frac{F_n}{2\pi r_i (r_0 - r_i)} = \frac{25,000}{2\pi (50)(75)} = 1.06$ MPa

$T = \frac{(0.2)(25,000)(125 + 50)}{2} = 437,500$ N-mm

9-2 摩擦接觸之圓錐離合器（Cone Clutch）

一、均勻磨耗理論

設零件具有充分的剛性，圓盤面上的襯料，磨耗情形均勻分布，則位於原盤上的任意半徑 r 處的接觸壓力為 P，在半徑較小處壓力較大。因此，在內半徑處壓力最大：$Pr = P_{max}r_i =$ 常數且 $dA = \dfrac{2\pi rdr}{\sin\theta}$

正向力：$dN = PdA = \dfrac{P2\pi rdr}{\sin\theta}$

使夾緊環的力：$dF = dN\sin\theta = P2\pi rdr$

傳送的扭矩：$dT = \mu rdN$

夾力 $F = \int_{r_i}^{r_o} P2\pi rdr = 2\pi \int_{r_i}^{r_o} P_{max}r_i dr = 2\pi P_{max}r_i\,(r_o - r_i)$

扭矩 $T = \int_{r_i}^{r_o} \mu PrdA = \int_{r_i}^{r_o} \mu r\,(\dfrac{P2\pi rdr}{\sin\theta}) = \dfrac{2\pi r_i P_{max}\mu}{\sin\theta}\int_{r_i}^{r_o} rdr$

$\quad = \dfrac{\pi P_{max}\mu r_i}{\sin\theta}\,(r_o^{\,2} - r_i^{\,2})$ 或 $T = \dfrac{F\mu}{\sin\theta}\times\dfrac{1}{2}\times(r_o + r_i)$

二、均勻壓力理論

$Pr = P_{max}r_i =$ 常數　且 $dA = \dfrac{2\pi rdr}{\sin\theta}$

正向力：$dN = PdA = \dfrac{P2\pi rdr}{\sin\theta}$

使夾緊環的力：$dF = dN\sin\theta = P2\pi rdr$

傳送的扭矩：$dT = \mu rdN$

夾力 $F = \int_{r_i}^{r_o} P2\pi rdr = \pi P\,(r_o^{\,2} - r_i^{\,2})$

扭矩 $T = \int_{r_i}^{r_o} \mu r\,(\dfrac{P2\pi rdr}{\sin\theta}) = \dfrac{2\pi P\mu}{3\sin\theta}\,(r_o^{\,3} - r_i^{\,3}) \Rightarrow T = \dfrac{2F\mu\,(r_o^{\,3} - r_i^{\,3})}{3\sin\theta\,(r_o^{\,2} - r_i^{\,2})}$

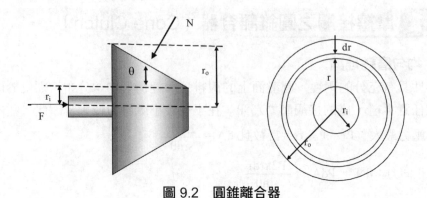

圖 9.2 圓錐離合器

例 9-4

一圓錐離合器之錐角為 8°，內徑為 200mm，外徑為 300mm，摩擦係數為 0.25，平均壓力 P 為 0.8MPa，試求作用力與所傳遞之力矩。

解 (1) 基於均勻壓力之假設

$$F = \pi P\,(r_o^2 - r_i^2) = \pi \times 0.8 \times (150^2 - 100^2)$$
$$= 31{,}415 \text{ 牛頓}$$

$$T = \frac{2\pi P\mu}{3\sin\theta}\,(r_o^3 - r_i^3) = \frac{2\pi \times 0.8 \times 0.25}{3 \times \sin 8°}\,(150^3 - 100^3)$$

$$= 7{,}148{,}204 \text{ N-mm}$$

(2) 基於均勻磨耗之假設

$$F = \int_{r_i}^{r_o} P\,2\pi r\,dr = 2\pi\int_{r_i}^{r_o} P_{max}\,r_i\,d_r = 2\pi P_{max}\,r_i\,(r_o - r_i)$$
$$= 2\pi \times 0.8 \times 100 \times (150 - 100)$$
$$= 25132.74$$

$$T = \frac{F\mu}{2\sin\theta}\,(r_o + r_i) = \frac{25132.74 \times 0.25}{2 \times \sin 8°} \times (150 + 100)$$

$$= 5{,}642{,}318.43 \text{ N-mm}$$

9-3 圓盤制動器（Plate Brakes）

將圓盤離合器公式中的 $2\pi \rightarrow \theta$、$\pi \rightarrow \dfrac{\theta}{2}$，其中 θ 表示制動器襯料（來令）之接觸角。

一、均勻磨耗理論

$Pr = P_{max}r_i = $ 常數

作用力 $F = \int_{r_i}^{r_o} P\ \theta r dr = 2\pi \int_{r_i}^{r_o} P_{max}r_i dr = \theta P_{max}r_i\ (r_O - r_i)$

扭矩 $T = \int_{r_i}^{r_o} \mu PrdA = \int_{r_i}^{r_o} \mu \dfrac{P_{max}r_i}{r}\ r\ \theta r dr = \theta P_{max}r_i\mu \int_{r_i}^{r_o} rdr$

$T = \dfrac{\theta}{2}\mu P_{max}r_i\ (r^2_O - r^2_i)$

由 F、T 的關係式得：

$T = \mu F\ (\dfrac{r_O + r_i}{2}) = \mu FR_e$（其中 $R_e = (\dfrac{r_O + r_i}{2})$ 有效摩擦半徑）

以上單盤式離合器之推導，若為多盤式離合器，則扭矩均需再乘以離合片數 N。

二、均勻壓力理論

適用在新的、未磨耗的剛性離合器，假設平板面上之壓力會均勻分佈

作用力為 $F = \int_{r_i}^{r_o} P\theta r dr = \dfrac{\theta}{2} P\ (r_O{}^2 - r_i{}^2)$

扭矩為 $T = \int_{r_i}^{r_o} \mu Pr\theta r dr = \dfrac{\theta}{3} \mu P\ (r_O{}^3 - r_i{}^3)$

又由 F、T 的關係式得：

$T = \dfrac{2F\mu\ (r_O{}^3 - r_i{}^3)}{3\ (r_O{}^2 - r_i{}^2)} = \mu FR_e$（其中 $R_e = \dfrac{2\ (r_O{}^3 - r_i{}^3)}{3\ (r_O{}^2 - r_i{}^2)}$ 有效摩擦半徑）

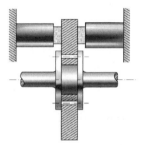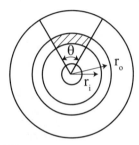

圖 9.3　圓盤制動器

三、鼓式制動器

鼓式制動器又稱內靴式汽車制動器，或稱圓筒制動器，廣為機車、汽車、卡車等需要高煞車能力的場所使用，如圖 9.4 所示為機械式的內靴式汽車制動器，內有兩片煞車塊藉凸輪的動作，**利用靴狀金屬履塊往外擴張的作用，迫使摩擦片抵住鼓輪，以產生制動作用。**

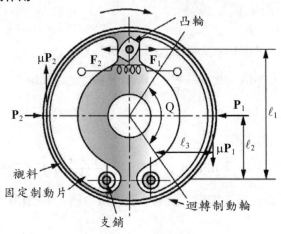

圖 9.4　鼓式制動器

四、圓盤制動器

　　以螺栓將圓盤形煞車片固定在外殼，而機件與轉軸以滑鍵結合。轉軸帶動旋轉，煞車時作軸向滑動壓至煞車片，與多片圓盤形煞車片產生摩擦接觸，以達到制動的效果。圓片制動器與圓盤離合器構造類似。常用於大型工程機械如推土機等。

五、碟式制動器

　　碟式制動器，又稱卡鉗圓盤式制動器。此種煞車具有體積小、扭距大及容易控制之優點，汽車、升降運送車及其它輕型的裝置等都常使用，碟式煞車有一個煞車盤，固定在車輪內面與車輪一起旋轉。煞車時運用液壓推動碟式煞車片夾緊煞車盤，藉由夾緊所產生之摩擦力來達到煞車之目的。

優點	1. 一般而言，碟式煞車具有較佳之散熱效果及較佳之穩定性。
	2. 左右輪同時煞車之功能，故少有煞車偏向之現象煞車效果良好。
	3. 煞車盤因旋轉的離心力大，排水性良好，因此少有因水或泥巴而造成煞車不良的情形。

【觀念說明】

比較車輛用鼓式煞車和碟式煞車：

(一) 煞車鼓的煞車作用力是沿著圓周轉動切線方向。

(二) 碟式煞車作用力是沿著煞車碟盤的軸向方向。

(三) 煞車鼓作用時，煞車塊(墊)上有相同的切線轉速。

(四) 碟式煞車作用時，煞車塊(墊)上有不同的切線轉速。

9-4 帶式制動器（Band Brakes）

一、單向帶式制動器

帶式制動器主要包括制動帶、制動鼓輪及槓桿連桿，制動帶可以用繩索、皮帶或柔性的鋼帶繞裝於鼓輪外而成，制動時乃利用槓桿原理將制動帶拉緊，以達到煞車的目的。

如圖 9.5(a)帶制動器，若制動鼓輪以順時針方向轉，假設 θ：接觸角（單位：徑度或弧度），緊邊的張力：F_1，鬆邊的張力：F_2，皮帶寬度為：b，若鼓輪的離心力不計，則 $\dfrac{F_1}{F_2} = e^{mq}$，假設鼓輪之半徑為 r，則作用於鼓輪上的制動扭力矩 T：$T = (F_1 - F_2) \times r$

若槓桿長為 L，槓桿尾端所加之外力為 F，取固定點 O 為中心，其合力矩（取順時針方向為正值）：$\Sigma M_O = F \times L - F_2 \times a = 0 \Rightarrow F = \dfrac{F_2 \times a}{L}$

如圖 9.4(b) 所示，制動鼓以反時針方向轉時，制動扭力矩不變，原來圖中鬆邊 F_2 變為圖中緊邊 F_1

$\therefore \quad F = \dfrac{F_1 \times a}{L}$

鼓輪作用於皮帶的壓力 $\Rightarrow P = \dfrac{（作用力）}{皮帶寬度 \times 鼓輪半徑} \Rightarrow$ 最大壓力 $P_{max} = \dfrac{F_1}{b \times r}$

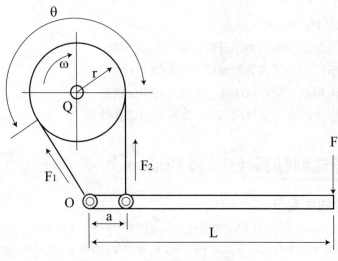

圖 9.5(a)　單向帶式制動器

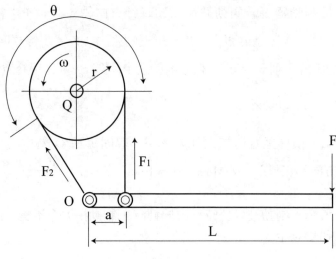

圖 9.5(b)　單向帶式制動器

二、差動式帶制動輪（differential band brake）

如圖9.6所示為一種差動式帶制動器（differential band brake）。取固定點 O 為支點中心，其合力矩：

$$\Sigma M_O = 0 \Rightarrow \Sigma M_O = F \times L + F_1 \times b - F_2 \times a = 0$$

$$F = \frac{F_2 \times a - F_1 \times b}{L} \quad 又因為 \frac{F_1}{F_2} = e^{mq}$$

$$\Rightarrow F = \frac{F_2 \times (a - be^{mq})}{L}$$

(一) F_1 與 F 作用力的力矩為相同方向，同為增加制動扭力矩之力，表示制動桿上之皮帶所傳動之磨擦力，有助於制動煞車效果，此種制動器又稱自勵式制動器（self－energizing brake）。

(二) 假如（$a - b^{mq}$）為負值，則 F 亦為負值，表示制動桿上不需要增加制動力，只要帶與制動鼓一接觸，立即產生制動的作用而成自鎖（self locking）。

(三) 在設計時要使（$a - b^{mq}$）之值要略大於 1，使之值為正。則 F 可以減到最小，使操作最省力。

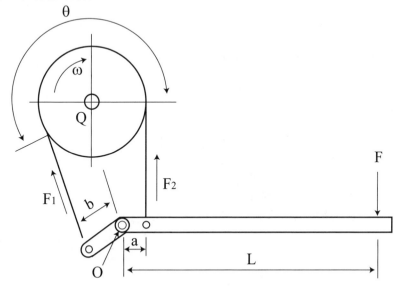

圖 9.6　差動式帶制動器

例 9-5

如右圖所示為一帶煞車（band brake）示意圖。假設襯料（lining）寬度為 b，試以 T_1 表示煞車扭矩及最大襯料壓力的方程式。
（技師）

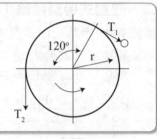

解 (1) 垂直於帶方向力的平衡：

$$dN-(F+dF)\sin\left(\frac{d\theta}{2}\right)-F\sin\left(\frac{\theta}{2}\right)=0$$

得：$dN=Fd\theta$ ·················①

(2) 由帶的切線方向力平衡得：

$$(F+dF)\cos\left(\frac{d\theta}{2}\right)-F\cos\left(\frac{d\theta}{2}\right)-fdN=0$$

得：$dF=fdN$ ·················②

(3) 由①②可得：$\frac{dF}{F}=fd\theta$

$$F_1=F_2e^{fq}\Rightarrow T_1=T_2e^{fq}$$

$$dN=Pbrd\theta\Rightarrow P_{max}=\frac{F_1}{br}$$

(4) 依題目如圖所示另緊邊張力 $T_1=F_1\Rightarrow P_{max}=\frac{F_1}{br}=\frac{T_1}{br}=\frac{T_2e^{fq}}{br}$

例 9-6

如圖所示，為一帶制動器，其規格為 a＝15cm，L＝100cm，b＝5cm，θ＝270°，摩擦係數為 0.2，鼓輪直徑是 20cm，試求平衡 200N-cm 扭力所需的操作力 F 為若干？

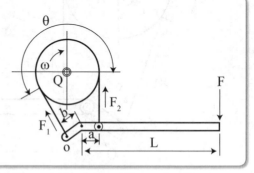

解 已知 r＝10cm、θ＝1.5π（rad）、μ＝0.20、a＝15cm、L＝100cm、b＝5cm

$$T=(F_1-F_2)\times r=200（N-cm）\Rightarrow F_1-F_2=\frac{200}{10}=20（N）$$

$$\frac{F_1}{F_2}=e^{mq}=e^{0.2\times1.5\times3.14}=2.565$$

求得 $F_2 = 12.78N$，$F_1 = 32.78N$

$\Sigma M_O = F \times L + F_1 \times b - F_2 \times a = 0$

$F \times 100 + 32.78 \times 5 - 12.78 \times 15 = 0$

$F = \dfrac{191.7 - 163.9}{100} = 0.278$（N）

例 9-7

一帶離合器股輪之外徑為 300mm，摩擦物之皮帶寬為 50mm，股輪之轉速為250rpm，$\theta = 270°$，摩擦係數為 0.1，最大之襯壓力 0.4MPa，試求傳遞扭矩與功率。

解 $F_1 = t r P_{max} = 0.05 \times 0.150 \times 0.4 \times 10^6 = 3000N$

$F_2 = \dfrac{F_1}{e^{fq}} = \dfrac{3000}{e^{(0.1 \times 1.5p)}} = 1873$ 牛頓

$T_f = r(F_1 - F_2) = 0.15 \times (3000 - 1873) = 169N\text{-}m$

$H = \dfrac{T_f \times N}{9550} = \dfrac{169 \times 250}{9550} = 4.425$ 仟瓦

例 9-8

如圖所示之帶煞車（band brake），在轉速 n =150rpm 時，其制動馬力 P 為 6hp。若襯料與鼓輪間的最大壓力 $P_{max} = 100psi$，皮帶寬 w＝2in，鼓輪半徑 R＝6in，摩擦係數 $\mu = 0.12$，試求：

(1) 接觸角 α。

(2) 桿長 a。

(3) 所需操作力 F。

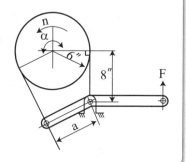

解 (1) $HP = \dfrac{T \times N}{63025} \Rightarrow 6 = \dfrac{T \times 150}{63025} \Rightarrow T = 2521$（$\ell b - in$）

$P_{max} = \dfrac{F_1}{r \times w} \Rightarrow F_1 = P_{max} \times r \times w = 100 \times 6 \times 2 = 1200\ell b$

$T = (F_1 - F_2) \times r \Rightarrow 2521 = (1200 - F_2) \times 6$

$\Rightarrow F_2 = 780$（ℓb）

$$\frac{F_1}{F_2}=e^{ma} \Rightarrow \frac{1200}{780}=e^{0.12a}$$

$$\alpha=3.5898\ (\text{rad})=205.7°$$

(2) $\beta=90-[(205.8-180)+\tan^{-1}(\frac{8}{6})]$

　　$=11.07°$

桿長 $a=6+\sqrt{8^2+6^2}$

$\sin 11.07=7.92\ (\text{in})$

(3) $F×\ell=F_2×a$

$\Rightarrow F=\frac{F_2×a}{\ell}=6176/\ell\ (\ell b)$

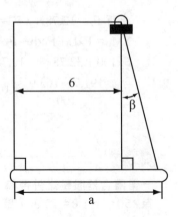

9-5　塊式制動器（Block Brakes）

塊式制動器，其構造為制動鼓之圓周上用一或多塊制動塊，以槓桿之作用壓在制動鼓上，藉摩擦力產生制動效果，為了便於分析，當制動塊之長度較短（θ 小於 60°）時，假設制動塊與鼓之間的徑向壓力，集中於塊的中央位置，其制動扭力矩為：

$$F_t = \mu N \Rightarrow T = F_t×r = \mu Nr$$

式中 N：制動鼓與塊之垂直壓力、F_t：摩擦力、μ：摩擦係數

如圖 9.6 所示，槓桿之支點位置為 O_1、O_2、O_3，等三種，其分析如下：

(一) 當支點位於 O_1 的位置時，力矩平衡式

1. 鼓輪以順時針方向轉：

$$\Sigma M_{O1}=0 \Rightarrow \Sigma M_{O1}=F×L+F_t×b-N×a=0$$

$$F=\frac{Na-F_tb}{L}=\frac{Na-\mu Nb}{L}$$

當在支點 O_1，制動鼓向順時針迴轉時得制動扭力矩：

$$T=\frac{F \cdot \mu \cdot rL}{a-\mu \cdot b}$$

2. 鼓輪以逆時針方向轉：

$$\Sigma M_{O1}=0 \Rightarrow \Sigma M_{O1}=F×L+F_t×b+N×a=0$$

$$F=\frac{F_tb+Na}{L}=\frac{\mu Nb+Na}{L}$$

制動鼓反時針迴轉時得制動扭力矩：$T=\dfrac{F \cdot \mu \cdot rL}{a+\mu \cdot b}$

(二) 當支點位於 O_2 的位置時，力矩平衡式
1. 鼓輪以順時針方向轉：

$\Sigma M_{O2} = 0 \Rightarrow \Sigma M_{O2} = F \times L - N \times a = 0$

$F = \dfrac{Na}{L}$

2. 鼓輪以逆時針方向轉：

$\Sigma M_{O2} = 0 \Rightarrow \Sigma M_{O2} = F \times L - N \times a = 0$

$F = \dfrac{Na}{L}$

(三) 當支點位於 O_3 的位置時，力矩平衡式
1. 鼓輪以順時針方向轉：

$\Sigma M_{O3} = 0 \Rightarrow \Sigma M_{O3} = F \times L - F_t \times b - N \times a = 0$

$F = \dfrac{F_t b + Na}{L} = \dfrac{\mu Nb + Na}{L}$

2. 鼓輪以逆時針方向轉：

$\Sigma M_{O3} = 0 \Rightarrow \Sigma M_{O3} = F \times L + F_t \times b - N \times a = 0$

$F = \dfrac{Na - F_t b}{L} = \dfrac{Na - \mu Nb}{L}$

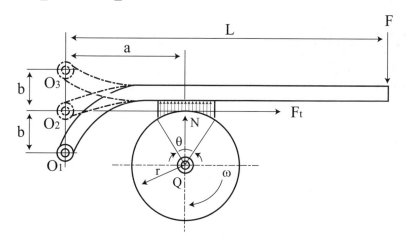

圖 9.7　塊式制動器

【觀念說明】

(一) 塊式制動器當支點位於 O_1 的位置時，鼓輪以順時針方向轉，F_1 與 F作用力的力矩為相同方向，同為增加制動扭力矩之力，表示制動桿上之制動塊所傳動之摩擦力，有助於制動煞車效果，此種制動器又稱自勵式制動器（self－energizing brake）。

(二) 塊式制動器當支點位於 O_1 的位置時，鼓輪以順時針方向轉，假如 F 為負值，則表示制動桿上不需要增加制動力，只要制動塊與制動鼓一接觸，立即產生制動的作用而成自鎖（self locking）。

(三) 塊式制動器當支點位於 O_3 的位置時，鼓輪以逆時針方向轉，F_1 與 F 作用力的力矩為相同方向，同為增加制動扭力矩之力，表示制動桿上之制動塊所傳動之磨擦力，有助於制動煞車效果，此種制動器又稱自勵式制動器（self－energizing brake）。

(四) 塊式制動器當支點位於 O_3 的位置時，鼓輪以逆時針方向轉，假如 F 為負值，則表示制動桿上不需要增加制動力，只要制動塊與制動鼓一接觸，立即產生制動的作用而成自鎖（self locking）。

例 9-9

如圖所示之制動器，若制動塊與鼓輪之間的摩擦係數為 0.2 時，則以 30 公斤之作用力加諸於槓桿，求鼓輪(1)順時針、(2)反時針方向迴轉時之制動力矩為若干？（圖示長度單位為 cm）

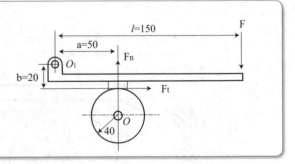

解 令 r＝40cm，μ＝0.2，F＝30kg，a＝50cm，b＝20cm，l＝150cm

(1) 鼓輪順時針方向旋轉時：

$$\because \Sigma M_{01} = F{\times}l - F_t{\times}b - F_n{\times}a = 0$$

$$\therefore F = \frac{F_n a + u F_n \times b}{l} = \frac{F_n\,(a + \mu b)}{l}$$

即 $F_n=\dfrac{Fl}{a+b\mu}$ ················· ①

$\because T=F_t\cdot r=uF_n r$ ·············· ②

①代入② $T=\dfrac{F\mu r l}{a-b\mu}=\dfrac{30\times0.2\times40\times150}{50+0.2\times20}=666.67$（kg－cm）

(2) 鼓輪反時針方向旋轉時：

$T=\dfrac{F\mu r l}{a-\mu b}=\dfrac{30\times0.2\times40\times150}{50-0.2\times20}=782.6$（kg－cm）

例 9-10

右圖說明一煞車之短屐（Brake with short shoe），其中轂半徑（Radius of drum）＝5in.，a＝16in.，c＝6in.，m＝1.5in.，短屐尺寸為 4in.x2in.，摩擦係數為 0.4，壓力為 100 psi，試計算需要作動多少力量 P 達到煞車目的（普考）

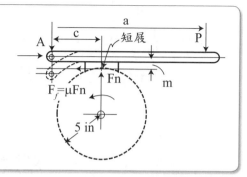

解 $F_n＝100\times4\times2＝800$（ℓb）

$\Sigma M_A＝0$

$P\times16+0.4\times800\times1.5-800\times6＝0 \Rightarrow P＝270$（ℓb）

例 9-11

一半徑為 14 in 的單短屐轂式煞車（brake drum with a single short shoe）如下圖所示，在轉速 500 rpm 時，承受 2000 in－lb 扭力，轂與短屐間的摩擦係數為 0.3。

(1) 求作用在短屐上之正向力 N（total normal force）。

(2) 計算需要多少力量 F 才能達到煞車目的。

(3) 假設除 a 外其他幾何尺寸都沒變，請問 a 值應為多少才能使煞車自鎖（self-locking）？

（鐵路高員）

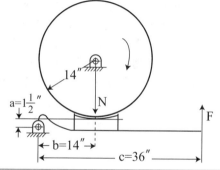

(1)

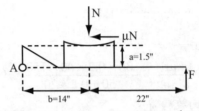

$T=\mu N \times 14 \Rightarrow 2000=0.3 \times N \times 14 \Rightarrow N=476.19$（$\ell b$）

(2) $\Sigma M_A=0$

$F \times 36 - N \times 14 + \mu N \times 1.5 = 0$

$\Rightarrow F = \dfrac{1}{36}（476.19 \times 14 - 0.3 \times 476.19 \times 1.5）= 179.23$（$\ell b$）

(3) $F = \dfrac{1}{36}〔N \times 14 - \mu N \times a〕\leq 0$

$\Rightarrow N \times 14 - \mu N \times a \leq 0 \Rightarrow a \geq \dfrac{14}{\mu} \geq 46.67$（in）

精選試題

一　問答題型

1. 車子下坡時，如果路程長，不宜長時間密集踩煞車，而應換低檔開，為什麼？
（地特四等）

   解　煞車動力通常由摩擦式煞車器產生，這種煞車器利用零件之間的摩擦力把動能轉化為熱能，而熱能則隨後在空氣中消散。當制動塊與制動鼓摩擦時，制動塊的溫度上升，而摩擦系數則隨著下跌，因此煞車器在短時間內被重覆使用，或踏著煞車器在很長的斜坡向下行駛，它的效率都可能下跌，這種煞車性能減弱的情況稱為煞車器性能衰退。假如長時間單靠集踩煞車去減慢車速則可能會引致煞車系統（迫力）過熱而失效，因此下坡時應換低檔開，利用引擎來減低車速，它可以減輕正常煞車系統的負荷，避免產生過熱引致使煞車系統性能衰退。

2. **參考所附之碟式煞車單元組立圖，係在轉軸上裝置一有相當強度及厚度之圓盤，當施以煞車時，卡鉗透過油壓方式施加夾持力，試問圖中之圓盤為何做成中空結構？**（鐵路員級）

油壓液體出入口

中空

解　該圓盤稱之為煞車盤，其作用為固定在車輪內面與車輪一起旋轉，且由於碟式煞車作動時壓力在樞軸處為零，因此接近於樞軸點無作用力，可將煞車盤製成中空狀，以節省煞車盤及摩擦物的材料。

3. **請繪圖說明汽車碟式煞車器的作動原理。另請說明設計該碟式煞車器時，有那些方法可以提高其煞車力。**（103鐵路員級）

解　碟式制動器的碟盤暴露在空氣中，使得碟式制動器具有優良的散熱性，當機械系統在高速度運轉狀態進行速度急降或在短時間內多次制動，來令片性能較不易衰退，可讓運轉系統獲得較佳的煞車效果。

其優點如下：

(一) 碟式制動器，又稱卡鉗圓盤式制動器。此種煞車具有體積小，扭距大及容易控制之優點。

(二) 汽車、升降運送車及其它輕型的裝置等都常使用。

(三) 碟式煞車有一個煞車盤，固定在車輪內面與車輪一起旋轉。煞車時運用液壓推動碟式煞車片夾緊煞車盤，藉由夾緊所產生之摩擦力來達到煞車之目的。

(四) 煞車盤因旋轉的離心力大，排水性良好，因此少有因水或泥巴而造成煞車不良的情形。

(五) 提高其煞車力方法

1. 增加夾緊力以增加夾緊所產生之摩擦力。

2. 增加煞車盤之半靜以增加煞車時所產生的扭矩。

3. 增加來令片與煞車盤之摩擦係數及摩擦面積。

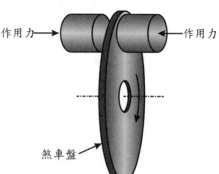

作用力　　　作用力

煞車盤

二　普考、四等計算題型

1. 一制動器其來令片摩擦面積為 $100cm^2$，摩擦係數為 0.4，接觸面之相對速度為 4m／sec，消耗掉的馬力為 32hp，則所選用之來令片之耐壓力需多少方可在沒有破壞的情況下能煞車？（普考）

解 $A＝100cm^2$，$\mu＝0.4$

$32hp＝32×0.746＝23.872（kW）$

$F×4＝23.872×10^3$

$F＝5968（N）$

$P＝\dfrac{F}{A}＝\dfrac{5968}{100×10^2}＝0.5968（N／mm^2）$

故壓力 $＝\dfrac{5968}{0.4}＝1.492（N／mm^2）$

2. 一帶狀制動器之接觸角 q 為 270 度，制動鼓輪直徑 D 為 300 公釐，扭矩 T 為 100,000 公斤－公釐，摩擦係數 m 為 0.3，皮帶厚度 t 為 2 公釐，抗拉強度 s 為 8 公斤／平方公釐。試求皮帶寬度 b（公釐）。

解 $T＝（F_1－F_2）×R$

$\Rightarrow F_1－F_2＝666.67（kg）$ ⋯⋯⋯⋯⋯⋯①

$\alpha＝270°×\dfrac{\pi}{180}＝4.712（rad）$

$\dfrac{F_1}{F_2}＝e^{mq}＝e^{0.3×4.712}＝4.11$ ⋯⋯⋯⋯⋯⋯②

由①②可得

$F_1＝880.95kg$，$F_2＝214.28（kg）$

$\sigma＝\dfrac{F_1}{bt}\Rightarrow b＝\dfrac{F_1}{\sigma t}＝\dfrac{880.95}{8×2}＝55（mm）$

3. 如圖所示為一帶制動器，鼓輪之直徑為 20cm，轉向順時針方向 100rpm，L＝80cm，a＝20cm，b＝5cm，m＝0.2，F1＝100N，$\theta＝\dfrac{3}{2}\pi$ 求施於桿端之力 F 及扭力矩 T 為若干？（$\theta=270°$）

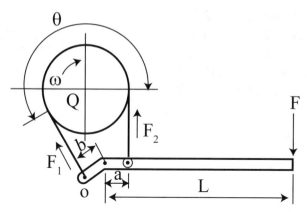

解　已知 r＝10cm、μ＝0.2、F_1＝100N
　　　L＝80cm、a＝20cm

$$\theta = \frac{3}{2}\pi \text{（rad）}$$

$$\because \frac{F_1}{F_2} = e^{mq} \Rightarrow F_2 = \frac{100}{e^{0.2 \times 1.5p}} = \frac{100}{2.565} = 39N$$

$$F = \frac{F_2 \times a - F_1 \times b}{L} = \frac{39 \times 20 - 100 \times 5}{80} = 3.5\text{（N）}$$

$$T = (F_1 - F_2) \times r = (100 - 39) \times 10 = 610 \text{ N-m}$$

4. 如圖所示之差動式制動器，緊邊張力為
T_1，鬆邊張力為T_2，若鼓輪順時針運轉，
產生「自鎖」現象的條件為？

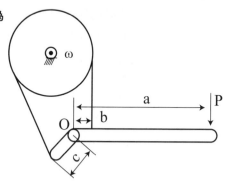

解　$\Sigma M_o = 0$
　　$\Rightarrow -T_1 \cdot c + T_2 \cdot b - P \cdot a = 0$
　　$P = \dfrac{T_2 \times b - T_1 \times c}{a}$ ，
　　當 $P \leq 0$ 即產生「自鎖」
　　故 $T_2 \cdot b \leq T_1 \cdot c$

5. **一轉軸當轉速為 600rpm 時傳送 30kW 之動力，其煞車系統採用如圖所示之單煞車塊，已知 a＝12 cm，b＝28 cm，若輪鼓直徑為 16 cm，煞車塊之摩擦係數為 0.25。試求使軸完全停止，需施加之操作力 Fa 為多少？** （地特四等）

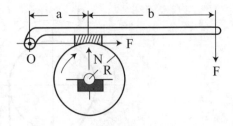

解 $\dfrac{T \times 600}{9550} = 30$

$\Rightarrow T = 477.5$（N-m）

$F_f = \dfrac{T}{R} = \dfrac{477.5}{\dfrac{16}{2} \times 10^{-2}} = 5968.75$（N）

$\mu N = F_f = 5968.75$

$\Rightarrow N = 23875$（N）

$\Sigma M_0 = 0$

$F \times (12 + 28) = 23875 \times 12$

$\Rightarrow F = 7162.5$（N）

6. **如圖有一輪徑 250mm 之煞車塊式制動器，各部尺寸如圖上所示，其摩擦係數 μ＝0.3，需加多少力（P kg）於把手右端才可將轉矩（T）622kg－cm 之順時動態輪完全制止不動。**

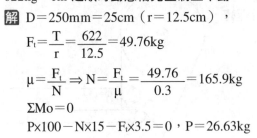
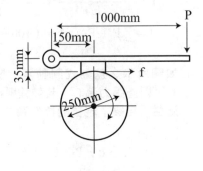

解 D＝250mm＝25cm（r＝12.5cm），

$F_t = \dfrac{T}{r} = \dfrac{622}{12.5} = 49.76$kg

$\mu = \dfrac{F_t}{N} \Rightarrow N = \dfrac{F_t}{\mu} = \dfrac{49.76}{0.3} = 165.9$kg

$\Sigma Mo = 0$

$P \times 100 - N \times 15 - F_t \times 3.5 = 0$，P＝26.63kg

7. 如圖所示，制動鼓直徑 20 公分，扭力矩為 200kg－cm，摩擦係數 0.25，a＝6cm，b＝5cm，l＝20cm，問桿端應施力 F 為多少公斤方可剎住鼓輪？

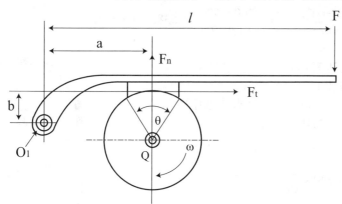

解 令 $r=10cm$，$u=0.25cm$，$T=200kg-cm$

$\because \Sigma F_{01} = F \times l + F_t \times b - F_n \times a = 0$

即 $F = \dfrac{F_n a - F_t b}{l} = \dfrac{F_n(a-ub)}{l}$ ·················· ①

$\because T = F_t \cdot r = u F_n r$

即 $F_n = \dfrac{T}{ur}$ ··· ②

②代入①

$F = \dfrac{T(a-ub)}{url} = \dfrac{200(6-0.25 \times 50)}{0.25 \times 10 \times 20} = 19$（kg）

8. 一個碟式離合器有一對250mm外徑x150mm內徑的摩擦表面，摩擦係數是0.3，促動力是6kN，試求最大的壓力及扭矩容量，並利用假設(a)為均等耗損。(b)為均等壓力。

解 (a) $p_{max} = \dfrac{2F}{\pi d(D-d)} = \dfrac{2(6)}{\pi(0.15)(0.25-0.15)} = 254.6$ kPa

$T = \dfrac{1}{4} F f(D+d) = \dfrac{1}{4}(6,000)(0.3)(0.25+0.15) = 180 N \cdot m$

(b) $p_{max} = \dfrac{4F_a}{\pi(D^2-d^2)} = \dfrac{4(6)}{\pi(0.25^2-0.15^2)} = 191 kPa$

$T = \dfrac{1}{3} F_a f \dfrac{D^3-d^3}{D^2-d^2} = \dfrac{1}{3}(6,000)(0.3)\dfrac{0.25^3-0.15^3}{0.25^2-0.15^2} = 183.8 N \cdot m$

9. 試求平均半徑150mm，α角8°的錐形離合器，在穩定運轉下R為2500N時所能承受的扭矩；μ＝0.2。

解 $T = \frac{\mu(r_0 + r_1)}{2\sin\alpha}R = \frac{0.2 \times 300 \times 2500}{2 \times 0.13917} = 538,900 \text{ N-mm}$

10. 一個帶狀剎車用100mm寬的織布來令，設計數值是f=0.3以及p_{max}=0.7MPa，ψ=240°，r=200mm。試求傳送帶的張力與在150rpm的功率容量。

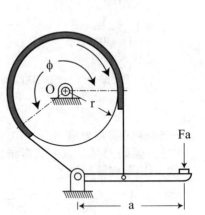

解 $F_1 = wrp_{max} = (0.1)(0.2)(700) = 14 \text{ kN}$

$f\phi = 0.3(240 \times \frac{2\pi}{360}) = 1.257$

我們得到

$F_2 = \frac{F_1}{e^{f\phi}} = \frac{14}{e^{1.257}} = 3.987 \text{ kN}$

因此 $T = (F_1 - F_2)r = (14 - 3.983)(0.2) = 2.003 \text{ kN} \cdot \text{m}$

且 $kW = \frac{Tn}{9549} = \frac{2,003(150)}{9549} = 31.46$

11. 如圖帶狀剎車的功率容量是40 kW以600 rpm旋轉，已知：φ=250°，a=500 mm，r=250 mm，f=0.4。試求傳送帶的張力。

解 $T = \frac{9549 \text{ kW}}{n} = \frac{9549(40)}{600} = 636.6 \text{ N} \cdot \text{m(a)}$

並且t

$F_1 = F_2 e^{f\phi} = F_2 e^{0.4(4.363)} = 5.727 F_2$

且

$T = r(F_1 - F_2) = 0.25(5.727 F_2 - F_2) = 1.182 F_2 \text{ (b)}$

式(a)和(b)得到

$F_2 = 538.6 \text{N} \qquad F_1 = 3,085 \text{N}$

12. **圖中之帶剎車，鼓輪直徑**400 mm，**襯料寬度**75 mm，n＝200 rpm，a＝250 mm，m＝75mm，α＝270°，μ＝0.2，**若最大襯料壓力**P_{max}＝0.5 MPa，**求制動扭矩及馬力。**

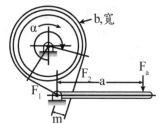

解 $F_1 = brP_{max} = 75(200)(0.5) = 7,500N$

$\mu\alpha = 0.2(1.5\pi) = 0.9425$

$e^{\mu\alpha} = 2.566$

$F_2 = \dfrac{F_1}{e^{\mu\alpha}} = \dfrac{7,500}{2.566} = 2,923$

$T = (F_1 - F_2)r = (7,500 - 2,923)(200) = 915,400$ N-mm

$H = \dfrac{2\pi nT}{60 \times 10^6} = \dfrac{915,400(200)}{9,550,000} = 19.2$ kW

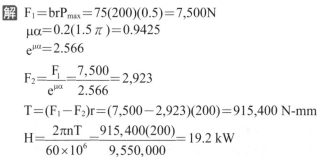

13. **如圖所示為一皮帶剎車，假設皮帶與鼓之摩擦係數為**μ＝0.3，**作用力**F＝100 lb，**皮帶之寬度**b＝2 in，**鼓之轉速為**n＝200 rpm，**求此剎車之制動馬力為多少？**(1 in＝25.4 mm，1 lb＝0.454 kg，1hp＝0.746 kW)。

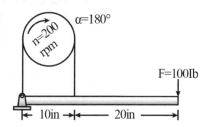

解 對剎車槓桿支點取力矩平衡，如下圖

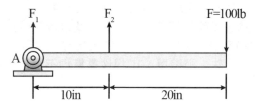

$100 \times 30 = F_2 \times 10$，$F_2 = 300$ ℓb

$F_1 = F_2 e^{\mu\alpha} = 300 e^{0.3\pi} = 770$ ℓb

$T = (F_1 - F_2)V = (770 - 300) \times 10 = 2149.5 in - \ell b$

$H = \dfrac{2\pi nT}{12 \times 33,000} = \dfrac{2\pi(200)(2149.5)}{12 \times 33,000} = 7.456 HP$

14. 一圓盤式離合器，均勻磨耗，接觸面最大壓力$P_{max}=1.2$ MPa，$r_i=45mm$，摩擦係數$\mu=0.2$，若正向作用力F_n為19,000N，試求傳遞力矩T及外半徑r_o。

解 $F_n=2\pi P_{max}r_i(r_o-r_i)$

$19,000=2\pi(1.2)(45)(r_o-45)$

$r_o=101$ mm

$T=0.2\times19,000\times\dfrac{1}{2}(45+101)$

$=277,400$ N-mm$=277$ N-m

15. 有一圓盤摩擦式離合器(見右圖)，圓外徑為12cm，內徑為8cm，若盤面承受均勻的壓力為$1kg/cm^2$，摩擦係數0.5，求此離合器最大可傳遞多少扭矩？（鐵路員級）

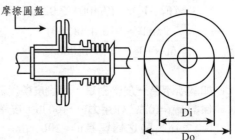
摩擦圓盤

Di
Do

解 $T=\dfrac{2\pi\mu P}{3}\times\left(r_o^3-r_i^3\right)=\dfrac{2\times\pi\times0.5\times1}{3}\times\left(6^3-4^3\right)=159.17$ kg-cm

16. 右圖所示為一用來控制飛輪轉速之平皮帶（flat belt）煞車系統，皮帶與飛輪接觸面間之摩擦係數為$\mu_s=0.3$與$\mu_k=0.25$，接觸角度為270°。若飛輪以等速率反時針方向旋轉且P＝45N，請決定皮帶作用在飛輪上之力矩。（註：飛輪與ABC桿件重量均不計）（普考）

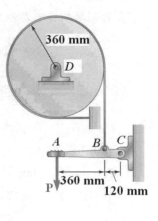
360 mm
D
A B C
P 360 mm
120 mm

解 (一) 取ABC自由體圖：

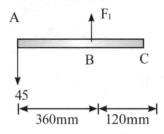
A
F_1
B　C
45
360mm　120mm

$\sum M_C=0 \Rightarrow 45\times(360+120)=F_1\times120 \Rightarrow F_1=180(N)$

(二) 當飛輪逆時針轉：

$$\frac{F_1}{F_2}=e^{\mu\beta}\Rightarrow\frac{180}{T_2}=e^{0.25\times\frac{270}{360}\times2\pi}$$

$$F_2=55.416(N)$$

$$T=(F_1-F_2)\times(-0.36)=44.85(N\text{-}m)$$

三　高考、三等計算題型

1. 一個多層摩擦盤式離合器，其摩擦係數為 0.2，外徑（do）為 14 in，內徑（di）為 10 in。當離合器傳送馬力為 250 hp 時，轉速為 1800 rpm。設彈簧造成之平均壓力為 30 psi，在內半徑處之最大壓力為 75 psi，試分別以均勻壓力（uniform pressure）及均勻磨耗理論（uniform wear）計算離合器所需圓盤數及軸向作用力。（鐵路高員）

解 (1) 均勻磨耗

$$\frac{T\times1800}{63025}=250$$

$$T_a=8753.47\ (\ell b-in)$$

$$F_n=2\pi\times P_{max}\times r_i\ (r_o-r_i)=2\pi\times75\times5\times\ (7-5)\ =4712.39\ (\ell b)$$

每接觸面之扭矩

$$T=\frac{1}{2}\mu\ (r_o+r_i)\ F_n=\frac{1}{2}\times0.2\times4712.39\times\ (7+5)\ =5654.87$$

接觸片數 $N=\frac{T_a}{T}=\frac{8753.47}{5654.87}=1.55\ (片)$ ，故需 2 片。

每組扭矩 $T=\frac{T_a}{2}=4376.735\ (\ell b-in)$

$$T=\frac{1}{2}\mu\ (r_o+r_i)\ F_n\Rightarrow4376.735=\frac{1}{2}\times0.2\times12\times F_n$$

$$\Rightarrow F_n=3647.28\ (\ell b)$$

(2) 均勻壓力：

$$F_n=\pi P\ (r_o^2-r_i^2)\ =\pi\times30\times\ (7^2-5^2)\ =2261.95$$

$$T=\mu F_n\times\frac{2}{3}\times\frac{(r_o^3-r_i^3)}{(r_o^2-r_i^2)}=2739.47$$

$$N=\frac{T_a}{T}=\frac{8753.47}{2739.47}=3.2\ (片)$$ ，故需 4 片。

每組扭矩 $T = \dfrac{T_a}{4} = 2188.31$（$\ell b$）

$2188.31 = 0.2 \times F_n \times \dfrac{2}{3} \times \dfrac{7^3 - 5^3}{7^2 - 5^2} \Rightarrow F_n = 1806.86$（$\ell b$）

2. 某工具機裝置一個單片盤式離合器（Disc type clutch）以傳遞馬達及主軸驅動扭力矩（Torque）。已知摩擦盤之外徑為內徑之1.2倍，摩擦係數為0.25，摩擦材料之壓力為3.6K/cm^2，在900rpm轉速下傳遞5Hp之功率。求摩擦盤之：
(一) 內徑（mm）。
(二) 外徑（mm）。
(三) 彈簧所施於摩擦盤上之軸向壓力。(103地三)

解 $T = 71620 \times \dfrac{5}{900} = 3979$ (kg-mm)

$T = \dfrac{2\pi\mu P}{3}\left(r_o^3 - r_i^3\right)$

本題摩擦材料之壓力P=3.6k/cm^{2}單位有誤

假設P=3.6 (kg/cm^2)=0.036 (kg/mm^2)

$T = 3979 = \dfrac{2\pi \times 0.25 \times 0.036}{3} \times \left[\left(1.2r_i\right)^3 - \left(r_i\right)^3\right]$

內徑$r_i = 66.18$ (mm)，外徑$r_o = 79.426$ (mm)

$F = \pi P \times \left(r_o^2 - r_i^2\right) = \pi \times 0.036 \times (79.426^2 - 66.18^2) = 218.43$ (kg)

3. 求如下圖所示煞車之 a 值，若鼓輪之直徑為 200 mm，扭矩為 5000 N-mm，摩擦係數為 0.25，P＝100 N。（高考）

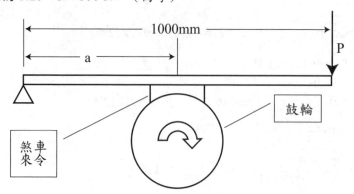

解 $\mu N = \dfrac{5000}{\dfrac{200}{2}} = 50$（N）

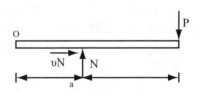

$N = 200$（N）

$\Sigma M_0 = 0$

$P \times 1000 = N \times a$

$\Rightarrow 100 \times 1000 = 200 \times a$

$a = 500$（mm）

4. 考慮某一種煞車裝置，利用槓桿原理及短的摩擦塊（參考附圖），煞車鼓半徑為14吋（in），正在以 500rpm 轉速帶動 2000 吋‧磅（in‧lb）的扭矩，假定煞車鼓和煞車塊之間的摩擦係數為 0.3，求：(1)煞車塊正向受力 P 為多少？(2)當煞車鼓逆時針方向轉時，所需的制動力 W？(3)當煞車鼓順時針方向轉時，所需的制動力 W？(4)如果此煞車裝置變成自行鎖住（self－locking）的狀態，則圖中 1.5 吋的數值需要重新設計為多少（其他尺寸不變）？（地特三等）

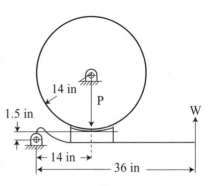

解 (1)

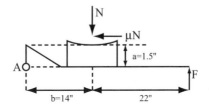

$T = \mu N \times 14 \Rightarrow 2000 = 0.3 \times N \times 14 \Rightarrow N = 476.19$（ℓb）

(2) $\Sigma M_A = 0$

$F \times 36 - N \times 14 + \mu N \times 1.5 = 0$

$\Rightarrow F = \dfrac{1}{36}(476.19 \times 14 - 0.3 \times 476.19 \times 1.5) = 179.23$（ℓb）

(3) $F = \dfrac{1}{36}[N \times 14 - \mu N a] \leq 0$

$\Rightarrow N \times 14 - \mu N a \leq 0 \Rightarrow a \geq \dfrac{14}{\mu} \geq 46.67$（in）

5. 一個單足式煞車如右圖所示。b＝50 mm，d＝55mm，$F_f＝f×F_N$，F 為產生煞車力之外力＝100 N，f＝0.2，求煞車力 Ff，並找出會發生自鎖（self locking，self acting）之摩擦係數。（地特三等）

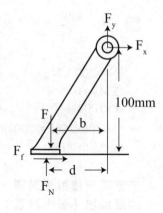

解 (1) $\Sigma M＝0$

$F×b＋F_f×100－F_N×d＝0$

$\Rightarrow 100×50＋0.2×F_N×100－F_N×55＝0$

$\Rightarrow F_N＝142.857$（N）

$F_f＝0.2×142.857＝28.57$（N）

(2) 若發生自鎖

$F×50＋f×142.857×100－142.857×55＝0$

$\Rightarrow F＝\dfrac{-f×142.857×100＋142.857×55}{50}＝\leq 0$

f≧0.55 時會發生自鎖

6. 一個單面盤式離合器，其摩擦盤之外徑（outside diameter）為 300 mm，內徑（inside diameter）為 120 mm，摩擦係數為 0.5。若使用均一壓力理論，其 P＝0.8 MPa，求其軸向的壓力 F_n 及扭力矩 T。（技師）

解 均勻壓力

$F_n＝\pi P\,(r_o^2－r_i^2)＝\pi×0.8×(150^2－60^2)＝47500.88$（N）

$T＝\dfrac{2}{3}\pi\mu P\,(r_o^3－r_i^3)$

$＝\dfrac{2}{3}×\pi×0.5×0.8×(150^3－60^3)$

$＝2646477.65$（N-mm）

7. 試求圖中的剎車(Brake)所能吸收的：

(一) 摩擦功率。

(二) 桿臂長a＝？（103高三）

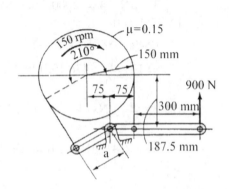

解 (一) $\tan\theta=\dfrac{75}{187.5} \Rightarrow \theta=21.8°$　　$\overline{OB}=201.94$

$\phi=90°-(210°-180°)=60°$

由 ΔOAB

$\dfrac{\overline{OB}}{\sin 30°}=\dfrac{\overline{OA}}{\sin 68.2°}=\dfrac{\overline{AB}}{\sin 81.8°}$

$\Rightarrow \overline{OA}=375$，$\overline{AB}=399.73$

由 ΔkhA　$\overline{Ah}=375-150=225$

故 $\overline{Ak}=259.8 \Rightarrow \overline{Bk}=\overline{AB}-\overline{Ak}=139.94$

故 $\overline{BC}=121.2mm$。

(二) $\dfrac{F_1}{F_2}=e^{0.15\times\frac{210}{360}\pi}=1.732 \Rightarrow F_1=1.732F_2\cdots\cdots①$

$\sum M_B=0 \Rightarrow F_1\times 121.2-F_2\times 75-900\times 375=0\cdots\cdots②$

由①② $\Rightarrow F_2=2500(N)$，$F_1=4332.5$

功率 $=\dfrac{T\times 150}{9550}=4.32(kw)$。

8. 一個錐形離合器的平均直徑是500mm，10°錐形角度，以及錐形表面w=80mm，來令的f=0.2，$p_{max}=0.5MPa$。利用均等磨損的假設，試求(a)促動力與扭矩容量。(b)速度是500rpm時的功率容量。

解 (a) $Rise=w\sin\alpha=80\sin 10°=13.89mm$

$D=500+13.89=513.89mm$

$d=500-13.89=486.11mm$

$T=\dfrac{\pi(0.2)(500)(0.48611)}{8\sin 10°}[0.51389^2-0.48611^2]=3.05\ kN\cdot m$

$F_a=\dfrac{1}{2}\pi(500)(0.48611)[0.51389-0.48611]=10.61kN$

(b) $kW=\dfrac{T_1V}{9549}=\dfrac{3,050(500)}{9549}=159.7$

9. 如 圖 所 示 的 帶 狀 剎 車 使 用 織 布
來 令 ， 設 計 數 值 $p_{max}=0.6MPa$ ，
$f=0.4$ ， 傳 動 帶 的 寬 度 $w=75mm$ ，
$\phi=240°$ ， $r=150mm$ ， $a=400mm$ 。
試 求 (a) 傳 動 帶 的 張 力 與 促 動 力 。 (b) 在
200rpm的功率容量。

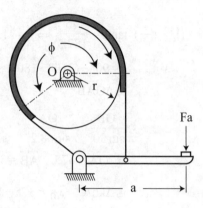

解　$\phi=240°=4.189rad$

   (a)　$F_1=p_{max}wr=600(0.075)(0.15)=6.75\,kN$

   並且 $\dfrac{F_1}{F_2}=e^{f\phi}=e^{0.4(4.189)}=5.342$

   因此 $F_1=5.342F_2$ 且 $F_2=1.264\,kN$

   $F_a=F_2\dfrac{r}{a}=(1.264\times10^3)\dfrac{150}{400}=474\,N$

   (b)　$T=r(F_1-F_2)=0.15(6.75-1.264)10^3=823\,N\cdot m$

   $kW=\dfrac{Tn}{9549}=\dfrac{823(200)}{9549}=17.24$

10. 差速皮帶剎車使用織布的來令，其設計值為$f=0.3$，$P_{max}=375kPa$。試求
   (a)扭矩容量
   (b)促動力
   (c)功率容量
   (d)會造成自鎖的尺寸s值
   已知：速度是250prm、
        $a=500mm$、$c=150mm$、
        $w=60mm$、$r=200mm$、
        $s=25mm$、$\phi=270°$。

解　(a) $F_1=wrp_{max}=(0.06)(0.2)(375)=4.5\,kN$

     $F_2=\dfrac{F_1}{e^{f\phi}}=\dfrac{4.5}{e^{0.3(1.5\pi)}}=1.095\,kN$　　　$T=(4.5-1.095)(0.2)=0.681\,kN\cdot m$

   (b) $F_a=\dfrac{150(1.095)-25(4.5)}{0.5}=103.5\,N$

   (c) $kW=\dfrac{Tn}{9549}=\dfrac{681(250)}{9549}=17.8$

   (d) 得到$s=150(1.095)/4.5=36.5mm$時，$F_a=0$

   註解：如果$s\geq36.5mm$，剎車會自鎖。

11. 差速剎車如圖所示，在220rpm要吸收10kW，已知：來令跟鼓之間的最大壓力是
0.8MPa，f=0.14，和w=60mm。試求(a)包蓋角度。(b)由剎車的幾何圖形得到的臂長s。

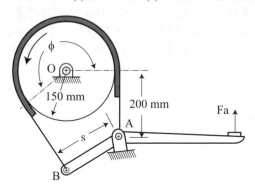

解 (a) $F_1 = p_{max} wr = 800(0.06)(0.15) = 7.2\,kN$

$$T = \frac{9549\,kN}{N} = \frac{9549(10)}{220} = 434\,N \cdot m$$

$$T = (F_1 - F_2)r, \; F_2 = F_1 - \frac{T}{r} = 7.2 - \frac{0.434}{0.15} = 4.307\,kN$$

我們得到

$$e^{f\phi} = \frac{F_1}{F_2} = \frac{7.2}{4.307} = 1.672, \; f\phi = \ln 1.672 = 0.514$$

因此 $\phi = \dfrac{0.514}{0.14} = 3.671 \quad rad = 210.4^\circ$

(b) 根據三角形ABC：
s = 206.6 cos30.4° = 178.2mm

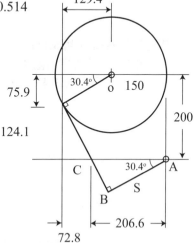

12. 某外徑250mm內徑100mm 的單摩擦面離合器，μ＝0.2。(1)若均勻磨耗理論成立，試求P_{max}＝0.7MPa時所需的軸向力Fn，並求離合器產生的扭矩。(2) 若均勻壓力理論成立，試在P_{max}＝0.7MPa 的條件下對相同離合器求解(1)部分的問題。(3)若均勻磨耗理論成立，試求Fn＝22500時，離合器承受的扭矩及P_{max}的值。(4)試在均勻壓力理論成立的情況下，求解(3)部分的問題。

解 (1) $F_n＝2\pi0.7\times50\times75＝16,490N$

$T＝\pi0.2\times0.7\times50(125^2－50^2)＝288,600 \text{ Nmm}$

(2) $F_n＝\pi0.7(125^250^2)＝28,860Nmm$

$T＝\dfrac{2}{3}\pi0.2\times0.7(125^3－50^3)＝536,040 \text{ Nmm}$

(3) $P_{max}＝\dfrac{Fn}{2\pi ri(r_0－r_i)}＝\dfrac{22,500}{2\pi50\times75}＝0.955 \text{ Mpa}$

$T＝\dfrac{0.2\times(125+50)\times22,500}{2}＝393,750 \text{ Nmm}$

(4) $P＝\dfrac{F_n}{\pi(r_0{}^2－r_i{}^2)}＝\dfrac{22,500}{\pi(125^2－50^2)}＝0.546MPa$

$T＝\dfrac{2\times0.2\times(125^3－50^3)\times22,500}{3(125^2－50^2)}＝417,850 \text{ Nmm}$

13. 某圓盤煞車有兩片角度成45°夾角的襯墊，外半徑為6in.，內半徑為4in.，摩擦係數0.4，最大襯料壓力100psi。試利用均勻磨耗理論對一個煞車塊所需施加的力及兩個煞車塊的扭矩容量。

解 $F_n ＝\dfrac{45}{360}\times2\pi P_{max}r_i(r_o－r_i)$

$＝\dfrac{45}{360}\times2\pi 100\times4（6－4）＝628.3 \text{ lb}$

$T＝\mu F_n r_{av}＝0.4\times628.3\times5＝1256.6 \text{ in.lb單塊}$

$＝2513.2 \text{ in.lb雙塊}$

14. 一個複合碟式離合器有四個作用中的表面，12in.的外徑，6in.的內徑，以及f＝0.2，在400rpm要帶動50hp。使用均等磨損的條件，試求(1)所需要的促動力。(2)碟與碟之間的平均壓力。

解 (1)$T = \dfrac{63,000hp}{n} = \dfrac{63,000(50)}{400} = 7.875$kip・in.

且$T = \dfrac{1}{8}\pi fp_{max}d(D^2-d^2) = \dfrac{\pi}{8}(0.2)p_{max}6[12^2-6^2]$

$= 50.894p_{max} \equiv \dfrac{7,875}{4}$, $p_{max} = 38.68$ psi

$F_a = -p_{max}d(D-d) = \dfrac{\pi}{2}(38.68)(6)(6) = 2.187$kips

(2) $p_{avg} = \dfrac{F_a}{\dfrac{\pi}{4}(D^2-d^2)} = \dfrac{2,187(4)}{\pi(12^2-6^2)} = 25.78$psi

15. 圖中為一綜合切削中心機（Machining center）之銑刀軸（Spindle），刀軸表面插入主軸頭錐孔後承受之面壓（Face pressure）為4kg/cm²，刀軸與錐孔間之摩擦係數為$\mu = 0.25$，試問抓刀力應為多少kg（可畫自由體圖來幫助解答）？
另外常用於綜合切削中心機之公制銑刀軸，其代號種類主要有那些？(103高)

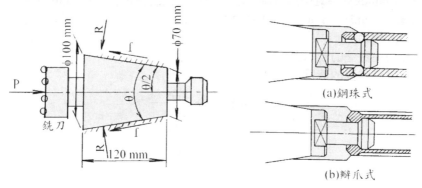

解 （一）

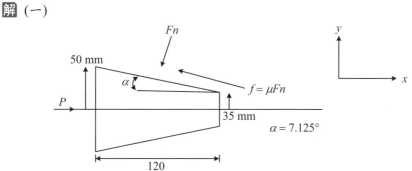

$$F_n = \int_{r_i}^{r_0} P_n dA = \int_{r_i}^{r_0} P_n \frac{2\pi r dr}{\sin \alpha}$$

$$F_n = \int_{3.5}^{5} \frac{4 \times 2\pi}{\sin(7.125)} r dr = 202.627 \times \frac{1}{2} \times r^2 \Big|_{3.5}^{5} = 1291.74 \text{ (kg)}$$

$$f = \mu F_n = 0.25 \times 1291.74 \text{ (kg)} = 322.94 \text{ (kg)}$$

$$\xrightarrow{+} \sum F_x = 0 \implies P - F_n \times \sin(7.125°) - f_x(\cos 7.125°) = 0$$

$$\implies P = 480.67 \text{ (kg)}$$

(二) 1. 銑床刀軸一般分為A、B、C三種型式。

2. 銑床刀軸規格依錐度大小、桿徑、形式和桿長記載

　　ex　50－25.4－B－457

　　錐度50號、桿徑25.4mm、B形式刀軸、桿長457mm。

16. 下圖所示為一個具兩個環狀襯墊的碟式煞車（disk brake），各個襯墊的外半徑$r_o = 130$ mm，內半徑$r_i = 90$ mm，角度$\alpha = 108°$，摩擦係數$f = 0.42$，並藉由直徑40 mm的液壓缸予以制動。若該煞車系統的扭矩容量為1500 N-m，根據均等壓力（uniform pressure）的條件，試求：

(一)最大壓力p_{max}。

(二)作用在襯墊的制動力F。

(三)液壓缸需要的液壓。(104地特三等)

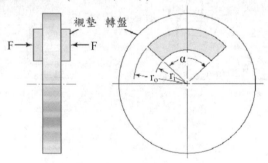

解 (一) $T = \int_{r_i}^{r_0} f \times P \times r \times \alpha r dr \times 2 = \frac{\alpha}{3} \times f \times P \times (r_o^3 - r_i^3) \times 2$

其中 $\alpha = \dfrac{108}{360} \times 2\pi = 0.6\pi$

$\implies 1500 = \dfrac{0.6\pi}{3} \times 0.42 \times P \times \left[(0.13)^3 - (0.09)^3\right] \times 2 \implies P = 1936003.1 \text{(Pa)}$

(二)　$F = \int_{r_i}^{r_o} P\,\alpha\,dr = \dfrac{\alpha}{2} \times P \times (r_o^2 - r_i^2)$

$\qquad = \dfrac{0.6\pi}{3} \times 1936003.1 \times \left[(0.13)^2 - (0.09)^2 \right] = 16056.83(\text{N})$

(三)　$F = \int_{r_i}^{r_o} P\,\alpha\,dr = \dfrac{\alpha}{2} \times P \times (r_o^2 - r_i^2)$

$\qquad P = \dfrac{F}{A_P} = \dfrac{16056.83}{\dfrac{\pi}{4} \times 40^2} = 12.78(\text{MPa})$

17. 一個錐形離合器的D＝330mm、d＝306mm，錐的高度為60mm，摩擦係數＝0.26，將傳遞扭矩200N-m。利用均等磨損的假設及均勻壓力理論，試求致動力及壓力。

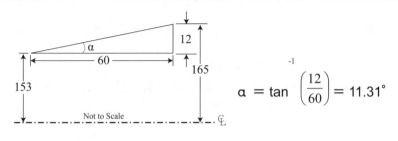

$\alpha = \tan^{-1}\left(\dfrac{12}{60}\right) = 11.31°$

解 (1) 均勻摩耗理論

$\qquad 0.200 = \dfrac{\pi(0.26)(0.306)Pa}{8\sin 11.31°}\,(0.330^2 - 0.306^2) = 0.002432Pa$

$\qquad Pa = \dfrac{0.200}{0.002432} = 82.2\text{kPa}$

$\qquad F = \dfrac{\pi Pad}{2}(D - d) = \dfrac{\pi(82.2)(0.306)}{2}\,(0.330 - 0.306) = 0.949\text{kN}$

(2) 均勻壓力理論

$\qquad 0.200 = \dfrac{\pi(0.26)Pa}{12\sin 11.31°}\,(0.330^3 - 0.306^3) = 0.00253Pa$

$\qquad Pa = \dfrac{0.200}{0.00253} = 79.1\text{kPa}$

$\qquad F = \dfrac{\pi Pa}{2}(D^2 - d^2) = \dfrac{\pi(79.1)}{4}\,(0.330^2 - 0.306^2) = 0.948\text{kN}$

18. **一轉動軸轉速為 1000rpm 逆時針方向旋轉，傳送 30kW 之動力，如欲使用下圖中之短煞車塊裝置來停止運轉，此煞車塊之磨擦係數 f＝0.25，試求：**

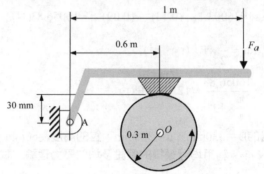

(一) 需施加之驅動力 Fa 為多少，是否為自添力煞車（self-energizing brake）？
(二) 作用於銷接頭 A 上的力為多少？
(三) 如軸之轉動方向變為順時針時，需施加之驅動力Fa為多少，是否為自添力煞車（self-energizing brake）？（高考）

解 (一)

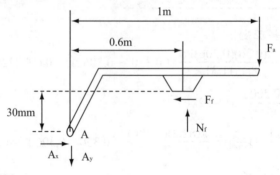

$$\frac{T \times 1000}{9550} = 30 \Rightarrow T = 286.5 \text{（N-m）}$$

$$F_f = \frac{286.5}{0.3} = 955 \text{（N）}$$

$$N_f = \frac{955}{0.25} = 3820 \text{（N）}$$

$$\Sigma M_A = 0 \Rightarrow F_a \times 1 - F_f \times 0.03 - N_f \times 0.6 = 0 \Rightarrow F_a = 2320.65 \text{（N）}$$

產生之摩擦力 F_f 無法使 F_a 減小，因此不是自添力煞車。

(二) $A_x = F_f = 955 \text{（N）}$

$A_y = N_f - F_a = 3820 - 2320.65 = 1499.35 \text{（N）}$

(三) 若為順時針，則 F_f 方向相反

$$\Sigma M_A = 0 \Rightarrow F_a = 0.6N_f - 0.03F_f = 0.6 \times 3820 - 0.03 \times 955$$

$$\Rightarrow F_a = 2263.35$$

若 F_f 增大則 F_a 減小，因此為自添力煞車。

19. 有一半錐角為10°的圓錐離合器，在600 rpm下傳送60 hp動力。沿圓錐的襯料寬度為2 in，最大襯料壓力50psi，$\mu = 0.2$，試求r_i及r_o值。

解 傳送扭矩$T = \dfrac{(33,000 \times 12)hp}{2\pi n} = \dfrac{(33,000 \times 12) \times 60}{2\pi \times 600} = 6,303 \text{in} - \text{lb}$

由$T = \dfrac{\pi \mu P_{max} r_i (r_o^2 - r_i^2)}{\sin \alpha} = \dfrac{\pi(0.2)(50)r_i(r_o^2 - r_i^2)}{\sin 10°} = 181 r_i (r_o^2 - r_i^2)$

得$6,303 = 181 r_i (r_o - r_i)(r_o + r_i)$

$\because \sin \alpha = \dfrac{r_o - r_i}{b} = \dfrac{r_o - r_i}{2}$

$\therefore r_o - r_i = 2\sin 10° = 0.347$

故$6,303 = 181 r_i (0.347)(r_o + r_i) = 181 r_i (0.347)(r_i + 0.347 + r_i)$

$125.6\, r_i^2 + 21.8 r_i - 6,306 = 0$

解得$r_i = \dfrac{-21.8 \pm \sqrt{(21.8)^2 + 4(125.6)(6,303)}}{2(125.6)} = 7.0\text{ in 或} - 7.2\text{ in (不合)}$

$r_o = 7.0 + 0.347 = 7.35$ in

20. 如圖所示之帶剎車，帶輪直徑d = 50 mm，若該剎車為自鎖剎車，求m_1與m_2之比值。若車輪逆時針旋轉，則m_1與m_2之比值又如何？已知$\mu = 0.2$。

解 $\dfrac{F_1}{F_2} = e^{\mu \alpha} = e^{0.2\pi} = 1.874$

(a) 順時針旋轉

取剎車槓桿為自由體圖，如圖(a)

對支點取力矩平衡$\Sigma M = 0$

$F \times 300 + F_1 m_1 = F_2 m_2$

$F = \dfrac{F_2 m_2 - F_1 m_1}{300}$

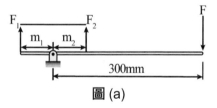

圖 (a)

若為自鎖式剎車，則剎車起動力F≤0

得自鎖條件為$F_2m_2 \leq F_1m_1$

$$\frac{m_1}{m_2} \geq \frac{F_2}{F_1} = \frac{1}{1.874} = 0.533$$

(b) 逆時針旋轉，如圖(b)所示

$F \times 300 + F_2m_1 = F_1m_2$

$$F = \frac{F_1m_2 - F_2m_1}{300}$$

自鎖時：F≤0，$F_1m_2 \leq F_2m_1$

$$\frac{m_1}{m_2} \geq \frac{F_1}{F_2} = 1.874$$

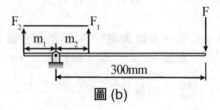

圖(b)

21. 一錐形離合器，錐角α為12°，摩擦係數$\mu = 0.25$，且$r_i / r_o = 0.8$。若施加正向力$= 1,700N$時，產生傳遞力矩$T = 300$N-m，試分別依均勻壓力與均勻磨耗，求所需之內、外半徑r_i與r_o值。

解 此題解題時將正向力視為最軸向彈簧力

(a) 均勻壓力$T = [\mu F_a \frac{(r_o^3 - 0.8^3 r_o^3)}{(r_o^2 - 0.8^2 r_o^2)}]/\sin 12°$

$$300,000 = [0.25(1700)\frac{2(0.488r_o^3)}{3(0.36r_o^2)}]/\sin 12°$$

$r_o = 298$mm，$r_i = 0.8 \times 298 = 239$mm

(b)均勻磨耗$T = \frac{\mu F_a R_e}{\sin \alpha} \Rightarrow 300,000 = \frac{0.25(1700)(\frac{r_o + 0.8r_o}{2})}{\sin 12°}$

$r_o = 163$mm，$r_i = 0.8 \times 163 = 130.5$mm

課前導讀
1. 鉚釘本身的破壞及板材之破壞
2. 平板熔接
3. 熔接的種類與受力
4. 平板熔接強度分析
   (1) 熔接承受扭矩　　　　　(2) 熔接承受彎矩
5. 環狀填角熔接
6. 熔接之偏心負載

重點內容

10-1 鉚接

鉚釘的分析比螺栓更簡單些，分析螺栓時之受力面積為應力面積，鉚釘之截面積保持不變，其一端有頭，可用以插過二物之孔，利用器具、模具或鉚釘套和錘或空氣錘，使另一端亦變為有頭而將兩物夾緊在一起。在分析鉚釘破壞模式時，可區分為鉚釘本身的破壞及板材之破壞，其分析如下所示：

鉚接受力型式	破壞模式
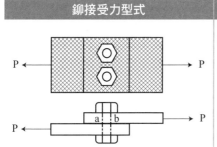	鉚釘之剪力破壞 單剪：$\tau = \dfrac{P}{n\left(\dfrac{\pi \cdot d^2}{4}\right)}$ n：總鉚釘數目 d：鉚釘直徑

鉚接受力型式	破壞模式
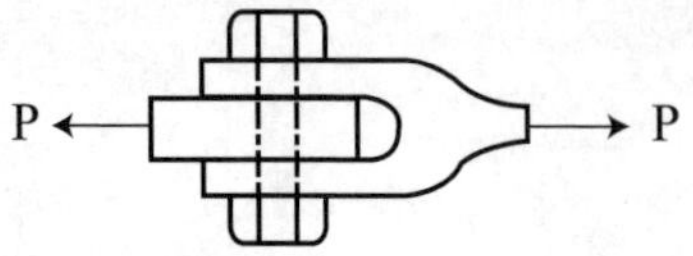	鉚釘之剪力破壞 雙剪：$\tau = \dfrac{P}{2n\left(\dfrac{\pi \cdot d^2}{4}\right)}$ n：總鉚釘數目 d：鉚釘直徑
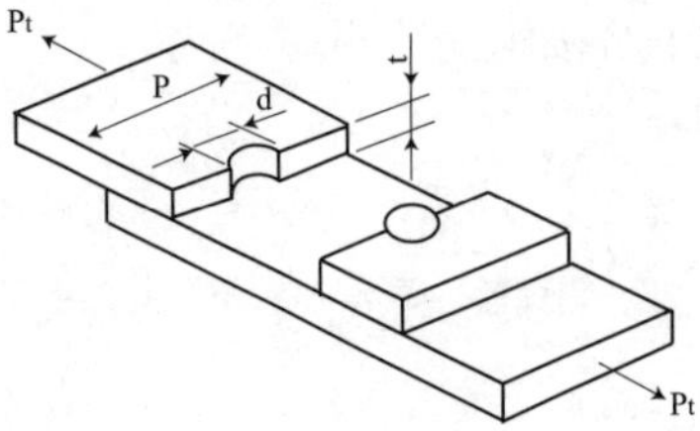	鉚釘之壓力破壞：（又稱鉚釘之承應力 Bearing Stress） $\sigma_c = \dfrac{P_t}{n\,(dt)}$ n：總釘子數目 t：所求之板的厚度
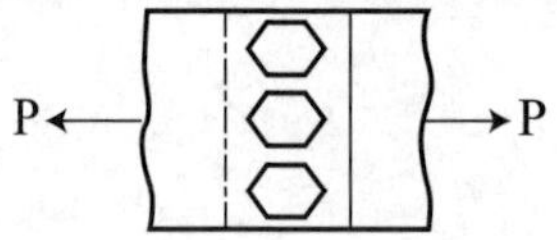	板材之張力破壞 $\sigma_t = \dfrac{P}{(b\text{-}nd)\,t}$ b：所求之板的厚度 n：板材最大受拉面上的釘子數目
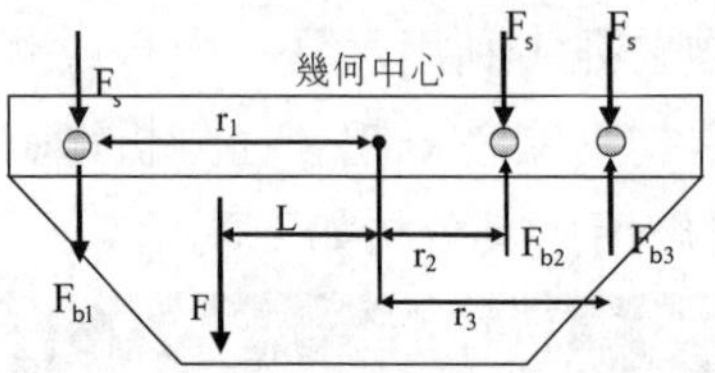	受偏心負荷之鉚接，與螺釘偏心負荷相同，參考 5-3 節

備註：鉚接承受的安全負荷稱為鉚接強度，通常以穿孔後板塊能承受的最大張力、最大壓力和鉚釘所能承受之最大剪力，三者中取較小值為鉚接強度。

鉚接效率：

$$\eta = \frac{\text{每一節距中鉚接後的容許荷重}}{\text{每一節距中（板板材抗拉強 * 板材未穿孔時的面積）}}$$

板之效率（接合效率）：

$$\eta = \frac{\text{穿孔後每一節距長度鋼板之抗拉力}}{\text{每一節距板材未穿孔時的抗拉力}}$$

例10-1

兩材料板厚同為 4cm，搭接時用直徑 3cm 的鉚釘予以鉚接，若鉚釘之容許壓應力為 2000kg／cm^2，且其容許剪應力為 1000kg／cm^2，如欲承受 60000kg 之負荷，則最少需用鉚釘若干個？

解 $P_c=3 \times 4 \times 2000=24000kg$

$P_s=\dfrac{\pi}{4} \times 3^2 \times 1000=7065kg$

$\therefore P'=7065kg$，$\therefore n=\dfrac{60000}{7065}=8.5$ 用 9 根

例10-2

如圖所示之搭頭接合，鉚釘直徑為 2cm，若容許張應力為 12MPa，容許壓應力為 25MPa，容許剪應力為 8.5MPa，該接頭所能承受之最大載重為多少？

解 $\tau=\dfrac{P_s}{2 \times \dfrac{\pi}{4} \times 20^2}=8.5 \Rightarrow P_s=5340$（N）

$\sigma_c=\dfrac{P_c}{2 \times 20 \times 6}=25 \Rightarrow P_c=6000$（N）

$\sigma_t=12=\dfrac{P_t}{60 \times 6} \Rightarrow P_t=4320$，故 $P=4320$（N）

例10-3

有一受 20 噸張力負載之對接雙蓋板用鉚釘接合，鉚釘的直徑為 20mm，若鉚釘之降伏強度為 10kg／mm^2，安全因數為 2，則應使用幾支鉚釘？

解 $\tau=\dfrac{0.5 \times S_y}{F_s}=\dfrac{0.5 \times 10}{2}=2.5$（kg／mm^2）

$\tau=\dfrac{A}{F}=\dfrac{20 \times 10^3}{\dfrac{\pi}{4} \times (20^2) \times 2 \times n}=2.5$

$n=12.73$ 故使用 13 支

例10-4

二鋼板以單列鉚釘搭接，如下圖所示，
板之截面大小為 100mm×5mm×60mm，
若鉚釘直徑 15mm，鋼板厚 5mm，若
容許拉應力為 155MPa，容許壓應力為
341MPa，容許剪應力為 105MPa，則搭
頭所能傳遞之最大載重約為多少 N？

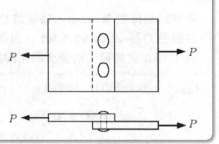

解 依題意知：b＝100mm，t＝5mm，d＝15mm，n＝2，σ_t＝155MPa，
σ_c＝341MPa，τ＝105MPa

則 $P_t = \sigma_t \times A_t = \sigma_t \times (b-nd)\,t = 155 \times (100-2\times15) \times 5 = 54250N$

$P_c = \sigma_c \times A_c = \sigma_c \times ndt = 341 \times (2\times15\times5) = 51150N$

$P_s = \tau \times A_s = \tau \times n \times \dfrac{\pi}{4}\,d^2 = 105 \times (2\times\dfrac{3.14}{4}) \times (15)^2 = 37091N$

P 取較小值才安全，故最大載重為 37091N

例10-5

板厚 12mm，鉚釘直徑 20.2mm，節距 p＝48mm 之單排鉚接接頭，每一
節距所受之負載 F＝1200kg，試求**(1)**板之拉應力及鉚釘之剪應力。**(2)**鉚接
之效率。**(3)**板之效率。

解 (1) 板之拉應力

$$\sigma = \frac{F}{A} = \frac{F}{(P-d)\times t} = \frac{1200}{(48-20.2)\times12} = 3.597\ (kg\,/\,mm^2)$$

鉚釘之剪應力：

$$\tau = \frac{F}{A} = \frac{F}{\dfrac{\pi}{4}d^2} = \frac{1200}{\dfrac{\pi}{4}\times(20.2)^2} = 3.744\ (kg\,/\,mm^2)$$

(2) 鉚接效率：$\eta = \dfrac{\dfrac{\pi}{4}d^2\times\tau}{P\times t\times\sigma} = \dfrac{\dfrac{\pi}{4}\times(20.2)^2\times3.744}{48\times12\times3.597} = 0.5791$

(3) 板之效率 $\eta = \dfrac{(P-d)\,t\times\sigma}{P\times t\times\sigma} = \dfrac{48-20.2}{48} = 0.5792$

例10-6

一單排鉚接接頭板厚 12mm，鉚釘直徑 22mm，釘距 60mm，板之破壞拉應力為4000kpa，釘之破壞剪應力為 3200kpa，則鉚接之效率為？

解 $t=12mm=0.012m$，$d=22mm=0.022m$，$p=60mm=0.06m$

$\sigma_t=4000kpa$，$\tau=3200kpa$

穿孔後之強度 P'

$P_S=\dfrac{\pi}{4}\times(0.022)^2\times3200\times1000=1216.42$（N）

$P_t=(0.06-0.022)\times0.012\times4000\times1000=1824$（N）

$\therefore$ 取 $P'=P_S=1216.42$（N）

未穿孔前強度 $p=0.06\times0.012\times4000\times1000=2880$（N）

故搭接效率 $=\dfrac{1216.48}{2880}\times100\%=42.2\%$

例10-7

如圖所示，板厚 6mm，鉚釘直徑 14mm，釘距 42mm 之鉚釘搭接，板之破壞拉應力為 45Mpa，釘之破壞剪應力為 30MPa，則板之效率（接合效率）為？

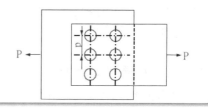

解 板厚$=6mm=0.006m$，鉚釘直徑$=14mm=0.014m$，

釘距$=42mm=0.042m$ $\sigma_t=45MPa$，$\tau=30MPa$

穿孔後之強度 P'

$P_S=\dfrac{\pi}{4}\times0.014^2\times30\times10^6=4618.14N$

$P_t=(0.042-0.014)\times0.006\times45\times10^6=7560N$

$\therefore$ 取 $P'=P_S=27708.872N$

未穿孔前強度 $p=0.006\times0.042\times45\times10^6=11340N$

故板之效率 $=\dfrac{7560}{11340}\times100\%=66.7\%$

10-2 平板熔接

一、熔接的優缺點

(一) 熔接優點：

1. 可節省材料，製作成本低，較鑄件減少 20%～50%的重量。
2. 運輸成本低，較鍛造或鑄造更容易組合機械零件。
3. 熔接觸之封閉性良好，可防止水或氣體等漏出。
4. 設計變通性增加、較輕。
5. 接合之強度較高，可用較短時間來組合零件。
6. 比螺栓或鉚接更具效果。

(二) 熔接缺點：

1. 幾何形狀不規則，數學分析較難。
2. 接合材料受到限制，部份材料不易接合。
3. 熱直接施於所熔接的金屬上，限用於對熱不敏感之材料上。
4. 材料的強度會降低，易產生殘餘應力，需後續加工改善。
5. 需要特別專業人員來做，焊接品質較不易管理。

二、熔接的種類與受力

熔接接合的種類：1. 對頭式熔接；2. 填角熔接；3. 邊緣熔接；4. 隅角熔接；5. 搭熔接。就常見之種類為對頭式熔接及填角熔接，受力分析如下所示：

熔接方式	受力分析
對頭式熔接	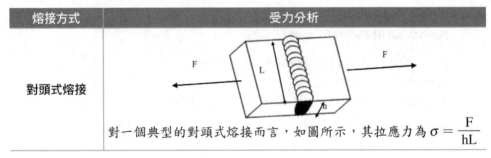 對一個典型的對頭式熔接而言，如圖所示，其拉應力為 $\sigma = \dfrac{F}{hL}$

熔接方式	受力分析
對頭式熔接	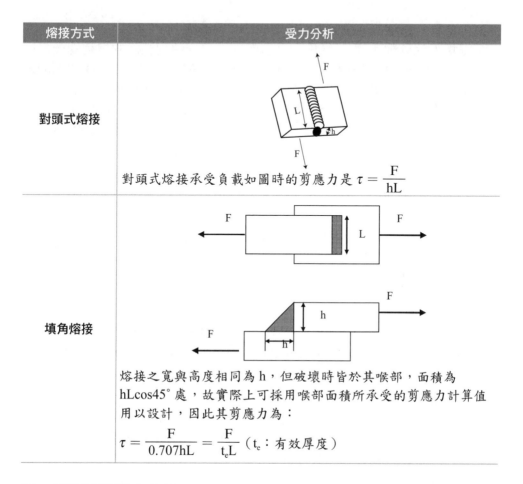 對頭式熔接承受負載如圖時的剪應力是 $\tau = \dfrac{F}{hL}$
填角熔接	熔接之寬與高度相同為 h，但破壞時皆於其喉部，面積為 $hL\cos 45°$ 處，故實際上可採用喉部面積所承受的剪應力計算值用以設計，因此其剪應力為： $\tau = \dfrac{F}{0.707hL} = \dfrac{F}{t_e L}$（$t_e$：有效厚度）

三、平板熔接強度分析

(一) 熔接承受扭矩

當兩件金屬熔接在一起而承受負載如圖 10.1(a) 所示時，此熔接處受到由負載 F 直接產生剪應力及由負載 F 對熔接的幾何中心 O 所形成的扭矩而產生的剪應力，其分析如下：

1. 由負載 F 直接產生剪應力 τ'：

假設負載 F 平均分配在焊接面積上，所產生之剪應力稱為主要剪應力，

為：$\tau' = \dfrac{F}{hL}$

2. 由負載 F 對熔接的幾何中心所形成的次要剪應力 τ''：
   扭矩等於負載 F 乘以從施力點至喉部面積旋轉到紙面的焊道總幾何中心O的距離，任何點的次要剪應力是正比從該點至幾何中心 O 之間的距離，r 為從焊道總幾何中心至考慮點的距離，r_1 為上方焊道形心位置至幾何中心 O 之間的距離，r_2 為上方焊道形心位置至幾何中心 O 之間的距離，根據假設，次要剪應力與 r 之比值為常數，J_o 為極慣性矩，則：

剪應力為 $\tau'' = \dfrac{Tr}{J_O}$

$J_1 = I_x + I_y = \dfrac{hL^3}{12} + \dfrac{L(h)^3}{12}$ 極慣性矩等於對 x 與 y 軸慣性矩之和。

L 為熔接長度，由於 L 比 h 大很多，第二項可被省略，因此 $J_1 \cong \dfrac{hL^3}{12}$，

同理 $J_2 \cong \dfrac{hL^3}{12}$。

利用平形軸定理：
$J_O = (J_1 + A_1 r_1^2) + (J_2 + A_2 r_2^2) = (J_1 + Lhr_1^2) + (J_2 + Lhr_2^2)$
由於剪應力為向量，熔接承受扭矩所產生的剪應力為 τ' 與 τ'' 的合成剪應力 τ。

(二) 熔接承受彎矩

　　若兩元件熔接在一起承受一負載 F，如圖 10.1(b) 所示，除了由於負載在熔接處所形成的主要剪應力外，它還承受著由 F 引起之彎曲力矩 M 所產生之抗彎應力，其分析如下：

1. 主剪應力：$\tau = \dfrac{F}{A} = \dfrac{F}{hL}$

2. 抗彎應力：
   彎曲力矩為負載 F 乘以從喉部面積旋轉到垂直於紙面的幾何中心點至受力點的距離，其在熔接處任何點的抗彎應力與從熔接處中立軸線到考慮點的距離成正比，且作用於喉部面積旋轉至與紙面垂直之面的垂直方向距離中立軸線最遠的點將承受最大抗彎應力，其彎曲力矩可積分得抗彎應力為

$\sigma = \dfrac{My}{I} = \dfrac{F \times e \times \dfrac{L}{2}}{I}$

對長方形截面積而言，該面積的慣性矩為 $I = \dfrac{hL^3}{12}$

【觀念說明】

若熔接方式有特別註明為填角熔接,則填角熔接破壞時皆於其喉部面積為 hcos45I×L 處,因此在分析時之受力焊接面積應為 hcos45I×L,而非 h×L,亦即應將以上所分析之 h 轉換成有效厚度 te=hcos45I=0.707h。

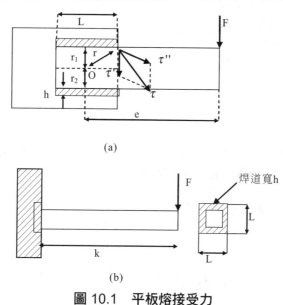

(a)

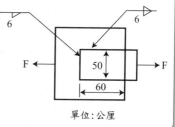

(b)

圖 10.1 平板熔接受力

例10-8

二平板如圖所示,承受負載 F。若焊接處材料之容許剪應力為 $140×10^6$Pa,謀求最大之 F 值。(kgw)。

$\left(1\text{Pa}=\dfrac{1\text{Newton}}{\text{m}^2};1\text{kgw}=9.81\text{Newton}\right)$

單位:公厘

 焊道喉部面積

$A=0.707×6×(50+60+60)=721.14\ (\text{mm}^2)$

$F=\tau A=140×721.14=100959.6\ (\text{N})=10291.5\ (\text{kgw})$

例10-9

某 6mm 填角熔接，長度為 60mm，受到延熔接方向，大小為 15,500N 的穩定負荷。熔接金屬的降伏強度為 360MPa，試求安全因數的值。

解 A＝0.707×6×60＝254.52

$$\tau = \frac{F}{A} = \frac{15500}{254.52} = 60.9 \text{（MPa）}$$

$$n = \frac{0.5 \times S_y}{\tau} = \frac{0.5 \times 360}{60.9} = 2.96$$

例10-10

一填角焊接使用於主體上，如圖所示，若承受負荷 F＝5000lb 且距焊道形心為 e＝20in，求焊道所受之最大剪應力。

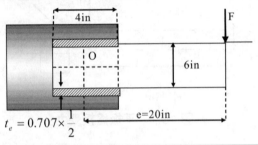

解 (1) 如圖所示焊道受力最大處為 A

焊喉面積 $0.707 \times \frac{1}{2} \times 4 = 1.414$ （in^2）

$$\tau'_A = \frac{5000}{2 \times 1.414} = 1768 \text{（psi）}$$

(2) T＝5000×20＝100000 （$\ell b - in$）

極慣慣矩

$$J = \left[A_1 \left(\frac{L_1^2}{12} + r_1^2 \right) + A_2 \left(\frac{L_2^2}{12} + r_2^2 \right) \right] = 2A \left[\frac{4^2}{12} + 3^2 \right] = 29.22 \text{（in）}^4$$

$$\tau''_A = \frac{T \times r}{J} = \frac{100000 \times \sqrt{2^2 \times 3^2}}{29.22} = 12339.32 \text{（psi）}$$

(3) 合成應力 $\tau = \sqrt{\left(12339.32 \times \frac{3}{\sqrt{13}} \right)^2 + \left(1768 + 12339.32 \times \frac{2}{\sqrt{13}} \right)^2}$

$$= 13400 \text{（psi）}$$

例 **10-11**

一填角焊接使用於主體上,如圖所示,若焊道所受之容許剪應力為 20kpsi,試求 F 的最大值。

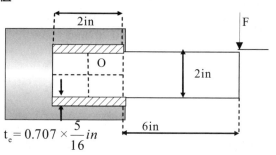

解 $\tau_y' = \dfrac{V}{A} = \dfrac{F}{1.414 \ (5 \ / \ 16)(2)} = 1.13F\,kpsi$

$J_u = \dfrac{d \ (3b^2 + d^2)}{6} = \dfrac{2[\ (3)(2^2) + 2^2]}{6} = 5.333\,in^3$

$J = 0.707hJ_u = 0.707 \ (5/16)(5.333) = 1.18\,in^4$

$\tau_x'' = \tau_y'' = \dfrac{Mr_y}{J} = \dfrac{7F(1)}{1.18} = 5.93F\,kpsi$

$\tau_{max} = \sqrt{\tau_x''^2 + (\tau_y' + \tau_y'')^2} = F\sqrt{5.93^2 + (1.13 + 5.93)^2} = 9.22\ Fkpsi$

$F = \dfrac{\tau_{all}}{9.22} = \dfrac{20}{9.22} = 2.17\,kip$

10-3 環狀填角熔接

受力模式	應用公式
受軸向力	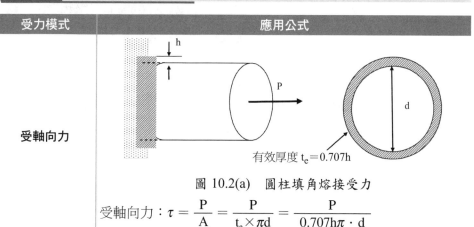 有效厚度 $t_e = 0.707h$ 圖 10.2(a) 圓柱填角熔接受力 受軸向力:$\tau = \dfrac{P}{A} = \dfrac{P}{t_e \times \pi d} = \dfrac{P}{0.707h\pi \cdot d}$

受力模式	應用公式
受彎矩	受彎矩應力：$\sigma = \dfrac{My}{I}$ 其中 $I = \dfrac{\pi d^3 t_e}{8} \Rightarrow \sigma = \dfrac{4M}{\pi d^2 (0.707h)}$ 直接應力：$\sigma = \dfrac{P}{At} = \dfrac{P}{0.707h\pi d}$ 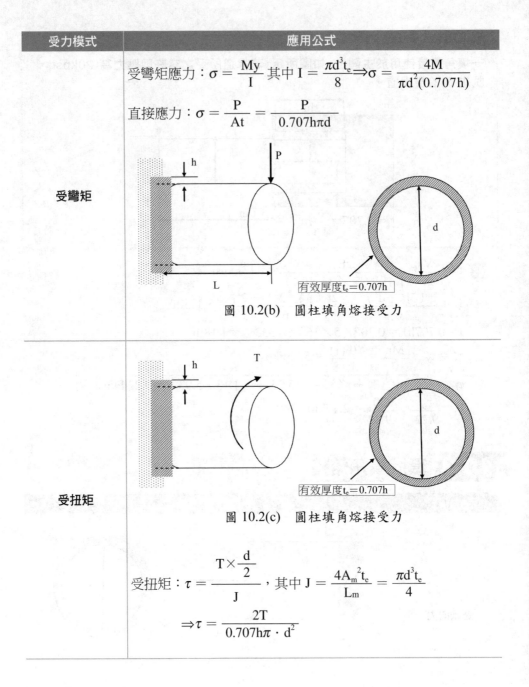 圖 10.2(b)　圓柱填角熔接受力 圖 10.2(c)　圓柱填角熔接受力 受扭矩：$\tau = \dfrac{T \times \dfrac{d}{2}}{J}$，其中 $J = \dfrac{4A_m^2 t_e}{L_m} = \dfrac{\pi d^3 t_e}{4}$ $\Rightarrow \tau = \dfrac{2T}{0.707h\pi \cdot d^2}$

有效厚度$t_e=0.707h$

有效厚度$t_e=0.707h$

例10-12

如圖所示之熔接件，其容許剪應力為150MPa，試計算容許負荷 F。（提示：$Ju=2\pi r^3$）

（技師、103身障三等類題）

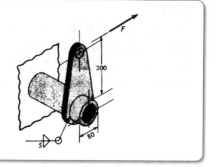

解 $J_u=2\pi r^3=2\pi\,(4)^3=402cm^3$

$J=0.707hJ_u=0.707\,(0.5)\,(402)=142cm^4$

$M=200F\,(N\cdot m)$

$\tau''=\dfrac{Mr}{2J}=\dfrac{(200F)\,(4)}{2\,(142)}=2.82F$

$F=\dfrac{150}{2.82}=53.191\,(kN)$

例10-13

如圖所示一圓桿以填角方式焊接於鋼板上，在桿端承受 10kN 之負載，若桿之直徑為 50mm，焊道之容許剪應力（allowable shear stress）為94MPa，利用最大剪應力理論（maximum shear stress theory）求焊道之尺寸 w 為多少？（地特四等）

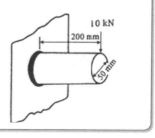

解 直接剪應力 $\tau=\dfrac{P}{A}=\dfrac{P}{0.707\times h\times\pi\times d}=\dfrac{10\times1000}{0.707h\,(\pi\times50)}=\dfrac{90}{h}$

$彎曲應力=\dfrac{4M}{\pi d^2 t_e}=\dfrac{4\times(10\times1000\times200)}{\pi\times(50)^2\times(0.707h)}=\dfrac{1441}{h}$

$\tau_{max}=\sqrt{(\dfrac{\sigma}{2})^2+\tau^2}=\dfrac{725.96}{h}=94\quad\Rightarrow h=7.72\,(mm)$

例10-14

如圖所示之圓桿以填角焊熔接於鋼板上，桿端承受 10kN 之負荷。設桿徑為 50 mm，焊道之容許工作剪應力為 95 MPa，試設計焊道之尺寸。
（提示：$I_u = \pi r^3$）（專利三等）

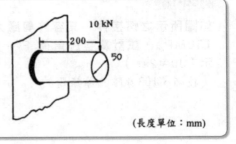

（長度單位：mm）

解 直接剪應力 $\tau = \dfrac{P}{A} = \dfrac{90}{h}$

彎曲應力 $= \dfrac{4M}{\pi d^2 t_e} = \dfrac{1441}{h}$

$\tau_{max} = \sqrt{(\dfrac{\sigma}{2})^2 + \tau^2} = \dfrac{725.96}{h} = 95 \Rightarrow h = 7.64$

例10-15

某扭力矩 T=20000lb-in 作用於圖示中 d=2in 之熔接件，試求出焊道之最大剪應力。（h=0.25 in）

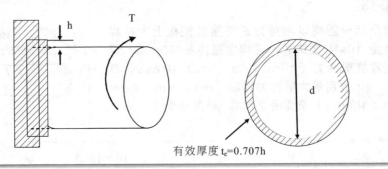

有效厚度 $t_e = 0.707h$

解 $J_u = 2\pi r^3 = 2\pi(1)^3 = 6.28\,in^3$

$J = 0.707hJ_u = 0.707(0.25)(6.28) = 1.11\,in^4$

$\tau = \dfrac{Tr}{J} = \dfrac{20000 \times 1}{1.11} = 18000\,(psi)$

10-4 熔接之偏心負載

在大多數的熔接情況上，負載並不通過熔接之幾何中心點，物熔接後承受一負載 F 如圖 10.3 所示。假設為填角熔接，則熔接處有主要剪應力及扭矩而產生的次要剪應力，由於負載不經過焊道之總幾何中心 O，而產生扭矩之次要剪應力，兩邊熔接所需的熔接長度是與熔接處到負載作用線的距離成反比，則最容易破壞的地方為 A 點或 B 點，取 A 點其分析步驟如下：

1. 先求焊道的之總幾何中心 O：

   承受負載時，必須決定其幾何中心就任意參考點而言，如果第 I 個焊道之形心位置（X_i，Y_i）且其截面積為 A_i，那麼幾何中心位置（$\overline{X}$，$\overline{Y}$）

   $$\overline{X}=\frac{\sum\limits_{i=1}^{n}A_i \cdot X_i}{\sum\limits_{i=1}^{n}A_i} \quad \text{、} \quad \overline{Y}=\frac{\sum\limits_{i=1}^{n}A_i \cdot Y_i}{\sum\limits_{i=1}^{n}A_i}$$

2. 主要剪應力 $\tau_a{}'$：

   假設負載 F 平均分配在焊接面積上，所產生之剪應力稱為主要剪應力，

   為：$\tau'_a=\dfrac{F}{A_1+A_2}=\dfrac{F}{t_eL_1+t_eL_2}$

3. 扭矩而產生的次要剪應力 $\tau_a{}''$：

   扭矩等於負載 F 乘以從施力點至喉部面積旋轉到紙面的幾何中心 O 的距離e，任何點的次要剪應力是正比從該點至幾何中心 O 之間的距離，r_1 為從焊道面積幾何中心 O_1 至熔接之幾何中心 O 的長度，r_2 為從焊道面積幾何中心 O_2 至熔接之幾何中心 O 的長度，r_a 為 A 點至熔接之幾何中心 O 的長度則剪

   應力為：$\tau_a{}''=\dfrac{Tr}{J_o}=\dfrac{F\times e\times r_a}{J_o}$

   $J_1=I_x+I_y=\dfrac{t_eL_1{}^3}{12}+\dfrac{L_1\,(t_e)^3}{12}$ 極慣性矩等於對 x 與 y 軸慣性矩之和 L_1 為

   熔接長度，由於 L 比 t_e 大很多，第二項可被省略，因此 $J_1\cong\dfrac{t_eL_1{}^3}{12}$，同理

   $J_2\cong\dfrac{t_eL_2{}^3}{12}$

   利用平形軸定理：

   $J_o=\,(J_1+A_1r_1{}^2)\,+\,(J_2+A_2r_2{}^2)\,=\,(J_1+Lt_er_1{}^2)\,+\,(J_2+Lt_er_2{}^2)$

   或 $J_o=A_1\,(\dfrac{L_1{}^2}{12}+r_1{}^2)\,+A_2\,(\dfrac{L_2{}^2}{12}+r_2{}^2)$

4. 合成剪應力 τ：

由於剪應力為向量，熔接承受扭矩所產生的剪應力為 $\tau_a{}'$ 與 $\tau_a{}'^n$ 的合成剪應力 $\tau = \sqrt{\tau_a{}'^2 + \tau_a{}''^2 + 2\tau_a{}'\tau_a{}''\cos\phi}$（其中 ϕ 為 $\tau_a{}'$ 與 $\tau_a{}'''$ 夾角）

5. 最後再取 B 點分析比較其結果。

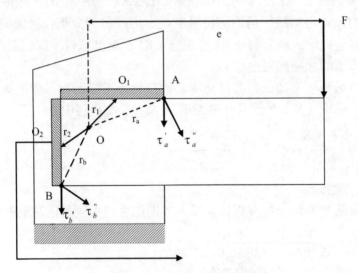

圖 10.3　熔接之偏心負載

【觀念說明】

綜合以上所述可整理出：

$$\Sigma J_i = \Sigma \left[A_i \left(\frac{L_i{}^2}{12} + r_i{}^2 \right) \right]$$

r_i：每一鉶道形心與鉶道總形心之距離（r_1，r_2，r_3…）

A_i：每一鉶道面積

L_i：每一鉶道長度

$$\tau = \frac{Tr}{\Sigma J_i}$$

$T = e \times F$（偏心力矩＝偏心矩 × 負荷）

r：鉶道總形心到欲求位置之距離

例 **10-16**

如圖所示，為一偏心之焊接板件，若焊接金屬物其降伏強度為 50kpsi，圖中負載力為一穩定之 7500 lb，試畫出受應力最大處之位置，並計算此安全係數為何？（高考）

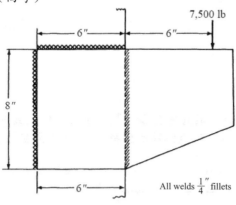

7,500 lb

All welds $\frac{1}{4}''$ fillets

解 $\bar{y} = \dfrac{6 \times 0 + 8 \times 4 + 8 \times 4}{6 + 8 + 8} = 2.909$（in）

垂直熔接

$A_1 = 0.707 \times h \times 8 = 1.414$（in^2）

$\overline{g_1 G} = r_1 = \sqrt{(1.091)^2 + (3)^2} = 3.192$（in）

$J_1 = 1.414 \times \left[\dfrac{8}{12} + (3.192)^2 \right] = 21.953$（in^4）

頂部熔接

$A_2 = 0.707 \times h \times L_2 = 0.707 \times \dfrac{1}{4} \times 6 = 1.061$（in）

$\overline{g_2 G} = r_2 = 2.909$（in）

$J_2 = 1.061 \times \left[\dfrac{6^2}{12} + (2.909)^2 \right] = 12.159$（in^4）

總面積 $A = A_1 + A_2 + A_3 = 2 \times (1.414) + 1.061 = 3.889$（in^2）

$J = 2J_1 + J_2 = 56.05$（in^4）

最大剪應力發生在 B 處。

$\tau'_B = \dfrac{F}{A} = \dfrac{7500}{3.889} = 1930$（psi）

$\overline{GB} = r_B = \sqrt{(5.091)^2 + 3^2} = 5.909$（in）

$$\tau''_B = \frac{T \times r_B}{J} = \frac{7500 \times 9 \times 5.909}{56.065} = 7110 \text{ (psi)}$$

$$\tau_B = \sqrt{(1930 + 7110 \times \frac{3}{5.909})^2 + [7110 \times (\frac{8-2.909}{5.909})]^2}$$

$$= 8259.14 \text{ (psi)}$$

$$\Rightarrow n = \frac{0.5S_y}{\tau_B} = 3.03$$

例 10-17

如圖所示，為一焊接板件，若焊接金屬物其剪應力降伏強度為 15.9kpsi，且左邊熔接高度為 1／4in，右邊熔接高度為 3／8，取安全係數為 2，試求圖中負載 P 之最大值。

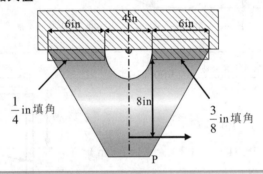

解

$$\bar{x} = \frac{6\,(0.707)\,(1／4)\,(3) + 6\,(0.707)\,(3／8)\,(13)}{6\,(0.707)\,(1／4) + 6\,(0.707)\,(3／8)} = 9\text{in}$$

$$I_{1/4} = 2\,(I_G + A\underset{x}{^2})$$

$$= 2[\frac{0.707\,(1／4)\,(6^3)}{12} + 0.707\,(1／4)\,(6)\,(6^2)] = 82.7\text{in}^4$$

$$I_{3/8} = 2[\frac{0.707\,(3／8)\,(6^3)}{12} + 0.707\,(3／8)\,(6)\,(4^2)] = 60.4\text{in}^4$$

$$I = I_{1/4} + I_{3/8} = 82.7 + 60.4 = 143.1\text{in}^4$$

$$\tau' = \frac{V'}{2[6\,(0.707)\,(3\diagup 8 + 1\diagup 4)]} = 0.189F$$

$$\tau'' = \frac{Mc}{I} = \frac{(8F)\,(9)}{143.1} = 0.503F$$

$$\tau_{max} = \sqrt{\tau'^2 + \tau''^2} = F\sqrt{0.189^2 + 0.503^2} = 0.537F$$

$$F = \frac{\tau_{all}\diagup n}{0.537} = \frac{15.9\diagup 2}{0.537} = 14.8\,kip$$

例10-18

如圖所示，為一焊接板件，若焊接金屬物其降伏強度為 55kpsi，且左邊熔接高度為 1／4in，右邊熔接高度為 1／2，取安全係數為 2.2，試利用最大剪應力理論，求圖中負載 P 之最大值。

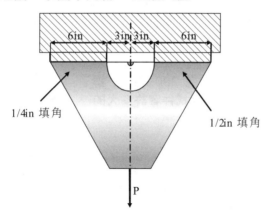

解 焊道形心距中心（焊道共四條）

$$\bar{x} = \frac{6\,(\frac{1}{2})\,(3+3) - 6\,(\frac{1}{4})\,(3+3)}{6\,(\frac{1}{2}) + 6\,(\frac{1}{4})} = 2\ (in)$$

極慣性矩，利用平行軸定理得

$$J_1 = 2A_1\,(\frac{1}{12}L^2 + r_1^2) = 2\,(0.707 \times \frac{1}{2} \times 6)\,[\frac{1}{12} \times 6^2 + (4)^2] = 80.6\ (in^4)$$

$$J_2 = 2A_2\,(\frac{1}{12}L^2 + r_1^2) = 2\,(0.707 \times \frac{1}{4} \times 6)\,[\frac{1}{12} \times 6^2 + (8)^2] = 142.1\ (in^4)$$

總極慣性矩 $J = J_1 + J_2 = 80.6 + 142.1 = 222.7$（$in^4$）

左端點之扭轉剪應力

$$\tau' = \frac{T_r}{J} = \frac{2P}{222.7}(6+3+2) = 0.0988P$$

直接平均剪應力

$$\tau'' = \frac{F}{2\left[(0.707)(\frac{1}{4})(6)+(0.707)(\frac{1}{2})(6)\right]} = 0.157P$$

最大之合剪應力

$$\tau_{max} = \tau' + \tau'' = 0.0988P + 0.157P = 0.256P$$

利用最大剪應力理論

$$\tau_{max} = \frac{0.5\sigma_y}{F.S.} = \frac{0.5(55000)}{2.2} = 0.256P$$

$$\Rightarrow P = 48838（\ell b）$$

例10-19

如圖所示，假設最大剪應力為 200 MPa，鉚釘的直徑為 20 mm，試求此構件容許多大的負載 F？

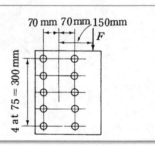

解 $A = \frac{\pi}{4} \times (20)^2 = 314.16$

(1) 剪力所產生的剪應力 $F_1 = \frac{P}{10} = 0.1P$

(2) 扭轉所產生的剪應力

$$F_2 = \frac{T \times C}{\Sigma r_2} \Rightarrow T = 150P \cdot C = \sqrt{(70)^2 + (150)^2} = 165.53（mm）$$

$$\Sigma r^2 = \Sigma x^2 + \Sigma y^2 = 10 \times (70)^2 + 4 \times (75)^2 + 4 \times (150)^2 = 161500（mm^2）$$

$$F_2 = \frac{T \times C}{\Sigma r_2} = \frac{150P \times 165.53}{161500} = 0.154P$$

(3) $F=\sqrt{(F_1)^2+(F_2)^2+2\times F_1\times F_2\times\cos\theta}$

$\qquad =\sqrt{(0.1P)^2+(0.154P)^2+2\times0.1P\times0.154P\times\dfrac{70}{165.53}}$

$\qquad =0.216P$

$\quad F=\tau A\Rightarrow0.216P=200\times314.16\Rightarrow P=290880\ (N)$

例10-20

如圖所示，若此一構件承受 50 kN 靜態負載，且鉚釘的直徑為 20 mm，試求鉚釘所承受的最大力為多少？

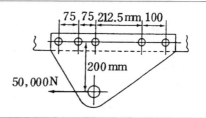

解 取 X 方向形心位置

$X=\dfrac{75A+150A+362.5A+462.5A}{5A}=210\ (mm)$

(1) 剪力所產生的剪應力 $F_1=\dfrac{50000}{5}=10000\ (N)$

(2) 扭轉所產生的剪應力 $F_2=\dfrac{T\times C}{\Sigma r_2}\Rightarrow T=200\times50000=10^7\ (N\text{-}mm)$

最右邊的釘有最大之 F_2

$C=252.5\ (mm)$

$\Sigma r^2=(210)^2+(135)^2+(60)^2+(152.5)^2+(252.5)^2$
$\qquad =153000\ (mm^2)$

$F_2=\dfrac{T\times C}{\Sigma r_2}=\dfrac{10^7\times252.5}{153000}=16500$

(3) $F=\sqrt{(F_1)^2+(F_2)^2+2\times F_1\times F_2\times\cos\theta}$

$\quad F=\sqrt{(F_1)^2+(F_2)^2}=\sqrt{(10000)^2+(16500)^2}=19300\ (N)$

精選試題

一 問答題型

1. **簡要說明常用熔接與焊接之種類與用途。**（普考）

解 銲接（又稱為熔接）被廣泛的用於各種產品的生產和維修。不同的銲接方法被應用於不同的產業，其用途為工具或零件之磨損修補或鑄件缺陷、零件破裂的填補等。不僅可用於靜態、動態或疲勞形式負載作用的結構體，也可用於低溫、高溫、高壓或存有強蝕介質之環境的結構體。適用於銲接的材料包含所有具商業用途的金屬，尤其是近年來所開發的特殊合金鋼，如耐熱鋼、不銹鋼或鈦合金等，皆可用銲接的方式加以接合。

銲接分為氣體銲接、電弧銲接、電阻銲接、固態銲接、軟銲、硬銲和其它銲接法等七大類：

若依接合原理分類，則可分為：

(1) 熔化銲接（Fusion welding）：將工件接合於部位的材料加熱到熔化狀態，經冷卻凝固完成接合者，如氣體銲接、電弧銲接等。

(2) 壓力銲接（Pressure welding）：主要是利用施加壓力於工件接合部位之方式完成接合者，如端壓銲法、冷銲法等。

(3) 鑯銲（Soldering and brazing）：將熔點較工件材料低的填料熔化於工件接合部位，經凝固後將工件接合者，如軟銲、硬銲等。

若以銲接時所使用的能源分類，則可分為：

(1) 化學反應能銲接（Chemical reaction energy welding）：指利用燃燒或化學反應生熱的方式產生熔化工件材料所需之高溫者，如氣體銲接、鋁熱銲法。

(2) 電磁能銲接（Electromagnetic energy welding）：利用電能直接轉換成熱能，或經由光能、動能再轉換成熱能者，如電弧銲接、電阻銲接、雷射銲法、電子束銲法等。

(3) 機械能銲接（Mechanical energy welding）：利用機械能所產生之壓力為主以促使工件接合者，如摩擦銲法、超音波銲法等。

(4) 結晶能銲接（Crystalling energy welding）：原子擴散或毛細作用而使工件接合者，如擴散銲法、軟銲、硬銲等。

2. **簡要說明銲接接頭（Welding joint）常用有哪幾種方式？**

解 銲接接頭（Welding joint）是指兩工件在接合部位的組合狀態，可分為對接接頭（Butt joint），搭接接頭（Lap joint），邊緣接頭（Edge joint），角緣接頭（Corner joint）和 T 型接頭（T-joint）五大類。

銲接接頭（Welding joint）	圖示
對接接頭（Butt joint）	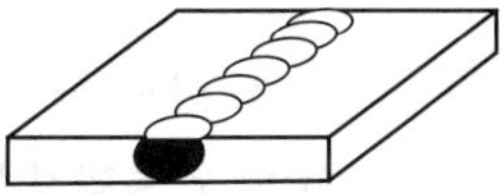
搭接接頭（Lap joint）	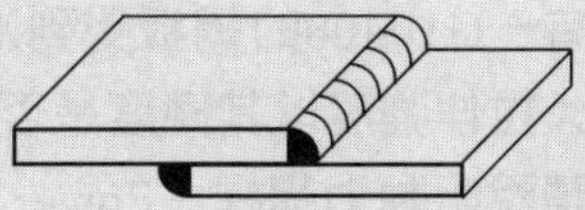
邊緣接頭（Edge joint）	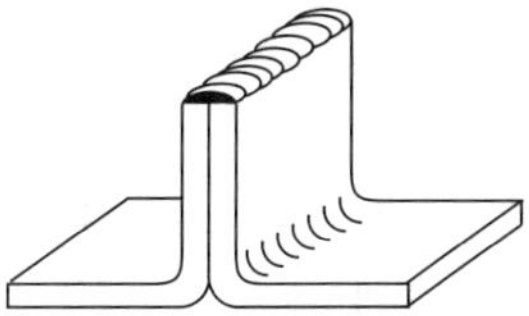
角緣接頭（Corner joint）	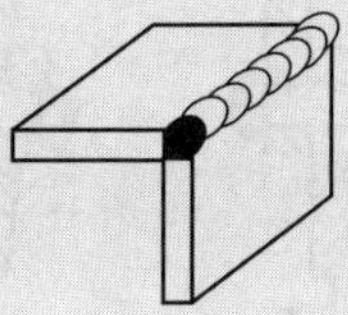
T 型接頭（T_joint）	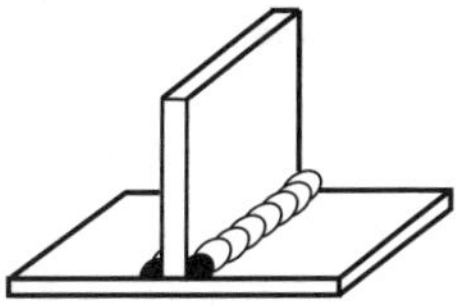

2. (一) 下圖為一鉚釘與板塊的接頭，請問該接頭破壞的可能原因有那些？

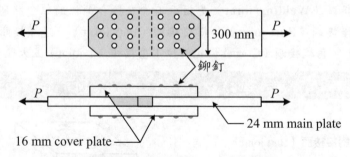

鉚釘

300 mm

24 mm main plate

16 mm cover plate

(二) 何謂殘餘應力？其產生原因為何？其可能的影響為何？

(三) 判斷疲勞破壞的米勒法則（Miner's rule）是在何種受力狀態下使用？

(四) 有一G10400的鋼板受到冷作加工（Cold working），其降伏強度、最大拉伸強度以其硬度是否會改變？請說明原因。

(五) 請說明動力螺桿（Power screw）的自鎖（Self-locking）現象？其原因為何？

解 (一)

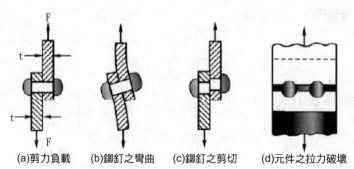

(a)剪力負載　(b)鉚釘之彎曲　(c)鉚釘之剪切　(d)元件之拉力破壞

(二) 在定溫及無外力作用與束縛下，為達到力平衡而存在於物體內的彈性應力，源於材料對局部塑性應變、析出物、相變化及熱漲冷縮等非彈性應變的彈性反應，構件在製造過程或使用過程均可能使其材料產生殘留應力，在製造過程之壓製或熱處理過程，在解除外力或溫度後，構件仍有殘留之永久變形，而導致殘留應力存在於構件中，在使用過程亦會因加載外力超過材料之彈性限度而產生塑性變形，在外在因素解除後，材料之塑形變形將無法恢復而致殘留應力存於構件中。

(三) 在有限的壽命中，任一不同之疲勞負載，其負載的循環次數對機件之疲勞破壞皆有貢獻，亦即每一負載之每次的循環皆會減少疲勞壽命，稱之為累積疲勞破損（Cumulative fatigue damage），此時可使用米勒法則進行分析。假設一機件若是受多種變動負荷σ_1、σ_2、$\cdots$、σ_k之疲勞負載，共循環n_c次後達到破壞，每種疲勞負載所對應之疲勞壽命為L_1、L_2、$\cdots$、L_k，若此機件在變動變動負荷σ_1作用n_1次，變動負荷σ_1作用n_2次，以此類推變動變動負荷σ_k作用n_k次，則

$$n_1 + n_2 + \cdots + n_k = n_c \Rightarrow \boxed{\frac{n_1}{L_1} + \frac{n_2}{L_2} + \frac{n_3}{L_3} + \cdots + \frac{n_k}{L_k} = 1}$$

(四) 鋼材在彈性範圍內重複加、卸荷載，一般不致於改變鋼材的性能；但超過此範圍時則將引起鋼材性能的變化，如圖。鋼材重複加載的$\sigma-\varepsilon$曲線：當第一次加載（由O點開始）至已經發展塑性變形的J點後完全卸載；當再次加載時$\sigma-\varepsilon$曲線大致將按卸載時的原有直線回升，表現為鋼材的降伏強度提高，彈性範圍增加，塑性和伸長率降低，這一性質稱為冷加工（或冷作）硬化或應變強化，冷作加工可提高鋼

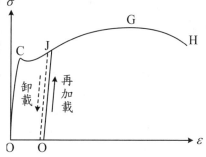

材的降伏強度，但同時降低最大拉伸強度和增加脆性，對鋼結構特別是承受動力荷載的鋼結構是不利的。

(五) 螺旋傳動是利用螺桿和螺母的嚙合來傳遞動力和運動的機械傳動。主要用於將旋轉運動轉換成直線運動，將轉矩轉換成推力，傳動螺旋的自鎖條件，通常使用於在傳動螺紋之推動重物下降時，以方螺紋為例，若$f \geq \tan \alpha$時，則$T = W \times r_1 \times \dfrac{f - \tan \alpha}{1 + f \tan \alpha} \leq 0$，即扭矩T成為零或負值，此時重物W會使螺紋自動旋轉而滑下，若欲使螺紋具有自鎖作用以避免重物下滑，螺紋表面之摩擦係數需要求為$f > \tan \alpha$。

二　普考、四等計算題型

1. 如圖所示的雙行鉚接的平板厚度為t，並承受負載P。鉚釘直徑19mm，且每行鉚釘的距離為50mm、P=32kN、t=10mm，試求剪應力、支承應力與張應力。

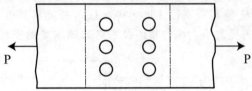

解

Repeating section

L=w=50mm和接合處的鉚數n=2.因此

$$\tau = \frac{P}{n(\pi d^2/4)} = \frac{4(32\times10^3)}{2(\pi)(0.019)^2} = 56.43 \text{ Mpa}$$

$$\sigma_b = \frac{P}{ndt} = \frac{32(10^3)}{2(0.019)(0.01)} = 84.21 \text{ Mpa}$$

$$\sigma_t = \frac{P}{(w-d_o)t} = \frac{32(10^3)}{[50-(19+3)](10^{-6})} = 84.21 \text{ Mpa}$$

2. 如圖的鉚接結構，鉚釘所受最大剪應力為100MPa，所施負載P=50kN，試求距離d。

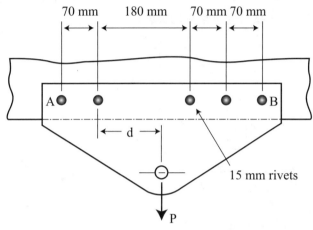

解 鉚釘A承受較大負載

$$A_s = \frac{\pi}{4}(15)^2 = 176.715\,mm^2$$

$$V_d = \frac{P}{5} = \frac{50}{5} = 10\quad kN \qquad V_{all} = 100(176.715) = 17.672\quad kN$$

AB區段的中心為C，則可表示為：

$$50\overline{x} = 70(10) + 250(10) + 320(10) + 390(10), \qquad \overline{x} = 206\,mm$$

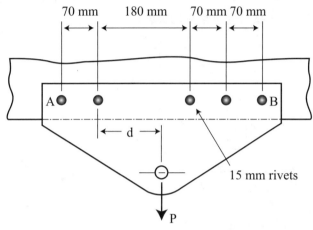

$$故 F_A = \frac{Mr_A}{\Sigma r_j^2} = \frac{50,000e(206)}{206^2 + 136^2 + 44^2 + 114^2 + 184^2} = 93.875e$$

$$V_A = 10,000 + 93.875e = 17,672, \qquad e = 81.7\quad mm$$

和 $d = 54.3\,mm$

3. 如圖所示的平板厚度10mm，寬40mm，且為$S_y=250MPa$鋼質構成。並以填角焊h=7mm，焊腳L=60mm，$S_y=350MPa$，$S_{ys}=200\,MPa$。使用降服強度下的安全係數2.5，試求接合處可承受的負載P。

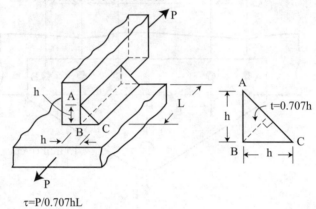

$\tau=P/0.707hL$

解　$A = 0.707hL = 0.707(7)(60) = 297\,mm^2$

$$P=\frac{S_{ys}A}{n}=\frac{200(297)}{2.5}=23.76\ kN$$

平板截面積$A_P=40(10)=400mm^2$故$P=(S_y/n)A_P=(250/2.5)400=40\ kN$

4. 如圖所示，將75×10mm的鋼質平板（$\sigma_{all}=140\,MPa$）焊接於機械元件上，假設12mm的填腳焊每公厘強度為1.2kN，試求焊腳長度L_1和L_2。

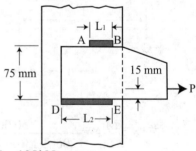

解　$A_p = 75\times10 = 750\,mm^2$, $P = A\sigma_{all} = 750(140) = 105\,kN$

$\Sigma M_D=0：R_1(75)-105(15)=0；R_1=21\ kN\leftarrow(延AB區段)$

$\Sigma M_A=0：R_2(75)-105(75-15)=0；R_2=84\ kN\leftarrow(延DE區段)$

檢驗：$R_1+R_2=105kN$

因此$L_1=\dfrac{R_1}{S_w}=\dfrac{21}{1.2}=17.5mm$，$L_2=\dfrac{R_2}{S_w}=\dfrac{84}{1.2}=70mm$

5. 一懸臂梁之一端以熔接固定於一固定不動之他物上，如圖二所示，另一端承受
負載2,000磅，圖上之單位為吋，試求焊料之主應力與最大剪應力。（93 技師）

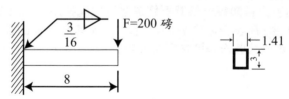

解 焊道中之主要（直接）剪應力 $\tau = \dfrac{V}{A} = \dfrac{2,000}{2\left(0.707 \times \dfrac{3}{16} \times 1.41\right)} = 5,350$ psi

∵焊道之單位面積二次矩為$I\,\mu = \dfrac{bd^2}{2}$

∴焊喉面積的面積二次矩為$I = 0.707h\dfrac{bd^2}{2}$

焊喉上之彎應力 $\sigma = \dfrac{MC}{I} = \dfrac{M\left(\dfrac{d}{2}\right)}{\left(0.707hbd^2\right)/2}$

$$= \frac{(2,000 \times 8)\left(\dfrac{3}{2}\right)}{\left(0.707 \times \dfrac{3}{16} \times 1.41 \times 3^2\right)/2} = 28,525\text{psi}$$

$$\sigma_1 = \frac{\sigma}{2} + \sqrt{\left(\frac{\sigma}{2}\right)^2 + \tau^2} = \frac{28,525}{2} + \sqrt{\left(\frac{28,525}{2}\right)^2 + 5,350^2}$$

$$= 29,495\text{psi}$$

$$\tau_{\max} = \sqrt{\left(\frac{\sigma}{2}\right)^2 + \tau^2} = \sqrt{\left(\frac{28,525}{2}\right)^2 + 5,350^2} = 15,233\text{psi}$$

6. 一鋼板銲接於一空心軸之設計，如圖所示，鋼板前後有兩道銲腳尺寸h＝5mm之銲道。銲道填充材料之許可承剪強度（Allowable Shear Stress）為 τ_{allow}＝140MPa，而查表得知每一條圓形銲道之單位極扭矩（Unit Polar Monent）為 $J_u＝2\pi t^3$，式中r為該空心之外圓半徑。試求其可承受的最大負載F為若干kN？（提示：每一條圓形銲道之極慣性矩為 $J＝0.707hJ_u$）(103身障三等)

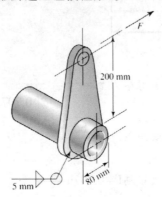

解 $\tau_{all}＝140MPa$　　h＝5　　$J_u＝2\pi r^3＝2\times\pi\times40^3$

$J＝0.707J_u$　　$T＝F\times200$w-mm

假設 $F_S＝1$，則 $\tau_{all}＝140＝\dfrac{T\ell}{2J}＝\dfrac{F\times200\times40}{2\times0.707\times5\times2\pi\times40^3}＝2.81\times10^{-3}F$

F＝49752N

7. 下圖為一掛勾之銲接設計，如圖所示，左側有前後兩道銲腳尺寸為 $h_L＝1/4$ 英吋之銲道，右側則有前後兩道銲腳尺寸為 $h_R＝1/2$ 英吋之銲道。銲道電極（Electrode）材料之降伏強度為 $S_y＝50{,}000psi$，而其抗剪降伏強度可近似為 $S_{sy}＝0.577S_y$。此銲道組之水平中心位置為距左側 A 點 $\bar{x}$ 位置。試問在負載為 P＝60,000lb 時：

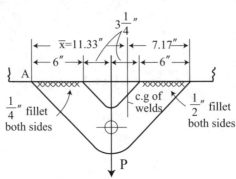

(一) 在臨界點（A 點位置）的主要拉伸剪應力（the primary (direct) shear stress）τ_A'。

(二) 在臨界點（A點位置）的彎矩剪應力（secondary (moment) shear stress）τ_A''。

(三) 此銲道之安全係數值（the factor of safety n of this weld group）。
（提示！$\tau_A' + \tau_A''$）（鐵路高員）

解 (一) 1. 左側喉部面積 $A_1 = 2 \times \dfrac{1}{4} \times 6 \times 0.707 = 2.121$（熔接兩面）

右側喉部面積 $A_2 = 2 \times \dfrac{1}{2} \times 6 \times 0.707 = 4.242$（熔接兩面）

總面積 $= A_1 + A_2 = 2.121 + 4.242 = 6.363$（$in^2$）

2. 對左側取面積矩 $\overline{x} = \dfrac{2.121 \times 3 + 4.242 \times 15.5}{6.363} = 11.33$（in）

左側熔接 $J_1 = 2.121 \times (\dfrac{6^2}{12} + 8.33^2) = 153.65$（$in^4$）

右側熔接 $J_2 = 4.242 \times (\dfrac{6^2}{12} + 4.17^2) = 86.37$（$in^4$）

$J = J_1 + J_2 = 153.65 + 86.37 = 240.02$（$in^4$）

$\tau_A' = \dfrac{P}{A} = \dfrac{60000}{6.363} = 9429.51$（Psi）

(二) $\tau_A'' = \dfrac{Tr}{J} = \dfrac{60000 \times (11.33 \times 9.25) \times 11.33}{240.02} = 5891.01$（Psi）

(三) $\tau = \tau_A' + \tau_A'' = 9429.51 + 5891.01 = 15320.62$（Psi）

$FS = \dfrac{0.577S_y}{\tau} = \dfrac{28850}{15320.62} = 1.88$

8. 下圖所示，已知填角熔接（Fillet weld）的負荷P與喉部面積之平均剪應力
τ關係為P＝0.707hLτ，所有熔接為6mm之填角熔接，其熔接金屬降伏強度
σ_{yp}＝34.5MPa，其安全因數為3，試求負荷P之值為若干？(103鐵員)

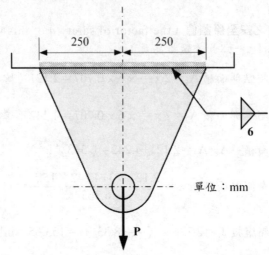

250　250

單位：mm

6

P

解 若只有一焊道

$$\frac{P}{0.707 \times 6 \times (250 \times 2)} = \frac{34.5}{3} \Rightarrow P = 24391.5(N)$$

若有二焊道

$$\frac{P}{2 \times 0.707 \times 6 \times (250 \times 2)} = \frac{34.5}{3} \Rightarrow P = 48783(N)$$

9. 容許抗拉強度為80 MPa，厚度為20 mm之兩片鋼板，以對頭焊接，焊接長度為
250 mm，若熔接部之容許應力為60 MPa，且設計此結構之接頭效率為 80%，
則焊道喉厚要多少？(104普)

解 $80 = \dfrac{F}{250 \times 20} \Rightarrow F = 400000(N)$

$60 = \dfrac{400000}{250 \times h} \times 0.8 \Rightarrow h = 21.33(mm)$

第十一章
歷年試題及解析

一、如圖所示之帶式制動器，已知長度a為0.1 m，平皮帶與鼓輪之間的摩擦
係數為0.2，鼓輪逆時針旋轉200 rpm，若施加正向力P＝110 N，試求：扭
矩容量為若干N-m？功率容量為若干kW？若逆時針旋轉時要避免自鎖，
則摩擦係數需小於多少？

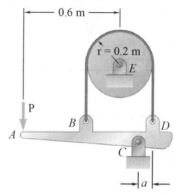

解 (一) $\dfrac{F_1}{F_2}=e^{0.2\times\pi}\Rightarrow F_1=1.874F_2\cdots\cdots(1)$

$\curvearrowleft \Sigma Mc=0$

$110\times0.7-F_2\times0.3+F_1\times0.1=0\cdots\cdots(2)$

由(1)(2) $F_2=683.84$（N），$F_1=1281.52$（N）

有效力$F=F_1-F_2=597.68$（N）

扭矩$T=597.68\times0.2=119.536$（N-m）

$P(kW)=\dfrac{TN}{9550}=\dfrac{119.536\times200}{9550}=2.5$（kW）

(二) $P\times0.7=F_2\times0.3-F_1\times0.1$

$\Rightarrow P=\dfrac{F_2\times0.3-F_1\times0.1}{0.7}>0$

$\Rightarrow F_2\times0.3-F_1\times0.1>0$

$\Rightarrow F_2\times0.3-e^{\mu\pi}\times F_2\times0.1>0$

$\Rightarrow 1.0986>\mu\pi$

$0.35>\mu$

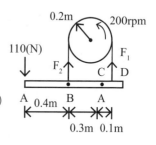

二、如圖所示之後輪差速器，在旋轉半徑為30 m的彎路上以60 km/hr左轉，已知齒數為$N_1=17$及$N_2=67$，輪胎直徑為0.5 m，後輪中心距為1.6 m，試求：左後輪之轉速為若干rad/sec？1號齒輪之轉速為若干rad/sec？

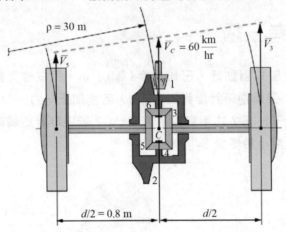

解 (一) 純滾動

$V_c=60$（km/hr）$=16.67$（m/s）

車子繞$\rho=30$m中心旋轉

$W_c=\dfrac{16.67}{30}=0.55$（rad/s）

$V_5=W_c\times(30-0.8)=16.06$（m/s）

$W_5\times\dfrac{0.5}{2}=16.06$（m/s）$\Rightarrow W_5=64.24$（rad/s）左輪轉速。

(二) $V_3=W_c\times(30+0.8)=16.94$（m/s）

$W_3=\dfrac{16.94}{\dfrac{0.5}{2}}=67.76$（rad/s）

$e_{5\to3}=\dfrac{W_3-W_2}{W_5-W_2}=-1$

$\Rightarrow(67.76-W_2)=-1(64.24-W_2)$

$\Rightarrow W_2=66$（rad/s）

$e_{1\to2}=\dfrac{W_2}{W_1}=\dfrac{17}{67}=\dfrac{66}{W_1}\Rightarrow W_1=260.12$（rad/s）

三、如圖所示之梁結構（單位為mm），以兩個矩型冷抽鋼板透過兩個ISO 5.8
　　螺栓結合，鋼板的抗拉降伏強度為S_y=370MPa，螺栓的抗拉降伏強度為
　　S_y=420MPa，抗剪降伏強度為S_{sy}=242.3MPa，試求下列各種方式的最小安
　　全係數：
　　(一)螺栓的剪切破壞（Shear of bolts）。
　　(二)梁的支撐破壞（Bearing on members）。
　　(三)梁的彎矩破壞（Bending of members）。

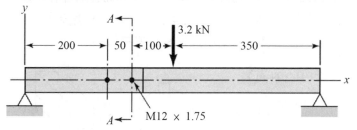

Section A-A

解

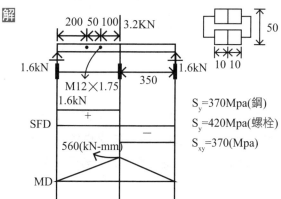

S_y=370Mpa(鋼)

S_y=420Mpa(螺栓)

S_{xy}=370(Mpa)

(一) 螺栓剪切破壞

$$\tau = \frac{1.6 \times 10^3}{\frac{\pi}{4} \times 12^2} = 14.147 \Rightarrow F.S. = \frac{242.3}{14.147} = 17.13$$

(二) 梁之支承破壞

$$\sigma = \frac{1.6 \times 10^3}{12 \times 20} = 6.67 \text{（MPa）} \Rightarrow F.S. = \frac{370}{6.67} = 55.5$$

(三) 梁之彎矩破壞

$$\sigma = \frac{My}{I} = \frac{560 \times 10^3 \times 25}{\frac{1}{12} \times 20 \times 50^3} = 67.2 \text{（MPa）}$$

$$F.S. = \frac{370}{67.2} = 5.5$$

四、有一直徑為50 mm之軸上安裝一寬度為10 mm之方鍵，此鍵的容許剪應力為60 MPa、容許壓縮應力為100 MPa，當軸於轉速1000 rpm時需傳遞20 kW的功率，且安全係數為5，請問此方鍵最小之長度為若干mm？

解　$20 = \dfrac{T \times 1000}{9550} \Rightarrow T = 191$（N-m）

$T = F \times 0.025 \Rightarrow F = 7640$（N）

$\tau = \dfrac{60}{5} = \dfrac{7640}{10 \times \ell} \Rightarrow \ell = 63.67$（mm）

$\sigma = \dfrac{100}{5} = \dfrac{7640}{5 \times \ell} \Rightarrow \ell = 76.4$（mm）

最小長度$\ell = 76.4$（mm）

五、如下圖之機械系統，重力加速度朝下（$g = 9.81\text{m/s}^2$），已知h=700mm、d=500mm、左右彈簧常數均為600N/m，試求：讓系統之自然頻率為2Hz之質量塊m為若干kg？讓系統之自然頻率為0Hz之質量塊m為若干kg？

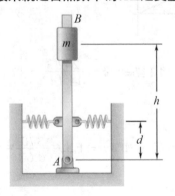

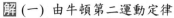 (一) 由牛頓第二運動定律

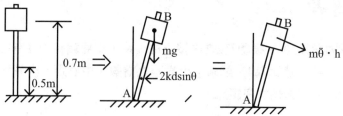

$(\Sigma M_A) = (\Sigma M_A)_{\text{eff}}$

$mg \times h\sin\theta - 2kd\sin\theta \cdot d\cos\theta = m\ddot{\theta}h^2 \Rightarrow \theta$非常小

$\Rightarrow m \times 0.7^2\ddot{\theta} + (2 \times 600 \times 0.5^2 - m \times 9.8 \times 0.7)\theta = 0$

$W_n = \sqrt{\dfrac{2 \times 600 \times 0.5^2 - m \times 9.8 \times 0.7}{m \times 0.7^2}} \cdots\cdots(1)$

$\dfrac{W_n}{2\pi} = 2 \Rightarrow W_n = 4\pi \cdots\cdots(2)$

由(1)(2)　$m = 3.565$（kg）

(二) 若$f = 0 \Rightarrow W_n = 0 \Rightarrow 2 \times 600 \times 0.5^2 - m \times 9.8 \times 0.7 = 0 \Rightarrow m = 43.73$（kg）

108年 普考

一、有一對壓力角為20°、模數為2之內接正齒輪系，環齒輪有40齒為主動輪，小齒輪為從動輪，速比為4，試求：小齒輪之齒數、中心距、小齒輪之基圓半徑、小齒輪對環齒輪之扭矩比。

解 $\dfrac{T_1}{T_2} = 4 = \dfrac{40}{T_2} \Rightarrow T_2 = 10$（小齒輪齒）

$C = \dfrac{1}{2}m(T_1 + T_2) = \dfrac{1}{2} \times 2 \times (40 - 10) = 30$（mm）

$m = 2 = \dfrac{D_2}{T_2} \Rightarrow D_2 = 20$（mm）

$= D_2 \times \cos 20° = 18.79$（mm）（小齒輪之基圓直徑）

$\Rightarrow r_{b_2} = 9.395$（mm）

$\dfrac{\text{小齒輪扭矩}}{\text{大齒輪扭矩}} = \dfrac{F \times \dfrac{D_2}{2}}{F \times \dfrac{D_1}{2}} = \dfrac{D_2}{D_1} = \dfrac{T_2}{T_1} = \dfrac{1}{4}$

二、經由馬達帶動兩個平皮帶輪組成的傳動系統，皮帶輪直徑均為0.1m，摩擦係數均為0.2，最大軸負荷為600N，試求：緊邊和鬆邊張力的最大值為若干N？若轉速為2000rpm，則最大輸出功率為若干kW？

解（一）$\begin{cases} T_1 + T_2 = 600 \cdots\cdots(1) \\ \dfrac{T_1}{T_2} = e^{0.2 \times \pi} \cdots\cdots(2) \end{cases}$

由(1)(2) $T_2 = 208.74$（N）

$T_1 = 391.26$（N）

（二）$P(kW) = \dfrac{(391.26 - 208.74) \times \dfrac{0.1}{2} \times 2000}{9550} = 1.911$（kW）

三、如圖所示之長方體鋁桿（E=71.7GPa），受力W=4kN於A點，試求：O點及B點的反作用力各為若干kN？A點之變形量為若干mm？

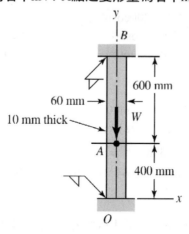

解 (一) $R_A + R_B = 4$（kN）
$R_B \times 1000 = 4 \times 400$
$\Rightarrow R_B = 1.6$（kN）
$R_A = 2.4$（kN）
(二) A點變形量

$$\delta_A = \frac{R_A \times 400}{71.7 \times 10^3 \times 60 \times 10}$$
$$= 0.0223$（mm）$$

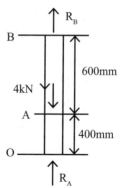

四、如圖所示之衝壓機，已知P=250N，試求：D點的垂直作用力為若干N？A點之反作用力大小為若干N？

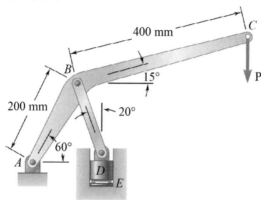

解 (一) 取ABC之自由體圖

ↄ ΣM_A＝0

$250 \times (400 \times \cos15° + 200\cos60°)$

$- S_{BE} \times \cos20° \times 200 \times \cos60°$

$- S_{BE} \times \sin20° \times 200 \times \sin60°$

$＝0$

$\Rightarrow S_{BE}＝793.64$

$\Sigma F_x＝0 \Rightarrow A_x＝793.64 \times \sin20°＝271.44（N）\rightarrow$

$\Sigma F_y＝0 \Rightarrow A_y＝495.77（N）\downarrow$

$\Rightarrow R_A＝\sqrt{271.44^2 + 495.77^2}＝565.21（N）$

(二) D點垂直作用力 $R_D＝793.64 \times \cos20°＝745.78（N）$

五、公稱基本尺寸為20.000mm，最小餘隙為10μm，最大餘隙為50μm，軸之公差
為15μm，孔之公差為25μm，若採用雙向公差，試問：採用基軸制時軸和孔
之尺寸各為多少？採用基孔制時軸和孔之尺寸各為多少？

解 (一) 基軸制

軸 $\phi20^{+0}_{-0.015}$

孔 $\phi20^{+0.01}_{+0.035}$

若為雙向公差　孔 $\phi20.02^{+0.015}_{-0.01}$

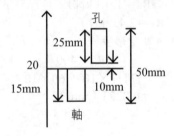

(二) 基孔制

孔 $\phi20^{+0.025}_{0}$

軸 $\phi20^{-0.01}_{-0.025}$

若為雙向公差　軸 $\phi19.98^{+0.01}_{-0.05}$

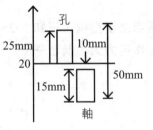

108年 地特三等

一、 如圖所示為一根長度為800mm的鋼製懸臂樑，楊氏係數E=200GPa，樑的長方形截面寬度為60mm、厚度為12mm；置於末端之螺旋彈簧，鋼絲直徑為12.5mm，彈簧的外徑為100mm，有效圈數為10圈，鋼絲的剛性模數G為83GPa，試求當末端的撓度（Deflection）為40mm時之作用力。

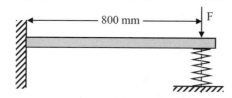

解 (一) $K=\dfrac{d^4G}{8D^3N_{有效}}=\dfrac{(12.5)^4\times83\times10^3}{8\times(100-12.5)^3\times10}=37.81$（N/mm）

$F_S=K\delta=37.81\times40=1512.4$（N）

(二)

由重疊原理

$\delta_B=\dfrac{(F-1512.4)800^3}{3\times200\times10^3\times\dfrac{1}{12}\times60\times12^3}=40$

$\Rightarrow F=1917.4$（N）

二、 一根受到扭轉的直徑60mm之鋼製實心圓棒，剛性模數G為77GPa，其設計條件為(1)軸的容許剪應力（Allowable shear stress）為τ_w=40N/mm^{2}及(2)扭角變形量為每公尺不得超過1°，試求該圓棒的最大容許作用扭力（Torque）。

解 $40=\dfrac{16T}{\pi d^3}=\dfrac{16\times T}{\pi\times60^3}\Rightarrow T=1696460.03$（N-mm）$=1696.46$（N-m）

$\phi=1(℃/1m)=10^{-3}(℃/mm)=1.74533\times10^{-5}$（rad）$=\dfrac{T}{77\times10^3\times\dfrac{\pi}{32}\times60^4}$

$\Rightarrow T=1709908.962$（N-mm）$=1709.91$（N-m）

故最大扭力T$=1696.46$（N-m）

三、一對壓力角（ϕ）為20°、轉速比為2的全深正齒輪減速機，齒輪的模數（m）為8，齒冠（a）為8mm。已知兩齒輪的中心距為180mm，試求兩齒輪的齒數，並檢查這對齒輪是否會發生干涉（Interference）。

解 （一）
$$\begin{cases} \dfrac{d}{D}=\dfrac{1}{2}\cdots\cdots(1) \\ C=180=\dfrac{1}{2}(D+d)\cdots\cdots(2) \end{cases}$$
由(1)(2)D＝240mm，d＝120mm

$m=8=\dfrac{240}{T_D}\Rightarrow T_D=30$（齒）

$8=\dfrac{120}{T_d}\Rightarrow T_d=15$（齒）

（二）大齒輪$R_a=120+8=128mm$
$R_b=120\times\cos 20°=112.76$（mm）
$\sqrt{R_b{}^2+(c\sin\phi)^2}=\sqrt{(112.76)^2+(180\times\sin 20°)^2}=128.47$（mm）$>Ra$
故不干涉

四、如圖所示為以二支M20×2.5螺栓（bolt）所鎖緊、厚度為20mm的兩片鋼板之接合件，其餘尺寸如圖所示。鋼板的降伏強度為490MPa，螺栓的降伏強度為420MPa。假設每根螺栓在兩片鋼板接合間沒有螺紋且鋼板之軸向拉力為均勻分佈，欲使該接合件的安全係數大於2.5，試求鋼板所能承受的最小拉力。

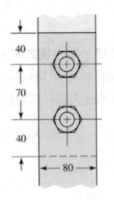
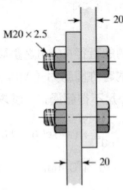

解 (一) 螺栓受壓力

$$2.5 = \dfrac{420}{\dfrac{F}{2 \times 20 \times 20}} \Rightarrow F = 134400 （N）$$

(二) 螺栓受剪力

$$2.5 = \dfrac{420 \times 0.5}{\dfrac{F}{2 \times \dfrac{\pi}{4} \times 20^2}} \Rightarrow F = 52778.75 （N）$$

(三) 兩端板受壓

$$2.5 = \dfrac{490}{\dfrac{F}{2 \times 20 \times 20}} \Rightarrow F = 156800 （N）$$

(四) 兩端板受拉力

$$2.5 = \dfrac{490}{\dfrac{F}{20 \times (80 - 20)}} \Rightarrow F = 235200 （N）$$

故 F 最小為 52778.75（N）

五、有一根承受反覆彎曲力矩之直徑60mm的旋轉鋼軸，降伏強度為$S_y = 500$ MPa，拉伸強度為$S_{ut} = 700$MPa，完全修正各種影響因素後之耐久限為$S_e = 200$ MPa。若其週期應力的變動範圍為50MPa至250MPa，試問鋼軸是否為安全的設計？

解 $\sigma_a = \dfrac{50 + 250}{2} = 150 （MPa）$

$\sigma_r = \dfrac{50 - 250}{2} = 100 （MPa）$

由蘇德柏理論

$$\dfrac{\sigma_a}{S_y} + \dfrac{k\sigma_r}{S_e} = \dfrac{1}{F.S.}$$

$$\Rightarrow \dfrac{150}{500} + \dfrac{1 \times 100}{200} = \dfrac{1}{F.S.}$$

$$\Rightarrow F.S. = 1.25 \quad 故為安全設計$$

108年 地特四等

一、一金屬機械元件的降伏強度為360MPa，受到靜力負荷所產生的應力狀態為 σ_x=100MPa，σ_y=20MPa，τ_{xy}=75MPa，試以最大剪應力理論求出其安全係數。

解 $\tau_{max} = \sqrt{(\dfrac{100-20}{2})^2 + 75^2} = 85$（MPa）

$\text{F.S.} = \dfrac{0.5 \times 360}{85} = 2.12$

二、如圖(a)與(b)所示之二個滑輪組，欲拉起W=3000N的重物，試分別求出每個滑輪組所需施加的拉力F。假設滑輪組的摩擦力損失皆不計。

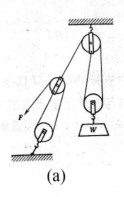

(a)

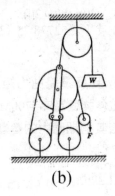

(b)

解

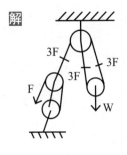

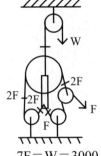

6F＝W＝3000（N）   7F＝W＝3000（N）
F＝500（N）   F＝428.57（N）

三、 一個由兩根琴鋼絲所製成之螺旋彈簧並聯而成的彈簧系統，其中一根彈簧的線徑為6mm、平均圈徑為60mm及有效圈數為12圈；另一根彈簧的線徑為5mm、平均圈徑為40mm及有效圈數為10圈；琴鋼絲的剛性模數G為80 GPa，試求彈簧系統被壓縮12mm所需的壓縮力。

解 $K_1 = \dfrac{Gd^4}{8Dm^3N_{有效}} = \dfrac{80 \times 10^3 \times 6^4}{8 \times (60)^3 \times 12} = 5$（N/mm）

$K_2 = \dfrac{80 \times 10^3 \times 5^4}{8 \times 40^3 \times 10} = 9.77$（N/mm）

並聯$K = K_1 + K_2 = 14.77$（N/mm）

$F = K \cdot \delta = 14.77 \times 12 = 177.49$（N）

四、 孔/軸配合之機械組件欲採用過盈配合（Interference fit），試自75H7/c6、75H7/g6、75H7/s6等三種配合選出適用者。若選出過盈配合適用者後，由表查出孔的公差帶為0.030mm，軸的公差帶為0.019mm，基本偏差量為0.059mm，試求該軸/孔配合的最大與最小過盈量。

解 75H7/s6 干涉（過盈配合）

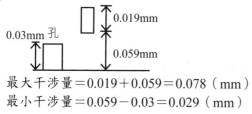

最大干涉量＝0.019＋0.059＝0.078（mm）
最小干涉量＝0.059－0.03＝0.029（mm）

五、 如圖所示為一個迴歸齒輪系汽車用手排變速系統，各齒輪的齒數為T_2=16、T_3=32、T_4=28、T_5=18、T_6=T_7=15、T_8=20、T_9=30。齒輪8與齒輪9可在輸出軸之方栓槽滑移該變速系統，以變換檔位，離合器可作離合輸入軸與輸出軸的動作，可得到三個前進檔及一個倒退檔等四個不同的轉速比，試求第一、二、三檔及倒退檔的轉速比。

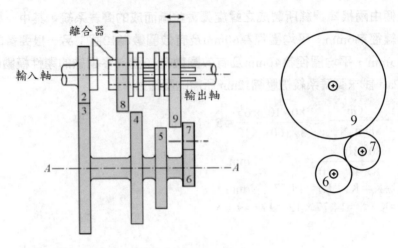

解 第一檔齒輪由2→3→5→9

$$e_{2\to9}=\frac{16\times18}{32\times30}=0.3\Rightarrow 減速比=\frac{1}{e}=3.33$$

第二檔齒輪由2→3→4→8

$$e_{2\to9}=\frac{16\times28}{32\times20}=0.7\Rightarrow 減速比=\frac{1}{e}=1.428$$

第三檔⇒動力直接輸入軸帶動輸出軸

$$e=1\Rightarrow 減速比=1$$

倒退檔齒輪由2→3→6→7→9

$$e=-\frac{16\times15\times15}{32\times15\times30}=-0.25\Rightarrow 減速比=\frac{1}{e}=-4$$

109年 身障四等

一、軸直徑50mm+0.0/–0.002mm，滑動軸承孔徑50.05mm+0.01/+0.005mm，求：

(一) 最大間隙。

(二) 最小間隙。

另外，定位銷直徑5mm+0.03/+0.02mm，銷孔之孔徑5mm+0.0/–0.01mm，求：

(三)最小干涉量。

(四)最大干涉量。

解 (一)

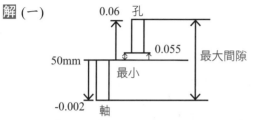

最大間隙＝0.06＋0.002＝0.062（mm）

最小間隙＝0.055

(二)

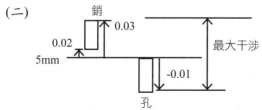

最大干涉＝－0.01－0.03＝－0.04（mm）

最小干涉＝－0.02（mm）

二、轉軸傳遞力矩T=20N・m，材料之剪降伏強度S_{sy}=80MPa，令安全係數FS=2，求轉軸所需之直徑。

解 $\tau = \dfrac{16T}{\pi d^3} = \dfrac{16 \times 20 \times 10^3}{\pi d^3} = \dfrac{80}{2}$

$\Rightarrow d = 13.66$（mm）

三、平行軸之螺旋齒輪（helical gear），其螺旋角ψ=30°，齒形法向壓力角
（normal pressure angle）ϕ_n=20°，法向模數m_n=3mm，求：

　(一)法向節距（normal pitch）。

　(二)周向節距（circle pitch）。

　(三)法向基節（normal base circle pitch）。

　(四)齒數為34齒的齒輪節圓直徑（pitch diameter）。

解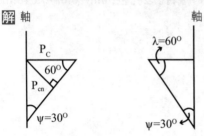

　(一) 法向節距P_{cn}＝πm_n＝3π

　　　　$P_c \times \sin60°$＝P_{cn}＝3π⇒P_c＝10.88（mm）

　(二) 周向節距P_c＝10.88（mm）

　(三) 法基節$P_{cn} \times \cos\phi_n$＝$3\pi \times \cos20°$＝8.8564（mm）

　(四) m_n＝3＝$\dfrac{D_n}{34}$⇒D_n＝102

　　　　D＝$\dfrac{D_n}{\sin60°}$＝117.78(mm)

四、皮帶輪與皮帶面之摩擦係數f=0.25，皮帶緊邊張力F_1與鬆邊張力F_2之比
$\dfrac{F_1}{F_2}=e^{f\phi}$，其中$\phi$為皮帶包含角（以rad 單位），忽略離心力造成之皮帶
張力，使用張力上緊機構使鬆邊有預張力，以及使大皮帶輪的包含角
ϕ=135°，大皮帶輪半徑150mm，當輸出扭矩T=20N·m時，求：

　(一) 鬆邊張力。

　(二) 緊邊張力。

解 $(F_1-F_2) \times 0.15$＝20(N-m)……(1)

　　$\dfrac{F_1}{F_2}=e^{0.25 \times 135 \times \frac{\pi}{180}}$＝1.8……(2)

　　由(1)(2)　F_1＝300（N），F_2＝166.67（N）

五、 螺栓剛度係數（stiffness）k_b=1140MN/m，被螺栓鎖緊元件之剛度係數為 k_m=2420MN/m，螺栓以預力F_i=111kN上緊固定元件，當外力施以平行於螺栓軸線之作用拉力P=27kN時，求解：

(一) 螺栓之受力。

(二) 元件之受力。

解 判斷是否分離

$$27 \times \frac{2420}{2420+1140} = 18.36 < 111 \text{（kN）故不會分離}$$

(一) 螺栓受力 $F_6 = 27 \times \frac{1140}{2420+1140} + 111 = 119.646$ （kN）

(二) 元件受力 $F_m = 27 \times \frac{2400}{2420+1140} - 111 = -92.65$ （kN）

109年 高考三級

一、以三槽的V型皮帶輪傳動9kW，1750rpm馬達動力至工業泵，驅動皮帶輪節圓直徑d_1=200mm，使用三條V型皮帶，其分配到相同的張力，被動皮帶輪之節圓直徑d_2=300mm，皮帶輪中心距離C=1200mm，若皮帶緊邊張力(F_1)與鬆邊張力(F_2)之關係：

$$\frac{F_1 - F_c}{F_2 - F_c} = \exp(0.513\phi)$$

其中$F_c(N) = 0.1675 \left(\frac{N}{m^2/s^2} \right) \times v^2$為皮帶離心力，求：

(一) 皮帶節線之線速度v？

(二) 小皮帶輪之皮帶包覆角（wrap angle）ϕ(radian)？

(三) 每條皮帶之緊邊張力$F_1(N)$？

(四) 傳動此9kW動力不打滑，所需之初始張力（initial tension）$F_i(N)$？

(五) 若輪內的皮帶受到等效彎曲張力$F_b(N)$=65(N m)/d，其中d(m)為皮帶輪節圓直徑，求各條皮帶受到之等效最大張力？

（以上數值及物理量隨後括號內為其單位。）

解 (一) $W = \dfrac{2\pi \times 1750}{60} = 183.26$（rad/s）

$V = W \times r = 183.26 \times 0.1 = 18.326$(m/s)

(二) $\phi = \pi - 2\sin^{-1}(\dfrac{D-d}{2c}) = \pi - 2\sin^{-1}(\dfrac{300-20}{2 \times 1200}) = 3.058$（rad）

(三) $9 = \dfrac{T \times 1750}{9550} \Rightarrow T = 49.11$（N-m）

$49.11 = (F_1 - F_2) \times 0.1 \times 3 \Rightarrow F_1 - F_2 = 163.7$（N）……(1)

$\dfrac{F_1 - 0.1675 \times (18.326)^2}{F_2 - 0.1675 \times (18.326)^2} = e^{0.513 \times 3.058} = 4.8$

$\Rightarrow F_1 - 56.25 = 4.8 \times (F_2 - 56.25)$

$\Rightarrow F_1 - 4.8F_2 = -213.75$……(2)

$F_1 = 263$（N），$F_2 = 99.3$（N）

(四) $F_i = \dfrac{F_1 + F_2}{2} = 181.15$（N）

(五)　$F_b = \dfrac{65}{0.2} = 325$（N）

　　　等效最大張力＝$F_1 + F_2 + F_b = 687.3$（N）

二、一個滾珠軸承的工作內容有三項，第1項占工作時間比例為0.3，其轉速為3000rpm，等效徑向負荷為3000N，第2項占工作時間比例為0.2，其轉速為2000rpm，等效徑向負荷為4000N，第3項占時間比例為0.5，其轉速為1000rpm，等效徑向負荷為5000N，其壽命負荷方程式為$F^3L = C^3 \times 10^6$，欲使此軸承工作壽命總小時數為6萬小時，求：

(一) 前述三項工作的總壽命轉動次數（rev）？

(二) 三項工作負荷對軸承壽命作用的等效負荷？

(三) 選擇的軸承的型錄額定負荷（catalog load rating）或動容量（dynamic capacity）C_{10}需為多少？

解 1. 3000rpm　0.3×60000hr　3000（N）

　　2. 2000rpm　0.2×60000hr　4000（N）

　　3. 1000rpm　0.5×60000hr　5000（N）

(一)　1. $0.3 \times 60000 \times 60 \times 3000 = 324 \times 10^7$（次）

　　　2. $0.2 \times 60000 \times 60 \times 2000 = 144 \times 10^7$（次）

　　　3. $0.5 \times 60000 \times 60 \times 1000 = 180 \times 10^7$（次）

　　　總次數＝$324 \times 10^7 + 144 \times 10^7 + 180 \times 10^7 = 648 \times 10^7$（次）

(二)　$\dfrac{324 \times 10^7}{N_1} + \dfrac{144 \times 10^7}{N_2} + \dfrac{180 \times 10^7}{N_3} = 1 \cdots\cdots(1)$

　　　$(\dfrac{3000}{C_{10}})^3 = \dfrac{10^6}{N_1} \Rightarrow N_1 = \dfrac{10^6}{(\dfrac{3000}{C_{10}})^3}$

　　　同理$N_2 = \dfrac{10^6}{(\dfrac{4000}{C_{10}})^3}$、$N_3 = \dfrac{10^6}{(\dfrac{5000}{C_{10}})^3}$

　　　代入(1)

　　　$C_{10} = 73964$（N）

　　　$(\dfrac{F}{73964})^3 = \dfrac{10^6}{648 \times 10^7} \Rightarrow F = 3967.3$（N）

(三)　$C_{10} = 73964$（N）

三、某機械元件之臨界危險點應力狀態為σ_x=200MPa，σ_y=100MPa，σ_z=−200 MPa，τ_{xy}=0MPa，τ_{xz}=0MPa，τ_{yz}=−60MPa，求：

(一) 該點之三個方向的主應力？

(二) 該點之馮密西斯（von Mises）應力？

(三) 其使用材料的降伏強度為S_y=715MPa，求安全係數？

解 (一) $[\sigma] = \begin{bmatrix} 200 & 0 & 0 \\ 0 & 100 & -60 \\ 0 & -60 & -200 \end{bmatrix}$ 求特徵值

$\Rightarrow \begin{vmatrix} 200-\sigma & 0 & 0 \\ 0 & 100-\sigma & -60 \\ 0 & -60 & -200-\sigma \end{vmatrix} = 0$

$(200-\sigma)(100-\sigma)(-200-\sigma)-(60 \times 60)(200-\sigma) = 0$

$(200-\sigma)[-20000+100\sigma+\sigma^2-3600] = 0$

$\sigma_1 = 200$（MPa），$\sigma_2 = 111.55$（MPa），$\sigma_3 = -211.55$（MPa）

(二) $\sigma_d = \sqrt{\dfrac{(\sigma_1-\sigma_2)^2+(\sigma_2-\sigma_3)^2+(\sigma_1-\sigma_3)^2}{2}} = 375.22$（MPa）

(三) $F.S. = \dfrac{715}{375.22} = 1.9$

四、以螺栓鎖緊組合元件，螺栓剛度（stiffness）k_b=11.5N/m，元件接頭剛度k_m=24N/m，以預力F_i=60kN上緊螺栓，在元件接頭部產生了上緊的壓力，其值與螺栓上緊預力相等。當平行於螺栓軸向的週期性拉力從P_{min}=30kN至P_{max}=70kN反覆作用於此接頭時，元件總成與螺栓有相同之伸長量，螺栓受力有效面積A=245mm^2，求：

(一) 元件接頭所受到合力之平均值？

(二) 元件接頭所受合力之振幅值（amplitude of resultant force）？

(三) 螺栓所承受正向應力之平均值σ_m？

(四) 螺栓所承受正向應力之應力振幅σ_a（stress amplitude）？

(五) 螺栓材料的最小認證極限強度為S_{ut}=600MPa，忍耐限為S_e=162MPa，根據古德門（Goodman）理論：$\dfrac{\sigma_m}{S_{ut}}+\dfrac{\sigma_a}{S_e}=\dfrac{1}{n_f}$，求螺栓之綜合安全係數$n_f$？

解 (一)判斷是否分離

$$P_{max} \times \frac{k_m}{k_b+k_m} = 70 \times \frac{24}{24+11.5} = 47.32 < F_i \ (60kN)$$

故不會分離

$$P_{min} \times \frac{k_m}{k_b+k_m} = 30 \times \frac{24}{24+11.5} = 20.28 \ (kN)$$

(二) $P_m = \frac{47.32+20.28}{2} - 60 = -26.2 \ (kN)$

$$P_a = \frac{47.32-20.28}{2} = 13.52 \ (kN)$$

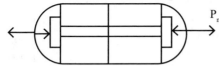

(三) 螺栓受力 $F_{max} = 70 \times \frac{11.5}{24+11.5} + 60 = 82.676 \ (kN)$

$$F_{min} = 30 \times \frac{11.5}{35.5} + 60 = 69.72 \ (kN)$$

$$F_m = \frac{82.676+69.72}{2} = 76.198 \ (kN)$$

$$F_a = \frac{82.676-69.72}{2} = 6.478 \ (kN)$$

$$\sigma_m = \frac{76.198 \times 10^3}{245} = 311 \ (MPa) \ , \ \sigma_a = \frac{6.478 \times 10^3}{245} = 26.44 \ (MPa)$$

(四) $\frac{311}{600} + \frac{26.44}{162} = \frac{1}{n_f} \Rightarrow n_f = 1.467$

109年 普考

一、一元件之臨界危險點之主應力為390MPa、100MPa及−210MPa，使用的材料其降伏強度為965MPa，求：

(一) 該點之最大剪應力？

(二) 根據最大剪應力破壞理論，求安全係數？

(三) 求該點之馮密西斯（von Mises）應力？

(四) 根據變形能（distortion-energy）理論，求安全係數？

解 (一) $(\tau_{max})_{abs} = \dfrac{\sigma_1 - \sigma_3}{2} = 300$（MPa）

(二) F.S. $= \dfrac{0.5 \times 965}{300} = 1.6$

(三) $\sigma_d = \sqrt{\dfrac{(\sigma_1 - \sigma_2)^2 + (\sigma_1 - \sigma_3)^2 + (\sigma_2 - \sigma_3)^2}{2}}$

$= \sqrt{\dfrac{(390 - 100)^2 + (390 + 210)^2 + (100 + 210)^2}{2}} = 519.71$

(四) F.S. $= \dfrac{965}{519.71} = 1.856$

二、以滾子鏈傳動公稱動力Hnom=9kW，主動鏈輪轉速500rpm，齒數Z_1=25，小鏈輪齒數係數$K_1 = \left(\dfrac{Z_1}{17}\right)^{1.08}$（17齒之$K_1$=1），大鏈輪齒數73，工作情況為中等衝擊，使工況係數（service factor）K_s=1.3，排數係數K_2：單排的K_2=1，2排的K_2=1.7，3排的K_2=2.5，4排的K_2=3.3，中心距影響係數K_3=1，整排鏈條的許用（allowance）傳遞動力$H_{all}=K_1K_2K_3H_{Tab}$，選擇一個型號的鏈條，其單股在小齒輪17齒轉速500rpm的表定功率額定值H_{Tab}=4.25kW，令安全係數至少為n_s=1.2，則設計的傳遞動力：$H_{des}=H_{nom}K_sn_s$，求：

(一)設計的傳遞動力？

(二)整排鏈條的許用傳遞動力（kW）？

(三)所需鏈條為幾排？

(四)實際上的安全係數為多少？

解 (一) $K_s=1.3$、$K_3=1-n_s=1.2$　$H_{nom}=9kW$

設計傳遞動力 $H_{des}=H_{nom}K_sn_s=9\times1.2\times1.3=14.04$（$kW$）

(二) $K_1=(\dfrac{25}{17})^{1.08}=1.51$

$H_{nom}\times K_s=9\times1.3=11.7$

(三) $11.7=K_1K_2K_3H_{Tab}$

$=1.51\times K_2\times1\times4.25\Rightarrow K_2=1.82$

故鏈條取2排

2排 $K_2=1.7$

$H_{all}=1.51\times1.7\times1\times4.25=10.9$（$kW$）

(四) $\dfrac{14.04}{10.9}=1.288$

三、圓柱斜齒輪（helical gear）節圓直徑60mm，傳遞動力7.5kW，轉速600 rpm，因壓力角及齒列螺旋角（helix angle）之作用，使徑向力為1770N及軸向力為1690N作用於齒輪節圓柱上，如圖所示，齒輪中心至A端距離100 mm，至B端50mm，A端軸承採用斜滾錐軸承，以承受軸向力，B端軸承採用深溝滾珠軸承，求：

(一) 傳遞運動之切向力Fz？

(二) 作用在A軸承之合力？

(三) 軸承B所承受之徑向合力？

(四) 滾珠軸承壽命負荷方程式：

$$C_{10}^3\times10^6=F^3\times L_D$$

其中C_{10}為可靠度90%之型錄額定負載（Catalog load rating）或動容量（dynamic capacity），設計壽命30000小時，求選擇軸承之C_{10}？

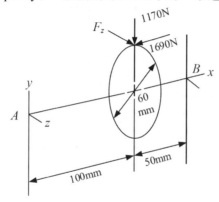

解 (一)

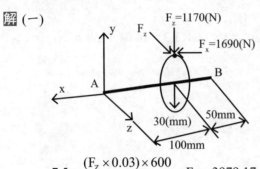

$$7.5 = \frac{(F_z \times 0.03) \times 600}{9550} \Rightarrow F_z = 3979.17 \text{（N）}$$

(二) $1170 \times \dfrac{50}{150} = 390$，$3979.17 \times \dfrac{50}{150} = 1326.39$

$R_A = \sqrt{390^2 + 1326.39^2 + 1690^2} = 2183.46 \text{（N）}$

(三) $(F_B)_y = 1170 \times \dfrac{100}{150} = 780 \text{（N）}$

(四) $C_{10}^3 \times 10^6 = 780^3 \times 30000 \times 60 \times 600$

$C_{10} = 8002.68 \text{（N）}$

四、 如圖所示一個薄板用兩根鉚釘固定在機架上，薄板自由端受平行於板面的垂直負載：F=10000N，鉚釘直徑30mm，鉚釘材料的許用剪應力強度$S_{\tau_{all}}$=95 MPa求：

(一) 鉚釘所受的平均直接剪應力？

(二) 鉚釘所受的扭矩剪應力？

(三) 鉚釘合成剪應力之最小安全係數？

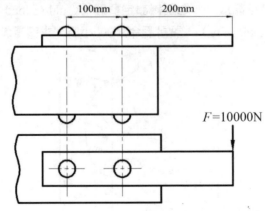

解

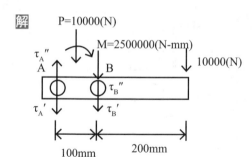

P=10000(N)

M=2500000(N-mm)

10000(N)

τ_A''
A   B
τ_B''

τ_A' τ_B'

100mm   200mm

(一) 直接剪應力

$$\tau_A' = \tau_B' = \frac{10000}{\frac{\pi}{4} \times 30^2 \times 2} = 7.07 \text{（MPa）}$$

(二) 扭矩剪應力

$$F_B'' = F_A'' = \frac{2500000}{2 \times 50} = 25000 \text{（N）}$$

$$\tau_A'' = \tau_B'' = \frac{25000}{\frac{\pi}{4} \times 30^2} = 35.36 \text{（MPa）}$$

(三) $\tau_B = \tau_B' + \tau_B'' = 35.36 + 7.07 = 42.43$（MPa）

$$F.S. = \frac{95}{42.43} = 2.24$$

五、 一減速機中間齒輪軸如圖一所示為其絕對尺寸標註，此標註方式沒有考慮
到裝配齒輪及軸承所需保證的軸向精度，因此，須以圖二的相對方式標註
其尺寸，以表示出加工及組裝的規定，安裝兩齒輪的軸段寬度尺寸公差限
界均為（ -0.1 mm及 -0.2 mm），請解答：

(一) 安裝左齒輪軸位寬度之公稱尺寸及公差之標註？

(二) 安裝右齒輪軸位寬度之公稱尺寸及公差之標註？

(三) 請說明兩齒輪之間的間隔環是否需標尺寸及其理由？

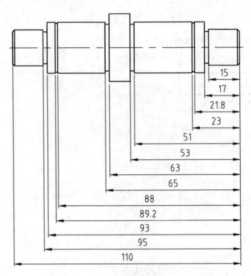

題五圖一

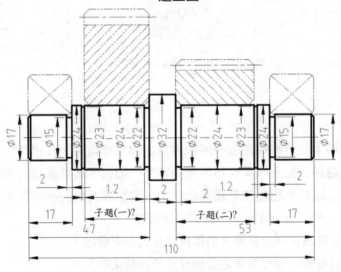

題五圖二

如圖三所示為此軸之幾何公差標註,其中軸承及齒輪定位軸肩端面相對於其本身軸段中心線的幾何公差,都已標註完整了。在其他尚未完成幾何公差標註的部分,包括:兩齒輪的安裝軸段其圓柱面相對於A及B兩端軸之中心線徑向偏轉度(runout)公差為0.025mm,兩處齒輪安裝軸段之鍵槽相對於其本身軸段的對稱度公差分別是0.030mm(左齒輪軸段)及0.025mm(右齒輪軸段),請完成這些部分的幾何公差標註:

(四) 兩處齒輪安裝軸段之圓柱面偏轉度公差標註？

(五) 兩處齒輪安裝軸段鍵槽各別的對稱度幾何公差標註？

(六) 請說明在安裝軸承之兩段軸頸所標註的符號是什麼形態的幾何公差？

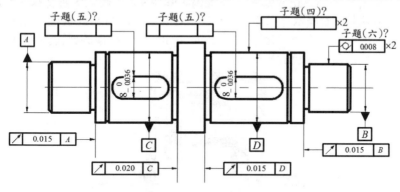

題五圖三

解 (一) 公稱尺寸＝88－65＝23

$$\Rightarrow 23^{-0.1}_{-0.2}$$

(二) 公稱尺寸＝53－23＝30

$$\Rightarrow 30^{-0.1}_{-0.2}$$

(三) 一般軸加工標註以總長為基準，夾持右邊加工左邊尺寸，夾持左邊加工右邊尺寸，間隔環為二邊加工完後用總長扣除即得寬度，不需標註尺寸。

(四) 偏轉度

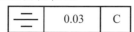

(五) 對稱度

1.左齒輪軸段

2.右齒輪軸段

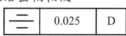

(六) 圓柱度：表示圓柱的歪斜度

109年 專技高考

一、 如下圖所示，為一正齒輪差速器機構，圖中S_1及S_2表示太陽齒輪、P_1及P_2表示行星齒輪、C表示行星架（planet carrier）。試分析此機構，說明機構的桿數、機構的獨立迴轉接頭（revolute joint）數、機構的齒輪對（gear pair）數、機構的自由度及計算式。

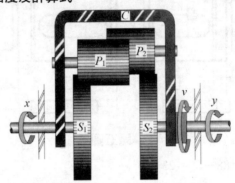

解

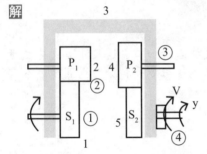

機構桿件N＝5　獨立迴轉接頭P＝4　齒輪對J＝2

自由度D.O.F＝3（N−1）−2×P−J

＝3（5−1）−2×4−2＝2

二、 如下圖所示，為一具有直動式平頂從動件的盤式凸輪。試以非參數式包絡理論推導此凸輪的輪廓座標，並列出平頂斜（直）線族（family of straight lines）關係式（$F(x, y, \theta) = 0$）、對$F(x, y, \theta) = 0$參數θ的偏微分式、盤式凸輪的輪廓座標x及輪廓座標y。

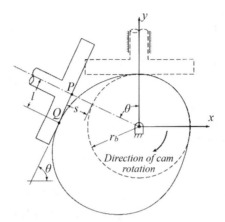

解 $\dfrac{\partial F}{\partial \theta}(x,y,\theta)=F_\theta(x,y,\theta)=0$

$\dfrac{\partial F}{\partial \theta}(x,y,\theta_1)=0$　　F(x,y,θ)=0　　$\dfrac{\partial F}{\partial \theta}(x,y,\theta_2)=0$

F(x,y,θ₂)=0

y

x

$L(\theta)=r_b+S(\theta)$

由從動件之曲線方程式可得

$F(x,y,\theta)=(x-L\cos\theta)^2+(y-L\sin\theta)^2=0\cdots\cdots(1)$

$\dfrac{\partial F}{\partial \theta}=2(L\sin\theta-\dfrac{dS}{d\theta}\cos\theta)(x-L\cos\theta)-2(L\cos\theta+\dfrac{dS}{d\theta}\sin\theta)(y-L\cos\theta)\cdots\cdots(2)$

由(1)(2)解聯立

$\begin{cases} x=L\cos\theta \\ y=L\sin\theta \end{cases}$

三、有一滾珠軸承一百萬轉額定壽命的型錄基本動態額定負荷C_{10}為20.3kN，試
　　計算此軸承分別在期望徑向負荷為18kN及30kN所對應之期望壽命轉數。若
　　此軸承在期望徑向負荷為18kN，使用了200,000轉後，期望徑向負荷增大為
　　30kN，試計算此滾珠軸承的剩餘壽命轉數。

解 (一) $\dfrac{L}{10^6}=(\dfrac{20.3}{18})^3 \Rightarrow L=1434401$

$\dfrac{L}{10^6}=(\dfrac{20.3}{30})^3 \Rightarrow L=309830.63$

(二) 由米勒法則

$\dfrac{200000}{1434401}+\dfrac{N}{309830.63}=1$

$\Rightarrow N=266630.628$

四、 安裝於雙平行轉動軸上的兩顆螺旋齒輪的中心距為200mm、齒數各為20及40，法向壓力角ϕ^n（normal pressure angle）為20°及法向模數m^n（normal module）為6 mm。此齒輪組傳遞50kW予轉速為1,200rpm的小螺旋齒輪。小齒輪為右螺旋齒輪，順時鐘方向旋轉。試計算橫向平面模數m（module in the transverse plane）mm、小螺旋齒輪的節線速度v_p（pitch velocity）mm/s、橫向壓力角ϕ（transverse pressure angle）、齒輪的切線力、徑向力及軸向力。

解 (一) $\dfrac{1}{2}(D+d)=200\cdots\cdots(1)$

$\dfrac{20}{40}=\dfrac{d}{D}\cdots\cdots(2)$

由(1)(2)　d＝133.33（mm）

D＝266.67（mm）

$m=\dfrac{266.67}{40}=6.67$（mm）

$6.67\times\cos\alpha=6\Rightarrow\alpha=25.9°$

(二) $W=\dfrac{2\pi\times1200}{60}=40\pi\Rightarrow V_P=40\pi\times\dfrac{133.33}{2}=8377.37$（mm/s）

$\tan\phi\times\cos\alpha=\tan\phi_n\Rightarrow\phi=22.03°$

(三) $50=\dfrac{T\times1200}{9550}\Rightarrow T=397.92$（N-m）

切線力 $W_t=\dfrac{397.92\times10^3}{\dfrac{133.33}{2}}=5968.95$（N）

$\tan\alpha=\dfrac{W_a}{W_t}\Rightarrow\tan30°=\dfrac{W_a}{5968.95}\Rightarrow W_a=3446.17$

$\tan\phi=\dfrac{W_r}{W_t}\Rightarrow\tan22.03°=\dfrac{W_r}{5968.95}\Rightarrow W_r=2415.25$（N）

109年 地特三等

一、已知一動力螺桿（Power Screw），試推導出螺桿的自鎖（Self-locking）條件與其效率公式。

$$T = \frac{Wd_m}{2}\left(\frac{f\pi d_m + L}{\pi d_m - fL}\right) \text{上升}$$

$$T = \frac{Wd_m}{2}\left(\frac{f\pi d_m - L}{\pi d_m + fL}\right) \text{下降}$$

解 (一) 重物向上

λ：導程角

ϕ：摩擦角

$\tan\phi = f$

$F = W\tan(\lambda + \phi)$

$T = F \times \dfrac{d_m}{2} = W\tan(\lambda + \phi) \times \dfrac{d_m}{2}$

$\Rightarrow T = W \times \dfrac{d_m}{2} \times \dfrac{\tan\lambda + \tan\phi}{1 - \tan\lambda\tan\phi}$

$= \dfrac{W \times d_m}{2} \times [\dfrac{\dfrac{L}{\pi d_m} + f}{1 - \dfrac{L}{\pi d_m} \times f}]$

$= \dfrac{Wd_m}{2}[\dfrac{f\pi d_m + L}{\pi d_m - fL}]$

機械效率 $= \dfrac{WL}{2\pi T} \Rightarrow$ T代入即為所求

(二) 重物向下

$F = W\tan(\phi - \lambda)$

$T = F \times \dfrac{d_m}{2} = W\tan(\phi - \lambda) \times \dfrac{d_m}{2}$

$= W \times \dfrac{d_m}{2} \times [\dfrac{\tan\phi - \tan\lambda}{1 + \tan\phi\tan\lambda}]$

$= \dfrac{Wd_m}{2}[\dfrac{f\pi d_m + L}{\pi d_m - fL}]$

當 $\phi > \lambda$ 時會自鎖

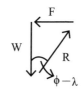

二、一滾柱軸承（straight roller bearing）承受徑向負荷10KN，在轉速為800rpm
　　時，壽命為3,500小時，則設計工程師應以多少額定負荷（load rating）到軸
　　承型錄選擇合適軸承？

解 $(\dfrac{10\times10^3}{C_{10}})^{\frac{10}{3}}=\dfrac{10^6}{800\times3500\times60}$

$\Rightarrow C_{10}=46514.97$（N）

三、一個單片摩擦盤式離合器，接觸面最大壓力不超過1.0MPa，在轉速750rpm
　　時，傳送扭力（torque）100N-m，接觸面摩擦係依均勻磨耗理論（uniform
　　wear），摩擦係數為0.25。

(一) 求摩擦盤外徑（d_o）及內徑（d_i），假設$d_i=0.577\ d_o$。

(二) 求接觸面的正向作用力。

解 (一) $P_{max}\times r_i=C=Pr$

$T=\displaystyle\int_{r_i}^{r_o}\mu r P2\pi r dr$

$=\displaystyle\int_{r_i}^{r_o}\mu P_{max}r_i\times2\pi r dr$

$=\pi\mu P_{max}r_i[r^2\big|_{r_i}^{r_o}]$

$=\pi\mu P_{max}r_i[r_o^2-r_i^2]$

$=100\times10^3$

$=\pi\times0.25\times1\times\dfrac{0.577}{2}d_o[(\dfrac{d_o}{2})^2-(\dfrac{0.577d_o}{2})^2]$

$\Rightarrow d_o=138.32$（mm）$d_i=79.81$（mm）

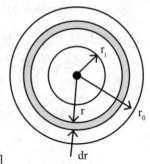

(二) $F=\displaystyle\int_{r_i}^{r_o}P\times2\pi r dr$

$=\displaystyle\int_{r_i}^{r_o}P_{max}r_i\times2\pi dr$

$=2\pi P_{max}r_i(r_o-r_i)$

$=2\pi\times1\times\dfrac{79.81}{2}\times(\dfrac{138.32}{2}-\dfrac{79.81}{2})$

$=7335.12$（N）

四、 一軸傳送1000N‧m扭力，軸的震動引起變動的250N‧m扭力，設軸材料
之抗拉強度為Ssu=1023MPa，降服強度為Ssy=500MPa，修正後的疲勞限
（endurance limit）為290.4 MPa，疲勞應力集中因子k_f=1.54，安全係數=2。
試以Soderberg criteria求具永久疲勞壽命的軸直徑值。

解 T_{av}＝1000（N-m）

T_r＝250（N-m）

$\sigma_{av}=\dfrac{16T_{av}}{\pi d^3}=\dfrac{16\times1000\times10^3}{\pi d^3}=\dfrac{5092958.179}{d^3}$

$\sigma_r=\dfrac{16T_r}{\pi d^3}=\dfrac{16\times250\times10^3}{\pi d^3}=\dfrac{1273239.545}{d^3}$

$\dfrac{\sigma_{av}}{S_{sy}}+\dfrac{K_f\sigma_r}{S_e}=\dfrac{1}{F.S.}$

$\Rightarrow\dfrac{\dfrac{5092958.179}{d^3}}{500}+\dfrac{15.4\times\dfrac{1273239.545}{d^3}}{290.4}=\dfrac{1}{2}$

$\Rightarrow d＝32.36$（mm）

109年 地特四等

一、如下圖工件1為一具有沉孔之工件，沉孔外徑為A；工件2為一軸件，外徑為B。

(一) A之尺度為$28^{+0.02}_{0}$，B之尺度為$28^{-0.015}_{-0.020}$。A與B配合時，其最大餘隙為何？最小餘隙為何？

(二) 若A為29H7，B為29k6。A與B配合時，參考下列兩表，其最大干涉量為何？A、B的配合屬於何種配合（餘隙、過渡或干涉）？

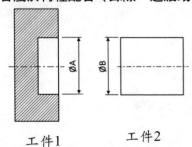

工件1　　　　工件2

常用軸之公差範圍，單位μm

基準尺寸分類(mm) 超過	以下	b9	c9	d8	d9	e7	e8	e9	f6	f7	f8	g5	g6	h5	h6	h7	h8	h9	js5	js6	js7	k5	k6	m5
—	3	-140/-165	-60/-85	-20/-34	-20/-45	-14/-24	-14/-28	-14/-39	-6/-12	-6/-16	-6/-20	-2/-6	-2/-8	0/-4	0/-6	0/-10	0/-14	0/-25	±2	±3	±5	+4/0	+6/0	+6/+2
3	6	-140/-170	-70/-100	-30/-48	-30/-60	-20/-32	-20/-38	-20/-50	-10/-18	-10/-22	-10/-28	-4/-9	-4/-12	0/-5	0/-8	0/-12	0/-18	0/-30	±2.5	±4	±6	+6/+1	+9/+1	+9/+4
6	10	-150/-186	-80/-116	-40/-62	-40/-76	-25/-40	-25/-47	-25/-61	-13/-22	-13/-28	-13/-35	-5/-11	-5/-14	0/-6	0/-9	0/-15	0/-22	0/-36	±3	±4.5	±7.5	+7/+1	+10/+1	+12/+6
10	14	-150/-193	-95/-138	-50/-77	-50/-93	-32/-50	-32/-59	-32/-75	-16/-27	-16/-34	-16/-43	-6/-14	-6/-17	0/-8	0/-11	0/-18	0/-27	0/-43	±4	±5.5	±9	+9/+1	+12/+1	+15/+7
14	18																							
18	24	-160/-212	-110/-162	-65/-98	-65/-117	-40/-61	-40/-73	-40/-92	-20/-33	-20/-41	-20/-53	-7/-16	-7/-20	0/-9	0/-13	0/-21	0/-33	0/-52	±4.5	±6.5	±10.5	+11/+2	+15/+2	+17/+8
24	30																							
30	40	-170/-232	-120/-182	-80/-119	-80/-142	-50/-75	-50/-89	-50/-112	-25/-41	-25/-50	-25/-64	-9/-20	-9/-25	0/-11	0/-16	0/-25	0/-39	0/-62	±5.5	±8	±12.5	+13/+2	+18/+2	+20/+9
40	50	-180/-242	-130/-192																					

常用孔之公差範圍，單位μm

基準尺寸分類(mm) 超過	以下	B10	C9	C10	D8	D9	D10	E7	E8	E9	F6	F7	F8	G6	G7	H6	H7	H8	H9
—	3	+180/+140	+85/+60	+100/+60	+34/+20	+45/+20	+60/+20	+24/+14	+28/+14	+39/+14	+12/+6	+16/+6	+20/+6	+8/+2	+12/+2	+6/0	+10/0	+14/0	+25/0
3	6	+188/+140	+100/+70	+118/+70	+48/+30	+60/+30	+78/+30	+32/+20	+38/+20	+50/+20	+18/+10	+22/+10	+28/+10	+12/+4	+16/+4	+8/0	+12/0	+18/0	+30/0
6	10	+208/+150	+116/+80	+138/+80	+62/+40	+76/+40	+98/+40	+40/+25	+47/+25	+61/+25	+22/+13	+28/+13	+35/+13	+14/+5	+20/+5	+9/0	+15/0	+22/0	+36/0
10	14	+220/+150	+138/+95	+165/+95	+77/+50	+93/+50	+120/+50	+50/+32	+59/+32	+75/+32	+27/+16	+34/+16	+43/+16	+17/+6	+24/+6	+11/0	+18/0	+27/0	+43/0
14	18																		
18	24	+244/+160	+162/+110	+194/+110	+98/+65	+117/+65	+149/+65	+61/+40	+73/+40	+92/+40	+33/+20	+41/+20	+53/+20	+20/+7	+28/+7	+13/0	+21/0	+33/0	+52/0
24	30																		
30	40	+270/+170	+182/+120	+220/+120	+119/+80	+142/+80	+180/+80	+75/+50	+89/+50	+112/+50	+41/+25	+50/+25	+64/+25	+25/+9	+34/+9	+16/0	+25/0	+39/0	+62/0
40	50	+280/+180	+192/+130	+230/+130															

解 (一)

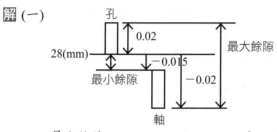

最大餘隙＝0.02－(－0.02)＝0.04（mm）

最小餘隙＝0－(－0.015)＝0.015（mm）

(二)

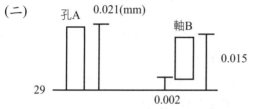

最大干涉＝0－0.015＝－0.015（mm）

孔與軸有干涉有餘隙故為過渡

二、請敘述下列5種幾何公差符號之意義。

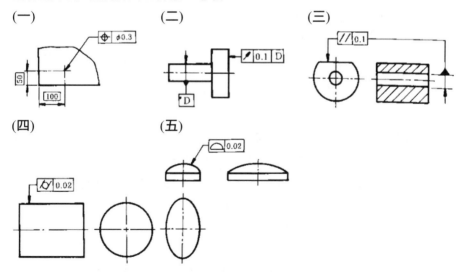

(一)　⊕位置度公差：箭頭所指的點需位在距垂直面100mm，平行面
50mm的正確位置為中心，直徑為0.3mm之圓形範圍內。

(二) ⟋圓偏轉度公差：指示線所指圓柱面之半徑方向的偏轉度與基準軸
直線垂直之在意測定平面不可超過0.1mm

(三) ∕∕平行度公差：指示線所指的平面須與基準面平行，平面需位在相
距0.1mm二分離平面之間

(四) ⟋⟋圓柱度：表示圓柱的歪斜度，做為對像的面必須在相距僅
0.02mm的2個同軸圓柱面之間

(五) ⌒面的輪廓公差：曲面必須包含在以理論上正確輪廓為中心，並以
直徑0.02mm的圓形所畫出的二個面的區域之間

三、有一材料經分析後得知其應力值σ_x=10MPa，σ_y=20MPa，剪應力τ_{xy}=5 MPa。

(一) 主應力值（Principal stress）為何？

(二) 若材料之降伏強度為30MPa，且安全係數為1.5，根據最大法向應力降
伏破壞理論，試問此時是否安全？理由為何？

解 (一) 主應力$\sigma_{1,2} = \dfrac{\sigma_x + \sigma_y}{2} \pm \sqrt{(\dfrac{\sigma_x - \sigma_y}{2})^2 + \tau_{xy}^2}$

$= \dfrac{10+20}{2} \pm \sqrt{(\dfrac{10-20}{2})^2 + 5^2}$

$\Rightarrow \sigma_1 = 22.07$（MPa），$\sigma_2 = 7.07$（MPa）

(二) $\sigma = \dfrac{30}{1.5} = 20$（MPa）$< \sigma_1$

∴不安全

∵容許應力$\sigma = 20$（MPa）$< \sigma_1$

四、一皮帶式制動器如下圖之外形。當輪子以順時針方向旋轉時，欲在槓桿右
端施加一力F，好使皮帶壓緊輪面產生摩擦力來控制輪子之轉動。若皮帶
的張力關係為：緊邊張力/鬆邊張力=$e^{\mu\theta}$，其中皮帶與輪面接觸之摩擦係數
μ=0.3，θ為皮帶的包覆角（以rad為單位）。

（l_1=40cm, l_2=30cm, r=15cm）

(一) θ值為多少度（角度）？

(二) 若F=150N，皮帶之張力F_1與F_2為何？

(三) 作用於輪周之淨制動力為何？

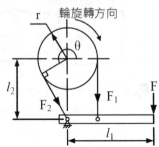

解 $\overline{OC}=r=0.15m$

$\overline{OA}=\ell_2=0.3m$

$\overline{AC}=0.26$（m）

$\alpha=\sin^{-1}(\dfrac{0.15}{0.3})=30°$

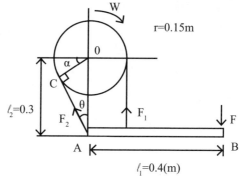

（一）$\theta=180°+30°$

　　　$=210°$

　　　$=3.6652$（rad）

（二）$\dfrac{F_2}{F_1}=e^{0.3\times3.6652}=3$

　　　$\Sigma M_A=0\Rightarrow150\times0.4=F_1\times0.15\Rightarrow F_1=400$（N）

　　　$F_2=3F_1=1200$（N）

（三）$T=(1200-400)\times0.15=120$（N-m）

五、有一個螺旋扣，如圖所示，左邊螺桿的螺距pl為2 mm，右邊螺桿的螺距pr為 1 mm，若將和螺桿鄰接的把手滑件以順時針方向（由右視之）旋轉一周，試問在下列的情況下兩根螺桿的相對位移量為何？

(一) 左右螺桿的螺紋皆為左旋單螺紋。

(二) 左螺桿的螺紋為左旋單螺紋，右螺桿的螺紋為右旋雙螺紋。

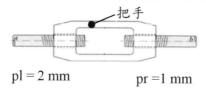

pl = 2 mm　　　　　pr =1 mm

解（一）差動螺紋

　　　$L=prl-pr=2-1=1$（mm）

（二）複式螺紋

　　　$L=prl+pr\times2=2+1\times2=4$（mm）

一試就中，升任各大

國民營企業機構

高分必備，推薦用書

共同科目

2B811111	國文	高朋·尚榜	560元
2B821111	英文	劉似蓉	590元
2B331111	國文(論文寫作)	黃淑真·陳麗玲	430元
2B241061	公民	邱樺	490元

專業科目

2B031091	經濟學	王志成	590元
2B061101	機械力學(含應用力學及材料力學)重點統整+高分題庫	林柏超	430元
2B071101	國際貿易實務重點整理+試題演練二合一奪分寶典	吳怡萱	530元
2B081091	絕對高分! 企業管理(含企業概論、管理學)	高芬	650元
2B111081	台電新進雇員配電線路類超強4合1	千華名師群	650元
2B121081	財務管理	周良、卓凡	390元
2B131101	機械常識	林柏超	530元
2B161101	計算機概論(含網路概論)	蔡穎、茆政吉	500元
2B171101	主題式電工原理精選題庫	陸冠奇	470元
2B181101	電腦常識(含概論)	蔡穎	450元
2B191101	電子學	陳震	530元
2B201091	數理邏輯(邏輯推理)	千華編委會	430元

2B211101	計算機概論(含網路概論)重點整理+試題演練	哥爾	460元
2B311101	企業管理(含企業概論、管理學)棒！bonding	張恆	610元
2B321101	人力資源管理(含概要)	陳月娥、周毓敏	550元
2B351101	行銷學(適用行銷管理、行銷管理學)	陳金城	550元
2B491101	基本電學致勝攻略	陳新	630元
2B501111	工程力學(含應用力學、材料力學)	祝裕	630元
2B581111	機械設計(含概要)	祝裕	580元
2B661101	機械原理(含概要與大意)奪分寶典	祝裕	570元
2B671101	機械製造學(含概要、大意)	張千易、陳正棋	570元
2B691111	電工機械(電機機械)致勝攻略	鄭祥瑞	570元
2B701101	一書搞定機械力學概要	祝裕	630元
2B741091	機械原理(含概要、大意)實力養成	周家輔	570元
2B751101	會計學(包含國際會計準則IFRS)	陳智音	530元
2B831081	企業管理(適用管理概論)	陳金城	610元
2B841111	政府採購法10日速成	王俊英	530元
2B871091	企業概論與管理學	陳金城	610元
2B881101	法學緒論大全(包括法律常識)	成宜	570元
2B911101	普通物理實力養成	曾禹童	570元
2B921101	普通化學實力養成	陳名	530元
2B951101	企業管理(適用管理概論)滿分必殺絕技	楊均	600元

以上定價，以正式出版書籍封底之標價為準

歡迎至千華網路書店選購
服務電話 (02)2228-9070

千華網路書店

更多網路書店及實體書店

博客來網路書店　　PChome 24hr書店　　三民網路書店

MOMO 購物網　　金石堂網路書店　　誠品網路書店

查詢實體書店

一試就中，升任各大
國民營企業機構
高分必備，推薦用書

2B541111	主題式土木施工學概要高分題庫	林志憲	590元
2B551081	主題式結構學(含概要)高分題庫	劉非凡	360元
2B591111	主題式機械原理(含概論、常識)高分題庫	何曜辰	530元
2B611111	主題式測量學(含概要)高分題庫	林志憲	450元
2B681101	主題式電路學高分題庫	甄家灝	450元
2B731101	工程力學焦點速成＋高分題庫	良運	560元
2B791101	主題式電工機械(電機機械)高分題庫	鄭祥瑞	430元
2B801081	主題式行銷學(含行銷管理學)高分題庫	張恆	450元
2B891101	法學緒論(法律常識)高分題庫	羅格思 章庠	490元
2B901101	企業管理頂尖高分題庫(適用管理學、管理概論)	陳金城	410元
2B941101	熱力學重點統整＋高分題庫	林柏超	390元
2B951101	企業管理(適用管理概論)滿分必殺絕技	楊均	600元
2B961101	流體力學與流體機械重點統整＋高分題庫	林柏超	410元
2B971091	自動控制重點統整＋高分題庫	翔霖	510元
2B991101	電力系統重點統整＋高分題庫	廖翔霖	570元

以上定價，以正式出版書籍封底之標價為準

歡迎至千華網路書店選購
服務電話 (02)2228-9070

千華網路書店

更多網路書店及實體書店

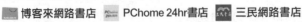
博客來網路書店　PChome 24hr書店　三民網路書店

MOMO 購物網　金石堂網路書店　誠品網路書店

查詢實體書店

學習方法 系列

如何有效率地準備並順利上榜，學習方法正是關鍵！

江湖流傳已久的必勝寶典

──── 國考救星 王永彰 ────

九個月上榜 的驚人歷程	十餘年的 輔導考生經驗	上榜率 高達 95%

國考救星 · 讓考科從夢魘變成勝出關鍵
地表最狂 · 前輩跟著學都上榜了
輔導考生上榜率高達 95%
國考 YouTuber 王永彰精心編撰

作者線上分享

網 路 書 店

作者公開九個月就考取的驚人上榜歷程，及長達十餘年的輔導考生經驗，所有國考生想得到的問題，都已收錄在這本《國考聖經》中。希望讓更多考生朋友，能站在一個可以考上的角度來思考如何投入心力去準備。

國考網紅 Youtuber
開心公主

首本
著作

榮登博客來排行第 7 名
金石堂排行第 10 名

初考、普考、高考
連連上榜秘訣大公開

挑戰國考前必看的一本書

作者線上分享

開心公主以淺白的方式介紹國家考試與豐富的應試經驗，與你無私、毫無保留分享擬定考場戰略的秘訣，內容囊括申論題、選擇題的破解方法，以及獲取高分的小撇步等，讓你能比其他人掌握考場先機！

國家圖書館出版品預行編目(CIP)資料

(國民營事業)機械設計(含概要)/祝裕編著. -- 第八版. --

新北市：千華數位文化股份有限公司, 2021.10

面；　公分

ISBN 978-986-520-674-1(平裝)

1.機械設計

446.19　　　　　　　　　　　110016829

[國民營事業]　　　機械設計（含概要）

編 著 者：祝　裕

發 行 人：廖 雪 鳳
登 記 證：行政院新聞局局版台業字第 3388 號
出 版 者：千華數位文化股份有限公司
　　　　　地址／新北市中和區中山路三段 136 巷 10 弄 17 號
　　　　　電話／ (02)2228-9070　　傳真／ (02)2228-9076
　　　　　郵撥／第 19924628 號　千華數位文化公司帳戶
　　　　　千華公職資訊網：http://www.chienhua.com.tw
　　　　　千華網路書店：http://www.chienhua.com.tw/bookstore
　　　　　網路客服信箱：chienhua@chienhua.com.tw

法律顧問：永然聯合法律事務所
編輯經理：甯開遠
主　　編：甯開遠
執行編輯：廖信凱
校　　對：千華資深編輯群
排版主任：陳春花
排　　版：林婕瀅

出版日期：2021 年 10 月 20 日　　第八版／第一刷

本書如有勘誤或其他補充資料，
將刊於千華公職資訊網　http://www.chienhua.com.tw
歡迎上網下載。